中国水利学会调水专业委员会 2023年度学术论文集

中国水利学会调水专业委员会　水利部南水北调规划设计管理局
水利部水网工程与调度重点实验室　水资源工程与调度全国重点实验室

主编

长江出版社
CHANGJIANG PRESS

图书在版编目（CIP）数据

中国水利学会调水专业委员会 2023 年度学术论文集 / 中国水利学会调水专业委员会等主编． -- 武汉：长江出版社，2023.12

ISBN 978-7-5492-9344-5

Ⅰ．①中… Ⅱ．①中… Ⅲ．①水利工程 - 文集 Ⅳ．① TV-53

中国国家版本馆 CIP 数据核字 (2024) 第 030053 号

中国水利学会调水专业委员会 2023 年度学术论文集
ZHONGGUOSHUILIXUEHUIDIAOSHUIZHUANYEWEIYUANHUI2023NIANDUXUESHULUNWENJI
中国水利学会调水专业委员会等　主编

责任编辑：	郭利娜　吴明洋
装帧设计：	王聪
出版发行：	长江出版社
地　　址：	武汉市江岸区解放大道 1863 号
邮　　编：	430010
网　　址：	https://www.cjpress.cn
电　　话：	027-82926557（总编室）
	027-82926806（市场营销部）
经　　销：	各地新华书店
印　　刷：	武汉邮科印务有限公司
规　　格：	787mm×1092mm
开　　本：	16
印　　张：	29
字　　数：	690 千字
版　　次：	2023 年 12 月第 1 版
印　　次：	2023 年 12 月第 1 次
书　　号：	ISBN 978-7-5492-9344-5
定　　价：	158.00 元

（版权所有　翻版必究　印装有误　负责调换）

编委会

主　任：鞠连义

副主任：尹宏伟　姚建文

成　员：关　炜　张爱静　雷晓辉　陈桂芳　高红燕

　　　　陈文艳　陆　旭　张　召　李　佳

秘书组：陈奕冰　朱荣进　佟昕馨　李楠楠　李　赞

　　　　王文丰　谷洪磊　曲姿桦　王声扬

编委会

主　编：王汉辉

副主编：黄会勇　毛文耀　要　威

成　员：李　伟　苏培芳　王　磊　吴永妍　李建贺

　　　　刘　琪　帖　熠　冯志勇　杨震东

前 言

PREFACE

国家水网是国家基础设施体系的重要组成，是系统解决水灾害、水资源、水生态、水环境问题，保障国家水安全的重要基础和支撑。加快构建国家水网，是解决水资源时空分布不均、更大范围实现空间均衡的必然要求。

党中央、国务院高度重视国家水网建设，对加快构建国家水网、建设现代化高质量水利基础设施网络作出重大战略部署。党的十九届五中全会和《中华人民共和国国民经济和社会发展第十四个五年规划和2035年远景目标纲要》明确要求实施国家水网工程。2023年，中共中央、国务院印发《国家水网建设规划纲要》，成为当前和今后一个时期国家水网建设的重要指导性文件。

近年来，水利行业不断强调将信息技术与水利业务深度融合，坚持需求牵引、应用至上、数字赋能、提升能力，加快推进国家水网建设。数字孪生水网是国家水网建设的重要内容。推进数字孪生水网建设，可强化国家水网调控运行管理的预报、预警、预演、预案功能，提升水网工程建设运行管理的数字化、网络化、智能化能力和水平。水利部从数字孪生流域、数字孪生水网和数字孪生工程三个层面大力推进数字孪生水利建设，加快构建长江、黄河、淮河等七大江河数字孪生平台，建成南水北调中线和七个省级水网监控调度平台，建成一批重点水利工程的数字孪生系统，为新时代水利改革发展提供强力驱动和有力支撑。

为促进跨流域调水学术交流、技术进步与制度创新，助力国家水网建设，中国水利学会调水专业委员会于2023年先后组织召开了跨流域调水与数字孪生青年论坛、国家水网工程规划建设与运行管理关键技术学术研讨会，并组织编纂本论文集。论文集收录了数字孪生与国家水网方面相关研究和技术成果，主要涉及多水源联合调度模型及数字化平台、水网智慧调控及智能感知技术、调水工程建设

前言
PREFACE

及运行数字孪生应用、调水影响监测及管控数字化技术、水资源均衡配置与适应性调控、重大水网布局与规划、水网工程智能建造与安全运行、水网工程绿色施工设计理论与技术,以及巨型水网风险防控与智慧管理等领域的相关内容,以期为广大读者提供有益借鉴和参考。

会议及征文在中国水利学会调水专业委员会主任委员鞠连义主持下,得到了长江勘测规划设计研究有限责任公司、扬州大学,以及邓铭江院士、景来红设计大师的鼎力支持,得到了有关水利规划设计、科研、施工、运行管理,以及教学单位的专业技术人员与专家的积极参与,在此一并表示感谢!

编 者

2023 年 12 月

目 录

CONTENTS

南水北调中线干线闸站监控系统设计与研究 ……………………………李新宇(1)

Rittmeyer时差式超声波流量计在渠道水温监测中的应用 ………………………
……………………………………李景刚　陈晓楠　孙德宇　任亚鹏(7)

南水北调中线输水调度水力调控多目标综合评估模型研究 ……………………
………………………………………………陈晓楠　卢明龙　赵　慧　吴　淼(17)

南水北调中线典型输水渠道水力响应特性分析 ……陈晓楠　刘帅杰　张　磊(25)

淤泥河渡槽降压站通风风机"切非"问题研究 ………肖会范　李华茂　秦卫贞(34)

模板加模袋混凝土技术在南水北调渠坡修复中的应用探索 ……………………
………………………………………………………………………秦卫贞　李　飞(39)

渡槽基础加固施工技术在南水北调中线工程中的应用与实践 ………向德林(46)

陶岔枢纽电站及引水闸下游水位流量关系数值模拟研究 ………………………
………………………………朱俊杰　胡　晗　杨康华　侯冬梅　段文刚(52)

基于财务预算思维的水资源调度系统的设计与实现 ……………………………
………………………………………………………………董建忠　程博伦　黄　哲(61)

基于RBF神经网络的面板堆石坝水平位移预测 …………………………………
………………………………………………………………张琪玥　铁云龙　张春磊(69)

重点超采区地下水超采综合治理实践与启示 ……………………………………
………………………………高媛媛　陈文艳　李　佳　袁浩瀚　王仲鹏(78)

基于深度学习的引水隧洞水下裂缝图像快速分割方法 …………………………
………………………………………………………………张琪玥　铁云龙　张春磊(85)

基于 iLogic 的参数化圆弧悬臂式挡土墙建模方法研究……… 王亚东　何晶晶(96)
基于 CFD 分析的引江济淮工程龙德站出水流道型式比选研究 ……………
　　　　　　　　　　　　　　　　　秦钟建　徐　磊　胡大明　鲍士剑(103)
空气阀口径对长距离管道停泵水锤的影响分析…… 秦钟建　胡大明　鲍士剑(113)
以专业的监理服务助力水利高质量发展 …………………… 冯　松　储龙胜(119)
承插型盘扣式脚手架在水利工程模板支撑体系中应用与研究 ………………
　　　　　　　　　　　　　　　　　　　　　　　　　　储龙胜　冯　松(125)
基于 Project Wise 平台的引江济淮朱集泵站三维协同设计 …………………
　　　　　　　　　　　　　　　　　　　　　　　　　　何晶晶　王亚东(133)
基于组控软件的泵站监控系统设计与应用 ………………… 黄姗姗　沈高杰(144)
数字孪生泵站的技术架构设计 ……………………………… 黄姗姗　贾程程(151)
浅析 PLC 在水闸自动化控制系统中的应用 ……………… 沈高杰　黄姗姗(157)
刍议南水北调东线工程数字孪生系统建设 ………………… 王根喜　欧海燕(162)
皖北平原地区城乡供水工程长距离输水管道主要地质问题探讨 ……………
　　　　　　　　　　　　　　　　　　　　　　　　　　余小明　李剑修(172)
浅谈南水北调东线一期工程水量调度保障措施 …… 阮国余　王　蓓　周立霞(181)
北京市永定河生态补水 …………………………………………………………
　　——卢沟桥拦河闸脉冲试验水头演进过程分析 …… 周正昊　张　欣　李丽琴(184)
场次洪水对南水北调补偿工程兴隆枢纽下游粉细砂河床的冲刷风险分析………
　　　　　　　　　　　　　　　　　　　　　樊咏阳　胡春燕　甄子凡(191)
滇中引水工程香炉山深埋长隧洞 TBM 选型及应用情况分析 ………………
　　　　　　　　　　　　　　　　　　　　　　　　　　朱学贤　王秀杰(199)
深埋超长输水隧洞施工方案研究 ………………………………………………
　　——以滇中引水工程香炉山隧洞为例 ……………… 朱学贤　王秀杰(207)
基于 CFD-DEM 耦合法模拟软土地基上土堤的变形 …………………………
　　　　　　　　　　　　　　　　　　　　　许　然　李建贺　毕发江(217)
引江补汉工程穿越黄陵断穹区岩石磨耗性与波速关系研究……………………
　　　　　　任自强　向家菠　贾建红　许　琦　薛永明　张广厦　叶　健(228)

目录

浅谈南水北调中线水源工程安全风险研究及对策 …………………………………………………………………………………………… 赵 源 陈 阳(235)

黑龙江省引嫩扩建骨干一期工程建设及运行管理工作的几点思考 ………………………………………………………………… 单 博 王国志 陈鹏元(240)

基于溃堤风险的洪水风险评价研究 ……… 曲姿桦 李 佳 阎红梅 叶 昕(247)

关于调水工程标准化创建工作的几点思考
——以湖北省引江济汉工程为例 ………………………………………………………………… 朱荣进 陈 阳 刘伦华 戈小帅 何 珊 陈奕冰(258)

浅谈《调水工程标准化管理评价标准》编制思路 ……… 周正昊 张 欣(263)

流域水资源统一调度实践及思考 ……… 何莉莉 张爱静 丁鹏齐 陈奕冰(268)

跨流域调水工程水资源调度管理面临的问题及对策研究 … 赵 源 丁鹏齐(276)

南水北调典型贯流泵站系统仿真建模研究 …………………………………………………………………… 袁连冲 施 伟 王希晨 范雪梅 陈 斌 丁思变(281)

促进南水北调东线一期工程水量消纳保障措施研究 …………………………………………………………………………………… 李可也 黄渝桂 周立霞(290)

引江济淮韩桥跌水入渠口通航水流条件改善措施研究 …… 杨子江 王一品(295)

淮安枢纽立交地涵岸墙结构优化方案研究 ……………………………………………………………………………… 王一品 钟恒昌 沈伯文 朱浩岩(302)

基于实际运用条件下的南水北调东线一期工程实施效果评估 …………………………………………………………………………………………… 王 蓓 阮国余(310)

关于加快推进南水北调东线后续工程对策研究 ……… 阮国余 王 蓓(317)

南水北调东线一期省际工程管理特点分析及对策研究 …… 阮国余 王 蓓(324)

南水北调东线二期工程二级坝泵站基坑支护设计分析 …… 杨以亮 崔 飞(328)

引绰济辽工程文得根水利枢纽初期蓄水方案研究 ………… 刘恩鹏 李晓军(335)

浅析调蓄水库在引调水工程中的作用
——以吉林省中部城市引松供水工程为例 ……… 樊祥船 齐彦泽 王 强(341)

内蒙古西辽河平原区水网规划思路 ……………… 樊祥船 谢成海(347)

引绰济辽工程水源水库施工期溃堰风险分析及应对措施研究 ……………………………………………………………………………… 张福然 邹 浩(354)

新形势下南水北调中线可持续发展的思考………… 钱 萍 孙庆宇 李东奇(362)

以标准化管理提升南水北调中线安全运行管理能力的思考……………………………………………………………………………… 钱 萍 孙庆宇(370)

南水北调中线白河倒虹吸水下检测实施探究 ………………………………………………………………………… 冯 党 高 森 郭 聪 刘 强(378)

南水北调中线总干渠大流量输水调度实践分析 ……………………………………………………………… 苏 霞 卢明龙 刘 强 高 森 王 磊(386)

南水北调中线工程典型渠段过水建筑物对输水能力影响分析研究 …………………………………………………………………… 李明新 吴永妍 黄明海(395)

珠江三角洲水资源配置工程通水后深圳市供水调度研究……………………………………………………………………… 罗来辉 刘少华 陈春燕 魏泽彪(404)

南水北调中线一期工程总干渠输水能力提升的六点思考…………………………………………………………………… 吴永妍 高 森 王 磊 苏 霞(415)

基于置信区间法的南水北调中线输水建筑物结构损伤预判规则研究 ……………………………………………………………… 苏 霞 游万敏 宁昕扬 曾 俊(425)

提升大流量输水渡槽过流能力的方案分析和研究 ……………………………………………………………………… 李明新 游万敏 刘 磊 金紫薇(431)

南水北调中线工程渡槽结构在常态化加大流量条件下静动力复核分析 ………………………………………………………………… 孙卫军 武 芳 梅润雨 金紫薇(443)

南水北调中线干线闸站监控系统设计与研究

李新宇

(中国南水北调集团中线有限公司河南分公司,郑州 450000)

摘 要:南水北调中线工程通水8年多,累计向北方输水500多亿立方米,逐渐成为京津和沿线众多城市的主力水源。因其线路全长1432km,具有线长、面广、控制节点多等特点,且总干渠沿线无调蓄水库,若要安全、高效地完成输水任务,需要对全线的众多节制闸、退水闸、分水闸等采用实时闭环自动控制。基于此,论述了如何采用先进信息采集技术、信息处理技术、自动化控制技术、计算机网络技术、通信技术,以及现代化的运营、维护、管理技术与理念,建设一套完善的、先进的自动化闸站监控系统。

关键词:南水北调;闸站监控;系统设计

1 系统设计目标

闸站监控系统在通信传输和计算机网络建设的基础上,采用先进成熟的计算机、自动控制和传感器技术,通过现地监测、控制等自动化设施建设,实现对闸门的引退水信息和运行状态的远程监测、控制。

在实时水量调度方案编制子系统和闸站视频监视系统的支持下,完成闸站的自动化、一体化日常调度。

在输水优化调度模型的支持下,实现资源优化配置,调水优化管理,降低调水能耗比,取得企业经济、社会效果双赢[1]。

作者简介:李新宇(1981—),男,高级工程师,主要从事水利工程建设管理工作。E-mail:602095012@qq.com。

2 系统设计原则

2.1 先进性、适用性和稳定性原则

1）GON 法则，即采用通用型计算机网络，成熟的软件和设备，从而使得系统的性价比最高，投入运行和收益更快，维护和扩展更方便。

2）整个系统采用统一的操作系统和数据库平台，以保证系统平台的一致性，能够使各功能子系统实现有机统一。

3）所选定的硬件和软件，能够全面保证系统的实用性和稳定性，在实用的前提下获得较高的性价比。

4）系统采用开放式结构，从而使得系统是一个伸缩性很强的系统，在不改动系统基本结构的前提下，就可以从小规模，一直扩展到最大允许配置；同时允许用户根据业务发展和工艺改变而进行系统控制方案的改变，不再需要增加其他设备或对系统进行大的修改；节约用户投资[2]。

5）采用分布式结构，将系统负荷合理分布到各节点上，使风险分散，可保障系统的高可靠性，不会由单个站点故障而引起整个系统瘫痪。同时，由于任务分散执行，使得系统响应速度和处理复杂问题的能力大大增强。

2.2 针对性原则

1）按"无人值班，少人值守"方案进行设计，既可以实现现地站的现地监控，又能实现调度中心、分中心、管理处的远程监控。

2）闸站监控系统采用成熟、可靠、标准化的硬件、软件、网络结构和汉化系统，确保响应速度快，可靠性和可利用率高，可维护性好，先进、经济、灵活和便于扩充，且有长期的备品和技术服务支持[3]。软件采用模块化、结构化设计，保证系统可扩性，满足功能增加及规模扩充的需要。

3）闸站监控系统采用全开放、分布式系统结构，系统配置和设备选型能够适应计算机技术迅速发展的特点，具有先进性和向后兼容性，以充分保护用户投资。

3 系统结构

3.1 闸站监控系统整体结构

南水北调中线的管理机构分为总公司、分公司和管理处 3 级。它们和闸站一起担负着对闸站的监控工作，完成日常生产运行任务。

监控主中心、监控分中心、远程监控子系统以及现地站控系统通过专用的冗余通信

网络进行连接,组成3层数据通信网络。

现场PLC通过D/A数据采集硬接线和现场数据通信总线与现场监控设备连接。各PLC配置两块以太网接口模块,接入专用的冗余通信网络。

3.2 系统网络结构

3.2.1 应用网络结构

监控中心是本系统的集中监测和实时控制中心,也是本系统的管理、维护中心。而监控分中心是该分中心所管辖范围的集中监测和实时控制中心以及管理、维护中心。管理处(远程监控子系统)主要用于对该管理处管辖范围的监控,是作为系统的一个远程客户端应用。现地站主要用于现场操作人员对本地设备的监测和控制,同时负责采集本地各种设备的实时信息,并及时通过专用数据通信网络将信息上传,接受并执行上层系统下发来的调度控制指令等[4]。

从系统功能上看,本系统可以分为3层。

(1)第一层:上端监控层

上端监控层主要包括在监控中心、监控分中心以及管理处所建立的远程闸站监控系统。同时,也包括用于对输水系统进行各种管理的系统,如历史数据统计报表系统、通信管理系统、模拟屏显示系统、大屏显示系统、GPS卫星校时系统等。这些系统通过监控系统所提供的各种数据接口,通过计算机网络,与监控系统进行数据交换。

上端监控层的闸站监控系统,采用先进、成熟、稳定的监控系统平台,结合整个系统的具体情况,通过网络通信层与各现场监控站点建立通信,获取整个系统内所有设备、设施的各种实时数据,从而实现通过闸站监控系统对整个系统的运行状况进行实时监控的功能,完成对整个系统的监控和安全管理。

针对外部应用系统,提供标准的数据接口,使其与外部其他应用系统能够进行数据访问。在建立企业数据中心时,利用该数据接口,通过内部局域网,在保证系统的安全性和可靠性的同时,能够将闸站监控系统提供的实时监控数据与其他应用系统的非实时监控数据有机地统一起来,实现数据及信息的无缝连接和交换,以及系统的跨平台、跨系统、跨网络、跨应用的集成[5]。

(2)第二层:网络通信层

网络通信层主要包括以下两个部分的网络通信。

1)局域网通信:包括上端监控层中的中心、分中心以及管理处的本地局域网通信以及现场监控站点内部的局域网通信。

2)远程通信:包括中心、分中心、管理处以及现场监控站之间的远程数据通信。其中,中心、分中心以及管理处站之间的远程数据通信为监控系统内部的数据通信,主要通过数据库交换、事件、数据同步等方式进行数据交换;而上端监控层(中心、分中心以及管理处)与本地监控层(现场监控站)之间的远程数据通信主要通过标准工业数据通信协议进行数据交换,属于闸站监控系统与 PLC 系统两个系统之间的数据交换。

对于上端监控层中的中心、分中心以及管理处的本地局域网通信,均采用全交换式以太网作为骨干网络,分别通过 2 个高性能、高档次的以太网交换机,组成冗余双网,实现本地服务器、工作站、打印机等网络设备间的网络连接。

上端监控层与各现场监控站点的远程通信,主要用于监控系统的数据通信,即上端监控层到各现场监控站点的通信连接;在本方案中,在 PLC 上配置双网卡,接入专用自控网,实现远程数据的传递和交换。对于外部访问的广域网通信,将采用专用网关、网闸,与内网分离,以确保全系统的安全性。从数据通信方式上看,上端监控层采用星型链接完成现场监控站点的接入,即上端监控层与现场监控站点采用点对点直接连接方式进行数据通信。

在全系统的通信中,上端监控层与现场监控站点之间属于主从关系,上端以询问方式采集各个现场监控站点的实时数据,同时也可以根据需要,将下端配置成"逢变自报"方式,即当下端所采集到的数据的变化超过预置范围时,自动向上端发送;另外,当产生紧急报警信号时,下端将自动地直接将报警信息发往上端监控系统。

数据的交换将包括两种方式:采用数据通信协议交换、采用数据文件(或数据库)交换。一般情况下,对于实时数据,采用标准的数据通信协议(如 DNP 3.0、MODBUS)进行交换;而对于存储在监控系统中的历史数据,可以采用数据文件(或数据库)进行交换。

(3)第三层:本地监控层

本地监控层(现地控制单元级)由 PLC、智能仪表、传感器、变送器、执行机构、专用数据(信息)采集设备以及通信设备等组成,独立完成本地监控点的数据采集、控制和管理功能。同时,通过网络通信,为上端监控系统提供可靠的现场实时数据,以及接受上端监控系统发来的控制和参数设定指令。

根据需要,在现场配置工控机,建立可人工操作的现场监控系统,用于操作人员完成对本地的所有监控。现场监控系统的功能在上端综合监控层都能够实现。

现场监控系统只能对本地站点进行监控,某一个现场监控系统的故障不会影响到其他现场监控系统的运行;如果在现场应用执行层中只是现场监控系统出现故障,并不会影响到上端闸站监控系统对此站点的监控。

在本地监控层还包括了本地的一个数据通信网络,主要由数据通信总线、配置于 PLC 上的数据通信模块、通信转换设备组成,用于 PLC 与现场智能设备之间的数据通信。

3.2.2 网络逻辑结构

根据网络配置,整个系统的网络相当于一个大以太网结构,理论上,网络上的各个节点都能够相互交换数据,能够相互访问,各个节点都是对等关系。这些节点包括服务器、工作站、工控机、打印机、PLC 等。

本方案通过全分布式监控系统平台,将分中心和中心的通信服务器配置成热备冗余方式,将分中心的通信服务器配置成主通信服务器,那么,在正常情况下,由分中心的通信服务器与现场 PLC 进行通信,而其采集到的数据将发布到整个网络上,中心以及其他节点均能够同步获得该数据;当分中心的通信服务器出现故障时,主中心的通信服务器接管其任务,与相应现场 PLC 进行通信,同样,其采集到的数据将发布到整个网络上,分中心以及其他节点均能够同步获得该数据。这样就完美地实现了主中心和分中心与现场 PLC 通信,但又不需要同时与现场 PLC 进行通信,确保了通信的高效性、数据的唯一性,也降低了 PLC 的负荷。

基于上述原因,如果将上端监控层作为网络中心节点(该节点包括中心、分中心以及管理处,其相互之间的通信为系统内部数据通信方式),则该网络中心节点与下端各个闸站监控站点之间的数据通信网络连接可以看作星型连接方式。

这种方式是本系统所配置的全分布式结构的一个主要优点之一。

3.3 监控系统组成结构

本监控系统是一个用于大范围、多层次进行监控的系统,同时多级管理部门都需要通过本系统对相应的监控站点进行管理。因此,必须通过采用最新的技术、最先进的方式、最合适的结构,建立一个高水平的,具备高稳定性、高安全性、运行高效、可靠、易用、实用性强、扩展性好,能够充分达到南水北调中线干线调度管理需要的远程闸站监控系统。

从系统组成看,整个远程闸站监控系统可以分为现地监控系统和上端远程监控系统两个部分。

(1)现地监控系统

现地监控系统将主要通过现场 PLC 建立,可以在闸站本地配置现地闸站站控计算机,由现场操作人员对本地闸站进行监控、管理。现地闸站站控计算机上的软件为站控软件,能够与 PLC 紧密结合。

(2)上端远程监控系统

上端远程监控系统通过配置 SCADA(Supervisory Control and Data Acquisition)系统实现。SCADA 系统软件是专门用于实现大范围、多层次监控的软件系统。在中心、分中心、管理处配置统一的 SCADA 系统软件,通过二次开发以及系统配置,使得中心、分中心、管理处形成一个有机的整体,统一、协调、高效、可靠地对下端闸站进行监控管理。

上端远程监控系统又分为总公司(监控中心)、分公司(监控分中心)和管理处 3 级远程闸站监控子系统。

远程闸站监控系统构架于统一监控服务平台之上,监控服务平台是总公司、分公司

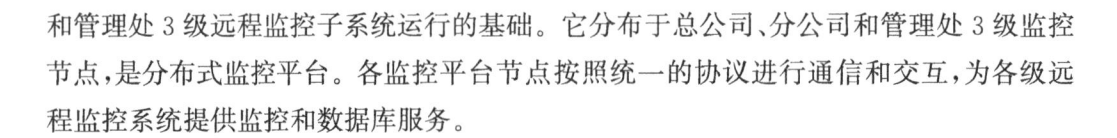

和管理处 3 级远程监控子系统运行的基础。它分布于总公司、分公司和管理处 3 级监控节点，是分布式监控平台。各监控平台节点按照统一的协议进行通信和交互，为各级远程监控系统提供监控和数据库服务。

4　结束语

综上所述，闸站监控系统在通信传输和计算机网络建设的基础上，采用先进成熟的计算机、自动控制和传感器技术，通过现地监测、控制等自动化设施建设，实现对闸（阀）的引退水信息和运行状态的远程监测和控制。在实时水量调度方案子系统和闸站视频监视系统的支持下，完成闸站的自动化、一体化日常调度，确保南水北调中线精确、安全输水。

参考文献

[1] 管世珍.长距离调水工程闸站监控系统的研究和应用[J].水电站机电技术,2020,43(7):14-17.

[2] 李可.长距离输水现地闸站监控系统总体设计及功能[J].陕西水利,2021(7):192-195.

[3] 许靖.远程闸站监控系统设计[J].建筑工程技术与设计,2019(10):26-34.

[4] 俞诚哲,俞新雄.大治河排涝闸站监控系统应用[J].水电站机电技术,2022,45(8):72-74.

[5] 崔晓峰,董国荣.南水北调中线干线闸站监控系统维护常见问题探析[J].水电站机电技术,2018,41(A1):21-22.

Rittmeyer 时差式超声波流量计在渠道水温监测中的应用

李景刚　陈晓楠　孙德宇　任亚鹏

(中国南水北调集团中线有限公司,北京　100038)

摘　要:南水北调中线干线总干渠各控制断面安装的 Rittmeyer 时差式超声波流量计,为全面掌控渠道过水流量实时动态变化,进而为工程调水全线水量平衡计算提供了直接依据。同时,作为一项辅助功能,Rittmeyer 时差式超声波流量计通过内部计算程序,可同步提供渠道水温监测。在对超声波流量计水温观测工作原理系统介绍的基础上,通过与实测水温监测数据的对比分析显示,在正常环境温度范围内,Rittmeyer 时差式超声波流量计水温观测数据具有较高的可信度,在流量计工作状况和相关故障检测诊断,以及南水北调中线干线总干渠冬季冰期输水期间重点渠段水温变化监测等方面具有很好的应用前景。

关键词:南水北调中线;Rittmeyer 时差式超声波流量计;水温监测

南水北调中线干线工程作为缓解我国北方水资源严重短缺局面的重大战略性基础设施,自丹江口水库陶岔渠首闸引水,途经河南、河北、天津、北京 4 个省(直辖市),跨越长江、淮河、黄河、海河四大流域,终点分别为北京团城湖和天津外环河,线路全长 1432km,沿线共布设节制闸 64 座,控制闸 61 座,退水闸 54 座,分水口 97 座,一期规划多年平均调水量为 95 亿 m^3,供水目标以沿线城市生活、工业用水为主,兼顾生态和农业用水[1-2]。南水北调中线工程自 2014 年 12 月 12 日正式通水以来,整体运行安全,已连续完成 9 个年度供水任务,直接受益人口超过 1.08 亿,极大改变了受水区供水格局,使得北

基金项目:水利青年科技英才资助项目。

第一作者:李景刚(1978—　),男,正高级工程师,博士,主要从事长距离输水调度生产管理和技术研究。E-mail:sharp818@163.com。

通信作者:陈晓楠,男,正高级工程师,博士,主要从事长距离输水调度、水资源管理研究。E-mail:chenxiaonan@nsbd.cn。

京、天津、石家庄、郑州等北方大中城市基本摆脱缺水制约,为经济社会发展、保障中原城市群发展、京津冀协同发展以及黄河流域生态环境保护和高质量发展等战略实施提供了有力支撑[3]。

南水北调中线工程输水线路长、流量大、口门多,且无在线调蓄水库,调度控制难度极大。为有效保证工程正常运行和受水区用水安全,在工程建设初期,南水北调中线干线同步建设部署了"南水北调中线干线自动化调度与运行管理决策支持系统",以实现对水量的实时调度和工程安全的实时监测[4]。该系统在沿线闸门控制处分别设计安装有175台超声波流量计和28台电磁流量计,其中超声波流量计主要分布在工程沿线节制闸、分水闸、退水闸和调节池闸门控制处,而电磁流量计则主要分布在部分小管径分水口处,这些流量测量和水量计量设备是保证工程运行管理和供水计量收费的重要设施,不但可以对渠道过水量实施自动实时监测、全面掌控渠道过水流量动态变化,为工程调水全线水量平衡计算提供直接依据,而且也为核算各供水户的供水量及水费收缴提供了基础支撑[5-6]。

目前,南水北调中线干线渠道上使用的超声波流量计均为时差式超声波流量计,主要是瑞士瑞特迈尔(Rittmeyer)公司的RISONIC modular型号设备,另有少数断面仍保持为RISONIC2000型号,并依据全线各类闸门的重要程度及功能分区,分别选择8声道、4声道和2声道换能器[5](图1)。与传统的其他测流仪器相比,时差式超声波流量计具有精度高、安装简便、使用可靠等优点,适应于河(渠)宽小于100m的明渠和封闭管道等的水量测量[7]。

作为一项辅助功能,Rittmeyer时差式超声波流量计在实时测流的同时,通过内部计算程序,可同步提供渠道水温监测数据。本文通过对超声波流量计水温观测工作原理和监测数据精度的系统介绍与分析,进而揭示Rittmeyer时差式超声波流量计水温观测数据在流量计工作状况和相关故障检测诊断中,以及南水北调中线干线总干渠冬季冰期输水期间重点渠段水温变化监测等方面的应用前景。

图1 RISONIC modular流量计主机配置

1 测量原理

1.1 流速测量

在南水北调中线应用的Rittmeyer时差式超声波流量计属于流速面积法流量计,其工作原理是利用超声波在水流中的传播特性,用一组或几组超声波换能器来测量同水层线平均流速,用水位计测量水深(图2)。若为规则断面,通过水深计算断面面积,之后采用多层流速积分计算出流量;若为不规则断面,则需要建立断面水深—面积数学模型,根据测量的各层流速和水深自动计算流量。其中,线平均流速的计算是通过在上下游与流速方向成一定的夹角(通常45°)分别布置一组两个流速传感器,互相发射和接收超声波,以检测两个传感器(换能器1和2)之间超声波信号的传播时间差,进而计算出沿测量路径的平均速度 $\overline{v}_a$(图3)[8-10]。

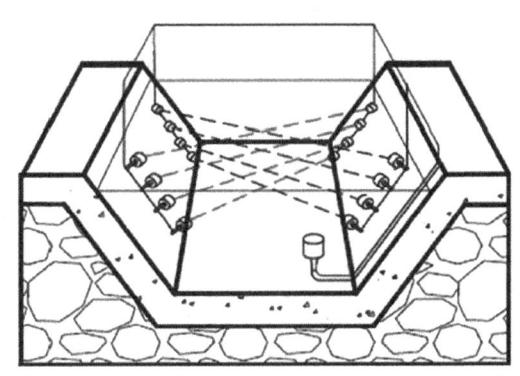

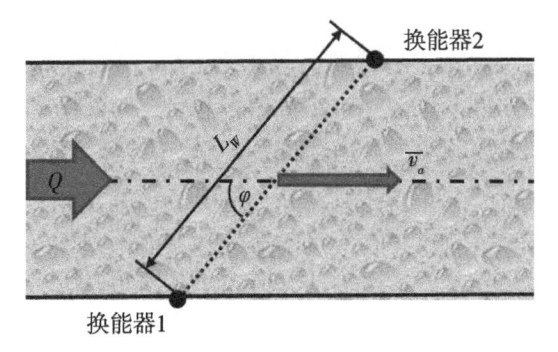

图2 渠道流量计(现地测量单元)安装示意图[11]

图3 线平均流速计算原理

通过声学时差法流速仪测得顺、逆流方向的超声波传输时间差,并代入下列公式,可得出这两组传感器之间连线的平均流速。

$$t_{12} = \frac{L_w}{C + \overline{v}_a \cos\varphi} \quad (1)$$

$$t_{21} = \frac{L_w}{C - \overline{v}_a \cos\varphi} \quad (2)$$

$$\overline{v}_a = \frac{L_w}{2\cos\varphi}\left(\frac{1}{t_{12}} - \frac{1}{t_{21}}\right) \quad (3)$$

式中,t_{12}——正向传播时间;

t_{21}——逆向传播时间;

L_w——声路长;

φ——声路角;

C——静水声速;

$\overline{v}_a$——线平均水流速。

1.2 水温观测

Rittmeyer 时差式超声波流量计在测流的同时所提供的水温测量功能,并非是流量计携带有测温元件,而是利用超声波本身的测量原理而计算得出的温度值,即在由式

(1)、式(2)求解线平均流速 $\overline{v}_a$ 的过程中,亦可同步求得超声波在静水中的传播速度 C。

$$C = \frac{L_w}{2} \cdot \left(\frac{1}{t_{12}} + \frac{1}{t_{21}}\right) \qquad (4)$$

超声波在水中的传播速度与其频率无关,而是取决于水的温度、含盐度及水压。图4为超声波在 0~100℃ 纯水中的传播速度变化[12],其中部分温度下超声波的传播速度见表1[13]。通常情况下,明渠水压的影响可以忽略不计。在正常环境温度范围内,声波在淡水中的传播速度基本介于 1402~1555m/s,取决于水的特性。从图4中可以看出,当水温低于 50℃ 时,超声波在水中的传播速度具有唯一值,低于 1543m/s;当水温大于 50℃ 时,其声速与温度对应值将不再具有唯一性。而在由式(4)求得超声波在净水中的传播速度 C 后,Rittmeyer 时差式超声波流量计可借助图4的曲线构建关系函数[12-14]或通过温度与水中声速对照关系表[13],计算得到此时 C 值所对应的水体温度。

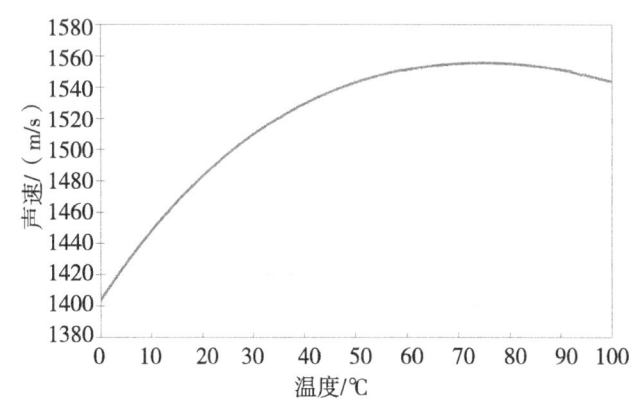

图4 超声波在 0~100℃ 纯水中的传播速度变化

表1　　　　　　超声波在纯水中部分不同温度下的传播速度

序号	温度/℃	速度 C/(m/s)	序号	温度/℃	速度 C/(m/s)
1	0	1402.3	19	18	1476.0
2	1	1407.3	20	19	1479.1
3	2	1412.2	21	20	1482.3
4	3	1416.9	22	21	1485.3
5	4	1421.6	23	22	1488.2
6	5	1426.1	24	23	1491.1
7	6	1430.5	25	24	1493.9
8	7	1434.8	26	25	1496.6
9	8	1439.1	27	26	1499.2
10	9	1443.2	28	27	1501.8
11	10	1447.2	29	28	1504.3
12	11	1451.1	30	29	1506.7

续表

序号	温度/℃	速度 C/(m/s)	序号	温度/℃	速度 C/(m/s)
13	12	1454.9	31	30	1509.1
14	13	1458.7	32	31	1511.3
15	14	1462.3	33	32	1513.5
16	15	1465.8	34	33	1515.7
17	16	1469.3	35	34	1517.7
18	17	1472.7	36	35	1519.7

2 应用方向

2.1 故障检测

通过监测每个声路对应的温度和声速,可检验流量计安装情况,以及对流量计工作状况和相关故障进行检测和诊断(图5)[15]。

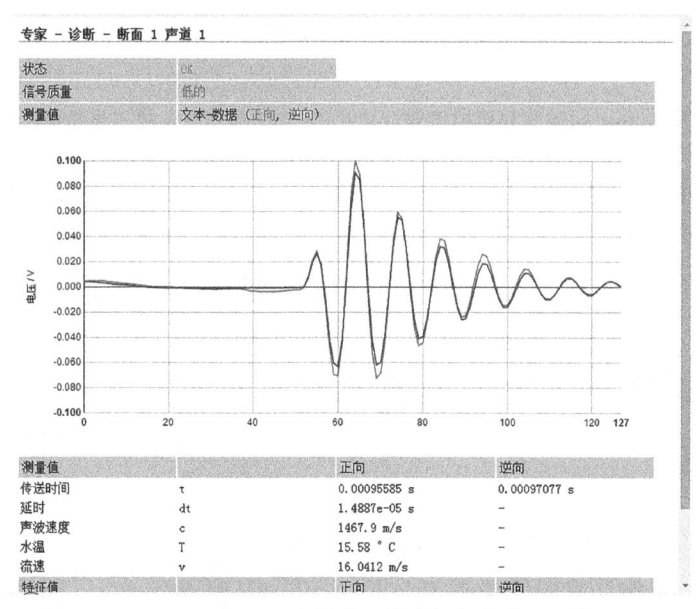

图 5 RISONIC modular 流量计系统诊断各声道图形窗口示例

1)检查每条声路声速与温度函数关系的连续性。
2)用标准温度测量对超声波测量的温度或速度进行标定。
3)几何数据误差检测,如果几何数据测量错误,测出的温度误差会很大。
4)用单独的标准温度测量标定每一个声路,检验每个声路的偏移量,以有效监测流量计工作状态。

2.2 水温监测

南水北调中线总干渠安装的 Rittmeyer 时差式超声波流量计在实施测流的同时,可同步提供各断面相应水温监测数据,其中流量计主机显示水温"T_m1",是由所有声路的水温数据算术平均得到。以 2022 年为例,得到基于 Rittmeyer 时差式超声波流量计的中线干线渠道主要断面每日 8:00 水温变化曲线(图6)。

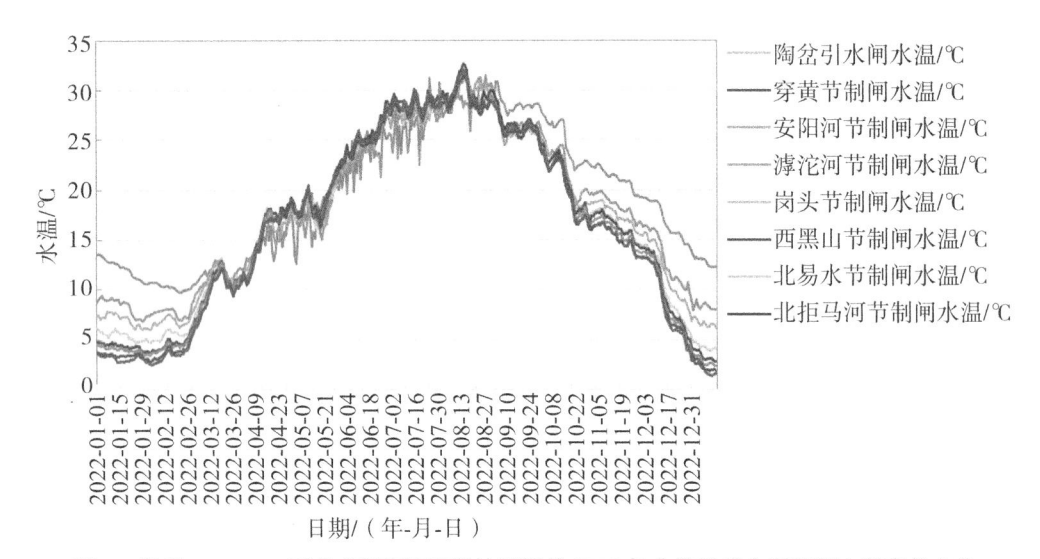

图 6　基于 Rittmeyer 时差式超声波流量计观测的 2022 年中线干线主要断面水温变化曲线

从图 6 中可以看出,中线干线渠道水温整体介于 0～35℃,且季节性变化趋势显著。在冬季 1 月中上旬至 2 月中旬间水温最低,之后不断升高,在夏季 8 月中上旬达到最高,之后则又逐渐降低。其间,在 3 月中下旬至 8 月中旬间,各断面水温差异并不明显,而在 1 月初至 3 月上旬和 8 月下旬至 12 月底间,水温自陶岔渠首向下游断面逐渐递减,其中明渠最北端北拒马河节制闸断面水温最低,梯度变化明显。

3　数据精度

根据中国代理商提供的资料[16],Rittmeyer 时差式超声波流量计使用环境温度要求为 −20～70℃,水温测量精度 ±1℃,尤其在 0～30℃ 精度较高,之后随着温度的增加水温监测精度呈现下降的趋势(图 7)。为此,在正常环境温度范围内,南水北调中线干线渠道内 Rittmeyer 时差式超声波流量计正常工作状态下观测的水温数据应具有较高的可信度。

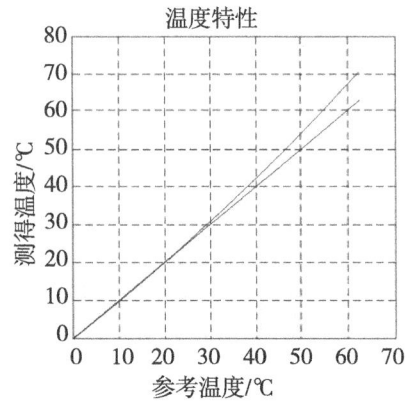

图 7　水温监测精度对照

近年来,南水北调中线依据干线冰情发展的空间分布特点,在冬季渠道冰情原型观测过程中,安阳河以北段分别布置了滹沱河倒虹吸、漕河渡槽、北易水倒虹吸和北拒马河渠段 4 个固定观测站,对应开展气象、水力和冰情观测。同时,根据 4 个固定测站所在渠段的布置、建筑物型式,结合冰情观测需要,在每个测站各自布置 3 个观测断面,共计 12 个观测断面,各观测断面位置桩号见表 2[17-18]。

表 2　　　　　　　中线干线冰期固定观测站水力观测断面空间布置

序号	观测站名称	水力观测断面位置 断面	水力观测断面位置 桩号	流量计安装位置 部位	流量计安装位置 桩号	备注
1	滹沱河倒虹吸	Ⅰ-Ⅰ	976+920	滹沱河倒虹吸出口节制闸	980+116	滹沱河倒虹吸测站的 3 个水力观测断面布置在滹沱河倒虹吸上游的顺直渠段
		Ⅱ-Ⅱ	977+400			
		Ⅲ-Ⅱ	977+780			
2	漕河渡槽	Ⅰ-Ⅰ	1109+200	岗头隧洞进口节制闸	1112+139	漕河渡槽测站 3 个水力观测断面布置在漕河渡槽至岗头隧洞之间渠段
		Ⅱ-Ⅱ	1111+250			
		Ⅲ-Ⅱ	1111+700			
3	北易水倒虹吸	Ⅰ-Ⅰ	1156+730	北易水倒虹吸出口节制闸	1157+587	北易水倒虹吸测站 3 个水力观测断面布置在倒虹吸进口上游的弯道内
		Ⅱ-Ⅱ	1156+870			
		Ⅲ-Ⅱ	1156+960			
4	北拒马河渠段	Ⅰ-Ⅰ	1197+480	北拒马河暗渠进口节制闸	1197+669	北拒马河渠段测站 3 个水力观测断面布置在北拒马河暗渠上游的顺直渠段
		Ⅱ-Ⅱ	1197+550			
		Ⅲ-Ⅱ	1197+580			

为进一步检验 Rittmeyer 时差式超声波流量计在南水北调中线干线渠道水温观测中的数据精度,分别选取滹沱河倒虹吸出口节制闸、岗头隧洞进口节制闸、北易水倒虹吸出口节制闸和北拒马河暗渠进口节制闸 4 处断面,对 2023 年 1 月冰期输水期间流量计观测水温数据,与其附近对应的滹沱河倒虹吸、漕河渡槽、北易水倒虹吸以及北拒马河渠段 4 个固定观测站冬季冰情原型观测期间的相应水温实测数据进行对比分析(图 8、图 9),其中各观测站水温每 6 小时观测一次,每天观测 4 次,每次取其各断面观测水温的平均值。

从图 9 中可以看出,虽然 4 个固定观测站水温观测断面与相应的 Rittmeyer 流量计安装位置并不完全一致,在空间上存在小幅偏差,但二者水温观测数值具有显著的线性相关性,一元线性拟合系数分别为 1.0021、1.0467、0.9225、0.9556,均接近于 1,且 R^2 值也都达到了 0.95 以上,其数值偏差基本都在±0.5℃以内,符合 Rittmeyer 时差式超声波流量计的水温测量精度要求。

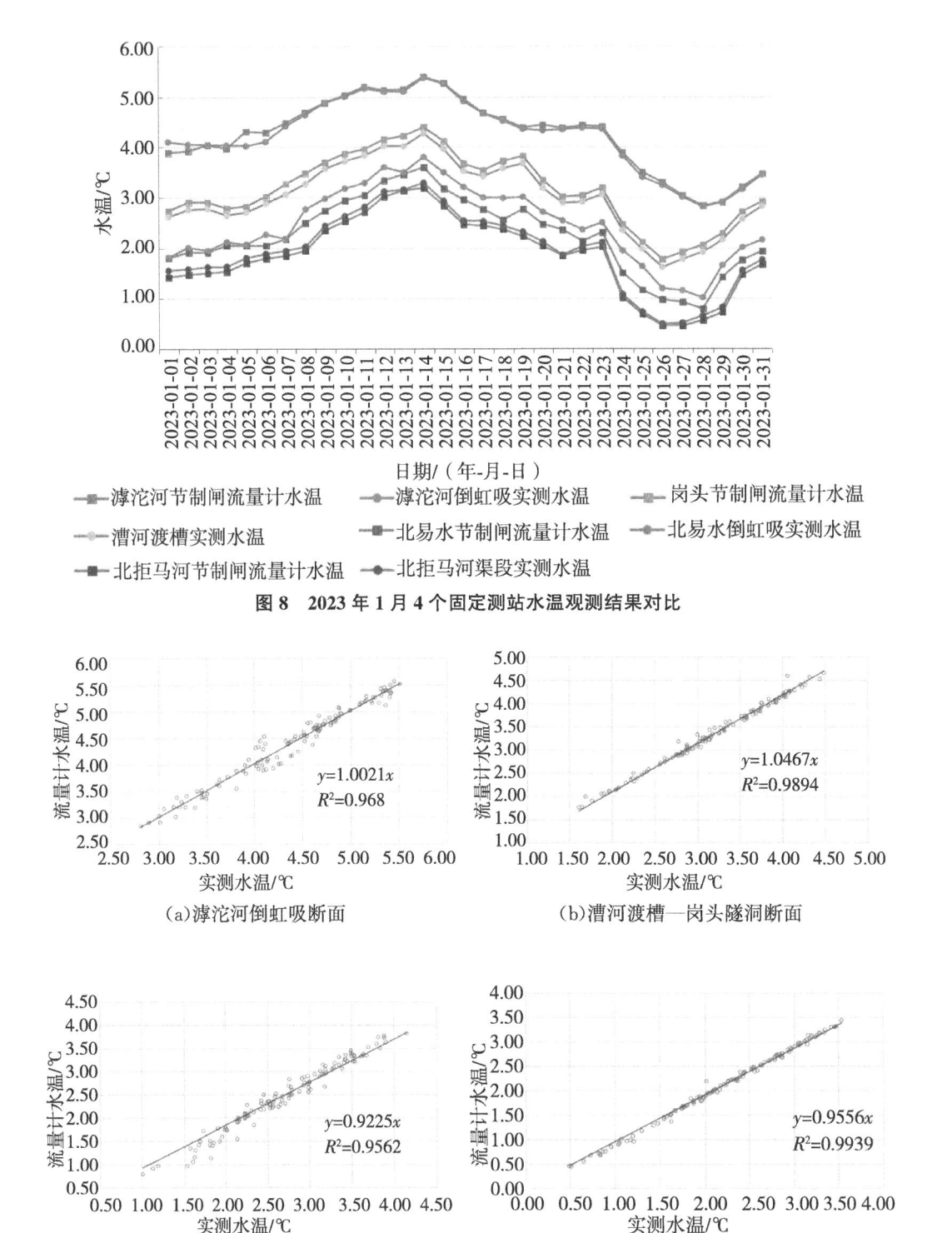

图 8 2023 年 1 月 4 个固定测站水温观测结果对比

图 9 2023 年 1 月 4 个固定观测站实测水温与 Rittmeyer 流量计水温拟合关系曲线

4 结论与讨论

Rittmeyer 时差式超声波流量计作为南水北调中线总干渠渠道过水流量实时观测的重要设备,按照超声波水中传播原理,在进行测流的同时,利用内部计算程序可同步开展渠道水温监测。本文在对超声波流量计水温观测工作原理系统介绍的基础上,利用 2023 年 1 月冬季冰期输水期间的 4 个固定观测站实测水温数据,与其对应的 Rittmeyer 时差式超声波流量计水温数据分别进行对比分析和线性拟合,结果显示:在正常环境温度范围内,Rittmeyer 时差式超声波流量计水温观测数据具有较高的可信度,在流量计工作状况和相关故障检测诊断,以及南水北调中线干线总干渠冬季冰期输水期间重点渠段水温变化监测等方面具有很好的应用前景。

同时需要指出的是,在具体的水温测量过程中,由于 Rittmeyer 时差式超声波流量计设计为液态水的测量,可测水温值大于 0℃。在当水体温度趋于 0℃ 时,水体中出现冰水混合物甚至大面积结冰后,由于水温测量允许误差为 ±1℃,流量计虽仍会显示水温值,但此时的观测数据已经失真,将无法正确指导冰期输水调度实践。

参考文献

[1] 崔巍,陈文学,姚雄,等. 大型输水明渠运行控制模式研究[J]. 南水北调与水利科技,2009,7(5):6-10+19.

[2] 刘之平,吴一红,陈文学,等. 南水北调中线工程关键水力学问题研究[M]. 北京:中国水利水电出版社,2010.

[3] 刘宪亮. 南水北调中线工程在华北地下水超采综合治理中的作用及建议[J]. 中国水利,2020(13):31-32.

[4] 李静,鲁小新. 南水北调中线干线工程自动化调度与运行管理决策支持系统总体框架初讨[J]. 南水北调与水利科技,2005,3(5):21-25.

[5] 王耿. 超声波流量计在南水北调中线工程中的应用[J]. 计量装置及应用,2010,20(2):37-39.

[6] 王丁坤,吕社庆,王珺. RISONIC2000 超声波流量计流量率定成果分析[J]. 人民黄河,2010,32(4):51-52.

[7] 中华人民共和国国家质量监督检验检疫总局,中国国家标准化管理委员会. 取水计量技术导则:GB/T 28714—2012[S]. 北京:中国标准出版社,2013.

[8] 郑春锋,钟惠钰. 超声波测流技术在望亭水利枢纽涵洞中的应用[J]. 水利建设与管理,2007(1):56-57.

[9] 樊勇,田云. 超声波流量计在昆明清水海引水工程中的应用[C]. 云南省水利学会 2013 年度学术交流会论文集,2013.

[10] 冷吉强. 跨流域调水工程宽明渠的测流技术[C]. 中国水利学会 2018 学术年会论文集第一分册,2018.

[11] 黄朝君,徐新喜. 南水北调中线工程陶岔渠首供水计量与校核[J]. 水利水电快报,2020,41(10):45-50.

[12] 郭晗,张万江. 流量计中超声波传播速度校正方案[J]. 中国仪器仪表,2008(12):75-76+80.

[13] 牛放. 高精度超声波流量计的流场分析及温度补偿方法研究[D]. 徐州:中国矿业大学,2020.

[14] Lubbers J, Graaff R. A simple and accurate formula for the sound velocity in water[J]. Ultrasound in Medicine and Biology,1998,24(7):1065-1068.

[15] 王舜,王常荣. Rittmeyer 时差式超声波流量计在胶东调水泵站中的应用研究[J]. 农业开发与装备,2020(7):139-140.

[16] 青岛清方华瑞电气自动化有限公司. 超声波流量计技术培训资料[Z]. 青岛:青岛清方华瑞电气自动化有限公司,2017.

[17] 李景刚,陈晓楠,卢明龙,等. 南水北调中线干线冰期输水动态调度初探[J]. 中国水利,2023(2):30-33.

[18] 杨金波,陈立楠,张威,等. 南水北调中线干线工程 2019—2022 年度冰期输水冰情原型观测成果报告[R]. 北京:中国电建集团北京勘测设计研究院有限公司,长江水利委员会长江科学院,2022.

南水北调中线输水调度水力调控多目标综合评估模型研究

陈晓楠　卢明龙　赵　慧　吴　淼

（中国南水北调集团中线有限公司，北京　100038）

摘　要：输水调度水力调控效果优劣的综合量化评估是优化调度控制的基础，对实现安全、精准、高效调度具有重要意义。针对具体的输水调度过程，从重点断面水位期望区间控制、渠道24小时降幅、渠道每小时降幅、其他断面水位期望区间控制、调度目标完成的时间、闸门回调次数、闸门操作次数等7个方面，构建了多目标评价指标体系。利用层次分析法计算得出各评价指标的权重，并利用模糊综合评判方法对调控效果优劣进行量化综合评估。将该综合评估模型应用于南水北调中线工程输水调度，模拟出3种典型调度方案，并通过定量计算不同方案的水力调控效果，实现不同方案效果综合评估和对比，验证了模型的有效性。该结果能够为提升南水北调中线工程输水调度质量提供支持，并为类似长距离输水调度工程提供有益的借鉴。

关键词：输水调度；多目标；综合评估；水力调控；南水北调中线工程

　　南水北调中线工程是缓解我国华北地区水资源短缺、改善该地区用水状况的大型跨流域调水工程。中线工程总干渠全长1432km，沿线共布设64座节制闸、97座分水口、54座退水闸、61座控制闸等水利建筑物[1]。截至2023年7月，中线工程已累计向北方供水超550亿 m³，其中向北方河流生态补水超90亿 m³，发挥出巨大的社会效益、生态效益、经济效益。

基金项目：水利青年科技英才资助项目。

第一作者：陈晓楠（1979— ），男，正高级工程师，博士，主要从事水资源管理、长距离输水调度等方面的研究。E-mail：chenxiaonan@nsbd.cn。

通信作者：吴淼（1990— ），女，四川安岳人，工程师，博士，主要从事生态流量管理、长距离输水调度等方面的研究。E-mail：wumiao@nsbd.cn。

中线工程工况复杂,输水线路长、分水口门多、沿线无调蓄水库,供水期间还需克服汛期、冰期等不利影响[2]。全线依靠几百个闸门的高度精准协调配合来完成供水任务,对调度操作人员经验要求高,输水调度技术难度大[3]。由于输水调度业务存在的"多目标""保安全""重实效"等特点,仅依靠人工先验经验制定输水调度策略难以胜任日益复杂的运行工况。而在以往研究中,大多数研究聚焦于输水调度目标优化、调度方式优化、渠道过流能力评估等方面[4],缺乏针对输水调度操作过程的优化评估,导致输水调度策略评估指标体系匮乏、综合评价机制不完善等。按照中线工程"增源挖潜扩能"的高质量发展思路[5-6],为了有效提升输水调度效率,亟须开展针对输水调度策略的多目标综合评估研究。本研究基于模糊数学原理,充分结合中线工程实际输水调度经验,统筹考虑输水调度的安全性与实效性,构建了完善的针对输水调度策略的综合评估指标体系,确定了各指标权重、指标隶属度函数,并采用最大隶属度原则对中线工程实际调度过程中3种典型输水调度策略进行模拟计算,从而实现了对不同输水调度策略的定量综合评估,以期为南水北调中线工程输水调度业务智慧化建设提供理论支撑。

1 输水调度策略多目标综合评估指标体系

1.1 综合评估指标筛选

对输水调度策略进行多目标综合评估,首先需要全面筛选出具有代表性的评估指标,并科学揭示各指标相对重要程度。指标的选择需要统筹考虑指标的"目的性""全面性""可行性""代表性""稳定性"等。对于中线工程而言,能够保障工程安全是输水调度操作合格的首要条件。为了提升中线工程输水调度效率,还需要考虑输水调度操作的时效性,即提升单位时间供水量。此外,完善的指标体系需在能够完整描述评价对象特征的前提下,提升指标体系的可移植性,去除冗余指标,即选择具有代表性且易获取的关键指标。

本研究聘请15名具有丰富输水调度经验的工作人员参与研究,充分结合输水调度实际,统筹考虑调度生产安全性、输水调度时效性和调度操作效率等因素,经过充分研判,最终筛选出7个代表性指标组成输水调度策略多目标综合评估指标体系。该指标体系包含工程安全类指标4个:重点断面水位期望区间控制、24小时水位降幅、每小时水位降幅、其他断面水位期望区间控制;工程时效性指标1个,调度目标完成的时间;操作效率指标2个,闸门回调次数、闸门操作次数。

1.2 指标权重计算

为了科学识别各指标重要程度,本研究选择层次分析法(Analytic Hierarchy

Process,AHP)[7-8]结合输水调度实际经验进行指标权重计算。选择输水调度经验丰富的专家筛选出日常调度过程中的重要指标,并采用1~9分标度法对指标进行两两对比判断打分,利用打分结果构造判断矩阵,最后利用Yaahp软件进行指标权重计算,最终得到指标权重向量$A=\{a_1,a_2,a_3,a_4\cdots,a_m\}$。

安全运行是调度操作需遵循的首要原则。对于中线工程而言,全线水利工程类型繁多、各类工程特征复杂。除此之外,按照中线工程输水调度相关管理规定,调度运行按照闸前常水位的运行方式,因此部分渠段运行过程中对水位要求较高。15名长期从事一线输水调度生产工作,具有丰富经验的调度生产人员对上述7个指标的重要程度进行两两判断打分,通过Yaahp软件计算指标权重(图1),指标权重排序结果为:重点断面水位期望区间控制≥24小时降幅>每小时降幅>其他断面水位期望区间控制>调度目标完成的时间>闸门回调次数>闸门操作次数。最终得到指标权重向量A=(重点断面水位期望区间控制,24小时降幅,每小时降幅,其他断面水位期望区间控制,调度目标完成的时间,闸门回调次数,闸门操作次数)=(0.2673,0.2673,0.1796,0.1241,0.0832,0.0462,0.0324)。

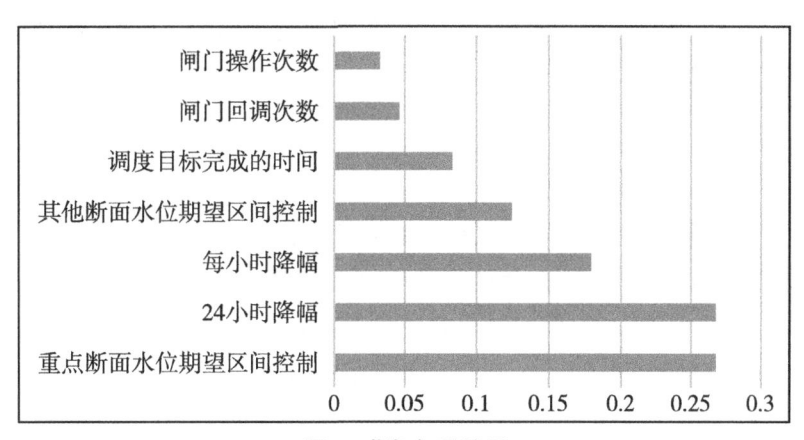

图1 指标权重结果

2 输水调度策略综合评估

输水调度策略综合评估是以安全调度为基本原则,以圆满完成输水调度任务为导向,从厘清不同调度思路差异出发,针对输水调度操作过程进行全局性评估。其核心在于分析不同调度思路条件下,各指标值在不同级别的隶属程度。为了定量评估优劣程度,构建各指标在不同级别的隶属度函数[9]。对于本研究中的输水调度策略综合评估首先需要确定评价对象,即不同的输水调度策略。设调度策略U由m个评价指标来评判描述,并根据实际输水调度经验划分评价等级。

$$U=\{u_1,u_2,u_3,u_4\cdots,u_m\}, u_m 为评价指标 \tag{1}$$

$$V=\{v_1,v_2,v_3,v_4\cdots,v_i\}, v_i \text{ 为评价等级} \quad (2)$$

建立关系矩阵 R,式(3)中 r_{mn} 表示被评价对象从评价指标 u_m 来看对 v_n 等级的隶属度,关系矩阵用于描述不同评价指标和等级之间的隶属度关系。

$$R = \begin{bmatrix} r_{11} & r_{12} & \cdots & r_{1n} \\ r_{21} & r_{22} & \cdots & r_{2n} \\ \vdots & \vdots & \ddots & \vdots \\ r_{m1} & r_{m2} & \cdots & r_{mn} \end{bmatrix} \quad (3)$$

最终得到综合评估模型为 $B=A*R$,其中 A 为指标权重向量。在实际应用中,将各评估指标数值带入隶属度函数公式并求出各评估指标对应各评价等级的相应隶属度,组成各级别相对隶属度矩阵 R,将隶属度计算结果通过归一化处理,并对各个等级进行赋分计算,好(Ⅰ)=100 分、较好(Ⅱ)=80 分、一般(Ⅲ)=60 分、较差(Ⅳ)=40 分、差(Ⅴ)=20 分,从而计算得到不同调度策略的综合评分。

由上述评估指标体系可知,中线工程输水调度策略优劣由 7 个指标综合表征。结合输水调度实际经验,本研究将调度策略的优劣划分为 5 个级别:差(Ⅴ)、较差(Ⅳ)、一般(Ⅲ)、较好(Ⅱ)、好(Ⅰ),确定不同指标在不同等级的边界阈值,针对不同指标构建不同等级的隶属度函数(表1)。

3 算例

为了更好地理解并验证上述评估模型,本研究以中线工程典型的增流问题为例应用上述评估模型,并结合实际输水调度经验制定 3 种典型操作策略,并综合评估其优劣。

案例描述:"因北京临时需要增加供水流量,为满足用户需求,需在保障安全的前提下,快速完成向北京供水流量由 20m³/s(两侧旁通管自流)增加至 40m³/s(左右侧各开启 2 台机组运行)。"

策略1:陶岔渠首增加流量后通过闸门不断联调快速向下游推进,以满足北京供水流量增加需求。

策略2:陶岔渠首增加流量后稳步向下游推进,先期可适当利用渠道槽蓄以满足尽快向北京增加流量的要求。

策略3:陶岔渠首调整流量后一部分快速向下游推进,一部分稳步推进,然后再利用部分渠道槽蓄,以满足尽快向北京增加流量的要求。

根据工程实际情况,在增流过程中应重点关注穿黄、孟坟河、汤河、南沙河、古运河、北拒马河关键断面的水位情况。分别按上述策略操作模拟,经过对评估指标分析计算,部分指标的实际效果差异显著(表2)。通过评估模型计算可知,3 种策略均能安全完成输水调度任务,定量评估其优劣(表3),最终得到策略1的综合评分为 53.61、策略2的综合评分为 61.97、策略3的综合评分为 77.98。

表 1　输水调度策略多目标综合评估指标隶属度函数

指标等级	好（Ⅰ）	较好（Ⅱ）	一般（Ⅲ）	较差（Ⅳ）	差（Ⅴ）	备注
重点断面水位期望区间控制	$y=1(0\leqslant x<2)$ $y=1-(x-2)/2$ $(2\leqslant x\leqslant 4)$ $y=0(x>4)$	$y=0(0\leqslant x<2)$ $y=(x-2)/2(2\leqslant x\leqslant 4)$ $y=1-(x-4)/2$ $(4<x\leqslant 6)$ $y=0(x>6)$	$y=0(0\leqslant x<4)$ $y=(x-4)/2(4\leqslant x\leqslant 6)$ $y=1-(x-6)/2$ $(6<x\leqslant 8)$ $y=0(x>8)$	$y=0(0\leqslant x<6)$ $y=(x-6)/2(6\leqslant x\leqslant 8)$ $y=1-(x-8)/2$ $(8<x\leqslant 10)$ $y=0(x>10)$	$y=0(0\leqslant x<8)$ $y=(x-8)/2$ $(8\leqslant x\leqslant 10)$ $y=1(x>10)$	x 为目标水位上下正负区间的绝对值,单位为 cm; y 为隶属度
24 小时降幅	$y=1(0\leqslant x<4)$ $y=1-(x-4)/4$ $(4\leqslant x\leqslant 8)$ $y=0(x>8)$	$y=0(0\leqslant x<4)$ $y=(x-4)/4$ $(4\leqslant x\leqslant 8)$ $y=1-(x-8)/4$ $(8<x\leqslant 12)$ $y=0(x>12)$	$y=0(0\leqslant x<8)$ $y=(x-8)/4$ $(8\leqslant x\leqslant 12)$ $y=1-(x-12)/4$ $(12<x\leqslant 16)$ $y=0(x>16)$	$y=0(0\leqslant x<12)$ $y=(x-12)/4$ $(12\leqslant x\leqslant 16)$ $y=1-(x-16)/4$ $(16<x\leqslant 20)$ $y=0(x>20)$	$y=0(0\leqslant x<16)$ $y=(x-16)/4$ $(16\leqslant x\leqslant 20)$ $y=1(x>20)$	x 为 24 小时降幅,单位为 cm; y 为隶属度
每小时降幅	$y=1(0\leqslant x<2)$ $y=1-(x-2)/2$ $(2\leqslant x\leqslant 4)$ $y=0(x>4)$	$y=0(0\leqslant x<2)$ $y=(x-2)/2(2\leqslant x\leqslant 4)$ $y=1-(x-4)/2$ $(4<x\leqslant 6)$ $y=0(x>6)$	$y=0(0\leqslant x<4)$ $y=(x-4)/2(4\leqslant x\leqslant 6)$ $y=1-(x-6)/2$ $(6<x\leqslant 8)$ $y=0(x>8)$	$y=0(0\leqslant x<6)$ $y=(x-6)/2(6\leqslant x\leqslant 8)$ $y=1-(x-8)/2$ $(8<x\leqslant 10)$ $y=0(x>10)$	$y=0(0\leqslant x<8)$ $y=(x-8)/2(8\leqslant x\leqslant 10)$ $y=1(x>10)$	x 为每小时降幅,单位为 cm; y 为隶属度
其他断面水位期望区间控制	$y=1(0\leqslant x<3)$ $y=1-(x-3)/3$ $(3\leqslant x\leqslant 6)$ $y=0(x>6)$	$y=0(0\leqslant x<3)$ $y=(x-3)/3(3\leqslant x\leqslant 6)$ $y=1-(x-6)/3$ $(6<x\leqslant 9)$ $y=0(x>9)$	$y=0(0\leqslant x<6)$ $y=(x-6)/3(6\leqslant x\leqslant 9)$ $y=1-(x-9)/3$ $(9<x\leqslant 12)$ $y=0(x>12)$	$y=0(0\leqslant x<9)$ $y=(x-9)/3(9\leqslant x\leqslant 12)$ $y=1-(x-12)/3$ $(12<x\leqslant 15)$ $y=0(x>15)$	$y=0(0\leqslant x<12)$ $y=(x-12)/3$ $(12\leqslant x\leqslant 15)$ $y=1(x>15)$	x 为目标水位上下正负区间的绝对值,单位为 cm; y 为隶属度

续表

指标等级	好（Ⅰ）	较好（Ⅱ）	一般（Ⅲ）	较差（Ⅳ）	差（Ⅴ）	备注
调度目标完成的时间	$y=1(0 \leqslant x<2)$ $y=1-(x-2)/2$ $(2 \leqslant x \leqslant 4)$ $y=0(x>4)$	$y=0(0 \leqslant x<2)$ $y=(x-2)/2(2 \leqslant x \leqslant 4)$ $y=1-(x-4)/2$ $(4<x \leqslant 6)$ $y=0(x>6)$	$y=0(0 \leqslant x<4)$ $y=(x-4)/2(4 \leqslant x \leqslant 6)$ $y=1-(x-6)/2$ $(6<x \leqslant 8)$ $y=0(x>8)$	$y=0(0 \leqslant x<6)$ $y=(x-6)/2(6 \leqslant x \leqslant 8)$ $y=1-(x-8)/2$ $(8<x \leqslant 10)$ $y=0(x>10)$	$y=0(0 \leqslant x<8)$ $y=(x-8)/2(8 \leqslant x \leqslant 10)$ $y=1(x>10)$	x 为调度目标实现的时间，单位为天数；y 为隶属度
闸门回调次数	$y=1(0 \leqslant x<3)$ $y=1-(x-3)/3$ $(3 \leqslant x \leqslant 6)$ $y=0(x>6)$	$y=0(0 \leqslant x<3)$ $y=(x-3)/3(3 \leqslant x \leqslant 6)$ $y=1-(x-6)/3$ $(6<x \leqslant 9)$ $y=0(x>9)$	$y=0(0 \leqslant x<6)$ $y=(x-6)/3(6 \leqslant x \leqslant 9)$ $y=1-(x-9)/3$ $(9<x \leqslant 12)$ $y=0(x>12)$	$y=0(0 \leqslant x<9)$ $y=(x-9)/3(9 \leqslant x \leqslant 12)$ $y=1-(x-12)/3$ $(12<x \leqslant 15)$ $y=0(x>15)$	$y=0(0 \leqslant x<12)$ $y=(x-12)/3$ $(12 \leqslant x \leqslant 15)$ $y=1(x>15)$	x 为闸门回调次数，单位孔门·次；y 为隶属度
闸门操作次数	$y=1(0 \leqslant x<700)$ $y=1-(x-700)/200$ $(700 \leqslant x \leqslant 900)$ $y=0(x>900)$	$y=0(0 \leqslant x<700)$ $y=(x-700)/200$ $(700 \leqslant x \leqslant 900)$ $y=1-(x-900)/200$ $(900<x \leqslant 1100)$ $y=0(x>1100)$	$y=0(0 \leqslant x<900)$ $y=(x-900)/200$ $(900 \leqslant x \leqslant 1100)$ $y=1-(x-1100)/200$ $(1100<x \leqslant 1300)$ $y=0(x>1300)$	$y=0(0 \leqslant x<1100)$ $y=(x-1100)/200$ $(1100 \leqslant x \leqslant 1300)$ $y=1-(x-1300)/200$ $(1300<x \leqslant 1500)$ $y=0(x>1500)$	$y=0(0 \leqslant x<1300)$ $y=(x-1300)/200$ $(1300 \leqslant x \leqslant 1500)$ $y=1(x>1500)$	x 为总操作孔门次数，单位孔门·次；y 为隶属度

表 2　　　　　　　中线工程 3 种输水调度策略实际效果

指标策略	策略 1	策略 2	策略 3
重点断面水位期望区间控制/cm	偏离目标水位范围 9	偏离目标水位范围 7	偏离目标水位范围 4
24 小时降幅 cm	10	15	9
每小时降幅/cm	8	5	3
其他断面/cm	平均偏离 15	平均偏离 7	平均偏离 5
调度目标完成的时间/天	3	7	5
闸门回调次数/(孔·次)	9	4	7
闸门操作次数/门次	420	1082	862

表 3　　　　　　　中线工程 3 种输水调度策略综合评估隶属度

优劣等级	好（Ⅰ）	较好（Ⅱ）	一般（Ⅲ）	较差（Ⅳ）	差（Ⅴ）	综合评分
策略 1	0	0	0	0.5	0.5	53.61
	0	0.5	0.5	0	0	
	0	0	0	1	0	
	0	0	1	0	0	
	1	0	0	0	0	
	0	0	1	0	0	
	1	0	0	0	0	
策略 2	0	0	0.5	0.5	0	61.97
	0	0	0.25	0.75	0	
	0	0.5	0.5	0	0	
	0	0.667	0.33	0	0	
	1	0	0	0	0	
	2/3	0.33	0	0	0	
	0	0.09	0.91	0	0	
策略 3	0	1	0	0	0	77.98
	0	0.75	0.25	0	0	
	0.5	0.5	0	0	0	
	0.33	0.667	0	0	0	
	0.667	0.33	0	0	0	
	0	0.667	0.33	0	0	
	0.19	0.81	0	0	0	

4 结论

1)综合考虑输水调度过程的安全性、时效性,结合中线工程输水调度实际工作经验,筛选出重点断面水位期望区间控制、24 小时降幅、每小时降幅、其他断面水位期望区间控制、调度目标完成的时间、闸门回调次数、闸门操作次数 7 个关键评估指标,建立了输水调度策略综合评估模型,通过计算各指标权重、构建隶属度函数、建立关系矩阵,使输水调度策略综合评估模型更具可操作性和可移植性。

2)结合实际调度经验计算出不同指标的优先级,结果表明在日常输水调度操作过程中,重点断面水位期望区间控制、24 小时水位降幅、每小时水位降幅是输水调度工作人员重点关注的指标。其他断面水位期望区间控制、调度目标完成的时间则是输水调度工作人员在操作过程中一般关注的指标。闸门回调次数、闸门操作次数则是输水调度工作人员鲜少关注的指标。各指标的排序与输水调度过程中的实际情况较为相符。因此,用层次分析法计算出的输水调度策略综合评估指标的权重值比较准确、可信,可为下一步进行输水调度策略综合评估提供技术支持。

3)通过模拟比较中线工程输水调度过程的 3 种典型调度策略,得出综合评分结果排序为:策略 1＜策略 2＜策略 3。在 3 种调度策略中,策略 3 相对最优。计算结果表明,在保障输水调度过程安全的前提下,调度过程需要适时利用渠道槽蓄满足泵站启泵流量调增要求,尽量保障全线水位变化平稳。

参考文献

[1] 陈晓楠,靳燕国,许新勇,等.南水北调中线干线智慧输水调度的思考[J].河海大学学报(自然科学版):2023:1-11.

[2] 王浩,雷晓辉,尚毅梓.南水北调中线工程智能调控与应急调度关键技术[J].南水北调与水利科技,2017,15(2):1-8.

[3] 曹玉升,畅建霞,黄强,等.南水北调中线输水调度实时控制策略[J].水科学进展,2017,28(1):133-139.

[4] 黄婕妤.调水工程多目标优化调度及方案决策研究[D].郑州:郑州大学,2022.

[5] 推进南水北调后续工程高质量发展[J].中国水利,2021,930(24):14-15.

[6] 许继军.新时期南水北调工程战略功能定位与发展思路研究[J].中国水利,2021,917(11):12-14.

[7] 符学葳.基于层次分析法的模糊综合评价研究和应用[D].哈尔滨:哈尔滨工业大学,2011.

[8] 郭金玉,张忠彬,孙庆云.层次分析法的研究与应用[J].中国安全科学学报,2008,18(5):6.

[9] 黄守渤.供水调度决策多目标状态评价体系研究[D].上海:同济大学,2008.

南水北调中线典型输水渠道水力响应特性分析

陈晓楠 刘帅杰 张 磊

(中国南水北调集团中线有限公司,北京 100038)

摘 要:南水北调中线工程以明渠为主,靠重力自流输水,线路长、分水口门多,且沿线无调蓄水库,需通过大量闸门之间的高度协调配合实现供水目标,调度难度大。闸门调控引起渠道的水面线变化是多个波传播、反射、叠加、衰减的结果,而渠道输水水力响应特性是实施精准调度的重要依据之一,对节制闸调整后明渠水波传播速度和下游水力响应时间等进行研究具有重要意义。选取湍河节制闸至严陵河节制闸渠段作为典型研究对象,进行了6组"人工造峰"试验,利用实测数据监测水波到达下游节制闸的反应时间,并分别与相关性系数法分析的渠道下游反应时间、水力学模型计算的理论传播时间进行对比。结果表明,该渠段在模拟过流约200m³/s的情况下,利用3种方法计算得出的反应时间基本一致,大约为26min。该研究可为南水北调中线输水调度提供支撑,并对其他类似的长距离明渠输水调度提供有益的借鉴。

关键词:南水北调中线工程;明渠水波;水力响应

南水北调中线工程"事关战略全局、事关长远发展、事关人民福祉",是缓解北方水资源短缺的"生命线"。中线工程主要采用明渠输水,具有输水线路长、无调节水库、运行工况复杂等特点。在实际调度过程中,任意节制闸的动态调控都会产生复杂的水力响应过程,使得局部或者整体的水情变化趋势发生明显改变。为了分析在调度运行过程中,水波的传播规律以及渠段之间的水力响应特征,开展典型输水渠道水力响应特性分析,对提高中线工程的精准调度和智慧化调控水平有实际意义。

近年来,许多学者就渠道水力响应特性进行了大量的研究。研究结果表明,水流在渠道自流过程中,闸门开度的变化会引起过闸流量的变化,并以移动波的形式传播,输水渠道的水力响应过程与渠道水深、渠道流速、断面几何尺寸、闸门开度变化幅度等有着十

第一作者:陈晓楠(1979—),男,正高级工程师,博士,主要从事输水调度、水文水资源研究。E-mail:chenxiaonan@nsbd.cn。

分密切的关系;同时对大型、复杂的输水渠道还需要以南水北调中线典型渠道为对象,进一步对渠道的水力响应特性进行研究分析。因此,本文选择湍河渡槽进口节制闸至严陵河渡槽进口节制闸之间的渠道作为典型渠道,进行人工造峰试验,采集实测数据,采用人工观测、相关性系数分析和理论公式计算3种方法,对该段典型渠道进行水力响应特性分析,并相互对比,得出研究的结论。

1 典型输水渠道水力响应特性分析方案

1.1 典型输水渠道的选取原则

南水北调中线总干渠跨度大,渠道设计流量、断面尺寸差别较大,过流建筑物种类多。考虑到这些差异,研究的节制闸及其所在的渠道的断面尺寸和流量特征必须具有代表性。为了保证模拟试验数据的准确可靠,要尽可能减小渠道首末端边界的影响。应选择典型输水渠道的首末端距离、流量适中的两个节制闸,并向上下游各延伸一个节制闸,共4个节制闸,以48小时以前节制闸闸前水位、瞬时流量、瞬时流速、闸门开度等重要水情参数基本没变化作为选择的基本边界条件。基于以上原则选择了湍河渡槽至严陵河渡槽作为典型输水渠道为模拟试验渠段。

1.2 典型输水渠道的基本信息

1.2.1 湍河渡槽

湍河渡槽是总干渠大型跨河建筑物之一,总长度1030m。槽身段长720m,坡比1:2880。槽身为相互独立的3槽预应力混凝土"U"形结构,单跨40m,共18跨(图1)。闸底高程139.25m,闸顶高程147.562m,设计水位145.65m,加大水位146.37m,设计流量350m³/s,加大流量420m³/s。

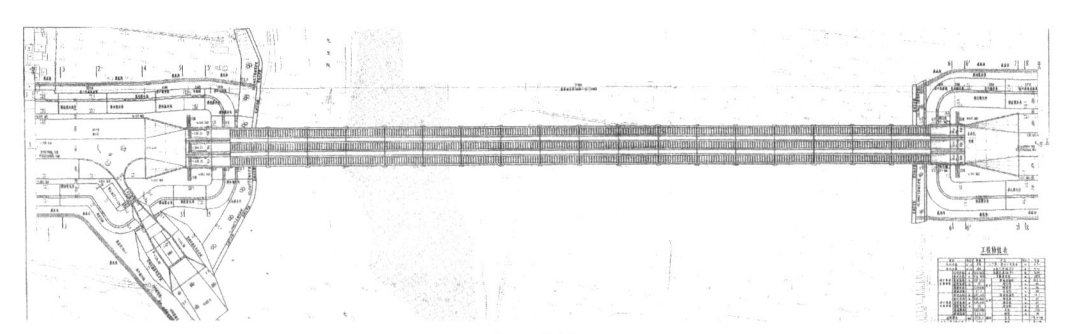

图1 湍河渡槽平面图

1.2.2 严陵河渡槽

严陵河渡槽是总干渠穿越严陵河的交叉建筑物,总长度540m。槽身段全长240m,

结构型式为单箱梁式结构,跨距40m,共6跨,上部结构为预应力箱型简支梁,采用双线双槽布置,单槽净宽14m(图2)。设计水位144.74m,加大水位145.47m,设计流量340m³/s,加大流量410m³/s。

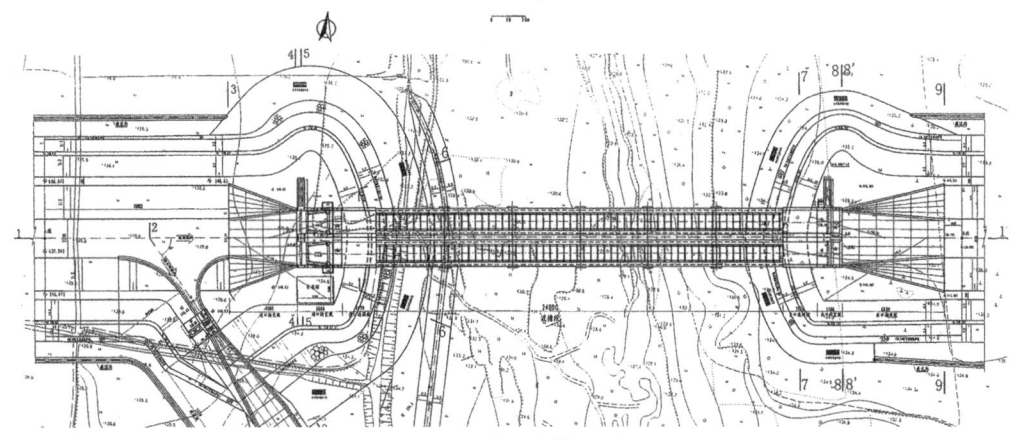

图2 严陵河渡槽平面图

1.2.3 渠段基本信息

湍河渡槽至严陵河渡槽之间的渠道为全断面采用混凝土衬砌。本渠段长度约11.3km,过水断面型式为梯形断面,综合糙率0.015,渠底宽度15.5~23.0m,渠道设计水深8.0~7.5m,渠道纵坡1/25000,边坡系数2.0~3.25,多为挖方段工程(图3)。上游湍河节制闸至下游严陵河节制闸为闸孔出流,均在节制状态。

1.3 模拟试验工况

试验时期,渠道过流在200m³/s左右,试验期间下游严陵河节制闸开度始终保持不变,通过调整上游湍河节制闸闸门开度,分别按照+5m³/s、-5m³/s、+7m³/s、-7m³/s、-10m³/s、+10m³/s的流量变化幅度起闭闸门(表1)。下游严陵河节制闸的水位和流量呈现相应的变化,分析下游严陵河节制闸的实测水位变化时间,推算渠道水力响应时间。

表1 6种模拟试验工况

序号	上游过闸流量/(m³/s)	流量变化/(m³/s)	闸门开度/mm	闸门开度调整幅度/mm
工况一	200	5	2450,2490,2450	110,110,110
工况二	205	-5	2550,2600,2550	-110,-110,-110
工况三	200	7	2450,2490,2450	160,110,160
工况四	207	-7	2600,2600,2600	-160,-110,-160
工况五	200	-10	2450,2490,2450	-250,-250,-250
工况六	190	+10	2190,2240,2190	250,250,250

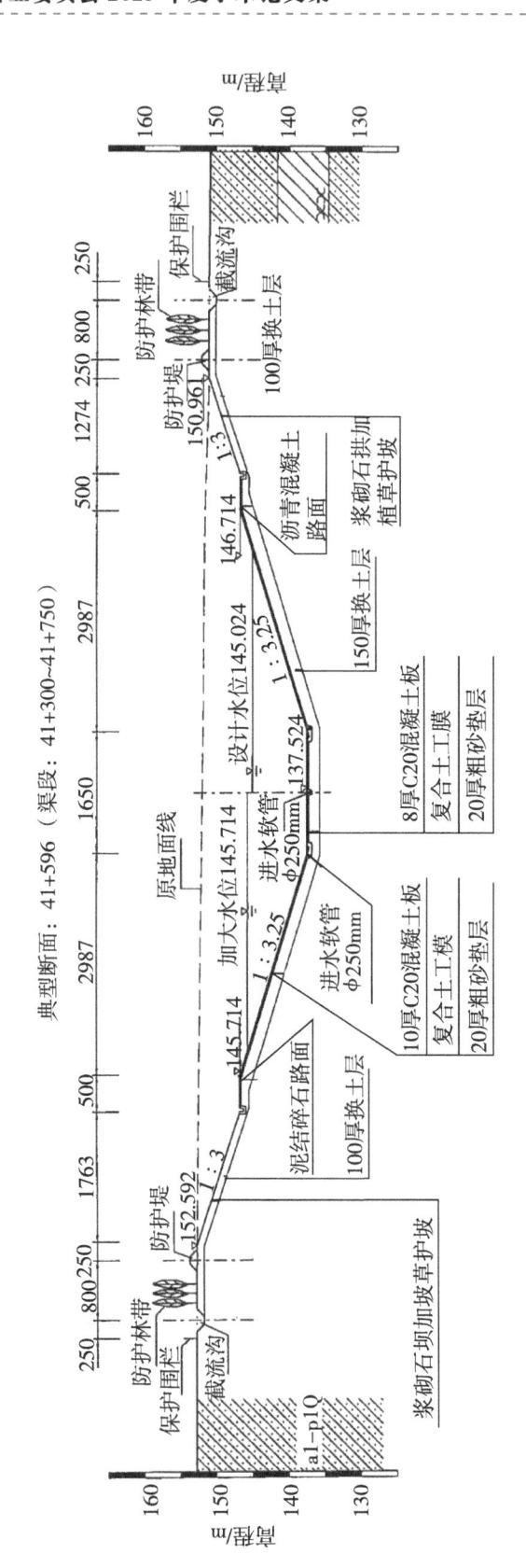

图3 挖方段渠道典型断面（单位：mm）

2 渠道水力响应研究模型建立

2.1 人工分析实测数据

人工造峰试验数据采集频率为1次/min,数据涵盖上下游闸门动作前后数小时,主要包括节制闸闸前水位、闸后水位、闸门开度、流量等。分析步骤为:首先以上游湍河渡槽闸门动作完成时间作为起始时间点,观察下游严陵河渡槽闸前水位变化情况,再以严陵河渡槽闸前水位有明显变化的时间作为终止时间点,然后记录起始之间至终止时间的时长,最后依次用该步骤完成所有试验工况下的实测数据的分析,并做好结果的记录汇总。

2.2 理论公式模拟计算

输水渠道中移动波相对于水流的传播速度为:

$$C = \pm\sqrt{gA/B} \tag{1}$$

式中,C——波速,m/s;

g——重力加速度,m/s^2;

A——断面面积,m^2;

B——水面宽度,m。

式(1)中"+"号表示波由上游顺着水流方向传播;"-"号表示波由下游向上逆着流程传播。如果水流速度为v,则波的绝对速度为:

$$w_{\pm} = v \pm \sqrt{gA/B} \tag{2}$$

滞后时间:

$$\tau = \frac{L}{w_{\pm}} = \frac{L}{v \pm \sqrt{\frac{g(mh+b)h}{b+2mh}}} \tag{3}$$

式中,L——渠道长,m;

v——流速,m/s;

b——渠道底宽,m;

h——渠道水深,m;

m——渠道边坡系数。

显然移动波的传播速度与渠道水深成反比关系,代入渠道各参数,用此理论公式可计算移动波的传播时间。

2.3 相关性系数(CORREL函数)模拟分析

水波的传播过程是有滞后性的,当上游产生水波后,传播到下游有一定的滞后时间,上游人工造峰开始以后,记录开始时间,先假定一个时间值为滞后时间,采用时间序列相关性系数函数分析,通过计算不同滞后时间下相对应的闸前水位的相关性系数,利用相关性(相关性分为正相关和负相关,相关性系数接近 1 或者-1 都被认为有较大的相关性)来衡量水波的相似度,相关性系数最大值所对应的滞后时间则表示为最相似的水波传播到下游所需时间,即为水力响应时间。

通过理论公式计算得出湍河节制闸到严陵河节制闸渠段的水力响应时间约为 27min。截取以试验前稳定状态时为起始点,先截取 30 个上游湍河节制闸时间频率为 1min 的闸前水位的数据,与再以模拟时间差为 22~31min 为起点截取 30 个下游严陵河节制闸闸前水位的数据组成 10 组闸前水位数据,然后分别用相关系数函数计算出相对应的 10 组闸前水位数据的相关性系数,再按照此步骤依次计算出另外 5 次试验采集数据相对应的相关性系数,最后将所有计算出的相关性系数进行比对,分析每组最大的相关性系数所对应的滞后时间是否一致。

3 计算结果分析

3.1 水情数据分析

选取模拟试验工况一的实测数据进行人工分析,见表 2。

表 2　　　　　　　　　　模拟试验工况数据(工况一)

时间	湍河渡槽节制闸		严陵河渡槽节制闸	
	闸前水位/m	闸门开度/mm	闸前水位/m	闸门开度/mm
2023-03-20 06:55	145.98	2450,2490,2450	145.11	1910,1970
2023-03-20 06:56	145.98	2450,2490,2450	145.11	1910,1970
2023-03-20 06:57	145.96	2560,2600,2650	145.11	1910,1970
2023-03-20 07:23	145.96	2560,2600,2650	145.12	1910,1970
2023-03-20 07:24	145.96	2560,2600,2650	145.12	1910,1970
2023-03-20 07:25	145.96	2560,2600,2650	145.13	1910,1970

根据工况一的实测数据观察分析,湍河渡槽节制闸调增流量约 $5m^3/s$,闸门上调幅度 110、110、110,2023 年 3 月 20 日 6 时 57 分闸门开度上调完成开始作为起始时间点,观察下游严陵河渡槽闸前水位有明显稳定上涨的时间点为 2023 年 3 月 20 日 7 时 23 分,时间间隔约为 26min。

按照上述方法依次分析另外 5 个工况实测数据,分别分析出时间间隔为 27、27、27、26、27min。

3.2 理论公式计算

代入式(3),将湍河渡槽至严陵河渡槽渠道参数,依次计算出6种模拟试验工况下渠道的水力响应时间,见表3。

表3　湍河渡槽至严陵河渡槽渠道参数

工况	渠道底宽 b /m	渠道边坡/m	渠道长 L /m	渠道水深 h /m	流速 v /(m/s)	响应时间 t /min
工况一	16.5	3.25	11300	7.48	0.58	25.60
工况二	16.5	3.25	11300	7.51	0.59	25.52
工况三	16.5	3.25	11300	7.51	0.61	25.45
工况四	16.5	3.25	11300	7.53	0.63	25.36
工况五	16.5	3.25	11300	7.55	0.63	25.33
工况六	16.5	3.25	11300	7.57	0.64	25.27

理论公式计算结果可以表明,同一渠道内渠道水深、流速对渠道的水力响应时间影响较大,渠道水深、流速越大,响应时间越小,在6种模拟试验工况下,湍河渡槽至严陵河渡槽之间的渠道水力响应时间为25~26min。

3.3 相关性系数(CORREL函数)模拟计算

选用湍河节制闸和严陵河节制闸的闸前水位数据,以2023年3月20日时55分试验数据的时间点为湍河节制闸水位数据的起始时间点,以步长为1min,时间差为22~31min间隔,选取严陵河节制闸的闸前水位数据,分别选出30个闸前水位数据,计算这组数据两个序列的相关系数函数。湍河节制闸和严陵河节制闸的闸前水位变化过程曲线见图4。

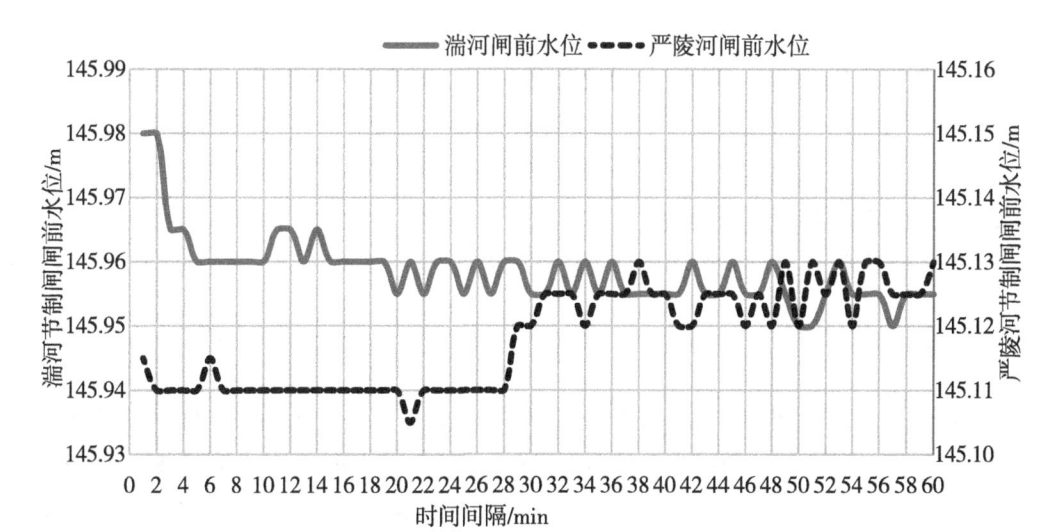

图4　湍河节制闸和严陵河节制闸的闸前水位变化过程曲线

按照上述方法依次计算另外 5 个工况实测数据相对应的相关性系数,见表 4。该相关性系数反映的是上下游闸前水位相关性,上游闸门调增开度或调减开度,上游闸前水位会出现减小或者增大,而下游闸前水位会出现相应的增大或减小,呈负相关性,相关性系数越接近 -1,表明两组数据的负相关性越强,相关性系数最大值所对应的滞后时间即为该渠道水力响应时间。从 6 种模拟试验工况计算结果分析得出,水力响应时间为 25~27min。

表 4　湍河渡槽与严陵河渡槽渠道滞后时间所对应的相关性系数

滞后时间/min	工况一	工况二	工况三	工况四	工况五	工况六
22	-0.465	-0.370	-0.729	-0.604	-0.708	-0.703
23	-0.572	-0.521	-0.667	-0.583	-0.742	-0.769
24	-0.589	-0.499	-0.766	-0.558	-0.784	-0.792
25	-0.617	-0.472	-0.827	-0.644	-0.806	-0.844
26	-0.653	-0.575	-0.765	-0.674	-0.837	-0.843
27	-0.679	-0.650	-0.608	-0.701	-0.924	-0.874
28	-0.511	-0.566	-0.645	-0.663	-0.834	-0.839
29	-0.339	-0.341	-0.374	-0.448	-0.571	-0.608
30	-0.275	-0.066	-0.349	-0.112	-0.416	-0.228
31	-0.169	0.035	-0.044	-0.018	-0.294	-0.124

3.4　计算结果分析

人工分析实测数据方法得出的水力响应时间为 26~27min,理论公式计算出的水力响应时间为 25~26min,相关性系数函数分析得出的水力响应时间为 25~27min,表明这 3 种方法得出的水力响应时间基本一致,为 26min 左右。在渠道长约 11km、过流 200m³/s、上游流量调整变化幅度 5~10m³/s 的情况下,用此 3 种方法得出的水力响应时间均具有参考意义。对于闸门开度调整较小、上游流量变化不大的情况,用人工分析实测数据和相关性系数函数的方法较为困难,建议使用理论公式计算的方法。对于渠道实际组成较为复杂、过流状态较为复杂的渠道,则用于理论公式计算时所使用的参数不统一,差别较大,计算比较困难,不建议使用理论公式计算的方法。

4　结论

为研究正常输水调度工况下南水北调中线工程总干渠的水力响应特性,选取了湍河渡槽至严陵河渡槽之间的典型渠段为研究对象,利用人工分析、理论公式计算、相关性系数计算 3 种方法对该渠道的水力响应进行研究。结果表明,3 种方法得出的结果比较一致,即该渠道在这 6 种模拟试验工况下的水力响应时间为 26min 左右,验证了这 3 种方法用来研究渠道水力响应特性的可行性。另外,通过计算结果分析发现,渠道内的水深和流速越大,渠道的水力响应时间越小,且水力响应时间与上游过闸流量的变化有一定关系。本文仅选取了湍河渡槽至严陵河渡槽之间的典型渠道进行初步分析探讨,后续将利用上述方法进一步研究中线总干渠其他渠段的水力特性,并在人工造峰试验过程中增大闸门调整的幅度,进一步探讨分析结果的可靠性以及研究各类方法的适用范围。

参考文献

[1] 丁志良.长距离输水渠道水力特性及运行控制研究[D].武汉:武汉大学,2009.
[2] 方神光,吴保生.南水北调中线干渠闸前变水位运行方式探讨[J].水动力学研究与进展,2007,22(5):633-639.
[3] 方神光,吴保生,傅旭东.南水北调中线干渠闸门调度运行方式探讨.水力发电学报,2008,27(5):93-97.
[4] 刘孟凯,王长德,冯晓波.长距离控制渠系结冰期的响应分析[J].农业工程学报,2011,27(2):20-27.
[5] 范杰,王长德,管光华,等.渠道非恒定流水力学响应研究[J].水科学进展 2006,7(1):55-60.
[6] 崔巍,王长德,管光华,等.渠道运行管理自动化的多渠段模型预测控制[J].水利学报,2005,36(8):1000-1006.

淤泥河渡槽降压站通风风机"切非"问题研究

肖会范　李华茂　秦卫贞

（中国南水北调集团中线有限公司河南分公司，安阳　456100）

摘　要：淤泥河渡槽降压站的通风风机不能在消防报警的状态下实现"切非"功能，不满足相关消防规范要求，存在消防安全隐患。通过对消防控制电器元件工作原理的研究，制定了更换风机控制开关，调整消防信号线和电源线的方案。通过现场测试证明，研究方案能够实现风机"切非"功能，取得了"花小钱办大事"的效果。

关键词：通风风机；切非；分励脱扣；反馈；空气开关

1　基本情况

淤泥河渡槽降压站的高压配电室和变压器室中分别安装有通风风机，风机控制箱设置在低压配电室。风机有两种运行模式：一是手动模式，通过风机控制箱箱门上的按钮手动启停；二是自动模式，通过火灾报警控制器控制启停。

2　存在问题

对照辖区其他闸站及消防完善项目设计报告，淤泥河渡槽降压站通风风机存在以下问题：

1）未与火灾报警系统联动，发生火灾后不能自动切断风机电源，实现"切非"的功能，且不能向消费控制器反馈信息。

2）风机未采用定时开关控制运行，在高压配电室和低压配电室湿度过大时，不能定时启动进行通风除湿。

第一作者：肖会范，男，工程师，主要从事水利工程信息系统运行维护、消防及安全生产等专业的管理和研究。E-mail：xiaohuifan@nsbd.cn。

3 整改的必要性和可行性

通风风机切电和定时启停功能,辖区其他闸站已在消防完善改造项目中更换风机控制箱实现,对淤泥河渡槽降压站风机增加切电和定时启停功能十分必要。

目前,淤泥河渡槽降压站火灾报警控制器和风机控制箱之间有控制线和反馈线,在不更换风机控制箱的情况下,更换一个带分励脱扣和反馈功能的空气开关,增加一个定时开关,在风机控制箱内部进行少量接线,即可实现风机消防切电和定时启停功能,可以充分利旧,符合节约成本勤俭办企的原则。方案已在现场测试,可以实现预期功能。

4 方案研究

4.1 方案

4.1.1 控制原理(图1)

(1)风机控制箱切电及反馈

火警时火灾报警控制器给继电器输出24V DC信号,继电器线圈通电接通220V AC给切电开关脱扣器,切电开关脱扣主回路断开,反馈常开触点闭合,火灾报警控制器收到反馈信号。

(2)定时开关控制

风机控制箱转换到自动模式,定时器输出端给交流接触器的线圈供电,交流接触器吸合,风机启动,定时开关无输出电压时,交流接触器主回路断开,风机停止运行。

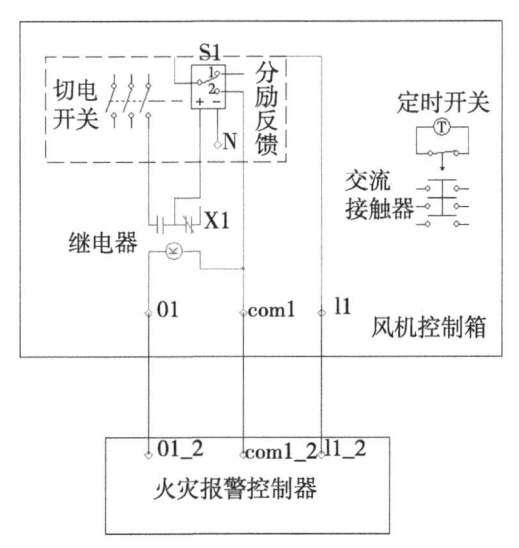

图1 风机控制箱消防切电及定时启停原理

4.1.2 设备选型

(1)切电开关(图2)

风机控制箱总电源开关为3P C32带漏电保护的空气开关,因上一级开关已具有漏电保护功能,本次还需增加定时开关,为节约箱子内空间,切电开关选不带漏电保护功能,带220V AC 脱扣和1常开1常闭反馈触点的3P C32开关。脱扣器可选的脱扣电压有24V和220V,选择220V脱扣可以从主回路引入切电信号,能量充足,可以保证可靠脱扣切电。火灾报警控制器提供的24V电压不能可靠推动脱扣器动作,火灾报警控制器仅需给继电器的线圈供电即可。

(2)定时开关(图3)

风机控制箱中空间比较紧凑,选型主要考虑在风机控制箱能够装下切电开关和定时开关,采用小型轨道式安装的型号可以满足需求。

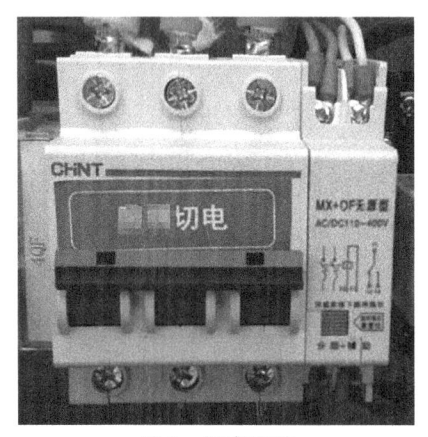

图2 切电开关 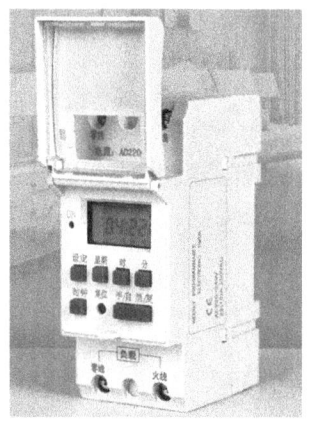　　　　图3 定时开关

4.1.3 安装

(1)安装前准备和安全注意事项

开始安装前,先断开风机控制箱的总电源开关和低压配电柜中风机配电箱电源开关,并用验电笔测试设备是否带电;关闭火灾报警控制器主电和备电;对配电箱内部拍摄照片留存。准备好主材辅材及安装工具;安装人员须具有消防及电工相关资格证书;安装调试完工后及时清理现场,做到工完料净场地清。

(2)切电开关及定时开关安装

拆除风机控制箱中总电源开关,安装带分励脱扣和反馈功能的空气开关,安装定时开关。

(3)风机控制箱内部连线

1)切电功能接线。空气开关分励脱扣器的两个接线柱,一个接左侧继电器的被控火线输出端,另一个接零线;空气开关反馈常开的两个接线柱,一个接消防com1,另一个接消防I1。

2)定时开关接线。定时开关进线接一火一零,出线零接N,火线接37和43即可(37移到43上)。

4.1.4 设置

1)修改火灾报警控制器的多线盘定义,对应名称和类型由排烟机修改为切电。

2)修改联动公式,火警时风机控制箱联动切电。

3)按需要设置定时器开关的开关时间。

降压站改造前后拉线见图4、图5。

图 4　整改前 　　　图 5　整改接线

4.1.5 测试调试

(1)切电功能测试

按下火灾报警控制器多线盘对应按钮,或按下降压站火灾手动报警按钮,或测试触发一个感烟探测器,风机控制箱均应切电,且火灾报警控制器能收到切电反馈信号。

(2)风机手动模式下启停功能测试

风机原有的手动启停功能需保留,控制箱箱门上风机运行模式切为手动,按启动和停止按钮,测试风机的启停情况。

(3)风机自动模式下定时启停功能测试

控制箱箱门上风机运行模式切为自动,测试风机是否能按定时开关设置的时间启停。

4.2　材料清单及预算

材料清单及预算见表1。

表1　　　　　　　　　　　　　　　材料清单及预算

序号	名称	规格	数量	单位	单价/元	总价/元
1	切电开关	C32 3P 空气开关,带 220V 分励脱扣和反馈	1	个	80	80
2	定时开关	输入 AC220V,输出 AC220V 10A,内置充电电池,断电记忆,不少于 16 组时间设置,轨道安装	1	个	40	40
3	电源线	1.5mm² 阻燃软铜线	5	米	4	20

5　结论

1)实现了"切非"目的,解决了现场存在的问题,提高了消防安全保障水平。

2)本方案与更换风机控制箱相比,节约费用约1250元,约为更换费用的10%。在不降低运行标准的前提下,充分利旧是节约成本的一项重要举措。

3)通过"切非"问题的研究,有助于深入理解掌握火灾报警系统和电器元器件的控制原理,对提升动手能力和解决现场具体问题很有帮助。

模板加模袋混凝土技术在南水北调渠坡修复中的应用探索

秦卫贞[1]　李　飞[2]

(1.南水北调中线干线汤阴管理处,安阳　456100；
2.南水北调中线干线工程建设管理局河南分局,郑州　450000)

摘　要：通过模袋混凝土表面控制措施试验,探讨模板加模袋混凝土在南水北调干渠渠坡衬砌板修复中的应用前景。试验区域选在南水北调中线工程总干渠 K601+242.08～南水北调中线工程 K601+262.08 段右岸进行,拟定了模拟混凝土参数和 5 种表面平整度控制方案。通过试验,确定了最优表面平整度控制方案；试验得到的修复方案极大地克服了施工效率低、投资大、耗时长的缺点,不影响工程正常运行,具有较强的推广价值。

关键词：模袋混凝土；模板；渠道；衬砌板；修复

1　概述

南水北调中线干线工程是缓解我国北方水资源严重短缺、优化配置水资源的重大战略性基础设施。总干渠从大坝加高后的丹江口水库陶岔渠首闸引水,经唐白河流域西部过长江流域与淮河流域的分水岭方城垭口,沿黄淮海平原西部边缘,在郑州以西李村附近穿过黄河,沿京广铁路西侧北上,基本自流到北京、天津。干线全长 1432.485km,其中明渠长 1103.213km,渡槽、暗渠、涵洞、倒虹吸等建筑物 2241 座累计长 94.155km；北京、天津段管涵长 235.113km。干线渠道全部采用现浇混凝土衬砌,渠坡一般为 10cm 混凝土等厚板,渠底一般为 8cm 混凝土等厚板。混凝土强度等级为 C20,抗冻等级 F150,抗渗等级 W6。渠道衬砌分缝间距按 4m 控制,通缝和半缝间隔布置,缝宽 2cm。分缝临水侧

第一作者：秦卫贞(1969—　)，男，本科，高级工程师，主要从事南水北调运行管理工作。E-mail：1316710254@qq.com。

2cm均采用聚硫密封胶封闭,下部均采用闭孔塑料泡沫板充填。衬砌板主要作用是保护板下防渗土工膜、降低渠道糙率。

南水北调中线干线工程于2014年12月12日正式通水,至2019年初,中线工程已累计向河南、河北、北京、天津累计输水200亿m³,受益人口达5300万,工程效益超过预期,由原规划的补充水源变为城市供水不可或缺的重要水源,"替补"跃升为"主力",使工程成为京津等华北地区赖以生存的新"母亲河",对干渠运行管理提出了新的要求。

中线工程总干渠渠线长、规模大,工程运行过程中可能遭遇超标准洪水、地质灾害及人为活动等影响,可能发生损毁甚至破坏,特别是渠道衬砌面板,一旦发生损毁甚至破坏,必须在保障供水不间断的前提下尽快修复,避免小问题发展成大问题,影响供水安全。探索在渠道正常运行情况下对渠道局部损毁特别是衬砌板进行水下修复意义重大。

2 水下衬砌板修复试验

模袋混凝土是指用高压泵将流动性混凝土或水泥砂浆灌入模袋中,多余的水分从织物空隙渗出后凝固形成的整体结构,具有整体性好、耐久性、地形适应性强、施工速度快、便于操作、可水下施工等优点。但是模袋混凝土不采取表面制措施时,混凝土内外表面凸凹不平,影响渠道过流能力的缺点。

为探索模袋混凝土在南水北调中线工程水下混凝土衬砌板修复中的适应性,在南水北调中线工程运行期间,进行了模袋水下充灌、模袋表面平整度控制措施试验,并根据试验结果成功对局部水毁衬砌板进行了修复。

2.1 试验修复区域选择

试验区域选在南水北调中线总干渠K601+242.08～K601+262.08段右岸。该段下游紧邻杨庄沟排水渡槽。2016年7月9日,该区域遭遇历史罕见暴雨袭击,渡槽漫溢,自下而上第二、三、四块衬砌板被冲毁,损坏衬砌面板15块,顺水流向长20m,坡向12m。此部位衬砌面板坡比为1∶2,顶部一级马道高程为101.527m,渠底高程为92.509m。为防止损坏范围继续扩大,抢险时将该部位渠坡采用碎石袋进行压重,临时保护损坏渠坡。

2.2 模袋混凝土参数拟定

根据《水利水电工程土工合成材料应用技术规范》(SL/T 225—98)F1.1.1条抗漂浮所需厚度,经计算修复模袋混凝土厚度需0.118m。根据边坡的实际情况,确定模袋混凝土厚度不小于12cm。试验模袋为单位面积质量大于等于550g/m²的机织模袋布,径向抗拉强度大于等于100kN/m,纬向抗拉强度大于70kN/m,经纬向伸长率小于等于30%,CBR顶破强力大于等于10.5kN,垂直向渗透系数$10^{-2}<K_{20}<10^{-1}$cm/s,等效孔径0.084～0.25mm,抗紫外线能力500h,强力保证率大于等于95。混凝土强度等级C25、抗渗等级W6、抗冻等级F150。

模袋分宽、窄两种,窄幅模袋宽 1m,宽幅模袋宽 3m,长度均为 18m,其中水面以上约 6.5m(含压顶区 2m)左右,水面以下 11.5m,窄幅模袋扣带间距为 20cm×20cm,宽幅模袋扣带间距 40×40cm,窄幅模袋吊筋绳长度 10cm,最大充灌厚度 17cm。宽幅模袋吊筋绳长度 19cm,模袋两侧各由一条钢丝绳固定,钢丝绳底端在未破坏的衬砌板上打孔锚固,顶端固定在一级马道锚杆上,中间通过紧强器拉紧,两钢丝绳间横向预留 5‰~6‰的收缩余量。窄幅模袋在坡顶设 1 个灌注口,宽幅模袋在坡顶设 2 个灌注口。

2.3 模袋混凝土充灌试验

充灌混凝土配合比为:每立米混凝土 P.O42.5 水泥 300kg、混合中砂 1012kg,5~20mm 机制碎石 750kg、水 175kg、Ⅱ级粉煤灰 100kg、聚羧酸高效减水剂 5.0kg。混凝土配制强度 38.2MPa,设计坍落度 210±20mm。第一次试验现场坍落度 200mm,坡底 2m 模袋未能灌注混凝土。第二次现场坍落度调整至 230mm,全部灌袋灌注完成,且饱满。第三次现场坍落度调整至 210mm,灌注顺利全部完成。后期现场坍落度控制在 210~220mm,均完成了模袋灌注。

2.4 表面平整度控制措施

表面平整度控制措施主要采用外表面加钢模板控制,以达到提高表面平整度的效果,满足渠道糙率要求。先后采用 5 种方式进行了试验。

第一种试验选用窄幅模袋,为 1m×1m 钢模板表面压制,模板为厚 3mm 的钢板,四角通过与 5#槽钢焊接固定在未损坏的衬砌板上,坡向及横向间距均为 1m。为加大钢模板钢度,模板横向中间加焊一根 5#槽钢,模板处控制厚度为 165mm。通过试验发现,该方案由于控制厚度厚,模袋表面基本未受约束,凸凹不平,另外,模板固定实施时难度大。

第二种试验选用窄幅模袋,采用 2000mm×1000mm(长×宽)模板控制表面,模板采用 φ12mm 螺杆固定,螺杆底部焊接在 100mm×100m×10mm 的钢垫片上,螺栓穿透模,固定钢模板,固定螺杆间距 300mm×400mm(横向×顺坡向),控制厚度 120mm。试验结果表明,因底部垫片未固定,模袋灌注完成后,变形较大,厚度基本上不能控制,厚度达 17cm,表面不平。

第三种试验选用窄幅模袋,采用 2000mm×1000mm(长×宽)模板控制表面,模板采用 φ12mm 螺杆固定,螺杆底部焊接在厚 5mm 钢板上,螺栓穿透模袋固定钢模板,固定螺杆间距 300mm×400mm(横向×顺坡向),控制厚度 120mm。模袋灌注后厚度达到控制厚度,表面平整度除吊筋绳处有凹坑外,其他部位基本平整。但该方案投资过大。

第四种试验选用窄幅模袋,采用 2000mm×1000mm(长×宽)模板控制表面,模板采用 φ12mm 螺杆固定,螺杆底部焊接在 φ10mm 钢筋上,最后用钢筋焊接成钢筋网,螺栓穿透模袋固定钢模板,固定螺杆间距 300mm×400mm(横向×顺坡向),控制厚度 120mm。试验结果表明,因底部钢筋网约束较小,模袋灌注后厚度控制较差,为 150mm,表面控制相应也较差。

第五种试验采用宽幅模袋,与原混凝土衬砌板宽度一致。模袋尺寸为3m×18m(横向×顺坡向),钢模板选用1.5m×1.2m普通钢模板,由φ12mm螺杆固定,螺杆间距40cm×40cm,螺杆底部焊接在φ160mm×10mm钢垫片,钢垫片焊接在φ6mm不锈钢网上,钢筋网钢筋间距67mm×67mm。根据渠坡拟浇混凝土厚度,固定螺杆限位高度取18.5cm。通过改进钢筋网固定螺杆,模板拆除后表面平整度大为改善,基本符合南水北调衬砌板修复表面平整度的要求。

3 水下衬砌板修复

3.1 渠道边坡清理

3.1.1 碎石袋清运

碎石袋清运由人工逐袋将碎石袋装入自制架板内,吊车吊至一级马道机动三轮车内,由机动三轮车运至下游的堆放场内堆放。施工顺序自上而下进行,水上部分由一般人员完成清理及装笼工作,水下部分由潜水员完成清理及装笼工作。

3.1.2 衬砌面板拆除

碎石袋清运完毕后,对水下衬砌板进行清运。水下衬砌板先用水下液压镐将4m×4m的衬砌板切割成2m×2m的小块,然后用吊车轻轻吊起,穿入吊带,由吊车吊出水面后送至一级马道上用风镐破碎,破碎后装入机动三轮车内运至指定地点堆放。衬砌板拆除后,剪除土工膜。

3.1.3 边坡清理

边坡清理自上而下完成,清除表面浮沙及松散土层,然后检查平整度,对局部凸起进行清除,对局部凹陷处装土砂袋填充,表面平整度控制在±2cm以内。水上部分清理由一般人员采用铁锹进行开挖,清除出的砂土装入水桶内运出。水下清理由潜水员持气力泵完成浮砂、淤泥的清理工作,对于局部凸起,由高压水枪协助完成,局部凹陷处采用装砂编织袋填充补平。

边坡清理初步完成后,沿坡向每2m在上下游两端未破坏衬砌板上打孔固定钢丝绳,通过紧绳器将钢丝强拉紧,对坡面进行一次全面测量,据此确定模袋厚度,然后根据计算的厚度将坡面整平。先在钢丝绳处按要求清至设计坡面,然后利用2m直尺对中间部位进行整平,使表面平整度控制在±2cm以内,保障模袋基础与坡面良好接触。

3.2 模袋铺设及模板安装

模袋底部钢筋网、固定垫片、限位螺杆由工厂按设计要求制作,运至工地后进行对焊拼接成16m×3m,铺于一级马道上,限位螺杆、垫片及钢筋网焊接组合见图1至图3。

钢筋网片铺好后,将模袋下缘穿入钢管,以钢管为轴将模袋卷成筒状,架设在自制活动钢架上,置于钢筋网片上,逐排穿螺杆,穿螺杆时注意不能刺断模袋经纬线(图4)。为尽量减小水下模板安装工作量,提高工效,衬砌板修复时,钢模板安装在陆上完成,然后进行整体吊装至渠坡上就位。模袋铺设完成后,根据厚度要求固定限位螺丝,为减小混凝土冲灌时螺杆对模袋的约束,螺杆下部套了部分塑料热缩管,减小螺杆对模袋布的限制(图5)。限位螺母安装完成后进行模板安装及固定。

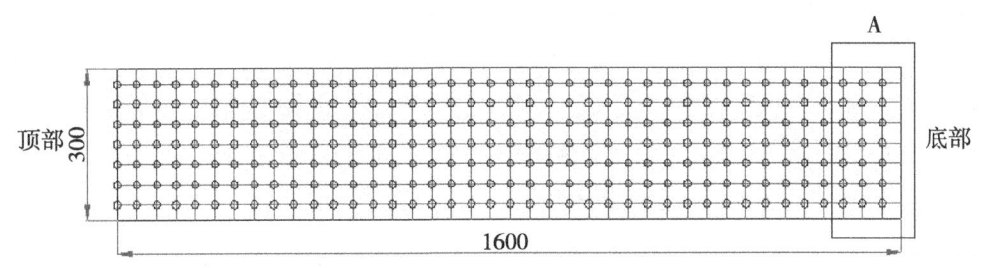

图1 限位螺杆、垫片及钢丝网焊接组合图(尺寸单位:cm)

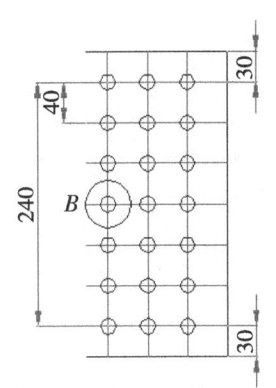

图2 A部详图(尺寸单位:cm)

图3 整体钢丝网、限位螺杆

图4 模袋铺设

图5 限位螺母安装

3.3 模袋及钢模板整体吊装

为保证钢丝网及钢模板整体进行吊装并不出现过大变形,衬砌板修复时制作了一副整体吊架。吊架由10#槽钢和10#角钢焊制而成,长14.4m,宽2.6m。两侧纵梁各由两根10#槽钢对焊而成,横向间隔1.6m设单根10#槽钢对焊在纵梁上,每孔设10#角钢斜撑一根。吊架槽钢、角钢在限位螺杆对应位置打孔,通过限位螺杆与钢模板、钢丝网连成整体。吊架两侧纵梁上各设3个吊点,间距6.5m,坡底吊点通过吊带与吊车吊钩直接镶边,中间吊点及坡顶吊点通过吊带及紧绳器与吊钩相连,通过紧绳器调节吊带长度调节吊架倾斜度,使整体倾斜度略陡于渠坡。在渠坡底部用角钢加工固定架,保证安装位置准确。整体吊装见图6、图7。模板整体就位后,拆卸吊架,将吊架吊出,拆卸固定吊架的螺丝固定模板,并安装固定水上部位模板。

图6　钢吊架与模板连接　　　图7　钢吊架及模板整体吊装入水

3.4 模袋混凝土冲灌

模袋混凝土采用一级配混凝土,骨料采用5～20mm自然料,最大粒径不大于20mm。现场坍落度控制在210～220mm。混凝土充灌采用地泵进行,冲灌前先用水管将膜袋浸湿,用1∶1水泥砂浆润滑泵车料斗、泵体和输送管,润滑时间约3分钟。先冲灌压顶区模袋混凝土,再灌注渠坡方向混凝土,灌注速度控制在10m³/h以内,出口压力控制在0.2MPa以内。渠坡灌注时先向模袋中间灌注口灌注混凝土,潜水员在水下观测两侧模袋的冲灌程度,不均匀时指挥陆上人员充灌两侧灌注口,使模袋内混凝土均衡上升。另外潜水员在水下用铁锤敲击模板,一方面起到辅助振动作用,利于混凝土冲灌,另一方面检查模板下混凝土是否饱满。为防止灌注口处混凝土冲破模袋,灌注开始前,在灌注口位置底层模袋布上放置了一块橡胶垫,保护模袋,冲灌混凝土见图8。冲灌后第二天拆除模板,采用人工拆吊车吊运的方式将模板拆除,模板拆除后见9。

图 8　模袋混凝土冲灌　　　　　　　　　图 9　模板拆除后

4　结论

模袋混凝土施工具有一次喷灌成型、施工简便、速度快、可水下施工、护坡面面积大、整体性强、稳定性好、使用寿命长等优点。加上模板控制,表面平整度可满足渠道衬砌修复要求,特别是采用整体吊装方式,极大地克服了水下施工效率低、投资大、耗时长的缺点,对于正常运行情况下大面积渠坡毁坏修复,具有较强的推广价值。

本次试验、修复表明,在以后的修复中,可采用无吊筋绳模袋,避免吊筋绳对混凝土表面平整度造成影响。另外,可以与模袋厂家联合开发生产小间距吊筋绳模袋,在不采用钢模板控制的情况下,模袋表面尽可能平整,基本满足南水北调中线渠坡对糙率的控制,更有利于模袋混凝土(砂浆)在南水北调渠道边坡抢险时使用。

渡槽基础加固施工技术在南水北调中线工程中的应用与实践

向德林

(中国南水北调集团中线有限公司渠首分公司,南阳 473000)

摘 要:南水北调中线工程自2014年正式通水运行以来,一直发挥着可观的社会效益、生态效益、经济效益。渠道输水运行时间较长,导致部分建筑物基础出现不均匀沉降变形等问题,给工程运行带来一定的安全隐患。以中线工程南阳段潦河渡槽为例,针对人行道板与槽身连接处伸缩缝张开等变形问题,提出可行的基础加固施工方案,用以指导工程施工。经实践证明,加固后的渡槽满足工程安全运行要求,可为类似水利工程基础加固提供借鉴。

关键词:渡槽;加固技术;南水北调中线工程

1 工程概况

潦河渡槽工程位于南阳市卧龙区潦河镇上游约5km处,距渠首88km,设计流量340m³/s,加大流量410m³/s,进口设计水位142.54m,加大水位143.30m,出口设计水位142.32m,加大水位143.04m。渡槽为普通钢筋混凝土涵洞式渡槽,双线布置,槽身段总长190.6m,槽身共9联,8联为三孔一联,末端为两孔一联。渡槽净宽11m、高8.4m,槽身底板厚1.3m,槽身边墙底部厚1.2m,顶部厚0.55m。涵洞地基主要由黏土岩、砂岩组成,局部有薄层全新统砾质粗砂、砂砾石层。

2 项目主要施工内容

本项目主要施工内容为:围堰施工、基坑抽排水、渡槽第4联至第7联地基高压灌

作者简介:向德林(1972—),男,高级工程师,科长,主要从事水利工程建设管理研究。E-mail:2363982698@qq.com。

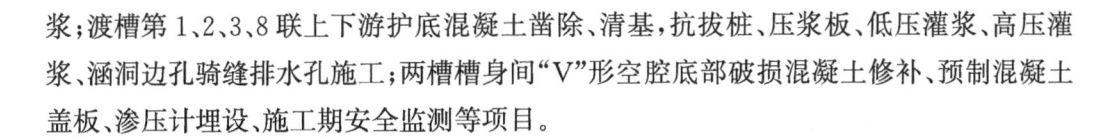

浆;渡槽第1、2、3、8联上下游护底混凝土凿除、清基,抗拔桩、压浆板、低压灌浆、高压灌浆、涵洞边孔骑缝排水孔施工;两槽槽身间"V"形空腔底部破损混凝土修补、预制混凝土盖板、渗压计埋设、施工期安全监测等项目。

3 本项目实施重难点及对策

3.1 项目特性及重难点分析

本项目分布在潦河渡槽上下游,施工现场相对集中,但工期较短、任务较重、难度较大、标准较高。在工程实施中,统筹工程整体施工规划和部署显得尤为重要,重点做好抗拔桩、压浆板、低压灌浆、高压灌浆等关键工序施工,对保证工程的顺利完成有着重要的指导作用。

3.2 对策分析

针对以上项目重难点,结合现场实际情况,合理编制加固施工方案,加大人员及设备投入,科学安排施工进度,加强全过程质量控制、全面优化施工工序、强化交叉流水作业、精心组织现场施工,为保质保量完成加固施工任务提供有力保证。

4 主要施工方法

4.1 抗拔桩施工流程

桩位放样→桩位素混凝土护底破除→安装护筒→钻孔→验孔→灌注水下不分散砂浆→沉桩→桩芯填充。

4.1.1 桩位放样

测量人员根据施工图纸设计坐标及其几何尺寸,使用GPS放样出抗拔桩上下游两端的桩位中心点,并在基面上钉入水泥钉进行标识。通过全站仪配合钢尺逐个放样出各个桩位中心点。

4.1.2 桩位素混凝土护底破除

采用履带式旋挖钻机+直径60cm入岩钻头对桩位素混凝土护底破除。以测量人员放样的桩位中心为原点,在半径40cm处用红漆标记4个点。履带式旋挖钻机操作手在驾驶室内操纵钻头移动至桩位中心点附近,指挥人员指挥操作手移动钻头,当钻头和桩中心四周标记点重合时即可。操作手启动旋挖钻机,通过钻头将80cm厚的桩位素混凝土护底进行破除,破除范围不宜过大,控制范围为桩基直径+25cm。破除后的混凝土使用自卸汽车运至弃渣场。

4.1.3 安装护筒

根据地勘资料,管桩施工深度范围内上部 2m 左右为卵砾石,容易发生塌孔。为避免钻孔过程中出现塌孔,采取钢护筒进行支护。安装钢护筒前,测量人员重新放样桩位中心点,并在桩中心四周设置控制桩,控制桩距桩中心点的距离根据现场实际情况确定,以安装护筒时控制桩不受影响为原则。液压振动压桩机通过激振力将钢护筒压入土体内。

4.1.4 钻孔

钢护筒安装完成后,采用履带式旋挖钻机+直径 55cm 单开桶钻钻头进行钻孔,钻孔孔径控制在 55~60cm。

4.1.5 验孔

钻至设计深度后提出钻头,质检人员分别对孔径、孔深、孔位偏差、垂直度等进行检查,自检合格报监理工程师验收,验收合格后,移走钻机,进行下道工序施工。

4.1.6 灌注水下不分散砂浆

灌注水下不分散砂浆的目的是保证在沉桩过程中预制管桩外壁与孔壁之间填充密实。沉桩前可在孔底注入 M7.5 不分散砂浆,质量配合比暂定为水泥∶砂∶絮凝剂∶水=1∶6.30∶0.25∶1.39,注入量根据现场沉桩情况确定,暂定为 0.6m³。

4.1.7 沉桩

采用液压振动压桩机进行沉桩作业,压桩机由挖掘机行走设备和液压振动锤组合而成。液压振动压桩机在孔位附近混凝土护底上就位,操作手在驾驶室内操纵液压振动锤,将桩帽套住管桩的一端后,在预制桩一端约 1/3 处使用铁链绑定牢固进行起吊,指挥人员指挥操作手将管桩放入孔内。管桩就位后,用水平尺对桩进行两个方向的垂直度调整,确保桩身垂直,待桩压入孔内 1~2m 后,再次检查调整桩的垂直度。

4.1.8 桩芯填充

待压浆板区域素混凝土护底全部拆除,基面和桩头清理干净后进行桩芯填充施工。商品混凝土拌和站根据 C30 自密实微膨胀混凝土配合比进行生产,混凝土罐车运输至施工现场,采用溜槽进行填充。

4.2 压浆板施工流程

压浆板区域素混凝土护底拆除→地下水引排、基面清理→C15 素混凝土垫层浇筑→植筋→压浆板混凝土施工。

抗拔桩顶部与压浆板连接,压浆板与涵洞底板采用植筋+键槽的连接。单联单侧压

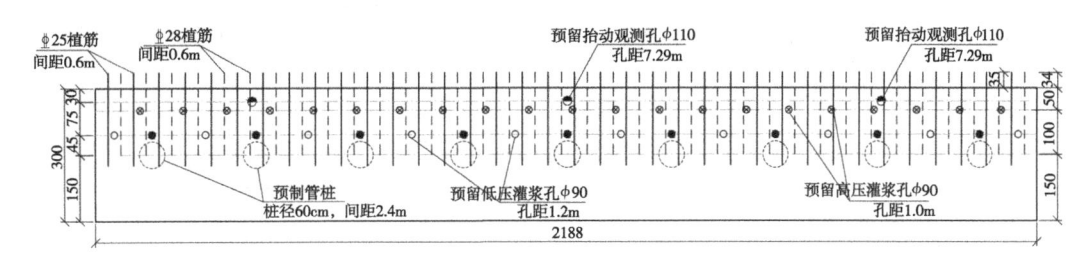

浆板见图1。

图1 单联单侧压浆板示意图

4.2.1 压浆板区域素混凝土护底拆除

为保证漳河渡槽不受施工影响,先人工操作竖向圆盘锯对压浆板区域素混凝土护底进行切割,分割尺寸为2m×3m,厚度为80cm;后采用破碎锤对混凝土进行破除,挖掘机清理混凝土块,自卸汽车运至弃渣场。

4.2.2 地下水引排、基面清理

(1)地下水引排

基面清理完成后,旋挖钻机位于混凝土护底上,钻头位于压浆板区域基面内,在第1~3联上下游各钻2个集水井,第8联上下游各钻1个集水井,集水井直径60cm,深1.2m。为保证集水井不受地下水侵蚀塌陷,在内部安装带孔的PVC管作为支撑。水泵的功率根据地下水的渗流量确定,初步按一个集水井一台7.5kW的污水泵进行布置,地下水排到围堰外河道内。

(2)基面清理

采用人工配合挖掘机进行开挖,开挖完成后基面尺寸符合设计及图纸要求,基面内干净、整洁、无积水。

4.2.3 C15素混凝土垫层浇筑

商品混凝土拌和站根据C15素混凝土配合比进行生产,混凝土罐车运输至施工现场,采用溜槽进行浇筑,平板振动器密实,人工使用木抹子收面。

4.2.4 植筋

(1)技术要求

为使压浆板与涵洞底板形成整体,采用植筋+键槽的连接。涵洞底板植筋采用钻孔植筋方式。植筋分两层布置,上层钢筋采用C25,下层钢筋采用C28,两层错开布置,植筋间距0.6m,植筋深度0.35m。具体参数见表1。

表1　　　　　　　　　　　　　　　植筋布置参数

植筋位置	钢筋直径/mm	钻孔直径/mm	钻孔深度/m	钻孔与水平面夹角/°	植筋间距/m	植筋边距/cm
上层植筋	25	32	抗拔试验确定的深度+5cm	0	0.6	≥12
下层植筋	28	35		30	0.6	≥14

（2）植筋工艺试验

植筋工艺试验是为了确定植筋参数，验证植筋效果，是否达到设计拉拔要求，具体植筋工艺试验方案根据后期现场实际情况上报。

（3）抗拔检验

采用抗拔承载力原位非破损方法进行检验，非破损检验的荷载检验值为17t，检验抽样应按其检验批植筋总数的3%，且不少于5件进行随机抽样。

植筋后3~4天可随机抽检，检验可用千斤顶、锚具组成的系统作抗拔检验，抗拔检验合格后方可进行下道工序。

4.2.5　压浆板混凝土施工

浇筑混凝土前，详细检查有关准备工作，包括基础面处理（或缝面处理）情况，对模板、钢筋、预埋件等混凝土工序按照规范要求进行全面检查。质检人员自检合格后通知监理工程师对浇筑部位进行验收，验收合格后进行混凝土开仓浇筑。

4.3　低压、高压灌浆施工流程

先采用低压灌浆施工，后采用高压灌浆施工；先Ⅰ序孔灌浆，后Ⅱ序孔灌浆。Ⅰ序孔：钻机就位→第一段钻孔→第一段制浆→第一段灌浆→待凝24h→第二段钻孔→第二段制浆→第二段灌浆→封孔。Ⅱ序孔：钻机就位→钻孔→制浆→灌浆→封孔。

4.3.1　钻孔

低压灌浆孔孔深8.5m，孔底高程116.55m。高压灌浆孔孔深5.5m，孔底高程119.55m。钻孔前根据设计及图纸要求，分别对低压灌浆孔和高压灌浆孔分部位、分序地进行编号。根据预留灌浆孔孔位分两序进行造孔，先钻一序孔，再钻二序孔。钻孔施工顺序按照先外侧低压灌浆孔后内侧高压灌浆孔的原则进行。

4.3.2　制备浆液

施工现场设置集中制浆站，制浆站位置尽可能靠近施工面。根据灌浆试验确定的浆液水灰比2:1、1:1、0.8:1、0.5:1重量比来进行制浆。首先使用台秤将水桶除皮，在桶内加入水，根据计算在搅拌桶内加入多少桶水，水加入完成后在搅拌桶内做标记。随后在搅拌桶按比例加入水泥，开动搅拌机搅拌5~10min，浆液拌制完成后打开搅拌桶底部阀门，浆液流入储浆桶中备用。

4.3.3 灌浆

注浆机采用三缸注浆泵,灌浆采用孔口阻塞、纯压式灌注。先施工外侧低压灌浆,后施工内侧高压灌浆。低压灌浆分两序施工,先灌Ⅰ序孔,再灌Ⅱ序孔,相邻的Ⅰ序孔完成后才能施工Ⅱ序孔。高压灌浆分多序孔施工,在单侧 5m 范围内同一时段只灌一个孔。灌浆孔当天钻,当天灌,防止孔眼搁置时间长,孔隙堵塞,影响灌浆效果。

4.3.4 灌浆结束条件和封孔

1)在最大设计压力下,注入率不大于 1.0L/min 后,继续灌注 30min,可结束灌浆。如发生串浆、浆液漏失严重或基础抬动变形超过 1mm 且还有继续上抬趋势时,立即停止灌浆。

2)如灌浆孔总灌入浆量较大,可先结束灌浆,等待复灌。结束灌浆标准的单孔灌入量根据灌浆试验情况确定。

3)当每孔灌浆结束后,应进行灌浆封孔。封孔时应将注浆管拔出,向孔内灌注密度大于 1.5g/cm³ 的稠浆,多次灌注,直至浆面升至孔口不再下降为止。

4)压浆板范围内浆液清除后,在灌浆孔内采用环氧砂浆回填密实。

5 结语

通过对潦河渡槽加固处理方案中关键施工内容抗拔桩、压浆板、低压灌浆、高压灌浆等施工工序进行科学合理设计,精心组织施工,严把过程质量控制,加固项目达到预期目的。目前,该渡槽加固处理任务已完成,有效消除了由于不均匀沉降变形等给渡槽通水运行带来的安全隐患,确保了渡槽工程安全平稳运行。

参考文献

[1] 胡廖琪.预应力混凝土抗拔桩的设计与运用[J].山西建筑,2014,40(36):72-74.

[2] 杜鹏.无黏结后张预应力抗拔桩施工技术[J].建筑施工,2022,44(2):266-268.

[3] 曹永芳.抗拔桩的施工及应用问题[J].冶金与材料,2018,38(2):30-31.

[4] 曹松宝,陈家荣,赵国彬.高压喷射灌浆技术在水闸加固施工中的应用[J].水利建设与管理,2013,33(1):78-79+57.

[5] 雷少雄.某水电站坝基固结灌浆施工工艺[J].工程建设与设计,2018(24):171-172.

[6] 陈丽萍,赵华东,赵华军.水库固结灌浆施工工艺实践与探索[J].水利建设与管理,2017,37(8):16-18.

陶岔枢纽电站及引水闸下游水位流量关系数值模拟研究

朱俊杰[1]　胡　晗[2]　杨康华[1]　侯冬梅[2]　段文刚[2]

(1. 中国南水北调集团中线有限公司渠首分公司,南阳　473000；
2. 长江水利委员会长江科学院,武汉　430010)

摘　要:陶岔枢纽作为南水北调中线工程总干渠的渠首工程,其调水流量精度尤为关键。而陶岔工程现有下游水位计在1+300m桩号处,距离机组尾水和引水闸消力池较远,代表性较差,其精度难以满足渠首精准调度的需求,难以实现陶岔渠首电站和引水闸流量的精准控制。本研究建立了陶岔枢纽三维数学模型,研究了电站和引水闸的不同流量分配对机组尾水和引水闸消力池下游水位的影响规律,找出了代表性较强的下游水位断面。考虑枢纽运行方式影响,拟合了经验公式,对下游水位实测值进行修正,得到了精确的电站尾水位及引水闸下游水位确定方法。

关键词:南水北调中线;陶岔枢纽;水位流量关系;数值模拟

1　概述

陶岔渠首工程(图1)的主要任务是满足南水北调中线工程的引水要求,同时兼顾发电。陶岔枢纽作为南水北调中线工程总干渠的渠首工程,其调水流量精度尤为关键。根据南水北调中线工程规划,一期工程渠首枢纽设计引水流量350m^3/s,加大流量420m^3/s,年均调水95亿m^3[1]。电站装机容量50MW。水闸上游为长约4km的引渠,与丹江口水

第一作者:朱俊杰(1980—　),男,高级工程师,主要从事水利工程管理工作。E-mail:25068723@qq.com。

通信作者:胡晗(1988—　),男,高级工程师,主要从事水工水力学研究。E-mail:huhan@mail.crsri.cn。

库相连,水闸下游与总干渠相连[2]。电站布置采用河床径流式电站,电站厂房型式为灯泡贯流式,安装 2 台 25MW 发电机组,装机容量为 50MW。另设 3 孔引水闸,在电站机组检修或流量不足的情况下进行补水。

由于电站机组的出力和过机流量以及引水闸的下泄流量均与其分别对应的电站尾水位和闸下游水位直接相关,而陶岔工程现有下游水位计在 1+300m 桩号处,距离电站尾水和引水闸消力池较远,代表性较差,其精度难以满足渠首精准调度的需求。例如,当电站过流无法达到引水需求,需要引水闸补水的情况下,引水闸开闸将导致引水闸下游水位、电站尾水位相互影响,发生联动变化。因此,实现陶岔渠首电站和引水闸流量精准控制的前提是考虑电站、引水闸流量分配影响,对现有下游水位计实测值进行修正,得到精确的电站及引水闸下游水位。

图 1 陶岔渠首枢纽整体

关于渠道调度问题的研究通常以水力响应为切入点,探求输水渠道闸门控制扰动与水力要素变化的对应关系。在这方面,学者们利用数学模型进行了大量的计算研究。张成等[3]研究了闸门开启和关闭作用下渠道水位波动变化幅度及影响距离、波动传播时间和闸门附近水位下降速率等水力响应参数的变化规律,建立了闸门动作与水力响应的初步对应关系。穆祥鹏等[4]分析了南水北调中线工程京石段渠道水力响应对该段分水口运用的特征参数的敏感性,研究了渠道水力响应对分水口的扰动。事实上,在应急调度过程中,分水口的变化也同样对渠道的水力响应存在反向扰动,两者互相影响。范杰等[5]讨论了当渠道输水流量发生变化时,水位下降速率、稳定时间与渠道运行方式、节制闸间距和流量变化时间之间的关系,分析了各因素对水流稳定过程的影响。以上研究针对的均是渠道调水整体控制的与水力要素变化问题,而陶岔渠首的功能和设计特殊,既要满足中线工程的引水要求,同时又要兼顾发电的需要,因此引水和发电两套系统由于下游水位联动,不免相互影响。针对这一问题,目前陶岔枢纽的自动化调度系统并没有相关功能和解决方案[6-7]。本文通过三维数模计算对此进行了详细研究。

2 三维数学模型构建及验证

2.1 数模构建

针对电站和引水闸下游水位流量关系复杂问题,构建了陶岔枢纽及下游渠道数值计算模型(图2)。数模模拟范围包括电站和闸室进水渠、电站厂房、引水闸及消力池、下游调整段及1300m长的干渠(图3)。图3中以坝轴线为0+000m桩号起点,电站尾水出口桩号为0+53.3m,引水闸出口桩号为0+038m,电站尾水渠和引水闸消力池之间的中隔墙末端桩号为0+105m。在三维计算模型中陶岔电站尾水位设置在桩号0+085m断面,引水闸下游水位布置在消力池尾坎前10m左右断面,其桩号为0+085m。

图 2　三维数学模型

2.2 数学计算模型

使用 Reynolds-averaged Navier-Stokes 方程结合湍流模型进行计算。其控制方程为:

连续性方程:

$$\frac{\partial}{\partial x}(uA_x) + \frac{\partial}{\partial y}(vA_y) + \frac{\partial}{\partial z}(wA_z) = 0 \tag{1}$$

动量方程:

$$\begin{cases} \dfrac{\partial u}{\partial t} + \dfrac{1}{V_F}\left(uA_x\dfrac{\partial u}{\partial x} + vA_y\dfrac{\partial u}{\partial y} + wA_z\dfrac{\partial u}{\partial z}\right) = -\dfrac{1}{\rho}\dfrac{\partial p}{\partial x} + G_x + f_x \\ \dfrac{\partial v}{\partial t} + \dfrac{1}{V_F}\left(uA_x\dfrac{\partial v}{\partial x} + vA_y\dfrac{\partial v}{\partial y} + wA_z\dfrac{\partial v}{\partial z}\right) = -\dfrac{1}{\rho}\dfrac{\partial p}{\partial y} + G_y + f_y \\ \dfrac{\partial w}{\partial t} + \dfrac{1}{V_F}\left(uA_x\dfrac{\partial w}{\partial x} + vA_y\dfrac{\partial w}{\partial y} + wA_z\dfrac{\partial w}{\partial z}\right) = -\dfrac{1}{\rho}\dfrac{\partial p}{\partial z} + G_z + f_z \end{cases} \tag{2}$$

式中:u、v、w——x、y、z 方向的速度;

A_x、A_y、A_z——计算单元 x、y、z 向面积;

t——时间;

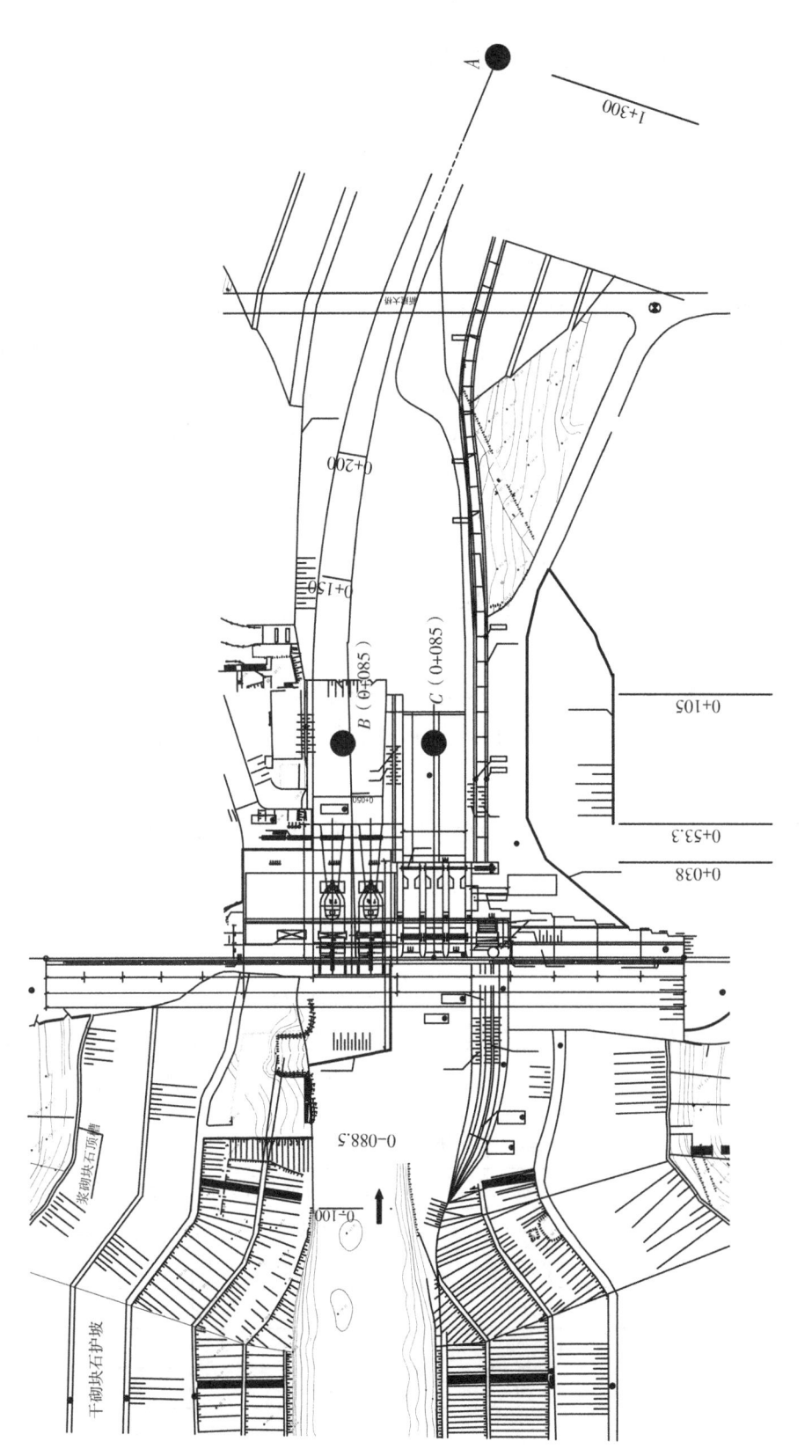

图3 三维数学模型计算范围

V_F——各计算单元内液体的体积分数；

ρ——液体密度；

P'——压强；

G_x、G_y、G_z——x、y、z方向重力加速度；

f_x、f_y、f_z——x、y、z方向的黏滞力。

用 VOF(Volume of Fluid)模型求解自由水面。空的计算单元赋值 0，充满水的计算单元赋值 1，包含自由表面的计算单元赋值该单元内水的体积分数。VOF 模型对自由水面的具体位置采用几何重建格式来确定，它采用分段线性近似的方法来表示自由水面。在每一个单元中，水气交界面是具有不变斜率的斜线段，并用此线性分界面形状来计算通过单元面上的流体通量。通过使用 VOF 模型可以追踪任一时间段的自由水面。为了区分流体区域和固体区域，用到了 Fractional Area-Volume Obstacle Representation (FAVOR)算法。全部由固体组成的单元赋值 0，不包括固体的单元赋值 1，部分由固体组成的单元赋值该单元内非固体部分的体积分数。

为了准确计算紊流，选择 RNG k-ε 模型作为紊流计算模型。

(1)网格划分

上游水库及下游干渠总体选择 1m 的均匀网格进行计算，并向渠首逐级加密，近坝区网格密度为 0.5m，对关键的机组流道及引水闸结构特征处进行局部 0.1～0.2m 网格加密处理。

(2)边界条件

计算模型上游边界条件设为恒定的实测上游水位，下游边界条件设为恒定的 1+300m 处实测水位。

2.3　计算工况

为了研究陶岔渠首枢纽机组和引水闸之间不同流量分配比例造成的电站机组尾水位和引水闸下游水位差异，针对各流量级条件，设置了机组和引水闸之间不同流量分配比例的计算工况，即每个特征流量均匀划分了 5 种流量分配比例。计算工况见表 1。

表 1　　　　　　　　　三维数学模型计算工况

总流量/(m³/s)	机组过流量/(m³/s)	引水闸过流量/(m³/s)	机组流量分配比例/%
420	420.00	0.00	100
	315.00	105.00	75
	210.00	210.00	50
	105.00	315.00	25
	0.00	420.00	0

续表

总流量/(m³/s)	机组过流量/(m³/s)	引水闸过流量/(m³/s)	机组流量分配比例/%
350	350.00	0.00	100
	262.50	87.50	75
	175.00	175.00	50
	87.50	262.50	25
	0.00	350.00	0
300	300.00	0.00	100
	225.00	75.00	75
	150.00	150.00	50
	75.00	225.00	25
	0.00	300.00	0
260	260.00	0.00	100
	195.00	65.00	75
	130.00	130.00	50
	65.00	195.00	25
	0.00	260.00	0
135	135.00	0.00	100
	101.25	33.75	75
	67.50	67.50	50
	33.75	101.25	25
	0.00	135.00	0

2.4 模型验证

通过原型运行资料对构建的模型进行验证,以判断数值计算模型的精度是否满足要求。

本文选取了枢纽总流量和机组尾水检修门后水位(桩号 0+0)这两个现场实测数据对三维计算模型进行了验证。验证工况选择了机组单独过流、引水闸单独过流以及电站机组和引水闸联合过流 3 种特征工况(表2)。

表2　　　　　　　三维数学模型验证结果

库水位/m	机组流量/(m³/s)	引水闸开度/mm			枢纽总流量/(m³/s)		机组尾水检修门后水位/m	
		1#	2#	3#	计算值	实测值	计算值	实测值
157.78	310.00	0	0	0	310.00	310.00	147.31	147.34
150.50	0.00	1320	1320	1320	230.03	226.28	146.98	147.03
164.85	324.42	160	160	160	386.64	380.12	147.60	147.64

通过分析表2可得,三维数学模型在不同库水位、机组和引水闸分别过流及联合过流的工况下,所计算得到的流量计算值与实测值之间的误差在 6m³/s 内,其相对误差小于 2%;所计算得到的水位误差在 5cm 以内,水深的相对误差小于 0.6%。因此认为本文所建立的三维数学模型计算得到的结果较为可靠,能够真实反映复杂的实际流量与水位关系。

3 计算结果及分析

3.1 枢纽下游水位分布规律

基于三维数学模型的计算结果,选取了各流量级条件下机组尾水、引水闸消力池、0+300m 和 1+300m 四个代表性断面的平均水位进行汇总分析,得到了在各流量级条件下陶岔枢纽下游各特征部位的水位分布规律(图4)。

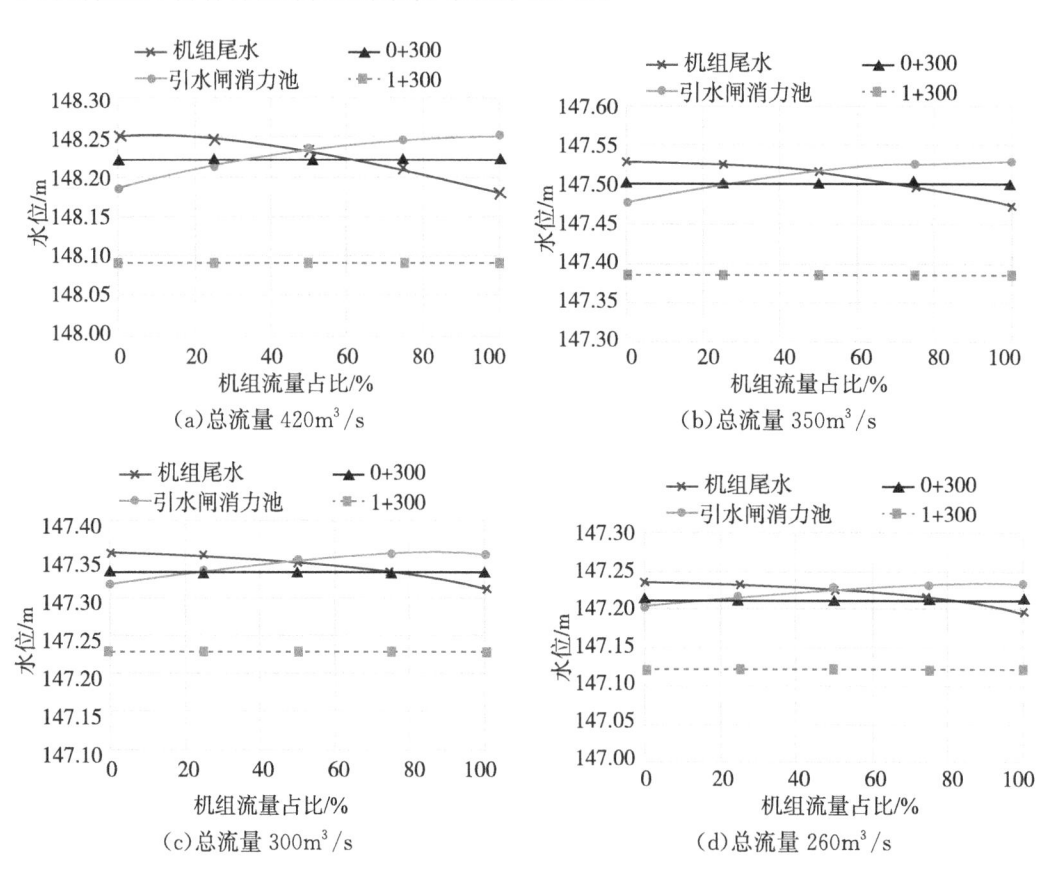

(a)总流量 420m³/s

(b)总流量 350m³/s

(c)总流量 300m³/s

(d)总流量 260m³/s

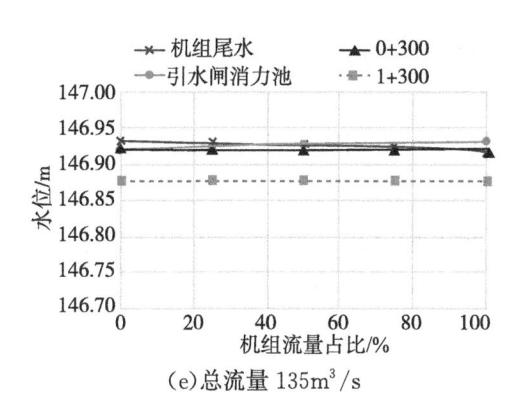

图 4 在各流量级条件下各特征断面水位分布

从图 4 可以看出,在同一输水总流量工况下,随着机组流量分配比例从 0 提高到 100%,电站尾水渠水位呈逐渐升高的趋势。同样,随着引水闸流量分配比例的提高,引水闸消力池下游水位也呈逐渐升高趋势。而渠道 0+300m 断面和 1+300m 断面的水位始终保持稳定,不受电站机组和引水闸流量分配比例的影响,只与渠道总流量相关。

3.2 渠道 0+300m 断面水位推算

通过进一步分析发现,在同一总流量条件下,0+300m 断面的水位与不同流量分配工况下的机组尾水位及引水闸消力池下游水位的最大差异均未超过 3cm。如果以 0+300m 断面水位作为计算引水闸流量和发电机组出力的依据,由此带来的引水闸流量偏差和发电机组出力偏差不超过 0.3%,因此将 0+300m 断面水位当作机组尾水位和消力池下游水位进行调控计算是可行的,并可使调控计算简单化。

从图 4 还可以看出,流量分配比例带来的两泄水设施下游水位差异随着总流量减小而减小。

由于 0+300m 断面水位是建立在数学模型上的,原型该断面的水位数据可以通过其与 1+300m 断面的水位关系来建立。在各级流量条件下,0+300m 断面与 1+300m 断面的水位差变化规律见图 5。

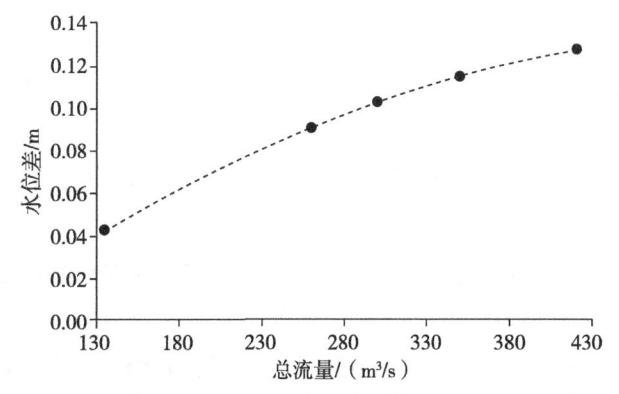

图 5 各流量条件下 0+300m 断面水位与 1+300m 断面水位差

从图 5 可以看出,渠道总流量越大,0+300m 断面与 1+300m 断面水位差也随之增大,且两者大致呈抛物线上升趋势。

该曲线二次函数率定后可以得到:

$$H_{300} = H_{1300} + (-2.637 \times 10^{-7} Q^2 + 2.672 \times 10^{-4} Q - 2.144 \times 10^{-2}) \quad (3)$$

现场在 1+300m 断面处设有水位计,利用公(3)将现场 1+300m 断面实测水位 H_{1300} 换算为桩号 0+300m 处的水位 H_{300},然后将 H_{300} 作为下游水位对机组流量和引水闸流量进行调控计算。

4 结论

陶岔枢纽由于电站尾水位和引水闸下游水位相互影响,联动变化,导致精准调度困难。针对电站和引水闸下游水位与流量关系复杂的问题,构建了陶岔枢纽及下游渠道的三维数值计算模型。

三维数值计算结果显示,同一输水总流量工况下,电站和引水闸下游水位均随着各自流量分配比例提高而升高。而渠道 0+300m 断面和 1+300m 断面的水位始终保持稳定,不受电站机组和引水闸流量分配比例的影响,只与渠道总流量相关。渠道总流量越大,闸下 0+300m 水位与 1+300m 水位差也随之增大,且两者大致呈抛物线上升趋势。

考虑枢纽运行方式影响,拟合了经验公式,对下游水位实测值进行修正,得到了精确的电站尾水位及引水闸下游水位确定方法。

参考文献

[1] 仲志余,刘国强,吴泽宇.南水北调中线工程水量调度实践及分析[J].南水北调与水利科技,2018,16(1):95-99+143.

[2] 吕爱民,郭杨,李良县,等.南水北调中线供水调度特点分析研究[J].南水北调与水利科技,2008(2):11-13+41.

[3] 张成,傅旭东,王光谦.南水北调中线工程总干渠非正常工况下的水力响应分析[J].南水北调与水利科技,2007(6):8-12+20.

[4] 穆祥鹏,郭晓晨,陈文学,等.基于分水口扰动的渠道非恒定流水力响应的敏感性研究[J].水力发电学报,2010,29(4):96-102.

[5] 范杰,王长德,管光华,等.渠道非恒定流水力学响应研究[J].水科学进展,2006,17(1):55-60.

[6] 董新亮,杜宇峰,马玉霞.南水北调中线干线工程自动化调度系统现状及优化建议[J].河北水利,2015(5):12-13.

[7] 李静,鲁小新.南水北调中线干线工程自动化调度与运行管理决策支持系统总体框架初讨[J].南水北调与水利科技,2005(5):21-25.

基于财务预算思维的水资源调度系统的设计与实现

董建忠[1]　程博伦[2]　黄　哲[3]

(1. 新疆塔里木河流域管理局信息中心,库尔勒　841000;
2. 新疆塔里木河流域巴音郭楞管理局,库尔勒　841000;
3. 新疆塔里木河流域巴音郭楞管理局博斯腾湖管理处,库尔勒　841400)

摘　要:水资源作为基础的自然资源和战略性的经济资源具有其特殊性,通常水资源调度模型主要关注水量调度与平衡。对采取预算管理的思维模式,将水资源当成一种特殊的资金资产来管理的方式进行了研究,用财务预算管理的思维设计了水资源调度系统,并探讨其实现优势。

关键词:水资源调度系统;财务预算;信息化

水资源是人类生存和发展不可或缺的资源之一。随着社会的发展和人口的增加,水资源的需求量也不断增加。水资源调度系统的建立,可以帮助管理者根据水资源的时间和空间分布情况,合理安排各项用水任务,提高水资源的利用效率[1]。本文探讨了一种将水资源当成一种特殊的资金资产来管理,以财务预算管理思维模式,设计新型水资源调度系统的方法[2]。

由于国内已经有很成熟的财务管理系统,相关财务管理的模型与方法比较丰富,有很多成功案例可供借鉴。相比传统的水资源调度系统,新型水资源调度系统实施难度大大降低。该水资源调度系统还具有同一个引水口跨月度调整、同一个用水户下不同引水口用水计划调整、不同用水户用水计划调整等功能[3],并提供水量平衡试算表功能,调控的颗粒度、调控的准确性、调控的及时性均得到增强[4],为水资源调度系统开发提供了另一种思路,并进行了有益的尝试[5]。

1　模型分析

常见的水资源调度系统的模型有以下几种。

第一作者:董建忠(1972—　),男,江苏吴县人,高级工程师,主要从事水利信息化工作。E-mail:1241581335@qq.com。

1）水库调度优化模型，如水库最优化调度模型、水库联合优化调度模型等。通过建立水库水量平衡方程和目标函数，优化水库的蓄水和调度方案，实现经济效益最大化或风险最小化。

2）供水系统调度模型，包括城市供水系统调度模型和灌溉系统调度模型。通过模拟供水管网和用水模式，确定供水系统的最优运行方案，满足不同用水量和质量的要求。

3）河流水调度模型，如河道水量平衡模型、河道泄洪模型、河道排涝模型和航道通航模型等。用于指导河道水资源的调度，保证河道的防洪、排洪和航运功能。

4）水量平衡法模型，该方法通过分析用户需求和系统的水量平衡关系，确定可供水量，再结合供水能力、水库运行情况等因素，制定出合理的水资源调度方案。

5）水资源配置模型，如水资源投资规划模型、流域水资源优化配置模型等。在更大范围内对多水源、多用水部门的水资源进行优化配置和规划。

6）水资源调度仿真系统模型，如水库群调度仿真系统、城市供水调度仿真系统和灌区供水调度仿真系统等。通过构建数字仿真模型，模拟水资源系统的运行状况，为调度方案的制定和调度措施的选择提供支持。

7）智能水资源调度模型，融合人工智能技术与传统水资源调度模型，利用机器学习、深度学习和神经网络等算法，实现水资源调度模型的智能化。如基于深度强化学习的智能水库调度模型等。

上述模型的优缺点对比见表1。

表1 各种水资源调度模型优缺点对比

序号	模型名称	优点	缺点
1	水库调度优化模型	能够实现水库蓄水和供水的经济效益最大化	通常只考虑单一水库，未考虑水库间的协同调度；未考虑下游用水部门对水量和时间的具体要求
2	供水系统调度模型	能够满足城市或灌区的具体供水要求，实现供水安全	通常只关注特定供水系统，未考虑上游入库情况的影响
3	河流水调度模型	能够指导河道防洪、排涝和航运的调度，实现河道综合管理	未综合考虑流域范围内的水资源供给情况和其他用水需求
4	水量平衡法模型	具有较高的可靠性和准确性	计算过程相对比较复杂
5	水资源配置模型	在流域范围内实现水资源的优化配置，协调各用水部门的需求	数据收集和模型构建难度大；对模型结果的准确性要求高，易产生较大误差
6	水资源调度仿真系统模型	可视化展示水资源调度系统的运行状况，利于决策者理解	只模拟特定调度系统，未实现多个系统的深度协同仿真；仿真结果易受模型假设和参数的影响

续表

序号	模型名称	优点	缺点
7	智能水资源调度模型	自动学习调度规律并进行智能决策,降低人工成本	算法逻辑难以解释,决策依据不透明;对数据质量和算法模型要求高,结果准确性仍需提高

2 系统设计

财务预算作为一种管理方法,强调预算编制、执行、监督和评估的全过程。财务预算主要包括预算编制、执行、控制和评估等环节。其中,预算编制是确定预算目标和计划的基础;执行是将计划落实到实际工作中去,以保证计划按时完成并取得预期的效益;控制是对计划实施进行管理和监督,及时发现和解决计划执行中出现的问题;评估则是对计划执行结果进行评价和总结,以了解计划目标和实际结果的差异,为下一步的规划提供参考依据。

使用财务预算思维进行水资源调度具有以下几个优势。

1)增强水资源调度计划编制的科学性和准确性。通过财务预算思维进行水资源调度计划编制,可以使水资源调度计划更加贴近实际,从而能够更好地反映水资源调度的实际情况和需求。

2)通过财务预算思维进行预算执行,可以明确各部门和单位的职责和权限,加强沟通协调,减少不必要的浪费和延误,提高水资源调度计划执行的效率。

3)通过财务预算思维进行水资源调度计划控制和评价,可以及时发现和纠正水资源调度计划执行中出现的问题,保证水资源调度计划执行得顺利和有效。

4)通过财务预算思维进行水资源调度,可以严格遵守水资源调度计划编制、执行、控制和评价的流程和规范,保证水资源调度的公开、公平和透明。

5)通过财务预算思维进行水资源调度,可以根据实际情况和需要,合理配置和利用水资源。

水资源调度和财务预算管理的对比见表2。

表2 水资源调度和财务预算管理的对比

项目	水资源调度	财务预算
分级管理	根据取水口用水量及所在位置,可分为河道引水(一级引水口),干渠引水(二级引水口)、支渠引水(三级引水口),斗渠引水(四级引水口),农渠引水(五级引水口)	分为一级科目、二级科目、三级科目、四级科目、五级科目
分级编码	取水口分级编码	科目分级编码

续表

项目	水资源调度	财务预算
分级汇总	取水口分级汇总	科目分级汇总
分类管理	根据管理区域分类、根据管理站分类、根据所属枢纽分类等	根据不同性质分类分为资产、负债、往来等
计划编制	年度用水计划	年度预算
	月用水计划	分月预算
	旬用水计划	
结算	每日由自动水位计推算出引水量（自动测报点）或人工填报引水量（人工点），月底结算	每日录入凭证,月底结算
调整	同一个引水口跨月度调整	月度执行计划调整
	同一个用水户下不同引水口用水计划调整	
	不同用水户用水计划调整	
统计与进度跟踪	月度用水统计、年度用水统计、与去年同期对比	月度统计、年度统计、与去年同期对比
	统计与计划比较,超额、不足、相符	统计与计划比较
绩效评价	水资源利用绩效评价	资金使用绩效评估

3 新型水资源调度系统设计

根据水资源调度与财务预算对比表,比照财务预算系统的设计思路,逐项实现水资源调度系统。

3.1 用水户管理

用水户与引水口是一对多的关系,一个用水户可能会有多个引水口供水。用水户编码也采用定长编码以实现用水户的层级管理,进行统计时按照用水户进行分层级汇总统计。

3.2 管理单位管理

管理单位是按照隶属关系将引水口划归管理单位管理,这样增加了管理单位层级后,每一个管理单位下辖的引水口有限,工作量不会过大。同样,管理单位也采用定长编码进行分级管理,统计时也可以按照管理单位进行分层级汇总统计。

3.3 用水计划的录入与分解

用水计划的录入与分解是建立年内水量分配的业务工作流程,按用水单位分层级直

至最低层级,最低层级下跟随若干引水口,引水口年度用水计划录入并逐级汇总。包括以下步骤:

(1)收集基础数据

主要包括上年用水实际数据、当年用水需求预测数据、当年用水定额或定量数据等。这些数据主要来源于用水单位的历史统计、预测报表,以及相关规范标准。

(2)确定年度用水来源与供水能力

需要明确年度用水总量来源,如自备水源、市政供水、调入水等,并且综合考虑各水源在不同月份的具体供水能力,为后续用水分解提供依据。

(3)界定年度各用水部门或用水单位用水总量上限

按照用水总量与供水能力的匹配情况,对各用水部门或重点用水单位的年用水量进行上限控制,避免计划超量。

(4)分解年度用水总量至各月

既要考虑到各月实际用水特点与规律,又要兼顾水源的时段供水变化。用水高峰月要适当控制用水增长,以避免供不应求。

(5)对月用水量进行分解至日或旬

日分解更加细致,可满足重点用水单位用水高峰期的管理需要;旬分解则相对宽松,一般适用于监督检查。选取适当精细度进行分解。

(6)录入年度用水计划表与月用水量分解表

旬计划编制是在月调水计划的基础上编制安全可行的水量调度指令,按 10 天一个循环执行调度方案,使调度方案既不会朝令夕改,也不会反应迟钝。

(7)下达年度用水计划与月用水分解计划

向各用水单位下达其年度用水总量控制指标与各月用水具体量,以指导用水单位进行日常用水管控与调度。

3.4 日水情录入子系统

日水情录入子系统主要实现当日水资源相关信息的采集与录入功能,为水资源日常管理和调度分析提供基础数据支持。主要包括以下功能模块。

(1)数据采集配置

配置水情自动站、视频监测点及手工采集点的具体参数,如位置、所测数据种类、采集频率和采集人员等。

(2)实时水情数据采集

连接各水情自动站、视频监测系统和无人机系统,实时自动采集水位、流量、水质及影像数据。对异常或报警数据进行预警提示,供人工核验。

(3)手工数据录入

提供日数据录入界面,由采集人员填报用水量、水污染物排放量等信息。

(4)数据审核与发布

要对录入数据进行多级审核,审核通过后发布至基于云计算的水情数据库,实现与各业务系统的实时共享和调用。

(5)报表与分析

基于录入数据,按照预设的模板生成日报表,显示不同区域和时段的水文要素变化情况。

3.5 用水计划的调整

用水计划的调整主要根据水资源供给情况和用水需求变化进行,目的是实现水资源合理利用和供需平衡。

因此,用水计划的调整应根据具体情况进行,并选择最小幅度的调整,尽可能减小对其他单位或时期用水计划的影响。调整后要及时通知相关用水部门和单位落实执行,并做好记录以用于后续评价。

用水计划调整根据具体情况分为3种类型。

1)本引水口年计划引水量尚未用完,调整量小于本引水口剩余的引水量,且剩余的时间还足够一个执行周期(一旬),则将下一个周期的引水量调整到本周期执行,下一个周期引水计划核减,年计划不变。

2)本引水口年计划引水量尚未用完,但调整量大于本引水口剩余的引水量,则需要从该用水户其他引水口年剩余引水量进行调整,本引水口下一周期引水量增加,其他引水口引水量减少,本用户所属引水口年计划总量不变。

3)本引水口年计划引水量已用完,且调整量大于该用水户其他引水口年剩余引水量总和,则该用水户需要通过水权交易购买其他用水户的用水指标才能完成调整。

上述功能均引入试算平衡表显示调整前后数据变化。

3.6 水权交易

水权交易子系统需要记录以下主要信息。

1)买方信息。用水户名称或编号,联系人及联系方式,用水类别(生活、工业、农业用水等),所在地区,其他相关信息。

2)卖方信息。同买方信息。

3)交易水权信息。交易水量(立方米);交易价格(元/立方米);交易起始时间和结束时间;水权来源(水库/河道名);水源地信息(若涉及跨流域交易);交易期限(长期或者短期);其他交易品种(如排污权)。

4)交易记录人信息。记录人姓名及所属部门,记录时间。

5)交易附件。买卖双方身份认证信息,水权交易合同,水权交易支付凭证,其他相关文件。

一个完善的水权交易记录可以为交易支付、水权流转追踪、交易监管等提供有效证据和技术支撑。

3.7 实时水情展示

实时水情展示子系统主要采用地理信息系统(GIS)和数据库技术,实现水资源实时数据的采集、管理、分析与展示。主要包括以下内容。

(1)水情数据库

通过定期接口或实时接口将采集的数据汇入水情数据库,实现数据的持续积累与更新。

(2)数字地图与空间数据库

通过卫星遥感影像或无人机航拍获取区域高精度数字地图数据,并构建空间数据库以管理和存储数字地图。

(3)GIS 水情展示平台

采用 Web GIS 或桌面 GIS 平台实现地图浏览与水情数据的展示。包括水情点水位变化动态展示、入流量与出流量的变化展示、条形统计图展示、报表展示等多种方式。用户可以在平台上浏览各种实时水情信息。

(4)水情预警功能

根据实时采集的数据与预设的预警规则,实现对入流量超限、用水超量等异常水情的检测与预警。一旦发生预警,系统能够通过短信、邮件或声音报警等方式通知相关人员。

4 新型水资源调度系统实现

新疆塔里木河流域巴音郭楞管理局于 2021 年信息化建设中,基于财务预算管理思维设计并开发了新型水资源调度系统,经一年的开发及试运行阶段,于 2022 年 10 月项目通过验收进入正式运行阶段。

该水调系统相比传统水资源调度模型具有以下优势。

(1)实施难度降低

财务管理体系和技术体系已经比较成熟,水资源管理可以借鉴和采用,简化调度系统建设的难度。

(2)调度精细程度提高

财务管理追求资金的精细化管理,这一理念可以延伸到水资源调度,实现对水资源的精细化调配和供需匹配。

(3)调度准确性提高

现代财务管理模型与技术手段可以大大提高调度计划的科学性,特别是大数据分析和AI技术的使用可以持续优化调度方案,帮助人工锁定最优解。

(4)调度实时性增强

基于互联网和云计算技术打造的数字化调度系统,可以实现水资源数据的实时采集、传输和处理。水资源调度也可以实现实时监测、模型算定、方案修编和指令下达。这大大超过以往的定期调度模式。

5 结论

基于财务预算思维建立的水资源调度系统,具有较高的实施可行性和创新性。经过长期运行和不断改进,可以成为实现水资源科学管理的有力工具,但也需要跨学科的知识融合和技术创新,这也将是今后研究的方向。

参考文献

[1] 左其亭,李佳伟,马军霞,等.新疆水资源时空变化特征及适应性利用战略研究[J].水资源保护,2021,37(2):21-27.

[2] 顾芸.水利事业单位财务管理若干问题及对策建议[J].财会学习,2019(27):25+27.

[3] 丰尔蔓,李援农,胡战峰,等.基于水量平衡下的灌区用水计划编制方法综述[J].排灌机械工程学报,2022,40(3):294-301.

[4] 曹玉升,畅建霞,黄强,等.南水北调中线输水调度实时控制策略[J].水科学进展,2017,28(1):133-139.

[5] 雷晓辉,蔡思宇,王浩,等.河流水资源调度关键技术及通用软件平台探讨[J].人民长江,2017(17).

基于 RBF 神经网络的面板堆石坝水平位移预测

张琪玥 铁云龙 张春磊

(山东大学土建与水利学院,济南 250000)

摘 要:水库大坝是对水资源配置一个不可忽视的设施,其变形位移是保证水资源调度安全管理的一个指标。在大坝位移预测中,统计模型存在精度低、泛化能力差的缺陷,而反向传播神经网络(BPNN)也没有进一步提高预测精度。径向基函数神经网络(RBFNN)可以克服上述缺点。在本研究中,RBFNN 的最佳扩展率为 1.0,BPNN 的最佳学习率和隐含层神经元节点数分别为 0.01 和 12。随着样本数据量的变化,RBFNN 模型的预测准确率比 BPNN 模型分别提高了 47.68%、70.93%、92.90%,比多元回归模型分别提高了 87.13%、75.25%、95.02%。结果表明,在实际大坝监测中,具有局部逼近能力的 RBFNN 能够表达复杂变量间更强的非线性关系,提高预测准确率,表现出非常强的泛化能力。RBFNN 模型在大坝结构安全监测领域具有很大的应用潜力。

关键词:大坝监测;变形位移;径向基函数神经网络

1 概述

我国水资源短缺且时空分布不均,长距离引调水工程是优化水资源配置格局的重大战略性基础设施。大坝作为水资源配置最重要的组成部分之一,是一个不可能被忽视的环节。鉴于长距离引调水工程的复杂性,已建大坝的安全监测成为下一步的主要工作。

对于大坝位移的预测,统计模型和人工神经网络模型仍然是目前主要的监测模型。

作者简介:张琪玥(1999—),女,硕士研究生,主要从事引水隧洞智慧诊断与检测。E-mail:202135063@mail.sdu.edu.cn。

铁云龙(2000—),男,硕士研究生,主要从事引水隧洞智慧诊断与检测。E-mail:202235098@mail.sdu.edu.cn。

张春磊(2000—),男,硕士研究生,主要从事引水隧洞智慧诊断与检测。E-mail:201900800291@mail.sdu.edu.cn。

统计模型是最早应用于大坝安全监测的方法之一。该模型通常采用传统的数学公式,通过分析环境变量与大坝位移之间的相关关系来评估大坝的安全稳定性问题。近年来,越来越多的大坝领域专家开始采用人工神经网络对大坝安全监测进行分析,BPNN 模型是一种常见的方法。然而,更新所有权重使得 BPNN 模型存在预测准确率无法无限接近百分之百的精度限制。

为了实现更高的预测精度,提出了一种 RBFNN 模型。本文研究的目的是通过 RBFNN 模型对大坝水平位移进行预测,并与统计模型和 BPNN 模型进行比较,表明 RBFNN 模型具有较强的预测能力和部分近似性能。

2 RBFNN 模型

作为另一种人工神经网络,即前馈神经网络,RBFNN 可以以较高的准确率逼近任意连续函数。RBFNN 的神经元结构见图 1。

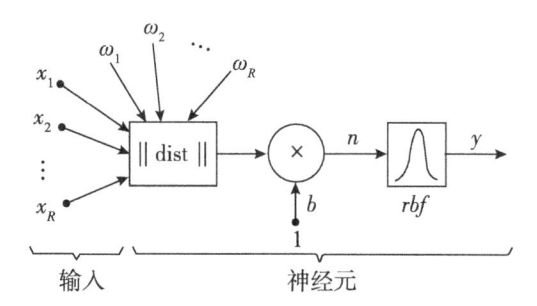

图 1 RBFNN 神经元的结构

从图 1 可以看出,称之为欧氏距离的 $\|dist\|$ 可以用式(1)进行定量解释。式(2)中,y 为 RBF 神经元的输出值。b 值即阈值可调节神经元的灵敏度,n 是 RBF 神经元的中间计算结果。

$$\|dist\| = \|\omega - x\| = \sqrt{\sum_{i=1}^{R}(\omega_i - x_i)^2} = [(\omega - x^T)(\omega - x^T)^T]^{\frac{1}{2}} \quad (1)$$

$$y = rbf(n) = rbf(\|\omega - x\|b) \quad (2)$$

式中,ω——权重矩阵;

x——输入数据的矩阵;

ω_i——权重;

x_i——输入数据;

R——样本数据个数。

RBFNN 由一个输入层、一个隐含层和一个输出层组成,其结构类似于简单的 BPNN,见图 2。数据转换由径向基函数从输入层到隐含层是非线性的,由线性函数从隐含层到输出层是线性的。输入数据可以由低维空间的线性不可分形式变为高维空间的线性可分形式。n^1 和 y^1 是径向基函数神经元和隐含层输出的中间计算结果。S^1 和 S^2 分别为隐含层和输出层的输出节点数，n^2 为输出层的中间计算结果，y^2 为 RBFNN 模型的最终输出结果。

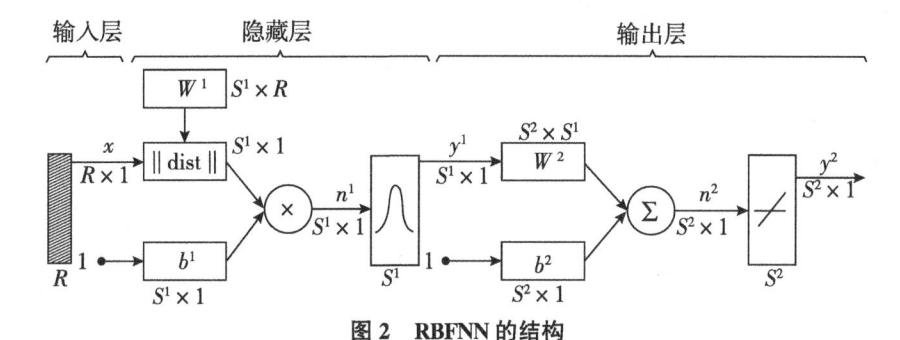

图 2　RBFNN 的结构

完整的 RBFNN 模型有训练和预测两个过程。训练过程分为两个阶段。

(1) 无监督学习阶段

① 初始化每个隐层节点中心向量 $c\_i(0)$，并规定目标误差停止计算。

② 计算每个输入数据到中心向量的欧氏距离和欧氏距离最小的节点，可以用下式表示。

$$\begin{cases} d_i(p) = \| x(p) - c_i(p-1) \| & 1 \leqslant i \leqslant S^1 \\ d_{min}(p) = mind_i(p) = d_r(p) \end{cases} \quad (3)$$

式中：p——样本数；

$d_i(p)$——中心向量 $c_i(p-1)$ 到输入样本 $x(p)$ 最近距离的隐层节点数。

③ 调整隐含层径向基函数中心向量。

④ 当输入数据总误差小于目标误差时(式(4)所示)，计算进入第二阶段，否则，回到②步，重新计算每个输入数据到中心向量的最小欧氏距离的节点和欧氏距离。

$$J_e = \sum_{i=1}^{S^1} \| x(p) - c_i(p) \|^2 \leqslant \varepsilon \quad (4)$$

式中，J_e——样本输入数据的总误差；

$x(p)$——输入样本；

$c_i(p)$——中心向量。

(2) 监督学习阶段

采用最小二乘法计算隐含层和输出层各神经元之间的连接权值 ω_{ki}($k=1,2,\cdots,S^2$；$i=1,2,\cdots,S^1$)。连接权重学习算法可以表示为式(5)。

$$\begin{cases} \omega_{ki}(k+1) = \omega_{ki}(k) + \eta(t_k - y_k) y_i^1(x) / (y^1)^T y^1 \\ y^1 = [y_1^1(x)\ y_2^1(x) \cdots y_{S^1}^1(x)]^T \end{cases} \quad (5)$$

式中，$y_i^1(x)$——径向基函数；

η——一个学习率，取值范围为 0～1；

t_k 和 y_k——输出分量的期望值和实际值。

3 工程应用

本研究选取位于牛栏江上游的德泽大坝为案例,对 3 种模型的性能进行研究。德泽大坝是一座混凝土面板堆石坝,坝顶高程 1796.3m,是一座综合性的二级大型水利水电工程。大坝高 142.0m,坝顶宽 12.0m,长 386.9m,总库容 4.48 亿 m³。为分析大坝变形情况,选取德泽大坝内部某监测点 2017 年 1 月至 2018 年 12 月的观测数据作为试验数据。观测数据包括环境变量,即上游德泽大坝的水位高程、大坝温度和时间,以及位移变量,即德泽大坝的水平位移。

3.1 数据选择

处理数据的过程如下:

1)检查观测资料中上游坝段的水位高程是否出现某些高程高于坝顶的错误。检查坝体内部温度值是否超过或低于正常范围,然后计算从第一个测量日到观测日的日累积数。

2)分析环境变量与一个偏移变量之间的相关性,选取相关性较高的数据作为 3 个模型的数据。

3)对数据进行归一化处理,避免出现计算机使用操作规程计算耗时过长的情况。这是一个必要的过程。

4)在完成上述步骤后,将数据按照 4∶1 的比例分为样本数据和预测数据。

一组观测数据包含一个水平位移、一个水位高程、17 组温度数据和一个累加数。表 1 是环境变量和偏移变量之间的相关性分析结果。环境变量和偏移变量之间的正相关和负相关关系分别表示为正符号和负符号。相关系数越接近于 1 或 −1,则该环境变量与大坝水平位移这一抵消变量的正负相关性越强。

表 1　　　　　　　　环境变量和偏移变量之间的相关性分析结果

环境变量	相关系数	环境变量	相关系数	环境变量	相关系数
H	0.838	T_7	−0.277	T_{14}	0.679
T_1	0.033	T_8	0.658	T_{15}	0.679
T_2	−0.177	T_9	0.642	T_{16}	−0.301
T_3	−0.089	T_{10}	−0.796	T_{17}	0.612
T_4	0.105	T_{11}	−0.396	θ	0.770
T_5	−0.626	T_{12}	−0.112		
T_6	−0.193	T_{13}	0.679		

3.2 RBFNN 模型建立

RBFNN 模型同样具有 6 个输入向量和 1 个输出向量。RBFNN 模型通过交叉验证的方式选择最佳的训练数据、样本数据的测试数据以及最佳的径向基函数膨胀率。交叉验证、设置参数、训练和预测的具体过程如下所示：

(1) 交叉验证

根据实际样本数据量,将样本数据以 4∶1 的比例随机分为训练数据和测试数据。

(2) 设置参数

RBFNN 模型软件计算的重要参数是扩展率 spread,它的选取原则是使输入层向量与神经元权值向量的距离等于 0.5。在本研究中,扩展率的取值范围为 0.1~2。膨胀率以 0.1 为间隔进行划分,共 20 组。将训练数据输入 RBFNN 模型,计算训练后的模型输出数据与测试数据之间的平均绝对误差(MAE)。比较每个不同膨胀率的平均绝对误差,得到最小平均绝对误差对应的最优膨胀率。表 2 显示了 RBFNN 采用不同扩展率时的 MAE。从表 2 中可以看出,最小的 MAE 对应的扩展率为 1.0,其值为 14.27,因此 RBFNN 模型的最优扩展率为 1.0,其对应的训练数据和测试数据在样本数据中是最优的。

表 2 　　　　　采用不同扩展率的 RBFNN 的平均绝对误差

扩展率	平均绝对误差/mm	扩展率	平均绝对误差/mm	扩展率	平均绝对误差/mm	扩展率	平均绝对误差/mm
0.1	14.50	0.6	14.39	1.1	14.30	1.6	14.42
0.2	14.50	0.7	14.36	1.2	14.32	1.7	14.43
0.3	14.49	0.8	14.33	1.3	14.37	1.8	14.45
0.4	14.48	0.9	14.31	1.4	14.38	1.9	14.47
0.5	14.43	1.0	14.27	1.5	14.40	2.0	14.49

(3) 训练和预测

将最优的训练数据输入到以最佳扩展率命名为 spread 的 RBFNN 模型中,得到训练好的 RBFNN 模型。将预测输入数据输入到训练好的 RBFNN 模型中,分析预测模型输出与预测输出的平均绝对误差是否小于或等于预测目标误差。结果表明,最终的 BPNN 模型是一个完全模型,其平均绝对误差满足条件,否则,回到步骤(1)重新划分样本数据和选择参数。

3.3 RBFNN 模型检验

为验证 RBF 神经网络训练出的模型在实际工程应用中的可行性和有效性,分别采用多元回归模型、BPNN 模型和 RBFNN 模型对上述训练数据样本进行对比检验,从而验证 RBFNN 模型在拟合能力、预测能力和泛化能力的优势。

3.3.1 拟合、预测能力检验

通常用决定系数 R 和 MAE 来评价 3 种模型的拟合能力和预测能力,其计算公式为:

$$\begin{cases} R^2 = 1 - \dfrac{SS_{res}}{SS_{tot}} \\ SS_{res} = \sum\limits_{i}^{R}(y_i - f_i)^2 \\ SS_{tot} = \sum\limits_{i}^{R}(y_i - \overline{y})^2 \end{cases} \tag{6}$$

$$\mathrm{MAE} = \dfrac{1}{R} SS_{res} \tag{7}$$

式中,R——决定系数,取值范围为 0～1,决定系数越接近 1,模型的拟合能力越好;

SS_{res}——残差平方和;

SS_{tot}——总平方和 y_i,是样本数据的输出;

f_i——拟合值;

y_i——样本数据的输出值;

$\overline{y}$——样本数据的平均输出值;

MAE——平均绝对误差;平均绝对误差越接近于 0,模型的预测能力越好。

表 3 中多元回归模型、BPNN 模型和 RBFNN 模型的决定系数分别为 0.957、0.977 和 0.985。3 种模型的 MAE 分别为 4.79mm、1.25mm 和 0.81mm。BPNN 模型的 MAE 和精度分别比多元回归模型小 3.54mm 和高 73.88%。RBFNN 模型的平均绝对误差和预测精度分别比多元回归模型低 3.98mm 和高 83.12%。RBFNN 模型的平均绝对误差和精度分别比 BPNN 模型低 0.44mm 和高 35.38%。

表 3　　　　　　　　　　3 种模型的决定系数

项目	多元回归模型	BPNN 模型	RBFNN 模型
R	0.957	0.977	0.985
MAE/mm	4.79	1.25	0.81

通过曲线变化可以直观地分析和比较 3 种模型的拟合和预测能力。从图 3 可以看出,虽然多元回归模型能够表现出对样本数据点的高精度拟合能力,但是多元回归模型的预测输出点在趋势上已经偏离了观测数据的预测数据点。BPNN 模型的预测曲线波动较小,在预测阶段整体误差变化较小,但由于该模型是一种全局逼近神经网络,在训练过程中更新所有的权值和阈值,难以进一步提高预测精度,会有一些误差相对较大的点,如 42 号和 45 号数据。

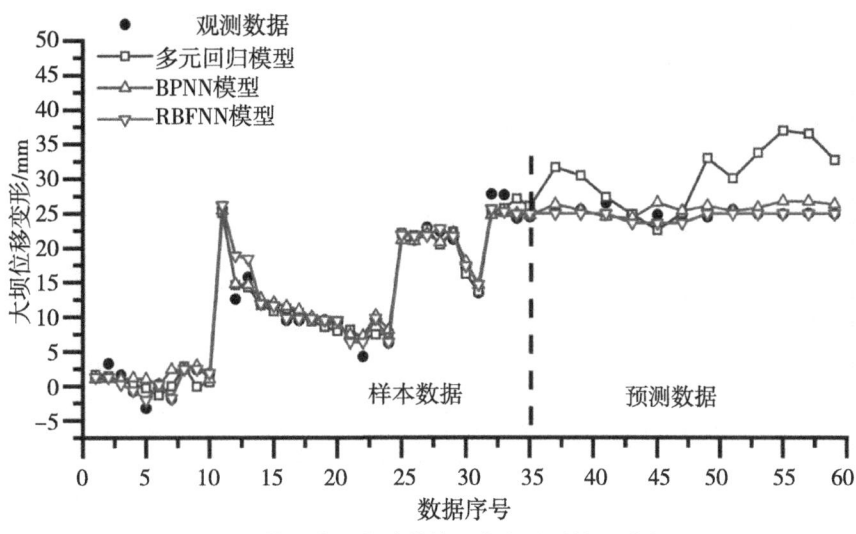

图 3　模型水平位移曲线拟合和预测结果对比

从图 3 可以看出,RBFNN 模型能够对样本数据点表现出较高的精度拟合能力,并获得预测中的变化趋势。没有一点在拟合或预测阶段出现比较大的误差。结果表明,RBFNN 模型不仅对环境变量与大坝变形位移之间的非线性关系具有较强的泛化能力,而且能够预测大坝变形位移的波动趋势,能够准确地预测大坝位移。

3.3.2　泛化能力检验

比较 3 种模型的泛化能力,改变样本数据和预测数据的容量,即改变训练数据和测试数据的比例,是一种可行性高、效果明显的有效方法。

根据样本数据与预测数据比例的不同,本文采用以下 3 种分组形式来比较 3 种模型的泛化能力。

组 1:
$$D_S : D_F = 5 : 3$$

组 2:
$$D_S : D_F = 6 : 2$$

组 3:
$$D_S : D_F = 7 : 1$$

式中,D_S——样本数据的容量;

D_F——预测数据的容量。

利用上述分组数据建立 3 个模型,各模型的预测误差变化幅度不同。图 4 为 3 组模型在各模式下的预测误差分布。从各组的预测误差分布可以看出,无论是在误差范围、平均绝对误差,还是在误差分布上,RBFNN 模型的预测结果都要优于其他两种模型。通过局部逼近,RBFNN 模型可以修正部分权重因子,使训练好的模型的每一个预测数据都逼近相应的原始预测数据。这说明 RBFNN 模型具有较高的泛化能力,能够适应样本数据的容量变化。

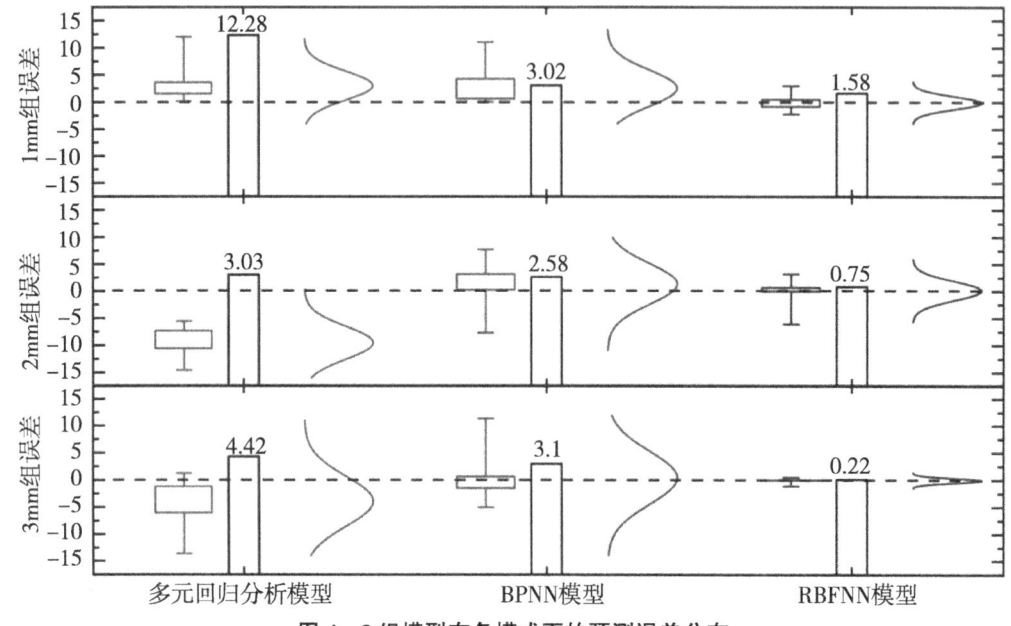

图 4　3 组模型在各模式下的预测误差分布

综上所述,无论样本数据容量如何变化,RBFNN 模型都比多元回归模型和 BPNN 模型具有更高的预测精度和更强的泛化能力,可以有效、准确地对大坝水平位移进行预测。

4　结论

本文提出了一种预测混凝土面板堆石坝水平位移的 RBFNN 模型。该模型具有非常高的预测精度和较强的泛化能力。RBFNN 模型与多元回归分析模型、BPNN 模型对工程实际数据预测结果的对比表明,RBFNN 模型不仅对混凝土面板堆石坝的水平位移具有较高的预测精度,而且能较好地表征环境变量与大坝变形位移之间的非线性关系。同时,该模型能够准确预测大坝变形位移的波动趋势。

RBFNN 模型在实际面板堆石坝水平位移预测中取得了较好的效果。该模型为混凝土面板堆石坝安全监测提供了一种新的监测技术。此外,所提出的模型可以为大坝监测领域的未来研究提供有力的参考。

参考文献

[1] 魏博文,彭圣军,徐镇凯,等. 顾及大坝位移残差序列混沌效应的 GA-BP 预测模型[J]. 中国科学:技术科学,2015,45(5):541-546.

[2] Siyu Chen,Chongshi Gu,Chaoning Lin,et al. Multi-kernel optimized relevance vector machine for probabilistic prediction of concrete dam displacement[J]. Engineering with Computers,2020,37(3).

[3] Kernel Principal Component Analysis[J]. Mathematical Problems in Engineering,2018.

[4] 何金平,涂圆圆,施玉群,等. 大坝多测点异常性态 Bayes 融合诊断模型[J]. 长江科学院院报,2012,29(10):63-67.

[5] Displacement Time Series Using STL,Extra-Trees,and Stacked LSTM Neural Network[J]. IEEE Access,2020,8.

重点超采区地下水超采综合治理实践与启示

高媛媛　陈文艳　李　佳　袁浩瀚　王仲鹏

（水利部南水北调规划设计管理局，北京　100038）

摘　要：为缓解地下水超采状况，我国针对地下水重点超采区开展了一系列保护和治理举措。南水北调工程受水区所在的黄淮海平原是我国地下水超采最为严重的区域，是近年来超采治理最具代表性的重点区域。为促进该区域地下水保护修复，国务院批复实施了《南水北调东中线一期工程受水区地下水压采总体方案》，是首个由国务院批复的针对局部区域地下水治理的方案，有力指导了受水区开展地下水压采行动。之后陆续颁布实施《华北地区地下水超采综合治理行动方案》《"十四五"重点区域地下水超采综合治理方案》等，为相关区域地下水超采治理和保护提供了依据。以南水北调受水区为重点，从节水、置换、补水、严管等方面总结了受水区的该区域地下水压采工作措施安排，围绕地下水开采量和水位变化、沿线生态环境改善等分析了受水区压采主要成效；梳理了南水北调受水区地下水压采经验和启示，以期为其他重点超采区地下水治理提供借鉴和参考。

关键词：南水北调；受水区；地下水压采；综合治理

党中央、国务院高度重视华北地区地下水超采治理工作。习近平总书记多次作出重要指示，要求从实现长治久安的高度和对历史负责的态度做好这方面工作。南水北调东中线一期工程受水区水资源供需矛盾突出，长期依靠过量开采地下水来满足用水需求。长期超采引发一系列生态与环境地质问题，严重制约经济社会可持续发展，危及国家粮食安全、生态安全和供水安全。2014年，南水北调东中线一期工程全面建成通水，为受水

基金项目：国家重点研发计划项目"南水北调西线工程调水对长江黄河生态环境影响及应对策略"项目（2022YFC3202400）课题四"西线工程调水生态补偿机制及生物入侵风险分析"（2022YFC3202404）。

第一作者：高媛媛（1985—　），女，博士研究生，主要从事南水北调工程规划设计与管理相关工作。E-mail：gaoyy@mwr.gov.cn。

区长期处于超采状态的地下水压采提供了重要水源条件。2013年4月,国务院批复《南水北调东中线一期工程受水区地下水压采总体方案》(以下简称《总体方案》),明确了压采目标、任务和措施。近年来,受水区聚焦目标,系统治理,综合施策,地下水压采量已超70亿 m³,地下水水位总体止跌回升,河湖生态环境得以改善,压采工作取得显著成效。受水区压采措施体系安排等可为我国正在实施的"十四五"重点区域地下水超采综合治理提供启示借鉴。

1 有关背景

南水北调东中线一期工程受水区(以下简称"受水区")涉及海河流域、淮河流域和黄河流域内的北京、天津、河北、山东、河南及江苏6个省(直辖市),区域面积23万 km²,区内人口密集,经济发达,水资源供需矛盾突出,为维系经济社会快速发展,不得不长期依靠过量开采地下水来满足用水需求。南水北调通水前,受水区(不含江苏省)地下水供水量已占总供水量的60%以上,地下水在保障经济社会发展用水以及维系良好生态环境方面发挥着重要作用。2014年前后,工程受水区所在的华北地区年均超采地下水量约96亿 m³,占全国超采量的61%;累计超采地下水量1800亿 m³。受水区地下水年均超采量达76亿 m³,其中,浅层超采量43亿 m³,深层超采量33亿 m³。受水区超采面积11.19万 km²,约占受水区总面积的49%,北京、天津、河北超采区面积均超过其受水区面积的80%(图1、图2)。由于长期、持续、大规模过度开采地下水,区域地下水水位持续下降,部分含水层被疏干或枯竭,引发了地面沉降、地裂缝、水质恶化、海(咸)水入侵等一系列生态与环境地质问题。在生态文明建设时代背景下,加快推进受水区地下水超采治理,加强地下水管理和保护已刻不容缓。

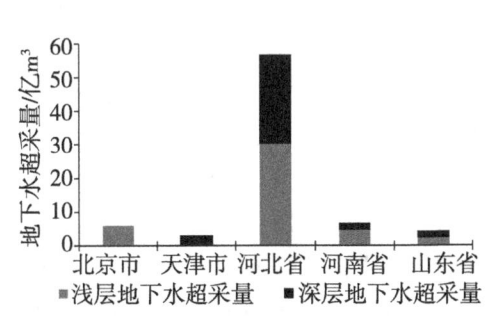

图1 南水北调受水区相关省市地下水超采量
(数据来源:《南水北调东中线一期工程受水区地下水压采总体方案》)

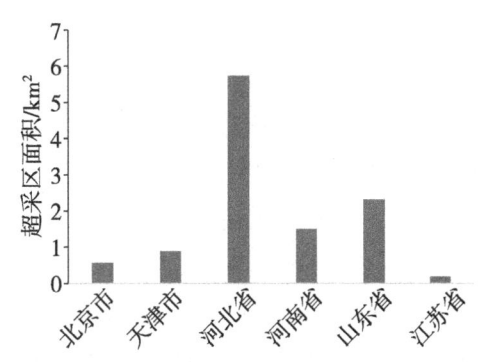

图2 南水北调受水区相关省市地下水超采区面积
(数据来源:《南水北调东中线一期工程受水区地下水压采总体方案》)

以南水北调东中线一期工程通水为契机,以《总体方案》为指引,受水区开展了地下水压采工作,取得了一定经验和成效,为其他重点区域超采综合治理提供了参考借鉴。

2 经验做法及主要成效

2014年以来,受水区聚焦《总体方案》近期和远期地下水压采目标任务,强化顶层设计,统筹运用行政、工程、法律、经济、管理等多种手段,采取节水、置换、补水、严管等综合措施,系统开展了地下水压采工作。

2.1 经验做法

(1)全面贯彻节水优先

受水区将节水优先贯穿在地下水压采实践全过程。结合"节水优先、空间均衡、系统治理、两手发力"的十六字治水思路,大力推进农业节水增效,实施灌区节水改造和田间高效节水灌溉工程建设,推广农艺节水措施和耐旱作物品种;在工业节水减排方面,主要是通过节水型企业创建、加速工业用水定额指标体系建设、推进高耗水工业结构调整、强化节水监督管理等加强工业节水;在城镇节水降耗方面,主要通过推进节水型社会建设、降低城市公共管网漏损率、强化再生水利用等方面强化生活节水。

受水区6个省(直辖市)2020年底供水管网漏损率普遍降低到10%以内,城镇节水型器具普及率在99%以上;工业用水重复利用率提高到90%以上(北京、天津、江苏、山东达92%以上);农田灌溉水有效利用系数为0.61~0.75,高出全国平均水平5~19个百分点。北京节水型社会建设达标县(区)建成率100%,天津建成率88%,河北建成率46%,河南建成率70%,山东建成率69%,城镇公共供水管网漏损率控制在10%以内。节水水平在全国处于领先水平。

(2)大力推进水源置换

稳定可靠的替代水源是地下水压采顺利推进的前提。为确保压采顺利进行,在《总体方案》中提出要统筹利用引江、引黄、引滦及非常规水等多种替代水源置换超采的地下水,并明确了各种水源替代地下水的具体水量。为此6个省(直辖市)积极推动南水北调等工程建设,统筹利用引江、引黄、引滦及非常规水等替代水源,开展地下水置换,有效减少了对地下水的开采。据统计,在南水北调配套工程方面,受水区累计投入超1800亿元,建成超500项配套工程,为接纳南水北调水奠定了工程基础。

在接纳南水北调工程引江水工程前期的基础上,受水区积极消纳南水北调水。截至2023年9月,南水北调已累计向北方地区调水超650亿 m^3,供水规模和供水范围不断延伸,供水水质稳定达标,替代水源作用日益发挥。工程沿线城市城区利用江水大力开展生活、生产取用地下水的水源置换,北京、天津、河北、河南等多个原以地下水作为城区供水主要水源的重要城市逐步切换为水质优良的引江水(图3)。在大力推进水源置换影响下,引江水成为沿线40多座大中城市280多个县(市、区)城区供水的重要水源。其中,南水已占北京城区供水的75%,占天津城区供水接近100%,郑州市中心城区90%以上的居民饮用引江水,河北省黑龙港流域 500 多万人告别了长期饮用高氟水、苦咸水的历史。

此外,通过配套管网进一步向城市近郊区延伸,南水北调水也为城区周边郊区及农村地区生活用水水源置换提供了条件,南水北调水水源置换作用将进一步显现。

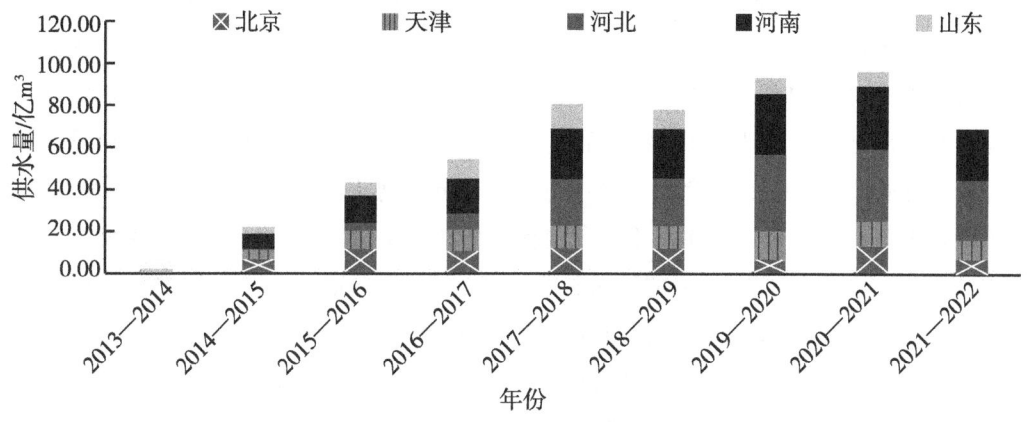

图 3 南水北调东中线一期工程受水区供水情况

(3)创新开展生态补水

为全面促进地下水保护修复,南水北调受水区开创性地实施了生态补水,加强入渗补源,促进河湖复苏。近年来,在保障正常供水目标的前提下,受水区统筹利用南水北调、引黄、当地水库、沿河再生水等水源,相机对华北地区主要河湖开展生态补水,增加河湖水系水量,通过河道再回补地下水,复苏河湖生态环境。华北地区已累计实施生态补水超 170 亿 m³,回补地下水超 100 亿 m³。在南水北调受水区,自通水以来,南水北调工程累计向 50 余条河流实施生态补水,补水总量超 92 亿 m³,助力了华北地下水压采和河湖生态环境修复改善,生态效益显著。自 2018 年以来,每年河湖补水水量入渗地下的比例均超过 50%,有效回补了浅层地下水。地下水水位回升促使干涸断流多年的泉眼复涌,其中北京秦城泉、潭峪泉等 81 处泉眼断流 20~30 年后复涌,河北邢台狗头泉、黑龙潭、百泉等泉眼断流约 30 年后相继复涌。2022 年京杭大运河实现百年来首次全线水流贯通。

此外,水利部组织编制了《"十四五"华北地区河湖生态环境复苏行动方案》以及京杭大运河、潮白河、永定河、大清河(白洋淀)、滹沱河等 5 条重点河流复苏方案,提出了华北地区河湖生态环境复苏的总体目标、方案和保障措施,持续推进河湖生态修复与地下水超采治理。

(4)严格地下水管理

逐步严格地下水管理和保护,地下水开采利用进一步规范。受水区 6 个省(直辖市)全部划定并公布禁限采区,严格禁限采区管理,结合近年来地下水开发利用变化情况,启动了新一轮地下水超采区、禁限采区划定工作。进一步落实地下水"总量和水位双控"要求,通过最严格水资源管理制度考核办法,将用水总量控制目标逐级分解落实到省、市、县级行政区;强化用水计划监管,受水区6个省(直辖市)建立了较为完善的地下水水位监测和水量计量体系,强化用水大户管理,各省对年取用地下水5万 m^3 以上的水井安装在线监控装置;每年对各县(市、区)下达地下水用水控制指标,将年用水量1万 m^3 以上的工业和服务业单位全部纳入计划用水管理。进一步规范地下水开采井管理,加大超采区城镇自备井、农灌井机井关停力度。强化法律保障,国务院出台了《南水北调工程供用水管理条例》《地下水管理条例》,水利部及受水区各省(直辖市)组织制定了百余项地下水管理及压采管理相关的配套制度、管理政策,为地下水压采提供了有力的法律支撑。2020年水利部组织开展了取用水管理专项整治行动方案,建立了地下水水位变化通报机制,与地下水水位下降幅度较大的地级行政区进行会商。加强地下水监控能力建设,由自然资源部和水利部共同建设的国家地下水监测工程于2019年建成并运行,实现了对受水区地下水水位、水质等数据的动态监测和实时传输。此外,受水区除江苏外,其他5个省(直辖市)均实施了水资源费改税试点,运用经济手段推动压采限采。

此外,强化组织保障和跟踪评估。受水区6个省(直辖市)均建立了由相关部门和地级人民政府组成的地下水压采联席会议制度,加强对压采工作的组织领导。水利部、国家发展改革委、财政部、自然资源部等部委及时跟进受水区地下水压采工作,每年组织对《总体方案》实施情况进行检查、评估和考核,考核结果纳入实施最严格水资源管理制度考核,发挥考核指挥棒作用。

2.2 主要成效

自2014年以来,以南水北调东中线一期工程通水为契机,受水区6个省(直辖市)聚焦地下水压采目标任务,统筹运用行政、工程、法律、经济、管理5种手段,推动压采工作取得实效。行政手段上,建立本辖区相关部门和地方政府关于地下水压采的联席会议制度,加强对压采工作的组织领导;法律手段上,国务院出台了《南水北调工程供用水管理条例》,水利部及受水区各省组织制定了百余项地下水管理及压采管理相关的配套制度、管理政策,为地下水压采提供了有力的法律支撑;工程手段上,积极推动南水北调配套工程建成并发挥效益,累计消纳南水北调水量已超650亿 m^3;经济手段上,受水区广泛实施水资源费改税试点,利用经济杠杆促进地下水压采;管理手段上,推进受水区地下水取水总量和水位"双控"指标确定工作,完善监测体系,地下水利用管控进一步趋严。

(1)地下水开采量大幅减少

根据统计,自南水北调东中线一期工程通水以来,受水区城区累计压减地下水开采量超70亿 m^3,城区超采量基本得到压减。通过城乡供水一体化等措施,农村地区地下水压采也取得显著成效。受水区地下水开采量大幅下降,由2014年的228亿 m^3 减少到2021年的167亿 m^3,减少了27%,受水区水资源配置水平进一步优化,地下水水源得以涵养。

（2）地下水水位总体止跌回升

根据自然资源部和水利部共同建设的国家地下水监测工程中受水区水位监测站点资料（监测数据系列为2018年以后），浅层地下水水位方面，2022年末较2021年同期上升0.03m，2022年末与2014年末相比，受水区浅层地下水水位总体呈上升趋势，浅层地下水水位平均上升1.22m。深层地下水水位方面，2022年末较2021年末，深层水位平均上升1.92m，2022年末与2018年同期相比，6个省（直辖市）受水区深层地下水水位平均回升7.74m。

（3）沿线河湖生态环境逐步复苏

通过实施生态补水等举措，南水北调受水区地下水沿线有水河长和水面面积较补水前均大幅增加，有效促进了沿线河湖生态环境复苏，北京、河北等地多个泉眼在断流多年后开始复流。部分地区通过地下水压采和超采综合治理工作提高了沿线地区饮用水水质，改善了村容村貌，有效助力了乡村振兴和新农村建设。

3 启示与建议

当前，水利部等4部委促进其他重点超采区地下水综合治理，组织编制并印发实施了《"十四五"重点区域地下水超采综合治理方案》，建议方案涉及的10个重点区域参考借鉴南水北调受水区近10年的地下水超采治理经验，统筹推进地下水超采治理工作取得预期成效。

（1）提高政治站位

地下水具有重要的资源属性和生态功能，是重要的战略储备资源。地下水保护修复是落实生态文明建设的具体体现，对保障国家总体安全尤其是粮食安全等具有重要战略和现实意义。相关重点区域要以习近平新时代生态文明思想为引领，贯彻落实相关指示精神，扎实做好综合治理工作，促进地下水保护修复，确保地下水资源在国家安全中的战略资源作用。

（2）坚持问题导向

摸清超采状况及分布，客观真实地评估重点区域超采状况是超采综合治理目标制定、措施安排的重要基础和前提。重点超采区在综合治理实践工作中应结合超采区划定及水资源评价等成果，摸清超采区量和分布情况，尤其要分析超采量在不同行业、不同区域间的分布情况，结合地下水开发利用中的实际问题，统筹开展超采综合治理工作。同时，要及时跟进超采区、水位变化等情况，及时优化调整超采治理措施，确保地下水水位处于合理水位阈值，及早预判水位变化，避免水位引起次生灾害。

（3）优化措施体系

结合地下水开发利用中存在的问题，聚焦综合治理目标任务，并提出切实可行的对策建议。首先,要落实节水优先有关要求,将节水落实在超采综合治理工作方案制定、措施安排、严格管理和考核等各项环节中。其次,推进替代水源工程建设,多渠道筹措工程建设资金,确保有适当地表水、外调水等水源用于置换超采的地下水,同时结合替代水源落实情况,分阶段制定压采目标任务。最后,要严格地下水管理,优化地下水监测站网,强化计量和监管,严格落实地下水双控制度,落实《地下水管理条例》要求,强化地下水管理和保护法规制度建设,加强跟进指导。

(4)加强通力协作

地下水综合治理工作涉及水利、发改、财政、自然资源、农业等多个部门,需要与生态文明建设、粮食安全、国土空间管控、乡村振兴等多种战略或部署协调推进。重点超采区在推进地下水综合治理过程中要提高工作的主动性,多渠道争取治理资金和政策空间,尤其要注重发挥农业部门在农村地区地下水综合治理工作中的作用,建立工作机制,及时协调解决工作中的问题,通力协作,确保治理工作取得实效。

4 结语

地下水超采综合治理是一项系统性工作。目前,南水北调受水区地下水压采取得了积极成效,但巩固拓展压采成效仍存在堵点难点,如替代水源难以落实是压采成效巩固拓展的堵点,尤其是非城区灌溉用水等仍缺乏稳定可靠的压采替代水源,一定程度上影响了非城区压采成效的巩固和稳定。协调衔接不到位是压采成效巩固拓展的难点,不同行政区、不同部门间在地下水压采工作中的协调、衔接不到位制约了压采成效的进一步巩固拓展。地下水监测计量仍是短板,在一定程度上难以科学地支撑地下水超采效果跟踪评估以及精准化管理。

《"十四五"重点区域地下水超采综合治理方案》涉及的10个重点区域应坚持节水优先,结合生态文明建设有关要求,统筹发展与安全,兼顾粮食安全、乡村振兴、地下水保护利用等工作,落实《地下水管理条例》,强化替代水源建设,优化水资源配置格局,逐步回补地下水亏空水量;加强地下水开发利用监管,完善地下水监测计量体系;探索可持续的农村地下水压采举措,不断提升与农业等部门的协调衔接力度,有序推进地下水超采治理。

参考文献

[1] 刘宪亮. 南水北调中线工程在华北地下水超采综合治理中的作用及建议[J]. 中国水利,2020(13):31-32.

[2] 曹文庚,杨会峰,高媛媛,等. 南水北调中线受水区保定平原地下水质量演变预测研究[J]. 水利学报,2020,51(8):924-935.

基于深度学习的引水隧洞水下裂缝图像快速分割方法

张琪玥　铁云龙　张春磊

（山东大学土建与水利学院,济南　250000）

摘　要:近年来,搭载有摄像头的水下检测机器人(ROV)为引水隧洞运营期内的衬砌裂缝的采集提供了解决方案,但仍存在图像处理成本高、裂缝信息难提取等问题。因此,减少处理时间的前提下提升分割性能成为当下急需解决的一大难题。研究提出了一种基于深度学习的引水隧洞水下裂缝快速分割方法,包括水下裂缝图像预处理、数据增强和后处理3个部分。此外,还设计了基于深度可分离卷积块的U型网络结构,以降低计算复杂性同时保持高分割效率。最终,将所使用的方法用于所收集的大量引水隧洞裂缝的图像进行实验。研究结果表明:①在自构建的隧洞数据集上,IoU达到了90.29%,F1分数为91.43%,并可灵活适应不同的场景。②相较于其他模型,该方法的检测速度提升了约2.1倍。该方法在检测精度和速度之间实现了良好的平衡。

关键词:深度学习;引水隧洞;裂缝分割;深度可分离卷积

长距离引水隧洞在水利工程中具有重要地位,然而受水流冲击、地震等因素的影响,许多隧洞面临各种病害,严重危及其安全性[1-2]。传统的引水隧洞裂缝检测方法多采用人工检查,这种方法主观性高、效率低、工作危险[3]。为解决上述问题,ROV搭载高精度摄像头获取图像并结合深度学习方法诊断逐渐成为当下研究的热门[4-6]。然而,这些方法通常因其计算复杂性而导致较长的计算时间[7],特别是在小型设备上的应用受到限制[8],尤其是在水下环境下,对于检测精度和执行速度的要求更为苛刻。

作者简介：张琪玥(1999—　),女,硕士研究生,主要从事引水隧洞智慧诊断与检测。E-mail：202135063@mail.sdu.edu.cn。

铁云龙(2000—　),男,硕士研究生,主要从事引水隧洞智慧诊断与检测。E-mail：202235098@mail.sdu.edu.cn。

张春磊(2000—　),男,硕士研究生,主要从事引水隧洞智慧诊断与检测。E-mail：201900800291@mail.sdu.edu.cn。

为应对以上问题,提出设计思路如下:首先,引入轻量级深度可分离卷积模块(DSC),设计新的 U 型神经网络结构,以在保证计算效率的同时实现裂缝的准确分割。其次,提出适用于水下裂缝图像的预处理和数据增强方法,通过图像补丁的调整获得准确的分割结果。最终,将所提出方法应用于 ROV 采集的引水隧洞水下裂缝图像。

1 水下裂缝分割的深度学习架构

1.1 拟定框架

本文的核心思想是用深度可分离卷积替代传统卷积,以降低网络计算复杂性和参数数量。为保证裂缝分割任务在更短的时间内具有更高的分割性能,对分割网络采取图 1 所示的处理过程。首先,对采集数据进行特征增强,提高图像质量并增强裂缝对比度。随后,为进一步拓充裂缝的种类和数量,通过应用图像变换和图像块提取来开发数据增强过程,以提高裂缝数据的稳健性。然后将裁剪成块的图像用于训练神经网络模型。最终,将分割网络获得的分割裂缝图像块合并,以提供完整的分割裂缝图像。

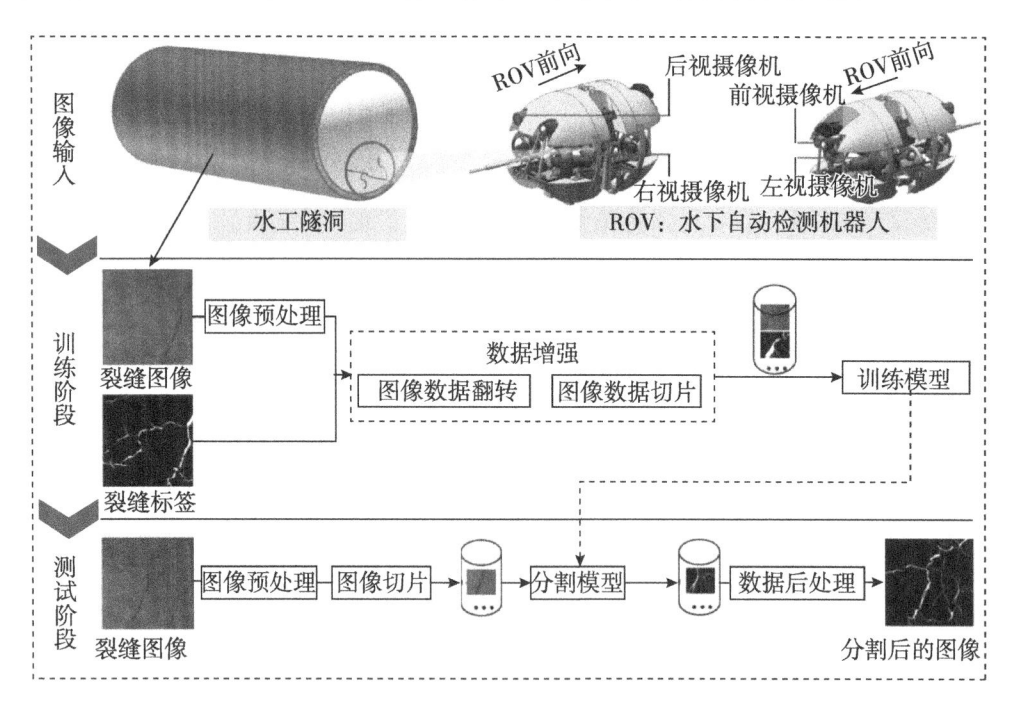

图 1 所提框架流程

1.2 预处理过程

预处理旨在提高裂缝图像的质量,以实现准确的分割。引水隧洞图像拍摄主要依赖于设备补光,因此将 RGB 图像转换为 LAB 颜色空间,结果见图 2(a)。其中,LAB 颜色空间中"L"通道表示明度通道,"A","B"通道表示色彩通道,因此"L"通道可以提供更多的裂缝信息,"L"通道见图2(b)。为了增强裂缝的特征信息,在 L 通道上应用限制对比度自适应直方图均衡(CLAHE),以增强对比度,增强效果见图2(c)。随后,将增强后的 L 通道与原图的 A、B 通道合并,见图2(d)。最终,将合并后的图像通过掩码的叠加重新转换为 RGB 格式,最终结果见图2(e)。

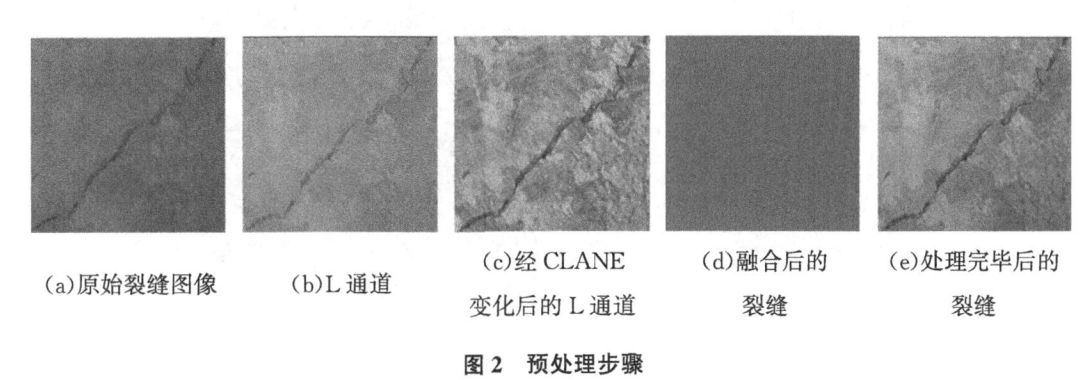

(a)原始裂缝图像　(b)L 通道　(c)经 CLANE 变化后的 L 通道　(d)融合后的裂缝　(e)处理完毕后的裂缝

图 2　预处理步骤

1.3　数据增强

1.3.1　图像转换

混凝土裂缝的分布在长度、宽度、曲折度等方面变化很大。为针对图像中的裂缝特征,对现有数据提供了一种数据拓充过程,使用数据扩增工具 Augmentor 对标注好的裂缝图像进行扩增操作,见图3。

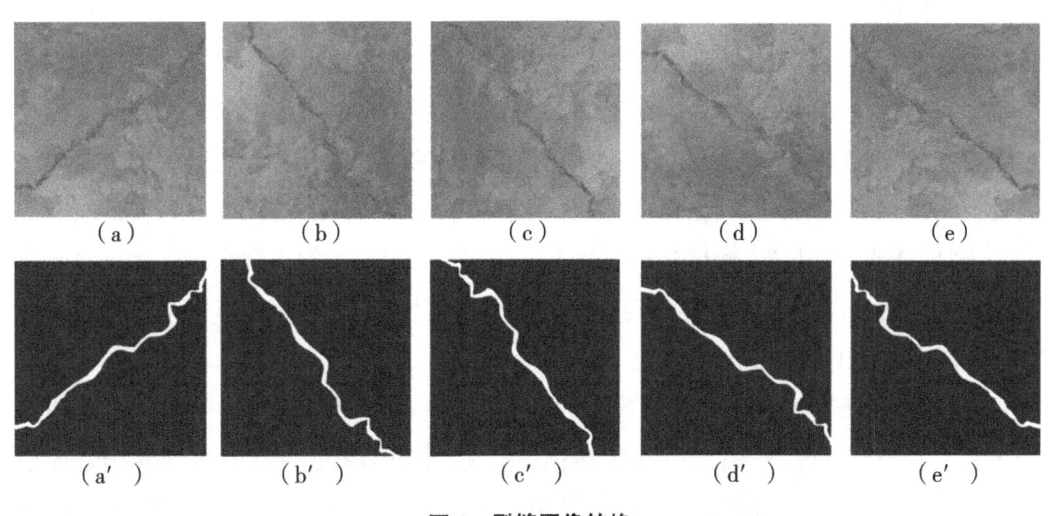

图 3　裂缝图像转换

1.3.2　图像裁剪

水下裂缝图像涵盖了不同长度、宽度、方向和曲折度裂缝特征,因此提出全尺寸裁剪为多个图像切片的思路(图4)。经预处理后的每个全尺寸图像将被裁剪成 50×50 的图像切片,每个图像切片与其相邻的切片有一半的重叠。随后通过实验为数据集确定合适的补丁大小 μ,将同一数据库的裂缝图像裁剪成几个缩小为 μ 的补丁,在保持其他训练参数相同的条件下调整裁剪大小并进行迭代,选择使得分割性能最高的 μ 值。

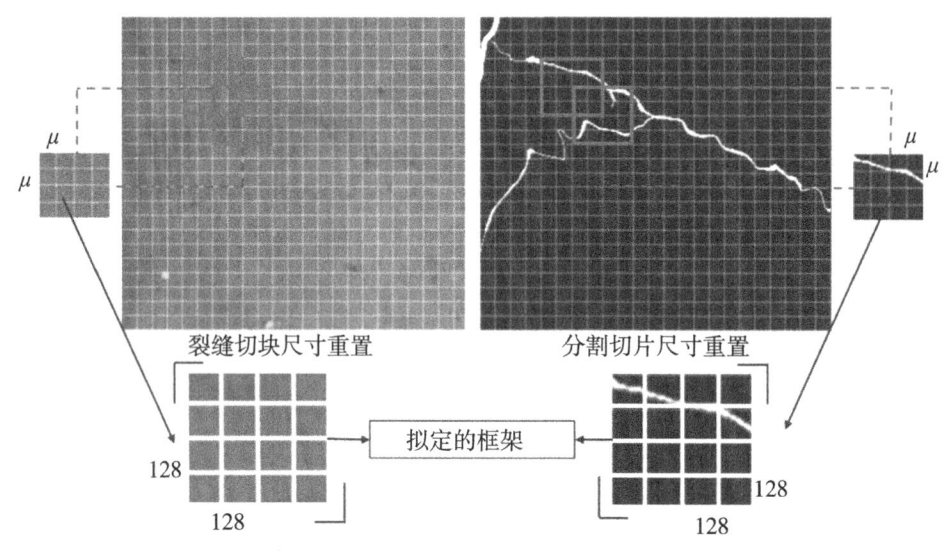

图 4 裂缝图像裁剪和补丁尺寸调整

1.4 MV—Net:水下裂缝分割模型

1.4.1 网络架构

为在水下裂缝分割中实现准确性与效率的平衡,本文提出了一种名为"MV—Net"的新型分割架构。该网络采用 U 形结构,通过逐渐减少特征图的大小,实现端到端的信息传递,有效地学习更多特征信息。通过使用深度可分离卷积替代掉标准卷积层来扩展经典的 U—Net 网络结构以降低计算复杂度。所使用的 DSC 包括一个"3×3 深度卷积层"和一个"1×1 点卷积层"。深度卷积层的主要作用是对每一个输入通道单独进行空间卷积操作,第二层的运算与常规卷积运算非常相似,所以这里的卷积运算会将上一步的特征图在深度方向上进行加权组合,生成新的特征图。

整体的网络架构(图5)由 6 个下采样路径和 5 个上采样组成。第一个下采样板块由一个卷积层、一个 DSC 模块、一个最大池化层组成。首先,通过 3×3 的卷积层生成 64 个特征图,然后应用 DSC 模块进行处理。其中,DSC 中的第一块用于使用 3×3 卷积核分别对 64 个特征图进行卷积,第二块 1×1 卷积核用来生成 128 个特征图。这些卷积层的步长都为 1 且激活层函数都采用为 RELU。对于下采样路径中的其他模块均由两个 DSC 和"最大池化"层组成,当图像通过一个下采样模块,输出的特征图的长度和宽度都会减半,但其数量会增加一倍(图5)。

相对应地,上采样路径由 5 个块组成。每个块都包括一个上采样层和两个 DSC 模块。这个上采样层后接入两个 DSC,DSC 模块与下采样相同。下采样路径得到的各层特征映射需要经过密集卷积后才会被上采样路径接受。利用双线性函数进行上采样输出特征图与对应编码路径输出特征图进行拼接送入卷积块,再逐层解码得到对应的特征图。最后,网络的接出部分是由一个内核 1×1 的卷积层和一个标准的 softmax 激活层组成的,这个激活层完成裂缝的划分及背景的 64 个特征图。

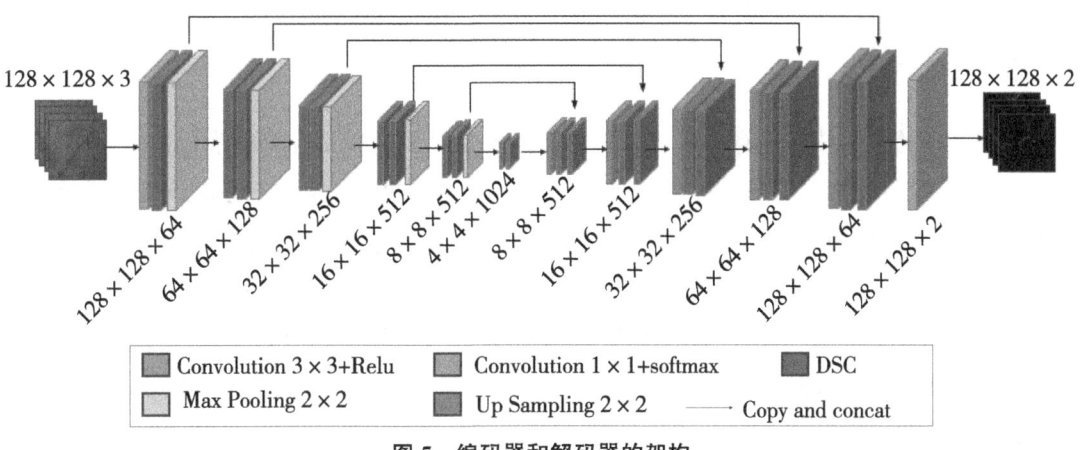

图 5　编码器和解码器的架构

1.4.2　网络的计算复杂度

针对所使用的网络结构,对改进后网络复杂性进行评估。以一组尺寸为 $D_F \times D_F \times M$ 的特征图 F 作为输入,一组尺寸为 $D_G \times D_G \times N$ 的特征图 G 为输出,其中 D_F 对应为输入特征图的宽和高,M 为输入图像通道数,N 为输出图像通道数,D_G 为对应位输出特征图的宽和高。$D_K \times D_K$ 为标准卷积层和深度卷积的卷积大小,逐点卷积的卷积核为 1×1。卷积的计算过程为式(1)所示:

$$G_{i,j,m} = O\sum_{i,j} K_{i,j,m} \times F_{k+i-1,l+j-1,m} \tag{1}$$

式中,K——卷积层的过滤器;

F——输入图像的输入特征图;

G——输出图像的输出特征图。

对于步长为 1 的标准卷积过程而言,K 中的第 m 个标准卷积的过滤器应用到 F 中的第 m 张特征图中,产生 G 中的第 m 张特征图,则标准卷积的计算复杂度如式(2)所示。DSC 将卷积层分为两个步骤:对于第一层,每个输入特征图在每个通道上都会进行 $D_K^2 \times M \times D_F^2$ 的滤波操作。因此深度卷积的计算量为 $D_K^2 \times M \times D_F^2$。对于第二层,$M$ 个特征图相叠加,应用大小为 $1\times 1\times N$ 的过滤器来提供特征图的单个值,该过滤器迭代应用

$N\times D_F^2$ 次,因此,逐点卷积操作的计算量为 $1\times 1\times M\times N\times D_F^2$,DSC 模块的计算复杂式如式(3)所示。标准卷积与 DSC 模块的计算量之比如式(4)所示。

$$G_{\text{convolution layer}} = D_K^2 \times M \times N \times D_F^2 \qquad (2)$$

$$G_{\text{DSC}} = D_K^2 \times M \times D_F^2 + 1 \times 1 \times M \times N \times D_F^2 \qquad (3)$$

$$\frac{G_{\text{DSC}}}{G_{\text{convolution layer}}} = \frac{D_K^2 \times M \times D_F^2 + 1 \times 1 \times M \times N \times D_F^2}{D_K^2 \times M \times N \times D_F^2} = \frac{1}{N} + \frac{1}{D_K^2} \qquad (4)$$

由于所组建的网络构架由多个块组成且每个块包括两个 DSC,因此用 DSC 替代标准卷积层可以将整体的计算复杂度呈现大幅度降低。

1.5 后处理

后处理的最大任务是将前期切割的补丁重新组合成为单个分割的裂缝图像(图 6)。首先,将分割后的裂缝图像进行收集调整为裁剪补丁的尺寸,然后将这些分割裂缝补丁进行复制增量,以便对拼接图像进行位置移动和小大剪裁。因为在裁剪过程中会出现信息丢失而导致的拼接效果不佳的状况,所以将所用图像的掩码叠加在合并的掩码上,以消除拼接错位的信息。最后,通过使用 3×3 的圆形卷积核应用形态变换"erosion"来达到局部最小值,实现图像去噪的效果。

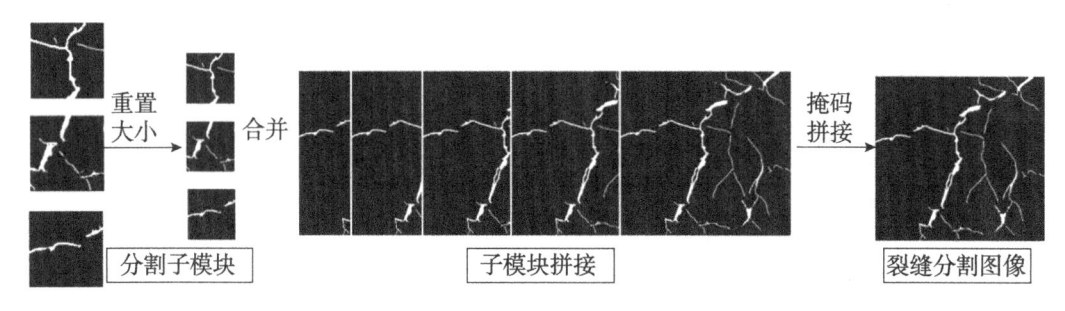

图 6 图像后处理

2 实验过程与结果

2.1 数据集

由于现在没有公开的引水隧洞的共享数据集,因此通过使用配备 40W 高亮 LED 补光设备和 4K 高清水下摄像头的 ROV 从室内实验室收集现场数据构建了一个名为 TunnelCrack 的引水隧洞水下裂缝图像数据集。一共获取了 225 张分辨率为 4000×3000 像素的原始图像,并使用 LabelMe 软件在像素级别手动标注,每个图像都有自己对应的训练图像和标签。由于实践中收集的数据量有限,为缩短网络的训练时间,对所有的图像数据和标注文件进行了旋转、切片等预处理操作。最终,获得了 2450 张分辨率为

1024×1024 的图像和标签来构建 TunnelCrack 数据集。图 7 显示了 TunnelCrack 的部分数据集样本。

图 7　TunnelCrack 裂缝样本

2.2　评价指标

为评估网络的检测性能,本研究采用了 5 个常用的评估指标(交并比(IOU)、精确率、召回率、F1 分数和时间)。这些指标能够实现对方法性能的定量分析。它们的对应公式如下:

$$\mathrm{IOU} = \frac{TP}{TP+FP+FN} \tag{5}$$

$$\mathrm{Recall} = \frac{TP}{TP+FN} \tag{6}$$

$$\mathrm{Precision} = \frac{TP}{TP+FP} \tag{7}$$

$$F_1\text{-score} = \frac{2\times \mathrm{Precision} \times \mathrm{Recall}}{\mathrm{Precision}+\mathrm{Recall}} \tag{8}$$

式中,TP 和 TN——正确分类为裂缝和背景的像素数量;

FP 和 FN——错误分类为裂缝和背景的像素数量。

2.3　分割性能

在本节中,采用五折交叉验证法,每次训练使用 4 个子数据集作为训练集和验证集,剩下的一个子数据集当作测试集,子数据集的划分见图 8。最终 TunnelCrack 数据库的平均精确率、召回率、F1 分数和 IOU 分别为 0.882、0.935、0.907 和 0.830。

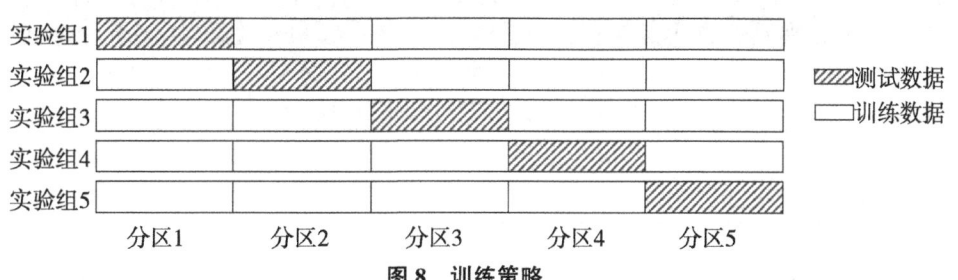

图 8　训练策略

用 IOU、Recall、Precision、F1-score 对数据进行评估,结果见表 1。由于在每个训练过程中执行了 5 个子周期,因此这里显示的所有值都是平均值。TunnelCrack 数据集在 4 个指标上的差值分别为 0.063、0.017、0.033 和 0.055。即使是表现最差的子数据集也有着较好的性能表现。

表 1　　　　　　　　　　　数据库的平均性能指标

数据集	实验组	Precision	Recall	IOU	F1-score
TunnelCrack	F1	0.871	0.923	0.896	0.812
	F2	0.889	0.938	0.913	0.839
	F3	0.893	0.935	0.913	0.840
	F4	0.846	0.940	0.890	0.803
	F5	0.909	0.938	0.923	0.857

此外,为评估所选的方法,针对 TunnelCrack 数据集而言,与其他几种主流深度学习语义分割网络进行对比分析,不同方法的裂缝分割效果见图 9。将图 9 中第 3、4 列与第 5、6 列比较,可以发现其他处理方法存在较多噪声干扰点,漏检严重,而本文提出的方法能够获得丰富的裂缝信息,且具有较强的去噪能力。使用 MV-Net 在保留空间结构信息的同时,考虑了高位特征的分布及连续性。可见本文所提出的方法在水下裂缝的分割检测方面有着更好的性能。

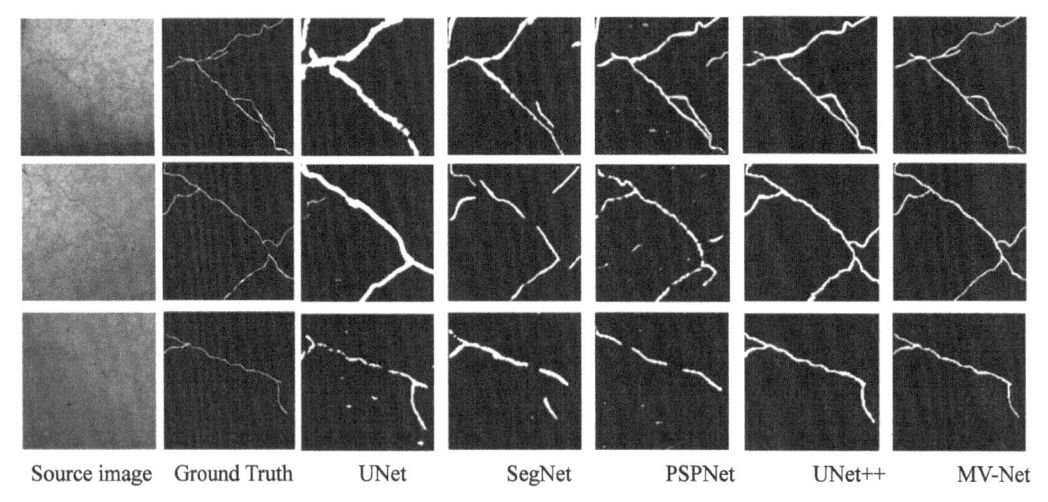

图 9　所提方法与现存方法分割性能比较

2.4　执行时间性能

在本节中,使用所提出的方法对 TunnelCrack 数据库的单张图片计算处理的执行时间,见表2。可以得到的结论是,虽然使用的图像尺寸较大,但是预处理、剪裁以及后处理的计算时间较低,能够保证整个分割处理过程在较短的时间内完成。

表2　　　　　　　　　　　　每张图像的运行时间

处理步骤	时间/s
预处理	0.005
裁剪	0.011
分割	0.047
后处理	0.002
每张图片所需时间	0.063

计算时间是以所有补丁为一体的单位进行计算,相对应的每次处理计算时间是通过每个图像的补丁大小来解释的。该方法通过生成有限数据量的图像补丁,从而保持较低的网络计算负担。之后,将改进的方法与现有方法针对准确性和执行方法进行比较评估。这两个指标都针对于 TunnelCrack 数据集,其结果见表3。

表3　　　　　　　　引水隧洞裂缝数据集中不同方法的评价比较

网络模型	Precision/%	Recall/%	F_1-score/%	IOU/%	Time/%
UNet	85.71	90.63	88.11	78.74	0.273
PSPNet	84.99	92.45	88.56	79.47	0.265
SegNet	84.03	87.59	85.78	75.09	0.352
DeeplabV3	89.82	90.23	90.02	81.86	0.164
DeepCrack	88.24	91.46	89.82	81.52	0.189
Unet++	90.23	91.60	90.91	83.33	0.156
D-UNet	88.24	90.91	89.55	81.08	0.178
MV-Net	90.29	92.59	91.43	84.21	0.065

由于水下数据样本背景复杂,现有方法应对本文复杂数据集时表现较差。所得到的模型处理目的大多计算时间分别在 0.2s 左右,所得到 IOU 在 80% 左右的效果。特别地,所提出的方法通过 0.065s 内提供 IOU 为 84.21% 的分割结果。在精度方面,现有模型大多达到了 85% 以上的精度要求,然而 MV-Net 能够达到 90.29%。为了更好地基于训练效果和执行时间对分割结果进行权衡,研究分割准确性随执行时间的演变,将水下裂缝分割方法描绘为图10。其中横坐标为准确率,纵坐标为执行时间。本文模型旨在提高分割精度的同时减少执行时间的研究,现有模型都遵循相同的稳定趋势,见图10中的斜线。而所提方法却在最短时间内达到了最高的准确率。

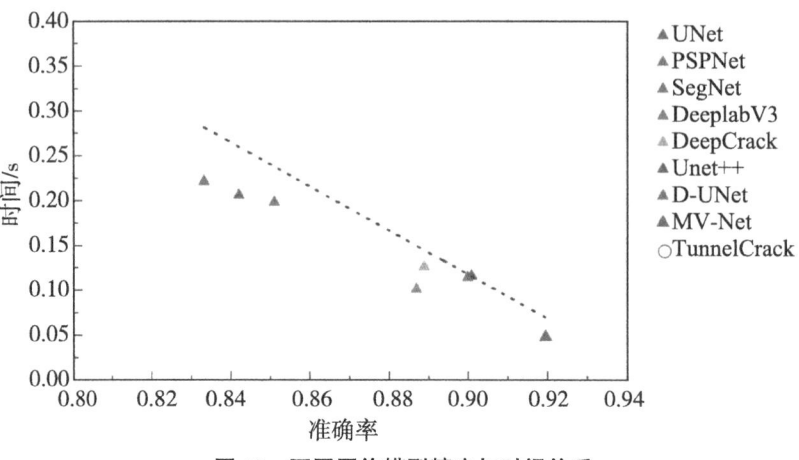

图10 不同网络模型精度与时间关系

3 结论

本文提出了一套裂缝图像处理方法和一种轻量化深度神经网络,并将其用于含有复杂背景的水下隧洞图像的检测和分割。得出以下结论。

1)在图像分辨率和数量有限的情况下,通过本文的数据预处理和后处理方法可使裂缝特征更加突出,在更短的时间内提供更高的检测性能,确保准确性和执行时间之间更好的平衡。

2)提出了一种新型深度学习网络架构,通过采用轻量化卷积对已知网络架构进行扩展,将所提出的方法用于自建数据库,在0.048s内达到0.9201的高精度,并可在多种环境下适用。

3)在快速准确地分割出混凝土裂缝区域后,就可以获得具有连续和闭合边缘的裂缝轮廓,为进一步量化引水隧洞混凝土明显裂缝奠定了基础。这推动了对引水隧洞表观混凝土裂缝的无人化检测与维护。

参考文献

[1] Bonan Z, et al. Research Progress on Unmanned Inspection Technology and Disease Identification Method of Long—Distance Hydraulic Tunnels in Operation Period[J]. Journal of Basic Science and Engineering,2021,29(5):1245-1264.

[2] Panella F A,Lipani,Boehm J. Semanticsegmentationofcracks:Datachallenges and architecture[J]. Automation in Construction,2022,135:13.

[3] Menendez, E, et al. Tunnel structural inspection and assessment using an autonomous robotic system[J]. Automation in Construction,2018,87,10.

[4] Zhao C, Thies P R, Johanning L. Investigating the winch performance in an ASV / ROV autonomous inspection system[J]. applied ocean Research, 2021, 115: 11.

[5] Lei M, et al. A novel tunnel-lining crack recognition system based on digita limage technology[J]. Tunnelling And Underground Space Technology, 2021, 108: 13.

[6] Huang, H, et al. Deep learning-based instance segmentation of cracks from shield tunnel lining images[J]. Structure and Infrastructure Engineering, 2022. 18(2).

[7] Qu Z, et al. A Crack Detection Algorithm for Concrete Pavement Based on Attention Mechanism and Multi-FeaturesFusion [J]. Ieee Transactions On Intelligent Transportation Systems, 2022, 23(8): 10.

[8] Deng J, Lu Y, Lee V C S. A hybrid light weight encoder-decoder network for automatic bridge crack assessment with real-world interference[J]. Measurement, 2023, 216: 112892.

基于 iLogic 的参数化圆弧悬臂式挡土墙建模方法研究

王亚东　何晶晶

(中水淮河规划设计研究有限公司,合肥　230601)

摘　要:随着 BIM 技术在各个行业及领域得到不同程度的应用,工程数字建设需求日益增加。对于数字建设而言,建模的精度及速度很大程度上影响着传统工程设计和新兴数字孪生建设的应用效果。在 BIM2.0 向 BIMX.0 转变的时代,精准快速建模成为 BIM 应用最为基础的工作和要求。基于 Autodesk 软件平台,采用 iLogic 逻辑判断语句及二维草图等技术,结合工程实际需求创建了适用性较强的参数化圆弧形悬臂式挡土墙。经测试该方法可实现 144 种不同形式圆弧悬臂式挡土墙创建功能,对提升模型创建精度和速度具有一定应用价值和现实意义。

关键词:BIM 技术;iLogic;参数化;挡土墙

近年来,BIM 技术在工程行业得到了极大的发展。同时随着基础学科研究的深入,以及规范标准的逐步完善,设计工作逐渐向规范化、标准化、参数化方向发展[1]。

20 世纪 60 年代,Sutherland 对绘图方式和方法的研究使得参数化设计成为可能[2]。自此,国内外相关从业者做了众多研究。2001 年,王业明等采用参数化设计方法实现了泵站流道参数化设计[3]。2006 年,顾言探索了一般三维数字建模技术、建模方法和参数化技术等在复杂工程设计中的应用[4]。2020 年,秦龙飞提出了以 Revit 族样板对水利工程进行参数化建模的方法[5]。同年,陈蕾蕾等基于 Revit 二次开发技术,研发了扶壁式挡土墙建模插件[6]。2021 年,查松山等分享了一种采用 Bently 平台对常规水工建筑物参数化建模的方法[1]。朱致远等开发了可参数化计算分析的应用插件[7]。而关于圆弧悬臂式挡土墙的研究偏少,故此本文将分享一种基于 iLogic 结合基本图元驱动的方式,创

第一作者:王亚东(1992—　),男,工程师,主要从事水工结构设计,水利信息化相关工作。E-mail:2360226314@qq.com。

通信作者:何晶晶(1988—　),女,工程师,主要从事建筑设计工作。E-mail:849488730@qq.com。

建圆弧悬臂式挡土墙的方法,供广大从业者借鉴参考。

1 研究概况

水工挡土墙是水利水电工程中承受土压力、防止土体塌滑的挡土建筑物[8]。根据结构型式,水工挡土墙分为:重力式、悬臂式、扶壁式、空箱式、板桩式挡土墙等。

对于临水侧立板直立的情况,悬臂式、扶壁式、空箱式和板桩式较为适用。其中对于挡土高度在2~6 m范围内,平原地区或地基承载力较低的区域,悬臂式结构挡土墙使用较多。在具体工程中,圆弧式翼墙有利于水流稳定,优化水力边界条件等优势,得到了众多应用。同时,对于不同工程场地设计,考虑工程经济性,催生了多种圆弧式岸翼墙结构形式,如底板高程相同且立板顶高程相同(情况1)、底板高程相同而立板顶高程渐变(情况2)、底板高程渐变而立墙顶高程相同(情况3)3种情况,见图1。

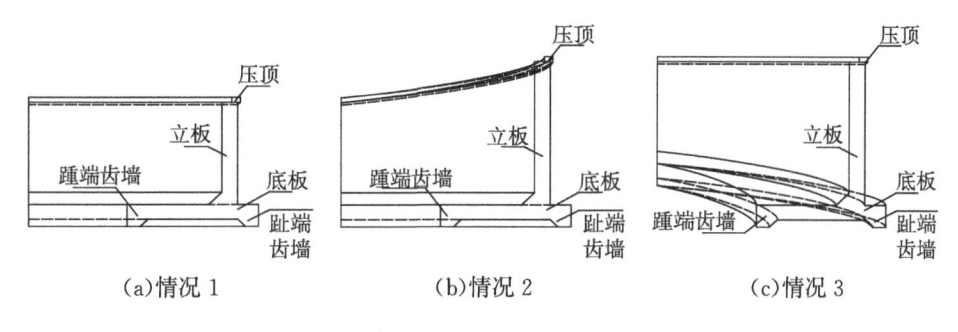

图 1 圆弧挡土墙示意图

2 建模方法分析

计算机技术的发展,尤其是电脑绘图技术的出现,对工程设计领域的绘图设计方式产生了巨大影响。绘图方式也由二维图纸转为三维设计,以及现在的参数化设计。绘图方式不断更新,绘图效率也到了极大提升。至今,三维模型参数化设计平台众多,如Autodesk、Bentley和Catia(简称A、B、C平台)等三维建模软件。受行业特点影响,关于水利行业专属三维参数化软件平台有待完善,水利工程专业参数化模型库质量参差不齐,类似建筑行业的楼梯、门窗等水工建筑物参数化构件偏少。

因此,为丰富水工建筑参数化构件,就圆弧悬臂式挡土墙三维建模方面,简要总结了几种建模方法,并得出以下结论。

(1)放样融合

对于情况1,首先绘制挡土墙断面及平面放样路径,通过扫掠\沿曲线拉伸构件等方式创建,建模方法简单,易于实现;对于情况2及情况3,可采用放样融合或线创建面再缝合成体等方式,放样融合方式简便易学,线—面—体方法精准但操作烦琐。

(2)裁切创建

对于情况2及情况3,除了方法1放样融合外,也可通过先创建情况1,即顶底高程相同,再通过场地坡度线横向裁切,方法简单易得,但会出现立板顶线与竖向边线不垂直、建模精度不足等问题。在此以平面放样弧线半径R为8.0m,坡度1∶4为例,见图2。

(3)独立创建

参数化建模方法种类多样,建模流程大致相同,在此不再赘述。对于不同形式分别创建各自独有模型文件,组成参数化模型库,该方式会导致模型库种类较多,实际使用中占用设计人员的选取和学习时间等不足之处。

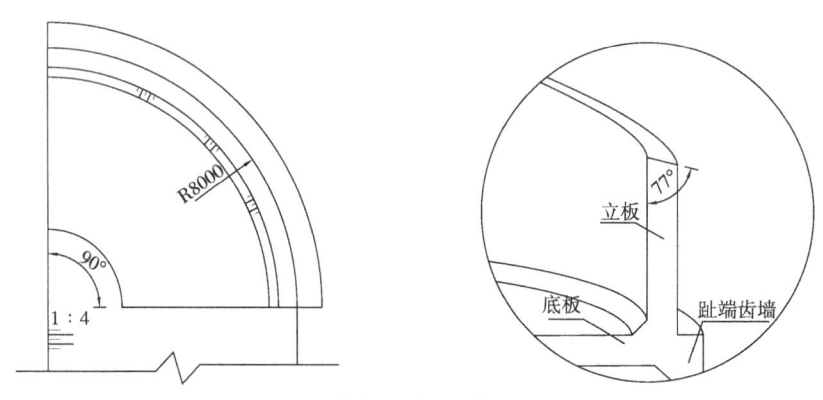

图 2　裁切示意图(单位:m)

(4)二次开发

为增加参数化模型适用性,减少参数化模型库种类,二次开发是现今较为可行且建模准确的方法。但软件二次开发对工程设计人员要求较高,不利于普及,且有学习成本较高等缺点。

综上所述,常规参数化建模及二次开发等方式优缺点各异,为解决以上不足,本方法采用Inventor三维设计软件,通过简单的iLogic逻辑判断、边界约束、参数约束等创建参数化模型,可实现统一多样化的圆弧悬臂式挡土墙参数化三维设计模型。

3　建模方法简介

为创建适用性较强的圆弧式挡土墙,本研究在常规参数化建模的基础上进行改善,主要建模流程见图3。

图 3 建模流程

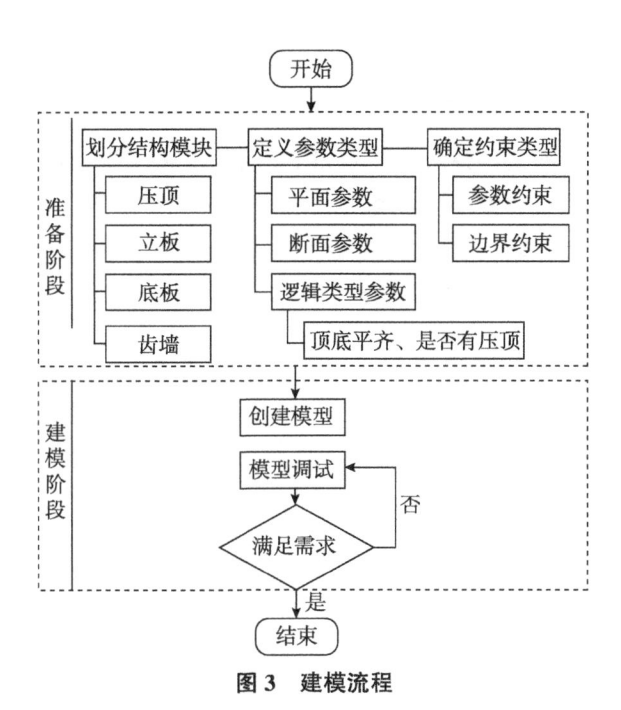

3.1 划分结构模块

悬臂式挡土墙一般由底板和立板组成,部分根据实际工程设计及结构风格和各方意见和建议等会增设齿墙、贴脚和压顶等,具体分类见表1,共9种类型,与前述3种情况可累计组合72种,如考虑是否设置贴脚,共有144种(表1)。

表 1 挡土墙组件分类表

组件	分类	示意图	是否必备
底板	等厚底板		是
	不等厚底板		
立板	等厚立板		是
	不等厚立板		
压顶	外挑凸起式		否
	外挑不凸起		
齿墙	无齿墙		否
	单侧有齿墙		
	两侧有齿墙		

3.2 定义参数并确定约束类型

根据悬臂式挡土墙各组件模块的特点,以及前述 3 种情况,分别采用了参数约束控制和 iLogic 逻辑判断。其中对于情况 2、情况 3 和是否有压顶采用 iLogic 逻辑判断创建,其余类型通过参数约束控制,如是否有齿墙(否时齿墙高度为 0),以及是单侧有或两侧均有等情况。参数表见图 4,建模成果见图 5 至图 7。

图 4　参数表

图 5　情况 1 模型成果

图 6　情况 2 模型成果

图 7　情况 3 模型成果

4 参数化建模的意义

通过本次对圆弧悬臂式挡土墙全参数化模型的研究,再次验证了参数化建模的便捷、快速、精准的优势,其主要意义如下:

(1)直观立体地展示了常规及异型圆弧悬臂式挡土墙三维形态

对于常规圆弧式挡土墙,传统二维图纸可以详细表达,基本能够满足生产需要。而异型弧线悬臂式挡土墙,因其部分边线为三维空间螺旋线,传统二维手绘方法不易表达,对工程设计人员的能力要求较高。本次研究成果可通过参数调整快速创建任意形态的圆弧悬臂式挡土墙三维模型,直观立体展示,便于工程设计人员图纸绘制、施工交底及沟通交流等。

(2)提升了异型圆弧悬臂式挡土墙的建模精度

三维设计和 BIM 技术发展至今,建模方式及方法得到了极大丰富。在实际工作中,传统建模方法会由于工程设计人员对软件的熟练度和操作不当,或软件捕捉不准确等,导致模型尺寸有误等精度不足的问题;抑或是采用裁切方式创建异型挡土墙,导致局部边界与实际不符等问题。本次研究能够直接通过调整参数值,快速准确创建异型圆弧悬臂式挡土墙,提升异型模型创建精度。

(3)弥补其他三维软件建模功能短板

随着技术进步和 BIM 技术的不断完善,现有软件厂商不断增加,建模软件功能各异,模型创建质量和功能也是各有优缺点,对于部分建模功能不足的软件产品,可通过本方式创建,通过格式转换,直接导入,可有效解决不足,弥补短板。

(4)提升工程量统计准确度

对于常规结构传统二维图纸计算方式基本满足要求,而异型结构,工程量求解较为烦琐,计算难度较大,消耗工程计量造价人员大量精力和时间,且容易导致计算准确度不足等问题。本次研究可利用三维专业软件计量功能,快速准确地统计结构工程量,提升计量精准度。

(5)提升工程设计质量

对于异型结构,传统绘制表示方式较为烦琐,不易表达。本次研究成果可以快速绘制各个方位二维图纸,一定程度地减轻设计人员繁重的图纸绘制工作,将更多精力集中在工程计算和方案优化方面,有利于提升整体的工程设计质量。

(6)提升模型适应能力

本次研究可通过调整参数创建任意形式的圆弧式悬臂挡土墙,可随方案变化直接调整,便于工程设计,与单独创建情况1、情况2和情况3模型的方法相比,减少了参数化模型库选型的问题,适应于任何工程和任何方案,很好地解决了圆弧悬臂式挡土墙的多种异型结构情况的建模问题,模型适应能力较强。

5 结语

综上,本研究可得以下结论和建议。

(1)意义

本文研究的建模方法可有效提升圆弧悬臂式挡土墙的建模速度和精度,尤其是对于斜坡式弧形挡土墙的创建。本方法可通过参数控制快速创建,避免了手动剖切导致的问题,对工程数字建设和工程设计质量大有益处。研究内容具有一定的应用价值和实际意义。

(2)改进

文中研究方法相较于其他方法,除拥有直观立体展示效果之外,还拥有较高的精度、适用性和集成度的特点,即可通过一个模型文件快速地创建任意圆弧悬臂式异型挡土墙,避免了同一类型挡土墙多个模型文件选用并修改的烦琐操作。

(3)不足

本研究方法所建模型文件格式较为固定,除同一软件平台应用较为便捷之外,与其他软件平台协同可通过导出转换,但导出后控制逻辑信息丢失,后期修改需经原始文件,存在反复工作量较大等不足。

参考文献

[1] 查松山,王亚东,谢玉强.常规水工建筑物参数化设计方法与应用[J].水利规划与设计,2021(10):95-99.

[2] Javier Monedero,张廷华.参数化设计:综述和一些经验[J].城市环境设计,2010(10):20-24.

[3] 王业明,谭建荣.图元驱动参数化设计方法在流道设计中的应用[J].农业机械学报,2001(6):38-40+44.

[4] 顾岩.三维设计在水利水电行业中的应用探讨[D].天津:天津大学,2007.

[5] 秦龙飞.水利工程三维模型参数化研究及应用[D].北京:华北水利水电大学,2020.

[6] 陈蕾蕾,左威龙,刘占午.扶壁式挡土墙三维建模的二次开发[J].水利技术监督,2020(6):67-70.

[7] 朱致远,牛志伟,张宇,等.Revit二次开发在水闸工程挡土墙设计中的应用[J].人民长江,2021,52(2):117-121.

基于CFD分析的引江济淮工程龙德站出水流道型式比选研究

秦钟建[1]　徐　磊[2]　胡大明[1]　鲍士剑[1]

(1. 中水淮河规划设计研究有限公司，合肥　230601；
2. 扬州大学水利科学与工程学院，扬州　225009)

摘　要：为了给引江济淮工程龙德站选择合适的出水流道型式，根据龙德站的基本参数设计了直管式出水流道和虹吸式出水流道两种方案，并进行了这两种型式出水流道内部流动的CFD分析计算和比较。结果表明：直管式出水流道和虹吸式出水流道在设计流量时的水力损失分别为0.292m和0.283m；虹吸式出水流道水力损失较小，且流道内的水流扩散平缓、无旋涡等不良流态；虹吸式出水流道在水力性能、断流方式、运行管理及工程投资等方面较直管式出水流道有明显的优势。推荐龙德站采用虹吸式出水流道。水泵装置模型试验结果表明采用虹吸式出水流道的水泵装置效率高，泵装置运行平稳，可保证龙德站的安全稳定运行。研究结果可为同类型泵站出水流道的型式选择和水力设计提供参考。

关键词：引江济淮工程；龙德站；数值模拟；模型试验

引江济淮工程由长江下游引水向淮河中游地区补水，是一项以城乡供水和发展江淮航运为主、结合灌溉补水和改善巢湖及淮河水生态环境等综合利用的大型跨流域调水工程。龙德站为引江济淮工程淮河以北段西淝河线第四级泵站，泵站设计流量45m³/s，安装液压全调节立式轴流泵4台(其中1台备用)，水泵叶轮直径2100mm，额定转速187.5r/min；进水流道为肘型进水流道，出水流道根据比较结果确定。

基金项目：水利部重大科研项目(编号：SKS-2022114)；江苏南水北调水利科技项目(编号：JSNSBD202105)。

第一作者：秦钟建(1979—　)，男，高级工程师，主要从事泵站水力机械设计研究。E-mail：hwqzj@126.com。

直管式出水流道和虹吸式出水流道是立式轴流泵常用的出水流道型式,其广泛应用于南水北调东线工程、引江济淮工程、城市防洪及农业灌溉工程等大型调水泵站中[1-4],国内已有很多学者对这两种型式出水流道的水力性能进行了研究。关于立式轴流泵装置直管式出水流道,杨帆等[5]基于模型试验方法研究了不同流量工况时隔墩对直管式出水流道内水流流动及脉动的影响,谢璐[6]基于数值模拟方法研究了不同扩散角和不同扩散长度直管式出水流道的水力性能并采用V3V进行了试验验证,杨帆等[7]采用数值计算结合PIV测试技术,分析了不同工况下直管式出水流道结构变化段进出口断面的速度环量,张鹏[8]对直管式出水流道平面宽度形线和过渡圆圆形轨迹线的变化规律进行了研究并进行了泵装置模型试验验证。关于立式轴流泵装置虹吸式出水流道,陈曜辉等[9]考虑气体可压缩性VOF模型研究了断面形状对虹吸式出水流道水力特性的影响,张文鹏等[10]采用数值模拟和模型试验相结合的方法对某立式轴流泵装置虹吸式出水流道进行了水力特性分析,顾巍等[11]基于CFD方法对立式轴流泵装置不同型线型的虹吸出水流道水力特性进行了分析,赵水汩等[12]针对泗阳二站改造要求对3种情况下隔墩起始位置对虹吸式出水流道水力损失的影响进行了研究。

随着计算流体动力学(CFD)理论与技术的发展,采用CFD流动分析方法对泵站设计进行评估和对泵站存在的问题进行研判的研究及应用也是越来越多[13-14],这对保证泵站安全、高效和稳定运行具有重要意义。商用CFD流体流动计算软件的应用逐渐广泛,基于CFD流动分析方法可较为准确地计算出不同型式出水流道内的三维流场和流道水力损失[15],可方便地对出水流道的水力性能进行考核与评价,为出水流道优化水力设计进行多方案比较创造必要条件。本文在国内外学者研究的基础上,基于CFD流动分析方法比较引江济淮工程龙德站直管式出水流道和虹吸式出水流道的水力性能与内部水流流场特性,并兼顾工程投资、运行管理等方面的要求,合理选择了该泵站的出水流道型式。

1 泵站出水流道方案设计

出水流道是水泵导叶出口与出水池之间的过渡段,其作用主要是使水流从水泵导叶出口进入出水池的过程中更好地扩散与转向,并在流道水力损失尽可能小的条件下最大限度地回收水流的动能。结合龙德站采用堤身式泵房并由站身挡洪的特点,进行了直管式和虹吸式两种型式出水流道的优化水力设计。

直管式出水流道具有形状简单、施工方便及启动扬程较低等优点[16],在南水北调东线一期工程台儿庄泵站、引江济淮工程西淝河北站等大中型泵站工程中广泛使用。龙德站直管式出水流道的进口断面与水泵导叶体出口相同,均为直径2226mm的圆形断面;

流道出口断面为宽度 5000mm、高度 3000mm 的矩形,出水流道出口顶部淹没最低运行水位以下 350mm;结合泵房、快闸门及交通桥等结构与空间尺寸因素,出水流道总长为 21150mm。直管式出水流道方案见图 1 中的虚线。

虹吸式出水流道是利用虹吸原理出水的一种布置型式,由上升段、驼峰段、下降段组成。自我国第一座大型抽水站——江都一站应用以来,虹吸式出水流道越来越在我国大中型低扬程泵站中有着广泛的应用[17]。龙德站虹吸式出水流道进口断面直径、出口断面宽度和高度、出口断面顶部在最低运行水位以下的淹没深度及出水流道总长度等控制性尺寸均与直管式出水流道相同;由于虹吸式出水流道出口不设挡洪闸门,故驼峰断面顶高程设为 33.25m 高于泵站 200 年一遇防洪水位 33.00m 以上 0.25m,满足泵站工程的防洪设计要求。虹吸式出水流道方案见图 1 中实线。

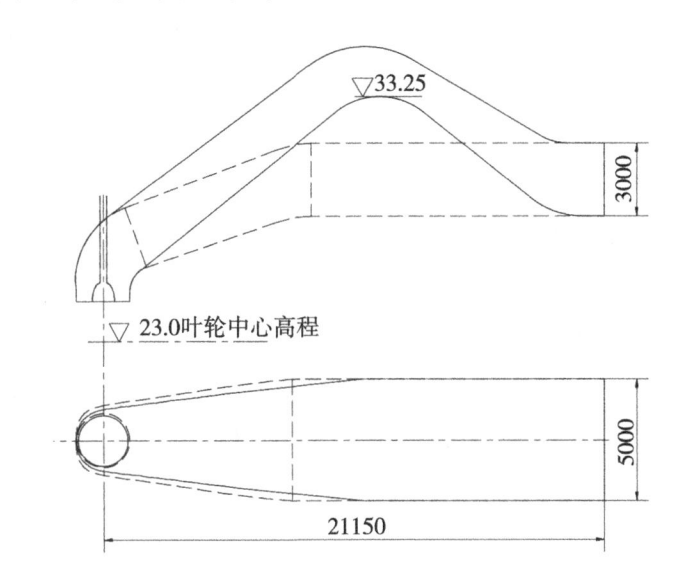

图 1　直管式与虹吸式出水流道方案对比图(高程以 m 计,尺寸以 mm 计)

2　出水流道内部流动数值模拟

2.1　控制方程及湍流模型

立式轴流泵装置出水流道内水流流动为不可压缩流动,在对出水流道内部流态进行数值模拟时采用的控制方程为基于雷诺时均法的连续性方程与动量方程,对此控制方程已有许多论文进行了描述[18-21],本文不再赘述。

为求解出水流道内水流流动情况,还需引入湍流模型封闭控制方程组。常用于低扬程泵装置流道内三维流场数值模拟的湍流模型包括 Standard $k-\varepsilon$、RNG $k-\varepsilon$、Realizable $k-\varepsilon$、Standard $k-\omega$ 和 SST $k-\omega$ 等[18-20]。根据文献[21]中的研究结果,本文采用在低扬程泵装置出水流道流场数值模拟中湍流适用性较好的 Standard $k-\varepsilon$ 湍流模型进行龙德站出水流道三维流动数值计算。

2.2 边界条件

为了准确地应用流场计算进口的边界条件,将计算流场进口断面设置在距出水流道进口断面向来水流方向等直径延伸至 2 倍处以保证来流均匀性,计算流量为设计流量,选用速度进口边界条件;立式轴流泵装置水泵导叶体出口水流一般都具有不同程度的剩余环量,而环量对流道的水头损失具有较大影响,因此在流场计算的进口处相应地预置一定的环量。出水流道计算流场出口断面设置在出水池中距出水流道出口足够远处,为一垂直于水流方向的断面,由于流动是充分发展的,选用自由出流边界条件;出水池底壁、出水流道边壁及水泵导叶体出口的导流帽边壁等均为固壁,其边界条件按固壁定律处理;忽略一切外界因素,将出水池自由水面看作对称平面。

2.3 计算区域网格剖分

应用 GAMBIT 软件分别完成直管式出水流道和虹吸式出水流道三维流动计算区域的建模和网格剖分工作。出水流道三维流动计算区域包括进口短直管、出水流道和出水池等部分,对于形状复杂的出水流道采用结构化网格进行网格剖分,对于形状简单的进口直管和出水池部分采用结构化网格和混合网格进行网格剖分。对直管式出水流道和虹吸式出水流道三维流场数值模拟网格分别进行了网格无关性检验。两种型式出水流道三维流场数值计算的网格剖分情况分别示于图 2(a)和图 2(b)。

(a)直管式出水流道　　　　　　(b)虹吸式出水流道

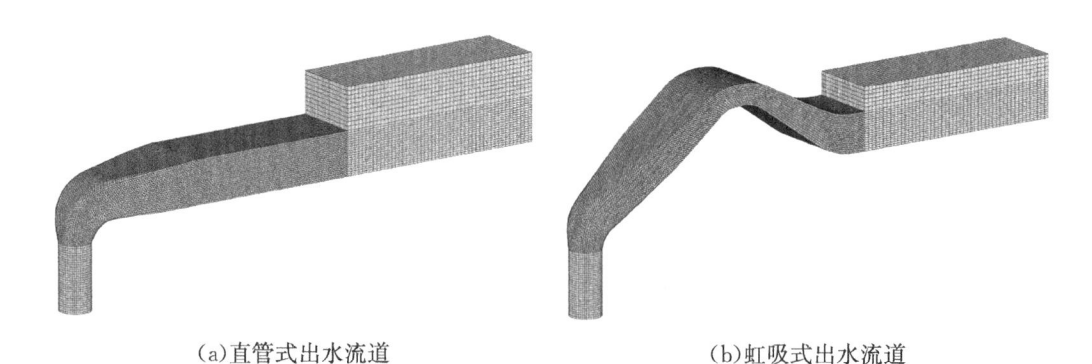

图 2　出水流道计算区域网格剖分

3 出水流道计算结果分析及型式选择

3.1 直管式出水流道

采用三维流动数值模拟方法对直管式出水流道内的水流流动进行了数值计算,由数值计算得到设计流量时的流道水头损失计算值为0.292m。直管式出水流道流场见图3,典型横断面流速分布见图4。

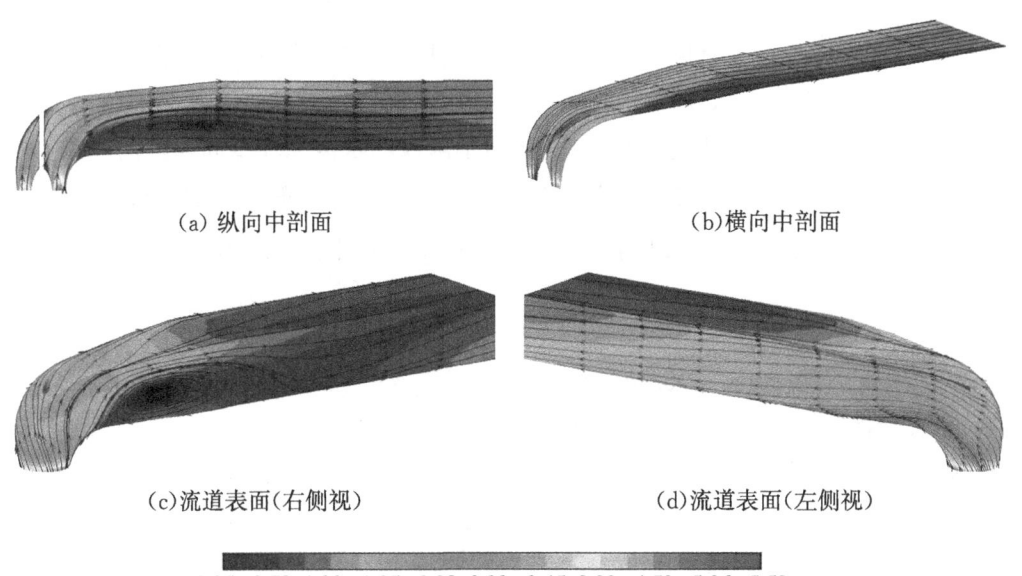

(a) 纵向中剖面　　(b) 横向中剖面

(c) 流道表面(右侧视)　　(d) 流道表面(左侧视)

0.25　0.78　1.32　1.85　2.39　2.92　3.45　3.99　4.52　5.06　5.59
流速/(m/s)

图3　直管式出水流道流场

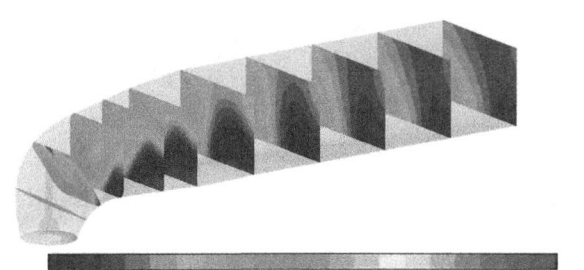

0.25　0.78　1.32　1.85　2.39　2.92　3.45　3.99　4.52　5.06　5.59
流速/(m/s)

图4　直管式出水流道典型横断面流速分布

由图3和图4可以看出:在龙德泵站直管式出水流道内,受流道进口环量的影响,水流以螺旋状流入出水流道;在流道进口90°转向弯曲段,水流转90°前的断面流速分布为内侧大、外侧小;顺水流方向看,在水流受惯性和环量的双重影响下,水流转90°后,主流偏向流道左侧上部区域,流道弯曲段的右下侧区域存在较大范围的旋涡区,经过水平直线段的调整后,水流较为顺直地流出出水流道。

3.2 虹吸式出水流道

采用三维流动数值模拟方法对虹吸式出水流道内的水流流动进行了数值计算,由数值计算得到设计流量时出水流道水头损失为 0.283m。虹吸式出水流道流场见图 5,典型横断面流速分布见图 6。

由图 5 和图 6 可以看出:在龙德站虹吸式出水流道内,受流道进口环量的影响,水流以螺旋状流入虹吸式出水流道;在流道进口段,由于水流在立面方向转向较急和受水流惯性影响,流速分布不均匀,内侧流速较大、外侧流速较小;流道上升段的水流扩散平缓,流速分布较为均匀且无旋涡等不良流态;流道下降段的水流在环量和惯性的双重作用下,左右两侧的流场不对称,顺水流方向看,水流的主流偏于左侧及上部区域,主流区的流速分布较均匀,在流道出口段的右侧下部区域存在一个很小范围的低速区。

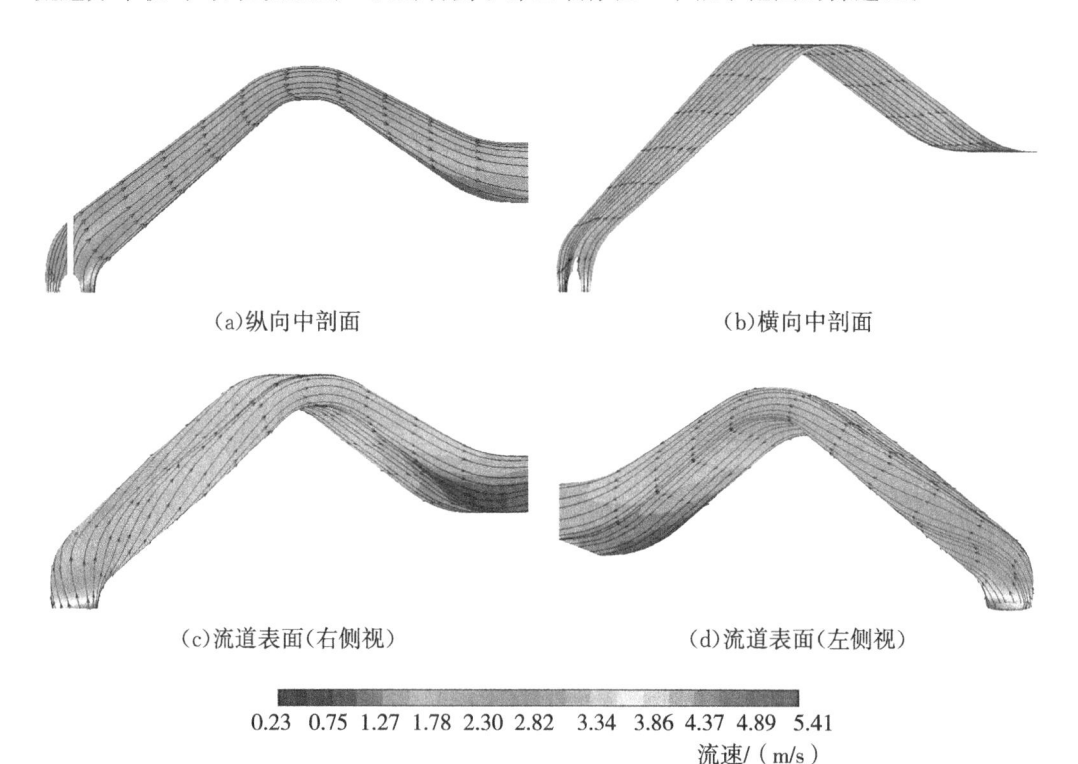

(a)纵向中剖面　　　　　　　　　　(b)横向中剖面

(c)流道表面(右侧视)　　　　　　(d)流道表面(左侧视)

0.23　0.75　1.27　1.78　2.30　2.82　3.34　3.86　4.37　4.89　5.41
流速/(m/s)

图 5　虹吸式出水流道流场

图 6 虹吸式出水流道典型横断面流速分布图

3.3 出水流道型式选择

根据上述两种型式出水流道三维流场数值模拟结果可知:经过优化的直管式出水流道和虹吸式出水流道的水力性能接近,两种型式出水流道均可满足龙德泵站工程的应用要求;虹吸式流道内水流较直管式出水流道内的水流具有扩散更为平缓、流速变化更为均匀、水头损失更小且整个流道内无脱流漩涡等不良流态的优点。

低扬程泵站机组停机尤其是事故停机时,必须采用断流措施对水流断流以防止倒流,保证机组安全停机。虹吸式出水流道采用真空破坏阀断流,具有操作简单、断流可靠和维护保养工作量小的优点[22];直管式出水流道采用2道快速闸门断流(1道工作闸门,1道事故闸门),快速闸门工作需具有高压油液压站等较多的系统设备,同时快速闸门采用钢结构,检修维护工作量大,运行管理要求较高。

根据龙德站两种型式出水流道的比较,最终选择采用虹吸式出水流道,该方案与直管式出水流道相比具有水力性能良好、断流方式简单可靠、运行维护方便及工程投资较小等优点。

4 水泵装置模型试验

为了验证引江济淮工程龙德站采用肘形进水流道、虹吸出水流道的水泵装置模型综合特性,在扬州大学高精度水力试验台上进行了龙德站泵装置模型试验。龙德站选用TJ04-ZL-02水泵模型,叶轮直径300mm,试验水泵转速1312.5r/min,试验台上的龙德站泵装置模型见图7。

图 7　龙德站泵装置模型

根据《水泵及水泵装置模型试验验收规程》(SL 140—2006)的要求,对龙德站泵装置模型进行了能量特性、空化特性、飞逸特性及压力脉动特性等方面的测试。根据模型试验结果整理的龙德站泵装置模型综合特性曲线示于图 8(a),换算至原型泵装置综合特性曲线示于图 8(b)。由图 8(b)可知,龙德站设计工况水泵叶片角度为 $-2°$,该叶片角度下,设计净扬程 5.30m 时,水泵流量 15.08m³/s,装置效率 76.23%;最低净扬程 4.55m 时,水泵流量 15.93m³/s,装置效率 73.87%;最高净扬程 6.05m 时,水泵流量 14.03m³/s,装置效率 75.87%。

目前,引江济淮工程龙德站已建成并完成了试运行工作,试运行中机组运行平稳,机组各项指标正常,无不良振动和噪声。

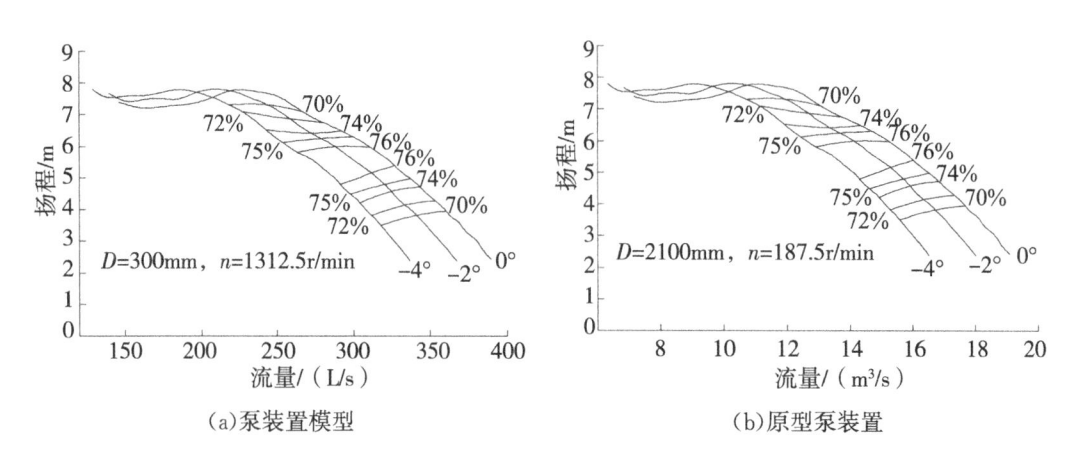

(a)泵装置模型　　(b)原型泵装置

图 8　龙德站泵装置综合特性曲线

5 结论

1)经过优化水力设计的直管式出水流道和虹吸式出水流道在设计流量下的水力损失分别为0.292m和0.283m,两者水头损失均较小;虹吸式出水流道内的水流扩散平缓、流速变化均匀,流道内无旋涡等不良流态。

2)相较于直管式出水流道,虹吸式出水流道具有水力性能好、断流方式简单可靠、工程投资省及运行管理方便等优点,推荐在龙德站采用。

3)泵装置模型试验结果表明,采用虹吸式出水流道的水泵装置性能满足龙德泵站设计的要求;泵站现场运行时机组起动、运行平稳,无不良振动和噪声,断流迅速可靠,表明龙德站选用虹吸式出水流道是合适的。

参考文献

[1] 顾美娟,卜舸,陆林广,等. 刘老涧二站虹吸式出水流道的优化水力设计[J]. 排灌机械,2007,21(2):37-39+44.

[2] 刘辉,张剑雄,王德超,等. 邓楼泵站虹吸式出水流道真空破坏阀断流工作参数的优化[M]. 北京:中国水利水电出版社,2019.

[3] 丁淮波,潘卫锋. 南水北调东线工程泗阳站流道型式的比选[J]. 排灌机械工程学报,2014,32(11):955-962.

[4] 梁兴,胡凤城,刘梅清,等. 带虹吸式流道的轴流泵超驼峰起动特性分析[J]. 中国农村水利水电,2022(10):154-157+162.

[5] 杨帆,陈世杰,刘超,等. 隔墩对轴流泵装置直管式出水流道内流及脉动的影响[J]. 农业机械学报,2018,49(5):212-217.

[6] 谢璐. 立式轴流泵直管式出水流道的流动模拟和V3V测量[D]. 扬州:扬州大学,2020.

[7] 杨帆,胡文竹,刘超,等. 轴流泵直管式出水流道内流场数值模拟及PIV测试[J]. 水动力学研究与进展,2019,34(6):795-802.

[8] 张鹏. 引江济淮工程派河口泵站水泵流道优化设计[J]. 治淮,2017(3):16-17.

[9] 陈曜辉,徐辉,冯建刚,等. 断面形状对虹吸式出水流道水力特性的影响[J]. 水利水电科技进展,2022,42(1):47-52.

[10] 张文鹏,袁尧,孙丹丹,等. 虹吸式出水流道水力特性分析与试验验证[J]. 应用基础与工程科学学报,2022,30(2):295-306.

[11] 顾巍,成立,蒋红樱,等. 立式轴流泵装置虹吸式出水流道水力特性CFD研究

[J]. 江苏水利, 2018(1): 7-15.

[12] 赵水泪, 张前进, 力刚, 等. 泗阳二站虹吸式出水流道水力优化设计[J]. 水泵技术, 2022(1): 24-27.

[13] 袁连冲, 杨陈, 陈斌, 等. 基于CFD技术的侧向进水回流泵站优化设计[J]. 江苏水利, 2022(1): 1-4.

[14] 徐波, 高琛, 陆伟刚, 等. 基于CFD的闸站结合布置优化设计与研究[J]. 中国农村水利水电, 2017(10): 115-119.

[15] 陆林广, 刘军, 梁金栋, 等. 大型泵站出水流道三维流动及水力损失数值计算[J]. 排灌机械, 2008(3): 51-54.

[16] 陆林广, 吴开平, 冷豫, 等. 大型低扬程泵站直管式出水流道优化水力设计[J]. 农业机械学报, 2007(8): 196-198.

[17] 王芃也, 刘超, 徐磊, 等. 基于全模拟的水泵装置模型虹吸出水流道水力特性分析[J]. 南水北调与水利科技, 2016, 14(6): 128-134.

[18] Huang R, Ji B, Luo X, et al. Numerical investigation of cavitation-vortex interaction in a mixed-flow waterjet pump[J]. J. Mech Sci. Technol, 2015, 29(9): 3707-3716.

[19] Li Y, Zhu Z, He Z, et al. Abrasion characteristic analyses of solid-liquid two-phase centrifugal pump[J]. J. Therm. Sci., 2011, 20(3): 283-287.

[20] Helios M P, Asvapoositkul W. Numerical studies for effect of geometrical parameters on water jet pump performance via entropy generation analysis[J]. Journal of Mechnaical Engineering and Science, 2021, 15(3): 8319-8331.

[21] 徐磊, 颜士开, 施伟, 等. 虹吸式出水流道水力性能数值计算湍流模型适用性[J]. 水利水运工程学报, 2019(4): 42-49.

[22] 秦钟建, 方国材. 大型低扬程泵站断流装置应用技术研究[C]//第二届青年治淮论坛论文集. 2013: 221-224.

空气阀口径对长距离管道停泵水锤的影响分析

秦钟建　胡大明　鲍士剑

（中水淮河规划设计研究有限公司，合肥　230601）

摘　要：为了研究泵站事故停泵工况下空气阀口径对管路水锤的影响，采用特征线法对引江济淮阜阳加压泵站的供水管路进行了水力过渡过程计算，分析了不同空气阀口径和水泵出口阀门关闭规律对管道停泵水锤的影响。结果表明：通过优化管路部分空气阀口径，降低了管道停泵水锤的最大正压和负压，保证管道和水泵运行在设计范围内，确保加压泵站安全运行。

关键词：空气阀；停泵水锤；关阀；长距离输水；引江济淮

随着经济社会的快速发展，为满足日益增长的水资源需求，我国兴建的压力管道输水泵站越来越多。由于这些泵站输水管路距离长，管路中心高程起伏变化大，易发生停泵水锤事故，空气阀对防止停泵水锤管路中产生负压及其可能引起弥合水锤有良好的防护效果，国内外学者对此进行了研究。刘志通等[1]研究了空气阀水锤防护的主要影响参数及优化方法；李博[2]和孙一鸣等[3]研究表明"快进缓排"防水锤型空气阀及其安装位置在压力管道的水锤防护效果。

为了进一步研究在不改变空气阀布置的基础上通过改变空气阀口径和水泵出口阀门关闭规律的方法，采用特征线法模拟计算事故停泵工况空气阀口径大小对事故停泵水锤影响的水力过渡过程，保障了管道的安全和稳定运行。该研究可为类似工程的水锤防护设计提供参考。

1　工程概况

引江济淮工程沟通长江、淮河两大水系，是跨流域、跨省的重大战略性水资源配置和

第一作者：秦钟建（1979—　），男，高级工程师，主要从事泵站水力机械设计研究。E-mail：hwqzj@126.com。

综合利用工程，是国务院确定的全国172项节水供水重大水利工程[4]。阜阳加压泵站设计流量为7.74 m³/s，由2根长4.97km、管径DN1800的管道输水至自来水厂，管道纵剖断面高程分布见图1。两输水管路中间设连通管满足管路检修时70%的设计输水流量。

泵站共安装6台卧式双吸离心泵（其中2台备用），水泵设计流量为1.96m³/s，设计扬程为21.43m，额定转速为595r/min，比转速为215。通过插值获得该水泵的全特性曲线，见图2。

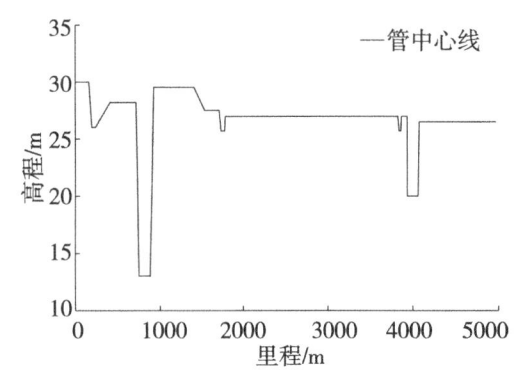

图1 管线纵剖断面高程分布

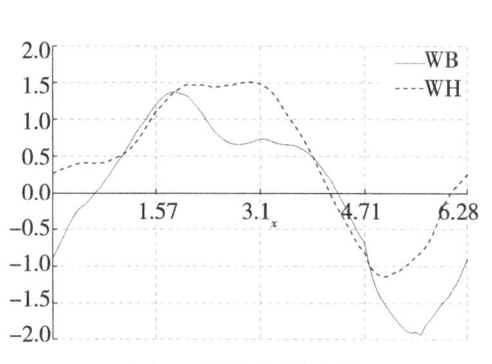

图2 水泵全特性曲线

2 水锤计算模型

2.1 水锤基本微分方程

水锤基本微分方程是全面表达有压管流中非恒定流流动规律的数学表达式，是一维波动方程的一种形式[5]。按弹性水柱理论，可由描述管道中的瞬变流现象的连续和运动方程两部分组成：

$$\frac{\partial h}{\partial t} + \frac{a^2}{g}\frac{\partial v}{\partial x} + v\frac{\partial h}{\partial x} + v\sin\alpha = 0 \tag{1}$$

$$\frac{\partial v}{\partial t} + g\frac{\partial h}{\partial x} + v\frac{\partial v}{\partial x} + \frac{f|v|v}{2D} = 0 \tag{2}$$

式中：h——从基准线算起的测压管水头，m；

x——距离，m；

v——管路中水流平均流速，m/s；

t——时间，s；

f——管路摩阻系数；

a——水锤波速，m/s；

α——管路与水平面间夹角，°；

D——管道直径，m。

在工程实际中，一般借助于特征线，将基本方程转化为便于计算机运算的有限差分方程式。

2.2 空气阀模型

空气阀采用能同时满足吸气和排气功能的复合式排气阀，流过空气阀的空气质量流量取决于管外大气的压力 p_0、绝对温度 T_0 及管内的绝对温度 T 和压力 P。其边界条件的计算模型可根据空气质量、流量方程、气体状态方程、水锤相容性方程等建立[6]。空气阀空气质量流量方程的进排气通常需要以下 4 种情况的模型。

(1) 空气以亚声速流进

$$\dot{m} = C_1 A_1 \sqrt{7 p_0 \rho_0 \left[\left(\frac{p}{p_0}\right)^{1.4286} - \left(\frac{p}{p_0}\right)^{1.7143}\right]} \quad 0.528 p_0 < p < p_0 \tag{3}$$

(2) 以临界速度流进

$$\dot{m} = C_1 A_1 \frac{0.686}{\sqrt{RT_0}} p_0 \quad p < 0.528 p_0 \tag{4}$$

(3) 以亚声速流出

$$\dot{m} = -C_2 A_2 p \sqrt{\frac{7}{RT} \left[\left(\frac{p_0}{p}\right)^{1.4286} - \left(\frac{p_0}{p}\right)^{1.7143}\right]} \quad p_0 < p < \frac{p_0}{0.528} \tag{5}$$

(4) 以临界速度流出

$$\dot{m} = -C_2 A_2 \frac{0.686}{\sqrt{RT}} p \quad \frac{p_0}{0.528} < p \tag{6}$$

式中：$\dot{m}$——空气质量流量，kg/s；

C_1、C_2——进气阀的流量系数；

A_1、A_2——进气阀的流通面积，m²；

ρ_0——大气密度，kg/m³；

R——气体常数。

3 水锤计算分析

3.1 空气阀初始配置

阜阳加压站管路空气阀按工程常用方法，根据输水管道坡度、距离及高程等因素选择 DN200 的空气阀，布置位置见表 1。

表1　　　　　　　　　　　　　管路空气阀布置桩号

阀井编号	阀井1	阀井2	阀井3	阀井4	阀井5	阀井6	阀井7
桩号	41	45	160	710	1+140	1+713	2+500
阀井编号	阀井8	阀井9	阀井10	阀井11	阀井12	阀井13	阀井14
桩号	3+146	3+158	3+830	3+925	4+750	4+869	4+887

根据水锤基本理论,采用特征线法对最不利的运行工况进行计算,即当泵站水泵机组全部事故停泵时,水泵出口阀门按预先设定的0～10s快关70°、后慢关至阀门全关状态、总关阀时间120s的两阶段关闭程序,计算得该条件下管路系统水力瞬变特性,见图3。

(a)水泵转速、流量

(b)水泵出口阀门后压力

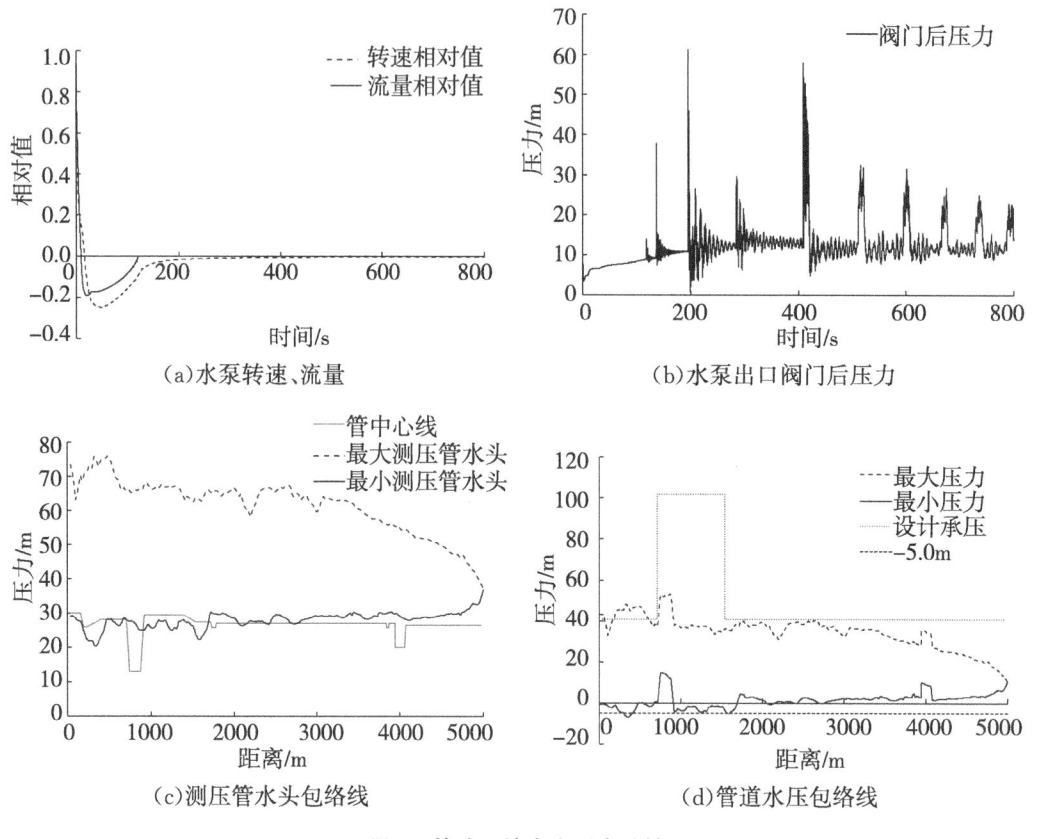

(c)测压管水头包络线

(d)管道水压包络线

图3　管路系统水力瞬变特性

由图3(a)和图3(b)可知:在发生事故停泵15.60s时,水泵开始反转,最大反转速度为147.55 r/min,是额定转速的25%;在9.10s时,水泵出现反向流量,为$-0.40m^3/s$;水泵出口阀门后压力脉动大且持续时间长,最大压力为61.23m,约为水泵出口压力的2.8倍,超过《泵站设计标准》(GB 50265—2022)规定的不应超过水泵出口额定压力的1.3～1.5倍的要求。由图3(c)和图3(d)可知:管道沿线最高压力为53.23m,桩号0+193～0+622均大于管线承压值且沿线多处接近管线承压值;管道沿线最小压力为-7.0m且沿线多处小于或接近-5.0m。结果表明:空气阀的配置和水泵出口阀门的关闭规律不满足设计要求,停泵水锤将产生对输水管道的安全造成严重危害的正压和负压,需要进一步计算分析。

3.2 空气阀优化配置

为了解决由于泵站事故停泵时管路系统出现的压力过高及产生较低负压的问题,在不改变空气阀布置的前提下,对空气阀口径和水泵出口阀门的关闭程序进行了优化。经多种方案计算后,将阀井1和阀井2的空气阀口径改成DN150,阀井3～阀井5的空气阀口径改成DN100,其余不变。同时,将泵出口阀门两阶段关闭改为:0～20s内阀门开度由100%线性减小至20%,后20～40s内阀门线性减小至全关。计算得对应的机组转速、流量相对值瞬变特性,水泵出口阀门后水压瞬变特性,沿程测压管水头、压力包络线分别见图4。

(a)水泵转速、流量

(b)水泵出口阀门后压力

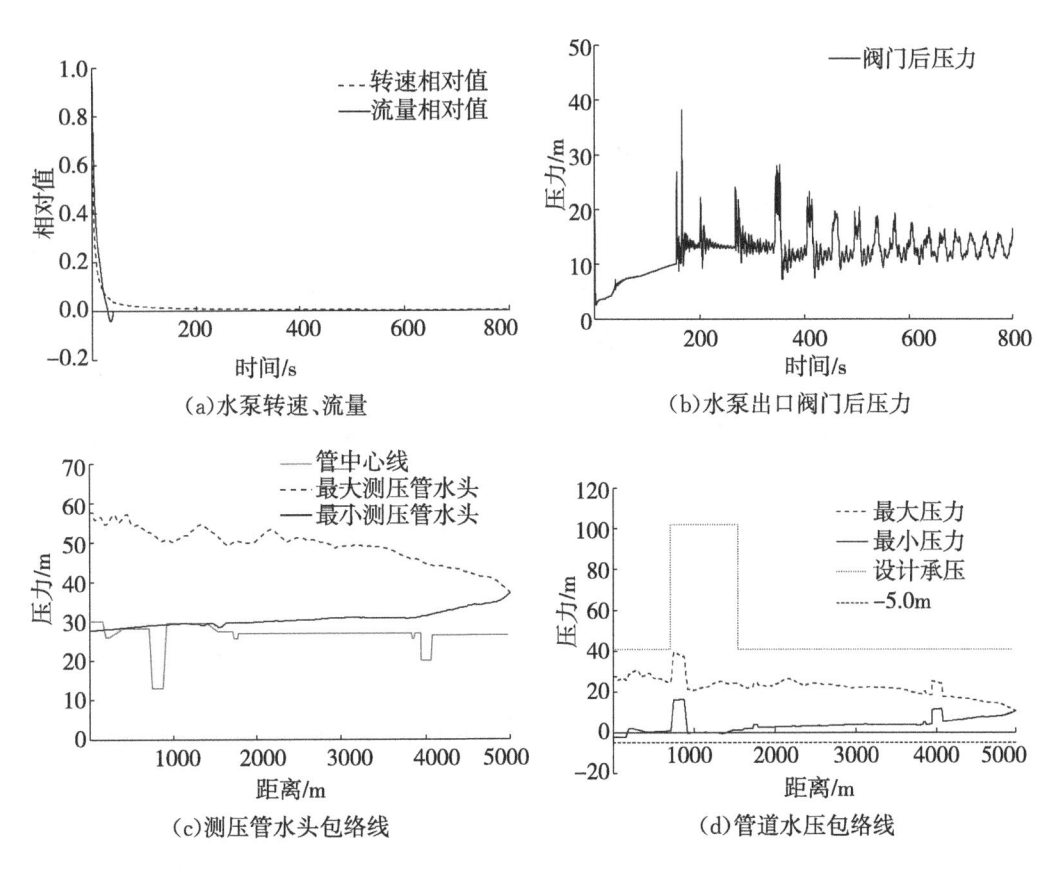

(c)测压管水头包络线

(d)管道水压包络线

图4 系统水力瞬变特性

由图4(a)和图4(b)可知:事故断电后,水泵转速迅速下降,由于水泵出口阀门快速关闭,水泵未出现反转;水泵在事故断电后30.0s出现反向流量,最大反向流量为0.09m³/s。水泵出口阀门后最大压力为38.11m。由图4(c)和图4(d)可知:管道沿线最高压力为 39.33m(桩号 0+750),整个管道的压力最大值均小于管线承压值;管道沿线最小压力为－2.20m(桩号 0+044),整个管道的压力最小值均大于－5.0m。结果表明:事故停泵水锤防护满足设计要求,管道的水锤正压、负压最大值均得到明显改善且效果显著。

4 结论

1)通过减小空气阀口径和改变水泵出口阀门关阀规律进行优化调整,两者组合达到最佳状态,空气阀在管道水锤防护中达到理想的保护效果,保证了输水管路运行更加安全可靠且经济合理。

2)空气阀的口径大小是影响压力管道水锤防护的主要参数之一,其口径的选择需要结合输水管的管径、流速及安装位置等进行优化计算,才能发挥其在管道水锤防护中的重要作用,否则可能加剧管路过渡过程计算的复杂性且更不利于水锤防护设计。

参考文献

[1] 刘志勇,刘梅清. 空气阀水锤防护特性的主要影响参数分析及优化[J]. 农业机械学报,2009,40(6):85-89.

[2] 李博,罗爽,刘志勇. 空气阀在带局部凸起点管道系统中的水锤防护效果[J]. 中国农村水利水电,2022(4):176-180+185.

[3] 孙一鸣,吴建华,李琨,等. 有压输水系统的水锤防护研究[J]. 人民黄河,2021,43(1):152-155+164.

[4] 雷晓辉,张利娜,纪毅,等. 引江济淮工程年水量调度模型研究[J]. 人民长江,2021,52(5):1-7.

[5] 金锥,姜乃昌,汪兴化,等. 停泵水锤及其防护:第二版[M]. 北京:中国建筑工业出版社,2004.

[6] 李甲振,郭新蕾. 引江济淮阜阳加压站水力过渡过程计算[R]. 北京:中国水利水电科学研究院,2020.

以专业的监理服务助力水利高质量发展

冯 松[1] 储龙胜[2]

(1. 中水淮河规划设计研究有限公司,合肥 230601;
2. 中水淮河安徽恒信工程咨询有限公司,合肥 230601)

摘 要:党的十八大以来,习近平总书记就高质量发展发表了一系列重要讲话,作出了一系列重要指示批示,为高质量发展指明了前进方向,提供了根本遵循。围绕高质量发展,党中央、国务院作出了一系列重要部署,水利部提出了加快推动新阶段水利高质量发展的具体要求。从监理视角出发,以具体的工程实际操作经验和体会介绍专业的监理服务在水利高质量发展大环境中所发挥的重要作用。

关键词:高质量发展;水利;监理服务;经验和体会

2017年10月18日,在中国共产党第十九次全国代表大会上,习近平总书记首次提出"高质量发展"表述,表明"我国经济已由高速增长阶段转向高质量发展阶段"[1]。2022年10月16日,在中国共产党第二十次全国代表大会上,习近平总书记提出,"高质量发展是全面建设社会主义现代化国家的首要任务"[2]。2023年3月5日下午,习近平总书记在参加第十四届全国人大一次会议江苏代表团审议时的讲话,用"四个必须"[3]集中系统地阐述了全面建设社会主义现代化国家的首要任务——"高质量发展",为高质量发展指明了前进方向,提供了根本遵循。

2018年3月5日,国务院总理李克强在2018年政府工作报告中首次提出,"按照高质量发展的要求,统筹推进'五位一体'总体布局和协调推进'四个全面'战略布局,坚持以供给侧结构性改革为主线,统筹推进稳增长、促改革、调结构、惠民生、防风险各项工作。"2021年3月5日,国务院总理李克强在2021年国务院政府工作报告中提出,"要准

第一作者:冯松(1981—),男,高级工程师,主要从事水利工程施工监理工作。Email:00084112@163.com。

通信作者:储龙胜(1990—),男,工程师,主要从事水利工程施工监理工作。E-mail:136117361@qq.com。

确把握新发展阶段,深入贯彻新发展理念,加快构建新发展格局,推动高质量发展,为全面建设社会主义现代化国家开好局起好步"[4]。2021 年 4 月,中共中央、国务院出台《关于新时代推动中部地区高质量发展的意见》。2021 年 10 月,中共中央、国务院印发了《黄河流域生态保护和高质量发展规划纲要》。2023 年 2 月,党中央、国务院印发《质量强国建设纲要》。党中央、国务院为新时代的高质量发展作出了一系列重要部署。

2018 年 2 月,水利部印发《加快推进新时代水利现代化的指导意见》,提出了水利高质量发展的目标和要求;2021 年 6 月,水利部制定了推动新阶段水利高质量发展的 6 条实施路径[5],为水利高质量发展明确了具体工作方向。

高质量发展是主旋律,水利高质量发展工作势在必行。对于身处工程一线的监理人员来说,助力水利高质量发展更是责无旁贷。

1 监理服务规划

笔者将通过近期从事的水利工程监理服务过程阐述专业的监理服务在水利高质量发展中发挥的重要作用。

1.1 工程简介

淮河上中游王家坝至临淮岗段行洪区调整及河道整治工程是进一步治淮 38 项工程的骨干工程,也是国务院确定的 172 项重大节水供水工程之一。工程通过拓浚濛河分洪道、疏浚淮河干流南照集至汪集段河道、加高加固部分堤防等措施,将南润段行洪区调整为蓄洪区,王家坝至临淮岗段一般防洪保护区的防洪标准达 10 年一遇以上,河道行洪能力满足规划要求,以实现不断完善流域防洪减灾体系的总体目标。笔者具体负责的是其中的濛河分洪道拓浚工程,工期 3 年,主要建设内容为:①26km 河道拓浚;②7 座生产桥拆除重建;③新建 18km 防汛抢险道路;④拆除重建 1 座小型灌溉站。

1.2 分析研判工程特点

通过对合同文件和施工图纸的仔细研读,该工程有以下特点:①混凝土工程量不大且较分散;②7 座生产桥的跨度一致,桥梁板构造一致;③防汛抢险道路路基填筑设计指标是重型击实指标,设计指标高,填筑量大;④灌溉站墩墙较高较长,竖向钢筋连接工程量大;④工期长,战线长,质量、安全管理难度大。

1.3 水利高质量发展在工程领域的理解

笔者认为水利高质量发展在工程领域的发展方向是提升全体参建人员的质量意识,水利高质量发展在工程领域的发展目的是保证工程实体质量,同时降低工程成本、提高施工效率。

1.4 监理服务规划

围绕水利高质量发展在工程领域的发展方向和目的,本工程监理服务对以下5个方面做了规划。

1)前期服务重点放在工程主要质量点的规划上,着重调研审核拌和站、关键部位构配件的选择,牢牢把控住工程关键部位、关键质量。

2)对于施工过程简单、重复的工程,监理服务重点应落在做好工程试验段各项工作,切实把控好每一道工序的施工、验收、资料等各环节质量,从而发挥试验段指导大面积施工的作用。

3)施工过程中监理服务重点是在工地一线,尤其是总监理工程师要深入扎根工程现场,用专业的知识、丰富的经验及时发现问题、解决问题。

4)监理服务过程中要首先做到"严",要把"严"贯穿到"基本工作程序、主要工作方法、主要工作制度"等监理工作的各个方面,贯穿到"方案审批、工程实施、工程验收、问题整改"等工程的各个环节,尤其是在问题整改上要贯彻"敢于斗争、善于斗争"的精神。

5)安全是一切工作的保证,更是高质量发展的前提,是不可触碰的红线,在工程实施过程中监理服务应把安全监理工作放在各项工作的首位,尤其是总监理工程师更要对安全问题亲力亲为。

2 监理服务实施

监理部要从监理服务规划的5个方面着手,以常规工程质量薄弱环节作为切入点,全过程贯彻执行"主动、负责、优质、高效"的企业理念,严格落实各项质量控制措施,保证了工程实体质量,同时在工程实施中引导承包人尽可能采用机械化作业、减少人力输出,降低了工程成本,提高了施工效率。

2.1 调研工作不走形式,把好外委生产厂家审核关

由于混凝土工程比较分散,总量不大,施工期较长,且工程所在地位于国家级湿地公园内,因此自建混凝土拌和站不妥,应选择商品混凝土拌和站。开工准备阶段,监理部牵头组织各参建方调研工程所在地周边多家拌和站,通过实地察看,对比各家粗细骨料情况、设置独立料仓情况、其他原材料情况、实验室运行情况、产能供应情况、运输距离情况等,最终选定了一家本地规模第二大、采用天然骨料、其他原材料均为知名品牌、愿意为本工程设置专门料仓、实验室规范管理、运输距离在半小时内的混凝土拌和站,为工程的混凝土质量提供了基础保证。

桥梁工程支撑结构是关键,梁板的质量更是重中之重。根据多年经验,梁板现场预制的施工队伍工艺水平参差不齐,使用的张拉设备、灌浆设备通常自动化、智能化较低,

且需要大片施工场地,预应力梁板现场生产施工质量难以与高质量发展要求相匹配,而由专业预制厂集中生产梁板成为上上之选。鉴于上述缘由,由监理牵头组织调研了周边3家企业,最终选择了本地区规模最大、质量信誉最好、自动化智能化高(从钢筋制作到张拉灌浆均采用了自动化、智能化设备控制)的预制厂。此项举措保证了梁板的生产质量,大大提高了梁板生产效率,同时通过大量运用自动化智能化设备减少了人工成本和管理成本。

2.2 磨刀不误砍柴工,抓好试验段,打好开端局

防汛抢险道路工程填筑量大,设计标准高,但施工过程不复杂,重复铺土、犁土、翻晒、碎土、碾压过程。对于这样的单项工程,监理服务首先就是要抓试验段施工质量。本工程碾压试验经过多次现场准备、试验、总结分析,用时近半个月,最终试验段填筑质量达到了设计标准。在此过程中,承包人自检、工序报验、监理抽检、工序质量评定等工作均进行了实地演练,各环节的配合也得到了充分磨合,为指导后续大面积作业提供了现场控制的依据。其次监理服务主抓过程质量控制,用好"盯"字,及时发现不按已批准的参数实施的错误行为,及时签发现场指示、整改通知等监理文件,把质量隐患消灭在萌芽中,同时也避免了大面积返工。

桥梁防护栏杆施工与道路填筑施工属性一样,都是连续、重复工序施工,所以试验段施工质量显得尤为重要。监理服务从施工方案的审批、施工前的技术交底着手,与施工人员深入沟通施工方法、施工的重点与难点,在实施前把双方有分歧的地方沟通一致,对质量控制的细节逐一交底,最终达成参建各方心往一处想、劲往一处使。试验段施工选取了最短施工长度进行,待混凝土浇筑完成达到拆模强度后及时进行拆模检查,检查施工质量是否符合设计及规范要求,对平整度、气泡、错台等质量问题进行汇总,分析问题产生的原因,对方案进行调整,再次进行试验段施工,直至施工质量完全符合要求才能进行大面积施工。

俗话说"万事开头难",通过对试验段施工质量的重视和把控,监理抓住了开头质量,"好的开头等于成功了一半",王临段工程防汛抢险道路的填筑质量和桥梁防护栏杆的浇筑质量得到了有效控制。

2.3 扎根施工现场,及时发现问题、解决问题

通过详细阅读图纸和与施工现场一线人员交流,监理发现灌溉站墙身施工中涉及大量钢筋竖向连接,而承包人计划选择常规的手工电弧焊进行操作。根据笔者掌握的多年经验,钢筋竖向连接一直是施工操作的难点,传统上多采用手工电弧焊,但焊接质量受天气、操作人员水平等影响较大,且不易保证两钢筋的轴线在同一直线上。鉴于此,在灌溉站施工前,笔者积极建议承包人要改变传统手工电弧焊方式,采取更先进、更可靠的套筒挤压机械连接方式。该机械连接方式既能克服天气影响,两钢筋同轴线问题也可以得到

彻底解决,且钢筋加工简单,无需焊接接头预弯处理。通过笔者更深入地对比机械连接和焊接技术,套筒挤压机械连接在人工费、电费、机械费、材料费、施工速度、工艺要求、适应天气、环境污染等方面具有明显优势[6]。承包人采纳了建议,用套筒挤压机械连接取代了手工电弧焊。工程实践证明,套筒挤压机械连接技术的应用解决了传统手工电弧焊存在的问题和不足,本工程钢筋竖向连接质量得到了保证。

灌溉站施工过程中,笔者作为总监理工程师始终处在第一线,常常和班组长及一线操作工人进行技术交流,及时发现问题、解决问题。施工临近春节前,笔者获悉了工人回家过节的具体时间,通过分析研判进水闸只能完成闸底板的浇筑,闸墩的浇筑需要等到节后才能进行,间隔时间较长,根据对规范的掌握和多年工程经验判断,闸墩会因基础约束影响而产生裂缝。为了避免此质量问题的产生,笔者果断要求承包人改变施工工艺,立吊空模板,即闸底板以上1m闸墩和闸底板同时浇筑,减轻基础约束影响,达到防裂目的[7]。通过采用此工艺措施,灌溉站进水闸闸墩未出现裂缝,工程实体质量得到了保证。

监理服务只有"接地气"——扎根工程一线,只有"打铁还需自身硬"——掌握专业的知识,具备丰富的经验,才能及时发现问题、解决问题,为水利高质量发展贡献监理力量。

2.4 "严"是一种态度,也要讲究方式方法

工程实施过程中会遇到各种质量问题,也会遇到各种"打招呼",要想保证工程质量,除了要"严"字当头外,更要懂得"敢于斗争、善于斗争"。第一要从技术交底入手,坚持每项工程开始前监理参加并指导承包人的技术交底工作,指出可能存在的问题和常见的错误做法,"治未病",将质量问题消除在萌芽状态,同时将质量要求灌输到每个人脑中,让每个人都在交底中逐步增强质量意识。第二就是在发生质量问题后监理要晓之以理、动之以情。晓之以理就是要以文件形式明确指出存在的问题,动之以情就是主动帮助承包人认识问题的严重性、危害性,从而端正承包人的整改态度。俗话说"态度决定一切",承包人自身态度的转变和质量意识的提升才能让整改工作整改到位,把质量问题彻底消除。第三就是监理要坚持原则,要敢于向各种"打招呼"行为"亮剑",要善于运用合同赋予的监理权力,要清楚自身的底线和红线。在王临段工程实施过程中,监理始终把"严"字贯穿始终,保证了工程质量,提升了参建人员的质量意识,同时也营造了风清气正的工程氛围。

2.5 安全是各项工作顺利实施的保障

安全是开展任何工作的前提,水利高质量发展更是离不开安全的保驾护航。王临段工程涉及桥梁板吊装,鉴于梁板的尺寸、重量和跨度,承包人选择采用两台汽车吊抬吊的方法。根据规范要求,单片梁重38t,且采用抬吊的非常规方式,属于超过一定规模的危险性较大的单项工程[8],监理按照要求督促承包人编制专项方案并组织专项方案论证,通过论证后,监理严格按方案要求监督实施。桥梁吊装过程中,监理除坚持要求承包人每班班前进行安全技术交底,还坚持每班吊装前现场核查操作证、驾驶证、行驶证三

证[9],坚持总监理工程师旁站监督吊装全过程,不懈坚持确保了梁板吊装安全顺利完成。同时在汛前、汛后复工,节前、节后复工,专项方案落实情况等专项安全检查中,监理部始终坚持总监理工程师带队组织检查。笔者认为总监理工程师负责制[10]不是喊出来的,是靠总监理工程师一步一个脚印走出来的。安全工作只有坚持让总监理工程师冲在前面,才能把施工安全监理工作真正落到实处。正是靠着把安全工作放在首位的监理服务态度和责任心,工程未发生安全事故,保证了工程的顺利实施。

3 结束语

王临段濛河分洪道拓浚工程已接近尾声,未发生任何质量、安全事故。回顾3年的监理工作,笔者以提升人的质量意识为抓手,以专业的水利知识和20年的工程实践经验作为支撑,用专业的监理服务践行着水利高质量发展。笔者认为,水利高质量发展依靠的是人,要把提升人的质量意识放在首位,其次是推行先进技术、先进管理、先进材料、自动化、数字化来助力水利高质量发展。只有人的质量意识提升了,在工作中才能主动、负责、优质、高效地做好质量工作,水利高质量发展才能落地生根。

参考文献

[1] 习近平. 习近平著作选读:第二卷[M]北京:人民出版社,2023.

[2] 习近平. 习近平著作选读:第一卷[M]北京:人民出版社,2023.

[3] 习近平. 习近平在参加江苏代表团审议时强调牢牢把握高质量发展这个首要任务[N]. 人民日报,2023-03-06(1).

[4] 李克强. 李克强作的政府工作报告(摘登)[N]. 人民日报,2018-03-06(3).

[5] 水利部. 水利部召开"三对标、一规划"专项行动总结大会 部署推动新阶段水利高质量发展[Z]. 北京:中华人民共和国水利部,http://www.mwr.gov.cn/xw/slyw/202106/t20210628_1525376.html.

[6] 潘振勇. 钢筋冷挤压套筒连接技术在工程中的应用[J]. 科技资讯:动力与电气工程版,2008(16):92-93.

[7] 中华人民共和国水利部. 水闸施工规范:SL 27—2014[S]. 北京:中国水利水电出版社,2014:139.

[8] 中华人民共和国水利部. 水利水电工程施工安全管理导则:SL 721—2015[S]. 北京:中国水利水电出版社,2015:68.

[9] 中华人民共和国水利部. 水利水电工程施工作业人员安全操作规程:SL 401—2007[S]. 北京:中国水利水电出版社,2007:48.

[10] 中华人民共和国水利部. 水利工程施工监理规范:SL 288—2014[S]. 北京:中国水利水电出版社,2014:7.

承插型盘扣式脚手架在水利工程模板支撑体系中应用与研究

储龙胜[1]　冯松[2]

(1. 中水淮河安徽恒信工程咨询有限公司,合肥　230601;
2. 中水淮河规划设计研究有限公司,合肥　230601)

摘　要:近年来,水利工程投资规模不断扩大,对水利工程高大模板支撑体系提出新的要求。传统的老式脚手架适应性差、经济成本高、安全性低。新型盘扣式脚手架在工程实践中应用有利于提升施工支撑体系的安全性,降低施工成本,提高施工效率,具有良好的实用价值。结合工程实例,重点探讨施工方法,分析施工优点,并在此基础上进行总结分析,为类似工程提供技术依据和参考。

关键词:盘扣式脚手架;高大模板;新型便捷;应用研究

承插型盘扣式脚手架是一种几何结构不变的系统,由可调底座、立杆、斜杆和水平杆等组成,在房建工程、公路水运建设中有广泛应用。与传统脚手架相比,承插型盘扣式脚手架的承载能力、稳定性是传统脚手架的1.5~2倍。对于同样的支撑量,盘扣式脚手架比其他支架材料钢管使用量大大减少,便于安装拆卸,大大降低了整体支架的施工成本。

1　项目概述

裕溪闸水利枢纽位于安徽省巢湖流域裕溪河入长江口4km处,是无为大堤上的大型水利工程,与巢湖闸组成巢湖、裕溪河梯级水利枢纽。合裕线裕溪一线船闸扩容改造工程跨闸公路桥位于裕溪闸新节制闸下游约110m处,桥梁设计荷载为公路Ⅱ级,全宽

第一作者:储龙胜(1990—　),男,工程师,主要从事水利水电工程建设管理工作。E-mail:136117361@qq.com。

通信作者:冯松(1981—　),男,高级工程师,主要从事水利工程施工监理工作。Email:00084112@163.com。

10.5m,是安徽省裕溪闸除险加固工程的主体工程之一。根据桥梁总体布置,跨节制闸部分桥梁共12跨,设计为9m×20m预应力混凝土空心板+3m×20m普通混凝土现浇连续箱梁,总长240m。桥梁空心板下部结构桥墩采用盖梁柱式墩,桩基础,基础采用直径1.4m的钻孔灌注桩。现浇箱梁下部结构桥墩采用带盖梁实心矩形墩,承台桩基础,基础采用直径为1.4m的钻孔灌注桩。桥台采用肋板式桥台,桥台基础采用4根直径为1.4m的钻孔灌注桩。桥梁位于纵坡3.0%、半径1000m的凸形曲线上,见图1、图2。

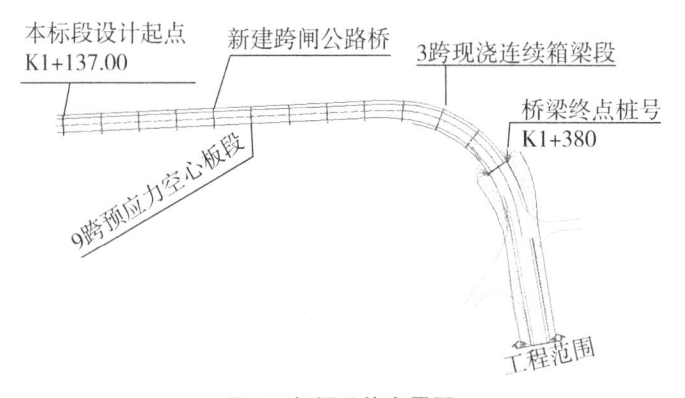

图1　桥梁总体布置图

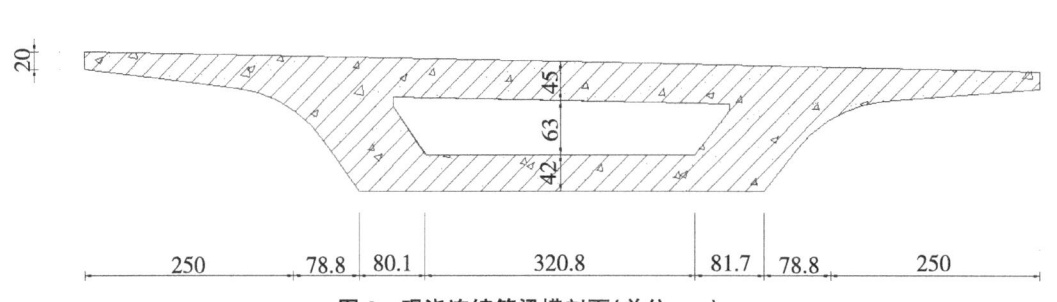

图2　现浇连续箱梁横剖面(单位:cm)

2　盘扣式满堂支架施工工艺

根据箱梁施工技术要求、荷载重量、荷载分布状况、地基承载力情况等技术指标,通过计算确定:每孔支架箱梁底部立杆横向布置为60cm,纵向布置为90cm,水平杆步距为100cm,最上面一层水平杆步距为50cm,顶托自由高度控制在5cm以内,支架在桥纵向、横向设置剪刀撑。立杆顶部安装可调节顶托,立杆底部支立在底托上,底托安置在贝雷架I14工字钢上,下部基础为钢管桩基础。

支架施工顺序:底座、立杆→横杆→斜杆→接头锁紧→上层立杆→立杆连接销→横杆。最后在顶端设顶杆,以便能插入顶部可调顶托。在端横梁、中横梁下设置60cm×90cm的立杆,每层立杆高度100cm,最上面一层立杆高度控制在50cm以内。

本工程盘扣式模板支架拟采用《建筑施工承插型盘扣式钢管脚手架安全技术标准》(JGJ 231—2021)附录B中的标准构配件。其中立杆为 $\varphi60mm$(外径)×3.2mm(壁厚)，水平杆及竖向斜杆采用 $\varphi48mm$(外径)×2.5mm(壁厚)，可调托座及底座采用与上述立杆配套的型号，具体见图3。

图3 盘扣式脚手架样图

3 盘扣式脚手架施工技术要求

1)对进场的脚手架材料进行检查验收，支架锈蚀严重、壁厚不足、尺寸(如管径、壁厚、连接扣件的强度、韧性)等不符合方案要求的禁止使用，垫木腐烂，宽度、厚度、长度不足等禁止使用，扣件、螺柱、杆件、顶托、底托等必须符合要求。新构件要有产品质量合格证，要有检验方法符合现行国家有关标准的质量检验报告，钢管质量及偏差必须符合规范规定。

2)钢管外径与壁厚允许偏差是符合《建筑施工承插型盘扣式钢管支架安全技术规程》(JGJ 231—2021)附录B中钢管截面特性。

3)严格按批准的方案布设支架，并挂线安装，确保支架纵、横向间距符合要求，在纵坡较大及超高较大处要加密斜向剪力撑和横向连接杆件，克服水平推力，加强支架整体稳定性。根据箱梁高度合理布置支架层数。顶、底托与垫木，垫木与地基或模板的接触面应平顺、紧密，禁止有悬空现象。

4)搭设前，根据箱梁底至贝雷架顶部的距离，选择合适的立杆型号进行组合布置，结合配套的可调托座及底座，进行整体布置，使得顶部支架顶部和底部的悬臂自由端符合规范要求。

5)盘扣式脚手架技术标准要求模板支架立杆可调托座的伸出顶层水平杆的悬臂长度(图4)严禁超过650mm，可调托座插入立杆长度不得小于150mm。实际搭设时，通过整体布置,尽量减小立杆顶部自由端的伸出长度,加大可调托座插入立杆内的长度。架体最顶层的水平杆步距为 0.5m。

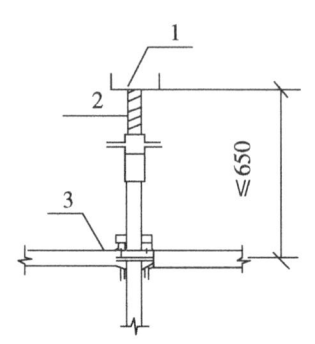

图 4　立杆带可调托座伸出顶层水平杆的悬臂长度(单位:mm)

1—可调托座;2—立杆悬臂端;3—顶层水平杆

6)盘扣式脚手架技术标准要求模板支架可调底座调节丝杆外露长度不应大于 300mm,作为扫地杆的最底层水平杆距地高度不应大于 550mm。实际施工中,通过整体布置,尽量减小丝杆外露长度及最底层水平杆距地高度。经计算,本方案单肢立杆设计值为 27.64kN,底层的水平杆步距按 1.0m 标准步距设置,且应设置竖向斜杆。

7)模板支架应与周围已建成(桥墩、桥台)的结构进行可靠连接。

8)每个侧面每步距均应设竖向斜杆,在顶层及每隔 3~4 步增设水平层斜杆或钢管水平剪刀撑(图 5)。

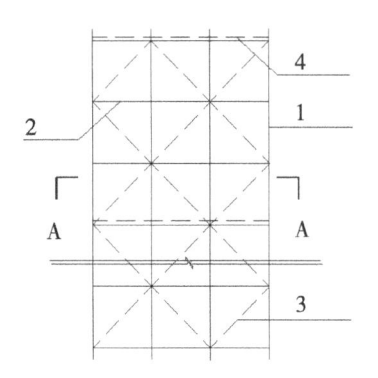

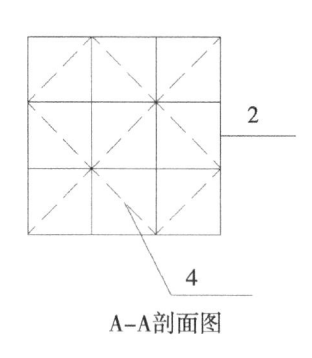

图 5　独立支模塔架

1—立杆;2—水平杆;3—斜杆;4—水平斜杆

9)模板支架搭设应根据立杆放置可调底座,应按先立杆后水平杆再斜杆的顺序搭设,形成基本的架体单元,应以此扩展搭设成整体支架体系。

10)立杆应通过立杆连接套管连接,在同一水平高度内相邻立杆连接套管接头的位置宜错开,且错开高度不宜小于 750mm。

11)水平杆扣接头与连接盘的插销应用铁锤击紧至规定插入深度的刻度线。

12)脚手架搭设过程中,应及时校正水平杆步距,立杆的纵、横距,立杆的垂直偏差和水平杆的水平偏差。立杆的垂直偏差不应大于模板支架总高度的1/500,且不得大于50mm。

13)拆除作业应按先搭后拆,后搭先拆的原则,从顶层开始,逐层向下进行,严禁上下层同时拆除,严禁抛掷。

4 盘扣式支架计算

4.1 相关荷载计算依据

《建筑施工承插型盘扣式钢管支架安全技术规程》(JGJ 231—2021)第四章、第五章的荷载取值见表1,计算荷载组合见表2。

表1　支撑架荷载标准值

序号	名称	大小/(kN/m³)	分项系数
1	组合模板荷载 Q_1	1	1.2
2	钢筋混凝土自重 Q_2	25.1	1.2
3	施工人员及荷载 Q_3	1k	1.4
4	浇筑和振捣混凝土荷载 Q_4	2	1.4

表2　模板、支架计算荷载组合

模板结构名称	荷载组合	
	强度计算	刚度验算
底模及支架系统计算	1+2+3+4	1+2+3+4(各类分项系数取1)

本桥箱梁梁高1.5m,所有箱梁均分两次浇筑,第一浇筑至腹板顶,第二浇筑顶板,偏安全计算以箱梁全面进行验算。

4.2 盘扣式满堂式钢管支架检算

盘扣式支架梁整个高度位于33#桥墩附近,最高约3.5m。立杆在横桥向按照腹板底60cm,翼缘板横向90cm布设。

根据《建筑施工承插型盘扣式钢管支架安全技术规范》(JGJ 231—2010)第五章第5.3.1条,"不组合风荷载时单肢立杆轴向力"得到如下公式:

$$N = \gamma_G \sum N_{GK} + \gamma_Q \sum N_{QK} \tag{1}$$

式中:γ_G——永久荷载分项系数;

γ_Q——可变荷载分项系数;

$\sum N_{GK}$——模板及支架自重、新浇混凝土自重和钢筋自重标准值产生的轴力总和，kN；

$\sum N_{QK}$——施工人员及施工设备荷载标准值产生的轴力总和，kN。

按整个实心进行计算（混凝土高度 $h=1.5\mathrm{m}$）：

$N=1.2\times(Q_1+Q_2\times h)+1.4\times(Q_3+Q_4)=1.2\times(25.1\mathrm{kN/m^3}\times1.5\mathrm{m}+1\mathrm{kPa})+1.4\times(1\mathrm{kPa}+2\mathrm{kPa})=50.58\mathrm{kN/m^2}$

式中，Q_1——新浇混凝土自重和钢筋自重，取 25.1kN/m³；

Q_2——模板自重按 1kPa 取值；

Q_3——施工人员活荷载，取值为 1kPa；

Q_4——施工设备荷载，取值为 2kPa。

4.3 立杆稳定性计算

按整个实心段计算（混凝土高度 1.5m）：

$$F_{1\text{支座处}}=N\cdot L_i\cdot H_i \tag{2}$$

式中，N——立杆轴向力设计值，kN；

L_i——纵向间距 m；

H_i——横向间距 m；

$F_{1\text{支座处}}=50.58\mathrm{kN/m^2}\times0.6\mathrm{m}\times0.9\mathrm{m}=27.31\mathrm{kN}$。

综合梁高 1.5m 满堂支架只需要验算梁高 1.5m 下方实心段立杆反力即可，即 $F=27.31\mathrm{kN}$。

考虑 Φ60×3.2mm 钢管自重，满堂式钢管支架按 3.5m 最高的高度计算，层数为：3.5m÷0.75m=5，离地 0.3m，平均层数为 5 层，$g=1.2\times(3.5\mathrm{m}\times4.48\mathrm{kg/m}\times10\mathrm{N/kg}+0.9\mathrm{m}\times3.84\mathrm{kg/m}\times10\mathrm{N/kg}\times5)=0.40\mathrm{kN}$。

则单根钢管立柱所承受的最大竖向力为：

$$N=27.31\mathrm{kN}+0.40\mathrm{kN}=27.71\mathrm{kN}$$

单肢立杆轴向承载力应符合下列要求：

$$N\leqslant\psi\cdot A\cdot f \tag{3}$$

式中，ψ——轴心受压杆件稳定系数，应根据立杆长细比，按《建筑施工承插型盘扣式钢管支架安全技术规程》(JGJ 231—2021)查附表 C 取值；

A——立杆横截面面积，mm²；

f——钢材抗拉、抗压、抗弯强度设计值，按照规范取值为 205N/mm²。

根据《建筑施工承插型盘扣式钢管支架安全技术规程》(JGJ 231—2021)附录 B 表 B.0.2 查询钢管截面特性，见表 3。

表 3　　　　　　　　　　　　钢管截面特性

外径 Φ /mm	壁厚 t /mm	截面面积 A /cm²	截面惯性矩 I /cm⁴	截面模量 W /cm³	回旋半径 i /cm
60	3.2	5.74	23.47	7.78	2.02

根据《建筑施工承插型盘扣式钢管支架安全技术规程》(JGJ 231—2021)5.3.2条,支架立杆的计算长度为:

$$L_0 = \eta h = 1.6 \times 1 = 1.6 \text{m}$$
$$L_0 = h' + 2ka = 1 + 2 \times 0.7 \times 0.65 = 1.91 \text{m}$$

最终确定:$L_0=1.91$m,长细比为 $\lambda=L/i=191 \div 2.02=94.55$。

由《建筑施工承插型盘扣式钢管支架安全技术规程》(JGJ 231—2021)长细比查表(附表C)可得轴心受压构件稳定系数 $\varphi=0.626$。

对于脚手管($\varphi 60 \times 3.2$)(面积 574mm²),$[N]=\varphi A f=0.626 \times 574 \times 205=73.66kN>41.15$kN,满足要求。

4.4 支架变形计算

支架变形量值 F 的计算公式为:

$$F = f_1 + f_2$$

① f_1 为支架在荷载作用下的弹性变形量,由上计算每根钢管受力为27.71kN,立杆的截面面积按489mm²计算。于是

$$f_1 = \sigma \times L/E$$
$$\sigma = 27.71 \times 10^3 \div 489 = 56.67 \text{N/mm}^2$$

则 $f_1 = 56.67 \times 3500 \div (2.1 \times 10^5) = 1.0$mm。

② f_2 为支架在荷载作用下的非弹性变形量。支架在荷载作用下的非弹性变形 f_2 包括杆件接头的挤压压缩 δ_1 和方木对方木压缩 δ_2 两部分,分别取经验值为2,3mm,即 $f_2=\delta_1+\delta_2=5$mm。

故支架变形量值 F 为:$F=f_1+f_2=1.0+5.0=6.0$mm。

5 盘扣式脚手架应用分析

5.1 具有可靠的双向自锁能力

一是横杆与立杆在连接片的锁紧功能,主要靠设计结构来实现和保证,可有效避免传统脚手架靠人工锁紧的弊端;二是在同一节点处多个横杆与同一立杆的联接锁紧形式由传统的互锁变成了单个独立、互不干扰的自锁形式。传统的脚手架在同一节点上,当一横杆锁紧松开后,另外的横杆与立杆的锁紧也会破坏。

5.2 经济性和综合性好

1）盘扣式脚手架的安装操作简单，将扣件卡入连接盘后，只要轻轻敲击楔形插销，便可完成，避免了原来工人需要花大气力上紧螺栓的弊端，拼拆速度明显加快，相较于普通扣件式脚手架可节省大量人力、降低成本；

2）构件全部采用热镀锌防腐工艺，较传统脚手架提高 10 倍以上的使用寿命，同时不会因锈蚀而降低承载力，材料的耐久性大大提高，可周转次数较传统脚手架明显提高；

3）无任何活动锁紧件，盘扣式脚手架在使用中各个节点所受的拉力和压力呈合理的分布状态，受力性质合理，保证其很好的刚度和整体稳定性。

5.3 具有使用的多功能性

承插型盘扣式脚手架能与可调底座、可调托撑、挑梁等配件配合使用，可与各类钢管脚手架相互配合使用，实现多功能性；可通过不同杆件的搭配，形成脚手架内的交通通道。对于水利工程地基复杂、高差较大的地形，可利用调节立杆节点位差配合可调底座进行调整，同比扣件式脚手架可降低脚手架基础处理要求。

5.4 承载力大

承插型盘扣式脚手架的立杆轴心线与横杆轴心线的垂直交叉精度高，受力性质合理。同时主要材料全部采用低合金结构钢，强度是传统脚手架的普碳钢管的 1.5～2 倍。因此承载力大，整体刚度大，整体稳定性强。

6 结论

综上所述，在水利工程高大模板工程的实际应用中，盘扣式脚手架支撑体系有着非常大的优势，其独特的支撑体系，更是为结构施工节省了大量的人力和物力，提高了生产的效率。因此，要注重盘扣式脚手架的建设发展，把握其施工工艺要点，同时注意质量控制，为高大模板工程的发展带来经济效益和安全保障。

参考文献

[1] 陈波. 承插型盘扣式脚手架在高大模板支撑体系的应用[J]. 中小企业管理与科技（中旬刊），2021(4)：194-196.

[2] 中华人民共和国住房和城乡建设部. 建筑施工承插型盘扣式钢管脚手架安全技术标准. JGJ 231—2021[S]. 北京：中国建筑工业出版社，2021.

基于 Project Wise 平台的
引江济淮朱集泵站三维协同设计

何晶晶　王亚东

（中水淮河规划设计研究有限公司，合肥　230000）

摘　要：在 Project Wise 协同平台下开展引江济淮朱集泵站三维协同设计，实现各专业协同工作，建立朱集泵站各专业三维模型，完成模型拼装。在此基础上进行冲突检测及三维管线优化、建筑空间优化、工程量统计、施工进度模拟、仿真漫游以及辅助施工图设计等应用，为土建施工、机电设备安装等提供完整的模型和工程信息。分析其较传统二维设计方式所具有的技术特点和明显优势，为其他水利工程三维协同设计提供借鉴和参考。

关键词：Project Wise；引江济淮朱集泵站；三维协同设计

1　概述

引江济淮工程是一项以城乡供水和发展江淮航运为主，结合灌溉补水和改善巢湖及淮河水生态环境为主要任务的大型跨流域调水工程，是国务院要求加快推进建设的 172 项节水供水重大水利工程之一。朱集站是引江济淮工程西淝河输水线路上的第四级梯级泵站，设计调水流量为 55m³/s，设计防洪标准为 50 年一遇，校核防洪标准为 200 年一遇，相应设计洪水位为 29.17m，校核洪水位为 31.25m。主泵房内安装 2350ZLQ18.3－4.2 型立式轴流泵机组 4 台，其中备机 1 台，叶轮直径 2350mm，配额定功率为 1500kW 的同步电机，总装机 6000kW。

笔者所在单位选用了 Bentley 全系列软件，基于 Project Wise 协同设计平台，以引江

第一作者：何晶晶（1988—　），女，工程师，主要从事水利行业建筑设计、BIM 建模相关工作。E-mail：849488730@qq.com。

通信作者：王亚东（1992—　），男，工程师，主要从事水工结构设计、水利信息化相关工作。E-mail：2360226314@qq.com。

济淮朱集泵站为例，探讨了如何在统一环境、标准下进行多专业三维协同设计，对传统设计过程中的"错、漏、碰、缺"等弊端进行有效改善，提高水利工程项目的整体设计效率和质量。

2 三维协同设计流程

2.1 工作环境配置

公司引进水利水电专业所需的全系列奔特力软件，包括 MicroStation 三维设计平台、AECOsim Building Designer、Geopak、OpenPlant、BRCM＋SubStation、Context Capture、LumenRT，以及 Inventor 和 Lumion、3DS Max、Navigator 等（表1）。

朱集泵站项目三维设计协同平台基于 ProjectWise 软件搭建，通过协同管理平台定制工作环境。现阶段本项目主要包括：构件样式、标注样式、出图样式等。通常简单的做法是将以前成功的二维制图的一些标准移植到协同管理平台，通过工作空间进行推送，管理员只需对服务器端工作环境进行修改配置，客户端将会自动更新，可保证公司设计产品的统一性，有利于设计产品质量管理。

表1　　　　　　　　　主要专业应用软件统计表

专业	对应软件产品
协同管理平台	ProjectWise
施工	Geopak
水工、建筑、给排水、暖通	AECOsim Building Designer
水机	OpenPlant
电气	BRCM＋SubStation
金结	Inventor（与 Bentley 软件数据互通的软件均可）
施工模拟、漫游	AECOsim Building Designer
后期渲染	LumenRT，Lumion 3DS Max
地质	Aglos Geo（试用版）
实景建模	Context Capture
碰撞检查	Navigator

2.2 多专业协同建模与组装

2.2.1 测绘专业

测绘专业在 CAD 软件中对地形图进行预处理，然后绘制等高线和附带高程信息的辅助线，并且对地形图中的元素添加高程信息，利用 GEOPAK 软件生成 TIN 文件，进而得到相关数字地面模型。

利用无人机进行朱集站现场倾斜摄影，利用 Context Capture 软件将倾斜摄影成果输入至该软件，人工进行像控点的定位，自动运行空中三角形计算，建立模型，利用三维处理软件对建立好的模型进行修补，生成合格的三维实景模型。后期待建筑模型建好后，利用 OpenRoads Designer CE 软件将其他建筑模型镶嵌到实景场地模型（图1）。

图1 实景模型结合建筑模型成果

2.2.2 地质专业

地质建模软件采用基于奔特力公司 MicroStation 平台开发的华创汇翔地质三维设计系统（AglosGeo）试用版。建模素材主要利用朱集站已完成的勘察成果（钻孔、地质点、平面图、剖面图）。建立朱集站线框模型的顺序是导入勘探剖面—添加辅助剖面—添加校核剖面验证并修改线框模型。

2.2.3 水工专业

水工专业利用 AECOsim Building Designer 软件建立整个泵站三维实体信息模型。生成进出水流道、主泵房、副厂房、安装间、清污机闸及挡土墙模型。根据统一的参考系统，整个水工建筑物按照参照基点进行拼装。拼装完成的水工三维模型见图2。

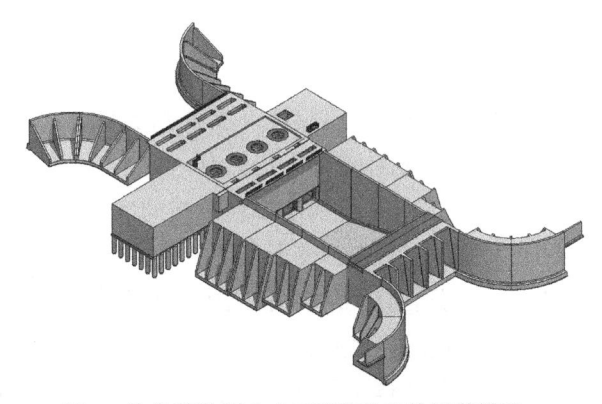

图2 朱集泵站部分水工建筑物实体拼装模型

2.2.4 建筑专业

根据业主要求，建筑专业建立了三种不同风格的建筑模型并渲染出效果图进行方案比选，通过对建筑的比例与色彩是否协调、与当地文化历史有机结合程度、工程造价等多方面进行综合考量筛选出合适的最终建筑方案（方案三）。

(1)方案一

朱集村位于利辛县,属亳州市。在亳州这样的皖北城市有较多汉唐风格的建筑,汉唐风格庄重大气。厚重的基座,出挑的屋檐,收分的立柱形式,提取这些元素进行优化设计。色彩搭配上主体墙面采用米黄色天然石材干挂,屋面采用深灰色瓦坡屋面,庄重淡雅的色彩与材质共同烘托整体建筑稳重敦厚的形象。立面的装饰柱采用石材干挂的形式从下至上先收分再顶端膨大,视觉上显得粗壮有力而又富于变化,更增添了建筑的稳定感。

立面设计上泵站厂房与附属办公宿舍建筑均采用纵向三段式的划分,层次清晰,整齐统一;泵站主厂房在横向上也作三段式的划分并呈现中轴对称的形式,在整个建筑群中显得最为庄重沉稳,成为整个厂区的焦点所在;副厂房以及其余附属建筑在立面设计上与主厂房呼应,成为其合理延伸与低调陪衬,使得整体建筑群在视觉上融为一体而又主次分明(图3)。

(2)方案二

采用现代简约的设计手法,主厂房与副厂房由于高度不同,视觉上存在不协调感。方案二通过将主厂房的结构框架延伸至副厂房入口处,通过完型化的处理方法将主副厂房在视觉上连为一体。同时利用主厂房立面连续的竖向线条强调其内部高敞通高的空间,副厂房立面则通过不规则点窗与主厂房的规律性线条形成对比,区分出主副厂房不同的建筑功能属性。附属办公用房通过连续的退台形成变化的天际线,建筑体块的虚实交错与错动的竖向条窗则彰显出现代建筑的灵动与自由。整体厂区建筑采用石材干挂,在保证简洁有力的建筑语言的同时不失建筑质感(图4)。

(3)方案三

朱集泵站位于淮北地区,历史上属于中原地区,受中原文化影响深远。中原地区孕育了中华文明,中华文化的重要源头和核心组成部分来自中原文化。中国政治、经济、文化和交通中心长期以来都在中原地区,"得中原者得天下""逐鹿中原,方可鼎立天下"的说法古已有之。

方案三的建筑造型设计灵感来源于在古代被视为立国重器的鼎。鼎是国家和权力的象征。直到现在,中国人仍然有一种鼎崇拜的意识,"鼎"字也被赋予"显赫""尊贵""盛大"等引申意义。引江济淮二期泵站的建筑设计试图摆脱对"鼎"形体上的直接模仿,而是通过对"鼎"进行拓扑变形和抽象概括之后,用建筑语汇将"鼎"的姿态和神韵再现于建筑之上,从而达到从传统文化之中汲取元素、寻求启示,并融入现代的设计理念和时代精神,使观察者获得心理暗示和情感引导的目的(图5)。

方案三的建筑屋顶出檐深远,呈现向上托举的斗形,取"汇宇宙之气,聚天地之灵"之意。泵站下部基座呈现下宽上窄向上收束的状态,造型沉稳庄重。整体建筑神态向上直斥苍穹,向下稳扎大地,巧妙地融入了鼎的神态构思,呈现"顶天立地"之势,显得遒劲有力。为了使泵站整体造型对称布置,变压器室挪动至主厂房东北侧,院区附属建筑物统一规划,整体设计,整体布局,体现了中国式群体建筑组合的中轴对称、主从有序、方正严整。

"鼎"在古时作为祭祀的宗法礼器、传国重器,在追求和平统一繁荣昌盛的现代是"和合"载体,通过将"鼎"的神态、气势传递给朱集泵站上部建筑,希望建筑能达到与其相同的文化意义和象征目的,并唤起强烈的地域认同感和文化意识,从而实现文脉的传承。

图 3　朱集泵站建筑方案一

图 4　朱集泵站建筑方案二

图 5　朱集泵站建筑方案三

2.2.5 电气专业

电气专业利用 BRCM+SubStation 等专业软件在水工建筑物的基础上,通过参考引用建立各种桥架、电缆敷设等电气设备布置、电气照明设计及其连接装配的模型。在电气设备建模过程中,充分利用专业软件的元件库及大量的专业三维参数化构件库,专业构件非常容易修改,大大减轻设计人员的工作量,提高设计人员生产效率。基本电气模型见图 6。

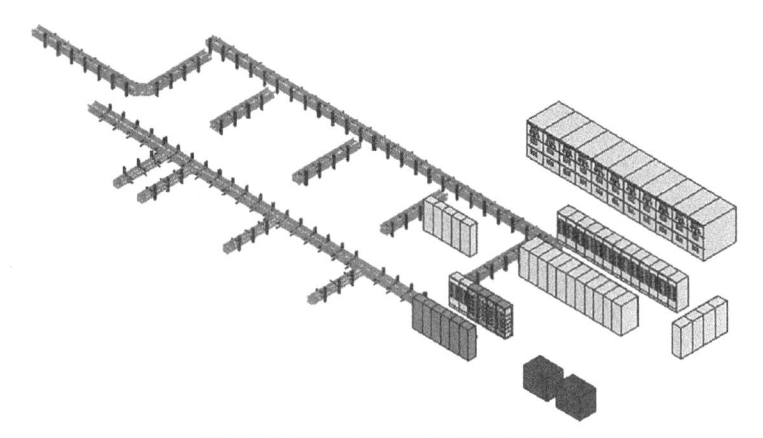

图 6　朱集泵站屏柜及电缆桥架模型

2.2.6 水机专业

水机专业利用 Openplant 软件在水工建筑的基础上,通过参考引用、精准定位,建立水机机组、技术供排水、配套管路等模型。这些模型通过专业软件完成后,相互的逻辑关系清晰,便于后期统计报表及抽图。基本水机专业三维模型见图 7。

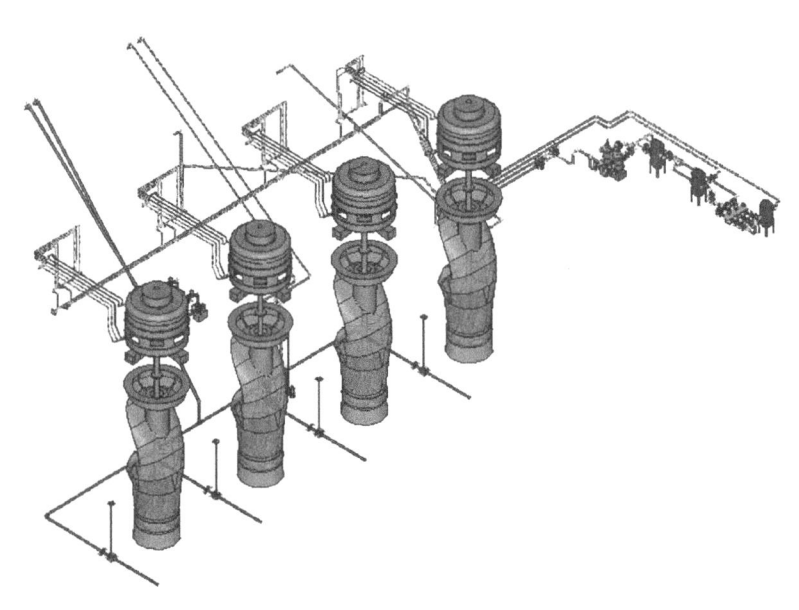

图 7　朱集泵站水机专业模型总装

2.2.7 金结专业

金结专业模型偏重于机械行业,本次项目开展过程中利用 Autodesk Inventor 软件建立各种平板钢闸门及清污机等金属结构模型(图8),后期通过碰撞检查无误后与水工建筑物模型组装起来。

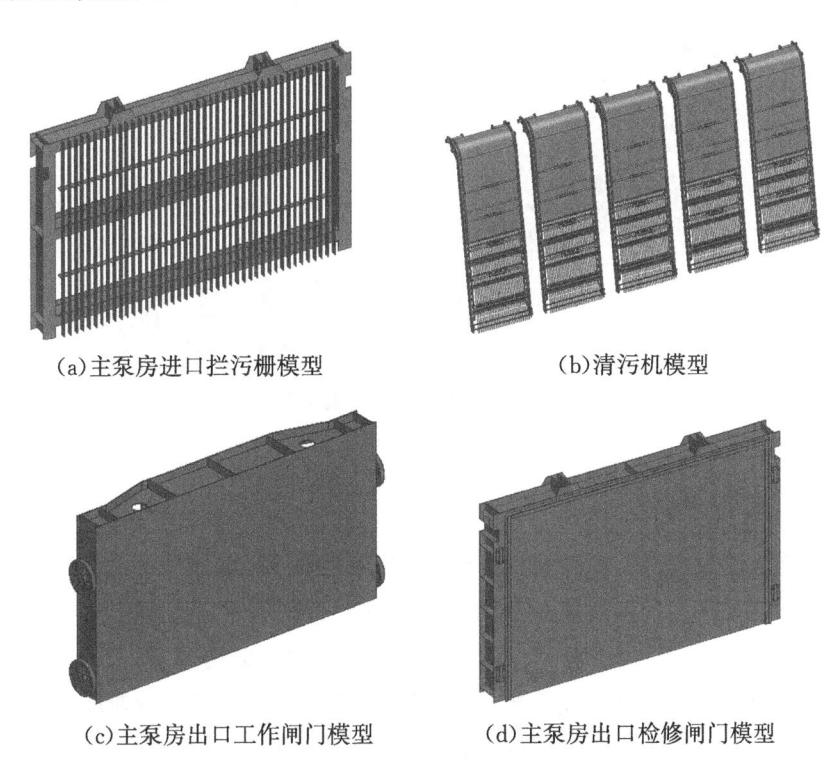

(a)主泵房进口拦污栅模型　　(b)清污机模型

(c)主泵房出口工作闸门模型　　(d)主泵房出口检修闸门模型

图 8　朱集泵站金结专业模型

2.2.8 暖通、给排水专业

暖通和给排水专业均利用 AECOsim Building Designer 软件在原有二维设计图纸基础上建立整个工程暖通及给排水实体模型(包括各种管道、设备等)。生成模型见图9。

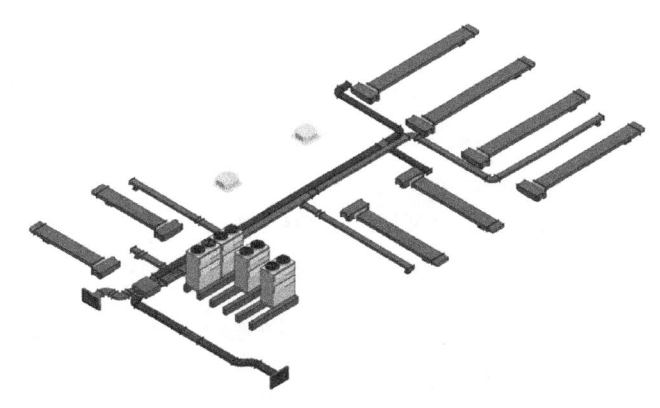

图 9　朱集泵站暖通三维模型(局部)

2.2.9 模型总装

各专业各区域模型全部完成后,并按照定位基准组装碰撞检查无误后,形成最终的全站三维模型,见图10。

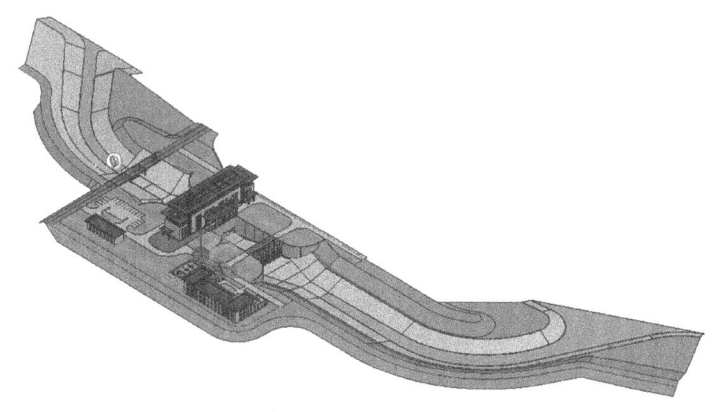

图 10 朱集泵站总装三维模型

2.3 碰撞检测与优化提升

传统二维设计方式由于各专业相对孤立,相关设备、风、水、电、油、气管等错综复杂,它们的相对位置关系无法在其他专业的二维图纸上直观展示,"错、漏、碰、缺"等问题在所难免。而三维协同设计可使各个专业在同一个数据中心的协调下,于协同设计平台上按照一定的规则随时进行自动或人机互动的碰撞检测。所有相关专业能及时发现设计过程中已经发生或者可能发生的碰撞、占位等大量低级错误,使各专业的碰撞检测和设计优化提升在设计过程中就可以提前完成,而不是等到各专业盲目出图后在实际施工过程中才发现问题亡羊补牢。

本次项目碰撞检查采用 Navigator 软件将各专业建立的模型分别进行两两碰撞检查,根据碰撞位置进行截图分析(表2、表3),相关碰撞情况反馈给具体设计人员。

表 2 水工与电气专业碰撞举例

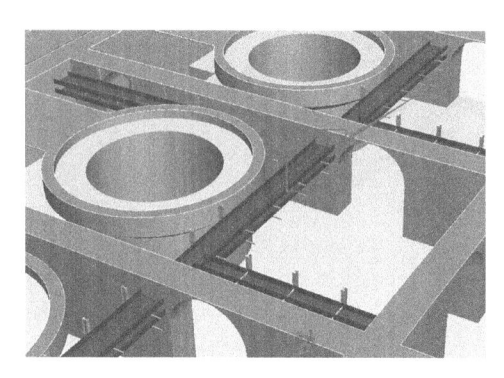

编号	1
位置描述	主泵房联轴层(高程 27.5m)
轴线定位	—
问题描述: 主泵房联轴层墙体未给电缆桥架预留洞口	
反馈: 已按照洞口尺寸开孔	

表 3　水机与电气专业碰撞举例

编号	2
位置描述	主泵房
轴线定位	—
问题描述： 共性问题，共 26 处，1～4 号机组水机管道与电缆桥架碰撞		
反馈：调整桥架位置或修改管线走向		

2.4　剖切抽图生成设计成果

理论上说，数字化三维设计的过程和成果都应该是三维的。但国内基础建设工程设计行业现阶段整个设计和施工企业的大改变需要有足够的过渡时间。在这个过渡期内，二维图纸还是必须有的，只不过是图纸的数量和表达内容需要逐步向二维和三维互补的形式过渡，向完整的全属性三维模型过渡，向有利于发挥数字化三维设计技术优势的方向过渡。

本项目对三维模型进行剖切，生成了部分传统的二维图纸，还对各主要部位进行了三维轴侧展示，便于直观了解工程内容（图 11）。根据需要按照不同高程模拟建筑物施工进度面貌，方便业主与施工方及时掌握工程形象面貌，更好地服务施工组织设计。

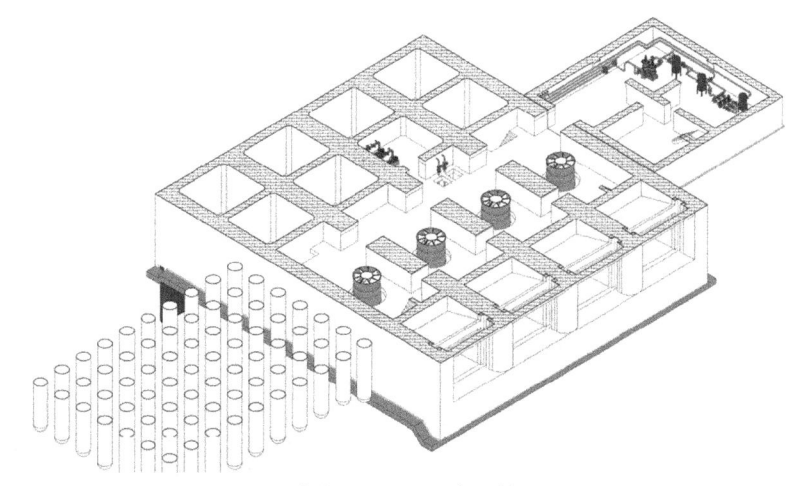

图 11　朱集站 18.80m 高程轴侧图

2.5　工程量统计及对比分析

目前，水利工程工程量信息获取主要通过以下几种方式获取。

1)公式法、直接输入法。以施工图(蓝图)为依据,手工计算工程量后输入计算机。可想而知这种方法极费人工,而且出错率极高。

2)通过手动或者自动量取 CAD 图形的尺寸信息,然后利用 Excel 编制成表达式,进而达到数据关联。它具有直观、灵活、方便、能够实现工程间数据联系(数据关联),从而实现一量多用等优点。

由于上述方法均不是从设计过程的产品设计文件中获取工程量信息,因而无法实现 CAD 与工程量统计的集成。

3)数据交换文件法。针对建筑和结构建模数据文件,以及数据库自动获取工程量信息并完成工程量的自动统计。

基于产品信息模型的工程量信息获取方法是随着现代设计与制造技术的不断发展而出现的。本项目过程中采用的是基于 IAI 的 IFC 标准,每个构件都有唯一的 ID,对应唯一的几何信息(体积、面积、长度、形心等)。通过定制工程量的组件,对每种类型的构件赋予相应人为需要的统计类型,通过与信息模型关联,工程量属性可以在模型修改后实时更新,大大提高设计人员的工作效率,设计者也无需投入过多精力专注于工程量计算。

本项目对主要的主泵房、安装间、副厂房水工工程量进行了统计,对于场地土方工程量(开挖、回填)则可通过建立的原始三维地面模型与设计场地模型之间的有限差分进行求解。三维模型利用 GEOPAK Site 开挖后,可以对相应开挖工程量进行快速统计,通过使用查询命令,利用三角网格差分法求解工程量。既可以是开挖模型对原地面模型得出整体工程量,也可以是开挖对象对原地面模型得到局部工程量,还可以通过划分不同高程得到详细的工程量。

2.6 施工进度模拟

施工进度模拟采用 AECOsim Building Designer 软件,利用三维可视化效果,进行施工进度模拟(图 12)。根据施工总进度安排,动态展示施工总体进度,检验施工进度安排的合理性。

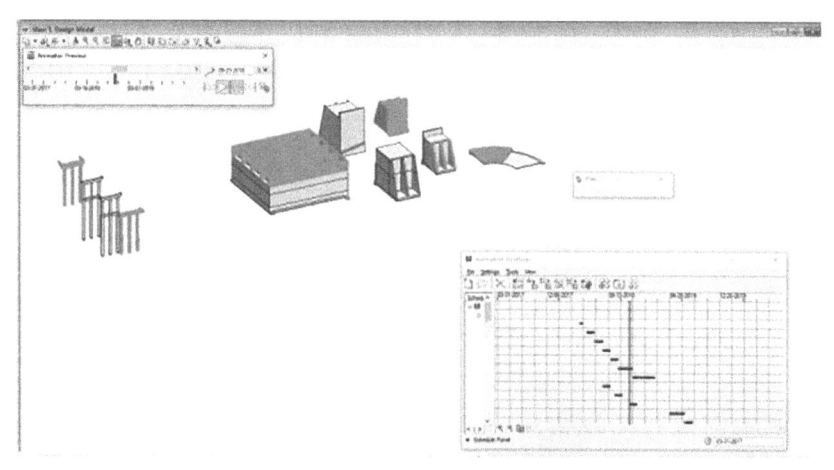

图 12 朱集站施工进度模拟过程

2.7 漫游动画制作

通过 AECOsim Building Designer 软件将各专业模型以 dwg 或 skechup 格式导出，在渲染软件 Lumion 中导入 dwg 或 skechup 格式的各专业模型，为各专业模型赋材质，并完善室内外场景中的配景布置，调节太阳照射角度、方位参数以及地形修整选项参数，使整个场景更加真实美观。

在 Lumion 中沿需要漫游的路径，调整镜头的角度和方位并调试最适宜的焦距，为关键帧之间设置适宜的间隔时间，对场景进行关键帧的捕捉，将一连串的关键帧串联起来就是一个流畅的漫游视频。根据需要分场景进行多个仿真漫游视频的制作（如主厂房漫游视频、副厂房漫游视频、厂区漫游视频等）。

3 总结与展望

通过对引江济淮朱集泵站三维协同设计过程的回顾和研究，可以发现三维协同设计具有传统二维设计方式所无可比拟的可视化、精确性、高效率、高质量、信息化等优势。但是 Bentley 平台在水利水电行业的应用过程中，一些不成熟、需要继续完善提升的地方逐渐显现出来。例如，Bentley 无专门的地质建模软件，目前在 Bentley 平台上二次开发的地质软件有华东院的 Geostation 和北京华创汇翔科技公司开发的 Aglos Geo。Bentley 平台在三维配筋方面国内均需要进行二次开发，较成熟的软件有中国电建集团华东勘测设计研究院有限公司在 Bentley 平台上开发的 Restation、长江勘测规划设计研究院开发的跨平台软件 Visual FL、中国电建集团中南勘测设计研究院有限公司开发的 Power Rebars 等。中水淮河规划设计研究有限公司也在多类型水工建筑物参数化建模方面进行了自主研发。

为了实现 REVIT 平台在建筑设计、施工和管理领域的全面性完善性，今后在水利工程设计中可以采用多平台联合的方法来弥补单一平台的局限性，扩充其功能，同时结合软件公司或者设计院自主进行的二次开发，逐步完善提升。

最后，三维协同设计成果不能止步于设计阶段，而应该将三维信息模型成果结合传感器更新、运行历史等数据，利用物联网、大数据、云服务等技术，延伸到项目规划、设计、施工及后期运维管理的方方面面，实现工程项目的"全生命周期管理"。

参考文献

[1] 陈绍东,惠兵,潘建武,等.基于 Bentley 平台的三维协同设计探讨[J].中州煤炭,2015(5):104-109.

[2] 滕彦.基于 Project Wise 的 BIM 协同管理研究[J].机电产品开发与创新,2013(5):93-95.

[3] 周杰.三维协同设计在设计院的应用[J].水利规划与设计,2014(4):58-62.

基于组控软件的泵站监控系统设计与应用

黄姗姗　沈高杰

(中水淮河规划设计研究有限公司,合肥　230000)

摘　要:以供水工程中的泵站为研究对象,设计开发了智能泵站系统。该系统的框架包括现地层、监控层、数据存储层和数据应用层。现地层利用 PLC 等设备完成原始数据采集,监控层通过通信协议实现各类数据的对接,将数据存入工业数据库中,上层使用 KingSCADA 开发平台构建监控画面。该系统实现了泵站中关键设备的自动控制和仪器仪表的实时监控,提高了泵站的智能化监控水平,确保了数据安全和系统稳定。

关键词:供水工程;泵站;KingSCADA;监控系统

供水工程是保障人民生活用水的重要基础设施,而泵站作为供水工程的核心组成部分,起着关键的水力输送和调节作用。随着科技的不断发展和进步,智能化技术在供水工程领域得到了广泛的应用和推广。智能泵站系统作为一种集数据采集、监控、控制和管理于一体的先进技术,能够实现泵站的智能化监控和自动化运行,提高供水工程的运行效率和安全性[1]。

本文以某具体工程项目为研究对象,旨在设计和开发一套供水工程智能泵站系统,以满足现代供水工程对于智能化监控和自动化控制的需求。通过结合实际工艺流程和用户需求,建立了系统的框架和功能模块,以实现对泵站中关键设备的自动控制和仪器仪表的实时监控。同时,通过数据的采集、传输和存储,确保了数据的安全性和系统的稳定性。

1　系统总体框架

基于组控软件的泵站监控系统整体采用分层分布式结构,架构包括现地层、监控层、

第一作者:黄姗姗(1988—　),女,工程师,主要从事水利行业自动化、信息化的设计与实施工作。
E-mail:wuhunqingxian@163.com。

通信作者:沈高杰(1995—　),男,助理工程师,主要从事电气自动化、信息化的设计与实施工作。
E-mail:1547378840@qq.com。

数据存储层和数据应用层,总体框架见图1。

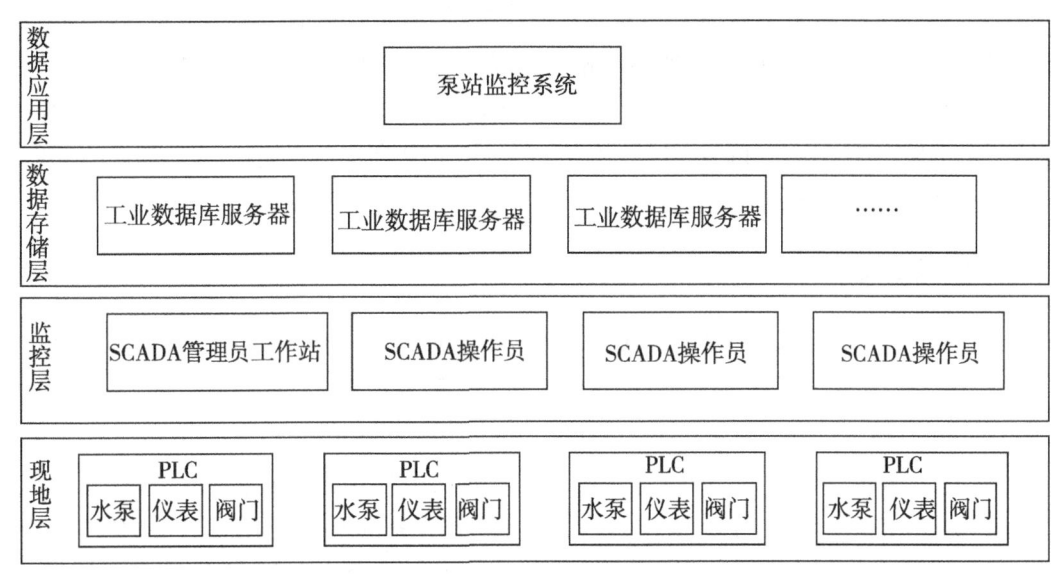

数据应用层	泵站监控系统			
数据存储层	工业数据库服务器	工业数据库服务器	工业数据库服务器	……
监控层	SCADA管理员工作站	SCADA操作员	SCADA操作员	SCADA操作员
现地层	PLC 水泵 仪表 阀门	PLC 水泵 仪表 阀门	PLC 水泵 仪表 阀门	PLC 水泵 仪表 阀门

图1 系统总体框架

现地层使用PLC(可编程逻辑控制器)等设备完成原始数据的采集,这些设备负责监测和控制泵站中的各种参数,如水位、压力、流量等。监控层负责将现地层采集到的数据传输到上层进行处理和分析,在该层设定相应的通信协议,以确保各类数据能够有效地对接和传输。数据存储层将从监控层传输过来的数据存储到工业数据库中,这些数据可以用于后续的分析、查询和报表生成等工作,为应用层提供数据支撑。数据应用层是整个系统的上层,负责使用和展示从数据存储层获取的数据,在这一层中,使用开发平台来构建监控画面,实现对泵站的实时监控和管理。

通过以上的系统框架,智能化泵站系统能够保证数据的安全性和系统的稳定性,实现泵站中关键设备的自动控制和仪器仪表的实时监控。这样的系统能够提高泵站的运行效率和安全性,实现泵站的智能化监控。

1.1 技术选型

上层应用开发平台选用KingSCADA平台,它是一款国产组态软件,专门用于工业自动化领域的监测和控制系统,具有友好的用户界面和操作体验,能够快速上手进行操作。它提供了丰富的可视化组态工具和图形化编辑界面,使用户能够轻松创建自定义的监控画面;支持多种通信协议和接口,可以与各种设备和系统进行无缝对接,如PLC、DCS、传感器等各种工业设备进行数据交互,实现设备的监控和控制;采用先进的软件架构和优化算法,能有效处理大量数据和复杂的控制逻辑,保证系统的稳定性和可靠性;具有良好的可扩展性,用户可以根据自己的业务需求进行灵活的定制和扩展,满足特定的监控和控制需求;KingSCADA提供了强大的数据分析和报表功能,可以对采集到的数据进行统计、分析和报表生成,用户可以通过数据分析,了解设备的运行状况、能耗情况等,为决策提供依据;KingSCADA注重系统的安全性,采用了安全加密和权限管理的措施,保护用户的数据和系统安全,支持用户账号管理和权限分配,确保只有授权人员才能进行操作和访问敏感数据。总体来说,KingSCADA作为国产组态软件,在易用性、开放性、稳定性、可扩展性、数据分析与报表以及安全性等方面具有一系列优点,能够满足不同行业和企业的工业自动化需求。

1.2 数据处理

系统数据的原始采集由底层PLC等设备完成,再在统一平台完成数据汇总和处理。系统采用KingIOServer平台连接底层数据,它是一种通用IO数据通信平台,与监控软件KingSCADA互相独立运行,用于实现设备和系统之间数据交换。KingIOServer可以与各种设备(如传感器、PLC、DCS等)进行通信,并从这些设备中采集实时数据,支持多种通信协议,如Modbus、OPC、DNP3等,以满足不同设备的通信需求;支持数据映射、数据过滤、数据计算等功能,以提供符合系统需求的数据。本次研究中,使用KingIOServer对采集到的数据进行转换和处理,以满足不同上层应用的数据格式和要求;并通过上层应用设置数据字段、相关类型和描述,以便读取到对应数据。

1.3 数据存储

监控层汇总和处理的数据存储在数据存储层,本次研究采用KingHistorian工业数据库,也可以采用主流关系型数据库如SQlServer[2]、MySQl、Oracle等。KingHistorian是一款用于记录和分析实时数据和历史数据的工业级数据管理软件。它使用高性能的历史数据库来存储大量的实时数据和历史数据。它支持高速写入和读取,确保数据的可靠性和快速访问;数据存储可以按照时间序列进行组织,方便后续的数据查询和分析;还支持将数据导出到其他格式,如Excel、CSV等,以便进行进一步的处理和分析,用户可以根据需要选择特定时间范围的数据进行导出。安全性方面,KingHistorian采用了多层次的安全措施来保护数据的安全性,包括数据加密、用户权限管理等。同时,它还具备高可靠性,可以确保数据的持久性和可用性。系统中,配置双机热备KingHistorian数据库,再配以满足运行要求的存储,达到数据存储终端的功能。

2 系统画面设计

为了满足项目实际需求及操作习惯,系统开发了登录、工程一张图、电气主接线、机组监测、数据报表、报警管理、系统管理等画面,为管理者提供了友好方便的监测和控制功能。

2.1 工程一张图

工程一张图画面展示了泵站内各个机组的运行情况,画面采用二维矢量图展示机组,既保证了性能稳定又不失美观。进水池左侧展示水位实时数据,当超出设定范围后,显示报警状态;流量计、压力计上方展示流量传感器、压力传感器的实时数据,当超出设定范围后,显示红色报警状态;阀门下方展示阀门开关状态,当阀门开启后,数据显示"开",当阀门关闭后,数据显示"关",见图2。

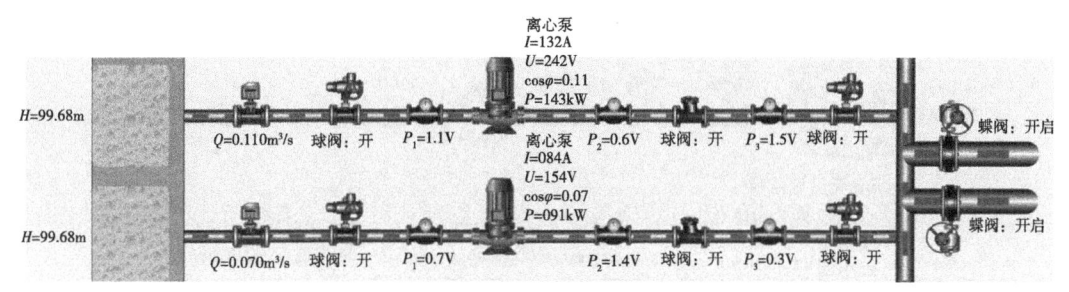

图 2　工程一张图画面

2.2　电气主接线

本次研究中,开发了电气主接线控制画面。每个闸都设置有"ON"和"OFF"按键,能够对电路进行启闭操作,同时将控制逻辑写入程序中,当某个闸闭合后能够为某些线路通电,及时显示在画面中,监控画面按照电气标准规范绘制,红色代表已通电,绿色代表已断电,见图3。

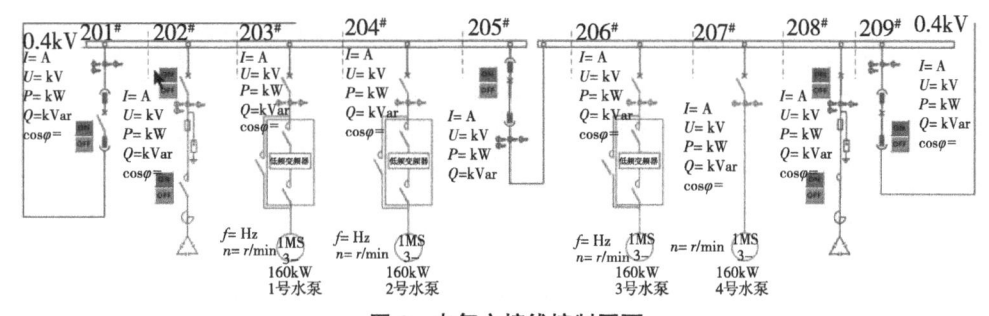

图 3　电气主接线控制画面

2.3　机组监测

由于电气主接线直接控制着电机的线路,对于机组需要进行实时精确的监测。系统中开发了机组对应的线路图及通电状态;设置了机组的电气参数监视,能够实时读取传感器参数,展示机组所在管道的水流、阀门、流量、压力的实时状态数据,见图4。

画面中,机组的控制方式设置有泵站远程控制和现地手动控制两种。根据实际需求,设计泵站远程开机的保护流程有判断进水蝶阀是否全开、进水池水位、机组是否正常运行、止回阀是否全开、出水侧蝶阀是否全开等。若否,则出故障报警提示,若是,则继续下一步程序,最终实现远程开机,具体流程见图5。

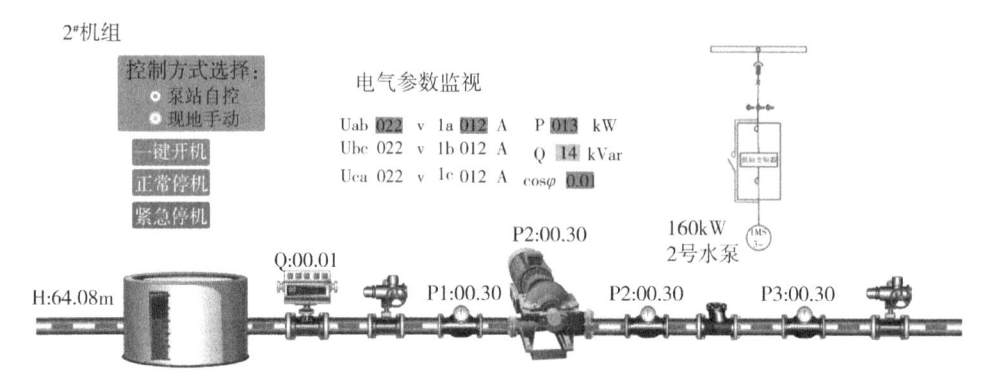

图 4 机组监测画面

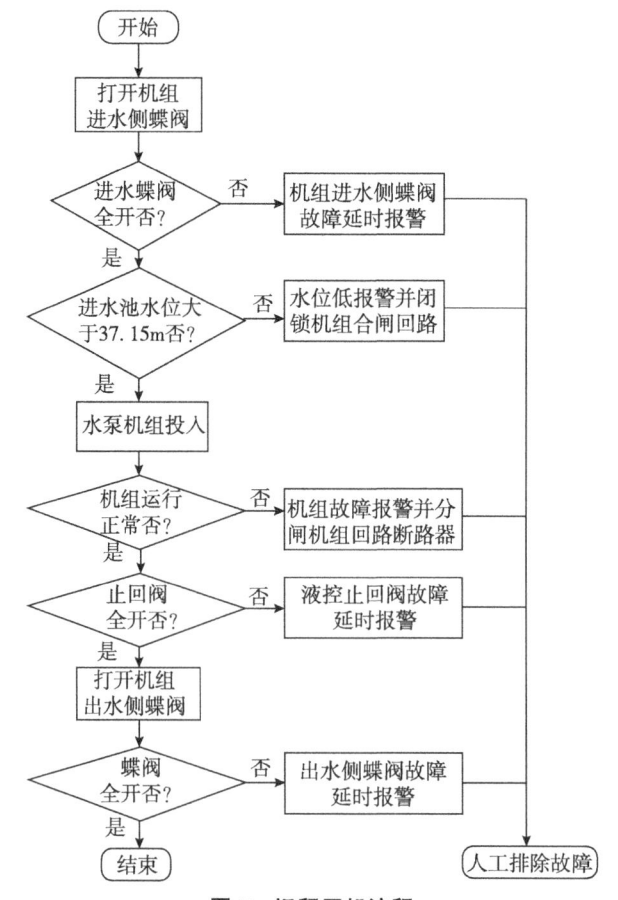

图 5 远程开机流程

2.4 数据报表

系统中泵站的所有数据可通过查询功能获取，超出设定范围的数据标注为红色报警色，见图 6。

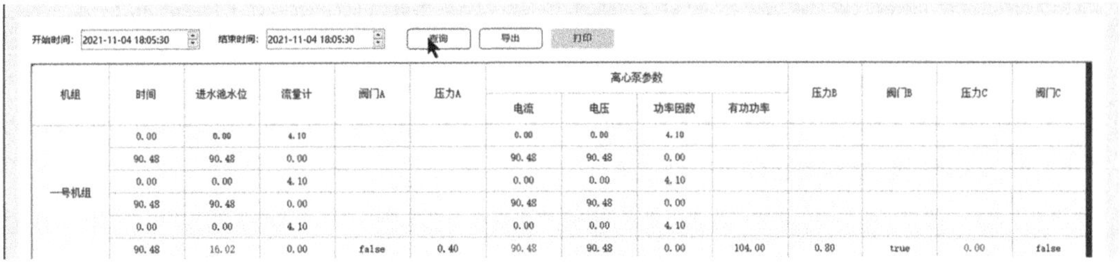

机组	时间	进水池水位	流量计	阀门A	压力A	离心泵参数				压力B	阀门B	压力C	阀门C
						电流	电压	功率因数	有功功率				
一号机组	0.00	0.00	4.10			0.00	0.00	4.10					
	90.48	90.48	0.00			90.48	90.48	0.00					
	0.00	0.00	4.10			0.00	0.00	4.10					
	90.48	90.48	0.00			90.48	90.48	0.00					
	0.00	0.00	4.10			0.00	0.00	4.10					
	90.48	16.02	0.00	false	0.40	90.48	90.48	0.00	104.00	0.80	true	0.00	false

图 6 数据报表

2.5 报警管理

报警管理页面中，设置了机组各项参数报警，如转速、压力等。当超过设定值时，报警窗口高亮显示，并弹框提醒操作员，操作员确认是否收到报警并解除报警，便于更好地管理系统运行状态，也为后续的系统分析提供数据依据，见图 7。

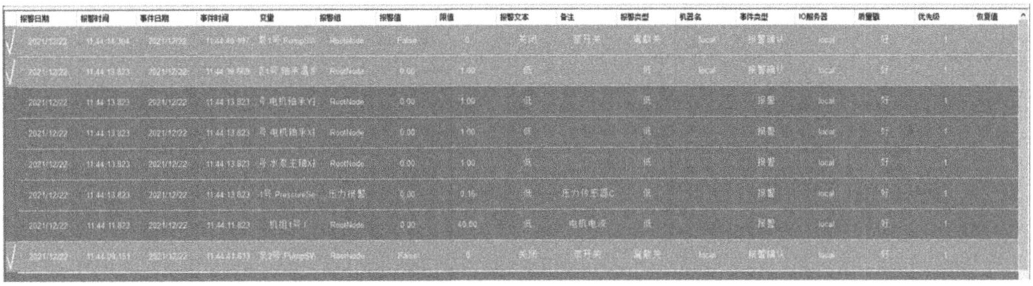

图 7 报警管理页面

3 结束语

通过设计和开发智能化的泵站监控系统，成功实现了泵站的智能化监控。该系统结合了实际工艺流程和用户需求，通过数据处理、数据存储和应用层的构建，保证了数据的安全和系统的稳定性。同时，通过自动控制和实时监控，实现了泵站中关键设备的智能化管理。这一系统的应用将大大提高供水工程的运行效率和安全性，为用户提供更好的服务[3]。

通过这次研究和开发，对智能泵站系统的设计和应用有了更深入的了解。未来将继续改进和优化系统，提升其功能和性能，以满足不断变化的用户需求和工程要求。相信智能化的供水泵站系统将在水利工程领域发挥重要作用，为水资源的有效利用和供水工程的可持续发展做出贡献。

参考文献

[1] 吴明永,吴明亮,张锐.供水泵站自动化监控系统的设计与应用[J].工业仪表与自动化装置,2022(5):58-61.

[2] 王普,郭继业,孙崇正,等.基于SQL Server 2000的组态软件实时数据库[J].北京工业大学学报,2006,32(3):197-201.

[3] 张成栋.智能化泵站信息系统技术架构的设计和实现[J].科技创新与应用,2020(18):103-105+108.

数字孪生泵站的技术架构设计

黄姗姗　贾程程

（中水淮河规划设计研究有限公司，合肥　230000）

摘　要：泵站工程是水资源调配和管理的重要工具。以亳州市某数字孪生泵站为研究对象，通过将实际泵站的物理设备与虚拟模型相结合，从硬件、软件、系统三个方面详细阐述供水泵站的数字孪生技术架构设计，最终实现了对泵站的全面监控和智能化管理。

关键词：数字孪生；供水泵站；技术架构

随着物联网、大数据和人工智能等技术的不断发展，数字孪生技术在工业领域的应用也越来越广泛。数字孪生泵站作为数字孪生技术在水利工程领域的应用之一，是一种基于数字化技术的创新型泵站管理系统。它通过将实际泵站的物理设备与虚拟模型相结合，实现对泵站运行状态的全面监控和智能化管理。

本文以亳州市某供水工程的泵站信息化建设为研究对象，从硬件、软件和系统三个方面详细阐述数字孪生技术的内部架构。硬件架构通过数据采集、数据传输等硬件设备实现数据的采集、过滤，通过控制层实现设备的监控和控制；软件架构方面，数据层负责数据的存储和管理，模型层实现物理实体的虚拟化表现，是展示数据的载体，再通过业务逻辑层和用户界面层，实现供水泵站的数字孪生。

通过这些层次的协同工作，数字孪生泵站能够实时监测泵站的运行状态，进行数据分析和建模，并提供智能化的远程控制和故障诊断功能。数字孪生泵站的技术架构设计将为泵站管理带来新的机遇和挑战，有望提高泵站的效率和可靠性，降低运维成本，推动泵站行业的数字化转型。

第一作者：黄姗姗(1988—　)，女，工程师，主要从事水利行业自动化、信息化的设计与实施工作。E-mail：wuhunqingxian@163.com。

通信作者：贾程程(1989—　)，女，工程师，主要从事水利规划设计，水文分析，arcgis软件水利应用工作。E-mail：798843485@qq.com。

1 硬件架构设计

数字孪生供水泵站的硬件架构包括泵站系统的硬件设备、组件的安排和连接方式，以及它们之间的通信和数据传输方式。

1.1 数据采集层

该层主要负责采集供水泵站的各种数据，通过传感器、仪表等设备进行实时采集。它们是数字孪生泵站数据采集中最常用的设备，可安装在泵、管道等相关设备上，用于实时监测各种参数，如泵站设备的运行状态、水位、流量、压力等。这些设备会将采集到的数据转化为电信号，并传输给数据采集器或监测系统。数据采集器是负责收集、整理和存储传感器采集到的数据的设备。它们可以连接到各个传感器，并将采集到的数据进行处理和存储。数据采集器通常具有高速数据采集能力和存储容量，可以实现实时数据采集和长期数据存储。

1.2 数据传输层

该层主要负责将采集后的数据传输到总控系统或其他需要使用这些数据的地方。常见的数据传输层技术和方法有：①有线传输。使用以太网、串口等有线通信方式传输数据。这种方式通常具有较高的传输速度和稳定性，适用于短距离传输。②无线传输。使用无线通信技术，如 Wi-Fi、蓝牙、Zigbee 等传输数据。这种方式适用于需要进行远程传输或移动设备之间的数据传输。

传输数据前，应选择适当的数据协议来进行数据传输，如 Modbus、OPC、MQTT 等。这些协议提供了标准化的数据格式和通信规范，方便数据的传输和解析。传输过程中，应进行压缩和优化处理，减少数据量和传输延迟，提高传输效率和速度；采用加密算法、数字签名等技术来保护数据的机密性和防止数据篡改。对于传输中的丢包或传输错误，可以使用数据缓存和重传机制来处理，保证数据的可靠性和完整性。还应根据数据的重要性和实时性要求，进行优先级和流量控制，确保关键数据的传输和处理，最终实现可靠和高效的数据传输。

1.3 控制层

该层主要负责对供水泵站进行远程控制和监控，包括泵站设备的开关、调节、故障诊断等。控制可以通过远程控制系统或者自动化控制系统进行，以提高泵站的运行效率和可靠性。

数字孪生供水泵站中的控制层可以采用 PID 控制算法和模糊控制算法进行，以实现对泵站的精确控制和调节；利用 PLC 控制器、SCADA 系统，实现远程监控和控制，设计自动化控制策略，建立报警与故障处理机制，进行数据分析与优化，并提供友好的人机界面。这些技术和方法可以实现对供水泵站的智能化控制和管理(图1)。

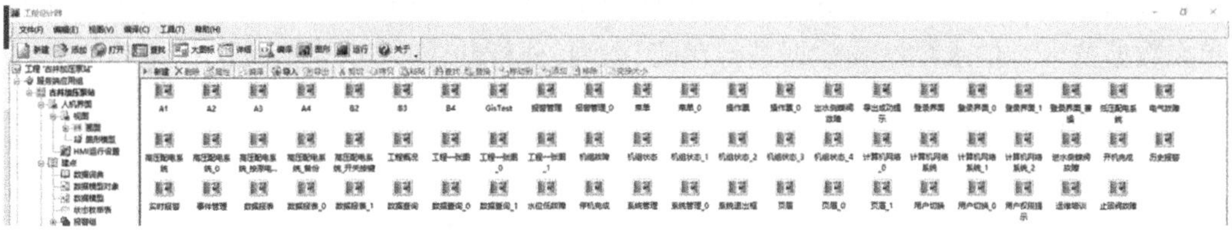

图1　泵站智能化控制与管理界面

2　软件架构设计

数字孪生供水泵站的软件架构设计应该考虑到系统的可靠性、可扩展性和易维护性。系统采用分层架构，将系统划分为不同的层级，包括数据层、模型层、业务逻辑层和用户界面层。这样可以实现各个层的独立开发和维护，提高系统的灵活性和可维护性。

2.1　数据层

数字孪生系统需要有一个稳定可靠的数据存储和管理平台，用于存储和管理采集到的泵站数据，用于历史数据分析、运行状态评估等用途。采用关系型数据库或时序数据库来存储供水泵站的历史数据、实时数据、外部数据和模型数据。

(1) 历史数据

历史数据包括供水泵站过去一段时间内的运行数据，如泵的运行时间、故障记录、维修记录等。这些数据可以用于分析泵站的运行状况和性能，并进行故障预测和维护计划的制定。

(2) 实时数据

实时数据包括供水泵站各个设备的实时状态数据，如泵的运行状态、电压、电流、温度等。这些数据通常通过传感器实时采集，并通过物联网技术传输到数据层进行存储和处理。可以使用实时数据流处理技术对数据进行实时处理和分析，以获取泵站的实时状态和运行特征。

(3) 外部数据

外部数据包括与供水泵站相关的外部环境数据，如水质数据、用水量数据等。这些数据可以用于分析供水泵站的运行与外部环境的关系，并进行优化控制。

(4) 模型数据

模型数据包括供水泵站的数学模型和仿真数据。这些数据可以用于建立数字孪生模型，通过模拟供水泵站的运行来进行预测和优化。

在设计数据结构时,需要采取各种安全措施,保护泵站的数据和系统免受未经授权的访问和攻击。这包括数据加密、访问控制、身份认证等安全机制的应用。同时,还需要制定合适的隐私政策和数据管理规范,确保泵站数据的合规性和隐私性。可使用云计算和大数据技术对供水泵站的数据进行存储、查询、分析和建模,以供后续的模型建立和决策支持系统使用。

2.2 模型层

对于数字孪生系统,通常需要建立三维模型进行仿真运行,使用三维建模软件构建相应精细度的三维模型,再通过天气仿真、材质贴图等展示渲染效果,构建关联信息,外在范围采用叠加 GIS 图层等大场景,形成数字孪生底座[1]。底座通过三维引擎与平台系统结合,接入不同数据,设定不同渲染形式,达到"虚实融合"的数字孪生效果。

数字孪生供水泵站系统还需要建立泵站的数学模型,并与实际设备进行对比和校准。模型包括泵站的结构、工艺、控制系统等方面的信息,根据实际情况进行更新和优化,以保证模型的准确性和可靠性。

2.3 业务逻辑层

负责实现供水泵站的业务逻辑和控制功能,可使用面向对象的编程语言和设计模式来实现业务逻辑层,具体可采用微服务等现代化方式建立业务中台系统。

首先,明确数字孪生供水泵站的业务需求,包括监控、优化和管理方面的需求,了解用户对供水泵站的期望和目标,确定需要实现的功能和指标;设计数据模型,根据业务需求,设计供水泵站的数据模型,包括实时数据、历史数据、外部数据和模型数据的结构和关系,考虑数据的采集、存储、清洗和转换等方面的需求。

根据数据模型,开发数据管理功能,选择合适的数据库软件和数据仓库技术,实现数据的高效管理和处理;根据业务需求,开发监控和预测功能,通过数据分析和预测模型,实时监控供水泵站的运行状态,检测故障和异常,并预测可能发生的故障和维护需求;根据监控和预测结果,开发优化控制功能,选择合适的优化算法和控制策略,调整泵的运行参数,优化泵的调度和协调多个泵的运行,以提高供水泵站的效率和性能;根据监控结果和故障预测,开发故障诊断和维护功能,通过故障模式识别和维修记录,诊断故障原因并进行维修指导,制定维护计划,预防可能发生的故障。

2.4 用户界面层

提供直观、易用的用户界面,供操作人员监控和控制供水泵站的运行。可以使用触摸屏界面、Web 界面或移动应用程序等技术来实现用户界面。

首先,根据用户需求和使用场景,确定界面的布局、样式、色彩等要素,综合考虑用户的操作流程和交互方式,设计用户界面的各个组件和功能;再进行前端开发,选择合适的前端开发技术和框架,如 HTML、CSS、JavaScript 等,开发用户界面的各个组件和功能。后台根据业务逻辑层提供的接口,实现数据的展示和交互。关键技术点如下。

1)根据数字孪生供水泵站的监控和预测结果,开发数据可视化功能,使用图表、仪表盘等可视化工具和库,将数据以直观的方式展示给用户(图2)。引入 BIM 轻量化模型,丰富可视化形式,相关模型构件绑定后台数据,确保用户能够清晰地了解供水泵站的运行状态和性能。

2)为了用户能够与数字孪生供水泵站进行交互,系统添加了丰富的交互功能,包括用户输入数据、操作设备和系统、查看报表和历史数据等功能,通过按钮、下拉菜单、输入框等交互元素,实现用户与系统的双向通信;考虑不同设备和屏幕尺寸的适配,进行响应式设计(图3),确保用户界面在各种设备上都能够正常显示和操作,提供良好的用户体验。

3)要将开发的用户界面层与业务逻辑层进行集成,并进行测试,确保用户界面能够与业务逻辑层进行有效的交互,并实现预期的功能和性能。

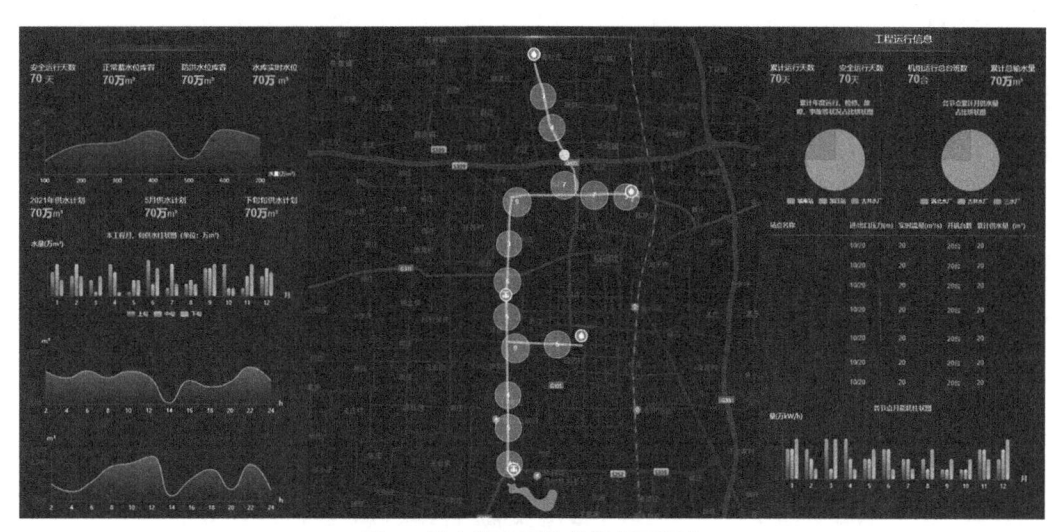

图2 数字孪生泵站的数据可视化

图3 数字孪生泵站的数据交互功能

通过以上步骤,实现数字孪生供水泵站中的用户界面层。界面直观易用,用户能够方便地监控和管理供水泵站的运行情况。

3　系统设计

除了上述具体实施的硬件架构设计和软件架构设计之外,系统在可靠性、容错性、可扩展性、数据安全性、模块化和组件化等方面应综合考虑。

总体系统采用冗余设计、备份和恢复机制等技术来保证系统的高可用性和数据的完整性,提高架构设计中系统的可靠性和容错性;考虑到供水泵站需要扩展的需求,设计可扩展的架构,使系统能够方便地添加新的设备、功能和模块,同时配备必要的存储;采取措施保护系统的数据安全性(包括数据加密、访问控制和身份认证等),采用关系型数据库或者分布式数据库,以满足大数据量和高并发的需求;充分考虑数据分析和优化的需求,为系统集成数据分析和优化功能,提供数据挖掘、机器学习等技术支持;将系统划分为多个模块或组件,实现模块化和组件化的开发和集成,提高代码的复用性和可维护性,最终实现一个可靠、高效、易维护的供水泵站系统。

4　结语

数字孪生供水泵站从硬件、软件、系统 3 个方面进行了总体架构设计,实现了对泵站系统的全面监测、精确控制和智能化管理。通过实时监测、精确控制、远程监控、交互操作、数据分析和决策支持等功能,提高了泵站的可靠性、安全性和效率,降低了运行成本,并为用户提供了更好的使用体验。

伴随人工智能、大数据等技术的发展,数字孪生供水泵站将继续改进和优化,提升其功能和性能,以满足不断变化的用户需求和工程要求。相信未来,供水泵站将具备更高的智能化和自动化水平,为人们提供更加可靠、高效、环保的供水服务,为供水行业带来革命性的变化和创新。

参考文献

[1] 瞿亚纯,朱晨晟.数字孪生在泵站无人智能化管理中的应用[J].电气自动化,2023,45(4):108-111.

浅析 PLC 在水闸自动化控制系统中的应用

沈高杰　黄姗姗

（中水淮河规划设计研究有限公司，合肥　230000）

摘　要：随着我国社会经济及科学技术的发展，越来越多的调水工程开始选择使用自动化系统，基于可编程逻辑控制器（PLC）的闸门自动化控制系统应运而生，水闸自动化系统的建设对于提高水闸管理水平、发挥水闸功能有着重要的意义。将深入浅出地探讨了 PLC 在水闸自动化控制系统中的应用，探讨其工作原理、优势以及在水利工程中的具体应用案例。

关键词：PLC；自动化；水闸；调水

水闸自动化控制系统的发展一直以来都是水利工程领域的重要课题之一。随着科技的不断进步，自动化技术在水闸控制系统中的应用也日益广泛。在这个自动化控制系统中，PLC 扮演着至关重要的角色。PLC 是一种专门设计用于工业自动化控制的计算机硬件，其在水闸系统中的应用，不仅提高了系统的可靠性和安全性，还提高了效率，减少了维护成本。

1　PLC 在水闸自动化控制系统中的应用优点

PLC 在水闸自动化控制系统中的应用为水利工程带来了诸多显著优点。其高度可靠性和稳定性确保了水闸系统的安全和可靠运行，同时其灵活性使得系统能够快速适应不同的操作需求和变化的工况。PLC 的远程监控和操作功能使得操作人员能够实时监视和控制水闸，有效应对紧急情况。故障检测和报警功能能够及时发现问题，减少停机时间和损失。此外，PLC 系统的节能资源优化特性有助于降低能源成本，提高水资源的

第一作者：沈高杰（1995—　），男，助理工程师，主要从事电气自动化、信息化的设计与实施工作。E-mail：1547378840@qq.com。

通信作者：黄姗姗（1988—　），女，工程师，主要从事水利行业自动化、信息化的设计与实施工作。E-mail：wuhunqingxian@163.com。

有效利用。综合而言，PLC 在水闸自动化控制系统中的应用优势提升了系统的效率、可靠性和安全性，为水利工程的可持续发展注入了强大动力。

2 水闸自动化控制系统

水闸自动化控制系统是一种通过自动化技术，特别是 PLC 和相关硬件设备，对水闸的操作、监测和保护进行控制和管理的系统。这种系统旨在提高水闸的运行效率、安全性和可靠性，减少人为操作错误和人力成本。

在闸门自动化控制系统建设或者改造的过程中，闸门控制操作一般分为三级控制模式。第一级为在现场没有电的情况下手动操作模式，第二级为现场控制柜操作电动控制模式，第三级为计算机自动调控控制模式。这 3 种操作模式中，第一级可以脱离 PLC 系统独立运行。第二、三级需要依赖 PLC 系统才能实现其功能(图 1)。

在闸门自动化控制系统故障、测试、检修或其他特殊情况下，管理人员按第一级或第二级方式临时调度控制闸门，确保生命和财产的安全。对于闸门 PLC 自动化控制系统来说，其主要监控参数包括：上下游水位、闸门开度、手/自动选择指示、开闸运行指示、关闸运行指示、故障指示、电源指示、电源合闸指示、开闸控制、关闸控制、电流、电压、功率、有功功率、功率因数等。电量的监测一般采用智能电量仪表，采用 MODBUS 协议与 PLC 进行通信，PLC 与上位机通信可以采用 RS232、RS485、TCP/IP 通信协议，通信介质可以采用电缆、光缆、无线传输。

图 1 PLC 系统在水闸闸门控制中的应用

3 PLC 在闸门自动化控制系统中的工作原理

PLC 系统的主要组成包括 CPU、数字量输入输出模块、通信模块、模拟量输入模块、电源模块、存储模块和底板(图 2)。

图 2 PLC 的组成

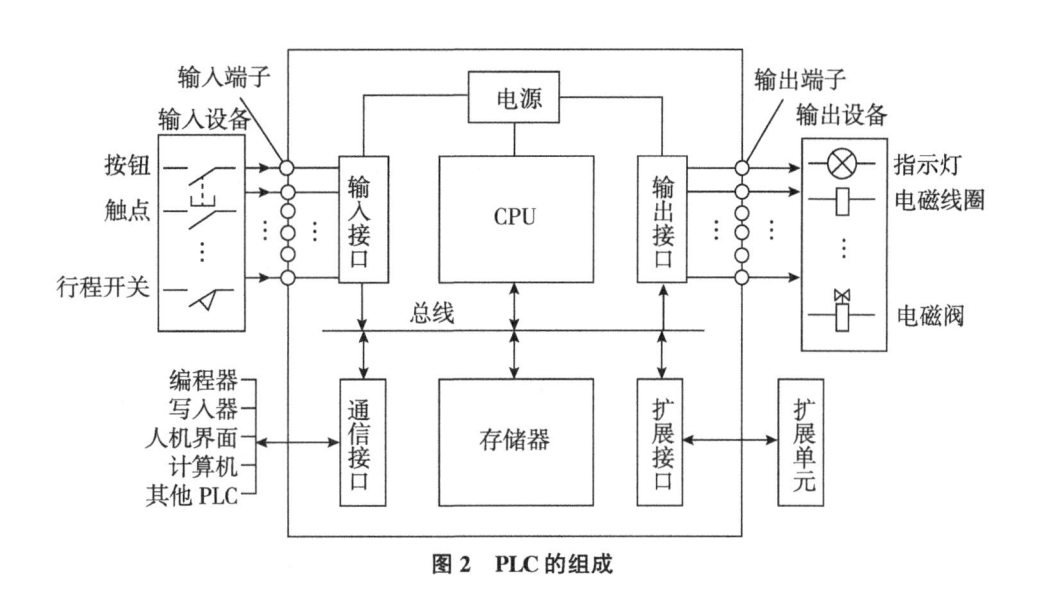

PLC 控制流程为：选择现地自动控制→触摸屏设置闸门指定的预置高度→触摸屏点击按钮发出升降命令→PLC 系统接收控制命令。通过采集开度仪表的开度信息与设置的预置高度进行对比，对比后如闸门开度不到预置开度，PLC 发送命令给输出模块，控制变频器开始加速闸门的升降。当 PLC 通过预制开度与开度反馈值对比后发现接近预置开度时，PLC 自动控制变频器降速运行，以达到精准停止的目的，闸门达到预置高度时自动停止，且闸门在运行过程中，可随时通过触摸屏控制闸门停止。远程控制流程与现地一样，只不过需选择远程控制方式，且开度预置及升降控制在远程计算机上进行操作(图 3)。

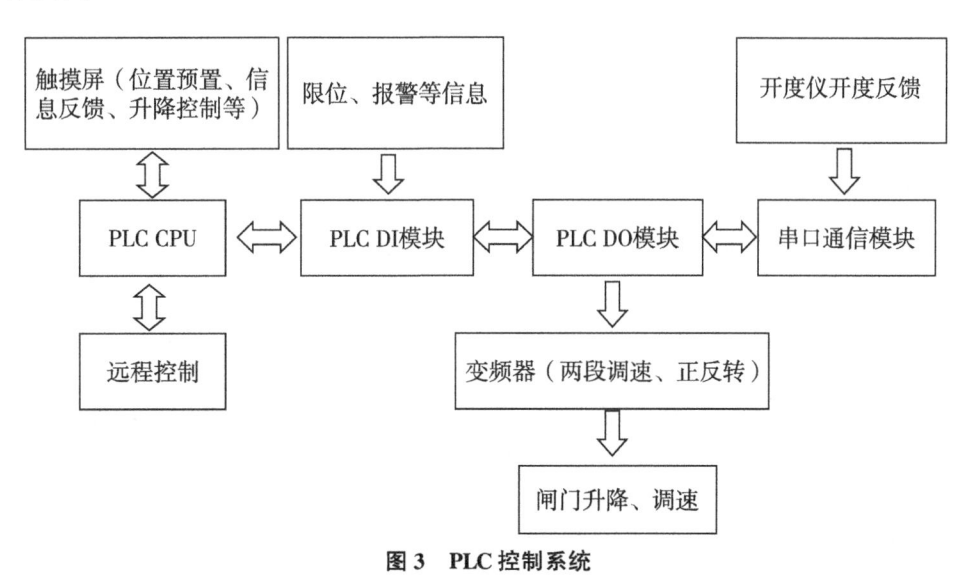

图 3 PLC 控制系统

4 PLC 系统的应用情况

PLC 系统已广泛应用于南水北调、引江济淮等重大水利工程中,在水闸工程中扮演了关键角色,通过自动化控制,提高了水闸系统的运行效率、可靠性和安全性,为大规模水资源调配工程的成功实施提供了支持。主要应用情况如下:

(1)水位控制

南水北调工程中的水闸需要根据南北地区的水位差异控制水位,以确保水的顺利调度。PLC 可以根据实时的水位传感器数据,自动控制闸门的开闭,以维持水位平衡。

(2)流量调节

在不同时间段和不同水位条件下,南水北调工程需要调整水流量。PLC 可根据流量传感器数据,自动调节闸门的开度,确保水流量的合理分配。

(3)联动控制

南水北调、引江济淮工程中的多个水闸可能需要联动操作,以实现水资源的有序调配。PLC 可以协调不同水闸的开闭,以达到整体调度的目标。

(4)远程监控与控制

南水北调、引江济淮工程涉及多个水闸和大范围的地理区域。PLC 系统可以实现远程监测和控制,操作人员可以通过网络连接远程监视和调整水闸的状态。

(5)紧急响应

在突发情况下,如自然灾害或紧急的水资源需求,PLC 可以根据预设的应急控制策略,快速调整水闸的状态,以应对紧急情况。

(6)数据记录与分析

南水北调、引江济淮工程中的每个水闸的操作数据都需要记录。PLC 可以记录水位、流量、闸门状态等数据,用于运行分析和决策。

(7)数据通信与集成

南水北调、引江济淮工程需要将多个水闸系统整合起来。PLC 系统可以通过数据通信与其他系统进行集成,实现整体的水资源调配。

5 结语

随着我国水利事业和科学技术的不断发展,水利工程的智能化发展成为必然趋势。水利闸门控制将更好地满足"无人值班、少人值守"的要求,达到远程监控、数据共享、图像实时远传浏览的目的。PLC具有设备体积小、功能强大、扩展能力强等优点,且在水闸自动化控制系统中的应用使得水利工程能够更好地适应不同的水文条件和运行需求,提高了工程的运行效率和安全性,在水利事业中具有较好的发展前景。

参考文献

[1] 左毅军.水利闸门自动化控制中PLC技术的应用探析[J].中国水能及电气化,2020(8):55-58.

[2] 王宁渝,池浩.PLC技术在水利闸门自动化控制中的应用[J].电子元器件与信息技术,2021,5(8):103-105.

刍议南水北调东线工程数字孪生系统建设

王根喜[1] 欧海燕[2]

(1. 中水淮河规划设计研究有限公司,合肥 230601;2. 蚌埠学院,蚌埠 233030)

摘 要:通过阐述数字孪生基本体系架构、数字孪生演进阶段及支撑技术,结合南水北调东线工程调度运行功能需求及数字孪生环境支撑服务需求,提出了该工程数字孪生系统总体框架和主要建设内容,并对建设数字孪生系统算力、算据、算法所涉及的标准规范体系、全域标识体系、智能传感器、多传感融合、感知层通信组网及 QoS 保障能力、数字孪生建模技术等关键点和技术难点给出解决思路和措施,助力数字孪生南水北调东线工程赋能水资源精细化配置。

关键词:南水北调东线工程;数字孪生;标准规范体系;全域标识;多传感融合;通信组网;建模技术

作为国家水网骨干线路的南水北调东线工程通过天然河道、明渠、管道、湖泊、水库、枢纽建筑物等构成长距离调水系统,工程分一期、二期建设。一期工程实现向江苏、安徽、山东各有关受水区供水;二期工程在一期工程的基础上扩大抽江流量,继续向北实现向河北、天津、北京各受水区供水。一期工程于 2013 年正式建成通水,二期工程尚未开工建设。

一期工程从 2013 年至今已向山东输水超 60 亿 m^3,但从调水实践来看,受客观条件限制,水资源配置过程仍以粗放式为主,与习近平总书记"十六字"治水思路尚有较大距离,未实现多水源互济、工程安全、水生态安全、航运安全、防洪安全、节能减排等多目标协调平衡的可信、可靠、安全的精细化调度过程。通过数字孪生技术结合传统方法在南水北调东线工程应用构建其数字孪生系统,为可信、可靠、安全的精细化水资源配置过程的实现提供了可能,对提升南水北调东线工程运用质效,节水、节能、降耗,降低运行成本

第一作者:王根喜(1974—),男,汉族,江苏灌云,副主任,正高级工程师,主要从事水利信息化、电气自动化等。E-mail:wgx100@163.com。

通信作者:欧海燕(1974—),女,汉族,安徽蚌埠,硕士,副教授,研究方向:工程项目管理。E-mail:ohy12345@163.com。

和水价,促进社会经济高质量可持续发展具有重大意义。

1 数字孪生基本体系架构

数字孪生技术基于对物理世界实体的数字化虚拟表达,用于理解和预测对应实体的性能特点,结合多物理场仿真、数据分析和机器学习功能,在实体整个生命周期中展示人工干预、使用场景、环境条件和其他无限变量所带来的影响,以预测和优化实体与其所在生产系统,缩短决策时间,提高产出或流程的质量。图 1 示出了一个完整的数字孪生系统,包含数据采集与控制实体、核心实体、用户实体、跨域实体等,图 2 按数字孪生系统能实现的功能来示出了其发展的 4 个阶段。

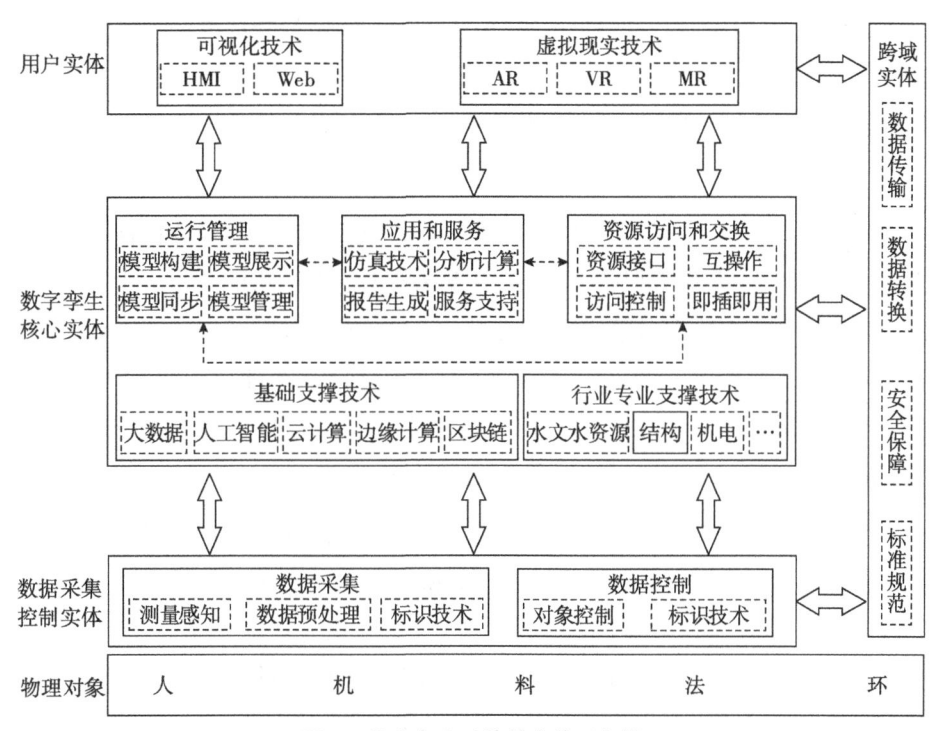

图 1 数字孪生系统基本体系架构

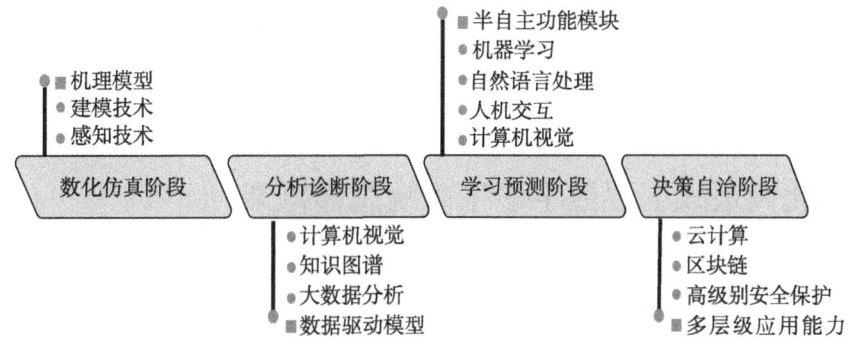

图 2 数字孪生系统不同演化阶段及主要支撑技术

(1)数化仿真阶段

以 3D 测绘、几何建模、流程建模等技术完成物理对象的数字化,建立与物理对象相应的机理模型,并通过物联网感知接入技术使物理对象可被计算机感知、识别,对物理对象进行精准的数字化复现,实现物虚孪生数据的映射互动。此阶段物虚孪生数据的传递不一定要完全实时,可在较短的周期内进行局部汇集和周期性传递。

(2)分析诊断阶段

此阶段物虚孪生数据的映射应达到实时同步,为此需结合使用机理模型及具数据分析能力的数据驱动模型,将数据驱动模型融入物理世界的精准仿真数字模型中,对物理空间进行全周期的动态监测;按实际业务需求,应用统计计算、大数据分析、知识图谱、计算机视觉等技术,逐步建立业务知识图谱,构建各类可复用的功能模块,对物理对象所涉数据进行分析、理解,对物理对象已发生或即将发生的问题做出诊断、预警及调整,实现对物理对象的状态跟踪、分析和问题诊断等功能。

(3)学习预测阶段

在具备分析诊断能力的基础上应用机器学习、自然语言处理、计算机视觉、人机交互等技术,融合多类型复杂的数据驱动模型,构建具备主动学习功能的半自主功能模块,做到类人一般感知并理解物理对象;根据理解学习到的知识,推理获取未知知识,并根据已知的各物理对象运行模式,在数字空间中预测、模拟并调试物理对象潜在未发觉的及未来可能出现的新运行模式,并以人类可以理解、感知的方式呈现于数字空间中。

(4)决策自治阶段

此阶段数字孪生涉及的数据类型愈发复杂多样且逐渐接近物理世界的本源,将会产生大量跨系统的异地数据交换,除应用大数据、机器学习等人工智能技术外,尚需以云计算、区块链及高级别安全保护等技术作为基础支撑,进化为基本成熟且智慧化的数字孪生体系。此时的数字孪生系统拥有不同功能及发展方向但遵循共同规则的功能模块构成了一个个面向不同层级的业务应用能力。这些能力与一些相对复杂、独立的功能模块在数字空间中实现了交互沟通并共享智能结果。其中,具有"类人脑中枢神经"处理功能的模块则通过对各类智能推理结果的进一步归集、梳理与分析,实现对物理世界复杂状态的预判,自发地提出决策性建议和预见性改造物理世界,并根据实际情况不断调整和完善自身体系。

2 南水北调东线工程数字孪生系统总体框架

2.1 南水北调东线工程功能需求

南水北调东线工程依据国家批复的水资源配置方案,遵循一定的规则和流程,通过对输水沿线明渠、河道、管道、暗涵、湖泊、水库、泵站、水闸、分水口门、水文及水质监测设施等的联合调度运用,实现向用户提供合规的水资源"产品"。为保障调水过程的顺利实施,在计及工程管理权属、管理模式和法律法规、规范性文件等因素前提下,必须以水资源调度配置管理功能为核心,构建"1+N"应用功能体系,"N"项支撑功能至少包括一张图、综合决策支持、水环境监测、工程规划设计、视频监视、计算机远程监控、运行维护、工程健康诊断、工程建设管理、工程安全监测、计划合同管理、固定资产管理、数字档案管理、综合办公、公共监督等。

2.2 南水北调东线工程数字孪生系统的服务范围

为切实保证水资源的精细化配置,南水北调东线工程数字孪生系统建设应本着"需求牵引、应用至上、数字赋能、提升能力",兼顾"因地制宜、节约投资"的指导原则,以"数字化、网络化、智能化"为主线,在成熟技术支撑条件下,适当超前按数化仿真、分析诊断、学习预测、决策自治的轨迹多步并取,以实现"数字化场景、智慧化模拟、精准化决策"为路径,紧紧围绕"1+N"功能体系中的水量调度配置管理核心功能和"N"项辅助支撑功能建设数字孪生系统支持环境,再经长期迭代进化最终形成智慧南水北调东线工程。

2.3 南水北调东线工程数字孪生系统的总体框架

参照水利部《数字孪生水利工程技术导则(试行)》要求,以"1+N"项业务应用功能为导向,南水北调东线工程数字孪生系统总体框架主要由基础设施、数字孪生平台、标准规范体系、云安全管理体系、系统总体集成、综合运维保障体系等构成,具体见图3。

(1)基础设施

基础设施为南水北调东线工程数字孪生系统提供从数据源生产、信息传输、信息汇集、信息存储、信息安全等环节的硬件环境、软件环境和物理环境的支撑,具体包括信息感知层、通信系统、网络系统、实体环境、计算资源、存储及备份资源、安全资源、云计算管理平台等方面的建设。

(2)数字孪生平台

数字孪生平台为数字孪生系统的核心部分,具体包括数据汇集、数据资源管理平台、知识平台、模型平台和协同管理平台等方面的建设,为"1+N"项应用相关功能提供必需的数字孪生环境支撑和各类数据、知识服务。

(3)标准规范体系

标准规范体系覆盖范围包括实体工程、信息感知层、通信系统、网络系统、实体环境、各类物理资源、云计算管理平台、数据汇集平台、数据资源管理平台、知识平台、模型管理平台、协同管理平台、"1+N"项应用系统、系统集成、安全管理体系、运维保障等方面,由国家标准、行业标准、团体标准、企业标准、系统自建标准等构成。建立标准规划体系的目的是强调通用性和共性,约束个性,减少差异性,降低集成难度,节约投资。

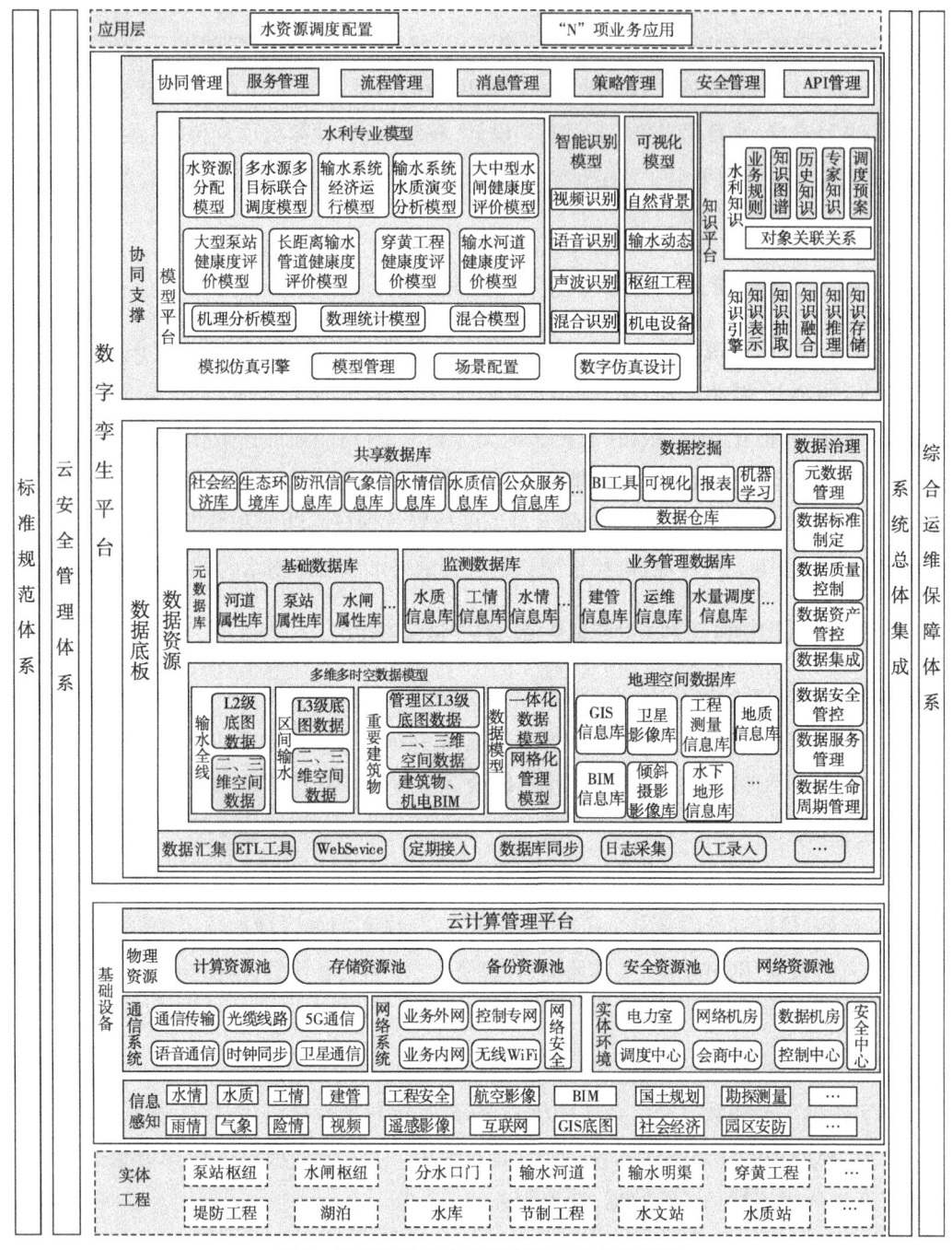

图3 数字孪生南水北调东线工程总体框架

(4)云安全管理体系

南水北调东线工程数字孪生系统的总"枢纽"是云平台。为保证应用安全、数据安全、网络安全、物理安全,需针对信息感知、网络传输、数据治理、信息存储、数据共享与交互、应用功能、人机交互、实体环境、人的行为等环节建立包含技术规定、规章制度和考核监督机制等方面的云安全管理体系,切实保障系统安全、稳定、可靠运行。

(5)系统总体集成

南水北调东线工程数字孪生系统的建设是一个长期、不断迭代进化的进程。对此巨系统,各环节需多方参与协同工作。在标准规范体系支撑下,系统总体集成应针对物理环境、硬件环境、软件环境、数据生产、数据传输、数据存储、数据管理与应用、信息安全等环节提出实施方案和路径,以减轻配合衔接风险,降低投资成本,提高质效。

(6)综合运维保障体系

南水北调东线工程数字孪生系统涉及对象类型多样,数量庞大,要以多学科、多专业门类知识为支撑,并不断迭代进化。这注定是一个长期过程,需从人才队伍、资金投入、物资保障、规章制度等方面构建综合运维保障体系。

3 南水北调东线工程数字孪生系统重点建设或研究方向

3.1 标准规范体系建设

南水北调东线工程数字孪生系统建议分 3 个层级:一是各水工建筑物的单元级数字孪生,二是相邻湖泊(水库)区间输水系统的系统级数字孪生,三是全线输水系统的复杂系统级数字孪生。在此基础上需前置研究建立图 4 所示的标准规范体系,以约束和指导数字孪生系统的建设。

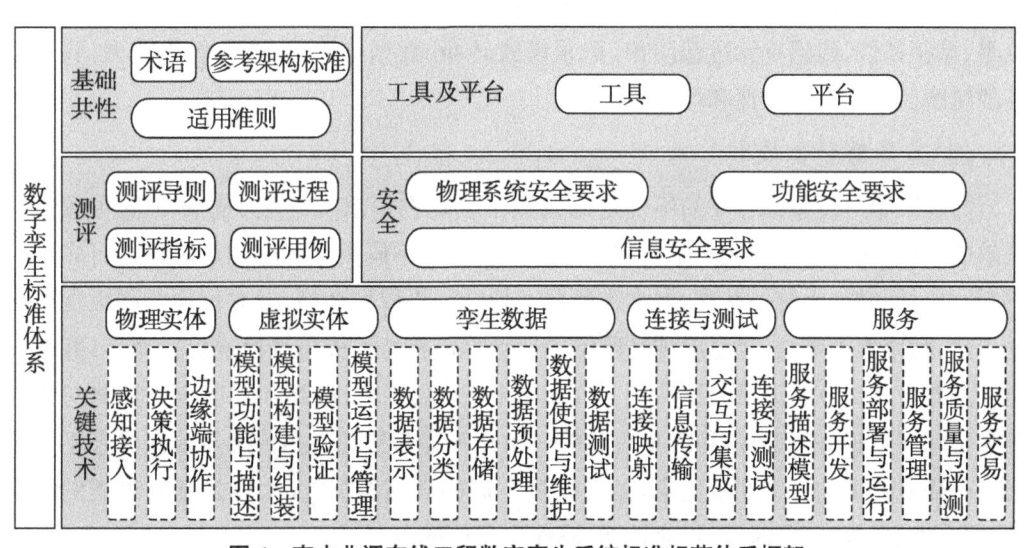

图 4 南水北调东线工程数字孪生系统标准规范体系框架

3.2 数字孪生信息感知能力提升研究

信息感知能力是数字孪生系统的底层基础。为建立全域全时段感知体系,并实现物理对象状态的多维度、多层次精准监测,感知技术不但需要更精确可靠的测量技术,还需考虑感知数据间的协同交互,明确物体在全域的空间位置及唯一标识,并确保物理对象的状态可信可控。建议在全域标识体系、智能传感器、多参数传感融合等方面加强研究和应用。

(1)数字孪生全域标识

为构建南水北调东线工程各实体对象的孪生体,需对各物理实体标识其唯一的"数字身份信息",以支撑物虚的孪生数据映射。为此,需针对南水北调东线工程各水工建筑物、河道、明渠、管道、机电设备、湖泊、水库、水体、水生物、水下地形、地质以及输水沿线一定范围内的地形、道路、桥梁、村庄、学校、矿产、植被等物理环境实体,重点研究采用标识技术建立各类物理实体的数字化身份编码体系,从而确保每一个物理实体都能与孪生空间中的数字虚体精准映射、一一对应。物理实体的任何状态变化都能同步反映在数字虚体中,对数字虚体的任何操控都能实时影响到对应的物理实体,并保证物理实体之间跨域、跨系统的互通和共享。

(2)智能化技术

传统传感器前端采数后端分析应用的常规方式已无法满足数字孪生对数据精度、一致性、多功能性需求,而智能化传感器可将采集数据的基本功能与专用微处理器的信息分析、自校准、功耗管理、数据分析处理等功能紧密结合,提供传统传感器不具备的自动校零、漂移补偿、传感单元过载防护、数采模式转换、数据存储、智能分析等能力,具有较高的精度、分辨率、稳定性和可靠性。

(3)多传感融合技术

为解决单一传感器存在的不确定或偶然不确定性而出现的微小故障可能导致系统失效的缺点,多传感器集成与融合技术通过部署多个不同类型传感器对象进行多维度感知,以时间维度为统一基准,对多维数据进行特征提取和变换,针对代表监测数据的特征矢量,利用聚类算法、自适应神经网络等识别算法将特征矢量变换成目标属性,并将各类传感器关于对象的说明数据按同一实体进行分组、关联,最终利用融合算法将对象的各类传感器数据进行合成,得到该对象的一致性解释与描述。多传感器数据融合不仅描述同一环境特征的多个冗余信息,而且描述不同的环境特征,极大增强感知过程的完整性、冗余性、互补性、实时性、可靠性、经济性和可信度。

3.3 感知层通信组网和 QoS 保障能力提升研究

南水北调东线工程物理传输网络主干采用环—环相交方式,覆盖输水干线上众多关键节点、各省分公司和东线公司等,在物理层面为关键节点提供了高安全性和可靠性网络保障。从国家水网构建进程分析,南水北调东线工程数字孪生系统感知层在水文、水质、运维巡检、移动设备和人员定位等信息点呈量大、分散、类型多样的"碎片化"特点,对确定性数据传输、多类型信息采集、数据高速上传、巨量设备连接等要求强烈。因此,感知层网络应具有强大的健壮性和灵活性,消除物理运行环境"黑盒"和"盲哑",让各信息点更加透明和智能。建议对现场感知层组网技术、网络 QoS 保障等方面加强研究和应用。

(1)现场感知层组网技术

现场感知层网络是用于现场设备之间、现场设备与外部设备之间以及设备与后端业务之间的数据通信与管理,实现现场异构网络间的互联互通、柔性组网。

现场感知层组网关键技术重点应用研究方向包括面向物料、设备等资产的盘点、出入库管理等场景的新型无源 RFID 技术,面向无人驾驶施工机械的超低时延、超高可靠互通信需求的新型短距技术,面向机电设备运行控制的数据高可靠确定性通信传输技术,面向施工现场扬尘、环境保护、水土保持等环境监控场景的中低速技术,以及面向车辆、移动设备及人员的追踪定位技术等。感知层组网应以支持多种通信网络技术、具备边缘计算和算力感知等能力的边缘网关为中心,南向通过无源 RFID、短距、确定性传输等组网技术实现现场设备的连接与通信,北向通过 5G 网络将现场生产及管理数据传输到后端应用平台,解决感知层各类设备接入网络和有关业务的差异化需求,提升网络的智能化管理和运维能力。

(2)基于 SLA 服务的 QoS 保障技术

南水北调东线工程数字孪生系统支撑的各业务对网络 QoS 要求不尽相同,需结合相关业务确定不同等级 SLA 服务对网络可靠性的需求,重点研究构建全流程、一体化的网络可靠性参数集、资源分配策略,包括端到端 QoS 映射规则、配置规则、监测及保障机制等,实现高效、可靠的 SLA 服务管理的增强,以承载各种能力等级要求的泛在感知应用。

3.4 数字孪生建模技术研究

数字孪生建模通过建模语言、建模工具对物理实体进行模型抽象、表达、构建、运行。从多领域、多学科角度构建几何模型、信息模型和机理模型,并依据转换协议和语义解析进行模型融合,实现物理实体各领域特征的全面画像,保证物虚对象的状态、行为一一对应。数字孪生跨领域虚实交互实现过程见图 5。

南水北调东线工程地理跨度大,物理实体类型多样,在建模过程中将涉及 IT、OT、CT 三大领域相应技术族的应用,为减少差异性,节约建模成本,降低集成难度,规避"卡脖子"的安全风险,同时保证交付质效,需重点研究建模语言、建模工具、协议转换和语义解析等技术,并进行前置性统一规定以约束各参与方。另外,在建模过程中应充分利用设计方、施工方、设备生产方、专业建模服务商等单位的技术力量、成熟模型库和其他相关资源。

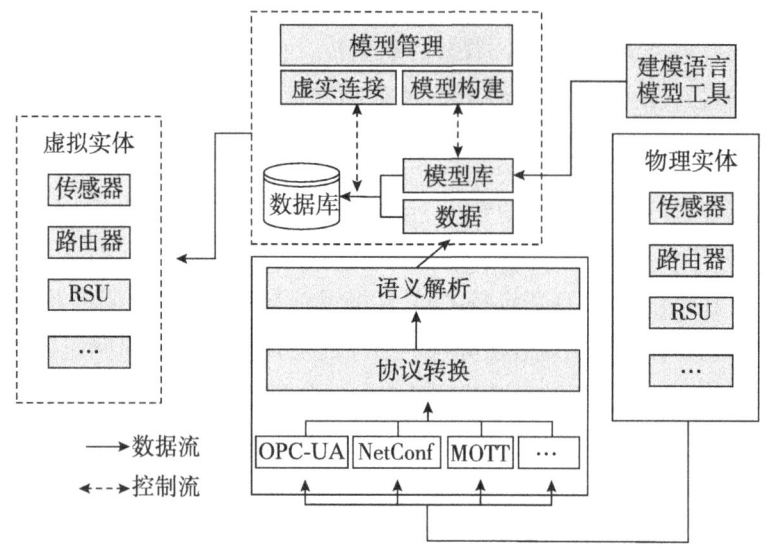

图 5　数字孪生跨领域虚实交互实现过程

4　结语

南水北调东线工程数字孪生系统涉及面广、对象量大、技术复杂、难度高,建设期间将面临许多未知需创新的理论、技术,唯有"稳"字当头,做好顶层规划,结合技术成熟度步骤稳步推进。首先,扎实做好信息感知、通信网络、信息安全、存储与算力资源、云计算平台、实体环境等基础设施的建设,具备"算力"保障;其次,夯实数据底板,为业务应用提供全面、可信、翔实的"算据"支持;最后,开展知识平台建设,认知各有关领域学科、专业技术的"内在规律",推进包含模型平台建设,为业务应用提供"算法"支撑。

参考文献

[1] 吴继伟,朱理杰,王晓嘉,等. 数字孪生在水利工程建设中的探索[J]. 智能建筑与智慧城市,2023(8).

[2] 王晓莹,孔千慧,戴梦圆,等. 数字孪生水利技术赋能河长制的实现路径与对策[J]. 水利经济,2023,41(4).

[3] 蔡阳. 数字孪生水利建设中应把握的重点和难点[J]. 水利信息化,2023(3).

[4] 周逸琛,杨非,钱峰. 数字孪生水利建设保障体系应用与思考[J]. 水利信息化,2023(3).

[5] 余慧,刘阳哲. 数字孪生三峡建设思考与实践[J]. 中国水利,2022(23).

[6] 于福华,魏仁胜,董嘉伟. 数字孪生技术及应用[M]. 北京:机械工业出版社,2023.

[7] 陆剑峰,张浩,赵荣泳. 数字孪生技术与工程实践[M]. 北京:机械工业出版社,2022.

[8] 刘彬,张云勇. 基于数字孪生模型的工业互联网应用[J]. 电信科学,2019(5).

[9] 向卓文. 数字孪生虚拟实体在线实时组装与驱动技术研究及应用[D]. 成都:电子科技大学,2022.

[10] 王刚. 数字孪生驱动的薄壁件装夹预紧力精准控制与优化方法[D]. 西安:西北工业大学,2021.

[11] 董仕杰. 结合智能视觉的工业机器人数字孪生系统研究[D]. 哈尔滨:哈尔滨工程大学,2020.

[12] 南水北调东线江苏水源有限责任公司. 南水北调泵站运行管理[M]. 南京:河海大学出版社,2021.

[13] 中水淮河规划设计研究有限公司. 南水北调东线第一期工程可行性研究报告[R]. 合肥:中水淮河规划设计研究有限公司,2005.

[14] 中水淮河规划设计研究有限公司. 南水北调东线第一期工程调度运行管理系统总体初步设计方案[R]. 合肥:中水淮河规划设计研究有限公司,2011.

[15] 中水淮河规划设计研究有限公司. 南水北调东线一期苏鲁省际工程调度运行管理系统初步设计报告[R]. 合肥:中水淮河规划设计研究有限公司,2012.

皖北平原地区城乡供水工程长距离输水管道主要地质问题探讨

余小明　李剑修

（中水淮河规划设计研究有限公司，合肥　230601）

摘　要：通过梳理皖北平原地区区域地质资料及近年来兴建的城乡供水工程输水管道工程勘察成果，归纳总结了皖北平原长距离输水管道工程的水文地质、工程地质和环境地质问题。分析认为地基不均匀沉降、抗浮稳定、地震效应影响等问题是皖北地区长距离输水管道工程可能遇到的主要地质风险。同时，从地质角度分析沉管法穿河道、顶管法穿公路铁路施工控制要点，并从勘测、设计和施工等方面提出相应的处理措施和建议。研究成果有利于保障皖北地区城乡供水输水管道工程的安全稳定运行，并为该地区其他类似工程的规划、设计和施工提供借鉴。

关键词：皖北平原；城乡供水；输水管道；地质问题；处理措施

引江济淮工程是国家172项节水供水重大水利工程之一。工程沟通长江、淮河，地跨皖、豫两省，涉及15市55个县(市、区)5000多万人的供水安全、120多万亩农田灌溉，是继三峡、南水北调后我国标志性重大水利工程,其主要任务为城乡供水和发展江淮航运。引江济淮工程(安徽段)以巢湖、淮河为节点,将工程范围划分为引江济巢、江淮沟通和江水北送3段，其中引江济巢段和江淮沟通段需满足通航要求，而后通过江水北送段西淝河输水河道向沿线地区供水，以解决皖北地区水资源紧缺、地下水开采严重等问题，在保障民生、社会稳定、经济发展、生态恢复中发挥着重大作用。兴建城乡供水工程(亳州、阜阳、太和、临泉、界首等)及城市供水配套管网工程(亳州古井镇)，从水源地提水加压，由长距离输水管道输送至供水对象是实现引江济淮工程在皖北地区发挥城乡供水功能的重要手段。本文以皖北地区城乡供水工程地质特性为例，论述了其长距离输水管道工程存在的工程地质、水文地质及环境地质问题，并提出了相应的地质建议及处理措施，

第一作者：余小明(1988—　)，男，工程师，注册土木工程师(岩土)，硕士研究生学历，主要从事水利工程地质勘察工作。E-mail:yuxm1989@163.com。

为类似工程设计、建设提供参考。

1 地质概况

亳州、阜阳、太和临泉界首城乡供水工程输水管道长度分别为 31.44km、6.25km 和 83.06km，管径 DN1600～2400，管材为预应力钢筒混凝土管（PCCP 管）；亳州古井镇供水配套管网工程干线输水管道工程长度约 39.50km，管径 DN700～1200，管材为球墨铸铁管。

1.1 地形地貌

皖北地区属淮北平原区平原地貌。淮北平原为黄淮海大平原的一部分，主要为地势平坦的黄淮冲积平原，局部为淮河二级阶地，总体地势自西北向东南倾斜，坡度甚缓，自然坡降 1/7500～1/10000。皖北地区分布河流较多，走向一般呈西北至东南，主要有沙颍河、西淝河、涡河、泉河、小洪河、茨淮新河、怀洪新河等。

1.2 地层岩性

皖北地区在大地构造单元上位于华北地层区淮河地层分区，第四系地层发育，主要以冲积类型为主，其次为湖积和沼泽相沉积，出露第四系地层主要为第四系上更新统茆塘组和第四系全新统大墩组地层，厚度一般为 400～600m。第四系上更新统茆塘组厚度由东南向西北递增，以冲积物为主，下段为黄色、棕黄色粉砂、砂质黏土，含钙质结核及铁锰小球，局部夹黑色砂质黏土、壤土；上段为浅黄色、灰黄色粉砂、黏土质砂及粉质黏土，含钙质结核及铁锰颗粒。第四系全新统大墩组，主要为棕红色、棕黄色、灰黄色粉砂质黏土与黏土质粉砂互层，以黄泛沉积物为主；淮河沿岸下部为灰色、灰黑色中细砂、淤泥质粉细砂，上部为灰黄色、棕灰色砂壤土、轻粉质壤土夹灰黑色淤泥质黏土。皖北地区长距离输水管道工程典型地质剖面见图1。

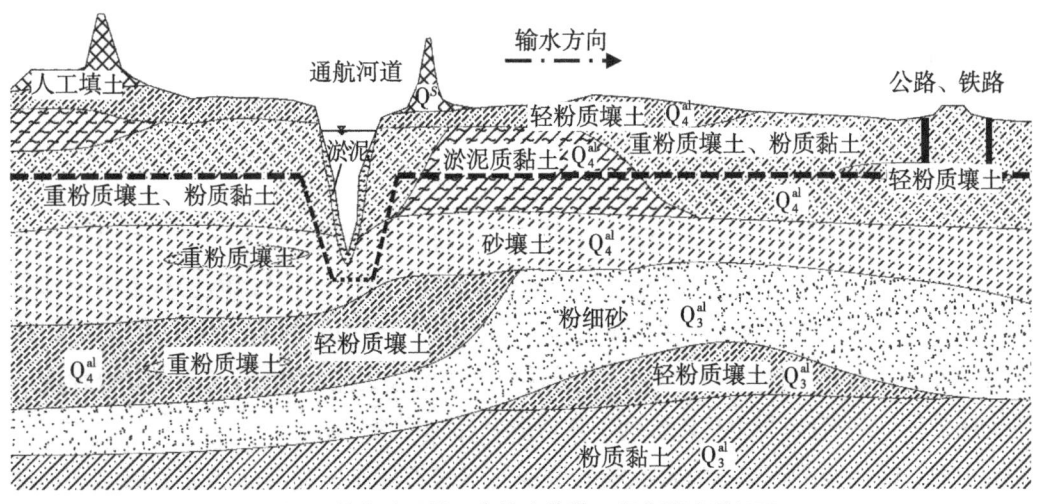

图 1　皖北地区长距离输水管道工程典型地质剖面

1.3 水文地质条件

皖北地区浅层含水层主要为第四系松散岩类孔隙含水层,地下水类型一般为潜水,局部具微承压性。地下水流向与地形倾向总体一致,呈西北向东南流动,水力坡度为1/10000~1.25/10000。水位埋深随地形变低,埋深逐渐变小,枯水期自西北往东南由3~4m减至1~2m,河间1~3m,滨河2~4m,丰水期可普遍上升1~2m。总体上地层富水较弱。

地下水动态属渗入蒸发型,主要补给方式为降水入渗,其次为河流入渗、灌溉回渗及上游(区外)河流侧向地下径流来水等;浅部排泄以垂直蒸发为主,深部以向上越流和水平径流方式排泄。地下水与河水水力联系密切,相互补给。

皖北地区输水管道工程一般埋深较浅,分布的主要含水层有轻粉质壤土、砂壤土、粉细砂等,一般呈中等透水性,而壤土或黏土层一般呈微—弱透水性,为相对隔水层。皖北地区长距离输水管道工程主要地层渗透特性见表1。

表1　皖北地区长距离输水管道工程主要地层渗透特性

岩性 (时代、成因)	渗透系数建议值 $K/(cm/s)$	渗透性等级	渗透破坏类型	允许水力比降
轻粉质壤土(Q_4^{al})	$a\times10^{-4}$	中等透水	流土	0.25
重粉质壤土、粉质黏土(Q_4^{al})	$a\times10^{-6}\sim a\times10^{-5}$	弱—微透水	流土	0.45
砂壤土(Q_4^{al})	$a\times10^{-4}\sim a\times10^{-3}$	中等透水	流土或过渡型	0.25
粉细砂(Q_3^{al})	$a\times10^{-3}$	中等透水	管涌	0.20
轻粉质壤土(Q_3^{al})	$a\times10^{-4}$	中等透水	流土	0.30
粉质黏土(Q_3^{al})	$a\times10^{-6}$	微透水	流土	0.55

2 主要地质问题分析

2.1 地基不均匀沉降问题

管道地基的不均匀沉降是引起管道运行事故的主要原因。输水管道工程由于距离长、工程区范围大,沿线管道基础位于不同地基土层上。由于力学性质差异,不同地基土层在受到输水管道的附加荷载作用下发生差异变形,从而引起地基土的不均匀沉降,导致管道发生变形,引起管道应力集中,造成接口或管道破裂漏水故障,而漏水又会加剧地基土的破坏,促使管道发生更严重的不均匀沉降,最终引起事故[1]。

引起长距离输水管道不均匀沉降的地基处理措施首先应提高软弱地基的允许承载力,防止发生地基破坏,使地基沉降量在设计允许范围之内,同时采取适当措施使地基土层差异沉降满足设计要求。地基处理措施应从地质条件、施工工艺和经济效益等方面综合分析比较。

(1)提高软弱地基土承载力

输水管道及其附属构筑物(镇墩、阀井等)一般对地基强度要求不高。以DN2400预应力钢筒混凝土管为例,最大地基应力为105kPa,地基持力层允许承载力一般可满足设计要求,而新近沉积的淤泥、淤泥质土、松散状砂土或未固结的填土等软弱地基土,或地基土存在软弱下卧层时则出现地基承载力不足问题。根据地质条件和经济效益方面考虑,软弱地基土的处理可选用水泥土换填和水泥土深层搅拌桩措施,两种方法均可提高地基承载力和减少地基沉降量。

管道软弱地基土分布于地基表层且厚度较薄(不超过3.0m)时,可选用水泥土换填方法。该方法可就地取材,工艺简单,不需要特殊的机械设备,经济效益明显,若软弱地基土厚度大但分布范围较小时,采用水泥土深层搅拌桩处理投资较高时也可采用下部素土+上部水泥土换填方法。如阜阳城市供水工程输水管道、太和临泉界首城乡供水工程输水管道均采取此类地基处理措施:利用开挖可用壤土和黏土作为土料,进行专门存放和晾晒,土料含水率应保持在最优含水量±2个百分点范围内,掺入水泥量为最优含水量下土重的10%,拌和均匀后分层摊铺碾压,每层虚铺厚度不大于25cm,压实厚度不超过15cm,压实度不小于0.96,同时应注意对水泥土的保湿养护,确保强度满足设计要求。

管道软弱地基土厚度大、分布范围广,或地基土存在软弱下卧层不满足设计要求时,可选用水泥土深层搅拌桩处理。该方法可最大限度地利用原状土,形成具有整体性、水稳性,以及较高强度的圆柱状水泥土增强体,从而提高地基承载力、增大变形模量、减小沉降。如阜阳城市供水工程输水管道古城遗址段桩号0+000~0+350和0+500~0+800段即采取此类地基处理措施:利用专用机械将水泥和地基土搅拌,桩径500mm,桩中心距1200mm,采用梅花形布置,桩端进入软弱地基土下卧层0.5~1.0m。该方法成桩后需按照相关规范进行桩基检测工作,其技术指标应满足规范和设计要求。

(2)控制不同地基土沉降差异

输水管道沿线各地基土承载力或经处理后的复合地基强度和沉降量均满足设计要求后,需控制不同地基土之间的沉降差异量,其主要措施为管底垫层的铺设和管道胸腔土的回填。管底垫层铺设的主要作用为找平管道地基面,适应地基变形,使管道受力均匀,避免管道发生应力集中变形。垫层铺设之前应进行施工地质工作和联合验收程序,确保管道地基面满足规范和设计要求,然后铺设厚度不少于200mm的中粗砂垫层至设计高程,并应分层填压,中粗砂垫层的相对密度为0.70~0.75,宽度和平整度应满足规范和设计要求。管道胸腔部分为管侧和管顶以上500mm范围,其回填质量需保证管道在受到荷载时不破坏管道结构和发生偏移,可分为两个部分分别进行回填设计:管底三角区应采用中粗砂进行回填,压实度要求与垫层一致;管底三角区以上胸腔部分可采用符合设计要求的壤土、黏土回填,管两侧至槽边和管顶范围内压实度不得低于0.95,管顶至地面以下500mm区域内压实度不得低于0.92。管道两侧应同时均匀分层回填,每层回填虚铺厚度不大于300mm,应采用轻夯对称压实,压实面的高差不应超过30cm,且不得使管道位移或损伤。

2.2 管道抗浮问题

皖北地区输水管道的抗浮稳定性应根据陆地施工和穿河沉管施工两种工艺分别对施工期和运行期进行评价,其控制措施也不同。本节仅讨论陆地施工的抗浮稳定问题,穿河沉管施工见本篇相应小节。

对于陆地输水管道施工,施工期的抗浮措施主要是通过采取有效的降排水措施,确保管道基坑内积水及时排出或控制基坑水位解决,同时应关注降雨情况,合理安排施工工序,及时回填基坑,防止降雨量大时雨水倒灌基坑造成管道浮起。运行期的抗浮稳定问题一般发生在地下水位较高且管道处于放空检修期时,其工程措施主要是通过上覆土的压重进行抗浮,在进行抗浮稳定验算时,抗浮设防水位可取工程区地面标高[2-3],抗浮安全系数根据规范要求应不小于1.1。

2.3 地震效应影响

皖北地区地震动峰值加速度为$0.05\sim0.10g$,相应地震基本烈度为Ⅵ~Ⅶ度,其中输水管道工程位于Ⅶ度区的需考虑地震对输水管道的影响,如阜阳城市供水工程、亳州城市供水工程和古井镇供水工程等。在Ⅶ度地震条件下,工程区分布的第四系全新统沉积的轻粉质壤土或砂壤土等少黏性土,一般位于地下水位以下,呈饱和状态,易发生液化,或软弱土发生震陷,造成管道破坏。长距离输水管道的抗震措施应从地质条件、施工工艺和管材等方面综合考虑:对于软弱土的震陷问题可结合地基处理措施进行消除,对于少黏性土液化问题主要通过选用低摩擦系数的回填材料和控制回填施工质量,同时通过提高管厚增大重量或选用柔性管材并合理设置管道附件等方面减弱地震效应对管道的影响,提高长距离输水管道的抗震可靠度[4]。

2.4 环境水和土壤腐蚀性

皖北地区环境水化学类型一般为:地表水为$HCO_3-Ca\cdot Na$,地下水为HCO_3-Ca,环境水对混凝土、钢筋混凝土结构中的钢筋均无腐蚀性,对钢结构具弱腐蚀性,故对输水管道的影响较小。

土壤的腐蚀性首先会引起长距离输水管道的外腐蚀,同时土壤中的酸性物质和活性离子也会渗入砂浆保护层,导致内部预应力钢丝发生电化学腐蚀,其腐蚀产物和腐蚀过程中产生的氢原子渗入高强钢丝结构,引起高强钢丝的氢脆断裂,对输水管道的危害较大。土壤腐蚀类型主要为电化学腐蚀,腐蚀性大小由土壤的理化性质决定,可从土壤的电化学性质、化学性质、物理性质等方面进行评价。评价指标包括氧化还原电位、电阻率、pH值、极化电流密度、质量损失等[5],确定土壤的腐蚀性等级,作为输水管道采取防腐蚀措施的依据。

皖北亳州、阜阳地区供水工程输水管道埋藏深度内土壤的腐蚀性一般为:对混凝土结构和钢筋混凝土结构中钢筋为弱腐蚀性,对钢结构具中—强腐蚀性。据此结论确定:对PCCP输水管道防腐措施为环氧沥青涂料外防腐和阴极保护,对球墨铸铁管防腐措施为外喷锌再涂沥青和内衬水泥砂浆,对钢管防腐措施为外涂环氧树脂内涂环氧粉末和阴极保护。在实施过程中,阜阳、亳州城市供水工程PCCP输水管道的防腐措施经充分论证之后优化为加厚环氧煤沥青方案[6]。

2.5 施工降排水问题

皖北地区输水管道工程一般埋深较浅,管道基坑开挖深度内主要受到浅层地下水的影响,地下水为第四系松散岩类孔隙含水层,水位埋深与地形起伏和气象水文有关,一般在1.5~4.0m,因此施工过程中多存在施工降排水问题。

根据皖北地区地层结构特点,可采取集水明排、井点降水等降排水措施。若管道基坑开挖揭穿或揭露沙性土等渗透性较大的地层,且长距离管道施工时基坑开挖较长,涌水量大,采用集水明排措施效果不好,无法保证干地施工,对边坡也易造成渗透破坏,对坡脚形成冲刷,影响边坡的稳定性,不利于施工安全,故应采取井点降水措施;若管道地基为弱透水性的黏性土,基坑开挖未揭露渗透性较大的地层或揭露的渗透性较大地层位于地下水位以上,基坑涌水量较小,应根据黏性土地基的厚度确定降排水措施:黏性土地基一般下伏承压含水层,应首先根据承压水头大小进行突涌稳定性验算,确定承压含水层顶板地基临界厚度,当黏性土地基厚度小于临界厚度时,承压水会对地基形成顶托破坏,造成基坑突涌水,破坏地基强度,给施工带来困难,故应采取井点降水降低下伏承压含水层水头,确保施工安全,反之黏性土地基厚度大于临界厚度时,可采用集水明排措施。

2.6 沉管穿越段分析

皖北地区分布有多条重要内河航道,常年通航,水运交通发达,沟通河南、安徽重要工业农业生产区,连通淮河。随着引江济淮江淮沟通段河道的通航,更可直达长江,是不可断流的重要经济走廊。而城乡供水工程供水对象分布范围大、输水管线长,铺设线路必然要跨越这些通航河道。例如,太和临泉界首城乡供水工程输水线路需跨越沙颍河和泉河,阜阳城市供水工程跨越沙颍河等,均采用沉管施工方式铺设。输水管线穿越通航河道段根据河道宽度和管道走向一般长200~300m,其施工特点是水上开挖沟槽和下沉铺设钢管,主要工程地质问题是水下管道开挖基坑边坡的稳定性。

管道铺设于通航河道河床下，其埋置深度需满足河道通航、河槽冲刷及管道抗浮要求[7]，并适当考虑现状河底淤积情况，确定管顶覆土厚度为 3.0m，故其水下开挖基槽深度最小一般约 5.0m，往河道两侧，随着河底高程升高，基槽开挖深度可达 10m 以上。沉管水下基槽开挖边坡一般均揭露淤泥或淤泥质层、砂土层、砂壤土或轻粉质壤土层等对边坡稳定不利的地层，且穿越河道均为天然河道，淤泥层一般较厚，同时由于施工扰动，也会影响水下基槽稳定，从而引起水下边坡失稳回淤或滑塌[8]。为确保水下基槽开挖的稳定性，需根据不同的地层特性，并考虑施工影响，确定合理的放坡坡率。一般来说，确定水下边坡坡率的总体原则是：上游边坡较下游边坡缓，上层边坡较下层边坡缓[9]。据此建议边坡上部淤泥或淤泥质土层放坡坡比为 1∶7～1∶10，砂土层、砂壤土或轻粉质壤土层等放坡坡比为 1∶4～1∶5，黏性土层放坡坡比可为 1∶2，且不同坡率之间设置宽度不小于 2.0m 的坡间平台，同时在施工过程中，严格控制施工精度和速率，减小对边坡土层的扰动和冲刷，尤其是对坡脚的保护。施工过程中还应注意各工序的衔接，尽量采取缩短基槽开挖和管段沉放的时间间隔等措施来减少回淤[10]。

2.7 顶管穿越段分析

长距离输水管道不可避免与现有公路、铁路交叉，也有些穿越城镇建筑物密集区，采用明挖法施工作业面较大，一般在穿越城市道路不具备施工条件，且会切断交通运行，对周边建筑物产生安全隐患，需采取非开挖方法进行铺设。皖北地区城乡供水工程输水管道管径较大，在穿越铁路和重要公路时，顶管法因其引起地面沉降变形小、对周边环境影响小、占地少等优点得到广泛应用，仅太和临泉界首城乡供水工程输水管道顶管穿越段就达 9 处，顶管长度 80～150m，最长为亳州古井镇供水工程穿越亳芜大道与宋汤河段达 600m，穿越深度达 4.0～10.0m，基本适用于皖北地区各类管道穿越施工。顶管施工可分为工作井施工和管道穿越施工，应分别进行工程地质条件评价和建议。

顶管工作井通常采用沉井法施工，且一般尺寸较大，常作为永久阀井保留，其工程地质条件评价主要从地基承载力、抗浮稳定和沉井的下沉过程几个方面进行评价。其中，地基承载力和抗浮稳定评价见上文相应内容，沉井下沉过程中土体对其侧壁的摩阻力是沉井结构设计和助沉措施实施的依据[11]。根据沉管下沉深度内涉及地层的物理力学性质，依据相关规范提出土层与侧壁摩阻力的建议值，并对井周土层和管底持力层的均匀性作出评价，判断是否可能因受力不均发生倾斜，同时施工过程中应严格控制挖土顺序、挖土深度和下沉速度，并加强监测，做到及时纠偏。其次还应根据场地的水文地质条件对下沉施工方法提出建议，若场地地下水位低或下沉过程中涉及透水性差的地层，涌水量不大时，建议采取排水法下沉；若地下水位较高且下沉过程中涉及透水性好的地层，涌水量大时，特别是场区附近有既有建（构）筑物时，应采取不排水施工[12]。当沉井地基为黏性土层时，还应评价当沉井下沉至设计高程时，黏性土地基是否下伏承压含水层及其是否会对地基产生顶托破坏，作为沉井封底前是否采取降压排水措施的依据。

顶管穿越施工应分为始发、接收施工和顶进施工分别进行工程地质条件评价。顶管穿越之前,应首先确定始发洞口和接收洞口范围内的地层条件和水文条件,若洞口范围内为含水层,尤其是承压含水层,应对洞口采取适当加固和止水措施,防止发生涌水、涌沙事故;其次在顶管顶进过程中,应对管道范围内的地层强度差异性是否会引起管端阻力不均导致管道顶偏进行评价,特别是管底遇软弱土时可能会发生"磕头"事故,建议严格控制顶进速率并加强监测,及时纠偏;管道顶进过程中,建议采取适当措施平衡土水压力,防止地面发生沉陷,特别是遇承压含水层时,应综合考虑承压水头的作用,防止泥水通过管土间隙涌入工作井;最后还需注意,顶进速率过快或注浆压力过大,还会造成地面隆起、冒浆等事故。

另外,顶管施工前还应采取必要的物探手段探明场区地下管线的分布情况,对于管道穿越施工范围内的管线应进行迁移,对于管道施工可能引起的土体位移影响范围内的管线建议进行加固或迁移等[13]。

3 结论

皖北平原地区具有相似的工程地质条件和水文地质条件,在该地区兴建长距离输水管道工程具有相似的地质问题。本文通过总结近年来皖北地区已建成和在建输水管道工程勘察成果,对本地区建设输水管道工程可能存在的地质问题和沉管、顶管法铺管可能存在的地质风险进行归纳和评价,并从勘测、设计和施工等方面提出处理措施建议,为类似管道工程的建设提供参考。本文未包含皖北地区长距离输水管道工程运行中存在的地质问题,具体到某个工程需根据各自特点严格执行相关规范、规程要求,以保障工程的安全稳定运行。

参考文献

[1] 张土乔,李洵,吴小刚.地基差异沉降时管道的纵向力学性状分析[J].中国农村水利水电,2003(7):46-48.

[2] 化建新,郑建国,等.工程地质手册:第五版[M].北京:中国建筑工业出版社,2018.

[3] 周华.软黏土中市政道路管线及构筑物的地基处理技术及应用[D].杭州:浙江大学,2016.

[4] 陈贵清,郝婷玥,吴班,等.长输管道抗震研究的新进展[J].地震工程与工程振动,2006(3):193-196.

[5] 张许平.引黄工程北干线土壤对PCCP管的腐蚀性测试评价[J].资源环境与工程,2010,24(5):548-551.

[6] 孙治新,刘康和,杨正春,等.埋地钢质供水管道土壤腐蚀性测试与评价[J].水利技

术监督,2018(6):28-31+46.

[7] 戚蓝,汪彭生,韩东,等.穿江输油管道抗浮稳定最小埋深分析[J].天津大学学报,2013,46(4):328-332.

[8] 刘振楠.内河水下边坡稳定性及加固方案研究[J].天津城建大学学报,2021,27(5):323-328.

[9] 肖明清.长江沉管隧道水下基槽边坡的稳定性与合理坡率[J].现代隧道技术,2001(1):42-46.

[10] 张建新,徐军.沉管隧道水下基槽边坡稳定性与合理坡率研究[J].天津城建大学学报,2015,21(2):89-92+119.

[11] 王建,刘杨,张煜.沉井侧壁摩阻力室内试验研究[J].岩土力学,2013,34(3):659-666.

[12] 王荣文,葛春辉.沉井设计和施工中的常见事故及其防治措施[J].特种结构,2007(1):103-105.

[13] 魏纲,朱奎.顶管施工对邻近地下管线的影响预测分析[J].岩土力学,2009,30(3):825-831.

浅谈南水北调东线一期工程水量调度保障措施

阮国余　王　蓓　周立霞

（中水淮河规划设计研究有限公司，合肥　230000）

摘　要：南水北调东线一期工程建成通水以来，截至目前，直接受水惠及江苏、安徽、山东、河北、天津5个省（直辖市）（市）27市123个县（市、区），受益人口超过8359万。东线一期工程水量调度保障措施是水量调度计划的重要组成部分，是保证东线一期工程科学、合理、及时、有效地进行调度，促进实现受水区与水源区互利共赢、共同发展，是推动东线工程高质量发展的重大实践。

关键词：南水北调；东线一期；水量调度

1　南水北调东线一期工程主要设计成果

（1）工程任务

东线一期工程是补充山东半岛和山东、江苏、安徽等输水沿线地区的城市生活、工业和环境用水，兼顾农业、航运和其他用水，并为向天津、河北应急供水创造条件。

（2）供水范围

东线一期工程的供水范围大体分为3片：①江苏省里下河地区以外的苏北地区和里运河东西两侧地区，安徽省蚌埠市，淮北市以东沿淮、沿新汴河地区，山东省南四湖、东平湖地区；②山东半岛；③黄河以北山东省徒骇马颊河平原（以下简称为黄河以南片、山东半岛片和黄河以北片）。一期工程供水区内分布有淮河、海河、黄河流域的21座地级以上城市，包括济南、青岛、徐州等特大城市和聊城、德州、滨州、烟台、威海、淄博、潍坊、东营、枣庄、济宁、菏泽、扬州、淮安、宿迁、连云港、蚌埠、淮北、宿州等大中城市。

第一作者：阮国余（1982—　），男，高级工程师，主要从事研究南水北调东线工程。E-mail：hwrgy@126.com。

(3) 工程规模和增供水量

工程规模为抽江 500m³/s，入东平湖 100m³/s；胶东输水干线 50m³/s，过黄河 50m³/s。

工程多年平均增供水量 46.43 亿 m³，其中增抽江水 38.01 亿 m³。扣除各项损失后全区多年平均净增供水量 36.01 亿 m³，其中江苏 19.25 亿 m³，安徽 3.23 亿 m³，山东 13.53 亿 m³。

(4) 工程布局

东线一期工程在江水北调工程基础上扩建而成，工程从江苏省扬州附近的长江干流引水，利用京杭大运河以及与其平行的河道输水，连通洪泽湖、骆马湖、南四湖、东平湖，经泵站逐级提水进入东平湖后，经小运河接七一、六五河自流到大屯水库；到东平湖后分水两路：一路向北在山东省位山附近黄河河底穿过黄隧洞，过黄河，另一路向东开辟胶东输水干线西段工程与现有引黄济青输水渠相接。

(5) 工程建设运行情况

东线一期工程于 2002 年 12 月 27 日开工建设，2013 年 3 月主体工程完工，11 月 15 日全线通水运行。东线一期工程主体工程包括江苏省三阳河潼河、宝应站、江都站改造等 61 个单项、截污导流工程 25 个单项。截至 2012 年底，东线一期工程已批主体工程总投资 365.49 亿元，其中静态总投资 345.86 亿元（含价差 25.66 亿元，截污导流工程按 22.28 亿元计列），建设期利息 19.63 亿元。

2 水量调度时段

根据《南水北调工程供用水管理条例》和《南水北调东线一期工程水量调度方案（试行）》规定，东线一期工程调度期为 10 月至次年 9 月。调水入南四湖时间为 10 月至次年 9 月；调水入东平湖时间为 10 月至次年 5 月；调水到胶东时间为 10 月至次年 5 月；调水过黄河时间为 10 月至次年 5 月。

为减少输水损失、利用调蓄水库进行水量调蓄，并统筹兼顾用水、航运、沿线输水工程情况等因素，在不影响供水安全的前提下，尽量采用集中调水方式，向江苏省调水时段为 10 月至次年 9 月，向山东省调水时段为 10 月至次年 5 月。

3 水量调度保障措施

为高效推进水量调度计划实施，需结合东线一期工程条件、工程运行管理体制机制等特点，研究提出保障措施，主要内容如下：

3.1 全面实行水量调度管理工作责任制

江苏、安徽、山东省人民政府和相关工程管理单位应按照《南水北调工程供用水管理

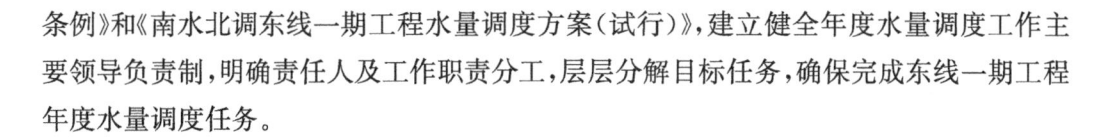

条例》和《南水北调东线一期工程水量调度方案(试行)》,建立健全年度水量调度工作主要领导负责制,明确责任人及工作职责分工,层层分解目标任务,确保完成东线一期工程年度水量调度任务。

3.2 优化受水区水资源配置

江苏、安徽、山东省人民政府水行政主管部门要认真组织做好东线一期工程受水区水资源优化配置,统筹配置当地水、东线一期工程供水及其他水源,落实超采区地下水压采计划,切实保护生态环境。

淮河水利委员会,江苏、安徽、山东省人民政府水行政主管部门应在确保洪泽湖、骆马湖、南四湖生态安全的前提下,优化配置、合理利用洪泽湖、骆马湖、南四湖水资源。

黄河水利委员会、山东省人民政府水行政主管部门应在确保东平湖生态安全的前提下,优化配置、合理利用东平湖水资源。

3.3 加强工程运行管理

中国南水北调集团有限公司,江苏省、山东省、黄河水利委员会、淮河水利委员会的相关工程管理单位应建立健全安全生产责任制,加强工程管理,科学调度,做好工程监测、检查、巡查、维修和养护,确保工程安全运行,保障航运安全。

工程沿线各级地方人民政府应当做好工程设施的安全保护工作,防范和制止危害东线一期工程设施安全的行为。

3.4 严格水量调度计划执行和监督检查

各相关单位应严格执行水利部印发的东线一期工程年度水量调度计划,做好月水量调度方案的制定、实施,加强工程运行和用水管理;调水期间,要密切关注输水沿线工情、水情变化,加强信息沟通,确保水量调度计划落实。计划需变更应按原审批程序报批。

南水北调规划设计管理局、黄河水利委员会、淮河水利委员会、海河水利委员会,以及江苏、山东省人民政府水行政主管部门要加强东线一期工程水量调度监督检查,对发现的违规取水、违反调度指令等行为,及时纠正并按有关规定查处。

3.5 加强水文测报工作

受水区各级水文部门要密切关注雨水情变化,加强水文监测,进一步提高预报精度,及时报送相关信息,做好水量调度计划技术支撑和服务工作。

北京市永定河生态补水
——卢沟桥拦河闸脉冲试验水头演进过程分析

周正昊[1] 张 欣[2] 李丽琴[3]

(1.水利部南水北调规划设计管理局,北京 100038
2.北京市水文总站,北京 100089;
3.北京市水科学技术研究院,北京 100048)

摘 要:为深入探究永定河春季生态补水期间卢沟桥闸脉冲试验的水头行进过程,以实测数据为基础,应用数理统计方法,分析水头损失、累计水量、涨水过程持续时间等关键水文要素变化规律,为永定河生态调度及汛期防汛调度提供一定参考。结果表明,卢沟桥至京良路乙烯管架桥段水头水量损失最大,2次脉冲结果均损失200m³/s以上;各站涨水过程持续时间随水头向下游行进而逐渐变长;不同梯度开闸放水对累计水量具有一定的影响。研究结果为下一步实现永定河全年有水的目标提供了数据支撑。

关键词:永定河生态补水;水量脉冲试验

2020年春季北京市永定河生态补水期间,通过控制卢沟桥拦河闸分别于5月8日、5月14日进行2次开闸放水脉冲试验,模拟大流量下河道洪水演进。北京市水文总站重点对永定河平原郊野段(卢沟桥以下北京市境内)利用走航式ADCP、电波流速仪、中泓浮标、雷达侧扫等不同的水文测验方式开展水文要素测验,实时监测各断面水位、流量变化的全过程。

本文旨在探索永定河生态补水期间,卢沟桥闸脉冲试验的水头行进过程,分析水头损失、水头到达下游站点的脉冲时间、累计水量等水文要素变化规律,为永定河生态调度及汛期防汛调度提供一定参考。

第一作者:周正昊(1994—),男,工程师,主要从事调水工程规划管理等工作。E-mail:976320414@qq.com。

通信作者:张欣(1994—),女,工程师,主要从事水文水资源方面的研究工作。E-mail:714816769@qq.com。

1 永定河生态补水概况

永定河全长747 km,是贯穿京津冀晋蒙的重要水源涵养区、生态屏障和生态廊道,也是京津冀协同发展的生态大动脉。永定河生态补水通过山西万家寨引黄工程北干线引黄河水入桑干河,至官厅水库进入北京市境内。本次补水为官厅水库存蓄下泄水量,累计下泄为16455万 m³[1-2]。永定河北京段主要观测站点自上游到下游有雁翅水文站、陇驾庄水文站、三家店水文站、卢沟桥水文站,调水最后从河北省固安水文站流出北京。

2 数据获取及计算方法

本文选用数据为2020春季永定河生态补水期间实时监测数据,数据经校核具有良好的可靠性[3-4]。本次脉冲试验在郊野平原段共布设4个站点,自上而下分别是卢沟桥、京良路乙烯重油管架桥、六环路、固安。各站分布见图1,基本信息见表1。

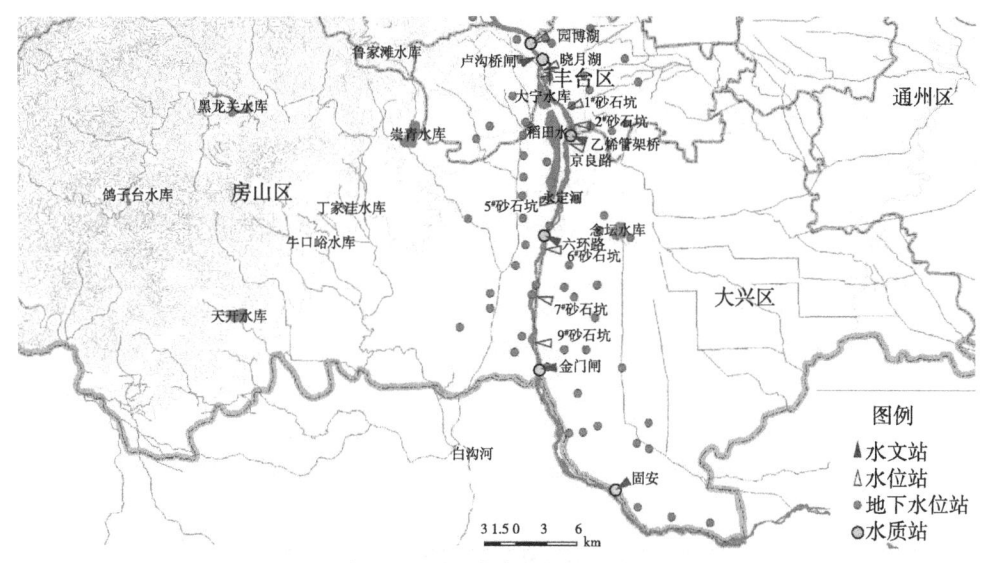

图1 郊野平原段(卢沟桥闸至固安)平面图

表1 监测站点信息

序号	测站名称	测站编码	所在河流	位置 经度	位置 纬度
1	卢沟桥	30700700	永定河	116°13′	39°52′
2	京良路乙烯重油管架桥	30700750	永定河	116°15′38″	39°46′32″
3	六环路	30700850	永定河	116°14′18″	39°42′2″
4	固安	30701000	永定河	116°17′43″	39°29′46″

累计水量[5]是指切除基流后从起涨到回落整个涨水过程的水量(即削峰后的累计水量)。计算选用多组走航式ADCP实测的断面流量值,计算公式如下:

$$W = 3600\Delta t \cdot \overline{Q}$$

式中,W——累计水量,m³;

Δt——相邻2次监测数据的时间间隔,h;

$\overline{Q}$——相邻2次监测的平均流量,m³/s。

3 结果分析

3.1 水头行进过程

在实测资料的基础上,以卢沟桥闸为起点,以固安水文站为终点,研究不同梯度下泄流量对水头行进的影响[6]。图2至图4显示2次脉冲试验流量随时间的变化过程。其中,图2为第一次脉冲试验流量过程,图3为第二次脉冲试验流量过程,图4为固安站2次脉冲试验流量过程。由于固安站起涨时间与前3个站不同,因此单独画出固安站流量变化过程。

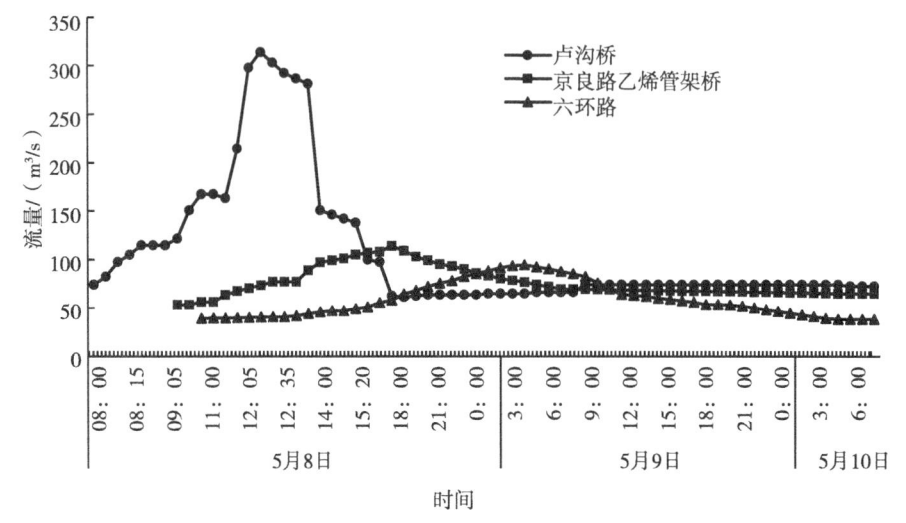

图2 卢沟桥下游水头行进过程(第一次脉冲试验流量过程)

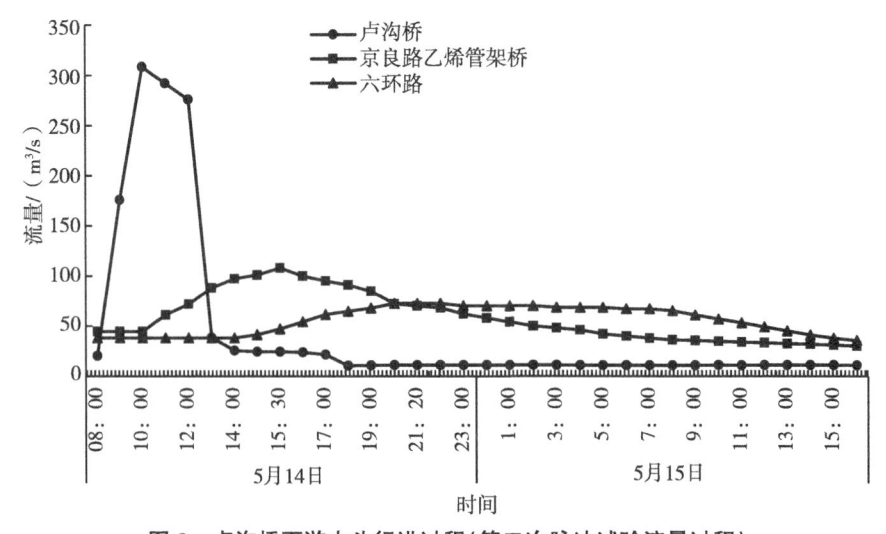

图3 卢沟桥下游水头行进过程(第二次脉冲试验流量过程)

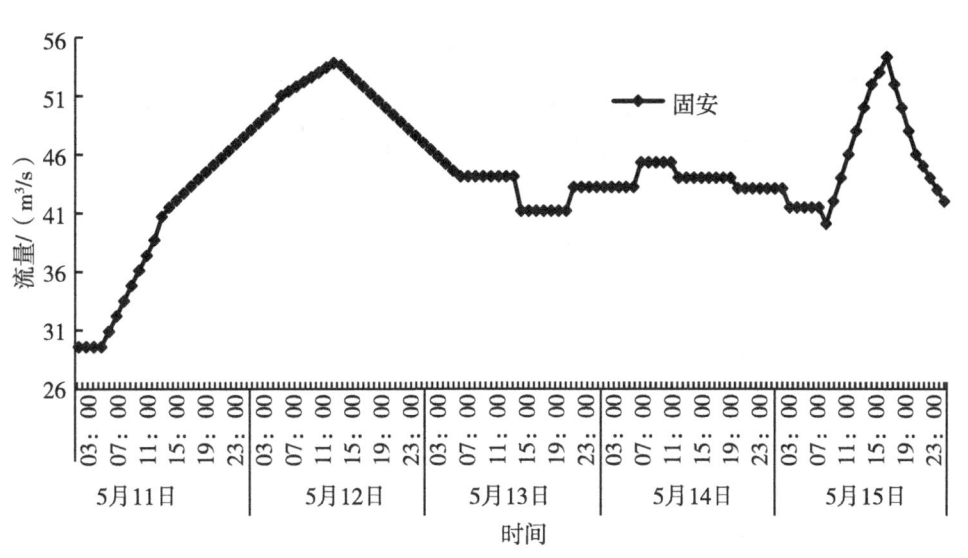

图 4　卢沟桥下游水头行进过程（固安站2次脉冲试验流量过程）

卢沟桥开闸放水后，下游水文站依次出现快速涨水过程，且峰值依次减小，说明水头流经各段均有部分水量损失。对比表2、表3可以直观看出，各站涨水过程（包括峰值流量、水头行进时间等水文要素）。其中，卢沟桥至乙烯管架桥段水头损失最大，2次脉冲结果均损失200m³/s以上。乙烯管架桥至六环路段水头损失平均为27.5 m³/s，六环路至固安段水头损失平均为29.6 m³/s。原因是受上游2000万 m³ 砂石坑坦化作用，峰值坦化率达64%。

随着水头向下游行进，各站涨水过程持续时间逐渐变长，对比2次脉冲试验结果可以发现，5月14日脉冲试验涨水过程持续时间变短，如卢沟桥站，第一次脉冲试验涨水过程持续12h，第二次仅用10h。乙烯管架桥、六环路、固安2次试验结果分别缩短1h、15h、24h。原因是2次脉冲开闸梯度不同，5月8日开闸流量梯度分别为130m³/s、190m³/s、380m³/s，5月14日开闸流量梯度分别为190m³/s、380m³/s。开闸过程对应实时流量见表4、表5。

表2　第一次脉冲卢沟桥下游断面水头行进过程

站名	距离/km	水头到达时间/（月-日 时:分）	水头行进时长/min	峰值流量/(m³/s)	洪峰出现时间/（月-日 时:分）	水头总行进时长/h
卢沟桥	0	05-08 08:00	0	314	05-08 12:15	
京良路乙烯管架桥	11.0	05-08 13:05	305	114	05-08 19:00	
六环路	20.0	05-08 16:45	220	94.5	05-09 06:00	70
固安	48.0	05-11 08:00	3795	53.5	05-12 16:00	

表3　　　　　　　　第二次脉冲卢沟桥下游断面水头行进过程

站名	距离/km	水头到达时间/(月-日 时:分)	水头行进时长/h	峰值流量/(m³/s)	洪峰出现时间/(月-日 时:分)	水头总行进时长/h
卢沟桥	0	05-14 08:00	0	310	05-14 09:30	24
京良路乙烯管架桥	11.0	05-14 10:00	2	108	05-14 15:35	
六环路	20.0	05-14 16:00	6	72.5	05-14 20:00	
固安	48.0	05-15 08:00	16	54.3	05-15 16:00	

表4　　　　　　　　5月8日第一次脉冲开闸梯度

时间	闸门下泄流量/(m³/s)	实测流量/(m³/s)
08:00	130.0	112.0
10:00	190.0	162.0
12:00	380.0	314.0
13:00	380.0	292.0
14:00	190.0	157.0
16:00	130.0	100.0
18:00	74.9	62.5

表5　　　　　　　　5月14日第二次脉冲开闸梯度

时间	闸门下泄流量/(m³/s)	实测流量/(m³/s)
08:00	190	163.0
09:00	380	310.0
12:35	35	35.6
13:00	闭闸	10.5

分析水头行进时间，2次脉冲试验具体结果如下：

(1)第一次脉冲过程

水头通过卢沟桥下游各断面总时长为70h(约3d)，其中：卢沟桥至乙烯管架桥段，间距11km，水头行进时间为305min；乙烯管架桥至六环路段，间距20km，水头行进时间为220min；六环路至固安段，间距48km，水头行进时间为3795min。

(2) 第二次脉冲过程

水头通过卢沟桥下游各断面总时长为24h(约1d),其中:卢沟桥至乙烯管架桥段,间距11km,水头行进时间为2h;乙烯管架桥至六环路段,间距20km,水头行进时间为6h;六环路至固安段,间距4km,水头行进时间为16h。

对比2次脉冲试验水头行进时间,可以明显看出第二次脉冲实验水头行进时间大大缩短,且随着水头向下游的行进,脉冲时间减少得更加显著,尤其是六环路至固安段缩短47h。

3.2 水量分析

根据实时监测的流量数据,计算各站累计水量。由于六环路以下河道,特别是赵村段河道过流断面逐渐被冲宽,固安站流量过程不能代表真实脉冲过程,脉冲水头和水量只分析卢沟桥至六环路。结果见表6。

表6　　　　　　2次脉冲卢沟桥下游断面累计水量对比

站名	距离/km	第一次脉冲累计水量/万 m³	第二次脉冲累计水量/万 m³
卢沟桥	0	0	0
京良路乙烯管架桥	11.0	184	95
六环路	20.0	410	358
固安	48.0	453	358

从累计水量对比结果来看,第二次脉冲试验各站间累计水量均比第一次略小。由此可见,不同梯度开闸放水对累计水量具有一定的影响,减少开闸梯度,累计水量减小。

2次脉冲水量损失结果见表7。2次区间总损失量分别为236万、176万 m³。第二次损失量小,原因是第一次放水河道已渗漏补给部分水量,2次放水间隔较短,且第二次放水梯度更快,水头行进加速。

表7　　　　　2次脉冲卢沟桥下游断面损失水量　　　　　(单位:万 m³)

区间	第一次脉冲 损失水量	第一次脉冲 合计	第二次脉冲 损失水量	第二次脉冲 合计
卢沟桥至京良路	116	236	128	176
京良路至六环路	120		48	

4　结论

(1) 水头损失

脉冲试验结果表明,卢沟桥至乙烯管架桥段水头损失最大,2次脉冲结果均损失在

200m³/s 以上。乙烯管架桥至六环路段水头损失平均为 27.5m³/s,六环路至固安段水头损失平均为 29.6m³/s。受上游 2000 万 m³ 砂石坑坦化作用,峰值坦化率达 64%。

(2)涨水过程持续时间

结果表明:随着水头向下游行进,各站涨水过程持续时间逐渐变长;对比 2 次脉冲试验水头行进时间,可以明显看出第二次脉冲实验水头行进时间大大缩短,且随着水头向下游的行进,脉冲时间减少得更加显著,尤其是六环路至固安段缩短 47h。

(3)累计水量与水量损失

不同梯度开闸放水对累计水量具有一定的影响,减少开闸梯度,累计水量减小。2 次脉冲试验区间水量损失分别为 236 万、176 万 m³。

参考文献

[1] 北京市水文总站,永定河春季生态补水水文监测工作总结[A].北京:北京市水文总站,2020.

[2] 梁虹,杨明德.后寨喀斯特流域结构与放水脉冲试验研究[J].贵州师范大学学报(自然科学版),1997(1):3-8.

[3] 张冰洁,王灵灵,薛亚莉,等.渭河下游河道造床流量及过洪能力变化分析[J].陕西水利,2018(1):8-9+11.

[4] 郭宝群,田文君,刘建军.水文资料整编时效性提升实践与改进[J].东北水利水电,2020,38(6):31-32.

[5] 赵永俊,赵瑾,申迪,等.2016 年淮河入江水道行洪能力测验与分析[J].治淮,2017(12):89-90.

[6] 郭立兵,王亚东,田福昌.基于一维水动力模型分析涉水建筑对河道行洪能力的影响[J].南水北调与水利科技,2017,15(6):165-171.

场次洪水对南水北调补偿工程兴隆枢纽下游粉细砂河床的冲刷风险分析

樊咏阳[1,2,3]　胡春燕[1,2,3]　甄子凡[1,2,3]

(1.长江勘测规划设计研究有限责任公司,武汉　430014；
2.流域水安全保障湖北省重点实验室,武汉　430014；
3.长江经济带岸线洲滩安全保障技术创新中心,武汉　430014)

摘　要：兴隆水利枢纽工程是南水北调4项补偿工程之一,是汉江的最后一个梯级枢纽。兴隆枢纽下游河床是深厚的粉细砂河床,低含沙水流的作用下,河道长期处于单向冲刷的发展趋势中。自2014年兴隆水利枢纽蓄水运行以来,下游引航道出口处观测的500 m³/s以下的枯水位下降约2.65 m。通过对河道枯水位下降情况的分析,发现场次洪水对兴隆枢纽下游的深厚粉细砂河床会产生重大冲刷风险；"尖瘦型"洪水过程的冲刷风险远超"矮胖型"洪水过程,底水越低、上涨越快的场次洪水对河道的冲刷风险越大。

关键词：场次洪水；冲刷风险；粉细砂河床；枢纽下游；兴隆枢纽

1　概述

南水北调中线工程从丹江口水库陶岔引水,已实现年调水量95亿 m³,提高了京津冀等地的饮用水水源质量,同时也显著改变了汉江中下游水文径流条件。为减轻和消除南水北调中线工程对汉江中下游灌溉、航运的不利影响,科学开发利用水能资源,汉江中下游规划了王甫州、新集、崔家营、雅口、碾盘山、兴隆等6级航电枢纽。随着梯级枢纽陆续运用,汉江来沙过程受到全面调控,大量泥沙被拦在库内,坝下河段如兴隆河段2014—2017年年均输沙率较1972—2013年降低了75.1%,而兴隆河段河床组成主要为深厚的粉细砂,在"清水"下泄的作用下,河床发生剧烈冲刷,中枯水位明显下降,给沿江两岸取

基金项目：新情势下长江口北支河道演变及综合治理措施研究(CX2021Z68)。

作者简介：樊咏阳(1989—　),男,高级工程师,博士研究生,主要从事河道演变及治理研究工作。E-mail:fyy07@qq.com。

通信作者：胡春燕(1969—　),女,正高级工程师,主要从事河道演变、规划、治理研究工作。

水、灌溉、航运、水生态、水环境带来明显威胁。

根据兴隆水利枢纽运行以来的实测资料,枢纽运行后坝下河床冲刷问题尤为突出:兴隆电站机组超过设计水头运行[1],船闸下闸首槛上水深不足,鱼类洄游通道受阻[2],甚至危及建筑物稳定安全等。河床冲刷导致的坝下水位下降问题已经影响了水库正常效益的发挥。

对枢纽下游深厚粉细砂河床的冲刷现象,一般认为,水沙情势的变化是导致河道冲淤规律发生调整的最主要原因。坝下游河道在枢纽建成后,将经历一个冲刷—平衡的发展过程[3]。国内针对枢纽下游的河床冲刷的研究,主要集中于三峡水库近坝段的冲刷和枯水位下降[4-5],对于深厚粉细砂河床的冲刷研究较少,尤其在汉江中下游受水库调蓄影响下,长期维持小流量水平的情况下,场次洪水的塑造作用更强,对于场次洪水短期内对深厚粉细砂河床的塑造作用研究更为重要。

2 研究区域及研究方法

2.1 研究河段

研究范围上起兴隆水利枢纽工程,下迄泽口水位站附近,研究河段全长约 30km。兴隆水利枢纽位于汉江下游潜江市兴隆村境内。枢纽主要组成部分包括船闸、发电厂房、泄水闸等。船闸下接引航道,引航道出口距坝址约 1.1km,布置有水位观测设备。兴隆水利枢纽工程下游约 3km 处为引江济汉出水闸,引江济汉工程年补水 35 亿 m^3,自右岸汇入汉江。兴隆水文站位于兴隆水利枢纽下游约 24km 处,测量内容包括水位、流量、含沙量、泥沙级配等。泽口水位站位于兴隆水利枢纽下游约 30km 处,位于东荆河分流口下游约 2km 处,是水位观测站。

自兴隆水利枢纽工程至泽口水位站,沿程布置了 15 个固定测量断面,编号为 HX88～HX102(图 1)。

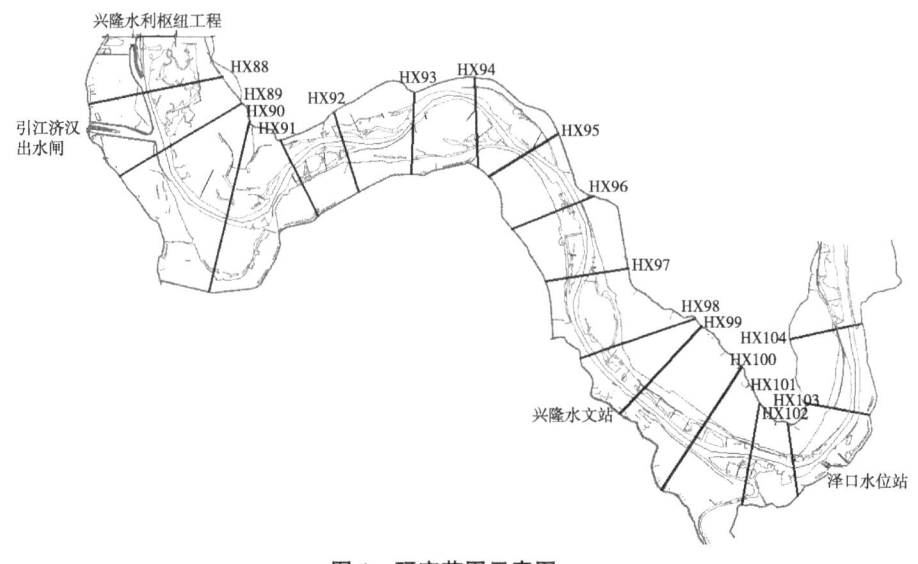

图 1 研究范围示意图

2.2 数据来源

研究数据来源为长江水利委员会水文局野外测量资料以及兴隆水利枢纽管理局观测资料。主要包括水文资料、固定断面资料等。所有资料均采用1985国家高程基准(表1)。

表1　　　　　　　　　　　　数据来源

数据类型	测站名称	测量时间	测量间隔	数据来源
水文资料	兴隆枢纽引航道出口水位	2014—2023年	24h	兴隆水利枢纽管理局
	兴隆枢纽出库流量	2014—2023年	24h	
	兴隆水文站	2014—2022年	24h	长江水利委员会水文局
	泽口水位站	2014—2021年	24h	
固定断面资料	HX088～HX102	1977—2022年	1年	

3 兴隆枢纽下游河床冲刷现状

3.1 河床冲刷情况

研究河段内,根据固定断面测量数据计算长坨垸—泽口段(断面号:HX088～HX102)的河道冲淤量(图2)。计算段全长约27.7km。1977—2016年,平滩河槽累计冲刷量约为4211万 m^3,冲刷强度为149万 m^3/a。从沿时分布来看,以2012—2016年年均冲刷量最大,为462万 m^3,是1977—2016年年均值的3倍,表明该河段冲刷主要集中在2012年以来。枯水河槽冲淤变化情况则与平滩河槽基本相应,枯水河槽冲刷占平滩河槽冲刷量的均值为42%。

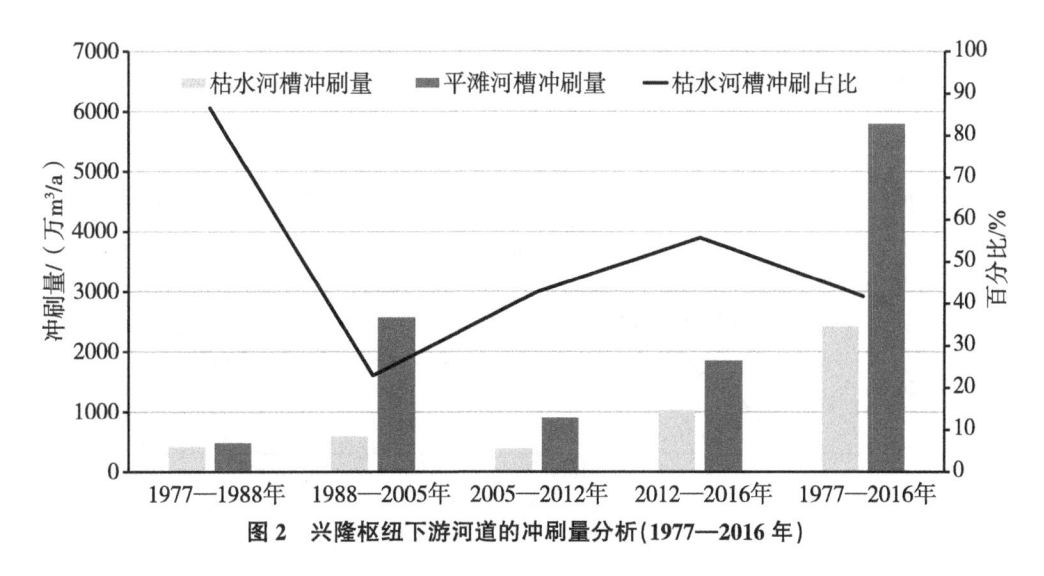

图2　兴隆枢纽下游河道的冲刷量分析(1977—2016年)

兴隆水利枢纽工程开工于 2010 年,完工于 2014 年,根据测量资料的情况以 2016 年为界,将地形分为工程前与工程后两个时间阶段。工程前年均冲刷强度 462 万 m^3,枯水河槽年均冲刷强度 258 万 m^3(图 3)。工程后,除 2016—2017 年外,平滩河槽年均冲刷量超过 950 万 m^3,约为工程前的 2 倍,此外其余年份的平滩河槽年均冲刷量均小于工程前均值。与之相反的是,工程后枯水河槽的冲刷强度有所增强,除 2017—2018 年以及 2019—2020 年外,其余年份枯水河槽的年均冲刷强度均强于工程前。因此,从河道冲淤情况可以看出,兴隆水利工程完工后,枯水河槽冲刷强度增强,平滩河槽冲刷强度减弱。

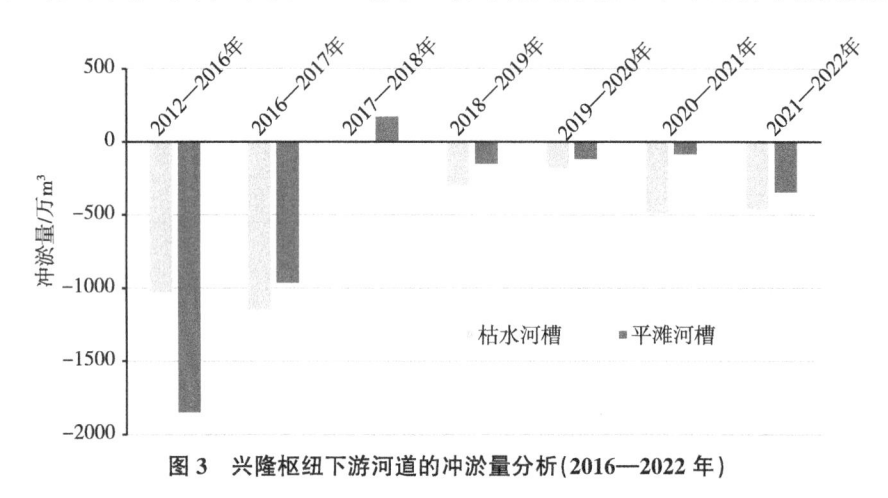

图 3　兴隆枢纽下游河道的冲淤量分析(2016—2022 年)

3.2　枯水位下降情况

兴隆水利枢纽下游河道枯水河槽的满槽流量为 2500～3500 m^3/s,枯水河槽的冲刷直接引起了河道枯水位的下降。从图 4 可以看出,2015 年,兴隆水文站 500 m^3/s 下的水位为 27.2m,至 2019 年,同流量下水位为 26.7m,2022 年约为 26.0m,7 年累计下降了 1.2m,年均下降 17cm。

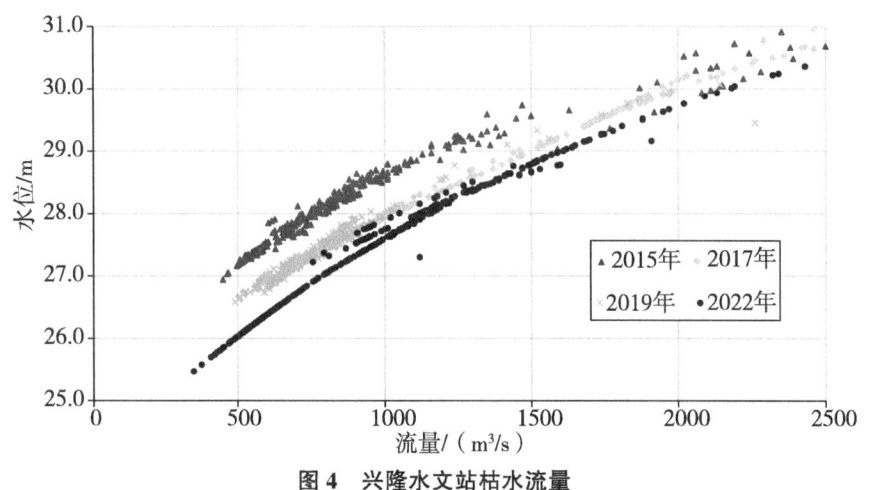

图 4　兴隆水文站枯水流量

随着河道枯水位的不断下降,对兴隆水利枢纽工程的影响逐渐体现。根据兴隆水利枢纽工程引航道出口处的水位观测结果,引航道出口水位由工程前的29.9m下降至2023年的26.6m,造成2022年出现了长时间的断航现象。因此有必要分析造成河道枯水位下降的原因,本次研究重点分析场次洪水对河道冲刷、枯水位下降的影响。

4 场次洪水的影响分析

4.1 水沙情势变化

2014年以来,汉江中下游大洪水年份发生在2017、2021年(表2)。从兴隆站年际径流变化看,2014—2022年兴隆站年均径流量为372亿 m^3。径流量排名前2位的2021、2017年年径流量为742亿 m^3、458亿 m^3,分别是多年平均值的1.99倍、1.23倍。从洪峰看,2017年的洪峰流量12900m^3/s略大于2021年的11200m^3/s。

表2 研究河段主要控制站水沙情况统计

年份	兴隆 径流量/亿 m^3	兴隆 输沙量/万 t	仙桃 径流量/万 m^3	仙桃 输沙量/万 t
2014	193	218.86		
2015	342		315	
2016	246		238	
2017	458	678.02	391	927.16
2018	392		339	
2019	254		228	
2020	409		357	
2021	742	1097.45	610	2037.23
2022	315	185.43		

4.2 大洪水的影响

分析表明,2016—2022年近坝段冲刷全部发生在枯水河槽,总计冲刷2588万 m^3。从年际变化看,最大冲刷发生在2017年,冲刷量为1148万 m^3,占比高达44.3%;其次为2021年,冲刷量为488万 m^3,占比18.8%;最小冲刷发生在2018年,枯水河槽冲刷量仅为12万 m^3,占46%。

由此可见,大水年份对枯水河槽的冲刷具有明显的作用,尤其是2017年对枯水河槽的冲刷尤为显著。大洪水对于原来中小流量塑造的河床断面不能适应行洪的需要,必然引起河床的纵向和横向变形。兴隆以下近坝段受护岸工程、航道整治高滩守护、丁坝工程的作用,横向变形受到控制,河床断面的调整主要是河槽的刷深。

对比2017、2021年两个年份,2021年径流量是2017年的1.62倍,但枯水河槽冲刷量较 2017 年明显偏小。主要是两个年份年内水文特性在以下几方面存在较大的差异（表3）。2017 年洪峰流量大，且为单峰，年均水位低，高水同流量水位明显低于 2021 年，漫滩水流持续时间短、洪峰较 2021 年晚 1 个月。

2017 年径流呈现单峰，最大洪峰流量出现在 10 月 8 日，洪峰流量 12900m³/s，径流年内分配极不均匀，10 月径流量占全年的 43.3%，10 月月均流量 7403m³/s，流量过程呈现陡涨陡落的特点。流量从 2017 年 9 月 29 日的 1390m³/s 涨至 10 月 8 日的 12900m³/s。洪峰陡涨过程中，原来中小流量塑造的河床断面不能适应新的水情，必然引起河床的纵向冲刷。洪峰陡落过程中，水流迅速归槽，断面流速增加，也会引起断面的急剧冲刷。

对于 2021 年径流，呈现明显双峰现象，洪峰分别出现在 9 月 9 日与 10 月 1 日，洪峰流量分别为 11200m³/s、1070m³/s，较 2017 年有所减小。径流年内分配较 2017 年均匀，8、9、10 月 3 个月径流量占比全年分别为 15.9%、27.7%、16.1%，月平均流量分别为 4400m³/s、7950m³/s、4460m³/s。由于 2021 年径流量大，漫滩时间（按照 $q=7000$m³/s）为 29 天，高于 2017 年的 21 天，水流漫滩后，断面平均流速会相应减小。从峰型看，2021 年呈现多峰偏胖特点，8 月 26 日流量就达 7750m³/s，致使 2021 年高水期同流量水位明显高于 2017 年，这也是导致 2021 年冲刷量偏小的原因。

表 3 　　　　　　　　研究河段 2017 年、2021 年水沙特性值对比

年份	径流量 /亿 m³	输沙量 /万 t	年均水位 /m	洪峰流量 /(m³/s)	$Q>7000$m³/s 持续时间/d
2017	458	678.02	30.76	12900	21
2021	742	1097.45	31.75	11200	29

此外，2017 年较 2021 年洪峰发生时间晚。2017 年洪水主要集中在 10 月，平均流量 7403m³/s，同期兴隆站、汉口站水位 37.06m、22.78m（图 5）。而 2021 年 9 月径流量最大，月均流量 7950m³/s，同期兴隆站、汉口站水位 37.92m、24.27m（图 6、图 7）。可以看出，2021 年水位明显偏高、比降偏大，这也是导致 2021 年冲刷偏小的原因。

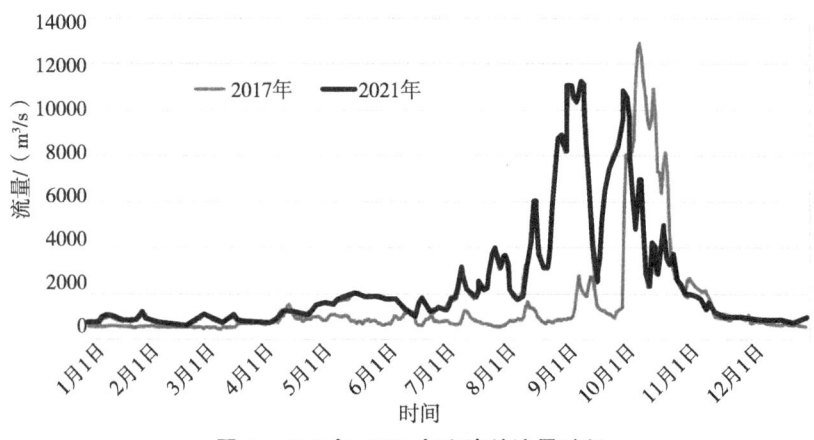

图 5　2017 年、2021 年兴隆站流量过程

图 6　2017 年、2021 年兴隆站月均流量、水位变化

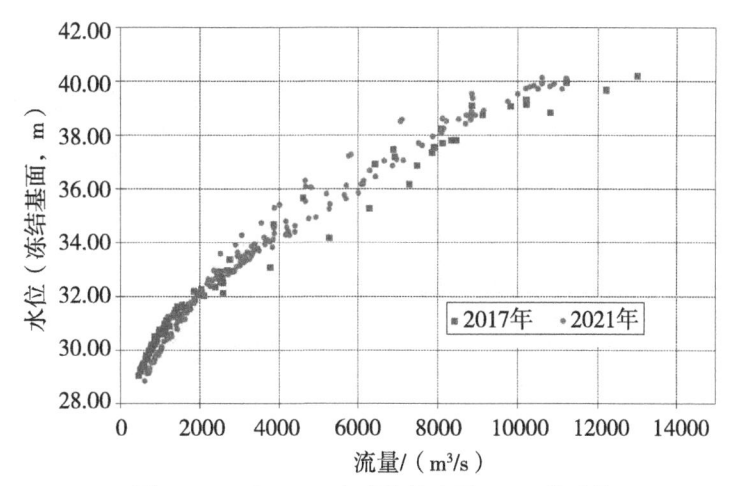

图 7　2017 年、2021 年兴隆站实测 Z—q 关系线

5　结论

作为南水北调中线工程的 4 项补偿工程之一,兴隆水利枢纽工程是汉江梯级枢纽工程的最后一级,枢纽下游河床有着深厚的粉细砂覆盖层。在长时间清水下泄的情况下,下游枯水河槽长期单向冲刷,枯水位不断下降,造成的风险问题涵盖了通航、发电、过鱼等多个方面。因此,有必要对枢纽下游深厚粉细砂河床冲刷风险开展研究,而场次洪水正是其中重要的影响因素之一。

在基于实测水文、地形资料开展分析后,对兴隆水利枢纽下游的河道冲刷和枯水位下降的现象和原因研究后,得到主要结论如下:

1)自 1977 年以来,研究河段长期处于冲刷态势。以 2016 年为界,分为兴隆水利枢纽工程实施前和工程实施后两个时间段,工程实施后,枯水河槽冲刷强度增强,平滩河槽冲刷强度减弱。冲刷集中于枯水河槽，造成了同流量下枯水位的下降。

2）自2014年以来，兴隆水文站枯水位年均下降约17cm，兴隆水利枢纽工程引航道出口处水位年均下降约37cm。

3）工程建成后，研究河段主要经历了2次场次洪水，分别为2017年10月以及2021年8—10月。2017年洪水涨速较快，峰型呈现为"尖瘦型"；2021年洪水涨速慢，但持续时间长，峰型呈现为"矮胖型"。

4）分析结果表明，"尖瘦型"洪水底水低、涨速快、流速大，造成的河床冲刷更为剧烈；"矮胖型"洪水底水高、涨速慢、流速小，造成的河床冲刷强度更小。

本文从兴隆水利枢纽下游深厚粉细砂河床的冲刷情况对不同场次洪水的响应情况出发，分析了场次洪水特性对河道冲刷风险的作用效果。对于造成河道平面冲淤分布的更深层次的原因，需要收集更多实测资料和模型试验，开展进一步的研究工作。

参考文献

[1] 长江勘测规划设计研究有限责任公司.汉江兴隆水利枢纽尾水位变化对水轮发电机组运行影响科研课题立项申请报告[R].武汉:长江勘测规划设计研究有限责任公司,2020.

[2] 长江勘测规划设计研究有限责任公司.兴隆水利枢纽鱼道改造工程设计报告（审定版）[R].武汉:长江勘测规划设计研究有限责任公司,2021.

[3] 潘庆燊.长江中下游河道整治研究[M].北京:中国水利水电出版社,2011.

[4] 程伟,陈立,许文盛,等.三峡水库蓄水后下游近坝段水位流量关系[J].武汉大学学报（工学版）,2011,44(4):434-438+444.

[5] 孙昭华,黄颖,曹绮欣,等.三峡近坝段枯水位降幅的时空分异性及成因[J].应用基础与工程科学学报,2015,23(4):694-704.

滇中引水工程香炉山深埋长隧洞TBM选型及应用情况分析

朱学贤[1]　王秀杰[2]

(1. 长江勘测规划设计研究有限责任公司,武汉　430010;
2. 长江水利委员会长江科学院,武汉　430010)

摘　要:滇中引水工程香炉山深埋长隧洞TBM选型从穿断层、软岩大变形、涌水突泥等不良地质洞段施工难易程度、卡机风险,以及超前加固和超前地质预报操作便利性等方面进行综合分析,推荐两台敞开式TBM。通过对TBM施工应用情况分析可知,选择任何形式的TBM直接掘进不同类型地质洞段都是有难度的,应开发出结合敞开式和护盾式优点的双模式TBM,使其尽可能适应更多的不良地质洞段。

关键词:香炉山隧洞;TBM法施工;TBM选型;滇中引水工程

随着我国大规模基础设施建设的开展,水利隧洞、铁路隧道、公路隧道等现代隧洞工程迎来了建设高峰。隧洞工程呈现出规模越来越大、长度越来越长、施工难度越来越大的趋势。受地形、地质条件限制和设备制造技术发展,隧道掘进机(Tunnel Boring Machine,TBM)在隧洞工程中应用的比例越来越高[1]。

对于深埋长隧洞,地质条件的复杂性决定了工程施工的艰难性,根据地质条件和隧洞功能特性、结构设计要求进行合理的TBM设备选型是工程成败的关键问题之一。滇中引水工程中香炉山深埋长隧洞TBM选型研究从地质条件、工期、造价、施工环境等方面综合比较,重点从TBM施工断层、软岩大变形、涌水突泥等不良地质洞段难易程度、卡机风险,以及超前加固和超前地质预报操作便利性等方面分析,选择了两台敞开式

第一作者:朱学贤(1977—　),男,高级工程师,硕士,主要从事水利水电工程施工技术设计与研究。E-mail:42217773@qq.com。

TBM[2]。通过对 TBM 施工过程应用情况进行分析,为今后类似工程 TBM 选型提供借鉴。

1 TBM 选型控制因素及现状

1.1 TBM 类型及特点

TBM 选型是 TBM 施工方案中一个关键环节,TBM 选型是否得当直接影响着工程的工期、造价,乃至决定着工程的成败。目前,TBM 主要分为敞开式、双护盾式和单护盾式等。敞开式 TBM 利用支撑机构撑紧洞壁的反作用力,实现掘进功能所需的反推力和反扭矩,一般用于岩石稳定性好、软弱围岩较少的隧洞。护盾式 TBM 在主机外设置了护盾,主机在护盾保护下进行掘进作业。单护盾 TBM 只能依靠已安装的管片提供前进反力;双护盾 TBM 则结合了敞开式 TBM 和单护盾 TBM 的优势,在围岩软弱破碎时采用单护盾模式掘进,在围岩完整并具有足够的强度时采用双护盾模式掘进,如敞开式 TBM 一样依靠围岩提供反力。随着工程实践经验的增加和 TBM 设备制造水平的提高,各类 TBM 的应用界限逐渐被打破,如通用紧凑型 TBM、双模式 TBM、复合式 TBM 等,均是吸取各基本类型 TBM 的优点组合而来的新类型。

1.2 TBM 选型控制因素

通常认为,敞开式 TBM 主要使用于岩石强度较高(坚硬或中硬岩),能够提供支撑靴足够推力的岩体中。护盾式 TBM 同样可以用于岩石强度较高岩体,在软岩洞段围岩无法提供撑靴反力时,可利用辅助油缸通过支撑已安装好的管片提供推力进行掘进。

敞开式 TBM 的护盾相对较短,在软岩变形或岩爆洞段卡机的可能性相对较低,如卡机可从护盾后进行超前加固稳定后,再继续掘进,因此在不良地质洞段脱困处理相对灵活。敞开式 TBM 只有一个不长的顶护盾,掘进后围岩处于暴露状态,开挖后便于观察围岩情况和进行超前地质预报。

护盾式 TBM 的盾体较敞开式 TBM 长 2~3 倍,在软岩变形或岩爆洞段卡机的可能性相对较高。护盾式 TBM 主机外围由护盾包裹,管片安装在护盾内进行,从机头到洞尾均处于封闭状况,施工人员除从机头和护盾的观测孔中察看岩层状况外,只能从岩渣来判断。

敞开式 TBM 初期支护、二次衬砌施工与掘进也可同步进行,但由于工序多、互相有干扰,施工效率相对较低。双护盾式 TBM 掘进和管片安装可同时进行,施工效率相对较高,掘进速度相对较快。

对围岩条件较好的隧洞,敞开式 TBM 只需要初期支护或较小的二次衬砌工程量即可保证隧洞稳定性的隧洞,经济性相对较好。对围岩条件较差的隧洞,敞开式 TBM 施工隧洞的初期支护、二次衬砌工程量较大,需与护盾式TBM施工隧洞的管片进行具体对比。

敞开式TBM除顶护盾以外,均暴露在围岩之外,施工中的粉尘、废弃浆液如不能很好控制,会造成施工环境较差。近几年,当采用钢筋排等新技术后,敞开式TBM顶盾后操作空间的施工安全得到了保障。护盾式TBM机头紧贴掌子面,掘进、管片安装、豆砾石回填和灌浆等主要作业均在封闭的状态下进行,施工过程中受岩爆、烟尘、粉尘、废弃浆液的影响较小,施工环境较好。

由于行业和工程类型不同,隧洞结构、功能和设计理念等方面存在差异,不同行业在TBM选型方面还存在一定差异。在国内,铁路行业中基本应用敞开式TBM,水利行业中应用双护盾式TBM较多。

总体上来说,TBM选型主要根据各类型TBM设备自身特点,结合地质条件、工期、造价、施工环境等方面综合分析确定。在地质条件方面,以往TBM选型重点关注占比较大的主要隧洞围岩条件,而忽略占比较小的不良地质洞段,从而导致TBM掘进困难,造成工期严重滞后,投资大量增加。

2 香炉山隧洞TBM选型

2.1 香炉山隧洞施工方案概述

滇中引水工程[2]是解决滇中地区严重缺水的特大型跨流域调水工程,工程主要包括水源工程和输水工程两个部分。输水工程结合控制节点、行政区划、水价分析、投资分摊要求等,将线路划分为大理Ⅰ段、大理Ⅱ段、楚雄段、昆明段、玉溪红河5大段。香炉山隧洞位于大理Ⅰ段,起点在丽江市玉龙县石鼓镇冲江河右岸山体内,终点在鹤庆县松桂与积福村附近,整个隧洞穿马耳山脉,全长62.596km。隧洞设计引水流量135m³/s,圆形断面,净断面直径8.3~9.5m,设计水深7.1m。

香炉山隧洞沿线属高、中山地貌区,地面高程一般为2400~3400m,隧洞最大埋深1450m。隧洞段沿线主要出露泥盆系、二叠系、三叠系、第三系及第四系地层,局部地段不连续分布侵入岩脉。隧洞在深埋大的石英片岩、碳酸盐岩、玄武岩等坚硬完整岩体中,地下水贫乏洞段可能产生中强岩爆。

香炉山隧洞区褶皱、断裂发育,沿线穿越大栗树断裂(F9)等13条大断(裂)层,易产生中等—极严重挤压变形等问题。

香炉山隧洞沿线可溶岩地层分布较广,地表、地下岩溶形态发育齐全。发育有白汉场(Ⅰ)、拉什海(Ⅱ)、鹤庆西山(Ⅳ)、清水江—剑川(Ⅴ)等多个岩溶水系统。隧洞穿越宽厚断裂破碎带、碳酸盐岩、玄武岩、向斜核部等富水洞段可能会产生较大渗水,甚至涌水突泥问题(主要为断裂带),以及高外水压力问题。

由于香炉山隧洞埋深大,布置施工支洞条件差,难以通过布置施工支洞全部采用钻爆法施工。结合香炉山隧洞沿线地形条件，结合围岩情况等，采用"TBM法＋钻爆法"的施工方案，主要通过隧洞进出口以及设置施工支洞，采用钻爆法开挖规模较大的4条区域性断裂及部分围岩较差洞段，其余洞段采用2台TBM施工，TBMa、TBMb分别由上、下游相向掘进，掘进长度分别为14.68m、20.64km。香炉山隧洞施工方案见图1。

2.2 香炉山隧洞TBM施工段工程地质

TBMa-1施工段布置于白汉场—九河槽谷和汝南河槽谷间的汝寒坪一带，沿线地面高程2758~3150m，隧洞埋深740~1000m，最大埋深1135m；TBMa-2施工段及TBMb施工段布置于汝南河槽谷以南至核桃箐一带，沿线地面高程2500~3418m，隧洞埋深一般为600~1300m；TBMb-2施工段长木箐北山一带最大埋深1450m，TBMb-1段核桃箐一带埋深约450m。

TBM施工段均位于微新岩带，北衙组(T_2b)、中窝组(T_3z)灰岩、白云岩等属较完整岩体，玄武岩($P\beta$、$N\beta$)属较完整—完整岩体，局部完整性较差，黑泥哨组(P_2h)、青天堡组(T_1q)、松桂组(T_3sn)等砂、泥页岩属较破碎—较完整岩体。其中，TBMa-1施工段主要穿二叠系玄武岩；TBMa-2施工段及TBMb-2施工段除了穿玄武岩外，还穿越砂泥岩、灰岩及白云岩、砂泥岩等；TBMb-1施工段主要穿越灰岩地层。

TBM施工段沿线褶皱主要有汝寒坪背斜、汝寒坪向斜、大陆山背斜向斜、宣化关向背斜、后本箐向斜、狮子山背斜、马鞍山背斜等，褶皱走向以NNE~NE为主，与线路多呈大锐角及中等角度相交。

TBM施工段避开了龙蟠—乔后断裂(F10)等3条全新世活动断裂，穿越的断裂主要有下马塘—黑泥哨断裂($F_{Ⅱ-32}$)等十几条规模不等的断层。

受褶皱及断裂控制，沿线地层总体走向呈NNE~NE向，倾向NW或者SE，倾角多25°~50°，近东西向断裂带附近地层受构造影响局部变陡，地层走向总体与线路呈中等角度至大角度相交。

根据地表测绘及钻孔资料分析，TBM施工段穿越的灰岩、白云岩为强烈岩溶化地层；灰岩夹泥质灰岩为中等岩溶化地层；玄武岩及各时代的侵入岩为裂隙性中等透水地层；砂、泥岩为相对隔水层。

香炉山隧洞TBM施工段剖面见图2。

香炉山隧洞TBM施工段围岩类别以Ⅲ、Ⅳ类为主，饱和抗压强度大部分为30~80MPa，较完整，可能存在的不良地质问题主要有高地应力条件下的硬岩中等岩爆、软岩(含断层带)严重至极严重大变形、高外水压力以及可溶岩、断裂带、向斜的涌水突泥等。香炉山隧洞TBM选型相关地质条件见表1。

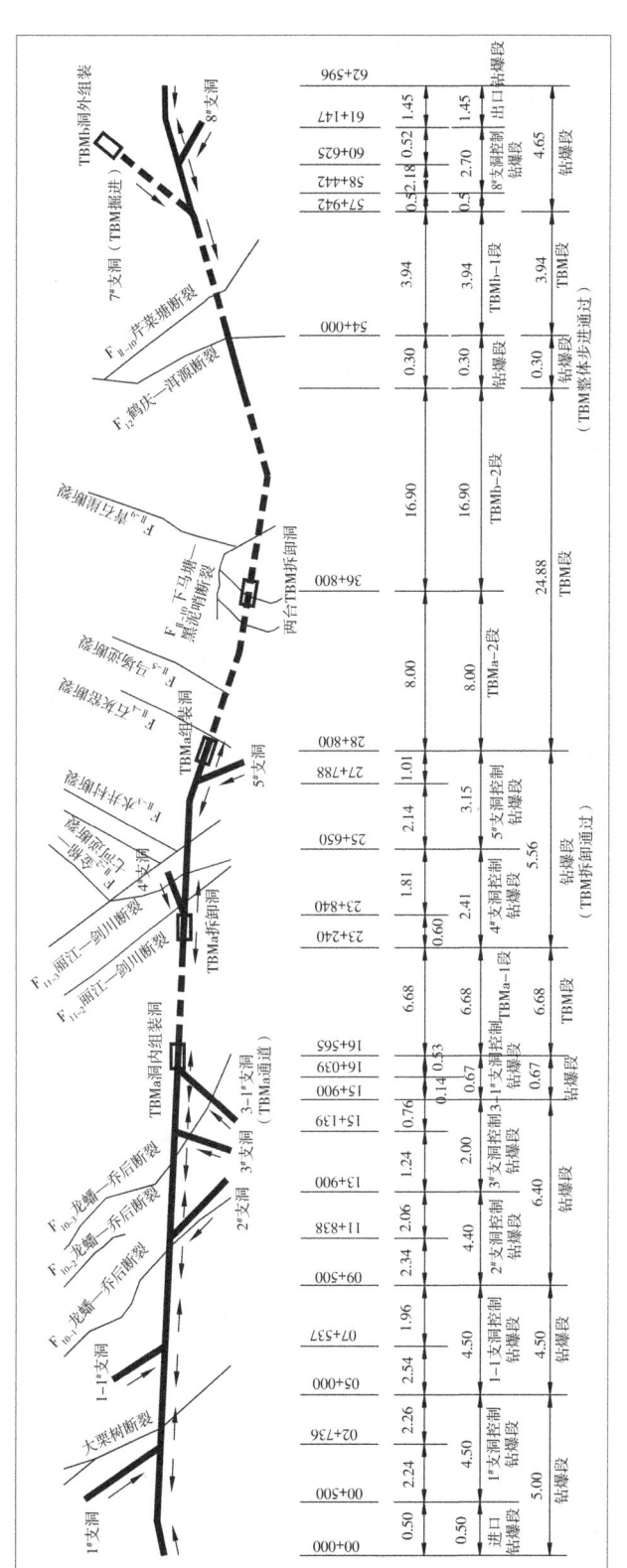

图1 香炉山隧洞施工方案

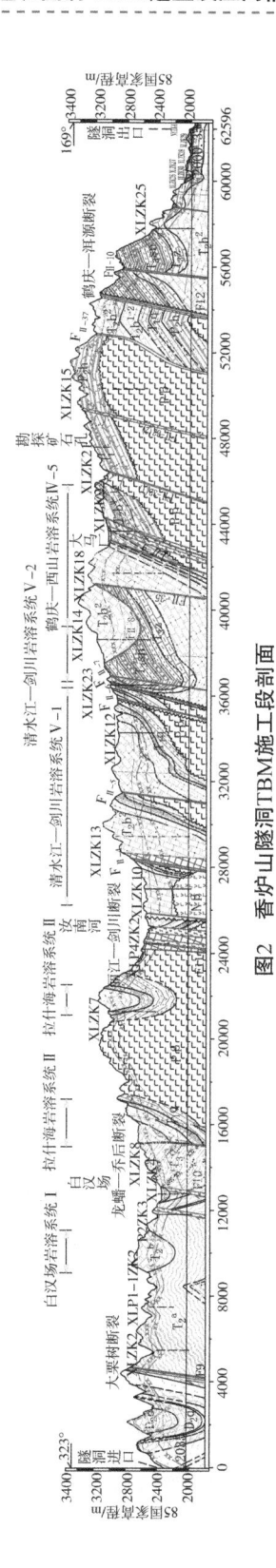

图2 香炉山隧洞TBM施工段剖面

表1　　　　　　　　　　香炉山隧洞 TBM 选型相关地质条件

TBM 施工段边界条件		TBMa 施工段	TBMb 施工段
工程设计条件	净直径/m	最小 8.40	
	支护要求	由于洞跨大,埋深大,一次锚喷支护维持洞室稳定时间有限,特别是Ⅳ、Ⅴ类围岩洞段必须及时跟进二次衬砌	
	掘进段长/m	14675	20842
地质条件	埋深/m	732~1134	500~1450
	围岩岩性	二叠系玄武岩($P\beta$),三叠系上统松桂组(T_3sn)砂泥岩、中窝组(T_3z)灰岩、砂泥岩、中统北衙组上段(T_2b^2)灰岩、白云岩、北衙组下段(T_2b^1)条带状灰岩、泥质灰岩、砂泥岩与灰岩互层、三叠系下统青天堡组(T_1q)泥岩、泥质粉砂岩及砂岩	三叠系上统中窝组(T_3z)灰岩、砂泥岩、中统北衙组上段(T_2b^2)灰岩、白云岩、北衙组下段(T_2b^1)条带状灰岩、泥质灰岩、砂泥岩与灰岩互层、三叠系下统青天堡组(T_1q)泥岩、泥质粉砂岩及砂岩、二叠系上统黑泥哨组(P_2h)砂页岩夹煤层、二叠系峨眉山组($P\beta$)玄武岩
	围岩类别	Ⅲ1类:长2886m,占比19.67%; Ⅲ2类:长3793m,占比25.85%; Ⅳ类:长7024m,占比47.86%; Ⅴ类:长972m,占比6.62%	Ⅲ1类:长2582m,占比12.39%; Ⅲ2类:长7401m,占比35.51%; Ⅳ类:长7660m,占比36.75%; Ⅴ类:长3199m,占比15.35%
	围岩饱和抗压强度/MPa	5~85,大部分30~80	10~110,大部分30~80
	围岩完整性	较完整68%,完整性差25%,较破碎7%	较完整50%,完整性差46%,较破碎4%
	可能存在的不良地质问题	高地应力条件下的硬岩中等岩爆、软岩(含断层带)严重至极严重大变形、高外水压力以及可溶岩、断裂带、向斜的涌水突泥等	高地应力条件下的硬岩中等至强岩爆、软岩(含断层带)严重至极严重大变形、高外水压力以及可溶岩、断裂带、向斜的涌水突泥等
	TBM 地质适应性地质评价	适宜(A)长371m,占比2.53%; 基本适宜(B)长10341m,占比70.47%; 适宜性差(C)长2991m,占比20.38%; 不适宜(D)长972m,占比6.62%	适宜(A)长650m,占比3.12%; 基本适宜(B)长13502m,占比64.78%; 适宜性差(C)长3166m,占比15.19%; 不适宜(D)长3524m,占比16.91%

2.3 香炉山隧洞 TBM 类型比较与选择

从表1可以看出,香炉山隧洞 TBMa 和 TBMb 施工段主要围岩的饱和抗压强度和岩石完整性可提供 TBM 撑靴反力,大部分洞段开挖后也能保持自稳,选用敞开式 TBM 和护盾式 TBM 均可。

TBMa 和 TBMb 施工段均不同程度穿断层、软岩大变形、涌水突泥等不良地质洞段,敞开式 TBM 和护盾式 TBM 在通过这些洞段时施工难度均较大,尤其在软岩(含断层)大变形洞段,由于敞开式 TBM 比护盾式 TBM 护盾短,卡机概率相对较小;如需采用超前预加固措施,敞开式 TBM 操作更为方便。

在主要围岩洞段,护盾式 TBM 掘进速度较敞开式 TBM 快,但由于两台 TBM 施工段均存在卡机风险的断层、软岩大变形洞段,如出现卡机,其脱困处理工期难以预计。

香炉山隧洞为输水隧洞,为保证过水能力,采用敞开式 TBM 施工时,需采用糙率较小的二次混凝土衬砌结构,此外两台 TBM 施工段埋深普遍较大,初期支护和二次衬砌结构均较强,其支护衬砌工程量造价与护盾式 TBM 的管片支护相当。

敞开式 TBM 空间较护盾式 TBM 开放,施工环境较护盾式 TBM 差,但更有利于进行超前地质预报和观察围岩状况。

综上分析比较,从香炉山隧洞 TBM 施工段主要围岩来看,选用敞开式 TBM 和护盾式 TBM 均可;对于断层、软岩大变形不良地质洞段,采用敞开式 TBM 卡机概率相对较小,更有利于进行超前预加固、超前地质预报和观察护盾后的围岩状况。由于不良地质洞段的施工是 TBM 施工的关键,本工程两台 TBM 优先选用敞开式[3]。

3 香炉山深埋长隧洞 TBM 施工情况分析

TBMa 于 2022 年 10 月始发掘进,截至 2023 年 10 月底,累计掘进长度为 1.84km。其中受断裂带和火山灰地层影响,隧洞于 2023 年 5 月至今开展断裂带坍塌引起卡机脱困处理和变形段换拱,采取刀盘和护盾浅层化学灌浆封闭,护盾后水泥单液浆或水玻璃双深层灌浆方案处理后,再掘进通过。TBMa 在断裂带缓慢掘进施工。

TBMb 于 2020 年 10 月始发掘进,截至 2023 年 10 月底,累计掘进长度为 4.88km。其中受大埋深高地应力软岩变形影响,隧洞于 2023 年 2 月至今开展变形严重洞段的扩挖及拆换拱作业,TBMb 暂停掘进。TBMb 始发掘进至今,遭遇了充填型岩溶洞段、断层破碎带围岩失稳、深埋缓倾薄层岩体洞段软岩变形等引起卡机的不良地质类型。在遇到充填型岩溶洞段、断层破碎带围岩失稳不良地质洞段时,采用超前管棚、玻璃纤维锚杆和超前注浆加固等措施进行处理后顺利通过。在深埋缓倾薄层岩体洞段软岩变形洞段,最大半径方向变形 2.5m,造成一次支护体系不均匀扭曲变形和部分失效,隧洞整体变形侵陷问题突出,TBMb 设备通行受困。

对于受断裂带和充填型岩溶洞段不良地质类型,两台 TBM 充分发挥了敞开式 TBM 护盾短、便于超前处理的优势。对于深埋缓倾薄层岩体洞段软岩大变形洞段,由于变形过大,处理的工程量大,未能使 TBM 脱困。该软岩大变形段呈现变形速率慢,变形大特点。如果 TBM 采用护盾式 TBM,管片的及时支护可能使 TBM 快速通过不卡机,但需要研究高标号混凝土管片,使其能承担径向 2.5m 的围岩变形压力。

通过滇中引水工程香炉山深埋长隧洞 TBM 选型和应用情况分析,对于大断裂带、长距离软岩大变形和富水等不良地质的隧洞,选择任何 TBM 机型试图一次性直接掘进通过都是有难度的。减少 TBM 施工难度,首先要选择一条不良地质洞段最少的线路,其次从设备上要发展结合敞开式和护盾式优点的双模式 TBM,使其尽可能适应更多的不良地质洞段。

参考文献

[1] 王梦恕. 不同地层条件下的盾构与 TBM 选型[J]. 隧道建设,2006,26(2):1-3+8.
[2] 钮新强,吴德绪,倪锦初,等.滇中引水工程初步设计报告[R].武汉:长江勘测规划设计研究有限责任公司,2018.
[3] 朱学贤. 滇中引水工程香炉山隧洞 TBM 选型研究[J]. 人民长江,2022,53(1):154-159.

深埋超长输水隧洞施工方案研究

——以滇中引水工程香炉山隧洞为例

朱学贤[1]　王秀杰[2]

(1. 长江水利委员会长江勘测规划设计研究院,武汉　430010;
2. 长江水利委员会长江科学院,武汉　430010)

摘　要:对于深埋超长输水隧洞施工方案,重点和难点是合理布置施工支洞,选择合适的施工工法。指出施工支洞的布置应根据工期安排、地形、地质、结构型式、外部交通条件、施工方法等情况综合经济因素后确定。对于较大规模的断层破碎带、突泥涌水、软岩大变形等不良地质洞段,采用经验成熟的钻爆法施工,以充分发挥钻爆法的机动性和灵活性;对适宜TBM施工,地质条件较好的洞段采用先进的TBM施工,以发挥其掘进速度快、施工质量稳定、安全作业条件好的优点。以滇中引水工程香炉山隧洞为例,分析了地形、地质情况以及施工支洞布置条件等,确定了施工支洞布置、钻爆法和TBM法的施工分段。研究成果可为类似工程提供一定的参考价值。

关键词:深埋超长输水隧洞;钻爆法;TBM法;香炉山隧洞

深埋超长输水隧洞一般都具有隧洞超长、埋深大、穿越地质条件复杂的特点,施工难度极大。根据沿线的地形、地质情况,在适当位置布置施工支洞、多开工作面来实现"长洞短打、分段施工",并采用"TBM法+钻爆法"组合的施工方案[1],即对于大部分较大规模的断层破碎带、可能产生突发性涌水、软岩大变形、岩爆等不良地质洞段,采用经验成熟的钻爆法施工;对于适宜TBM施工、地质条件较好的洞段采用先进的TBM施工。但如何根据围岩条件分布情况和施工支洞布置条件,合理划分洞段和优选施工方案,既能充分发挥TBM优势,延长掘进长度,提高施工效率,又能利用钻爆法开挖不良地质洞段,规避施工风险,达到工程造价最低、工期最优,是一个极为复杂而重要的问题。

第一作者:朱学贤(1977—　),男,高级工程师,硕士,主要从事水利水电工程施工技术设计与研究。E-mail:42217773@qq.com。

一般方法是通过分析 TBM 法与钻爆法对隧洞地质条件的适应性,并根据地形地质条件,合理布置施工支洞的位置和型式,通过工程布局、施工工期、环境影响、工程投资等综合比较,提出经济可行的隧洞施工方案。

本文将以滇中工程香炉山隧洞[2]为例,对深埋超长隧洞的施工方案进行研究,研究成果可为类似工程提供一定的参考价值。

1 深埋超长隧洞施工支洞布置和施工工法选择原则

施工支洞的布置和施工分段,即 TBM 法和钻爆法施工支洞的位置选择[3],是施工方案的关键所在。施工支洞的布置应根据工期安排、地形、地质、结构型式、外部交通条件、施工方法等情况综合经济因素后确定,一般遵循以下原则。

1)均衡施工原则。既要使其承担的主洞段在工期上协调一致,使工程总工期最优,又要经济可行。

2)提高施工效率及施工安全性。条件许可时优先布置施工平洞,其次布置斜井、竖井。

3)施工支洞布置应充分考虑地形地质、施工场地布置和弃渣场等条件,同时满足环境保护要求,尽量避开林地、房屋、矿区、权属争议地等,减少移民征地障碍,并节约用地。

4)应充分考虑施工支洞线路与地方公路、铁路等基础设施之间的协调;施工支洞洞口成洞稳定,洞口不得布置在可能被洪水淹没处、滑坡体及泥石流处。

5)施工支洞尽量避免穿过工程地质条件复杂和严重不良地质地段,必须通过时,采取切实可靠的工程技术措施。

6)由于支洞需承担 2 个工作面的施工任务,支洞的条数应先满足主洞施工需要,再兼顾工期最短和投资最少。对于断裂带密集、地下水丰富的不良地质洞段,宜适当加密施工支洞的布置,多开工作面处理断层和减小抽排水强度,以降低施工风险。

7)作为钻爆法施工支洞,施工支洞的布置应考虑施工工期不得超过总工期,且不能过长,造成通风、出渣、排水等困难。

8)作为 TBM 法的施工支洞,一般遵循以下原则。

①为方便 TBM 大件运入洞内组装、皮带机出渣以及施工材料运输,施工支洞应尽量布置成平洞,如布置成斜井,其坡度应小于 15°,以满足皮带机出渣要求。

②单洞长度超过 15km 时,有条件时每隔 10km 布置一条 TBM 检修、通风、补气支洞,利用支洞向洞内供电、供水、通风及出渣。

③在 TBM 施工洞段[4],对断层破碎带、岩溶、强岩爆、极软岩等不适宜 TBM 施工的洞段,加强超前预报、超前支护和超前灌浆;有条件时布置一条施工支洞,以便采用钻爆法开挖处理。

9)结合工程运行期检修、通气等任务,施工支洞可兼顾作为运行期的检修、通气通道。

深埋超长隧洞开挖方法主要有钻爆法、TBM 法等。这些方法在对地层的适应性及施工特点方面有着明显的区别。根据钻爆法与 TBM 法工法特点、适用条件,在工法选择上一般遵循以下原则。

①对于埋深小、布置施工平洞条件较好的洞段,优先采用钻爆法施工。

②对于断裂破碎带、软岩变形、强岩爆、突水涌泥等不良地质洞段,优先采用钻爆法施工。

③对于埋深大、施工支洞布置条件差、TBM 施工适宜性、地质评价好的隧洞段,优先采用 TBM 法施工;对其中不良地质洞段,可通过布置施工支洞采用钻爆法开挖后,TBM 再步进通过。

④隧洞穿环境敏感区、水源保护地、城镇居民密集区等时,为避免在上述区域内布置施工支洞及相应施工辅助设施,宜采用独头掘进距离长的 TBM 法,减少对环境和当地居民生产、生活的影响。

⑤隧洞下穿铁路、公路时,宜采用 TBM 法,以充分发挥 TBM 掘进对围岩扰动小的优点,降低铁路、公路运行时出现下陷、坍塌等风险。

2 滇中引水工程香炉山隧洞施工方案研究

2.1 工程概况

滇中引水工程是国务院批复的《长江流域综合利用规划简要报告(1990 年修订)》《全国水资源综合规划(2010—2030 年)》和《长江流域综合规划(2012—2030 年)》提出解决滇中地区严重缺水的特大型跨流域调水工程,以解决滇中地区的城镇生活及工业用水为主,兼顾农业和生态。

工程主要建设内容包括水源工程和输水工程两个部分,其中香炉山隧洞是滇中引水线路中最长的深埋隧洞。隧洞穿越金沙江、澜沧江分水岭,为目前在地壳活动性较强地区尚无先例的长距离深埋输水线路,施工难度大[5]。

香炉山隧洞长 62.596km,埋深一般 600~1000m,最大埋深 1450m。沿线出露泥盆系下统冉家湾组(D_1r)、中统穹错组(D_2q)、二叠系玄武岩组($P\beta$)、黑泥哨组(P_2h)、三叠系下统青天堡组(T_1q)、中统(T_2^a、T_2^b)、北筲组(T_2b)、上统中窝组(T_3z)、松桂组(T_3sn)、燕山期不连续分布的侵入岩、第三系($E+N$)及第四系(Q)等地层,岩性主要包括灰岩类、泥砂岩类、玄武岩类、片岩类等;穿越软岩长 13.107km,占比 20.94%,可溶岩长 17.866km,占比 28.5%。区内褶皱、断裂发育,沿线分布有大栗树断裂(F9)、龙蟠—乔后断裂(F10)、丽江—剑川断裂(F11)、鹤庆—洱源断裂(F12)等十几条断层。

香炉山隧洞围岩详细分类为:Ⅲ$_1$ 类围岩长 7.595km,占隧洞长度的 12.13%;Ⅲ$_2$ 类围岩长 13.015km,占 20.79%;Ⅳ 类围岩长 28.237km,占 45.11%;Ⅴ 类围岩长 13.749km,占 21.97%。Ⅳ、Ⅴ 类围岩合计长约 41.987km,约占隧洞长度的 67.08%,围

岩稳定问题突出。香炉山隧洞工程地质剖面见图1。

2.2 香炉山隧洞施工方案分析

香炉山隧洞跨越金沙江与澜沧江分水岭,地形地质条件复杂。隧洞沿线地面高程一般为2400～3400m,埋深一般为600～1200m,埋深大于600m的洞段长度累计42.175km,占隧洞总长的67.38%。除在隧洞进出口以及中间两个槽谷外,其余洞段布置支洞较困难。因此,受地形条件的限制,通过设置施工支洞,采用钻爆法开挖香炉山隧洞的施工难度大。

香炉山隧洞沿线穿越大栗树断裂(F9)等13条大断(裂)层,其中龙蟠—乔后断裂(F10)、丽江—剑川断裂(F11)和鹤庆—洱源断裂(F12)等为全新世活动断裂,主要地质问题有断层破碎带、高地应力下软岩大变形和局部岩爆、突水涌泥等,不良地质洞段占比大,不适宜全部采用TBM法施工。另外,受限于TBM掘进长度,也难以从隧洞进口到出口,全部采用TBM施工。

根据香炉山隧洞布置,以及沿线地质条件和施工支洞布置条件,采用"TBM法+钻爆法"组合的施工方案,即通过隧洞进出口以及主要不良地质洞段处设置施工支洞,采用钻爆法开挖规模较大的3条区域性断裂及部分不良地质洞段;其余地质条件较好洞段或无施工支洞布置条件段采用TBM施工。具体为:香炉山隧洞进口至白汉场槽谷地势相对较低,通过布置施工支洞采用钻爆法施工;白汉场槽谷至汝南河槽谷,以及汝南河槽谷至隧洞出口处埋深大部分在800m以上,难以布置施工支洞,采用2台TBM施工;白汉场槽谷、汝南河槽谷为大断裂及影响带所在位置,通过布置施工斜井采用钻爆法施工;隧洞出口段地势相对较低,通过布置施工支洞采用钻爆法施工。

2.3 香炉山隧洞施工支洞布置

根据香炉山隧洞"钻爆法+TBM法"组合施工方案,隧洞沿线地质、地形条件,以及平衡施工原则等,施工支洞的布置及功能具体描述如下:

(1) 1#、1-1#施工支洞——进口段施工支洞

香炉山隧洞1#、1-1#施工支洞布置在主洞的进口段,主要作为钻爆法开挖香炉山隧洞进口段以及F9大栗树断裂带的施工支洞。其中,1#施工支洞与主洞高差只有22m左右,采用平洞型式;1-1#施工支洞与主洞高差达330m左右,采用斜井型式。

(2) 2#、3#施工支洞——处理龙蟠—乔后断裂F10及影响带

龙蟠—乔后断裂F10及影响带范围约3.5km,为全新世活动断层,岩石破碎、地下水丰富,不适宜采用TBM施工。断裂及影响带位于白汉场槽谷,槽谷与主洞的高差约350m,可通过布置长施工斜井进入,作为钻爆法开挖龙蟠—乔后断裂F10及影响带范围的施工支洞。

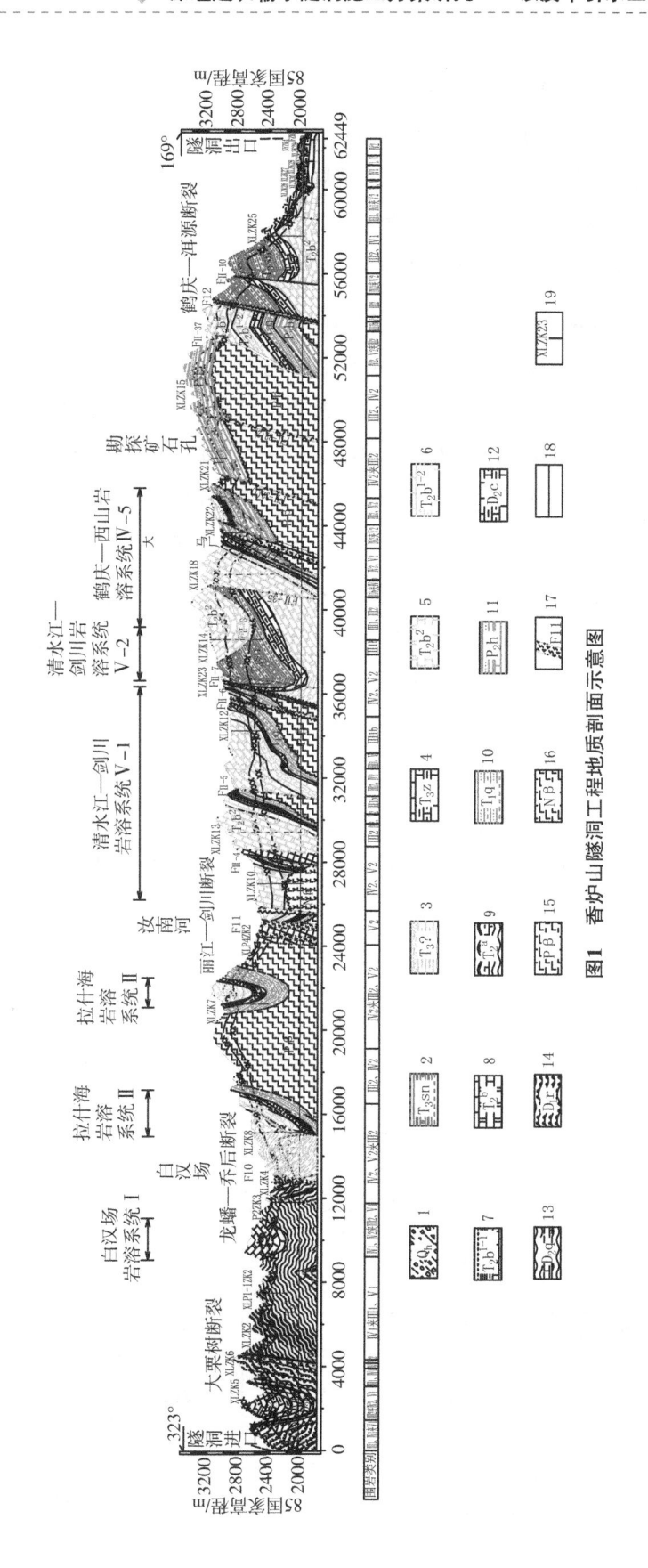

图1 香炉山隧洞工程地质剖面示意图

(3) 3-1#施工支洞——TBMa 施工支洞

香炉山隧洞在白汉场槽谷与汝南河槽谷间长约 6km 的洞段埋深为 600～1000m,布置施工支洞的围岩条件较差,此段主要为峨眉山组玄武岩,以Ⅲ、Ⅳ围岩为主,基本适宜 TBM 施工。在白汉场槽谷下游侧布置 3-1#施工支洞,作为 TBMa 的施工支洞,为满足 TBM 皮带机出渣的要求,3-1#施工支洞坡度小于 15°。

(4) 4#、5#施工支洞——处理 F11 丽江—剑川断裂及影响带

丽江—剑川断裂 F11、石灰窑断裂及影响带范围约 6.0km,岩石破碎、地下水丰富,不适宜采用 TBM 施工。断裂及影响带位于汝南河槽谷,槽谷与主洞的高程相对较小,约 500m,可通过布置长施工斜井进入,作为钻爆法开挖丽江—剑川断裂 F11 及影响带的施工支洞。待此断裂及影响带施工完成后,TBMa 转运通过隧洞,继续向下游掘进。

(5) 旁通洞——处理 F12 鹤庆—洱源断裂及影响带

鹤庆—洱源断裂 F12 及影响带长约 300m,为全新世活动断层,不适宜采用 TBM 施工。该断裂及影响带埋深约 1250m,布置施工支洞难度大。TBMb 掘进至该断层前时,在主洞内设置一条旁通洞,采用钻爆法开挖 F12 鹤庆—洱源断裂及影响带后,TBMb 再步进通过。

(6) 7#施工支洞——TBMb 施工支洞

香炉山隧洞 7#施工支洞距 TBMa 掘进末端长度约 22km,埋深为 600～1400m,难以通过布置施工支洞采用钻爆法施工,只能采用 TBM 施工。该支洞与主洞高差约 120m,可布置成平洞型式。

(7) 8#施工支洞——出口段施工支洞

香炉山隧洞 7#施工支洞距出口还有 4.65km,该段主洞的埋深较小,布置施工支洞的条件较好,在该段布置香炉山隧洞 8#施工支洞作为主洞出口段施工支洞。该支洞与主洞埋深约 40m,布置成平洞型式。

香炉山隧洞施工支洞布置特性见表 1。

表 1　　　　　　　　　香炉山隧洞施工支洞布置特性表

施工支洞名称	与主洞交点桩号	进口高程/m	与主洞交点高程/m	高差/m	支洞坡度	支洞长度/m
1#平洞	2+736.27	2050	2028	22	1.32%	1677
1-1#斜井	7+537.18	2354	2025	329	24.33°(45.21%)	863
2#斜井	11+837.53	2372	2023	349	17.63°(31.78%)	1256

续表

施工支洞名称	与主洞交点桩号	进口高程/m	与主洞交点高程/m	高差/m	支洞坡度	支洞长度/m
3#斜井	15+138.62	2369	2021	348	26.02°(48.82%)	876
3-1#斜井	16+038.88	2359	2021	338	14.30°(25.49%)	1432
4#斜井	23+840.15	2502	2016	486	27.10°(51.17%)	1132
5#斜井	27+787.89	2508	2014	494	24.71°(46.02%)	1246
旁通洞	53+830/54+010	1998.83	1998.83	0	0	201
7#平洞	57+942.15	2114	1997.28	116.72	7.26%(钻)/7.00%(TBM)	1913
8#平洞	60+624.75	2035	1996	39	7.50%	651

注：7#平洞"钻"代表钻爆施工段，"TBM"代表TBM施工段。

2.4 香炉山隧洞施工方案综述

根据均衡施工原则，以控制工期的两台TBM施工为主线，按工期最优为目标进行TBM与相关钻爆段工期协调和TBMa与TBMb工期协调，来具体确定钻爆法施工分段长度和TBM法施工分段长度。

香炉隧洞桩号DLⅠ000+000~015+900段内分布有大栗树断裂、龙蟠—乔后断裂等，TBM施工适宜性较差，共布置香炉山隧洞1#、1-1#、2#、3#施工支洞，采用钻爆法施工。

桩号DLⅠ015+900~023+240段通过布置香炉山隧洞3-1#施工支洞作为TBMa施工支洞，主要采用TBM施工。其中桩号DLⅠ015+900~016+565采用钻爆法施工，并作为TBMa的组装室；待TBM在洞内组装完成后，向下游掘进桩号DLⅠ016+565~023+240段。

桩号DLⅠ023+240~028+800段内分布有丽江—剑川断裂F11、石灰窑断裂及影响带，TBM施工适宜性差。布置香炉山隧洞4#、5#施工支洞作为施工支洞，采用钻爆法施工。

桩号DLⅠ028+800~036+800段采用TBM施工。TBMa施工完桩号DLⅠ016+565~023+240，步进通过桩号DLⅠ023+240~028+800后掘进。

桩号DLⅠ036+800~057+942段由香炉山隧洞7#施工支洞作为施工支洞，采用TBMb由下游向上游施工。为加快施工进度，支洞先采用钻爆法施工，待TBM洞外组装完成后再采用 TBM 施工，TBMb 掘完支洞后继续施工主洞。

鹤庆—洱源断裂 F12 及影响带长约 300m，不适宜采用 TBM 施工。TBMb 掘进至该断层前时，通过旁通洞采用钻爆法开挖断裂及影响带后，再步进通过，向上游掘进。

桩号 DL I 057+942～062+596 段布置香炉山隧洞 8# 施工支洞及香炉山隧洞出口作为施工支洞，采用钻爆法施工。

香炉山隧洞钻爆段长 27.08km，占整个隧洞总长的 43.26%，最大独头钻爆长度 3.94km；TBM 掘进段总长 35.52km，占整个隧洞总长的 56.74%，共使用 2 台敞开式 TBM，其中 TBMa 掘进段长 14.68km、TBMb 掘进段长 20.84km（不含支洞 1.91km），最大独头掘进长度 21.31km。

从工程设计条件、地质条件、经济性、工期和施工环境安全等方面进行综合比选，最后从偏于方便不良地质预报与处理方面考虑，本工程的两台 TBM 均选用敞开式[7]。

香炉山隧洞施工方法分段见表 2、施工方案见图 2。

表 2　　　　　　　　　　香炉山隧洞施工方法分段

桩号(DL I) 起始	桩号(DL I) 终止	主洞分段长度/km	施工方法
00+000	05+000	5.00	钻爆法（进口、1# 支洞共 3 个工作面）
05+000	09+500	4.50	钻爆法（1—1# 支洞共 2 个工作面）
09+500	16+565	7.07	钻爆法（2#、3#、3—1# 支洞共 6 个工作面）
16+565	23+240	6.68	TBM 法（TBMa—1）
23+240	28+800	5.56	钻爆法（4#、5# 支洞共 4 个工作面）
28+800	53+700	24.90	TBM 法（TBMa—2 和 TBMb—2）
53+700	54+000	0.30	钻爆法（旁通洞共 2 个工作面）
54+000	57+942	3.94	TBM 法（TBMb—1）
57+942	62+596	4.65	钻爆法（8# 支洞及出口共 3 个工作面）

3　结论

深埋超长隧洞施工方案的重点和难点在于施工支洞布置和施工工法的选择。本文提出了深埋超长隧洞施工支洞布置和工法选择原则，并以滇中引水工程香炉山隧洞施工方案进行分析研究。

1)施工支洞的布置应根据工期安排、地形、地质、结构型式、外部交通条件、施工方法等情况综合经济因素后确定。

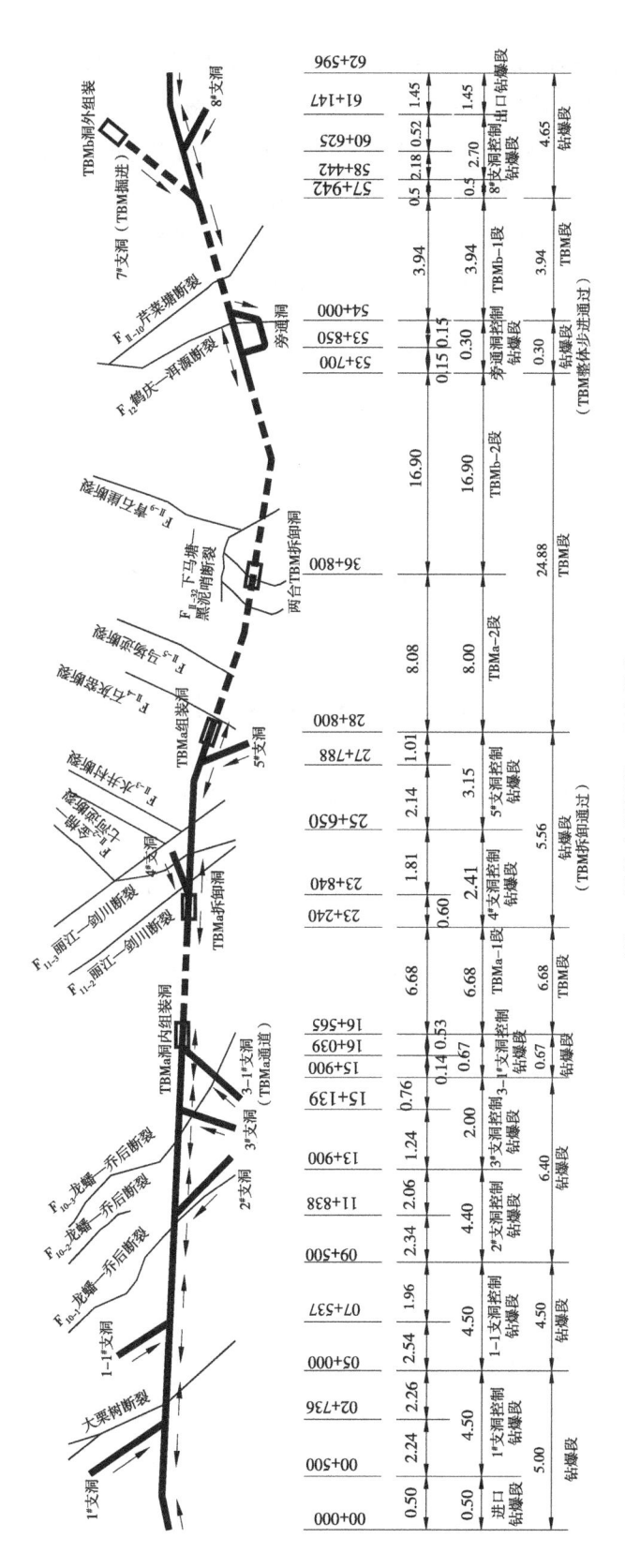

图2 香炉山隧洞施工方案示意

2)对于施工工法选择,对于大部分较大规模的断层破碎带、可能产生突发性涌水、软岩大变形、岩爆等不良地质洞段,采用经验成熟的钻爆法施工,以充分发挥钻爆法的机动性和灵活性;对适宜 TBM 施工的地质条件较好的洞段采用先进的 TBM 施工,以发挥其掘进速度快、施工质量稳定、安全作业条件好的优点。

3)根据香炉山隧洞地形、地质情况,布置了施工支洞,并确定了每个施工段的施工工法,并按均衡施工原则和工期最优为目标,具体确定钻爆法施工分段长度和 TBM 法施工分段长度[8]。

参考文献

[1] 朱学贤.香炉山深埋长隧洞 TBM 法及钻爆法施工方案研究[J].人民长江,2021,52(9):167-171+177.

[2] 钮新强,吴德绪,倪锦初,等.滇中引水工程初步设计报告[R].武汉:长江勘测规划设计研究有限责任公司,2018.

[3] 胡泉光.深埋长引水隧洞 TBM 施工关键技术探讨[J].人民长江,2015(7):19-21.

[4] 赵延喜.深埋长引水隧洞 TBM 施工关键技术探讨[J].人民长江,2008,39(18):54-56.

[5] 苏利军.深埋长隧洞不良地质风险勘察设计应对体系[J].人民长江,2020,51(7):148-151.

[7] 许占良.开敞式 TBM 在管涔山隧道施工的适应性研究[J].铁道工程学报,2007,24(8):53-57.

[8] 钮新强.复杂地质条件下跨流域调水超长深埋隧洞建设需研究的关键技术问题[J].隧道建设(中英文),2019,39(4):523-536.

基于 CFD-DEM 耦合法模拟软土地基上土堤的变形

许　然[1,2]　李建贺[1,2]　毕发江[3]

（1.长江勘测规划设计研究有限责任公司
2.水利部水网工程与调度重点实验室,武汉　430010；
3.云南省滇中引水工程建设管理局,昆明　650032）

摘　要：土颗粒运动特征的变化及其受力的状态是分析软土地基上土堤变形时需要考虑的主要问题。由于颗粒物质的力学特性往往取决于其内部的接触关系,因此用离散元法对其进行分析也逐渐成为一种趋势。采用了 CFD-DEM 耦合法,采用离散元软件 liggghts 与流体计算软件 OpenFOAM,通过二次开发的气—液—固耦合求解器 cfdemSolverinter,从颗粒运动行为以及流场演化的角度分析了土堤在开挖过程中的变形行为。结果表明,CFD-DEM 耦合法可以模拟出开挖过程中颗粒体系逐渐被扰动,进而产生大规模重排列并带动流体一起运动的过程。

关键词：离散元法；有限体积法；水流泥沙运动；CFD-DEM

1　概述

土方开挖引起的失稳现象一直以来都广泛受到工程界关注,而如何对其进行数值模拟更是研究的重点[1]。为了研究这一问题,许多学者采用有限元对相关问题进行了模拟[2],这种方法有效描述了失稳过程中内部应力的变化,但是这种方法将土体考虑成了连续介质,忽略了土颗粒之间的滑移以及内部结构的演化。如果将土体视为由土颗粒组成的颗粒材料,其变形和强度特性则主要取决于土骨架的性质,但是目前对土骨架并没有一个清晰的物理描述。一些学者认为颗粒相互接触形成的接触网络就是土力学中所指的土骨架,同时也是外荷载传递路径的物理基础[3]。因此,对土颗粒尺度进行离散元

第一作者：许然（1994—　）,男,工程师,主要从事水利水电工程设计及科研工作。E-mail：674958929@qq.com。

建模的分析有助于进一步认识土体的细观特性。本文采用 CFD-DEM 耦合法模拟饱和软土地基上土堤的变形失稳，DEM 与 CFD 分别模拟土颗粒以及作为流体的气体、水，以此对其失稳过程进行分析。

2 计算方法

在本研究中，模型计算过程中所采用的求解器是二次开发的气—液—固耦合求解器 cfdemSolverinter：其流体控制方程考虑气液两相流体及其界面，并加入颗粒体积分数与颗粒速度的影响；颗粒间相互作用方式与传统 DEM 一致。本研究中采用 Hertz-Mindlin 非线性接触模型；流体颗粒相互作用方式与常规 CFD-DEM 一致，采用的模型为 Di Felice 模型。以下分别展开介绍。

2.1 颗粒间相互作用

颗粒运动方程采用经典 DEM 方法，该方法符合牛顿第二定律。与之不同的是，需要加入流体－颗粒相互作用力 $F_i^{f,p}$，包括颗粒接触力和体积力，如下所示：

$$m_i \frac{\mathrm{d}U_i^p}{\mathrm{d}t} = \sum_{j=1}^{n_i^c} F_{ij}^c + F_i^{f,p} + F_i^g \tag{1}$$

$$I_i \frac{\mathrm{d}\omega_i}{\mathrm{d}t} = \sum_{j=1}^{n_i^c} M_{ij} \tag{2}$$

式中，U_i^p ——颗粒 i 的平动速度；

F_{ij}^c ——作用在颗粒 i 上的接触力；

$F_i^{f,p}$ ——流体—颗粒相互作用；

F_i^g ——施加在颗粒 i 上的重力；

I_i ——颗粒 i 的惯性矩，可由其他变量确定；

ω_i ——颗粒 i 的旋转角速度；

M_{ij} ——颗粒 i 受到颗粒（或壁面）j 的旋转力矩。

Hertz-Mindlin 非线性接触模型被用于颗粒间接触模型，该模型使用颗粒的剪切模量 G 和泊松比 v 确定。此外，库仑准则被应用于分析切向滑动阻力。

2.2 流体颗粒相互作用

流体与颗粒之间的相互作用力 $F^{f,p}$ 主要包括拖曳力、压力梯度力（包含浮力）以及虚拟质量力[4]。根据研究需要，本文只考虑了拖曳力 F_d 和浮力 F_b。

目前，即使在由规则形状颗粒组成的多孔介质中，也没有一种成熟的理论可以确定作用在颗粒材料上的拖曳力。因此，目前的研究主要是通过实验数据来拟合多孔介质拖曳

力的表达式,有许多种不同的方法。在本研究中,根据 Di Felice[5] 的试验结果,拟合拖曳力可表示为:

$$F^d = \frac{1}{8}C_d \rho_f \pi d_p^2 (U^f - U^p) |U^f - U^p| f(\varepsilon) \tag{3}$$

式中:ρ_f ——流体密度;

d_p ——固体颗粒的直径;

U_f 和 U_p ——液体以及颗粒的运动速度;

ε ——固体颗粒材料的孔隙率;

C_d ——阻力系数,与雷诺系数 Re_p 有关。

$$C_d = \left(0.63 + \frac{4.8}{\sqrt{Re_p}}\right)^2 \tag{4}$$

$$Re_p = \frac{\varepsilon \rho_f d_p |U^f - U^p|}{\mu_f} \tag{5}$$

式中,μ_f ——动态黏度。

式(3)中的函数 $f(\varepsilon)$ 与孔隙率有关,实际上在考虑系统中的固体颗粒数量时,$f(\varepsilon)$ 可以表示为不同形式的表达式:

$$f(\varepsilon) = \begin{cases} 1 & \text{单颗粒体系} \\ \varepsilon^{-m} & \text{多颗粒体系} \end{cases} \tag{6}$$

式中,ε^{-m} ——颗粒间相互作用的孔隙率校正系数,通常呈指数形式。Di Felice 的试验结果表明,m 可以确定为:

$$m = 3.7 - 0.65 \exp\left[-\frac{(1.5 - \lg_{10} Re_p)^2}{2}\right] \tag{7}$$

对于土颗粒,其浮力可表示为:

$$F^b = \frac{1}{6}\pi \rho_f d_p^3 g \tag{8}$$

式中,g ——重力加速度。

2.3 流体运动控制方程

2.3.1 相方程

在 CFD 中,互不混溶的气相和液相的相界面是通过相体积分数来追踪计算的[6]。在本研究中,cfdemSolverinter 的固相和液相的相体积分数分别用 α_l 和 α_g 表示。每一个网格存在以下 3 种情况:$\alpha_l = 0$,在该网格内没有液体;$\alpha_l = 1$,在该网格内充满了液体;$0 < \alpha_l < 1$,在该网格内存在气液两相流体相界面。

通过求解气相的体积分数的相方程,可以完成气液两种流体之间相界面的计算。在 OpenFOAM 中,为了减小数值耗散带来的相界面模糊性,在相方程中添加 Weller 所建议的人工的对流项[7]。人工对流项要保证只存在于在相界面处,即只有满足 $0 < \alpha_g < 1$ 时其数值上才不为零。由此,相方程可表示为:

$$\frac{\partial(\alpha_g)}{\partial t} + \nabla \cdot (\alpha_g U) + \nabla \cdot (U_c \alpha_g (1-\alpha_g)) = 0 \quad (9)$$

式中,U——连续相的速度。

为了避免虚假扩散对流场造成影响,需要保证人工对流项中的压缩速度 U_c 垂直于气液相界面,即相体积分数的梯度方向:$\nabla \alpha / |\nabla \alpha|$。因此 U_c 可以写成以下形式:

$$U_c = C_\alpha |U| \frac{\nabla \alpha_g}{|\nabla \alpha_g|} \quad (10)$$

式中,C_α——界面压缩系数,当 $C_\alpha = 0$,无压缩效果。C_α 越大,压缩效应越快也越明显。最终有相方程:

$$\frac{\partial(\alpha_g)}{\partial t} + \nabla \cdot (\alpha_g U) + \nabla \cdot \left(C_\alpha |U| \frac{\nabla \alpha_g}{|\nabla \alpha_g|} \alpha_g (1-\alpha_g) \right) = 0 \quad (11)$$

为了保证相方程的严格有界,在求解过程中调用了 FCT 算法(在 OpenFOAM 中,FCT 算法被称为 MULES)。

2.3.2 连续性方程和动量方程

在每个网格中,由流体相(气相、液相)的物性和体积分数的乘积加和可得到流体的密度和黏性[8]:

$$\rho_c = \alpha_g \rho_1 + (1-\alpha_g) \rho_2 \quad (12)$$

$$\mu_c = \alpha_g \mu_1 + (1-\alpha_g) \mu_2 \quad (13)$$

定义:

$$p_{\rho gh} = p - \rho g h \quad (14)$$

式中,p——流体压强;

g——重力加速度;

h——网格单元体心的位置矢量。

当考虑由 DEM 得到的离散相体积分数时,连续相求解时所需的连续性方程和动量方程被修改如下:

$$\frac{\partial(\alpha_c \rho_c)}{\partial t} + \nabla \cdot (\alpha_c \rho_c U) = 0 \quad (15)$$

$$\frac{\partial(\alpha_c \rho_c U)}{\partial t} + \nabla \cdot (\alpha_c \rho_c UU) - \alpha_c (\nabla \cdot (\mu_c \nabla U) - \nabla U \cdot \nabla \mu_c) + K_{sl} U$$

$$= -\alpha_c \nabla p_{rgh} + \alpha_c g \cdot h \nabla \rho + \alpha_c \sigma \kappa \nabla \alpha_g + K_{sl} U_s \quad (16)$$

α_c 为连续相的体积分数,按下式求解:

$$\alpha_c = 1 - \frac{1}{V_{cell}} \sum_{\forall i \in cell} V_p \quad (17)$$

V_p 和 V_{cell} 分别是颗粒和网格的体积。动量方程中,等号左边的项做隐式处理(OpenFOAM 源码中的 fvm),等号右边的项做隐式处理(OpenFOAM 源码中的 fvc)。为了便于模拟计算,动量交换项分成隐式和显式两种:

$$R_{sl} = K_{sl}(U - U_s) \tag{18}$$

K_{sl} 根据动量耦合模型计算作用在每个颗粒上的耦合力 F_d 得到:

$$K_{sl} = \frac{\alpha_c \cdot \left| \sum_i F_d \right|}{V_{cell} \cdot |U - U_s|} \tag{19}$$

对于界面处张力,采用连续表面张力模型进行计算:

$$F_s = \alpha_c \sigma \kappa \nabla \alpha_g \tag{20}$$

σ 为表面张力系数,曲率 κ 可以写成:

$$\kappa = -\nabla \cdot \frac{\nabla \alpha_g}{|\nabla \alpha_g|} \tag{21}$$

2.3.3 速度以及压力校正

在 OpenFOAM 中,通常对流体连续性方程和动量方程的求解顺序大致为:速度预测,压力校正,速度校正。本研究中设计的 CFD-DEM 求解器 cfdemSolverinter 参考了两个求解器:OpenFOAM 自带气液两相流求解器 interFoam 和 CFDEM 中自带的 CFD-DEM 模型求解器 cfdemSolverPiso。具体内容如下:

首先,进行速度预测。速度预测时动量方程(16)的左侧可以写成 CU^*:

$$CU^* = \alpha_c g \cdot h \nabla \rho - \alpha_c \nabla p_{rgh} + \alpha_c \sigma \kappa \nabla \alpha_g + K_{sl} U_s \tag{22}$$

式中,C——系数矩阵;

U^*——速度的预测值;

C 可以被分解为对角线矩阵 A 和剩余部分矩阵 H,于是动量方程可以被进一步写为:

$$AU^* + HU^* = \alpha_c g \cdot h \nabla \rho - \alpha_c \nabla p_{rgh} + \alpha_c \sigma \kappa \nabla \alpha_g + K_{sl} U_s \tag{23}$$

对于多相流的速度预测,通常省略等式右边部分。速度预测后,先进行速度校正,校正后的速度 U^{**} 是由预测速度 U^* 和校正压力 p_{rgh}^* 计算而得到:

$$AU^{**} + HU^* = \alpha_c g \cdot h \nabla \rho - \alpha_c \nabla p_{rgh}^* + \alpha_c \sigma \kappa \nabla \alpha_g + K_{sl} U_s \tag{24}$$

因为矩阵 A 是一个对角矩阵,所以可以很容易对其求逆,另外引入

$$HbyA = -A^{-1} HU^{**} \tag{25}$$

根据以上,重写速度校正方程为:

$$U^{**} = HbyA + A^{-1}(\alpha_c g \cdot h \nabla \rho - \alpha_c \nabla p_{rgh}^* + \alpha_c \sigma \kappa \nabla \alpha_g + K_{sl} U_s) \tag{26}$$

校正后的速度 U^{**} 应该满足的连续性方程式(15)。根据式(26)和式(15),可以得到:

$$\frac{\partial(\alpha_c)}{\partial t}+\nabla\cdot(\alpha_c(HbyA+A^{-1}(\alpha_c g\cdot h\ \nabla\rho-\alpha_c\ \nabla p_{rgh}^{*}+\alpha_c\sigma\kappa\ \nabla\alpha_g+K_{sl}U_s)))=0$$

(27)

式(27)可以被写成泊松方程：

$$\nabla\cdot(A^{-1}\alpha_c^2\ \nabla p_{rgh}^{*})=\frac{\partial(\alpha_c)}{\partial t}+\nabla\cdot(\alpha_c(HbyA+A^{-1}(\alpha_c g\cdot h\ \nabla\rho+\alpha_c\sigma\kappa\ \nabla\alpha_g+K_{sl}U_s)))$$

(28)

由此，根据得到的校正压力 p_{rgh}^{*} 就可以对校正速度 U^{**} 进行计算，进而对压力方程及速度校正方程进行迭代。源码主程序参见附录内容。

2.3.4 耦合过程

在 DEM 模拟中，时间步长的选择取决于材料的弹性刚度和颗粒质量。Tsuji[9]建议时间步长的选取应满足 $\Delta t\leqslant 2\pi\sqrt{m/|k|}/10$，$k$ 和 m 分别是弹性刚度和颗粒质量。CFD 模拟中时间步长的设置要满足库郎数的要求，库朗数的物理意义是流体在时间步长中运动距离与矩形网格单位长度之比[10]。本研究在 CFD 模拟过程中，每一时刻的库郎数都小于模拟所规定的最大库郎数（在 OpenFOAM 中取常用值 1），这保证了计算结果的收敛。耦合频率的选择参照 cfdem 案例文件的默认值。模拟中的计算误差主要来自 MULES 算法对相方程的求解和 PIMPLE 算法对动量方程的求解，对误差的控制与修正参照了 OpenFOAM 中的 interfoam 求解器。DEM 与 CFD 模型的耦合计算流程见图 1。

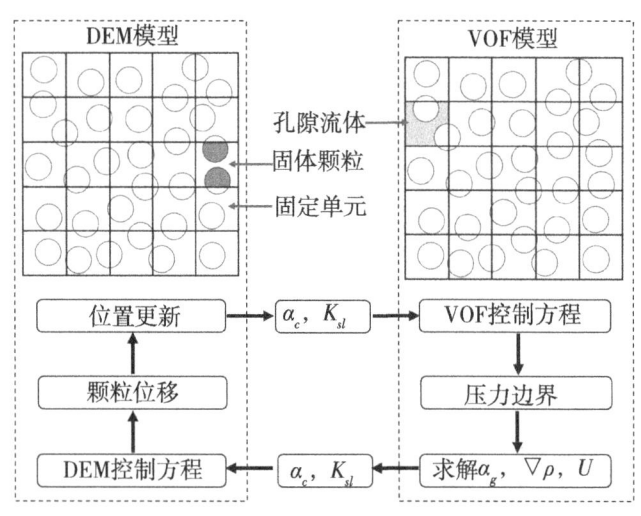

图 1　DEM 与 CFD 模型耦合框架

2.4　求解器测试：气液固三相溃坝

为了测试所建立的 CFD-DEM 模型求解器 cfdemSolverPiso 的可靠性，在本节中对三相溃坝过程进行模拟，并将模拟的结果与实验的结果进行对比。模拟过程中，初始时刻让水和颗粒在一个矩形槽中静置，当试样达到稳定（所有颗粒速度为零）后，撤去挡板使颗粒在重力作用下滑动。试验结果参考了 Sun 和 Sakai 的物理实验[11]。材料参数的选择也参照文献[11]进行选取，材料参数的设置见表 1。

表 1　模拟参数

参数	符号	数值
水的密度/(kg/m³)	ρ_l	1000
水的运动黏性/(m²/s)	μ_l	1.0×10^{-6}
空气的密度/(kg/m³)	ρ_g	1.0
空气的运动黏性/(m²/s)	μ_g	1.48×10^{-5}
两相表面张力/(N/m)	σ	0.07
颗粒密度/(kg/m³)	ρ_s	2500
颗粒直径/m	d	0.0027
杨氏模量/Pa	Y	5×10^7
泊松比	ν	0.5
接触摩擦	f	0.3
恢复系数	E	0.9

模型尺寸为 0.1m×0.2m×0.3m。网格大小为 0.01m×0.01m×0.02m。DEM 模拟的时间步长为 0.00001s，CFD 模拟的时间步长为 0.0005s，耦合频率为每进行 50 步 DEM 步长耦合一次。初始时刻见图 2。

模拟结果与 Sun 和 Sakai[11] 的物理实验结果对比见图 3。可以看出使用前文所建立的 CFD-DEM 求解器所模拟出的结果与实验结果定性上较为相似。因此本研究中 CFD-DEM 求解器能够一定程度上模拟固液气三相混合流。

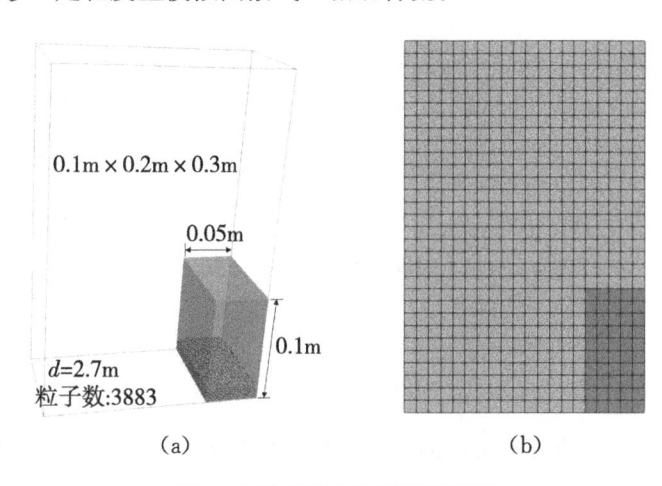

图 2　三相溃坝初始状态及网格

(a)模拟结果：$t=0.1$s

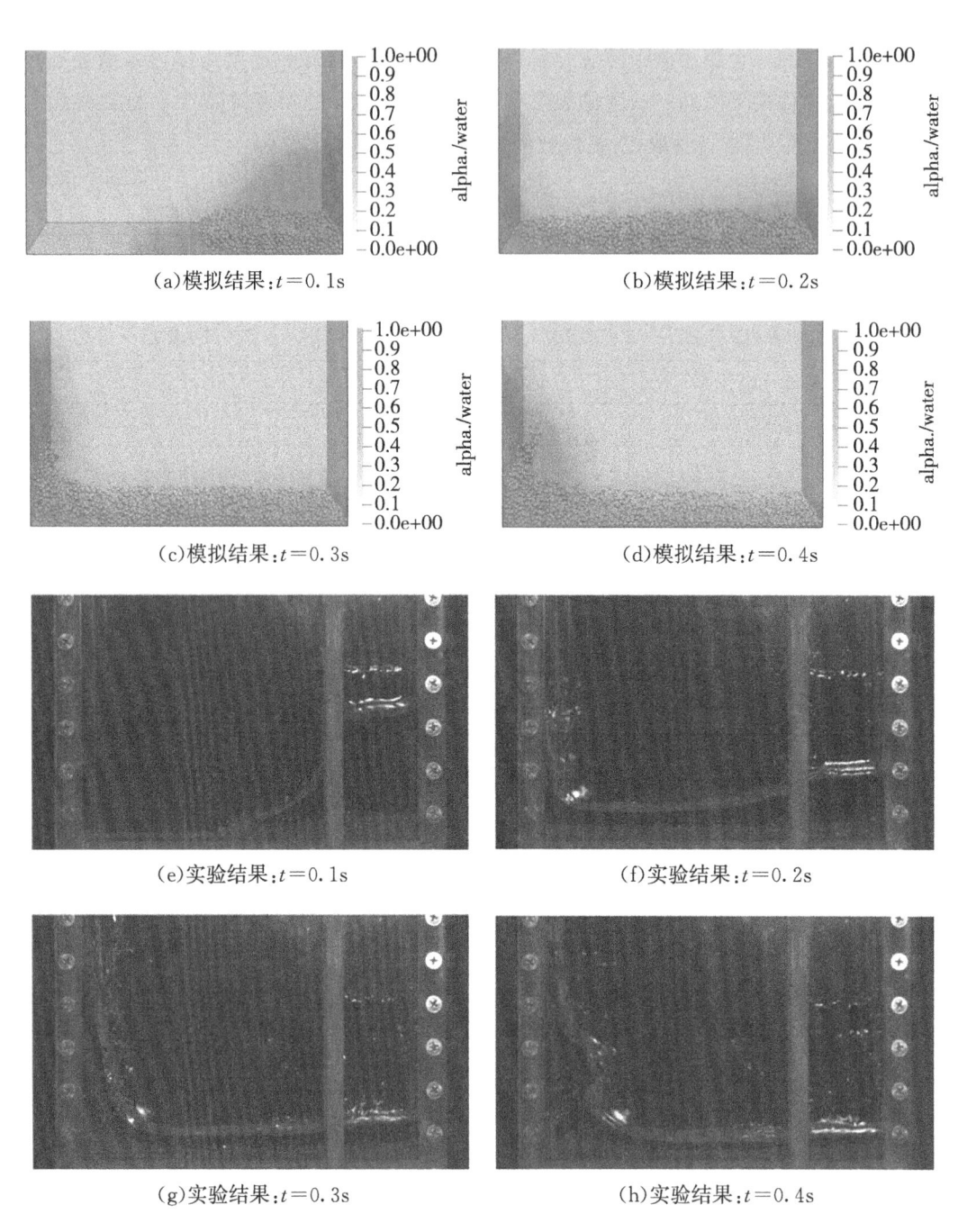

(b)模拟结果：$t=0.2$s

(c)模拟结果：$t=0.3$s

(d)模拟结果：$t=0.4$s

(e)实验结果：$t=0.1$s

(f)实验结果：$t=0.2$s

(g)实验结果：$t=0.3$s

(h)实验结果：$t=0.4$s

图3 三相溃坝模拟结果与实验结果[11]的对比

3 模型建立

根据前文所述求解器 cfdemSolverPiso 建立数值模型。模拟区域为长方体，范围为 $[L_{x_0}, L_{x_1}] \times [L_{y_0}, L_{y_1}] \times [L_{z_0}, L_{z_1}] = [0, 20]\text{m} \times [0, 5]\text{m} \times [0, 2.5]\text{m}$，流体与颗粒运动计算域重合。流体的计算网格为结构化网格，x、y 方向各划分为 30 份和 9 份。泥沙

颗粒用 11 万个直径为 0.12m 的球体简化。

以荷兰莱登北土堤为参照,建立的数值试样见图 4。模拟过程中采用的流体材料参数同表 1,设置液面刚好没过颗粒的顶部以表示土堤为饱和土堤。颗粒采用 Hertz-Mindlin 模型,3 种颗粒的密度分别为 $\rho_{dyke}=3083{\rm kg/m^3}$,$\rho_{top}=2250{\rm kg/m^3}$,$\rho_{peat}=1000{\rm kg/m^3}$;杨氏模量为 $5\times10^6{\rm N/m}$;泊松比为 0.3;恢复系数为 0.3;滑动摩擦系数为 0.5;孔隙比取 0.68。颗粒与边界壁面作用参数与颗粒间相互作用参数相同。模拟运行步长为 $\Delta t=10^{-5}{\rm s}$,颗粒每计算 50 步与流体耦合计算一次。

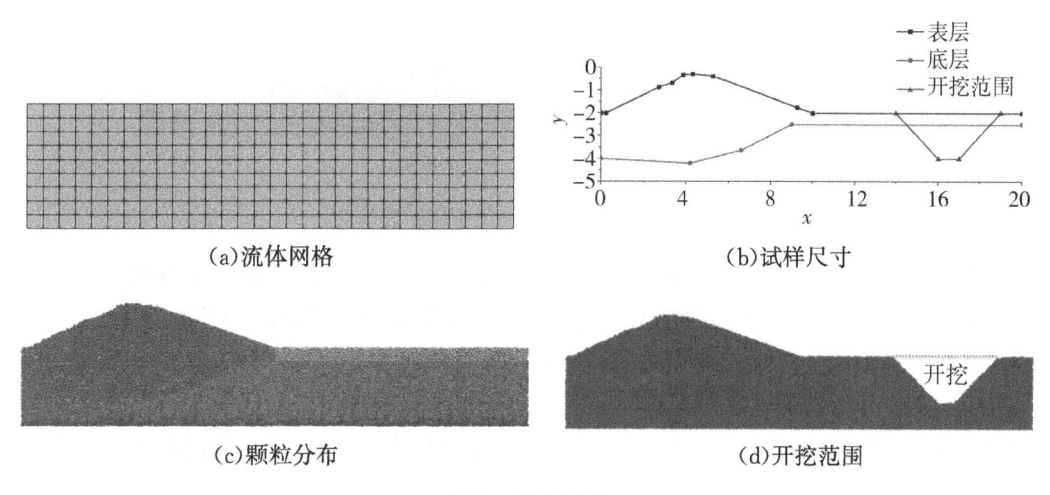

(a)流体网格

(b)试样尺寸

(c)颗粒分布

(d)开挖范围

图 4 数值试样

4 模拟结果

颗粒体系的模拟结果见图 5。由图 5 颗粒位移、颗粒速度方向以及颗粒受力情况可以看出,开挖扰动了初始状态下的试样,使得开挖范围两侧的颗粒向开挖的空间汇聚,这使得颗粒体系原有的接触力分布情况发生了显著的变化,这种变化使得扰动的影响越来越扩大。当模拟运行至 20000 步时,开挖处的扰动影响到了坡顶,使得坡顶的颗粒开始产生了大规模的重排列,同时在坡顶下方的颗粒的运动行为逐渐有了规律,这导致坡顶高度开始下降。如图 5(b)左所示,一个滑动带在这个时间附近形成。滑动带的形成使得附近的颗粒重排列加剧,这导致它们的接触力由于颗粒间的滚动与滑移增大,这与图(b)右观察到的现象一致。当模拟运行至 40000 步时,颗粒重排列的剧烈程度达到顶峰,在此之后,颗粒体系慢慢恢复稳定,不再有大规模的重排列以及接触力突变发生。

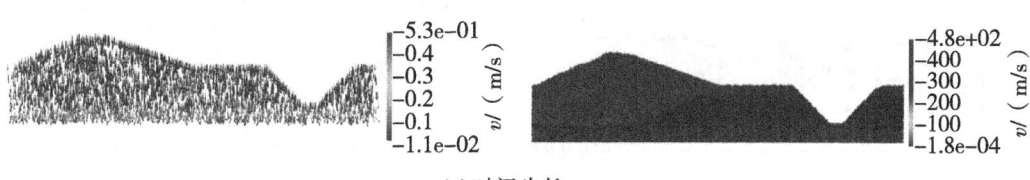

(a)时间步长=0

(b)时间步长＝20000

(c)时间步长＝40000

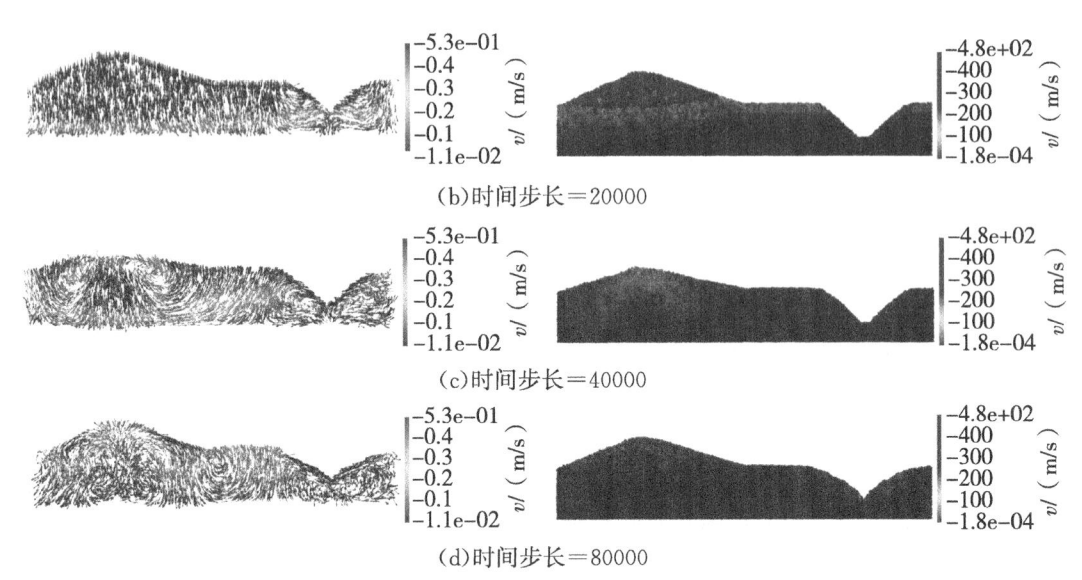

(d)时间步长＝80000

图 5　颗粒速度(左)以及颗粒受力(右)

流场的模拟结果见图 6。由图 6 流场速度以及流场方向可以看出,流场的变化与颗粒的重排列活动密切相关。开挖范围两侧的颗粒运动带动了周围流场的流速变化,并且随着这种扰动范围的扩大,流场的流速变化范围也随之扩大,颗粒的移动使得流场中产生了一个又一个的漩涡。当模拟运行至 40000 步时,颗粒重排列的剧烈程度达到顶峰,与此同时流场的扰动程度也达到了顶峰。在此之后,流场随着颗粒体系一同达到稳定状态。

(a)时间步长＝0

(b)时间步长＝20000

(c)时间步长＝40000

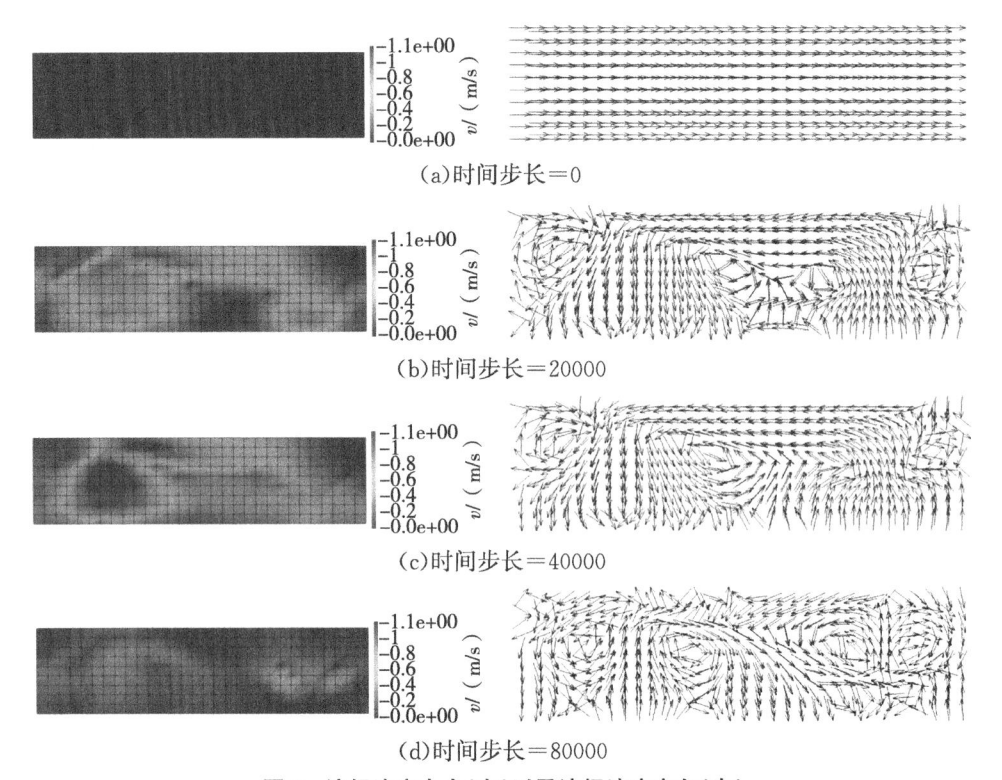

(d)时间步长＝80000

图 6　流场速度大小(左)以及流场速度方向(右)

5 结论

CFD-DEM 耦合法可以模拟出开挖过程中颗粒体系逐渐被扰动进而产生大规模重排列并带动流体一起运动这一过程，但是当前阶段仅限于对大致趋势的模拟，如滑动带的形成以及颗粒流体大致的运动方向等，与实际工程情况尚无法做到在数值上的一一对应。

参考文献

[1] 曾建平，刘发全. 基于 VBA 三角网格土石方开挖的三维模型[J]. 陕西工学院学报，2005，21(1)：31-34.

[2] 杜佐龙，王士峰，刘祥勇，等. 应用 HS 模型进行巨型深基坑的开挖优化分析[J]. 岩土工程学报，2012，34(s)：248-253.

[3] 孙其诚，辛海丽，刘建国，等. 颗粒体系中的骨架及力链网络[J]. 岩土力学，2009，30(S1)：83-87.

[4] 王胤，艾军，杨庆. 考虑粒间滚动阻力的 CFD-DEM 流—固耦合数值模拟方法[J]. 岩土力学，2017，38(6)：1771-1780.

[5] Di Felice R. The voidage function for fluid-particle interaction systems[J]. International journal of multiphase flow，1994，20(1)：153-159.

[6] 张健，方杰，范波芹. CFD 方法理论与应用综述[J]. 水利水电科技进展，2005，25(2)：67-70.

[7] 田康，张尧，李金龙，等. 基于 OpenFOAM 几何流体体积方法的波浪数值模拟[J]. 上海交通大学学报，2021，55(1)：1.

[8] 李林敏. 复杂多相流问题中相界面的混合尺度数学模型[D]. 沈阳：东北大学，2017.

[9] Tsuji Y，Kawaguchi T，Tanaka T. Discrete particle simulation of two-dimensional fluidized bed[J]. Powder technology，1993，77(1)：79-87.

[10] He X，Xu H，Li W，et al. An improved CFD-DEM model for soil-water interaction with particle size scaling[J]. Computers and Geotechnics，2020，128：103818.

[11] Sun X，Sakai M. Three-dimensional simulation of gas-solid-liquid flows using the DEM-CFD method[J]. Chemical Engineering Science，2015，134：531-548.

引江补汉工程穿越黄陵断穹区岩石磨耗性与波速关系研究

任自强[1,2]　向家菠[1,2]　贾建红[1,2]　许　琦[1,2]　薛永明[1]　张广厦[1]　叶　健[1]

(1. 长江三峡勘测研究院有限公司(武汉)，武汉　430074；
2. 水利部水网工程与调度重点实验室，武汉　430010；)

摘　要：为研究岩石的磨耗性与波速的相关性，收集引江补汉工程穿越黄陵断穹区域部分岩石磨耗性CAI值及其相应纵波波速V_p测试结果，并进行相关性分析。结果表明：在收集到的数据中，岩浆岩、变质岩和沉积岩CAI平均值分别为3.19、3.02和2.19，岩浆岩和变质岩岩石磨耗性相对较高，沉积岩相对较低；岩浆岩和沉积岩岩石CAI值与V_p具有显著相关关系，变质岩岩石CAI与V_p无明显相关关系。根据岩石薄片鉴定结果，变质岩复杂的岩性变化特征及其岩石矿物颗粒多具有定向排列特征，可能影响其磨耗性CAI值与波速的相关性。

关键词：岩石磨耗性；纵波波速；相关性分析；引江补汉工程

岩石的磨耗性是指岩石对TBM刀具等破岩工具磨损的影响。破岩工具的损耗不仅会增加刀具更换费用，而且会降低隧洞掘进效率[1-3]。隧洞工程中，施工效率和经济性一直是影响工程设计和建设的重要因素。因而，隧洞工程地质勘察过程中岩石的磨耗性是用于TBM围岩分级及适用性研究的重要参数。

岩石的磨耗性指数CAI值因试验样品易得、试验过程简易，是目前工程勘察及研究过程中应用广泛的一种评价岩石磨耗性的方法[4]。为探讨岩石磨耗性CAI值的影响因素，前人已做了大量的试验研究，认为其与岩石矿物成分及岩石强度等具有一定相关性。

为研究岩石的磨耗性与波速的相关性，本文以南水北调中线引江补汉工程为依托，收集整理工程地质勘察过程中获得的隧洞穿越黄陵断穹区域部分岩石磨耗性CAI值及其相应纵波波速V_p测试结果，并进行相关性分析，研究不同岩性岩石磨耗性CAI值和波速的相关关系，为隧洞围岩磨耗性评价及施工效率预测提供参考依据。

第一作者：任自强，男，工程师，博士，从事工程地质勘察研究。E-mail：ziqian93@163.com。

1 工程区及数据

1.1 工程及区域地质概况

引江补汉工程是南水北调中线工程的后续水源工程,拟从长江三峡库区引水,输水线路沿线经过湖北省宜昌市、襄阳市和十堰市,至丹江口水库坝下。工程输水线路全长约194.7km,其中输水隧洞长约193.9km[5]。

引江补汉工程输水隧洞沿线主要山脉有大巴山系东段大神农架、荆山和南秦岭山系东段武当山,以中山地貌为主,区内山间河谷发育,局部向低山、丘陵、盆地过渡,地貌复杂多样。线路由南向北跨越黄陵断穹、远安台褶束、青峰台褶束、武当山复式背斜及襄枣凹陷,其中黄陵断穹及其北缘盖层主要地层为中元古界—新元古界侵入岩、太古界—元古界变质岩以及震旦系、寒武系、奥陶系碳酸盐岩地层。

1.2 样品采集及测试

本文收集整理了引江补汉工程输水隧洞穿越黄陵断穹区部分岩石磨耗性CAI值及其对应纵波波速 V_p 测试结果共41组。为降低岩石结构特征对CAI值及纵波波速测试结果的影响,排除了薄层状结构、微裂隙发育岩组以及其他具明显不均匀结构岩石的测试结果。其中,变质岩主要为斜长角闪岩、黑云斜长片麻岩、花岗质片麻岩等,岩浆岩岩性主要为中细粒花岗岩、花岗闪长岩、辉绿岩等,沉积岩主要为内碎屑白云岩及生屑灰岩。

岩石磨耗性试验由长江科学院Cerchar试验仪完成,试验过程中运用Rockwell硬度(HRC)为54~56的金属合金试验针在70N的垂直荷载作用下,1分钟内在切割后的试样表面移动10mm,而后在显微镜下测量试验针端部的磨损,以被磨损的钢针针尖平均直径(mm)的10倍为该试样试验结果[6],并利用以下公式得到各岩样磨耗性CAI值:

$$d = 1.14 d_s$$

式中,d——岩石磨耗性CAI值;

d_s——试验室得到的试验钢针磨损量的10倍。

计算结果以表1所示标准对磨耗性进行分级。岩块的声波测试由声波检测分析仪完成,采用脉冲超声直达波对穿法,试样尺寸采用 $\Phi 50mm \times 100mm$ 的标准圆柱体。

表1　　　　　　　　　　岩石磨耗性CAI值分级

CAI区间	磨耗性描述
0.1~0.4	极低
0.5~0.9	较低
1.0~1.9	低
2.0~2.9	中等

续表

CAI 区间	磨耗性描述
3.0~3.9	高
4.0~4.9	较高
≥5	极高

2 测试结果及分析

2.1 测试结果统计

表 2 为本次研究收集到的不同种类岩石磨耗性 CAI 值及其纵波波速 V_p 统计结果。表中显示,在 41 组数据中,岩浆岩磨耗性 CAI 值分布在 2.53~3.85,平均值为 3.19;变质岩磨耗性 CAI 值在 1.53~4.87,平均值为 3.02;沉积岩磨耗性 CAI 值在 1.73~2.84,平均值为 2.19。根据表 1 中分级标准,岩浆岩具中等—高磨耗性,变质岩具低—较高磨耗性,沉积岩具低—中等磨耗性,岩浆岩和变质岩磨耗性相对较高,沉积岩相对较低。

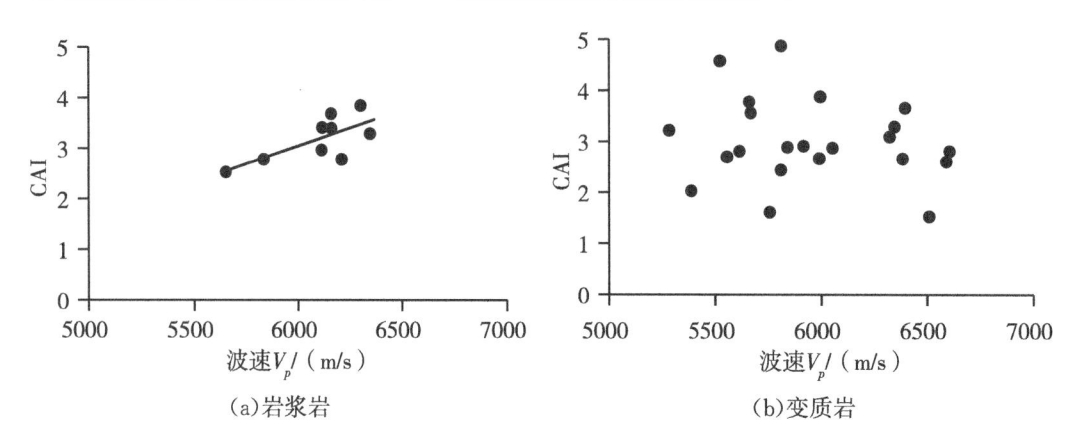

表 2 不同种类岩石磨耗性 CAI 值及纵波波速 V_p 统计结果

岩性	N	CAI 范围值	CAI 平均值	磨耗性分级	纵波波速 V_p/(m/s) 范围值	纵波波速 V_p/(m/s) 平均值
岩浆岩	9	2.53~3.85	3.19	中等—高磨耗性	5652~6346	6099
变质岩	22	1.53~4.87	3.02	低—较高磨耗性	5281~6604	5955
沉积岩	10	1.73~2.84	2.19	低—中等磨耗性	5515~6496	5989

在收集到的 41 组数据中,岩浆岩、变质岩和沉积岩纵波波速 V_p 相差不大。其中,岩浆岩 V_p 在 5652~6346m/s,平均值为 6099m/s;变质岩 V_p 在 5281~6604m/s,平均值为 5955m/s;沉积岩 V_p 在 5515~6496m/s,平均值为 5989m/s。不同岩性岩石磨耗性 CAI 值及波速测试结果的分布散点图(图 1)显示,岩浆岩和变质岩岩石磨耗性 CAI 值随波速的增加呈现增大的趋势,变质岩 CAI 值随波速的变化无明显规律。

(a)岩浆岩　　(b)变质岩

(c)沉积岩

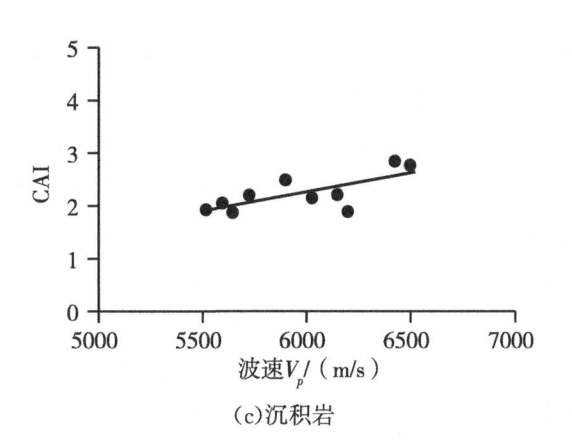

图1　不同岩性岩石磨耗性CAI值及纵波波速V_p测试结果分布散点

2.2 相关性计算

在获得不同岩性岩石CAI值及其对应纵波波速V_p测试结果的基础上,以相关性分析方法,研究岩石磨耗性CAI值与岩石波速V_p之间的相关性。经过相关性计算,得到不同岩性岩石CAI值及波速V_p之间的相关系数r及其显著性P值(表3)。r值越大,表明其相关程度越高,一般认为当$r>0.8$时为高度相关;当$0.5<r\leqslant0.8$时为显著相关;当$0.5<r\leqslant0.3$时为低相关;当$r<0.3$时无相关关系。此外,当$P<0.05$时,r值才具有统计学意义。

计算结果显示(表3),前述数据中岩浆岩、沉积岩和变质岩磨耗性CAI值和纵波波速V_p的相关系数分别为0.704、0.715和0.185,其相关显著性P值分别为0.034、0.020及0.409。岩浆岩和变质岩$r>0.7$,$P<0.05$,表明岩浆岩和沉积岩中岩石CAI值与纵波波速V_p具有显著相关关系;而变质岩中$r<0.3$,且$P>0.05$,表明变质岩岩石CAI值与纵波波速V_p无明显相关关系。

表3　岩石磨耗性CAI值与纵波波速V_p相关性分析结果

岩性	相关系数r	显著性P值
岩浆岩	0.704	0.034
变质岩	0.185	0.409
沉积岩	0.715	0.020

2.3 分析讨论

为研究岩石磨耗性CAI的影响因素,前人以不同数据为基础已经做了大量的研究。例如,AL-Ameen和Waller[4]、Yaral O[7]以及江玉生等[8]分别通过对以煤系地层沉积岩为主的岩石样本进行了研究,认为岩石的CAI值随抗压强度的增加而增加,两者具有强相关性;Dipova N[9]计算得到美国得克萨斯州一隧道灰岩的单轴抗压强度与CAI值的相关系数为0.61;Deliormanl A H[10]对15个大理岩样品的研究,发现其CAI值与单轴抗压强度的相关系数为 0.9；Khandelwal 和 Ranjith 对来自印度的包括不同岩性的 13 个样品的研究认为，岩石的 CAI 值与纵波波速 V_p 具高度相关关系[11]；同样，Er S 和 Tuğrul A[12]对来自土耳其的 12 个花岗岩样品的测试分析认为，其 CAI 值与单轴抗压强度及纵波波速 V_p 均具有显著相关关系，相关系数分别为 0.85 和 0.72；Zhang[13]等对 9 个不同岩石样品的研究亦得到岩石磨耗性 CAI 值与 V_p 具有显著相关关系。本次研究得到岩浆岩和变质岩岩石磨耗性 CAI 值与纵波波速 V_p 具显著相关关系，这与前人的研究结果相符。

岩石的波速是岩石综合物理性质的反映，受多种因素的影响，包括岩性、矿物成分、矿物颗粒大小及胶结程度、结构和构造特征等。在前述岩石磨耗性 CAI 值及其波速数据收集及筛选过程中，为降低岩石结构和构造特征对测试结果的影响，排除了具有明显宏观非均质结构和构造特征岩石测试结果，然而岩石的微观结构特征对其物理性质亦有重要影响。

根据不同岩性岩石薄片镜下鉴定成果，岩浆岩和沉积岩矿颗粒相对均质（图 2(a)、图 2(b)），其岩石磨耗性 CAI 值和波速 V_p 主要受岩石矿物组成、颗粒大小及颗粒间胶结程度等因素的影响，岩浆岩和沉积岩岩石磨耗性 CAI 值和波速 V_p 随石英、长石等高硬度矿物含量的增加而增加。对于变质岩，受变质作用的影响，岩石矿物颗粒多具有定向排列特征（图 2(c)），其岩石的微观结构特征对岩石的磨耗性试验影响严重，可能影响其磨耗性 CAI 值与波速的相关性。

（a）岩浆岩 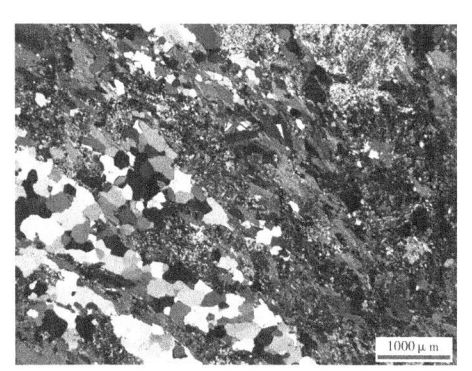　　　　　　　　　　　　　（b）变质岩

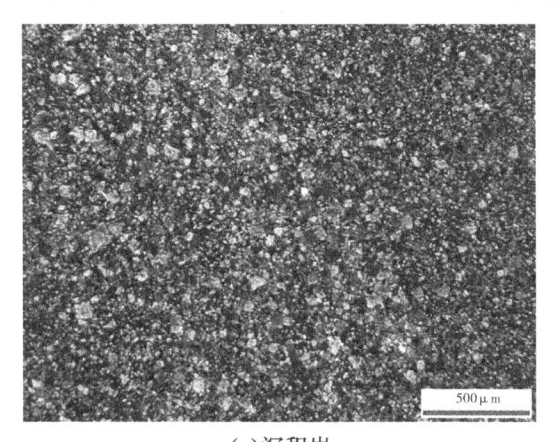

（c）沉积岩

图 2　不同岩性岩石薄片镜下照片示例

此外,受研究区地层岩性分布的限制,在收集到的41组数据中,沉积岩岩性以灰岩为主,岩浆岩主要为侵入岩,变质岩岩性复杂多变,正副变质岩均有分布。复杂多变的变质岩岩性特征亦可能影响其磨耗性CAI值与波速测试结果的相关性。

3 结论

为研究岩石的磨耗性与波速的相关性,本文收集并筛选了南水北调中线引江补汉工程穿越黄陵断穹区域工程地质勘察过程中获得的部分岩石磨耗性CAI值及其相应纵波波速V_p测试数据,并进行相关性分析,结果如下:

1)在收集到的41组数据中,岩浆岩CAI值分布在2.53~3.85,变质岩CAI值在1.53~4.87,沉积岩CAI值在1.73~2.84。岩浆岩和变质岩磨耗性相对较高,沉积岩相对较低。

2)相关性分析结果显示,岩浆岩和沉积岩中岩石CAI值与波速V_p具有显著相关关系,而变质岩岩石CAI值与波速V_p无明显相关关系。

3)根据岩石薄片镜下鉴定成果,岩浆岩和沉积岩矿颗粒相对均质;变质岩岩石矿物颗粒多具有定向排列特征,可能影响其磨耗性CAI值与波速的相关性。

参考文献

[1] 龚秋明,许弘毅,李立民. 岩石磨蚀性指数分级讨论[J]. 地下空间与工程学报,2021(3).

[2] 王胜乐. 引汉济渭TBM施工隧洞围岩分类方法研究及应用[D]. 西安理工大学,2021.

[3] 王玉杰,曹瑞琅,王胜乐,等. TBM施工超硬岩分类指标和确定方法研究[J]. 隧道建设(中英文),2020(S2).

[4] Al-Ameen S I, Waller M D. The influence of rock strength and abrasive mineral content on the Cerchar abrasive index[J]. Engineering geology,1994(3-4).

[5] 王吉亮,向家波,颜慧明,等. 引江补汉工程输水线路工程地质选线研究[J]. 长江科学院院报,2023(5).

[6] Alber M, Yaralı O, Dahl F, et al. ISRM Suggested Method for Determining the Abrasivity of Rock by the CERCHAR Abrasivity Test[J]. Rock Mechanics and Rock Engineering,2014(1).

[7] Yaralı O. Investigation into Relationships Between Cerchar Hardness Index and Some Mechanical Properties of Coal Measure Rocks[J]. Geotechnical and Geological Engineering,2017(4).

[8] 江玉生,刘颖超,刘波,等. 补连塔煤矿不同深度岩石磨蚀性试验研究[J]. 煤炭科

学技术,2017(11).

[9] Dipova N. Investigation of the relationships between abrasiveness and strength properties of weak limestones along a tunnel route[J]. Jeoloji Muhendisligi Dergisi,2012(1).

[10] Deliormanlı A H. Cerchar abrasivity index (CAI) and its relation to strength and abrasion test methods for marble stones[J]. Construction and Building Materials,2012.

[11] Khandelwal M,Ranjith P G. Correlating index properties of rocks with P-wave measurements[J]. Journal of Applied Geophysics,2010(1).

[12] Er S,Tuǧrul A. Estimation of Cerchar abrasivity index of granitic rocks in Turkey by geological properties using regression analysis[J]. Bulletin of Engineering Geology and the Environment,2016(3).

[13] Zhang G,Konietzky H,Frühwirt T. Investigation of scratching specific energy in the Cerchar abrasivity test and its application for evaluating rock-tool interaction and efficiency of rock cutting[J]. Wear,2020.

浅谈南水北调中线水源工程安全风险研究及对策

赵 源 陈 阳

(水利部南水北调规划设计管理局,北京 100038)

摘 要:聚焦南水北调工程"三个安全",重点围绕南水北调中线水源工程可能面临或潜在的风险进行研究。中线水源工程虽已平稳运行多年,依然存在着一些安全风险。随着京津冀协同发展战略等国家重大战略的相继实施,对受水区水资源保障提出更高要求,更应加深对南水北调中线水源工程安全风险的认识,切实有效推进南水北调工程风险及防范对策研究工作的开展,进一步加强风险管理。

1 基本情况

1.1 征地移民基本情况

河南省是南水北调中线工程的渠首所在地,又是丹江口水库的主要淹没区。全省实际搬迁移民16.6万人,建设集中安置点208个,与此同时,也相继完成了集镇迁建、工业企业淹没处理、专业项目恢复改建、库底清理、水保环保、文物保护等其他迁安工作任务。目前,移民产业发展势头良好,收入稳步增长。2021年移民人均可支配收入约16177元,是搬迁前4200的3.85倍。移民集体经济不断壮大,社会大局和谐稳定,正逐步融入当地社会。

湖北省移民搬迁安置任务全面完成,于2012年9月完成了18.2万人移民安置任务(其中:外迁移民7.7万人,内安移民10.5万人),建设移民安置点441个(其中:外迁安置点192个,内安移民点249个),迁(复)建城集镇13座,迁建和一次性补偿工业企业125家。据统计,2021年移民人均可支配收入为14854元,实现了移民收入持续增长,生产生活水平超过原有水平的目标,促进了移民与当地经济社会的有效融入。

第一作者:赵源,男,经济师,副处长,主要从事南水北调相关前期工作、科研管理、党建纪检等工作。

2019年12月7日，南水北调中线工程丹江口水库征地移民通过了水利部组织的完工阶段总体验收(终验)。

1.2 丹江口大坝加高工程及库区相关情况

2013年大坝加高工程完工后，转入待运行期，通过2017年164m、167m蓄水试验进一步处理新发现的大坝缺陷，2021年水库实现170m正常蓄水位蓄水目标，工程运行管理总体规范有序，大坝总体工作性态正常[1]，大坝管理范围内水土保持良好、绿化程度高、水生态环境良好，大坝重要安全监测数据均在设计允许范围内；金结机电设备运行状态平稳，满足大坝日常运行及防洪度汛要求；升船机设备运行状况良好，满足安全通航需要；电厂机组设备运行稳定，设备性能达到设计要求；水质总体良好，总磷浓度汛期偶发性升高。

1.3 实地调研情况

中牟县积极落实帮扶政策，在每人每年600元的直补资金发放基础上，还加大对丹江口库区移民村后期扶持项目投入。利用移民库区资金投资建设帮扶项目，形成了以饲料加工、奶牛养殖、果蔬保鲜库、光伏发电等为主的产业形式，初步形成了"一村一品"的后扶项目，在解决部分群众就业问题的同时，也壮大了集体经济，增加了集体收入。

(1) 狼城岗镇全店移民村文化传承基地

全店村作为狼城岗镇党建示范点之一，突出党建引领作用，能够结合本村实际进行应用，同时认真组织学习农村法律知识及其他各项村规实用知识。

(2) 全店村特色种植基地

全店村依靠国家移民政策，在各级政府和移民相关单位的大力支持下，积极招商引资，先后引进七家饲料加工企业和蔬菜生产企业，加工猪、牛、羊、鸡、鱼等优质饲料销往近十个省份；蔬菜大棚产出绿色无公害蔬菜，尤其生产的水果番茄、西瓜、草莓等远销香港、澳门等南方城市。

(3) 官渡镇北沟石井村

北沟石井村房屋排行有序、整齐划一。通过走访了解到，村民每家都有统一的两层民居住宅，有自来水等设施。村里年轻的村民有方便的条件和较多的机会外出务工，村民嫁娶情况良好，工作、生活和谐稳定。

(4) 河南瑞亚牧业有限公司

河南瑞亚牧业有限公司位于北沟石井村，主要经营范围是奶牛养殖、销售及相关技术推广、牧草购销、饲料销售、生态农业景区运营与管理。在省、市移民部门的大力扶持下，县移民部门积极争取项目扶持资金，建设了高标准同规格奶牛养殖棚1座，配套生产道路880m,租赁给河南瑞亚牧业有限公司,年收益近29万元,对群众就业增收及村集体经济发展产生积极作用。

2 存在的问题

2.1 大坝安全风险

近年来极端气候频发,与水库有关的地震、地灾问题不断发生,人类社会经济活动的改变对水库原设计条件和标准可能带来影响。这些因素对丹江口大坝加高工程大坝安全带来很多不确定性[2]。丹江口大坝分两期建设而成,建设周期较长,初期工程受当时经济技术条件影响存在先天的不足,加高工程是在正常运行条件下完成加高的,涉及复杂的新老坝体联合承载问题,技术复杂,国内外相关工程经验匮乏,并且在运行期间出现右岸土石坝和混凝土坝结合部沉降较大的问题,其工作状态与新建大坝差异很大。对于丹江口大坝工程所涉及的机电及金属结构设备虽然占投资比例较小,但工程建成后机电及金属结构设备运行的安全性、稳定性、可靠性直接影响着工程供水、挡泄水和防洪等基本功能的实现。截至目前,丹江口大坝大部分机电及金属结构设备服役年限已超50年。设备超长服役导致设备老化、锈蚀严重,其正常稳定运行功能受到影响。尤其是近年来大坝出现过泄洪表孔工作闸门关闭异常、深孔事故闸门通气孔设置缺陷、深孔弧形工作闸门支铰轴承运行故障等影响工程安全的风险事件,严重威胁丹江口大坝工程的运行安全。

2.2 防洪安全风险

丹江口大坝结构存在薄弱环节[3],在极端暴雨(稀遇或超(校核)标准量级)情况下有可能发生大坝工程防洪建筑物运行故障的风险工况以及丹江口水库达校核但下游王甫洲校核泄量不匹配的工况。如受超标准洪水、强震、大坝新老结合部位渗流安全以及其他破坏影响,丹江口水库大坝可能发生加高部分倾覆或土石坝部分溃决,将严重威胁下游人民群众的生命财产安全。另外,丹江口水库利用水文预报,采用预报预泄、分级补偿调节的夏、秋汛期分期防洪调度方式,对汉江上游来水拦洪削峰、对汉江中下游洪水实施补偿调度。因此,气象水文预报的预见期和精度可能造成水库下游防洪保护区和上游库区防洪风险。

2.3 供水安全风险

作为一个多年调节水库,丹江口水库利用巨大的调节库容,可以满足大多数年份本流域和跨流域用水需求。但当遭遇诸如2012—2016年的连续枯水年时,若前期蓄水情况不理想,将面临巨大供水压力。同时,丹江口水库供水对象包括汉江中下游、清泉沟渠首、陶岔渠首,是一个面向多个供水对象共用同一水源的复杂供水调度问题。不同供水对象对于有限的水资源量之间存在竞争用水关系。随着北调水量逐步达效,遭遇南北同枯条件下丹江口水库供水面临有限水量分配不合理风险,即可供水量不足风险。

汉江上游安康、潘口等控制性水库与丹江口水库组成的梯级水库群,对于汉江流域防洪与水资源调度格局具有重要影响,充分发挥梯级水库的库容和水力补偿作用,是保障南水北调中线工程安全稳定高质量运行的重要抓手。由于各自开发利用任务不完全相同,且运行管理分属不同单位,联合调度关系复杂,其他水库配合丹江口水库实施联合调度尚未形成合力,水库以自身开发任务为主的调度运行方式常导致水库群消落、蓄水、供水任务的执行出现不相协调之处,不仅不利于梯级水库综合利用效益的充分发挥,也是水库供水安全的重要风险之一。同时,汉江流域已(在)建的鄂北水资源配置工程、引汉济渭、引江济汉、引江补汉等引调水工程,是构建和优化水资源合理配置体系的重要脉络,也在一定程度上改变了丹江口水库的供水边界条件。尤其是特枯年份,引调水工程以自身供水目标保障为主的运行策略,可能导致丹江口水库供水调度困难,存在水量调度协调安全风险。

随着调度的智慧化,信息化硬件设备、软件系统越来越复杂,相应地,网络安全风险日趋严峻。

2.4 水质安全风险

虽然中线一期工程供水水质稳定在Ⅱ类以上[4],但水源区水污染风险仍然存在。一方面,丹江口水域广、岸线长,环库城镇经济社会发展、旅游开发、农业种植等与水资源保护的矛盾逐渐显现,局部区域出现水体富营养化、消落区生态屏障功能退化、农业面源污染、岸线不合理利用等,对丹江口水质的威胁日益凸显。另一方面,上游入库河道是丹江口水库主要水量来源,同时也是其水质安全的主要风险源,上游入库河道流域范围广,风险因子复杂、多样,区域内已识别的135家高环境风险企业、53座尾矿库、农业种植、入河排污口、危化品运输等均对水源区水质安全产生威胁。如2006年,湖北十堰郧阳区与陕西阳县交界处,9t盐酸货车翻覆,导致4t盐酸泄漏入河;2018年,河南西峡淇河某化工企业非法倾倒危化品;2021年,老鹳河上游卢氏县一座尾矿库泄漏,导致老鹳河及上游支流五里川河锑浓度超标等,均对水源区水质造成严重威胁。

2.5 移民发展难度大

虽然丹江口库区和安置区基础设施功能全面恢复并大幅提升,但与当地居民收入仍存在差距[5]。2021年,河南省丹江口库区移民在搬迁10年后,人均可支配收入为1.62万元,为当地农村平均水平1.89万元的85.71%;湖北省移民人均可支配收入为1.49万元,为安置区全县平均水平1.76万元的84.66%。

2.6 中线水源工程竣工财务决算审计反映的主要问题

一是工程建设管理方面,以"共建"名义超批复面积、超概算建设调度管理用房。二是工程生态保护和项目运营绩效方面未及时收缴水费。三是库区地质灾害治理方面,受蓄水影响,丹江口库区226处地质灾害需治理,9132名居民出行、生活及生命财产安全受影响。

3 对策措施

1)为确保南水北调工程"三个安全"、保障水资源有效供给、支撑水源区和受水区高质量发展,有关单位应尽快推动南水北调中线水源工程安全风险评估工作,全面系统地分析中线水源工程可能存在的防洪安全风险、大坝安全风险、供水安全风险及水质安全风险,构建南水北调中线水源工程风险评价体系,确定风险等级标准,提出防范、规避、减免风险的工程与非工程措施建议,为制定应对各种事故工况的运行调度预案及风险处置管理措施、完善工程运行维护制度、优化运行调度体系、合理配备相应资源提供技术支撑。

2)建议相关单位进一步梳理、解决竣工财务决算审计中提出的问题,消除中线水源工程安全运行风险。一是按照审计整改方案,在完成立行立改类问题的基础上,进一步完善审计整改有关资料,重点关注调度用房超面积部分相关拍卖资料等。二是按照审计整改类型,扎实推进阶段整改和持续整改类问题整改,做好水费收缴和使用管理。三是根据库区地质灾害治理责任和资金来源,及时治理地质灾害,避免出现危及库区居民生产生活、生命财产安全的情况。

参考文献

[1] 郑光俊,颜天佑,田振宇,等.丹江口大坝加高后工作性态分析[J].水利水电快报,2022,43(6):73-79+84.

[2] 周荣,梅润雨,魏匡民.丹江口水利枢纽右岸土石坝抗震安全复核研究[J].水利水电快报,2023,44(10):41-48.

[3] 丁洪亮,董付强,穆青青,等.丹江口水利枢纽实施汛期运行水位动态控制防洪调度风险初步探讨[J].中国防汛抗旱,2021,31(S1):61-65.

[4] 林莉,李全宏,曹慧群,等.数字孪生丹江口水质安全建设挑战与举措[J].中国水利,2023(11):32-36.

[5] 程曦.南水北调中线移民村高质量发展的对策建议[J].农村·农业·农民(B版),2023(7):42-44.

黑龙江省引嫩扩建骨干一期工程建设及运行管理工作的几点思考

单　博[1]　王国志[2]　陈鹏元[3]

(1. 黑龙江省水利科学研究院水资源研究所,哈尔滨　150080;
2. 黑龙江省引嫩工程管理处,大庆　163316;
3. 黑龙江省水利投资集团有限公司,哈尔滨　150000)

摘　要:调水工程建设是一项复杂的系统工程,各阶段工作环环相扣,加强调水工程建设项目前期工作的原则性、系统性、科学性,对调水工程建设项目顺利实施及建成后充分发挥工程效益至关重要。

关键词:引嫩扩建工程;前期工作;建设及运行管理

黑龙江省引嫩扩建骨干一期工程是国家 172 项重大供水、节水项目之一,是黑龙江省西部地区重要的水资源配置工程,是保证大庆石油、石化生产的命脉工程,也是解决黑龙江省西部地区干旱缺水的民生工程和改善生态环境的绿色生命工程。工程建成后对黑龙江省西部地区经济社会可持续发展和生态环境的改善具有基础性、战略性作用。

1　工程概况

黑龙江省引嫩扩建骨干一期工程位于黑龙江省西部松嫩低平原区,是在原北部引嫩、中部引嫩工程基础上的扩建项目。工程自 2015 年 6 月全面开工建设,目前工程处于

作者简介:单博(1993—　),女,工程师,主要从事水利水电工程设计及科研、水文和水资源管理、水资源论证与评价工作。E-mail:1512461994@qq.com。

王国志(1967—　),男,教授级高级工程师,主要从事调水工程运行管理和水利工程建设管理工作。E-mail:bygcwang@126.com。

陈鹏元(1994—　),男,助理工程师,主要从事水利水电工程项目管理、水利设施运营管理相关工作。E-mail:1223821143@qq.com。

竣工验收前的准备阶段。

2013年8月，国家发展改革委批准项目可行性研究报告，2015年5月黑龙江省发展改革委批准了初步设计报告。该项目供水目标为区域农牧业灌溉用水，大庆市、安达市、富裕县城市居民生活用水、工业用水，区域渔业及湿地生态用水，城市环境用水，供水范围11152km²。一期工程建成后北、中引总引水量为22.55亿m³。工程建设内容主要包括引水骨干工程和灌区骨干工程两大部分。引水骨干工程包括新建北引渠首工程，扩建北引总干渠，新建友谊干渠、富裕干渠，扩建红旗干渠，新建东城水库及引渠，扩建、改造中引总干渠的部分建筑物。上述内容包括新建（扩）建引水渠道325.89km，污水渠1.62km，排水渠43.59km，新（扩）建截流沟131.86km，输水渠及截流沟总护砌长度617.86km，各类建筑物218座。灌区主要工程包括新建、续建灌区骨干工程9处，灌溉面积187.85万亩，渠道共57条，总长度827.73km，排水干沟21条，长度401.61km，渠系建筑物802座。项目概算投资62.62亿元，总工程量5436.17万m³，总工期4年，于2019年5月工程竣工。

2 工程建设取得的成效

2015年6月全面开工建设以来，参建各单位克服跨省区征占地、工程边通水边建设、有效工期短、施工条件恶劣等诸多困难，到2017年土建工程全面完工，工程效益逐步得到发挥。一是本次工程扩建后，引水骨干工程的243km引水干渠改变了原来坡水入渠的状况，供水水质得到改善，为受水区调整用水结构、优水优用创造了条件。得益于工程扩建，目前大庆市已利用大庆水库替代龙虎泡水库作为大庆市西城区生活供水水源地。用水结构调整后大庆水库每天新增生活用水约20万m³。二是渠首闸枢纽工程建成并投入使用，使北部引嫩工程由无坝引水改为有坝引水，结束了嫩江枯水期引水困难的局面，极大提高了受水区水资源配置能力和供水保障能力，各业供水得到根本保障。三是随着引水骨干和灌区骨干工程的实施，工程区农业供水量逐年增长，2017年农业供水量超过3亿m³。据测算，由于受水区农业种植结构调整，当前情况下每年可为工程沿线农业增收约3.5亿元。仅林甸县利用调入水调整种植结构改造低产田，已新增水田10余万亩，取得了显著的社会效益。四是工程全面建成后北部引嫩工程可为大庆市、富裕县等城市供水5.4亿m³，工程沿线农业灌溉供水5.34亿m³，渔业及湿地生态供水1.8亿m³。充足、清洁的嫩江水调入受水区后，不仅可以改善受水区工农业生产条件和生活条件，为区域经济社会实现可持续发展奠定水源保证基础，而且为区域生态环境的改善、创造宜居环境创造了基础条件。嫩江水的调入不仅为黑龙江省松嫩低平原区逐步限采地下水创造条件，同时为扎龙湿地、九道沟湿地和大庆湿地泡沼等提供环境用水，促进当地水体的涵养和保护，将改善因缺水对生态环境造成的破坏，对于恢复湿地面积、提高水体自净能力、恢复湿地生物多样性，从根本上改善区域生态环境起到积极促进作用。

3 工程建设及运行管理阶段存在的问题

黑龙江省引嫩扩建骨干一期工程建设范围涉及黑龙江省及内蒙古自治区的 10 个县(区),引水骨干工程涉及北部引嫩、中部引嫩工程渠道、沟道总长 617.86km,建筑物 218 座;灌区骨干工程涉及 9 个灌区,灌溉渠道和排水沟道总长度 1229.34km,建筑物 802 座,永久征占地面积 1688.74hm^2,涉及国家级自然保护区 2 处,省级自然保护区 1 处,军用土地 3 处。从 2002 年黑龙江省水利水电勘测设计研究院开展前期工作至 2015 年 5 月初步设计得到批复历时 13 年,项目前期审查审批及项目实施阶段步履维艰,项目建设尚未达到预期效益。

3.1 项目前期存在的问题

1)项目前期审查、审批工作异常繁复。大型水利建设项目前期除水利行业各项规划及防洪影响评价、水土保持、水资源论证等审批、许可项目外,还涉及发改、财政、金融、自然资源、地震、林草、环保、建设、文化、物价、铁路、交通、航运、电力等十几个部门的资金承诺、水价承诺、银行保函、土地预审、环境影响评价、施工期对保护区动植物影响评价、移民规划、建设项目选址、地灾、压矿、文化考古、节能、占用林地草地合规性审查等国家层面及省内外各层面部门、单位数十项咨询、审查、审批;涉及铁路、航运、交通、电力等部门除技术方案需要咨询论证外,在实施阶段仍需要反反复复的审批。部门林立,行规繁复,各环节专家对同一问题的审查意见系统性不强,同一问题分几次提,其间环节稍有延误,部分审批项就会超过批准期限,需重新编制报批。建设单位苦不堪言。

2)资金筹措难度大、落实困难。按照批准的初步设计,黑龙江省引嫩扩建骨干一期工程概算总投资 62.62 亿元(包括建设期贷款利息 2.33 亿元),其中国家补助资金 22.85 亿元,项目法人贷款 18.08 亿元,省级以下地方自筹资金 19.36 亿元。引水骨干工程项目法人贷款因水价不到位及非农业供水量没有达到预期,偿债能力不够,目前由省级财政和大庆市承担了 12.9 亿元。灌区骨干工程建设需要讷河市、富裕县、依安县、林甸县匹配资金总计 2.68 亿元,其中 3 个县为贫困县,尽管建设期通过过桥贷款解决了燃眉之急,形成的地方债务势必影响地方政府谋划、实施项目的积极性和地方发展后劲。

3)项目前期勘测设计质量需要加强。大型水利项目建设涉及水文、地质等自然条件和经济社会诸多方面,项目前期勘测设计工作及区域社会调查工作的精度、深度对保证后期工程顺利实施至关重要。料场选择随意,渠道等线性工程选线不周密,工程水文、地质勘察不全,征地补偿实物量调查不细,征地边线不准确,不仅增加项目审批和实施的难度,由此导致的一系列变更增加了合同管理难度,乌南总干渠选择的 21 处料场仅有 6 处料场可用。

4)项目前期没有成熟可靠的严寒地区渠道衬砌技术方案,实施阶段变更较大。黑龙江省引嫩扩建骨干一期工程地处松嫩低平原区,区域水文地质、工程地质及地形条件复杂,广布分散性土。引水骨干工程涉及北部引嫩、中部引嫩工程渠道、沟道总长617.86km,灌区骨干工程涉及灌溉渠道和排水沟道总长度1229.34km。引水骨干工程渠道输水期长,既面临坡面水、渠道水的冲刷破坏,更面临地下水渗透及边坡冻胀破坏的不利工况,还要减少渠道输水损失并防止部分地区次生盐渍化的发生。渠道糙率对渠道断面选择进而对工程占地投资影响较大。渠道衬砌技术方案选择既是制约工程投资、立项的主要因素,更是运行期渠道工程是否稳定可靠、减少维修养护成本的关键。在项目实施阶段结合北部引嫩工程运行管理经验,本着"综合防治、复合结构、适应为主、削减为辅"的原则对原方案只考虑理论计算糙率而对抗冻胀考虑不够的渠道衬砌进行了变更。

3.2 项目实施阶段存在的问题

1)项目在初步设计阶段招标导致的清单漏项,以及部分工程施工图设计阶段方案变化导致渠道衬砌工程投资增加较多,共涉及北部引嫩总干渠、红旗干渠、东湖干渠、友谊干渠双侧护砌长度166.39km,单侧护砌长度11.4km。仅此一项就涉及25个施工标段合同变更,单价变化也产生了相应的合同结算难题,施工图纸提供不及时影响了施工进度,部分标段造成了停工损失。

2)本项目在初步设计获批即开工建设,需要边征地边施工,阻工现象经常发生。有些土地承包户不接受补偿标准,提出不合理诉求,以各种理由阻工,部分项目窝工损失较重,建设单位难以处理。

3)由于本项目是对原北部引嫩、中部引嫩工程基础上的扩建项目,工程建设需要边通水边施工边投入使用,渠道工程无法做到干地施工,因此渠道工程质量评定、核备、项目法人验收条件复杂,质量监督单位对分部工程验收核备时,坚持必须经通水后满足外观质量标准才予以核备,无护砌段渠道坡面及渠道衬砌外观平整度经通水冲刷及冻胀破坏后不能满足《水利水电工程施工质量检验与评定规程》(SL 176—2007)的外观质量标准,验收工作推进困难。

4)耕地占用税缴纳问题。由于黑龙江省引嫩扩建引水骨干工程是兼顾农业供水和非农业供水的多目标供水工程,批准的初步设计概算中的耕地占用税是按照农业供水和非农业供水的比例确定的,但在工程实施阶段税务部门按照耕地占用面积全额征收,仅此一项项目法人超概算支出4221.94万元(含滞纳金)。

5)本项目的《农用地转用和土地征收工作方案》(简称国土报卷)自2015年12月上报当时的国土资源部,其间因部分征用地涉部队农场用地、部分堤防占用生态安全控制区,截流沟、排水沟进入自然保护区缓冲区、核心区等问题反复调整、补正,有些问题因国家政策持续调整等因素,尚未获批。

3.3 运行管理阶段存在的问题

1)工程建后移交难。黑龙江省引嫩扩建骨干一期工程包括引水骨干工程和灌区骨干工程,在批复的文件中对引水骨干工程中的东湖干渠、中引总干渠、部分防洪与排涝等扩建工程有管理单位的工程项目,以及友谊干渠、八家子泄水渠等新建项目都没有明确建成后的管理单位,导致项目法人移交困难。

2)受用水户节水及供水区经济下行等因素影响,项目建成后工程供水效益没有达到预期。非农业供水只在北部引嫩、中部引嫩工程之间受水结构有调整,现状非农业供水量仅占设计能力的57.3%,农业供水量因灌区配套滞后仅占设计能力的59.9%。

3)按照引水骨干工程扩建后形成的30.98亿元资产及现状供水量测算的非农业用水原水水价每立方米1.4元,用水户承受困难。农业供水监审水价为每立方米0.19元,批准水价为每立方米0.02元,政策性亏损严重,生态补水还没有建立补偿机制。本次工程扩建后农业供水、生态补水占总供水量的64%,非农业实际供水量仅占设计能力的57.3%,不仅偿债能力不够,按企业运作即亏损。

4 几点思考

近年来,黑龙江省谋划、实施了三江治理、引嫩扩建等一批防洪、灌溉、供水等水利工程基础设施,为保证供水安全、防洪安全、国家粮食安全、生态安全,提高水资源配置能力,促进区域经济、社会可持续发展提供了保障。目前,国家正在谋划建设国家水网,总结分析大型水利工程建设实践中的问题,对提高大型水利工程建设管理水平,充分发挥水利工程建成后的效益会起到促进作用。

1)大型水利建设项目前期工作必须全面落实水利前期工作责任制,由政府统筹谋划,分部门落实责任,全面、整体推进。《水利工程建设项目管理规定(试行)》第九条规定:水利工程项目法人对建设项目的立项、筹资、建设、生产经营、还本付息以及资产保值增值的全过程负责,并承担投资风险。代表项目法人对建设项目进行管理的建设单位是项目建设的直接组织者和实施者。负责按项目的建设规模、投资总额、建设工期、工程质量,实行项目建设的全过程管理,对国家或投资各方负责。"由于黑龙江省引嫩扩建工程是具有非农业供水、农业供水和生态补水多目标开发的综合性调水工程,项目法人无法承担立项、筹资等责任。水利工程建设项目规划不仅要服从水利行业各项规划,更要服从、服务于国土空间规划、区域经济社会发展规划等综合规划及其他部门规划,并兼顾生态环境保护,仅依靠水利行业主管部门或项目法人组织实施,既无法协调好方方面面的关系,确保工作顺畅,更无法保证项目规划的高起点、全方位,政府补助和配套资金筹措也需要政府组织落实。工程建成后的运营管理有不确定性,最终更需要政府谋划确定,因此必须发挥政府的统领、主导和协调作用。解决目前存在的水利建设前期工作基础薄

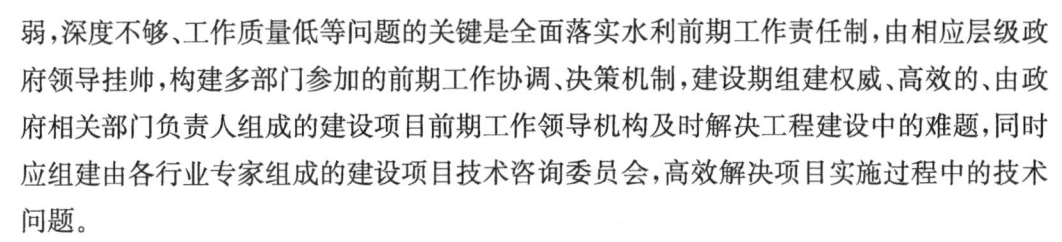

弱、深度不够、工作质量低等问题的关键是全面落实水利前期工作责任制,由相应层级政府领导挂帅,构建多部门参加的前期工作协调、决策机制,建设期组建权威、高效的、由政府相关部门负责人组成的建设项目前期工作领导机构及时解决工程建设中的难题,同时应组建由各行业专家组成的建设项目技术咨询委员会,高效解决项目实施过程中的技术问题。

2)水利建设项目可行性研究阶段务必认真、严肃论证并保证项目的资金来源、筹措方式、借款计划和偿还方式、水价承诺、建成后的管理体制等方面在后期项目实施及运行阶段得到严格执行,并由审计部门对上述事项的落实情况进行责任审计。经济评价的不确定分析要更深入、全面,充分考虑项目建成后需求的不确定性,同时应明确项目建成后执行政府会计制度还是企业会计制度。耕地占用税的问题需发改、财政或水行政部门商税务部门明确。

3)改进和规范前期工作中技术文件编制、审查审批程序,严把水利建设项目前期工作技术文件编制、咨询、审查审批关。水利建设项目前期工作所需编制的各类综合性及专业性技术文件在提出一揽子编制计划后可采取政府采购的方式选择设计、科研及咨询单位,实行一站式从头服务到尾,从而避免反复编制、反复咨询及黑中介现象的发生。

4)水利建设项目规划选址确定后,停建令由项目所在地的各级政府组织移民等有关部门真正落实到位,确保项目及时动工。水利建设项目不能等同于一般的商业开发项目,国家赔偿及补偿标准一经确定就应该具有法律效力和强制性,被征占对象对补偿标准持有异议可通过司法途径解决,不得随意阻工。

5)宜考虑将现行的水利建设项目初步设计阶段招标在进一步深化、复核、完善初步设计成果后,经专业图审后再行招标。以避免施工方案、设备选型考虑不周密,招标清单漏项等问题。

6)大型水利建设项目特点是点多、面广、战线长,有效工期短,尤其是对边通水、边建设边投入使用的项目,要充分考虑项目法人验收工作的复杂性,质量监督部门应组建派驻质量监督项目站及时履行监督职责。

7)着眼于黑龙江省西部松嫩低平原区经济社会发展及生态环境改善总体目标,以现有的"三引三排"为骨干,进一步谋划区域"优水优用、灌排结合、丰枯调剂、干线贯通、水网相连、连通联调"的水系连通格局。本次工程扩建后北、中引调入嫩江水 22.55 亿 m^3,二期工程实施后北、中引调入嫩江水将达到 28.89 亿 m^3,宜谋划调整受水区的用水结构,逐步限制城市区、工矿区地下水开采,农业区限量开采地下水,宜谋划利用区域内诸多泡沼改善区域农牧业生产条件和生态环境,制定生态供水的补偿办法,推进配套灌区的水价改革,谋划实施 7 处灌区骨干工程的田间配套工程。

8)针对北方严寒地区渠道衬砌结构型式继续深入研究。北方寒冷地区无论是调水工程还是大型灌区干渠等线性工程,渠道衬砌结构型式选择既是建设期制约投资的重要因素,更是运行期制约维护成本、确保工程安全运行的主要因素。渠道衬砌结构型式的确定必须以适应复杂恶劣运行工况,以保证结构稳定、运行安全可靠为前提,考虑防止降水、坡面水、地下水、渠道水及冻胀破坏等多因素,构建完整的寒冷地区渠道衬砌防护体系。综合考虑降低糙率、减少投资及后期维护工作量,笔者根据多年的运行管理经验提出严寒地区渠道衬砌结构型式应将衬砌冻胀部位划分为主冻胀区和副冻胀区,本着"综合防治、复合结构、适应为主、削减为辅"的原则确定。

9)水利工程项目法人对建设项目的立项、筹资、建设、生产经营、还本付息以及资产保值增值的全过程负责,并承担投资风险。代表项目法人对建设项目进行管理的建设单位是项目建设的直接组织者和实施者。负责按项目的建设规模、投资总额、建设工期、工程质量,实行项目建设的全过程管理,对国家或投资各方负责。

参考文献

[1] 谢成玉,王国志. 季节冻土区跨流域调水工程明渠衬砌结构型式探讨[J]. 中国水利,2014.

基于溃堤风险的洪水风险评价研究

曲姿桦[1]　李　佳[1]　阎红梅[1]　叶　昕[2]

(1. 水利部南水北调规划设计管理局,北京　100038

2. 华北水利水电大学,郑州　450045)

摘　要:以黄河宁夏段青铜峡河西保护区为研究区,通过建立一、二维水动力耦合模型,较为真实地再现溃堤洪水在研究区的演进过程,选取最大淹没水深、最大行进流速和最大淹没历时等水力要素作为洪水风险要素指标,采用综合风险度法对研究区进行洪水风险评价研究。结果显示:在青铜峡河西防洪保护区中,无风险、低风险、中风险、较高风险、高风险、极高风险区的面积分别占 93.4％、0.75％、1.2％、1.1％、3.1％、0.3％。补号村、唐滩村、沙坝湾村、地三村、中庄村、条滩村、陈滩村受洪水影响较大,属于避险转移重点关注地区。评价结果可为加强青铜峡河西防洪保护区防洪减灾体系建设和保障居民生命财产安全提供支撑,为提升防洪安全保障能力、国家水网相关区域规划提供技术参考。

关键词:一、二维耦合模型;溃坝洪水风险评价;综合风险度;防洪减灾体系;国家水网;青铜峡河西保护区

我国是世界上自然灾害最为严重的国家之一,尤以水旱灾害为重。近年来,极端天气事件明显增多,暴雨、山洪、台风等灾害突发性、反常性、不可预见性、严重性日益突出,多个地区遭遇过特大暴雨。如 2020 年广州"5·22"特大暴雨、2021 年郑州"7·20"特大暴雨、2023 年海河流域"23·7"流域性特大洪水,这些自然气候地理的本底条件,以及流域防洪工程体系、国家水网重大工程尚不健全的现状,决定了当今和今后一个时期水安全风险隐患仍长期存在。抵御水旱灾害,需要把握气候水文特点以及洪涝等灾害规律,完善流域防洪抗旱工程体系,加快构建国家水网,科学运用各类非工程措施,贯通"四情"(雨情、汛情、险情、灾情)防御,强化"四预"(预报、预警、预演、预案)措施,全面提高风险防控能力[1-3]。

提升流域防洪减灾能力是国家水网的重要功能之一,洪水风险评价作为一种非工程

第一作者:曲姿桦(1997—　),女,主要从事水资源管理和防洪减灾方向研究。

减灾措施,是把握洪涝灾害防御主动权的重要抓手[4-5]。目前,我国防汛工作正逐步从"控制洪水"向"洪水管理"转变,即通过洪水风险评价分析,建立风险管理制度。洪水风险评价是区域开展洪水风险管理的重要基础支撑[6]。本文以黄河宁夏段青铜峡河西保护区为研究区域,通过建立一、二维耦合模型,较为真实地再现洪水在研究区的演进过程,以保护区最大淹没水深、最大行进流速和最大淹没历时等水力要素作为洪水风险要素指标,利用综合风险度对研究区进行洪水风险评价研究。研究结果可为洪水风险管理、洪水保险和土地规划利用、洪水影响评价等提供基础信息,为加强青铜峡河西防洪保护区防洪减灾体系建设和保障居民生命财产安全提供支撑,为提升防洪安全保障能力、国家水网相关区域规划提供技术参考[7]。

1 研究区概况

青铜峡河西防洪保护区位于宁夏北部,黄河上游下段,属银川平原,是宁夏平原地势最低之处。保护区从南至北,涉及青铜峡市、永宁县、银川市、贺兰县、平罗县和惠农区,计算区总面积 4283.8km²。按照河道特性,计算区河道分为青铜峡至仁存渡段、仁存渡至头道墩段、头道墩至石嘴山大桥段 3 段。青铜峡河西防洪保护区堤防总长 183.15km,均为土堤,河段防洪标准为 20 年一遇,以 4 级堤防为主。其中,青铜峡陈袁滩段堤防、银川市兴庆区段堤防,考虑城市防洪要求,防洪标准采用 50 年一遇、3 级堤防。河道整治工程依据其位置和作用不同,分险工工程和控导护滩工程两类,黄河宁夏段河道整治工程共 22 处,总长度 22.695km,均为控导工程。黄河宁夏平原河段,河流摆动频繁,大部分为封冻河段,洪、凌灾害频繁。

2 研究方法

2.1 洪水演进数值模拟

本文采用一维水动力数值模型和二维水动力数值模型耦合模拟洪水演进过程。

一维水动力数值模型用于计算河道中各个断面、各个时刻的水位和流量等水文要素,具有计算稳定、精度高、可靠性强等特点。一维河道洪水演进的控制方程如下:

$$\frac{\partial Q}{\partial x}+\frac{\partial A}{\partial t}=q_L \tag{1}$$

$$\frac{\partial Q}{\partial t}+\frac{\partial (\alpha \frac{Q^2}{A})}{\partial x}+gA\frac{\partial h}{\partial x}+\frac{gQ|Q|}{C^2AR}=0 \tag{2}$$

$$v=\frac{1}{n}R^{2/3}J^{1/2} \tag{3}$$

$$n=\left(\frac{\chi_b n_b^{3/2}+\chi_i n_i^{3/2}}{\chi_b+\chi_i}\right)^{2/3} \tag{4}$$

对于天然河道,一般 $\chi_b \approx \chi_i$,则:

$$n = \left(\frac{n_b^{3/2} + n_i^{3/2}}{2}\right)^{2/3} \tag{5}$$

式中,Q——河道流量,m^3/s;

A——断面面积,m^2;

x——沿河道走向的距离,m;

t——时间,s;

C——谢才系数,$\text{s}/\text{m}^{1/3}$;

R——水力半径,m;

q_L——单宽流量,m^2/s;

h——河道内洪水变化水位,m;

n——综合糙率;

α——动量修正系数。

二维水动力数值模型是研究地表水流运动的可靠手段和重要依据,可用于实际水情验证、水文变化计算、未来趋势预测[8-9]。二维水动力计算模型基本原理如下:

$$\frac{\partial h}{\partial t} + \frac{\partial (hu)}{\partial x} + \frac{\partial (hv)}{\partial y} = q_L \tag{6}$$

$$\frac{\partial u}{\partial t} + u\frac{\partial (u)}{\partial x} + v\frac{\partial (u)}{\partial y} + g\frac{\partial h}{\partial x} + g\frac{\partial z_b}{\partial x} + \frac{\tau_{ix} + \tau_{bx}}{\rho h} = 0 \tag{7}$$

$$\frac{\partial v}{\partial t} + u\frac{\partial (v)}{\partial x} + v\frac{\partial (v)}{\partial y} + g\frac{\partial h}{\partial y} + g\frac{\partial z_b}{\partial y} + \frac{\tau_{iy} + \tau_{by}}{\rho h} = 0 \tag{8}$$

$$\tau_{ix} + \tau_{bx} = \frac{\rho g (n_I^2 + n_B^2) \sqrt{u^2 + v^2}}{h^{1/3}} u \tag{9}$$

$$\tau_{iy} + \tau_{by} = \frac{\rho g (n_I^2 + n_B^2) \sqrt{u^2 + v^2}}{h^{1/3}} v \tag{10}$$

式中,h——水深,m;

z_b——地形高程,m;

τ_{ix} 和 τ_{iy}——水流拖曳力在 x、y 方向的分量;

u 和 v——x、y 方向上的流速分量,m/s;

τ_{bx} 和 τ_{by}——地表摩擦力在 x、y 方向的分量;

q_L——源汇项。

本文采用耦合模型侧向连接方式,实现河道一维水动力数值模型与防洪保护区二维水动力数值模型的耦合,实时耦合计算河道洪水漫溢淹没过程[10]。侧向连接方式即通过河道断面标注堤顶等效为堰,堰顶高程及堰宽以该处断面左、右堤顶高程及宽度为准,堰顶过流水流漫溢进入二维区。

2.2 洪水风险评价模型

根据《洪水风险区划技术导则》,本文采用综合风险度对研究区洪水风险进行评价研究。借鉴凸风险度量表示性定理,构建洪水频率和洪水风险特征曲线[11-12],见图1。为反映多个量级洪水综合淹没情况下洪水风险的空间分布特征以及区域间洪水风险程度的差异性,结合期望理论提出了基于多重现期与风险特征的综合风险度期望公式如下,基于综合风险度划分洪水风险等级见表1。

$$R = \sum_{i=0}^{n}(p_i - p_{i+1})\left(\frac{H_i + H_{i+1}}{2}\right) \quad (11)$$

式中,P_i——某一洪水淹没频率;

H_i——该计算单元对应 P_i 的洪水风险指标 H 值。

由于利用上述公式计算期望值时,计算单元的洪水淹没指标值 H_i 在起淹洪水频率处存在跳跃,因此假定在计算时 P_0 始终为起淹洪水频率的下一级洪水频率,且对应的 $H_0=0$;而 P_1、P_n 则分别为该计算单元的起淹洪水频率和最高洪水计算频率。

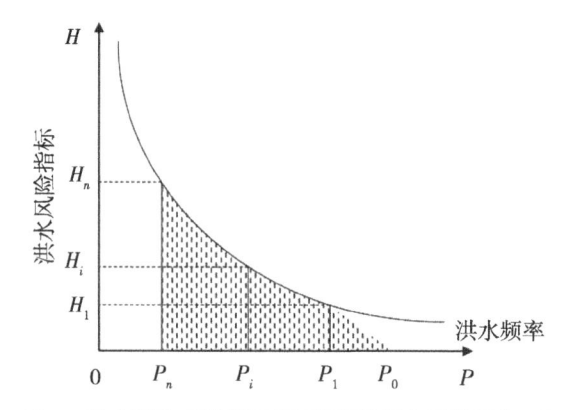

图 1 综合风险度计算示意图(阴影部分面积即为 R)

其中,洪水风险指标(H)表征计算单元在某一量级洪水频率下的风险程度大小,指标选取应以能全面反映洪水淹没特征为要,因此指标计算以"最大淹没水深"为主要因子,综合考虑"最大行进流速""最大淹没历时"风险要素的影响,公式如下:

$$H = \alpha_1 \alpha_2 h \quad (12)$$

式中:α_1——"最大行进流速"修正系数;

α_2——"最大淹没历时"修正系数。

其中,当 $v<1.5\text{m/s}$ 时,$\alpha_1=1.0$;当 $1.5\text{m/s} \leq v < 3.0\text{m/s}$ 时,$\alpha_1=1.2$;当 $v \geq 3.0\text{m/s}$ 时,$\alpha_1=1.5$;当 $t<3\text{d}$ 时,$\alpha_2=1.0$,当 $3\text{d} \leq t < 7\text{d}$ 时,$\alpha_2=1.2$,当 $t \geq 7\text{d}$ 时,$\alpha_2=1.5$。

表 1 风险区划等级划定范围

综合风险度 R	$R<0.15$	$0.15 \leq R < 0.5$	$0.5 \leq R < 1$	$R \geq 1$
风险等级	低风险	中风险	高风险	极高风险

3 洪水演进过程与风险评价分析

3.1 洪水演进数值模型

3.1.1 计算方案拟定

根据《洪水风险区划技术导则》,对于防洪保护区,选取河流堤防现状标准高一等级的洪水频率,并考虑最不利工况,故设置青石段河道洪水量级为100年一遇,确定青石段河道一维非恒定流水动力模型的上游入流边界为青铜峡水文站100年一遇流量过程曲线(图2),下游出流控制边界采用石嘴山水文站水位流量关系曲线(图3),在此基础上构建一维河道模拟分析模型;采用SRTM 90m DEM地形构建计算区域的二维分析模型,并采用非结构化网格剖分研究区地形,依据地形、防洪工程分布或历史洪水淹没范围等,划定研究区域(图4)。

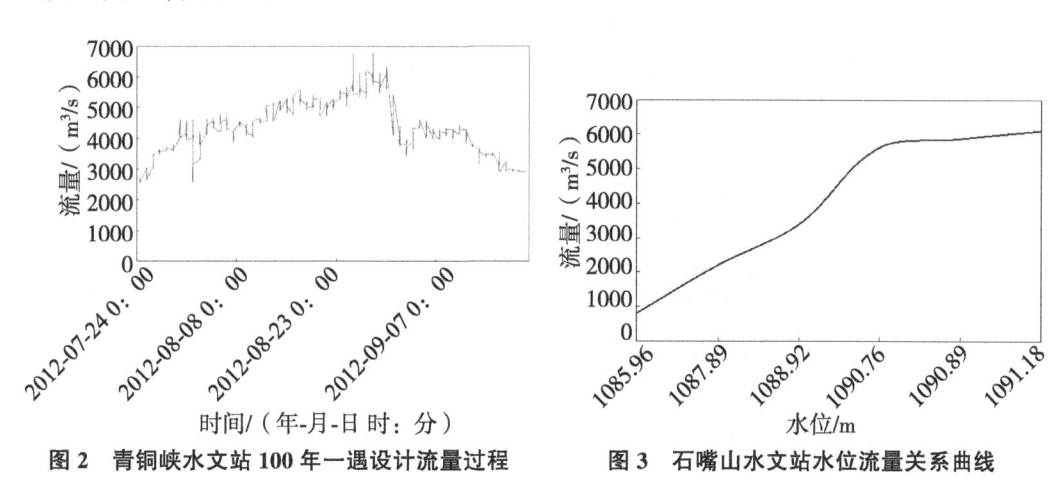

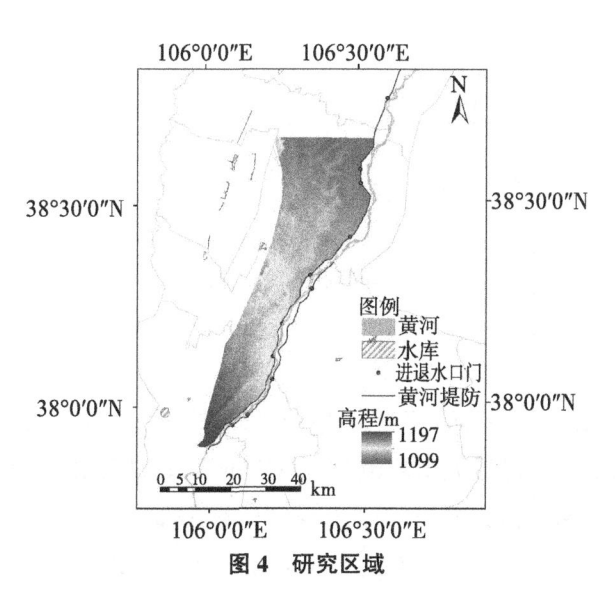

图2 青铜峡水文站100年一遇设计流量过程

图3 石嘴山水文站水位流量关系曲线

图4 研究区域

根据收集的研究区河道断面资料、水文边界条件、地形资料等,构建洪水演进模型具体步骤如下:

(1)初始条件

资料显示,在溃堤之前,青铜峡河西防洪保护区内没有积水。根据干水深和湿水深理论,将计算区域的网格设定为干单元。设定干水深值为 0.005m,湿水深值为 0.1m。

(2)边界条件

本计算区共设定两处溃口,不同溃口的入流计算边界由河道一维模型计算结果进行提取,得到溃口位置(图 5),其中,溃口 1 为东河溃口,溃口 2 为侯娃子滩溃口。考虑最不利因素,溃口形状等效为矩形,溃口发展过程一般按瞬溃方式考虑。计算区域内高于地面 0.5m 的线状地物、堤防、道路等阻水建筑和桥梁、涵洞等过水建筑作为模型内部边界。除溃口作为开边界处理外,其他均作为闭边界处理。

(3)参数设置

河道糙率值是对该河道一维水动力模型分析精度影响较大的参数,根据《水利水电工程洪水计算规范》(SL 44—2006),初步确定青石段河道糙率为 0.015～0.035。

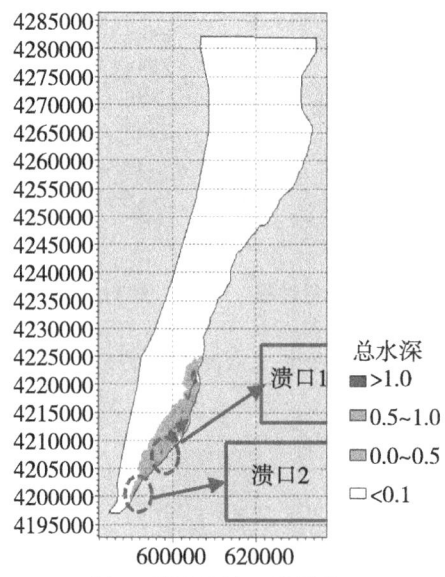

图 5 研究区溃口设置情况

3.1.2 模型率定

根据资料统计,近 40 余年来,宁夏出现具有代表性的洪水年份为 1981 年和 2012 年。1981 年洪水,青铜峡站测得最大洪峰流量为 6040m³/s,石嘴山站测得最大洪峰流量为 5660m³/s;2012 年 3 号洪水,青铜峡站测得最大洪峰流量 3070m³/s,石嘴山站测得最大洪峰流量 3400m³/s。经分析,2012 年 3 号洪水是近年最具代表性的洪水,虽然 1981 年大洪水各水文站实测最大洪峰流量比 2012 年的洪峰值大,但其间不仅时间跨度较大、河道改变明显,而且上游有龙羊峡、刘家峡水库,其联合调度影响大,因此本次研究选择 2012 年 3 号洪水的洪水过程作为典型洪水过程,设计洪水采用 2012 年实测洪水过程作为典型年洪水,按同倍比放大方法计算获得。

为保证模型计算稳定和结果精度,模型设定计算时间步长为 10s,输出时间步长 1h。参数为模型正式起算时边界条件起始值,初始水深即为模型计算时河道各断面积水深,利于模型稳定运行。考虑到研究区域内土地利用种类多且分布零散,河道、滩地及二维平面区域的地形地貌不同,为保证模型计算精度,需设置分区糙率,确定房屋建筑糙率为 0.1,农田耕地为 0.04,湖泊水域为 0.035。利用 2012 年典型洪水率定黄河宁夏段河道一维非恒定流水动力模型,以青铜峡水利枢纽为界,对青石段建立一维非恒定流水动力模型,完成模型验证与参数率定工作。

结果表明,计算得到的青铜峡水文站模拟水位与实测水位散点偏差在 0.2m 以内,模拟流量与实测流量散点偏差在 5% 以内,模拟结果与实测数据均有较高的一致性,满足其根据水文情报预报规范的规定(图 6)。青铜峡河西防洪保护区二维淹没区与实际淹没范围的重合面积达 89.8%,洪水耦合模型的计算淹没范围基本涵盖历史淹没区(图 7)。因此,综合上述耦合模型验证结果分析,本文建立的洪水一、二维耦合数值模拟模型的计算精度较高,能够满足洪水数值模拟与风险评价的需要。

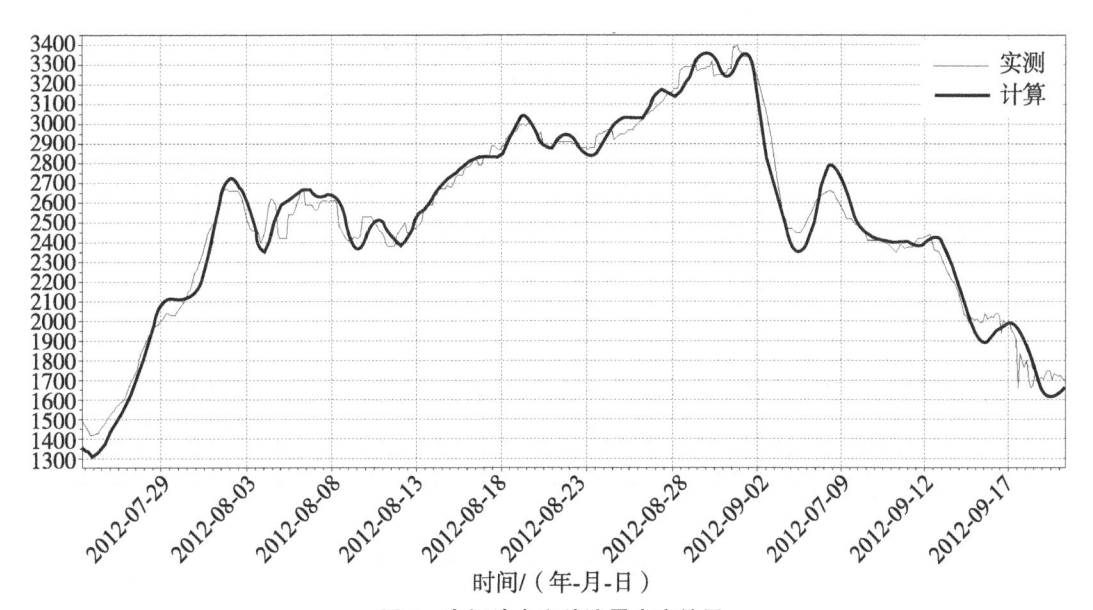

图 6 青铜峡水文站流量率定结果

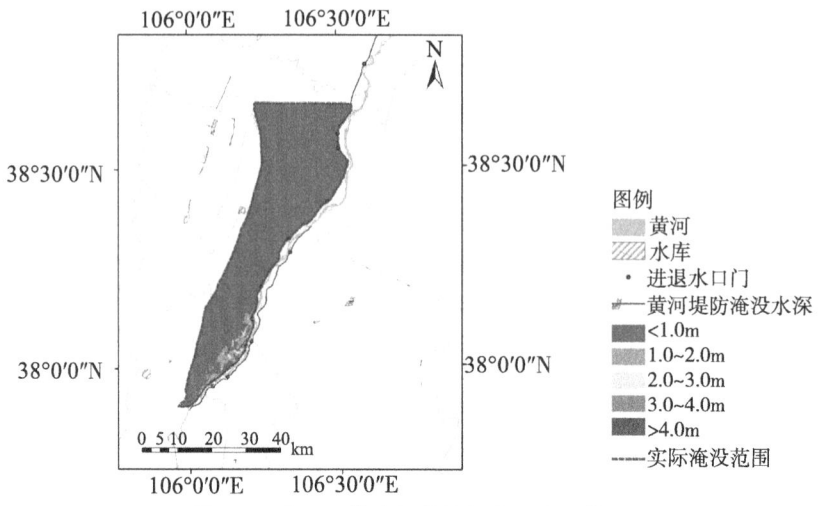

图7 研究区二维淹没范围与实际淹没范围

3.1.3 100年一遇洪水风险模拟

以二维非恒定流方程为基本控制方程,青铜峡河西保护区计算区4283.8km², 所有计算区网格采用不规则三角形网格进行剖分, 网格划分最大面积不大于0.05km², 内河、湖边界及高出地面较高线状物沿线两侧网格适当减小, 特殊需要加密处理的地方适当加密, 共计剖分为54855个网格。根据所建计算区二维水动力模型, 输入各类参数、初始条件及多种控制边界, 构建完整洪水计算模型, 提取青铜河西防洪保护区100年一遇工况下东河溃口和侯娃子滩溃口12h、48h和72h下的洪水淹没水深见图8和图9。

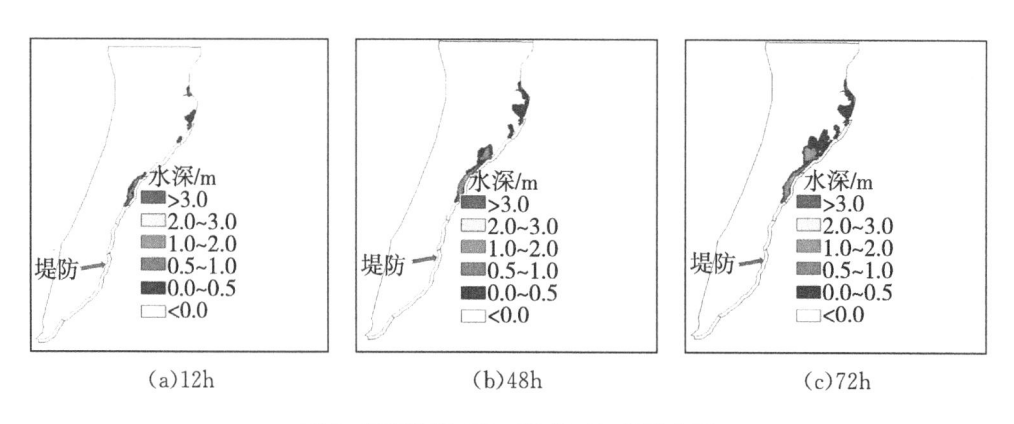

图8 东河溃口12h、48h和72h淹没水深

结果显示,黄河遭遇100年一遇洪水东河溃堤,淹没历时189h,淹没范围为汉廷渠以东,上游淹没至红星村,下游至火星村,淹没面积125.75km²,总淹没农田面积4391.16hm²,淹没房屋面积407.39万m³,受影响公路长度315.27km,受影响GDP 130353.38万元。从整个淹没过程分析,夏家滩、东升村、永南村、陈家庄、史家庄、王家庄、洼路村、闸桥西庄等村庄积水深较大,属于避险转移重点关注地区。

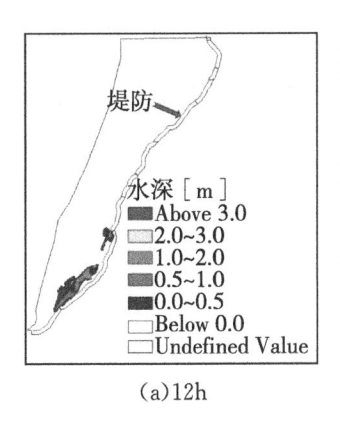

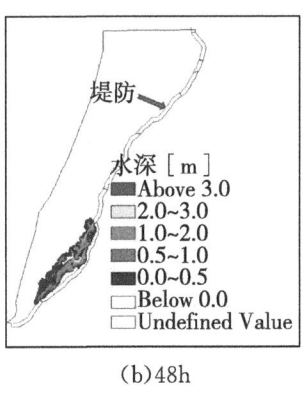

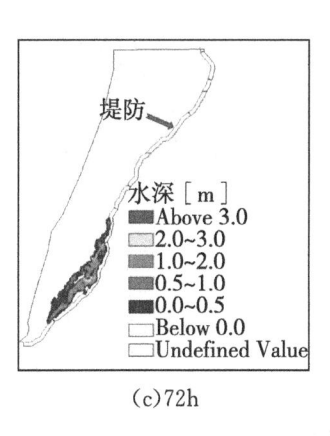

图 9 侯娃子滩溃口 12h、48h 和 72h 淹没水深

结果显示,黄河遭遇 100 年一遇洪水侯娃子滩溃堤,淹没历时 171h,淹没范围西侧至 G109,上游淹没至上滩村,下游至东方村,淹没面积 74.76km²,总淹没农田面积 2335.23hm,淹没房屋面积 497.21 万 m²,受影响公路长度 240.86km,受影响 GDP 93089.37 万元。从整个淹没过程分析,中庄村、中滩村、条滩村、补号村、陈滩村、陈袁滩村、沙坝湾村、杨家滩村、南河湾村、光明村、龙门村等村庄积水深较大,属于避险转移重点关注地区。

3.2 基于综合风险度的洪水风险评价

黄河青铜峡河西防洪保护区洪水易发,对人民生命财产造成极大威胁。开展基于洪水致灾特征的洪水风险评价对提升防洪安全保障能力具有重要意义。综合风险度法在洪水数值模拟的基础上,融合最大淹没水深、最大洪水流速、最大淹没历时指标,对洪水风险进行等级划定。该区划方法已在防洪保护区、蓄滞洪区、中小河流、城区得到了验证和应用。

3.2.1 综合风险度计算

根据洪水数值演进模型,提取 100 年一遇工况下保护区最大淹没水深、最大洪水流速、最大淹没历时指标,将"最大洪水流速"和"最大淹没历时"分别转化为流速修正系数 α_1、历时修正系数 α_2,以最大淹没水深为主要影响因素,叠加计算该网格的当量水深 H 及综合风险度 R,根据表1《风险区划等级范围》划定洪水风险。

3.2.2 洪水风险区划等级划定

基于 GIS 平台的地图绘制功能,划定研究区域洪水风险等级,见图 10。

分析结果可知,对于青铜峡河西防洪保护区,在洪水风险区划结果中,无风险、低风险、中风险、较高风险、高风险、极高风险区的面积分别占比 93.4%、0.75%、1.2%、1.1%、3.1%、0.3%。若黄河遭遇大洪水并溃堤分洪时,大部分地区受洪水影响较小,受灾较为严重的区域为中庄村、中滩村、条滩村、补号村、陈滩村、陈袁滩村、沙坝湾村、杨家滩村、南河湾村、光明村、龙门村、夏家滩、东升村、永南村、陈家庄、史家庄、王家庄、洼路村、闸桥西庄、幸福村六社和幸福七组、金桥村四队、通平村、永丰村一队、红光村四队、下庄子村、中方村、肖家沟、乐土岭村三队、惠民新村等村庄，洪水风险评价结果可为防汛部门防洪决策提供技术支撑。

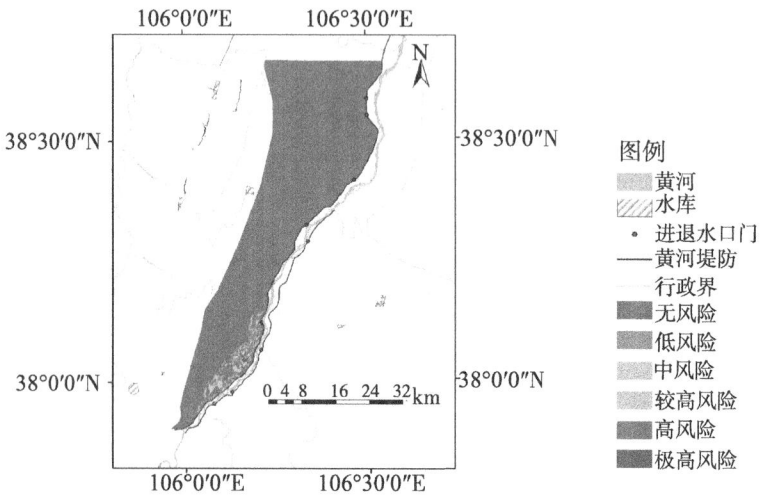

图 10 青铜峡河西防洪保护区洪水风险评价等级

4 结论

本文以黄河宁夏段青铜峡河西保护区为研究区域，通过建立一、二维耦合模型，较为真实地再现了洪水在研究区的演进过程，提取保护区最大淹没水深、最大行进流速和最大淹没历时等水力要素作为洪水风险要素指标，采用综合风险度对研究区进行洪水风险评价研究。结果表明：

1）根据青铜峡河西防洪保护区耦合计算模型，验证计算得到的青铜峡水文站模拟水位与实测水位散点偏差在 0.2m 以内，模拟流量与实测流量散点偏差在 5% 以内，模拟结果与实测数据均有较高的一致性。青铜峡河西防洪保护区二维淹没区与实际淹没范围的重合面积达 89.8%，洪水耦合模型的计算淹没范围基本涵盖历史淹没区。因此，本文建立的一、二维耦合模拟模型的计算精度较高，能够满足洪水数值模拟与风险评价的需要，可为有关风险防控工作提供技术参考。

2）综合风险度洪水风险区划的结果中，无风险、低风险、中风险、较高风险、高风险、极高风险区的面积分别占比 93.4%、0.75%、1.2%、1.1%、3.1%、0.3%。对于整个研究区域来说，洪水流速指标、淹没历时指标受区域地形和地表综合糙率的影响，洪水流速整体较小，且对应淹没历时也较长，因此，在综合风险度区划的计算过程中，洪水流速和淹没历时指标的作用相对弱化，综合风险度区划结果与百年一遇淹没水深分布范围较为相似。极高风险地区主要分布在溃口附近以及补号村、唐滩村、沙坝湾村、地三村、中庄村、条滩村、陈滩村等，此类区域应作为防洪减灾的重点保护地区。

参考文献

[1] 水利部编写组. 深入学习贯彻习近平关于治水的重要论述[M]. 北京:人民出版社,2023.

[2] 刘南江,靳文,张鹏,等. 2021年河南"7·20"特大暴雨灾害影响特征分析及建议[J]. 中国防汛抗旱,2022,32(4):31-37.

[3] 国家水网建设规划纲要[J]. 中国水利,2023(11):1-7.

[4] 张龙辉. 广西水网建设的实践与发展思考[J]. 广西水利水电,2023(4):29-32.

[5] 加快构建国家水网 为强国建设民族复兴提供有力的水安全保障[J]. 中国水利,2023(13):1-4.

[6] 占亮,邹天远,叶昕滢. 基于一二维耦合水动力模型的海游溪流域洪水风险研究[J]. 陕西水利,2021(13):57-60.

[7] 崔玉海,吴泽宁,吴丽. 基于云模型的安阳市洪水灾害风险评价[J]. 人民长江,2020,51(7):7-12.

[8] 茅泽育,吴剑疆,张磊,等. 天然河道冰塞演变发展的数值模拟[J]. 水科学进展,2003,10(6):700-705.

[9] 曹引,冶运涛,梁犁丽,等. 二维水动力模型参数和边界条件不确定性分析[J]. 水力发电学报,2018,37(6):47-61.

[10] Wang X, Qu Z, Tian F, et al. Ice-jam flood hazard risk assessment under simulated levee breaches using the random forest algorithm[J]. Natural Hazards,2023,115:331-355.

[11] Lyons T J. Stochastic finance an introduction in discrete time[J]. The Mathematical Intelligencer,2004,26(4):65-78.

[12] Föllmer H, Schied A. Convex measures of risk and trading constraints[J]. Finance and Stochastics,2002,6(4):115-128.

关于调水工程标准化创建工作的几点思考
——以湖北省引江济汉工程为例

朱荣进[1] 陈 阳[1] 刘伦华[1] 戈小帅[1] 何 珊[2] 陈奕冰[2]

(1. 湖北省引江济汉工程管理局,武汉 430070;
2. 水利部南水北调规划设计管理局,北京 100038)

摘 要:通过湖北省引江济汉工程标准化创建的案例,分析了标准化创建程序全过程,以期对其他工程的创建提供参考;同时对标准化创建提出了几点思考,加深了对标准化创建工作的认识。

关键词:调水工程;标准化;引江济汉工程;工程管理

1 概述

党的二十大提出优化基础设施布局、结构、功能和系统集成,构建现代化基础设施体系。2023年5月25日,中共中央、国务院印发《国家水网建设规划纲要》。重大调水工程是国家水网主骨架和大动脉的重要内容,是国家水网之"纲"。随着调水工程建设进入了新一轮高潮,尤其是新发展阶段加快构建国家水网的现实需要,对调水工程管理提出了更高要求。当前,调水工程在缓解水资源短缺形势、提升水旱灾害防御能力等方面取得了重大成效,但同时存在运行效率不高、管理体制机制不顺、信息化水平较低等问题[1]。这些问题与新阶段水利高质量发展不相适应,根据国家政策及调水工程高质量发展要求,推进调水工程标准化管理十分必要。

2022年3月,水利部发布了《关于推进水利工程标准化管理的指导意见》《水利工程标准化管理评价方法》及3个单项工程评价标准;2022年10月,发布了《调水工程标准化管理评价标准》及2个单项工程评价标准;2022年12月,发布了《大中型灌排泵站标准化

第一作者:朱荣进(1996—),男,硕士,研究方向为水文学及水资源。

管理评价》,形成了"1个整体+6个单项"的标准评价体系。

为了有效提升引江济汉工程管理水平,推进工程标准化、规范化、智慧化建设,保障工程安全运行,充分发挥工程效益,湖北省引江济汉工程管理局组织开展了引江济汉工程标准化创建相关工作。本文以湖北省引江济汉工程的标准化创建为例,总结调水工程标准化的创建程序,梳理创建难点,为湖北省乃至全国调水工程标准化创建提供参考。

2 标准化创建过程

2.1 工程概况

湖北省引江济汉工程,是从长江荆江河段引水至汉江高石碑镇兴隆河段的大型输水工程,属于南水北调中线一期汉江中下游治理工程之一[2]。线路全长67.23km,年平均输水37亿 m^3,其中补汉江水量31亿 m^3,补东荆河水量6亿 m^3。工程的主要任务是:向汉江兴隆以下河段补充因南水北调中线一期工程调水而减少的水量,改善该河段的生态、灌溉、供水、航运用水条件。引江济汉工程建成运行以来,累计供水超过309亿 m^3,切实保障了汉江下游、长湖周边及东荆河流域生产、生活、生态等用水需求,发挥了显著的效益。

引江济汉工程包含泵站、渠道(含倒虹吸)、水闸等类别的单项工程,对照水利部印发的《水利工程标准化管理评价办法》及《调水工程标准化管理评价标准》,引江济汉工程标准化管理评价拟采用"1个整体+3类单项"的申报方案,其中,"1个整体"是指调水工程整体,"3类单项"是指泵站、渠道(含倒虹吸)、水闸。

2.2 标准化创建程序

调水工程创建水利部调水工程标准化管理工程可以分为5个阶段,分别是自评阶段、初评与申报阶段、水利部技术评价阶段、评价与认定阶段、复评与抽查阶段。创建省级调水工程标准化管理工程的没有水利部技术评价阶段。

(1)自评阶段

自评是调水工程管理单位在申报水利部评价时,按照水利部评价标准对所辖水利工程进行自我评价,与工程管理单位密切相关,是标准化创建的首要环节,也是开展水利部评价工作的基础。这一阶段,一般由工程管理单位学习标准化相关文件和资料,邀请行业专家现场调研指导,客观分析存在问题,制定并落实改进措施,积极整改到位,使工程初步达到标准化要求。拟申报水利部评价的调水工程,按水利部评价标准开展自评;拟申报省级评价的调水工程,可采用省级标准进行自评。

(2)初评与申报阶段

省内工程由省级水行政主管部门负责初评和申报工作,如湖北省引江济汉工程。跨省工程有统一管理单位的,由管理单位负责初评、申报工作,如南水北调中线干线工程。无统一管理单位的,原则上由各管理单位分别负责初评并联合申报,也可根据实际情况,由所在省级水行政主管部门分别负责初评和申报工作,如南水北调东线一期工程。初评结束后,与自评阶段相似,工程管理单位可以对初评发现的问题进行整改或提出相应措施。

(3)水利部技术评价阶段

初评单位负责水利部评价的申报工作,流域管理机构受水利部委托,负责组织管辖范围内调水工程的评价;水利部南水北调规划设计管理局受水利部委托,负责组织跨流域管理机构管辖范围内的调水工程。流域管理机构和调水局受水利部委托后,要组织评价专家组开展水利部评价,重点评价调水工程整体达标情况,选取一定比例的单项工程进行复核。技术评价结束后,受委托单位须在10个工作日内提交调水工程技术评价报告。

(4)评价与认定阶段

水利部调水管理司对委托单位提交的报告与相关支撑材料进行评价,通过水利部评价的工程,认定为水利部调水工程标准化管理工程。

(5)复评与抽查阶段

水利部委托原评价单位每5年组织一次复评,水利部进行不定期抽查,未通过复评的工程将取消认定。

2.3 引江济汉工程标准化创建过程

引江济汉工程自2017年就开展了标准化创建的准备工作,召开标准化创建部署工作会议,学习标准化相关文件和资料,邀请水利部、湖北省水利厅、长江水利委员会等行业主管部门现场调研指导,逐步整改工程当前问题。2023年10月底前完成了工程的自评和初评,已由湖北省水利厅申报水利部评价,拟于2023年12月开展水利部评价。

3 关于标准化创建工作的几点思考

根据《关于推进水利工程标准化管理的指导意见》和《水利部办公厅关于推进调水工程标准化管理工作的函》,要确保2025年底前大中型调水工程基本实现标准化管理、2030年前大中小型调水工程全面实现标准化管理。目前,标准化管理工作仍然存在标准普适性不足、工程管理体制机制不顺、部分单位创建积极性不高等问题,需要水利部、各流域管理机构、省级水行政主管部门及各工程管理单位发挥自身作用,才能确保按期实现标准化管理的目标。

3.1 推进调水工程标准化创建工作的难点

当前,调水工程标准化创建工作如火如荼,也面临了不少难点。一是评价标准的普适性不足。一些调水工程位于平原河网地区,会使用水系发达的河网作为调水工程的输水干道,而当前评价的堤防与渠道单项工程的标准,标准条款不能完全适用;目前标准评价体系中使用的泵站标准是灌排泵站标准,而调水工程中的泵站多为取水泵站,两个在经济指标方面存在差异;而处于西北地区的调水工程在工程形象面貌上与南方调水工程存在差异。二是部分工程管理体制机制不顺。各管理单位统一协调难度大,导致工程申报意愿低,难以推动标准化创建工作。三是部分单位创建积极性不高。调水工程具有复杂性和组合性的特点,为便于管理,多数工程都设有多级垂直管理机构,末端管理机构在标准化创建工作中仍然存在对标准认识不到位的现象,把标准化创建当成一项任务开展,未能发挥标准化创建的实际作用。

3.2 如何建立健全调水工程标准化管理长效机制

建立健全标准化管理长效机制是一项系统工程,实现工程标准化管理,需要建立具体的目标任务体系、完善的标准制度体系、有力的保障体系和科学合理的方法[3]。一是明确标准化创建目标任务。工程管理单位应根据工程实际,制定标准化创建任务,可将工程标准化管理事项进行分类,建立目标任务清单,最终通过标准化创建的手段提升工程自身的管理运行能力。二是完善标准制度体系。制度是工程管理的基石,以湖北省引江济汉工程为例,管理单位制定了安全生产管理、维修养护项目管理、汛期工作、通信网络运行管理、水情测报工作等工程管理标准制度,并将其落实到各基层管理部门,实现了全员参与管理。三是建立有力的保障体系。包括组织保障、人员保障和经费保障等。以湖北省引江济汉工程管理局为例,为开展标准化创建工作,单位主要领导亲自抓,分管领导具体抓,成立了引江济汉工程管理局标准化工作领导小组,负责水利部标准化管理工程创建的具体工作,小组成员涵盖各层级人员,标准化管理目标任务中的每一项任务具体落实到人员和岗位。引江济汉工程管理局通过拨付运行维护经费,加强设备设施的维护与改造,及时整改自评初评发现的问题,极大程度改善了工程运行状况。四是采取科学有效的方法。标准化管理的目标之一就是实现元素化管理,将规律性、程序性、重复性的工作固定化,岗位上的新职工能快速入手,有效解决标准与现实管理脱节的现象。要实现标准化创建的目标,一方面需要加强教育培训,自上而下形成人人知标准、人人为标准的氛围;另一方面可以辅助激励措施和考核评价,对标准化管理工作中优秀的成员给予奖励,充分调动管理人员的积极性。

3.3 如何发挥各方在标准化创建工作中的作用

标准化创建是一个复杂的过程,涉及水利部、各流域管理机构及调水局、省级水行政主管部门和工程管理单位等相关部门,只有充分发挥各方作用,才能按时完成全国调水工程的标准化管理目标。一是水利部要做好政策指导。水利部高度重视调水工程标准化管理工作,先后制定了1个整体和6个单项工程的评价标准,印发了《关于推进调水工程标准化管理工作的函》《关于进一步做好调水工程标准化管理工作的通知》等文件,从政策引领上为标准化管理工作打下了坚实基础。目前,部分地方对标准化创建的了解程度不够,仍需要水利部加强指导。二是各流域管理机构及调水局要做好技术支撑。一方面,两者要做好水利部委托的调水工程标准化管理评价;另一方面,流域管理机构要做好管辖范围内工程的指导工作,调水局要做好相关的技术培训、专家管理等工作。三是省级水行政主管部门要做好标准化管理与评价组织。省级水行政主管部门要制定标准化工作实施方案,建立工程运行管理标准体系,推进标准化管理的实施,做好省内工程的标准化管理评价工作,充分发挥其纽带作用。四是工程管理单位要做好自身管理。结合工程实际,工程管理单位要落实管理责任主体,执行调水工程运行管理制度和标准,充分利用信息平台和管理工具,规范管理行为,提高管理能力,以"系统完备、安全可靠,集约高效、绿色智能,循环通畅、调控有序"的水网建设要求,实现调水工程全过程标准化。

4　结论与展望

湖北省引江济汉工程作为湖北省调水工程的标杆,标准化管理工作自2017年开始准备,持续了6年时间才基本达到了水利部评价的要求,可见调水工程标准化创建工作难度之大。对于其他的调水工程,尤其是申报水利部调水工程标准化管理工程的工程,面临的挑战可能更多,要实现按时完成调水工程标准化管理的目标,各方需要提前准备,科学谋划。标准化创建不是目的,目的是通过标准化创建的手段,提升调水工程运行管理能力,推进管理规范化、智慧化、标准化。标准化创建成功只是一个阶段,后续阶段仍然需要以创建结果为抓手,总结创建经验,不断优化和完善工程管理,实现调水工程安全、高效运行和环境美化的目标。

参考文献

[1] 水利部南水北调规划设计管理局,南水北调东线江苏水源有限责任公司. 调水工程标准化创建指导手册[M]. 北京:中国水利水电出版社,2023.
[2] 宋书亭,范琼. 引江济汉工程在湖北省长湖流域防汛中的运用[J]. 中国防汛抗旱,2021,31(4):54-57.
[3] 王兵,曲涛,张琪. 建立调水工程标准化管理长效机制的思考[J]. 山东水利,2023,(9):73-74+86.

浅谈《调水工程标准化管理评价标准》编制思路

周正昊[1]　张　欣[2]

(1. 水利部南水北调规划设计管理局,北京　100038;
2. 北京市水文总站,北京　100038)

摘　要:在分析调水工程管理特点的基础上,结合《调水工程标准化管理评价标准》的编制实际,分析了编制难点,明确了《调水工程标准化管理评价标准》的制定原则,梳理了主要评价内容和重点,明确调水工程标准化管理的关键内容和具体要求,为调水工程开展调水工程标准化管理创建及评价工作提供了参考。

关键词:调水工程;标准化管理;标准制定

调水工程是指为满足生活、生产、生态用水需求,实现水资源配置及"空间均衡"兴建的跨流域或跨区域水资源配置工程。我国的基本水情是人多水少、水资源时空分布不均、水供求矛盾突出。兴建必要的调水工程,是优化水资源配置战略格局、实现江河湖库水系连通、缓解资源性缺水问题、提高水安全保障能力的重要举措[1]。近年来,各级水利部门在强化调水工程管理方面做了不少探索和实践,但受观念、体制、基础条件等多重因素影响,"重建设轻管理"等问题未得到充分解决,个别调水工程效益无法充分发挥。

2022年水利部印发了《关于推进水利工程标准化管理的指导意见》和《水利工程标准化管理评价办法》,明确了推进水利工程标准化管理的指导思想和总体目标,提出包含调水工程在内的6类大中型水利工程要在2025年底前落实标准化管理,2030年底前,大中小型水利工程全面实现标准化管理。部分省份已先行开展相关工作,如浙江省在2016年就提出了"五水共治",水利工程标准化管理的总体要求、主要任务和全局规划[2],在农村水电站安全生产标准化管理和宁波水库"元素化"管理等方面积累了良好经验[3]。

第一作者:周正昊(1994—　),男,工程师,主要从事调水工程规划管理等工作。E-mail:976320414@qq.com。

通信作者:张欣(1994—　),女,工程师,主要从事水文站网规划、水文预报等工作与评估工作。

调水工程作为水利工程标准化管理的6类工程之一,一直以来无专门评价(考核)标准,均为参照其他水利工程执行,无法完全体现调水工程管理特点,制定《调水工程标准化管理评价标准》有利于完善调水工程标准化管理评价体系。

1 调水工程管理特点分析

调水工程管理具有迥异于其他水利工程的特点,在实际操作中,存在部分管理评价事项缺失的情况。如从调水工程作为整体工程的效益发挥角度而言,调度管理、效益发挥等内容无法在传统的评价中体现;从水工建筑物类型覆盖的角度而言,倒虹吸、隧洞(暗涵)等无相应标准等;在水利高质量发展的新阶段,传统的评价手段对数字孪生工程等方面的考虑有限等。

因此,有必要分析调水工程特点,为《调水工程标准化管理评价标准》的制定打好基础。调水工程管理主要有以下4个特点。

(1)调水工程具有系统性与复杂性特点

调水工程不是孤立存在的,而是以水为媒介与天然河湖、已有水利工程相联系、相互作用的系统。一方面调水工程是半开放系统,尤其是对利用天然河湖输水的工程,系统内的水量既可能是跨流域调水,也可能是原流域内天然来水,这一点与电网、铁路等可人工控制的封闭系统截然不同,也进一步导致了部分调水工程发挥效益受时间和空间的限制,因此调度管理更为复杂。另一方面一些调水工程将已有的水利工程、天然河湖作为水源或输水通道,与原有的管理体制发生交叉,由此带来了管理上的复杂性。

(2)调水工程是点线结合的组合工程

调水工程往往包含水源工程、输水工程,其中水源工程一般是水库或河道取水闸门、泵站的点状工程,输水工程包含渠道、管涵、隧洞等线状工程,工程类型复杂多样,各单项工程的运行管理要求不尽相同。

(3)调水工程涉及的管理模式多样

根据管理单位性质,调水工程可以分为事业单位管理模式和企业化管理模式。根据管理主体可以分为:①全线同一管理单位单一法人管理,如东深供水、引江济汉等;②同一管理单位分级垂直多法人管理,如山东省胶东调水工程按照"分级负责、属地管理"的原则,实行人、财、物三级垂直管理;③不同管理单位分段管理,如引滦入津工程,由海委引滦局、天津市水务局与天津市水务集团分别管理水源工程和各段输水工程。多样的管理模式增加了调水工程管理水平评价难度。

(4)调水工程任务多样

常见的工程任务是生活用水、工业用水、农业用水等,一些工程还承担航运用水任务,如引江济汉、引江济淮等。调水工程还可作为河湖水系连通的重要组成部分。随着生态文明建设的不断深入,人民对于美好幸福生活和绿水青山的向往与日俱增,生态用水也逐步成为了调水工程的一项重要任务。

2 《调水工程标准化管理评价标准》编制难点分析

调水工程多样管理模式给调水工程标准化评价对象的选取带来了困难。如果以调水工程作为对象,对于分段管理的同一工程,常因管理模式、资金来源等导致各段管理标准存在差异、管理水平有高有低,在申报时会出现管理好的管理单位积极申报,但受管理水平有待提升的单位掣肘,可能导致调水工程整体无法顺利申报或申报后由于存在薄弱环节而无法通过的情况。如果以工程管理单位作为对象,部分评价指标难以考量。比如水量消纳情况,需要由水源及输水各段共同发挥效益,单纯评价某段的消纳情况并不合适;再比如水价制定,一些工程是从整体角度制定水价的,无法考量一段的水价是否合理。

3 调水工程标准化管理评价制定原则

根据调水工程特点结合调水工程标准化管理评价的需要,调水工程应符合以下原则。

(1)衔接已有,体现特点

依照现行的法律法规及标准规范,参考水库、水闸、堤防、泵站等已有标准,结合调水工程系统性、复杂性、组合性等特点,做好与已有标准、规范的衔接。

(2)突出重点,兼顾全面

抓住调水工程运行管理的关键要素、关键问题,突出重点,保证调水工程类型全覆盖,突出调度复杂性、生态环境重要性,工程管理信息化、智慧化;实现工程状况、安全管理、运行管护、管理保障等评价项目全覆盖,科学分析研判,构建评价标准体系。

(3)科学评价,操作可行

基于调水工程现实状况和管理体制,科学合理确定评价内容、评价方法和赋分标准,保证《调水工程标准化管理评价标准》可操作和易操作。

(4)突出普适性,引导提升工程管理水平

《调水工程标准化管理评价标准》应适用于全国不同区域、不同类型、不同特点的调水工程,应具有普适性。同时在指标设置、赋分体系方面体现《调水工程标准化管理评价标准》的引导性作用,促进工程管理水平的不断提高。重点体现新时代水利工程在建设数字孪生工程、支撑国家水网建设方面的作用。

4 调水工程标准化管理评价体系及内容

调水工程标准化管理评价体系分为调水工程整体评价和单项评价两部分。

4.1 调水工程整体评价

整体评价得分在 920 分（含）以上，且各类别评价得分不低于该类别总分的 85%，可认定为水利部标准化管理工程。

4.2 单项工程评价

调水工程由多项单项工程组成，从类型上看水库、水闸、堤防、泵站已有单项评价标准，而调水工程中常见的渠道、渡槽、管涵、隧洞、倒虹吸等缺乏相应标准，按照相应工程特点制定渠道（渡槽）、管涵（隧洞、倒虹吸标准）。

4.3 评价内容

按照构建国家水网的指导思想，为落实加快构建"系统完备、安全可靠、集约高效、绿色智能、循环通畅、调控有序"的国家水网，将调水工程标准化管理评价分为 5 个类别，共计 24 项评价内容。

（1）系统完备

重点评价工程设施情况，主要从工程建筑物、监测、管理、信息化等设施进行评价。

（2）安全可靠

重点评价工程安全情况，主要从安全体系、工程安全、供水安全、水质安全、系统安全进行评价。

（3）集约高效

重点评价管理体制机制和工程效益发挥情况，主要从管理机制体系、经费保障、管理措施、社会效益、供水效益、生态效益角度评价。主要体现调水工程作为整体发挥效益情况，如水量消纳情况等。

（4）绿色智能

重点评价生态环境影响和信息化建设、数字孪生工程等情况，主要从节能降耗、生态环保、信息化平台建设角度评价。

（5）循环通畅、调控有序

重点评价调度管理情况，从调度体系、调度文件编制、调度实施执行情况以及调度总结等角度开展评价。

5 结束语

在落实调水工程标准化管理创建的过程中,以浙江省等为代表,开展了许多有益的探索,如千岛湖引水工程的节点工程闲林水库,将工程管理标准具体落实到每个岗位,将工程管理任务和责任"元素化"地细化到岗位职责,对工程管理试行标准化控制、程序化管理、网络化监管[4]。

调水工程标准化管理工作的开展有利于调水工程长远持久发挥效益,确保以南水北调为代表的调水工程能够成为优化水资源配置、保障群众饮水安全、复苏河湖生态环境、畅通南北经济循环的生命线,持续发挥效益打下良好基础。

参考文献

[1] 水利部南水北调规划设计管理局,南水北调东线江苏水源有限责任公司. 调水工程标准化创建指导手册[M]. 北京:中国水利水电出版社,2023.

[2] 曾瑜,厉莎,徐海飞. 浙江省水利工程标准化管理创建的实践与思考——以浙江省东阳市为例[J]. 小水电,2017(6):4.

[3] 陈龙. 浙江省水利工程标准化管理的探索实践[J]. 中国水利,2017(6):4.

[4] 王旭峰,金建峰,鲍红艳,等. 水利工程标准化管理在闲林水库中的探索[J]. 浙江水利科技,2016,44(5):14-16.

流域水资源统一调度实践及思考

何莉莉[1,2]　张爱静[2]　丁鹏齐[2]　陈奕冰[2]

(1. 西藏农牧学院,西藏林芝　860000;
2. 水利部南水北调规划设计管理局,北京　100038)

摘　要:介绍了水资源调度和流域水资源调度概念,以及我国在流域水资源调度认识和管理方面的变化。总结了我国流域水资源统一调度实践进展,全面分析了我国水资源调度存在的问题。最后以问题为导向,对我国流域水资源统一调度工作提出展望。

关键词:流域;水资源统一调度;水资源管理

全球性水资源危机已经成为21世纪人类面临的最为严峻的资源匮缺问题之一,保护水环境、高效节约用水、合理开发利用水资源等已成为全球各国、各个行业及每个人刻不容缓的责任与义务。我国是一个水资源短缺和水灾频发的国家,水资源有着时空分布不均、人多水少、水情复杂、水污染严重等特点。近年来极端气候愈加明显,暴雨、洪涝、台风、干旱、咸潮等与水相关的极端灾害事件也呈现趋多、趋频、趋强、趋广态势,颠覆传统认知的水旱灾害事件频繁发生。水资源统一调度能够有效调整我国水资源整体的战略布局[1],是解决我国水问题、优化水资源配置的重要手段,我国迫切需要全面实行流域水资源统一调度来缓解水资源供需矛盾、降低水旱灾害风险、实现水资源高效利用。同时,水资源统一调度也是贯彻习近平生态文明思想、推进我国生态文明建设、坚持山水林田湖草沙一体化保护和系统治理、落实最严格水资源管理制度的重要举措,是实现依法治水的必然要求。

第一作者:何莉莉(1998—),女,硕士研究生,水文学及水资源方向。

通信作者:张爱静(1984—),女,博士,正高级工程师,主要从事重要江河流域及重大调水工程水资源调度相关技术及管理工作。E-mail:aj.zhang@mwr.gov.cn

1 流域水资源调度概念

1.1 水资源调度

水资源指通过水循环年复一年得以更新的地表水资源和地下水资源,作为国家重要战略资源之一,人类的生存发展和社会的繁荣稳定都与其密切相关。水资源具有循环性和有限性、时空分布不均匀性、用途的广泛性和不可替代性、经济上的两重性、地表水与地下水的相互转化性等显著特征。受气候、地形等自然条件与人口众多、工农业生产能力快速提高等社会经济条件的影响,我国水资源呈现诸多特点:水资源总量丰富,位居世界第六位,但人均、耕地亩均占有量少;水资源空间分布不均,南多北少,东多西少,与生产力布局不匹配;水资源年内、年际分配不均,易频发旱涝灾害。

水资源调度是指在保证流域上各类水利工程安全的前提下,通过制定水利工程对各类用水的供水策略,在时间和空间上对水资源进行调节、控制和重新分配,以尽可能满足各类用水需求为目标,达到适应国民经济发展需求和兴水利除水害的目的的一种水资源控制运用管理技术。水资源调度是水资源管理工作中开发利用部分的重要内容之一,是水资源管理决策由规划、计划和方案到水资源实施、配置的具体手段,是落实江河流域水量分配方案并配置到具体用水户的管理过程,是强化水资源刚性约束、实现空间均衡的重要方式[2-3]。水资源调度按照调度的功能分为供水调度、灌溉调度、发电调度、防洪调度、排涝调度、生态调度等,我国水资源的调度从最开始的单一目的调度已经转变为综合的多目标功能调度。同时水资源调度还可以按照调度的时间分为年、月、旬调度甚至更加细化的周、日调度和实时调度。

1.2 流域水资源调度概念

流域一般是指地表水及地下水的分水岭(也称分水线)所包围的集水区或汇水区。流域根据其中河流最终是否入海可分为外流流域和内流流域两类。水直接或间接流入海洋的叫外流流域,如长江、黄河等流域;水流入内陆湖库或消失于沙漠中,不与海洋相通的叫内流流域,如塔里木河、黑河等流域。如果地面集水区和地下集水区相重合,称为闭合流域;如果不重合,则称为非闭合流域。我国主要河流包括长江、黄河、黑龙江、辽河、海河、淮河、珠江、东南诸河等。根据河流的干流和支流所流过的整个区域的面积大小划分,我国主要划分为长江(含太湖)、黄河、淮河、海河、珠江、松花江和辽河七大流域。

流域水资源调度是指以流域为单元进行水资源的统一调节、控制和分配的活动。流域水资源调度中的区域水资源调度是指对跨流域(区域)调水工程的水资源进行统一的调节、控制和分配活动。区域水资源调度应当服从所在流域的水资源统一调度,调水工程受水区内各级行政区域水资源调度应当服从调水工程的统一调度,调水工程应当优先保障调出区及其下游区域的用水安全,统筹兼顾调出区和受水区的用水需求。

2 我国流域水资源调度管理发展

2011年,中共中央、国务院发布的"中央一号文件"提出建立用水总量控制制度,强化水资源统一调度,协调好生活、生产、生态环境用水,完善水资源调度方案、应急调度预案和调度计划;2012年,我国开始实行最严格水资源管理制度,明确要求强化水资源统一调度和完善水资源管理体系;2014年,习近平总书记在"3·14"重要讲话中对我国面临的水安全以及水资源新老问题相互交织的形势进行了全面透彻的分析,提出"节水优先、空间均衡、系统治理、两手发力"十六字治水方针,明确了新时代水利工作的方向和任务。同时,我国水法明确要求以流域为单元制定水量分配方案。党的十九大以来,各级水行政主管部门、流域管理机构等深入贯彻落实习近平总书记"3·14"重要讲话精神和关于治水的重要论述,坚持以十六字治水思路为引领,创新和完善体制机制,拓宽水资源调度的服务领域,强化水资源调度管理工作能力,提升水资源调度成效,以水资源调度为重要手段为国家提供坚实的水安全保障。

目前,我国以流域为单元的水资源统一调度和管理的格局已然形成,调度管理工作从最初的无规则、无秩序到逐步科学、有序地进行,水资源统一调度逐渐被重视起来,在调度原则、调度方法、调度技术、调度评估、调度管理机制、调度监督体系等方面也日趋成熟[4]。

2.1 水资源调度认识的变化

国外大型跨流域调水工程建设始于20世纪初,20世纪40—80年代是大型、多目标调水工程兴建的高峰期[5]。我国流域水资源统一调度工作相比国外起步较晚,20世纪60年代初,我国早期开始了以兴利为目的的单一水库调度的水资源分配研究,80年代初又开始了以防洪调度为主的多目标功能的水库群优化调度[6]。20世纪90年代以前,除个别流域由于水资源供需矛盾突出难以实现水资源统一调度外,我国大部分流域均开展了围绕水利工程(主要指水电站和水库)和水量两个要素进行的以发电和供水为主的局部河段的水资源调度工作。

此后,我国水资源调度工作开始发展起来,并在近些年取得了长足进展,在维护国家长治久安、促进经济社会可持续发展、缓解水资源供需矛盾、改善水生态环境、促进区域高质量发展、保障用水安全等方面起着重要作用。同时伴随着调度内涵的不断丰富、调度理念的不断发展、调度的服务领域不断拓宽,水资源调度已呈现出3个较为明显的变化趋势。一是从应急调度发展到常规调度。二是从单纯的水量调度发展到考虑水质的水量调度。根据水资源优化调度或配置范围、对象和规模不同,分为灌区、区域、流域、跨流域的水质水量联合调度[7]。三是逐渐重视改善生态环境的水量调度。水利部高度重视生态流量、水量管理,2020年以来,水利部制定出台了河湖生态流量管理政策措施,分4批印发了171条跨省重点河湖生态流量保障目标;在2022年度重点河湖生态流量管理工作中提出,要将河湖生态流量目标纳入江河流域水资源调度方案及年度调度计划,作为流域水量分配、水资源统一调度、取用水总量控制的重要依据。

2.2 水资源调度管理方面的变化

2.2.1 顶层设计不断加强

2018年水利部机构改革新成立了调水管理司,这是党中央、国务院着眼我国新老水问题,为统筹规划我国水资源统一调度管理,实现调水职责关系清晰、治水效率提高显著、调水工程管理有序做出的顶层设计,充分体现了党中央、国务院对于水资源统一调度管理的重视。依照"三定"方案明确赋予的工作定位,调水管理司主要职责是:承担跨区域跨流域水资源供需形势分析,指导水资源调度工作并监督实施,组织指导大型调水工程前期工作,指导监督跨区域跨流域调水工程的调度管理等。

今年,中共中央、国务院印发《国家水网建设规划纲要》,明确2025年建设一批国家水网骨干工程,有序实施省、市、县水网建设,到2035年,基本形成国家水网总体布局,国家水网主骨架和大动脉逐步建成,省、市、县水网基本完善,构建与基本实现社会主义现代化相适应的国家水安全保障体系。我国已经实施的重大跨流域调水工程为更好推进国家水网建设积累了丰富经验,同时推动国家水网建设也是全面实行流域水资源统一调度的重要举措。

2.2.2 调度制度不断完善

我国水资源统一调度管理长期以来存在调度工作不规范、调度各方协商不畅等问题,大部分江河没有编制调度方案或调度计划,调度工作混乱无序或尚未开展。2018年,水利部出台《关于做好跨省江河流域水量调度管理工作的意见》,要求各流域机构组织有关水行政主管部门,根据批准的跨省江河流域水量分配方案编制水量调度方案,同时根据跨省江河流域水量分配方案和流域实际情况制定下达年度水量调度计划。为规范和加强流域水资源统一调度管理,实现科学、有序调水,水利部在2021年印发了《水资源调度管理办法》,提出水利组织确定需要开展水资源调度的跨省江河流域以及跨省、跨区重大调水工程名录,列入名录的江河流域和重大调水工程应当编制水资源年度调度计划,根据需要编制水资源调度方案。同时,四川、山东省水利厅也出台了《水资源调度管理办法》,成为我国最早一批制定水资源调度管理办法来加强和规范全省水资源统一调度管理的省份。我国通过建立调水管理组织机构、厘清管理职能、完善管理机制等措施,在水资源调度管理能力方面不断强化。

3 我国流域水资源统一调度实践

3.1 跨省江河流域水量分配工作

开展水量分配工作,是落实《中华人民共和国水法》和中发〔2011〕1号文件、国发〔2012〕3号文件、推进依法行政的基本要求,也是推动区域经济发展布局与水资源配置统筹协调的重要措施[8]。而制定跨省江河流域水量分配方案则是后续水量调度方案与年度调度计划编制的依据,是开展流域水资源调度的基础。同时,流域水量分配是实行最严格水资源管理制度的基础工作[9],《中华人民共和国水法》明确规定国家对用水实行总量控制和定额管理相结合的制度,分配水量应当依据流域规划和水中长期供求规划,以流域为单元制定水量分配方案。2011年水利部启动了跨省江河流域水量分配工作,制定了《水量分配工作方案》和《水量分配方案制定技术大纲》。2011年以来,我国先后推动了4批共92条跨省江河流域水量分配方案编制工作,确定了各流域用水总量控制指标和控制断面下泄流量(水量、水位)指标,基本实现了我国跨省江河流域水量分配全覆盖。截至目前,已有81条跨省江河水量分配方案获得批复,剩余的南四湖等11条河流的水量分配方案编制工作正在积极推进中。

3.2 流域水资源统一调度

当前,我国各流域都已全面启动推进跨省江河水资源调度的工作。截至2022年底,我国已在黄河、黑河、汉江、西江等42条跨省江河流域实行了水资源统一调度,取得了显著效益[10],并积极推进《水利部关于公布开展水资源调度的跨省江河流域及重大调水工程名录(第一批)的通知》中55条跨省江河流域全部实现水资源统一调度。通过实施科学、有序的水资源统一调度,为流域、区域在水资源调配、水环境改善、水生态修复等方面提供了有力的水安全保障。其中,南水北调、引大入秦、引滦入津等引调水工程仍旧持续发挥效益;黄河实现连续23年不断流,提供了区域水安全、生态安全保障,以有限的水资源支撑了流域经济社会的迅速发展;黑河水资源调度实现连续22年42次成功调入东居延海,对黑河流域生态环境的改善、下游旱情的缓解、额济纳绿洲的维护有着重大现实意义;汉江流域以年度调度计划、月(旬)调度计划、实时调度指令相结合的方式精准实施丹江口水库供水调度,保障流域及南水北调中线一期工程供水安全[11]。

3.3 生态调度

近年来,随着生态文明建设的不断推进,我国在强化水资源统一调度的同时推进生态调度。水利部按照复苏河湖生态环境总体安排,以河流恢复生命、流域重现生机为目标,积极组织开展生态补水工作,统筹推进永定河、乌梁素海、西辽河、塔里木河等重点流域区域生态调度以及滇池、向海湿地生态补水等工作,为水生态修复提供保障[12]。通过实行黄河下游生态流量调度,地下水补给量呈逐年增加趋势,下游湿地面积进一步增加,生态廊道功能得以维持,鱼类种类及多样性增加。黑河流域通过水资源统一管理和科学有序调度,额济纳绿洲地下水位普遍回升,沿河两岸濒临枯死的胡杨得到抢救性保护。永定河通过统一调度与生态补水,干流有水河段与过水时间逐年增长,并实现了全线通水入海。通过生态补水,华北地区地下水位明显回升。牛栏江—滇池补水工程有效改善了滇池水环境,增强了滇池流域水资源承载能力。乌梁素海通过实施应急生态补水,水域面积扩大,沼泽化趋势得到有效遏制,水质明显好转,生物多样性逐渐恢复,水生态系统持续向好。

4 水资源调度存在的问题及展望

4.1 水资源调度存在的问题

(1)调度协调机制有待完善

流域内用水与跨流域调水之间存在矛盾,流域机构与流域所在地水行政主管部门之间存在矛盾,同时水资源调度涉及供水、灌溉、发电、航运、防洪、排涝、生态等多目标保障,特别是随着河湖生态流量保障工作的不断推进,各类供水与生态保水之间的矛盾日益突出,难以实现各方共赢。尽管我国已逐渐重视水资源调度协商问题,在长江流域建立了流域水资源调配联席会议制度,在太湖流域成立了由相关部委与地方政府负责同志组成的太湖流域调度协调组等,但目前在调度协调机制方面的规定仍旧较少且较为宏观。流域调水各方矛盾依旧突出,协商调节依旧困难,流域水资源调度管理仍旧缺乏有效的协调机制,完善水资源调度协调机制是开展流域水资源统一调度管理工作不可忽视的重要内容。

(2)监测信息化水平有待提高

面向流域水资源管理的控制断面监测站点尚未实现全覆盖,存在调水工程因资金等原因减少自动化监测设施的情况。部分断面监测频次、时效性与精度不能完全满足水资源管理对实时流量、水位的要求,同时取水户的取用水计量监测体系不健全,无法支撑流域内区域用水总量管控需求[3]。部门流域机构和多数调水工程信息化建设水平还比较落后,水文信息监测、传输、存储与利用等尚未采用数字化、自动化、信息化、智能化等先进技术手段,数字孪生建设工作还在起步阶段,导致目前水资源调度信息监测水平无法满足新时代水利高质量发展需要,与水利强监管的要求不相适应。

(3)水资源调度管理有待规范

近年来,水资源调度管理相关文件的颁布实施为水资源调度管理工作开展提供了依据,但是加强水资源调度管理的规定相对宏观,实际调度中缺乏具备可操作性的水资源调度管理实施细则,同时跨流域调水工程、河湖连通工程、通江涵闸工程的运行调度方式、管理权限等缺乏明确管理规定,尚有部分跨流域调水工程的年度用水计划未纳入有效监管。水资源调度管理以及引调水工程的管理还缺乏国家层面的立法来作为强有力的支撑。

4.2 水资源调度展望

(1)完善水资源调度体制机制

水资源调度管理既有宏观配置问题也有微观操作问题。要实现科学、有序调水,两个层面的问题都需要深入研究与总结,同时要完善制度建设。健全流域管理与区域管理相结合的水资源管理体制,有序推进完善流域水资源调配协调机制,加强跨部门、跨区域、跨行业间的沟通协作,形成合力,协调解决流域水资源开发、利用和保护重大问题,共同推进流域水资源治理管理工作。

(2)推进水资源调度管理信息化建设

服从和服务于水利改革发展总基调,健全各流域水资源监测体系和用水户取用水监测体系,完善信息共享机制,使水资源调度与水利信息化建设相衔接。

实现水资源统一调度管理信息化。各流域机构应加快推进调度管理信息化建设和数字孪生建设工作,将调水工程基本信息和调度动态信息纳入信息化管理统一平台,实现全国调水工程各类信息互联互通和共享,并加强对水资源调度管理信息平台的监督。

(3)健全调度工作考核体系

对部分已开展水资源统一调度的跨省江河流域和重要跨流域调水工程水资源调度工作进行监督检查。做好最严格水资源管理制度考核工作,针对水资源调度工作特点,进一步细化赋分细则,同时发挥流域管理机构在最严格水资源管理制度考核工作中的作用,将流域管理机构相关意见纳入考核评价依据中。

参考文献

[1] 曾京,苏宝生. 我国重大调水工程水资源调度管理现状研究[J]. 科技创新与应用,2016(29):217.

[2] 胡德胜. 最严格水资源管理制度视野下水资源概念探讨[J]. 人民黄河,2015,37

(1):57-62.

[3] 夏细禾,陶聪. 长江流域水资源统一调度实践与思考[J]. 人民长江,2022,53(12):69-74.

[4] 邓坤,张璇,杨永生,等. 流域水资源调度研究综述[J]. 水利经济,2011,29(6):23-27+70.

[5] 孙金华,陈静,朱乾德. 我国重大调水工程水资源调度管理现状研究[J]. 人民长江,2016,47(5):29-33+37.

[6] 代琼,王吉伟,杨广,等. 群库优化调度研究综述[J]. 水科学与工程技术,2008(2):13-16.

[7] 彭卓越,张丽丽,殷峻暹,等. 水质水量联合调度研究进展及展望[J]. 水利水电技术,2015,46(4):6-10.

[8] 杨亚非,马拥军,戴昌军. 科学配置 谋划未来[N]. 人民长江报,2016-10-15(5).

[9] 夏细禾,高华斌,李庆航. 科学推进长江流域水量分配工作[J]. 中国水利,2019(17):59-61.

[10] 王慧,王文元. 夯基础 抓重点 出亮点 推动调水管理工作取得新成效——访水利部调水管理司司长程晓冰[J]. 中国水利,2022(24):38-39.

[11] 王慧宁,张佳鑫. 水资源统一调度效益显著 流域治理管理能力提升[N]. 中国水利报,2022-11-01(1).

[12] 孙卫,邱立军,张园园. 水资源统一调度工作进展及有关考虑[J]. 中国水利,2020(21):8-10+7.

跨流域调水工程水资源调度管理面临的问题及对策研究

赵　源　丁鹏齐

（水利部南水北调规划设计管理局，北京　100038）

摘　要：跨流域调水工程是我国重大基础设施，能够有效解决水资源时空分布不均匀问题。通过分析国内典型大跨流域调水工程水资源调度管理情况，从党建引领、供水价格改革、生态补水政策、数字化建设、标准化建设等方面提出建设性意见，为我国跨流域调水工程水资源调度管理提供参考。

关键词：跨流域调水；调度管理；供水价格；生态补水；标准化建设

跨流域调水工程是实现水资源优化配置、支撑社会经济高质量发展的重大基础设施，是提高水资源时空分布与经济社会发展布局、国土空间布局匹配性的重要手段。针对我国水资源时空分布的不均匀，为了解决缺水城市和地区的水资源紧张状况，目前，国内对跨流域调水工程水资源调度管理等方面开展了一系列研究。丛黎明[1]通过总结分析引滦入津工程调度管理工作的经验及存在问题，提出了引滦入津工程可持续发展的对策和建议。辛云峰等[2]针对辽宁省跨流域调水工程实施后水资源管理工作，从水资源宏观决策、水资源优化配置、水价机制等方面提出建设性意见。李光[3]结合对跨流域调水工程调度特点和我国跨流域调水工程存在问题的分析，提出了跨流域调水工程应实行政府管理与市场运作双重运行机制。沈滢等[4]通过分析国外重大跨流域调水工程的管理与运营过程中涉及的技术、环境、法律以及经济等多学科的问题，总结了国外跨流域调水工程运营管理的成功经验。

为规范水资源调度管理行为，实现有序调水，水利部制定了《水资源调度管理办法》（以下简称《办法》），自2021年11月1日起施行。自《办法》实施以来，水利部组织流域管理机构和地方各级水行政主管部门，以有序调度、科学调度为目标，完善《办法》配套措施

第一作者：赵源，男，经济师，副处长，主要从事南水北调相关前期工作、科研管理、党建纪检等工作。

体系,健全工作机制,深化调度实施,逐步推进《办法》落实落地[5]。

1 工程基本情况

我国已建成的跨流域调水工程在管理体制机制上大致分为两类。一类由事业单位负责建设和运行管理,经费实行收支两条线,供水价格偏低,水费收入较少,受水区用水积极性高,比较典型的有浙东引水工程、引大入秦工程等;另一类由国有企业负责建设和运行管理,遵循市场规则,通过收取供水费自主经营,供水价格偏高,财务收益较多,企业供水积极性高,比较典型的有南水北调东线一期工程、引洮供水工程等。

1.1 跨流域调水工程基本情况

(1)南水北调东线一期工程

南水北调东线一期工程多利用现有河湖和水利工程输水,工程管理体制机制比较复杂,目前由中国南水北调集团东线有限公司(以下简称"东线公司")、江苏省水利厅、江苏水源公司、山东干线公司、山东省调水工程运行维护中心管理。东线公司负责管理骆马湖水资源控制工程、杨官屯闸、姚楼河闸和大沙河闸等南四湖水资源控制工程,并负责全线水量的统一调度;江苏省水利厅负责江苏境内江水北调工程的运行管理;江苏水源公司负责江苏境内东线一期新建工程的运行管理;山东干线公司负责山东境内东线一期新建工程的运行管理;山东省调水工程运行维护中心负责胶东调水工程的运行管理。

东线一期工程的水费收取和经费保障情况同样复杂。山东省财政按照基本水价和计量水价向东线公司缴纳水费;江苏省财政根据每年使用东线一期工程有关情况向江苏水源公司缴纳水费;东线公司向江苏水源公司按计量水价支付水费,向山东干线公司支付工程运行维护费用。江苏江水北调工程运行维护费用由江苏省财政全额负担,山东胶东调水工程运行维护费用由山东省财政予以保障,实行收支两条线。

(2)浙东引水工程

浙东引水工程实行属地分级管理。浙江省钱塘江流域中心负责管理萧山枢纽、上虞枢纽,水资源统一调度,协调和监督相关工程的运行。工程沿线市(县、区)水利局设立相应的管理机构,负责辖区浙东引水工程的运行管理、调度指令执行。

浙江省钱塘江流域中心浙东引水相关经费由省财政全额承担;萧山至宁波段工程运行维护费用由当地政府财政承担;宁波至舟山段工程由舟山原水管理中心负责调度运行管理,舟山市按 0.5 元/m³ 水价向宁波市支付水费,运行维护费用由舟山市财政负责承担。

(3)引洮供水工程

引洮供水一期工程于 2014 年建成通水,由甘肃省引洮中心负责统一运行管理。

2021年11月，甘肃省委、省政府撤销引洮中心，并将其人财物并入甘肃省水务投资有限责任公司，由该公司负责引洮供水工程的水资源统一调度和运行管理。

引洮一期工程水价采用单一水价政策，农业水价与非农业水价相同，均为 0.48 元/m³。目前，引洮供水二期工程正在建设，由甘肃省水务投资有限责任公司管理承担项目法人职责。引洮供水工程运行维护费用由甘肃省水务投资有限责任公司负担。

（4）引大入秦工程

引大入秦工程于 1994 年建成通水，由甘肃省水利厅下属引大入秦水资源利用中心（2018 年更为现名）负责供水运行、工程维护、水资源统一调度管理、后续工程建设管理等。

引大入秦工程现行农业水价 0.15 元/m³，另每亩每年收取基本水费 1.5 元；生态水价 0.13 元/m³；非农业供水价格为 0.45～0.62 元/m³。引大入秦工程运行维护费用由所收水费和省级财政负担。

1.2 党建在调水工程中的引领情况

江苏水源有限责任公司通过讲政治、扛责任、重执行，培育了以"两新两力"（学习新思想、奋斗新时代，提升组织力、增强发展力）为主要内涵的"水源红"党建品牌。深入贯彻落实习近平总书记视察南水北调东线源头工程重要指示精神，积极开展国情和水情教育，打响南水北调江苏水情教育品牌，做好实境课堂项目的后半篇文章，成为爱国主义教育和水情教育的宝贵资源，党员干部加强党性锻炼的重要场所，有力保障南水北调后续工程高质量发展。

山东干线有限责任公司通过支部"调水先锋"党建品牌引领和内部"调水讲堂"活动、划分党员责任区、建立先锋示范岗，充分发挥基层党组织战斗堡垒作用和党员先锋模范作用，将党建与业务相结合；通过主题党日活动和内部"调水讲堂"活动，深挖"调水先锋"支部党建品牌内涵；通过一系列集体研讨活动，进行党建和业务知识学习研讨，既加强了各类业务与技术的宣贯，又提升了职工的素质和能力。

甘肃省水务投资有限责任公司发挥监督保障作用，围绕不同阶段、不同时期重点任务，增强干部职工积极投身生产经营的思想自觉和行动自觉，引导干部职工坚守保障工程建设安全万无一失的政治红线和职业底线，保障"资金安全""干部安全""人员安全"；自工程开工以来，十多年无一人出现安全问题。扎实开展"三亮一讲"（亮承诺、亮身份、亮业绩、讲引洮故事）活动，开展丰富多彩的引洮主题党日活动，引导全社会走进引洮、宣传引洮。

甘肃省引大入秦水资源利用中心打造"党建＋水利业务"，面对基层灌溉用水需求大的实际情况，党支部结合"划区设岗"，以支部与责任区乡党委结对，深入用水一线，向上千名群众询"实情"，破解灌溉引水矛盾。针对移民灌区部分水利基础设施薄弱，群众节水、缴费意识不强的现状,以"支部结对,党员拉手"的工作思路,解决制约移民灌区产业发展的问题,确保了移民灌区的社会稳定。

2 存在的主要问题

(1)实际供水与设计规模存在一定差距

仅引大入秦工程近年来调水总量持续增长至 4.26 亿 m³,逐步接近设计年调水量为 4.43 亿 m³。南水北调东线一期工程山东省多年平均分配水量 13.53 亿 m³,通水后年消纳水量在 1.11 亿~7.13 亿 m³;浙东引水工程设计多年平均引水量 8.90 亿 m³,通水 10 年累计调水 50 亿 m³;引洮供水一期工程设计年调水量 2.19 亿 m³,二期工程设计年调水量 3.31 亿 m³,2015 年一期工程投运以来,累计调水 8.11 亿 m³。

(2)部分调水工程供水价格结构不合理

跨流域调水工程具备规模大、输水距离长、供水地域广、环节多的特点。调水水价直接影响群众用水和水费缴纳的积极性。引洮供水工程经过近 9 年的通水运行,单一水价结构出现非农业水价偏低、农业水价偏高的不合理现象,导致农业用水远未达到设计规模,影响工程供水效益发挥。

(3)调水工程生态补水依据不足

人民群众美好生活的需要对健康水生态、宜居水环境的需求不断提升,调水工程生态补水在复苏河湖生态环境方面发挥的作用越来越大。大部分调水工程在设计阶段未考虑生态补水需求,且缺少相应的政策法规、规范性文件、生态补水指标等作为依据。

(4)大部分调水工程信息化程度不够

除浙东引水工程汇聚了 10 多个平台的水量水质数据,与引水计划编制、调度检查、数据监测等日常工作深度融合,基本具备了数字孪生建设的要求外,东线一期工程仅在江苏、山东境内有工程调度系统,未建设全线统一调度系统;引大入秦工程仅建成信息监测、监控站点等,距离水利部的水利信息化建设要求还有巨大差距,不能为水资源分配和供配水管理提供支撑。

(5)工程标准化建设滞后

除胶东调水工程、浙东引水工程有一定工作基础外,其余工程的标准化建设基本上未开展。

3 对策措施

(1)进一步发挥党建引领作用

继续探索党建引领调水工程的方法途径,根据各自特点打造特色党建品牌,充分发挥党建凝心铸魂的引领作用,特别是要发挥基层党组织的战斗堡垒作用,坚定不移用习近平总书记关于治水的重要论述精神武装头脑、指导实践、推动工作,使党建和调水工作两不误、两促进,有力支撑新阶段水利高质量发展,不断夯实党的执政基础。

(2)推进调水工程供水价格改革

调水工程管理单位应结合自身调水工程的特点,积极研究水价问题,向有关部门提出政策建议,加快调水工程供水价格改革,进一步完善水价体系,使调水工程在发挥社会效益和经济效益的同时,又能实现工程自身的持续发展。

(3)加快制定生态补水政策和技术标准

有关部门应建立调水工程生态补水工作机制,研究制定调水工程生态补水政策和技术标准,推进调水工程生态补水工作规范化、制度化。

(4)加快调水工程数字化建设

自2022年以来,水利部先后出台《数字孪生水利工程建设技术导则(试行)》等系列文件。调水工程管理单位应根据数字孪生建设要求,加强数据汇聚程度,开发来水预测预报、水量分配等专业模型并加以应用,开发工程可视化模型以及支撑平台,持续加固网络安全防护能力。

(5)加快推进调水工程标准化建设

调水工程管理单位要依据工程实际情况,加快推进调水工程标准化建设,解决调水工程在工程状况、安全管理、运行管护、管理保障等方面存在的问题,实现调水工程全过程标准化管理,达到调水工程评价标准后,可申请相关部门评价,认定为标准化管理工程。

参考文献

[1] 丛黎明.大型跨流域调水工程调度运用研究[J].海河水利,2003(6):61-63.
[2] 辛云峰,李波.跨流域调水工程的水资源管理问题研究[J].吉林水利,2006(S1):30-32.
[3] 李光.跨流域调水工程供水调度运行初探[J].水科学与工程技术,2008(4):18-20.
[4] 沈滢,毛春梅.国外跨流域调水工程的运营管理对我国的启示[J].南水北调与水利科技,2015,13(2):391-394.
[5] 水资源统一调度效益显著流域治理管理能力提升[N].中国水利报,2022-11-01(1).

南水北调典型贯流泵站系统仿真建模研究

袁连冲[1]　施　伟[1]　王希晨[1]　范雪梅[1]　陈　斌[2]　丁思变[2]

（1.南水北调东线江苏水源有限责任公司,南京　210019；
　2.南京合工智能环保研究院有限公司,南京　211500）

摘　要：为了适应南水北调东线工程智慧、安全、高效的运行管理模式和数字孪生泵站建设的需求,对以金湖泵站为代表的南水北调贯流泵站系统仿真建模技术进行了研究。基于系统仿真建模软件 PowerBuilder 和多学科一体化仿真平台 MSP,从泵站运行、系统机理特性出发,基于流体网络理论方法建立了典型贯流泵站系统仿真模型。将贯流泵静态特性数据与实际监测数据进行了对比,误差小于2‰。仿真示例表明,通过综合考虑阀门自动控制等因素,可以完成泵站的启动过程等典型动态过程的实时仿真；所建立的贯流泵系统仿真模型为泵站系统运行、系统设计提供了一定的理论方法参考。

关键词：贯流泵；实时仿真建模；流体网络；南水北调

智慧水利是新阶段水利高质量发展的显著标志,数字孪生水利是智慧水利建设的实施措施[1-5]。随着《数字孪生流域建设技术大纲（试行）》《数字孪生水利工程建设技术导则（试行）》《数字孪生水网建设技术导则（试行）》的相继出台,数字孪生水利建设的顶层设计业已完成[6-8]。数字孪生水利体系,充分运用物联网、云计算、大数据、人工智能、虚拟现实等新一代信息技术,建设数字孪生流域、数字孪生水网、数字孪生水利工程等新型基础设施,实现流域防洪、水资源管理与调配等"2＋N"业务应用"四预"功能的综合体系,提升水利治理管理数字化、网络化、智能化水平[9]。我国数字孪生泵站建设刚刚起步,还处在先行先试探索的阶段,虽然近年来陆续出台了建设大纲、技术导则,但还缺少细化的技术标准和成熟的建设经验。南水北调东线一期工程拥有世界上上最大规模的

第一作者：袁连冲（1970—　）,男,高级工程师,研究生,主要从事南水北调工程管理、泵站智能化建设等相关研究。E-mail:1225125288@qq.com。

通信作者：王希晨（1987—　）,女,高级工程师,博士,主要从事流体仿真计算、水气两相流等方面研究。E-mail:909545165@qq.com。

泵站群，其中输水干线上拥有贯流泵站 7 座，开展大型低扬程贯流泵站系统仿真建模技术研究，为东线泵站工程开展数字孪生建设提供了实践经验和参考基础，对于南水北调东线工程智慧、安全、高效运行有着重要的意义。

金湖站为南水北调东线一期工程第二梯级泵站，位于江苏省金湖县银集镇境内三河拦河坝下的金宝航道输水线上，主要任务是通过与下级洪泽站联合运行，由金宝航道、入江水道三河段向洪泽湖调水，并结合宝应湖地区排涝。金湖泵站设计流量 150m³/s，安装灯泡贯流泵 5 台套（含备机 1 台套）；$-6°\sim +6°$ 全调节叶片外径 3350mm，单机设计流量 37.5m³/s，配套电机功率 2200kW，总装机容量 11000kW；泵站调水设计扬程 2.45m，排涝设计扬程 4.70m，水泵叶轮中心高程为 0.80m[10-13]。

本文选取金湖泵站为代表开展大型低扬程贯流泵系统仿真建模，基于系统仿真建模软件 PowerBuilder 和多学科一体化仿真平台 MSP(Multi-Subject Simulation Platform)，从泵站运行、系统机理特性出发，基于模块化建模思想和流体网络理论方法建立贯流泵系统仿真模型，并对泵站静态特性、动态特性进行仿真分析，结果证明该种泵站系统仿真建模方法具有实用性、高效性。

1 建模软件

本项研究选用仿真软件平台 PowerBuilder 进行金湖泵站贯流泵系统仿真系统建模，选用多学科仿真平台 MSP 进行集成调试和运行环境[14]。

PowerBuilder 软件采用模块化建模思想，基本模块包括热工系统常用模块（如汽轮机、水泵、换热器、风机、调节阀、箱体、管路等），可根据实际情况对模块参数进行修正。PowerBuilder 采用连线建模方式，用户只要拖动相应的模块至主菜单，即可完成搭建。建模人员选择设备图元，按照仿真对象的工艺流程进行图元的连接，系统的拓扑结构按照模块化方式组态并设置参数后，程序可自动生成仿真模型及代码。这种方式建成的模型图结构与仿真对象的系统图非常相似。PowerBuilder 基于基本的质量、动量和能量守恒方程，通过生成一套 Fortran 程序来模拟均相流系统；通过将质量、动量、气体压力过程集合在一个矩阵里求解，可提供快速、稳定的压力流量响应，计算稳定、收敛；提高了流量计算的精度，使网络系统严格遵守质量平衡方程。本项研究选用 PowerBuilder 仿真软件平台进行金湖泵站贯流泵系统仿真建模。

多学科一体化仿真平台 MSP 是一套大型高水平的仿真支撑平台。MSP 能够为大型复杂系统的连续过程仿真提供设计、调试、数据访问、运行管理等功能。MSP 的软件框架提供了多种插件支持，通过增减插件能够方便地对平台进行功能扩展和屏蔽；提供了可配置的计算调度模式，能够根据计算机的硬件对仿真计算进行灵活配置，既可以充分利用多核计算机的计算资源，又可以兼容已有的单核计算机。本项研究选用多学科仿真平台 MSP 作为集成调试和运行环境。

2 理论方法

流体网络理论方法是将流体力学和图论理论相结合研究管内流体传输与瞬变的过程中逐渐发展起来的应用科学方法[15]。经过几十年的发展,流体网络仿真已形成了一套完备的建模仿真理论体系,主要的流体网络仿真方法有阻抗法、解析法、图解法和数值解法[15-17]。数值解法中的节点压力法,首先将管网系统中热工水力参数基本相同的连续区域划分为节点,节点之间通过流线相连,而流线的连接方向则被保存在有向图拓扑图中;然后从基本守恒方程出发,建立节点的质量和能量方程,以及流线的动量方程;最后将管网的控制方程同时求解。为了达到仿真计算的实时性要求,计算中不能采用大量的迭代方法求解流网的非线性方程,而需要通过二次建模过程对流网的非线性方程做线性化处理,然后采用直接解法求出流网各节点上的压力。不论所建立的流体网络模型是非线性的还是线性的,都必须保证计算的稳定性、准确性和实时性。

根据伯努利方程可建立不可压缩流体支路的非线性的流动方程:

$$P_1 - P_2 + f(w) + 9.80665 \times 10^{-6} \times \rho \Delta z = \frac{1}{\rho C_v^2} |w| w \tag{1}$$

式中,P_1,P_2——支路进、出口压力,MPa;

w——支路流量,kg/s;

$f(w)$——支路上动力源(如泵等)的扬程,MPa;

ρ——支路进口流体密度,kg/m³;

Δz——支路进、出口高度差,m;

C_v——支路通流能力,其值与支路最大通流能力 $C_{v\max}$、支路上各阀门的通流面积 f_i 等有关。

对式(1)进行线性化处理,将其在 t 时刻用一阶泰勒级数展开,整理得不可压缩流体支路的线性化模型为:

$$R_b(P_{1,t+1} - P_{2,t+1}) = w_{t+1} + C_b \tag{2}$$

式中,R_b,C_b——支路特性参数,未知变量是 $P_{1,t+1}$,$P_{2,t+1}$,w_{t+1}。

假设一个压力为 P 的节点通过 m 条支路与其上游的 m 个压力分别为 P_1,P_2,…,P_m 的节点或边界相连,通过 $n-m$ 条支路与其下游的 $n-m$ 个压力分别为 P_{m+1},P_{m+2},…,P_n 的节点或边界相接,各支路的流量为 w_i($i=1,2,…,n$),小量漏入该节点的流量为 W_{LE},该节点的泄漏流量为 w_{LL}。根据节点的质量守恒方程,有

$$\frac{d\rho V}{dt} = \sum_{i=1}^{m} w_i - \sum_{j=1}^{n-m} w_{m+j} + w_{LE} - w_{LL} \tag{3}$$

式中,V——节点容积,m³;

ρ——节点流体密度,kg/m³。

将基于式(2)的节点流入支路的方程、流出支路方程代入节点方程(3)整理得:

$$-\left(\sum_{i=1}^{m}R_{b2,i}+\sum_{j=1}^{n-m}R_{b1,m+j}+\frac{V}{\tau}\frac{\partial\rho}{\partial P}\right)_{t}P_{t+1}+\sum_{i=1}^{m}R_{b1,i}P_{i,t+1}+\sum_{j=1}^{n-m}R_{b2,m+j}P_{m+j,t+1}=$$

$$\sum_{i=1}^{m}C_{b,i}-\sum_{j=1}^{n-m}C_{b,m-j}-w_{LE}+w_{LL}-\left(\frac{V}{\tau}\frac{\partial\rho}{\partial P}\right)_{t}P_{t} \tag{4}$$

式(4)就是节点压力方程,若流网中有 N 个节点,那么就有 N 个未知压力,也就有 N 个类似式(4)的线性代数方程,对这些方程联立进行求解就可计算出 N 个节点上的压力。

将流体网络中的 N 个节点从 $1\sim N$ 编号上,把 N 个节点上的压力方程(4)所组成的线性代数方程组写成 $\boldsymbol{AX}=\boldsymbol{B}$ 的矩阵形式。针对泵站实时仿真的需求,采用改进型高斯消去法加塞德尔迭代混合算法求解流体网络线性代数方程组。

3 模型建立

基于泵的一维 Q—H 和 η—Q 特性曲线、泵设计数据、现场运行数据,借助 PowerBuilder 仿真软件平台进行贯流泵系统的仿真建模。

采用最小二乘法对一维 Q—H 和 η—Q 特性曲线进行了拟合。基于泵的 Q—H 和 η—Q 特性曲线,可以进行贯流泵系统的实时仿真建模。同时,本文对其他附属设备或系统进行了一定的假设,具体假设如下:

1)采用一维方程进行泵的特性建模。该方法适用于系统级研究以及涵盖辅助系统、电气系统、控制系统的多学科建模,但忽略了泵内部的流动及流场特性。

2)流道、闸门等水力特性采用一维方程,如下式所示。

$$D_{p}=f(Q,\varphi,v_{p}) \tag{5}$$

式中,Q——流量;

D_p——阻力损失;

φ——阻力系数;

v_p——闸门开度。

3)忽略了泵体、流道内水力高度的影响。本文重点研究泵站系统的动态特性,对泵体及流道内的启动、停机过程所产生的"明渠"流动现象未进行详细建模。该假设将导致在启动、停机过程中,泵站流道内的水与空气的分界和阻力特性模拟存在误差,但不影响系统动态特性的复现。

在上述假设下,基于流体网络理论方法[15-16]对贯流泵进行流网建模,涉及的主要模块和名称见图1、图2。

①进口边界。进口边界用于模拟上游水力状态,给定进口压力,即上游水位。

②进水流道。进水流道用于模拟引河流道至进口门之间的流道,给定阻力系数。

③进水闸门。进水闸门模拟不同开度下,进水门的流量—阻力特性。

④贯流泵泵体。采用贯流泵模块和特性拟合模块组合建模,用于模拟贯流泵的 Q—H、η—Q 特性,并支持变导叶角度模拟。

⑤出口门、安全门。模拟不同开度下,出口门、安全门的流量—阻力特性。
⑥出口边界。用于模拟下游边界,给定下游水位。

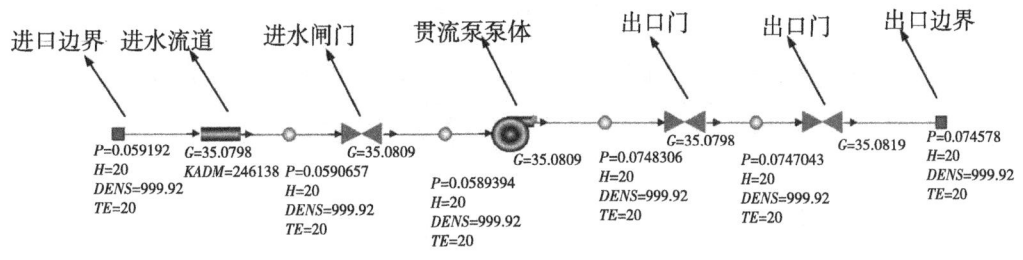

图 1 贯流泵流网建模

P—压力(MP);H—比焓(kJ/kg);DENS—密度(kg/m³);TE—温度(℃);G—流量(kg/s);
KDM—流通能力((kg/s²)/(MPa·kg/m³))。

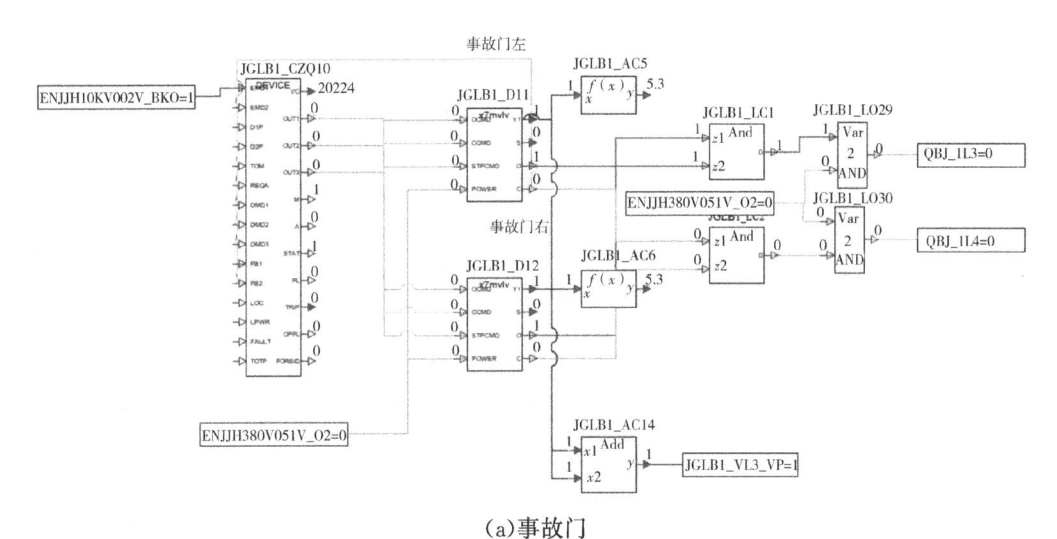

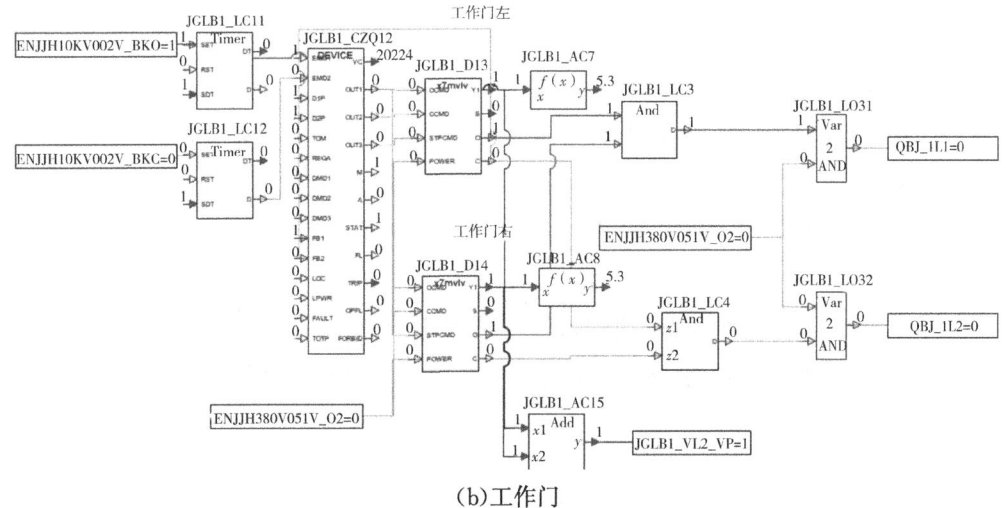

(a)事故门

(b)工作门

图 2 闸门控制模型仿真模型

结合贯流泵站的系统划分,利用多学科仿真平台,可以直接得到泵在不同工况下的静态特性。一般对于系统仿真而言,静态偏差可低于5%。本项研究结合金湖泵站在2020年5—6月运行特性作为校核数据,对比结果见表1。

表1　流量扬程测量值与仿真值对比(2020年5—6月1#、3#水泵机组部分数据)

序号	扬程测量值/m	流量测量值/(m³/s)	流量计算值/(m³/s)	流量偏差/%	叶片角度/°	备注
1	1.76	38.9	38.92	0.051	−1.97	1#泵
2	1.82	39.5	39.51	0.019	−1.43	1#泵
3	1.88	39.2	39.29	0.225	−1.43	1#泵
4	1.93	39	39.10	0.267	−1.43	1#泵
5	1.94	39.6	39.65	0.124	−1.04	1#泵
6	1.96	39.5	39.58	0.191	−1.04	1#泵
7	1.96	40.9	40.19	−1.736	0.01	1#泵
8	1.85	41.3	40.61	−1.679	0.01	1#泵
9	1.67	41.8	41.27	−1.257	0.01	1#泵
10	1.56	42.3	41.68	−1.472	0.01	1#泵
11	1.56	42.3	41.68	−1.470	0.01	1#泵
12	1.56	39.1	39.21	0.269	−2.26	3#泵
13	1.57	38.8	38.90	0.260	−2.44	3#泵
14	1.56	38.6	38.79	0.484	−2.54	3#泵
15	1.57	38.6	38.66	0.161	−2.60	3#泵

由表1可以看出,所建立的贯流泵系统模型$Q—H$静态精度低于2%。该精度可以用于分析泵和泵组的动态特性。

对金湖泵站5台贯流泵均进行了建模。结合泵的动态模型,可以得到贯流泵在变工况运行过程中的关键参数动态特性曲线。以单台泵运行过程为研究对象,设定上游水位8.2m,下游水位6.29m,工作门全开,叶片角度为−6°,此时流量30.7m³/s,有功功率1008kW。在67s时刻,贯流泵叶片从−6°变化至0°;在86s时刻,叶片从0°变化至6°,过渡过程见图3。

在3个叶片角度下,泵实际扬程逐渐升高,稳定值从2.15m变化至2.32m,最终至2.5m。在叶片变化的时刻,泵出口压力有一短时震荡,随即恢复平稳。

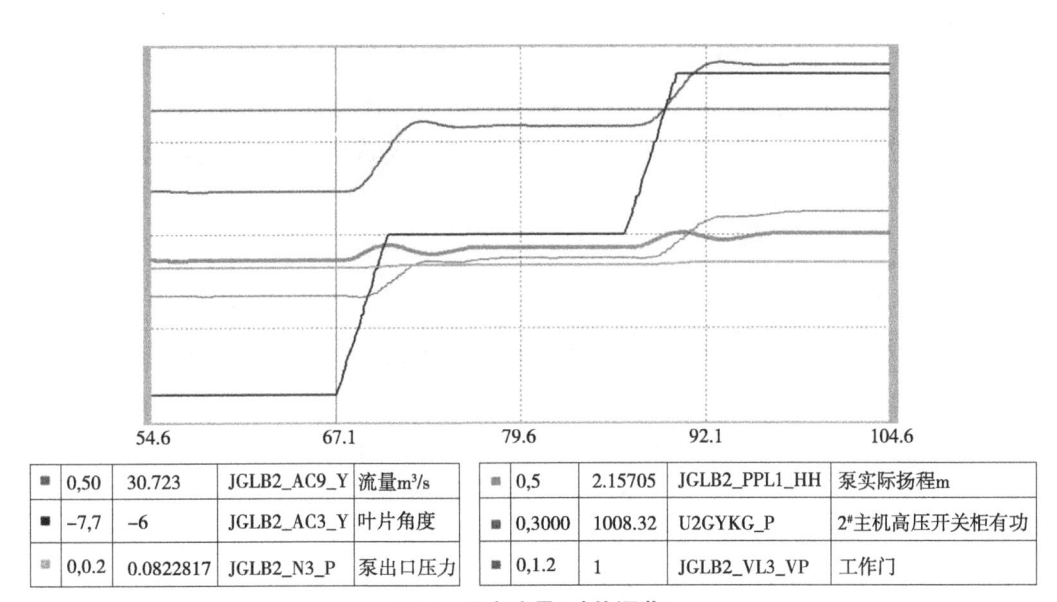

■	0,50	30.723	JGLB2_AC9_Y	流量m³/s
■	−7,7	−6	JGLB2_AC3_Y	叶片角度
■	0,0.2	0.0822817	JGLB2_N3_P	泵出口压力

■	0,5	2.15705	JGLB2_PPL1_HH	泵实际扬程m
■	0,3000	1008.32	U2GYKG_P	2#主机高压开关柜有功
■	0,1.2	1	JGLB2_VL3_VP	工作门

图 3　泵变流量(叶片调节)

图 4 给出工作门故障关闭,随即又打开时的过渡曲线,仿真时忽略了工作门的行程时间,属于一种极端工况,并不影响结果的一般性。上下游水位同上,叶片角度为 0°,在 668s 时,工作门关闭一半,约 30s 后恢复全开。此时泵流量从 $39.5 m^3/s$ 降至 $37 m^3/s$,平稳值为 $38 m^3/s$;泵扬程从 $2.32m$ 升至最高 $2.64m$,平稳值为 $2.59m$。工作门故障关一半时,对工况的影响并不大。在 728s 时,工作门故障全关,约 5s 后又打开,即使故障时间不长,但此时泵的流量、扬程、出口压力、有功功率均剧烈变化。工作门恢复正常后,运行参数逐渐恢复至初始值。

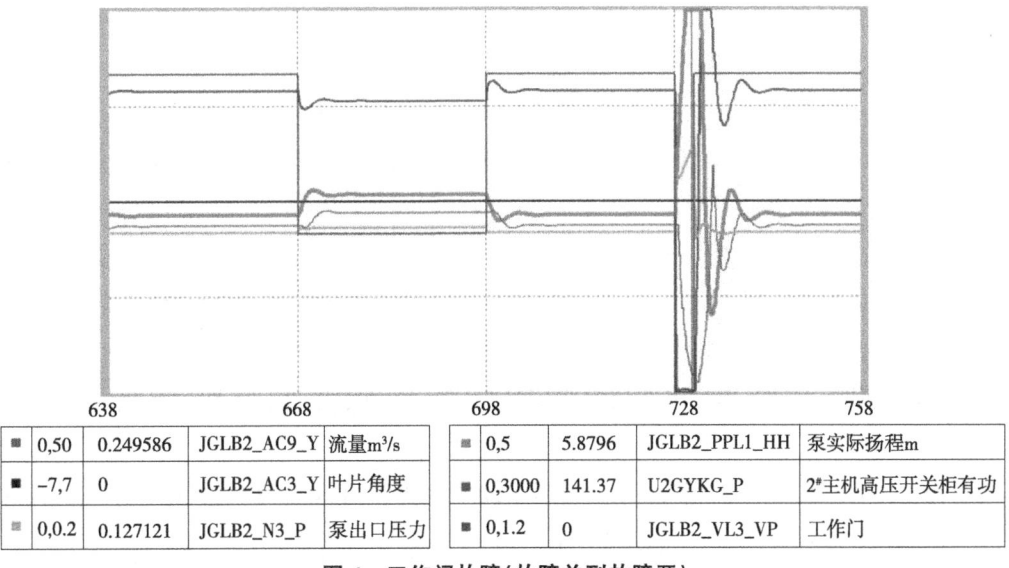

■	0,50	0.249586	JGLB2_AC9_Y	流量m³/s
■	−7,7	0	JGLB2_AC3_Y	叶片角度
■	0,0.2	0.127121	JGLB2_N3_P	泵出口压力

■	0,5	5.8796	JGLB2_PPL1_HH	泵实际扬程m
■	0,3000	141.37	U2GYKG_P	2#主机高压开关柜有功
■	0,1.2	0	JGLB2_VL3_VP	工作门

图 4　工作门故障(故障关到故障开)

通过图 3、图 4 所示的案例对比可以看出,采用实时仿真技术,可以复现泵站系统的动态过程,同时针对一些动态特性匹配方案,可以进行对比分析,为系统运行、系统设计提供一定的理论参考。而这些数据或者结果,是静态匹配或者简单数值计算无法完成的。

4 结语

本文以南水北调东线金湖泵站为研究对象,基于系统仿真建模软件 PowerBuilder 和多学科一体化仿真平台 MSP,从泵站运行、系统机理特性出发,基于模块化建模思想和流体网络理论方法建立了贯流泵系统仿真模型,并对泵站静态特性、动态特性进行了仿真分析。所建立的仿真模型可以进行泵站特性的计算和性能评估,与实际运行数据进行比对,重要参数(流量)偏差低于 2%。仿真示例表明,通过综合考虑阀门自动控制等因素,可以完成泵站的启动过程等典型动态过程的实时仿真。本文所建立的泵站贯流泵系统仿真模型及建模方法为数字孪生泵站的建设提供了实践经验和技术参考。

参考文献

[1] 李国英.建设数字孪生流域推动新阶段水利高质量发展[N].学习时报,2022-06-29(A7).

[2] 李国英. 加快建设数字孪生流域,提升国家水安全保障能力[J]. 中国水利,2022(20):1-7.

[3] 蔡阳.以数字孪生流域建设为核心 构建具有"四预"功能的智慧水利体系[J]. 中国水利,2022(20).

[4] 成建国.数字孪生水网建设思路初探[J].中国水利,2022(20):18-22.

[5] 刘志雨.提升数字孪生流域建设"四预"能力[J].中国水利,2022(20):11-13.

[6] 詹全忠,陈真玄,张潮,等.《数字孪生水利工程建设技术导则(试行)》解析[J]. 水利信息化,2022(4):1-5.

[7] 谢文君,李家欢,李鑫雨,等.《数字孪生流域建设技术大纲(试行)》解析[J]. 水利信息化,2022(4):6-12.

[8] 水利部专题研究数字孪生水网建设技术导则[J].水利技术监督,2022(11):252.

[9] 本站讯蔡阳.数字孪生水利建设中应把握的重点和难点[J].水利信息化,2023(3):1-7.

[10] 张仁田,朱红耕,卜舸,等. 南水北调东线一期工程灯泡贯流泵性能分析[J]. 排灌机械工程学报,2017,35(1):32-41.

[11] 周伟,刘雪芹,唐秀成. 金湖泵站贯流泵机组水力性能及结构特点分析[J]. 人民黄河,2015(7):104-106.

[12] 赵才全,郭军,朱海峰,等. 金湖站大型灯泡式贯流泵安装技术路线[J]. 江苏水利,2013(2):17-18.

[13] 沈冲,郭军,孙建伟. 南水北调金湖泵站运行效率研究[J]. 科技论坛,2021(2):24-26.

[14] 闫伟. 炉排炉垃圾焚烧发电厂燃烧自动控制系统的仿真研究[D]. 沈阳:沈阳工程学院,2019.

[15] 罗志昌. 流体网络理论[M]. 北京:机械工业出版社,1988.

[16] 刘剑,贾进章,郑丹. 流体网络理论[M]. 北京:煤炭工业出版社,2002.

[17] 王罡,张光. 热力系统流体网络法的研究[J]. 现代电力,2005,22(2):38-41.

促进南水北调东线一期工程水量消纳保障措施研究

李可也　黄渝桂　周立霞

（中水淮河规划设计研究有限公司，合肥　230601）

摘　要：南水北调东线一期工程自建成运行以来，受水区各省消纳水量与东线一期工程分配水量相比，存在一定差距，有待进一步提升。为充分发挥东线一期工程效益、提高水量消纳水平、保障用水需求，从落实东线一期工程水量消纳主体责任、加大地下水超采区水源置换力度、加快水权市场建设、强化水量消纳监督检查等方面提出保障措施和政策建议。

关键词：南水北调东线一期工程；水量消纳；保障措施

1　东线一期工程水量消纳情况及面临的新形势、新任务

南水北调工程是解决我国北方地区水资源严重短缺问题的重大战略举措，是关系到我国经济社会可持续发展的特大型基础设施。东线一期工程自2013年建成通水以来，已安全调度运行10年，发挥了显著的社会、生态、经济等综合效益。东线一期工程运行情况表明，受水区各省消纳水量整体呈上升趋势，但与工程多年平均分配水量相比，尚存在一定差距，供水能力未得到充分发挥，有待进一步提升。

2021年5月14日，习近平总书记在河南省南阳市主持召开推进南水北调后续工程高质量发展座谈会并发表重要讲话，为科学推进南水北调后续工程规划建设指明了方向。习近平总书记指出，后续工程从规划设计到建设运行还有一定周期。这期间要抓紧优化东、中线一期工程运用方案，加快消纳工程设计水量，置换增加华北地区生态用水。

第一作者：李可也（1989—　），男，硕士，工程师，从事水利工程规划设计工作。E-mail：776110267@qq.com。

东线一期工程要重点研究扩大供水范围,提高覆盖面积,促进地下水严重超采区的压采工作。

水利高质量发展新阶段,东线一期工程面临新形势、新任务。华北地下水压采、雄安新区建设、大运河文化带规划建设等战略对水资源保障提出了更高的要求。

2 影响水量消纳的主要因素

2.1 受来水、需水年内分配影响,净增供水量差别极大

东线一期工程受水区净增供水量受降雨和来水等水文条件影响极大,不仅与沿线湖泊入湖水量的年际变化、年内分配密切相关;也与受水区需水量的年际变化、年内分配密切相关。

2.2 水量消纳受供水水源影响,年际变化大

受地理条件影响,山东省水资源年际丰枯变化大,东线一期工程通水运行以来,当降水较丰沛时,部分受水区优先使用当地水资源;枯水年将黄河水作为首选客水资源,将东线一期工程供水作为战略备用水源,水量消纳年际变化大。

2.3 受水区存在超采地下水、超引黄河水现象

受水区通过超采地下水、超引黄河水等方式,解决工业和生活用水缺口,在一定程度上影响了东线一期工程水量消纳。

2.4 局部区段工程输水能力不足、配套工程不完善

东线一期工程尚存在局部区段工程输水能力不足、配套工程不完善等问题,在一定程度上制约了东线一期工程水量消纳。

3 保障措施

东线一期工程受水区供水水源多样,包括长江水、淮河水、黄河水及当地水资源;工程兼具供水、航运、防洪、排涝等综合利用功能;工程多利用现有河道输水,分属不同的管理单位,管理主体繁多,调度运行复杂;东线一期工程水量消纳涉及多地区、多行业、多部门,且受水区供用水结构差异大、调水需求大,为充分发挥东线一期工程效益,提高水量消纳水平,从落实东线一期工程水量消纳主体责任、加大地下水超采区水源置换力度、加快水权市场建设、强化水量消纳监督检查等方面提出保障措施。

3.1 严格落实东线一期工程水量消纳主体责任

东线一期工程受水区各级人民政府是水量消纳的主体,应对照水量消纳目标,逐级分解落实责任,明确职责任务;完善工作机制,抓好任务落实,各有关部门按照职能各司其职,高度重视,周密部署,保障输水有序推进、安全高效,保证东线一期工程水量消纳工作落到实处。

3.2 加大地下水超采区水源置换力度

目前,东线一期工程部分受水区仍通过超采地下水满足用水需求。随着国家进一步加大地下水开发利用管控力度,实施重点区域地下水超采治理与保护,对深层地下水逐步压采限采,现状城乡生活和工业供水中地下水水源将替代为地表水源。地下水超采区范围内的东线一期工程受水区应加大地下水超采区水源置换力度,推动水量消纳程度逐步提高。

3.3 落实引黄取水总量管控工作

建议全面贯彻落实水资源最大刚性约束工作要求,严格执行水利部、黄河水利委员会水量调度计划,深度开展节水控水,强化用水总量强度双控和水资源用途管制,坚决抑制不合理用水需求,倒逼沿黄各市落实"四水四定"原则,提升水资源节约集约安全利用水平,着力管控东线一期工程与黄河供水重叠区、黄河干流水资源超载地区引黄取水总量。

3.4 加快水权市场建设

加快水权市场建设,鼓励跨区域多水源统筹配置。2022年8月,水利部、国家发展改革委、财政部联合印发《关于推进用水权改革的指导意见》,提出通过推进用水权改革促进水资源优化配置。

通过统筹考虑区域用水需求和供水条件等因素,在省域、市域内统筹配置东线一期工程供水、黄河水等多种水源,将东线一期工程未消纳水量向缺水区域配置,鼓励开展多种形式的水权交易,提高东线一期工程水量消纳水平。

3.5 优化受水区水源配置,扩大工程受益范围和供水目标

在满足东线一期工程受水区既有用户用水需求的条件下,通过优化省内受水区水源配置结构,研究利用东线一期工程供水能力,扩大东线一期工程受益范围、供水目标的可能性、可行性。

建议参照京、津、冀等华北地区地下水超采综合治理实行河湖生态补水的政策,根据华北地区地下水超采综合治理与华北地区重点河湖生态环境复苏新要求,综合考虑黄河

以北山东省、河北省、天津市受水区实际需求，加强东线一期工程农业供水、河湖湿地生态补水目标论证，建立东线一期工程生态补水机制，并完善相应的补贴政策、保障机制，进一步发挥工程效益。

3.6 加强取水口门、配套工程建设

东线一期工程受水区部分取水口门因建设审批程序合法合规性等因素影响无法正常运行，配套工程尚不完善，部分受水区现状城乡生活和工业供水仍然依靠地下水源，在一定程度上影响了东线一期工程水量消纳，建议对沿线输水工程进行提升完善，加强取水口门、配套工程建设，促进水量消纳。

3.7 强化水量消纳监督检查

对东线一期工程受水区水量消纳情况进行动态跟踪和监督检查，及时掌握分解任务落实情况；增强运行管护力度，避免输水河道沿线影响输水安全行为；建立统一的水量监测断面和监测制度，提高取水口门监测计量覆盖面，提升监测计量数据质量；建立统一的调水信息管理系统平台，实现信息采集、方案制定、效果跟踪等功能，动态掌握沿线工程运行状态和水情信息，提高预判的准确性，为精细化管理与决策提供技术支撑。

3.8 加强宣传与舆论引导

各级部门充分发挥媒体和网络的作用，把握舆论导向，加大正向舆论引导力度，积极宣传东线一期工程优化水资源配置、保障群众饮水安全、复苏河湖生态环境、畅通南北经济循环的生命线作用和对京杭大运河文化传承保护的重大意义，保障调水工作利民惠民。

3.9 建立多水源、多功能联合调度机制

在东线一期工程调度运用过程中，应充分掌握受水区不同用户调水需求，根据实时水情、工情，及时调整工程调度措施，通过建立长江水、淮河水、黄河水和当地水资源多水源联合调度，供水与航运、防洪、排涝、生态补水多功能联合调度机制，推进"由近及远、高水高用、低水低用、优先使用当地水""保障防洪安全、兼顾航运排涝"的多水源、多功能联合调度工作机制建设，健全相关工程运行管理单位的沟通协调机制，按照"统一调度、联合运行、总量控制、调蓄并举、分级启动"的原则，实施灵活调度、精准调度，提高输水效率，提升水安全保障水平，充分发挥工程效益。

3.10 着力解决局部区段工程输水能力不足等问题

东线一期工程部分区段存在工程输水能力不足的问题，需要采取措施提升工程输水能力。同时，工程建设和初期运行已有十余年，随着近年来调水运行时间增加，加之沿线

河湖水系调整、交通航运设施建设和生态环境治理等情况的变化,逐渐暴露出一些影响工程平稳高效运行的问题,需要提升完善。

3.11 进一步理顺管理体制机制

东线一期工程不仅具有供水功能,还具有防洪、排涝、灌溉、航运、生态等多种功能。东线一期工程在现有工程基础上扩大规模,向北延伸,具有工程体系不可分割、调度运行不可分割、综合功能不可分割的特点。东线一期工程既涉及新建工程,又涉及地方管理的现有工程,应坚持全国一盘棋、局部服从全局、地方服从中央、统筹考虑各方利益的原则,协调好水源区和受水区、中央和地方各方关系,平衡好各方利益。建议充分发挥中国南水北调集团有限公司的作用,按照"利益共享、风险共担"的原则,加强各方沟通协调,研究各方参与的股份制公司管理模式,进一步理顺工程管理体制机制。

4 结语

1)东线一期工程自建成运行以来,整体消纳水量呈上升趋势,但与东线一期工程多年平均分配水量相比,尚存在一定差距,有待进一步提升。水利高质量发展新阶段,东线一期工程面临新形势、新任务,对水资源保障提出了更高的要求。

2)影响东线一期工程水量消纳的主要因素有:受来水、需水年内分配影响,净增供水量差别极大;水量消纳受供水水源影响,年际变化大;受水区存在超采地下水、超引黄河水现象;局部区段工程输水能力不足、配套工程不完善。

3)为充分发挥东线一期工程效益,提高水量消纳水平,本文结合工程运行现状及相关调查研究分析成果,从落实东线一期工程水量消纳主体责任、加大地下水超采区水源置换力度、加快水权市场建设、强化水量消纳监督检查等方面提出保障措施。

引江济淮韩桥跌水入渠口通航水流条件改善措施研究

杨子江　王一品

(中水淮河规划设计研究有限公司,合肥　230001)

摘　要:采用三维数值模拟计算,对引江济淮韩桥跌水入渠口通航水流条件进行了计算分析,提出了改善通航水流条件的方案。结果表明,通过增设辅助消能设施及调整汇流口下游侧岸坡布置等工程措施,能有效降低汇流口横向流速,控制性指标均满足相关规范要求,工程投资较省,为工程运行管理创造了良好条件。

关键词:跌水;横向流速;三维数值模拟;韩桥跌水入渠口;引江济淮

1　工程概况

引江济淮工程是一项以城乡供水和发展江淮航运为主,结合灌溉补水和改善巢湖及淮河水生态环境为主要任务的大型跨流域调水工程,设计引江规模为300m³/s。工程自南向北共分为三大段落,包括引江济巢段、江淮沟通段及江水北送段。其中,江淮沟通段输水总干渠按Ⅱ级航道标准设计,航道尺度为4.5m×60m×540m(水深×底宽×弯曲半径)。

江淮沟通段输水总干渠主要利用派河、天河、东淝河等天然河道扩挖浚深形成,干渠最大开挖深度达46.0m,渠底设计高程及水面线较原河道均下降较多,现状河道两岸支流入渠口水流条件恶化,为解决支流入渠口水流的消能防冲问题,以及改善入渠口通航水流条件,在总干渠沿线新建大量跌水、跌井,仅江淮分水岭以北至入瓦埠湖口就有34座,跌差4.0～25.0m,流量2.8～576.0m³/s。为节约工程投资,跌水工程中心线一般与航道中心线垂直或成一定夹角。入渠水流方向与通航方向亦存在一定夹角。因此,通航期间跌水入渠口区域均存在一定流速的横向水流及回流等不良流态。

通航水流条件是影响船舶航行安全的重要因素,为确保支流入渠口具有良好的通航

第一作者:杨子江(1980—　),男,湖南永州人,高级工程师,主要从事水利工程设计研究工作。E-mail:hwyzj@126.com。

水流条件,充分发挥引江济淮的航运效益,本文以江淮分水岭以北流量大于 500m³/s 的韩桥跌水为依托,通过三维数学模型计算,分析跌水入渠汇流口通航水流条件及改善措施,使入渠横向流速满足规范和审查意见要求。

2 相关通航标准及控制条件

2.1 通航标准

目前,相关的标准与规范对通航水流条件有明确的限制标准。《运河通航标准》规定:运河航道中的通航水流条件应满足设计船舶、船队安全航行和停泊的要求,必要时应通过试验研究进行论证。运河中的取、泄水口和其他汇流口的水域,航道横向流速不应超过 0.3m/s,回流流速不应超过 0.4m/s。

《水利部 交通运输部关于引江济淮工程安徽段初步设计报告的批复》(水许可决〔2017〕19 号)中提出江淮沟通段临河建筑物支流洪水入渠控制条件:航道最高通航水位遭遇支流 20 年一遇洪水(以下简称"20 年一遇通航工况"),横向流速 $v \leqslant 0.30$m/s;航道最低控制水位遭遇支流 5 年一遇洪水(以下简称"5 年一遇通航工况"),横向流速 $v \leqslant 0.15$m/s。

2.2 控制条件

江淮沟通段总干渠设计航道等级为 Ⅱ 级,最高通航水位为 20 年一遇洪水位 23.86m,其他控制条件及目标值见表 1。

表 1　　　　韩桥跌水入渠水流横向流速控制条件及目标值

通航工况	控制项目	控制条件	目标值
5 年一遇通航工况	跌水流量(5 年一遇)/(m³/s)	179.00	横向流速 $v \leqslant 0.15$m/s
	上游(支流)水位/m	24.80	
	下游(总干渠)水位(最低通航控制水位)/m	17.90	
20 年一遇通航工况	跌水流量(20 年一遇)/(m³/s)	511.00	横向流速 $v \leqslant 0.30$m/s
	上游(支流)水位/m	25.20	
	下游(总干渠)水位(20 年一遇)/m	23.86	

3 工程布置

韩桥跌水是总干渠右岸支流南小河入总干渠的控制建筑物,由上游连接段、控制段、下游消力池段、跌水段及出水渠等组成。根据河道走势、现场地形条件以及入渠水流条件要求,控制段布置在跌水中心线与航道坡脚线交汇点上游约490m,中心线夹角65°。控制段采用钢筋混凝土整体结构,总净宽分别为30.0m,底板顶高程分别为19.0m;控制段下游侧设挖深式消力池,总长32.0m,池深2.0m;消力池下游设一级跌水与引江济淮渠道连接,跌差5.6m;跌水下游接出水渠,出水渠底高程与总渠底高程一致,为13.4m,两侧边坡以12°扩散角与江淮沟通段渠坡连接。工程平面布置见图1。

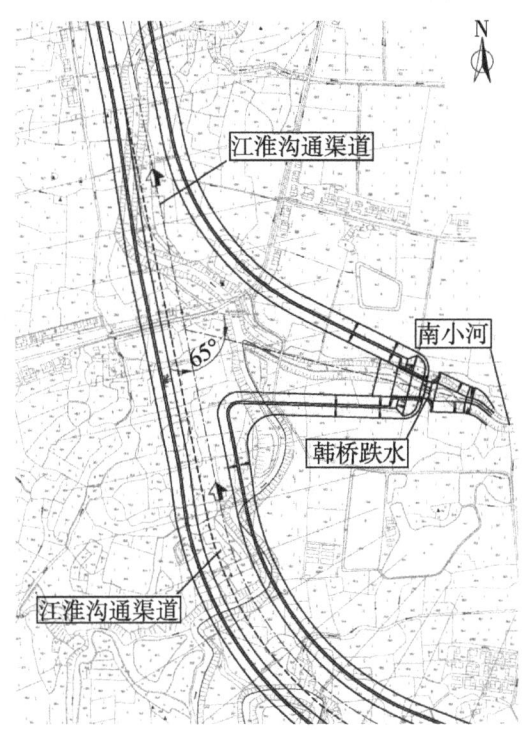

图 1 韩桥跌水平面布置

4 三维数字模型试验

本次三维数字模型试验计算采用流体动力学软件Flow3D。对于流体的运动,该软件通过结构化的矩形交错网格来离散计算域,同时通过VOF方法模拟自由表面并运用有限差分法求解各种封闭化后的时均N-S方程来实现。

4.1 控制方程

连续性方程:

$$\frac{\partial u_i}{\partial x_i}=0 \tag{1}$$

不可压缩紊流时均流动的运动方程(即雷诺方程):

$$\frac{\partial(\rho u_i)}{\partial t}+\frac{\partial(\rho u_i u_j)}{\partial x_j}=\rho f_i-\frac{\partial \rho}{\partial x_i}+\frac{\partial \tau_{ij}}{\partial x_j} \tag{2}$$

k 方程和 ϵ 方程：

$$\frac{\partial(\rho k)}{\partial t}+\frac{\partial(\rho k u_i)}{\partial x_i}=\frac{\partial}{\partial x_j}[\alpha_k \mu_{eff}\frac{\partial k}{\partial x_j}]+G_k-\rho\epsilon \qquad (3)$$

$$\frac{\partial(\rho\epsilon)}{\partial t}+\frac{\partial(\rho\epsilon u_i)}{\partial x_i}=\frac{\partial}{\partial x_j}[\alpha_\epsilon \mu_{eff}\frac{\partial \epsilon}{\partial x_j}]+\frac{c_{1\partial}{}^*\epsilon}{\kappa}G_k-C_2\epsilon\rho\frac{\epsilon^2}{\kappa} \qquad (4)$$

式中，u_i——x_i 方向的速度分量；

t——时间；

$i,j=1,2,3\cdots$；

f_i——作用于单位质量水头上的体积力；

ρ——流体密度；

p——压强；

μ_{eff}——流体的运动粘滞系数；

μ_t——由单位质量的紊动能 k 和紊动能耗散率 ϵ 来确定的紊流运动粘性系数；

G_k——平均速度梯度产生的紊动能的产生项；

σ_k、σ_ϵ——k 和 ϵ 对应的 Prantl 常数，均取 1.39。

水的体积分数 α_w 的控制微分方程：

$$\frac{\partial \alpha_w}{\partial t}+u_i\frac{\partial_{\alpha w}}{\partial_{x_i}}=0 \qquad (5)$$

式中，t——时间；

u_i 和 x_i——速度分量和坐标分量，通过求解该连续方程来完成对水气界面的跟踪。

4.2 求解方法

数学模型求解采用有限体积法，各项均采用二阶迎风的离散格式，并运用 GMRES 方法求解离散方程，压力—速度耦合采用 SIMPLEC 法，数值方法采用 SIMPLER 法，时间差分采用全隐格式。

4.3 模型参数的确定

(1)糙率的取值

为模拟实际情况，在计算过程中天然河道糙率取 0.025，混凝土糙率衬砌段取 0.014。

(2)网格剖分

本次模型范围为：干流取跌水与总干渠相交中心线上、下游各 500m，支流取跌水上游长约 200m，包含韩桥跌水工程全部主要建筑物，计算模型按照比尺 1∶1 建立。网格划分采用笛卡儿正交结构网格，上游支流网格大小为 0.5m，在跌水工程区网格局部加密，网格大小为 0.25m，汇流区采用结构化可嵌入式网格技术进行网格加密，网格大小采用 0.25m×0.25m×0.125m。整体三维模型见图 2。

(3)边界条件

模型上游进口边界条件为相应工况流量;下游出口边界为压力出口边界,设置水位高程为相应工况水位;大气进口采用压力进口边界条件,出口采用压力出口边界条件;采用无滑移边界条件,对黏性底层采用标准壁函数处理。计算初始时刻在数值模拟计算区域设置一定高度的初始水体,以加快水流稳定,初试时间步长设为 0.0001s。数值模拟流速测点布置见图3。

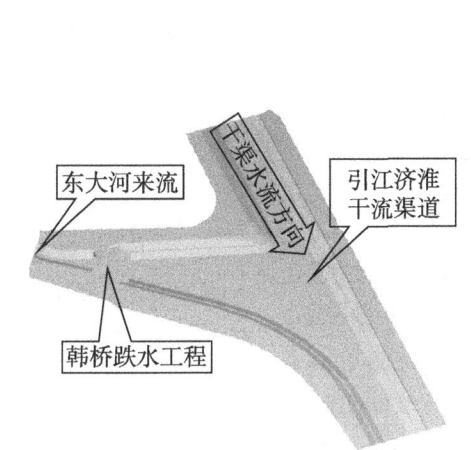

图2 整体三维模型示意图

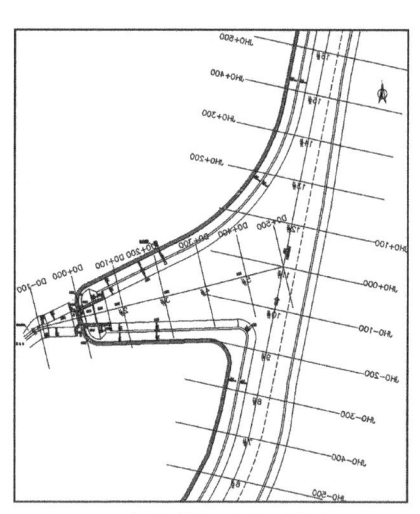

图3 数值模拟流速测点布置

5 原设计方案计算成果

经对原设计方案计算,20年一遇设计通航工况时,汇流口右侧桩号 J(66+608.3)~J(66+694.0) 间长约 85m、宽约 42m 的区域横向流速超过 0.3m/s,最大横向流速 0.46m/s;5年一遇通航工况时,汇流口右侧桩号 J(66+608.3)~J(66+779.2) 间长约 166m、宽约 35m 的区域横向流速大于 0.15m/s,最大横向流速 0.35m/s。汇流口横向流速分布见图4。

(a)5年一遇通航工况

(b)20年一遇通航工况

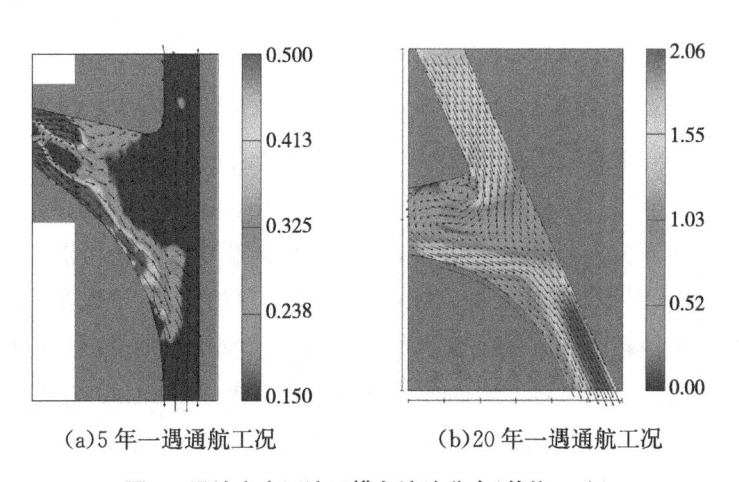

图4 设计方案汇流口横向流速分布(单位:m/s)

6 优化方案计算成果

根据原设计方案计算结果可知,在 5 年一遇通航工况、20 年一遇通航工况下,韩桥跌水入渠口通航区域内均存在横向流速超标的现象,且在 5 年一遇通航工况下横向流速超标的范围及比值相对较大。经分析,受支流上游河势以及总干渠来水影响,在汇流口区域内,跌水入渠水流流速分布不均,主流总体偏右,造成局部区域横向流速不满足要求,需对工程布置或措施进行适当调整。据此,设计对韩桥跌水总体布置及结构进行了 3 次调整,见表 2。

表 2　　　　　　　　　　　优化方案平面布置

方案一	方案二	方案三
在消力池中设置一排消力墩,墩高 1.5m,跌水段布置厚长 15m、18m 的导流墙各两道,导流墙与跌水中心线夹角为 8°	在消力池中设置两排消力墩,墩高 2m;将原堤坡线圆弧中点切线沿堤岸方向后退 13m,并以圆弧与上下游岸坡相切连接	在消力池中设置两排消力墩,墩高 2m;将原堤坡线圆弧中点切线沿堤岸方向后退 35m,并以圆弧与上下游岸坡相切连接

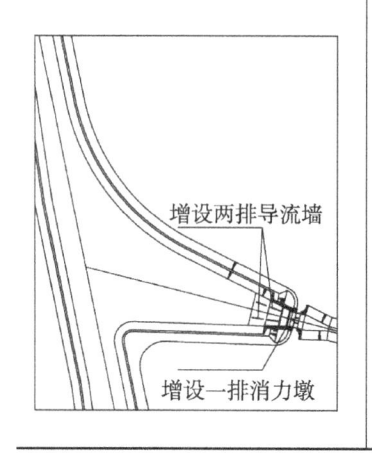

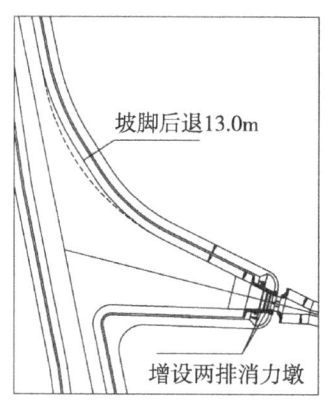

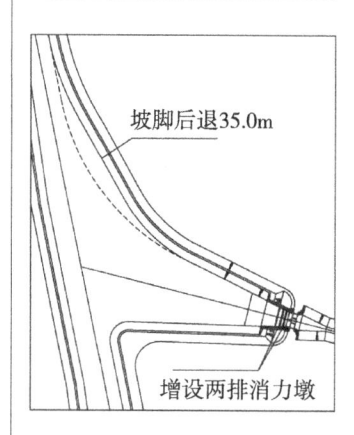

经数值模拟计算,调整后各方案计算成果见表 3。从计算结果可以看出,方案一在通航水域范围内 5 年一遇通航工况下仍有大范围横向流速大于 0.15m/s,20 年一遇通航工况下也有部分区域横向流速超过 0.3m/s,超标范围稍小。后经反复验算,在消力池内增设消力墩对调整流速分布具有一定效果,在跌水段设置导流墙对调整水流方向效果欠佳。经分析,支流入渠水流易受干流洪水挤压及岸坡顶托作用,导致在汇流口下游侧岸坡附近出现横向流速超标现象,因此,方案二、方案三直接对横向流速超标的汇流口下游侧岸坡进行了调整。方案二将坡脚向外侧移动最大宽度 13.0m,在 20 年一遇通航工况时,通航水域范围内横向流速小于 0.3m/s,满足要求,在 5 年一遇通航工况时,通航水域范围内最大横向流速 0.21m/s,仍然不满足要求,但超标范围明显缩小。方案三将坡脚

向外侧移动最大宽度 35.0m,5 年一遇通航工况,通航区域最大横向流速 0.14 m/s,满足要求。最终,根据数值模拟计算成果,设计对韩桥跌水下游右岸边坡坡脚最大向外侧平移了 35.0m,并相应调整了管护道路等相关设计。

表 3　　　　　　　　　　优化方案各工况横向流速分布　　　　　　　　（单位:m/s）

方案一		方案二		方案三
5 年一遇工况	20 年一遇工况	5 年一遇工况	20 年一遇工况	5 年一遇工况

7　结语

本文以引江济淮工程韩桥跌水为依托,采用三维数值模拟试验对大流量跌水入渠汇流口水流条件进行了分析计算,总结了横向流速超标的原因,对工程布置进行优化调整,并反复进行模拟计算验证。结果表明,通过增设辅助消能设施及调整汇流口下游侧岸坡布置等工程措施,能有效降低汇流口横向流速,控制性指标均满足相关规范和审查意见要求,工程投资较省,为工程运行管理创造了良好条件。

淮安枢纽立交地涵岸墙结构优化方案研究

王一品　钟恒昌　沈伯文　朱浩岩

(中水淮河规划设计研究有限公司,合肥　230601)

摘　要: 淮安枢纽立交地涵岸墙挡土高度达 22m,给设计、施工带来较大的技术难题。为了优化岸墙结构方案、方便施工、节约工程投资,结合淮安枢纽立交地涵上游岸墙、下游岸墙的工程特点,研究降低岸墙挡土高度的工程措施,改善岸墙整体稳定,进行了岸墙结构优化设计。以淮安枢纽上游岸墙为例,对岸墙的整体布置、设计方案进行经济、技术方面的综合比较和探讨,为其他类似高填土岸墙的设计提供了一定的参考。

关键词: 岸墙;结构优化;空箱式挡土墙;水泥土;淮安枢纽立交地涵;淮河

1　工程概况

淮河入海水道是淮河流域防洪体系的重要组成部分,是扩大淮河下游泄洪能力、提高洪泽湖及其下游防洪保护区防洪标准的关键性工程。淮安枢纽是淮河入海水道的第二级枢纽,为入海水道与京杭大运河的立体交叉、建筑。枢纽西起古盐河穿堤涵洞、东至渠北闸,南北以入海水道南北堤为界。淮安枢纽二期工程在一期工程老地涵北侧扩建 30 孔新地涵,新、老地涵之间设 10m 分流岛,维持上部航槽中心线与京杭大运河航道中心线一致布置,平面为斜交布置方式,立交轴线与中心线交角 77°,平面呈平行四边形。

根据淮安枢纽工程总体布置,岸墙位于立交地涵上、下游闸首北侧,平面呈梯形布置,主要用于连接立交地涵上、下游翼墙与京杭大运河两侧翼墙。同时,为了满足淮安枢纽防洪高程要求,立交地涵两侧防洪平台填土高程分别为 15.30m 和 14.10m,而立交地涵上、下游闸首的底板高程为 -6.00m,与防洪平台高差分别高达 21.30m 和 20.10m。若按照常规思路对上、下游岸墙进行设计,挡土高度势必会比较大,结构尺寸和基底应力也会相应增大。因此,本文以上游岸墙为例,对淮安枢纽岸墙进行优化设计研究。

第一作者:王一品(1995—　),工程师,硕士研究生,主要从事水利工程设计、研究工作。

2 岸墙基本资料

2.1 主要土层物理力学指标

淮安枢纽岸墙工程场地主要土层物理力学指标见表1。

表1　主要土层物理力学性质指标

地层号	黏性	层厚/m	黏聚力/kPa	内摩擦角/°	压缩模量 E_S/MPa	渗透系数 垂直	渗透系数 水平
④-3	黏土	0～3.10	42	25	0.22	$3.10×10^{-8}$	$1.17×10^{-7}$
⑤-2	轻粉质壤土	3.14～3.60	21	28	0.20	$5.57×10^{-3}$	$2.44×10^{-3}$
⑥-3	粉质黏土夹粉土	2.16～4.20	35	17	0.30	$7.50×10^{-4}$	$1.78×10^{-4}$
⑦	粉细砂	20.56～24.94	1	30	$e_{min}=0.674$	$5.00×10^{-3}$	$5.00×10^{-3}$
⑧	粉细砂夹沙壤土	11.35～11.95	1	30	$e_{min}=0.652$	$5.00×10^{-3}$	$5.00×10^{-3}$

2.2 岸墙控制水位

根据入海水道的总体规划和调度运用,入海水道设计泄洪流量7000m³/s时,地涵上游水位为13.33m,下游水位12.73m,正常情况下入海水道不泄洪,仅排泄运西片区涝水,立交地涵1～2孔开闸,水位受淮阜漫水闸节制,下游水位为3.50～5.85m。而京杭运河侧最低航运水位8.5m,正常水位9.0m,总渠行洪800m³/s相应京杭运河水位10.80m,总渠行洪1000m³/s相应京杭运河水位11.20m。因此,根据淮安枢纽工程的总体布置和防渗体系,经过渗流计算并结合淮安枢纽的调度情况,确定了不同设计工况下岸墙的控制水位组合,见表2。

表2　淮安枢纽岸墙设计工况水位组合

荷载组合	设计工况	墙前临水侧/m	墙后背水侧/m
基本组合	完建期	无水	无水
基本组合	正常运行期	9.00	9.50
基本组合	设计行洪期	10.80	11.30
特殊组合	地震期	9.00	9.50
特殊组合	水位骤降期	9.80	10.80

2.3 岸墙设计特点

根据淮安枢纽工程总体布置,上游防洪平台高程为15.30m,而立交地涵的地板底高程为-6.00m,二者高差高达21.30m。因此,淮安枢纽岸墙的设计存在以下特点:

(1)岸墙挡土高度高

为了满足岸墙的稳定要求,会使得岸墙的结构尺寸较大,导致投资增加,对淮安枢纽的总投资控制造成影响。

(2)基坑开挖回填工作量大

立交地涵闸首基坑开挖深度高达 18m,若考虑岸墙的宽度,加上基坑开挖的放坡要求,会增加岸墙基坑的开挖回填工程量。

(3)施工难度大

由于岸墙墙体工程量大,布置复杂,模板支护以及混凝土浇筑等工序要求高,增加了施工的难度,同时也会导致施工工期长,对淮安枢纽整体实施进度造成影响。

综上所述,为了节省工程投资、降低施工难度,对淮安枢纽立交地涵岸墙的优化设计研究是十分必要的。

3 设计方案比选

本次岸墙结构优化设计研究以淮安枢纽立交地涵上游岸墙为例,结合岸墙挡土高度高、开挖断面大等特点。初拟 3 种设计方案进行经济、技术方面的综合比较。

3.1 方案设计

(1)方案一:原状地基方案

方案一采用钢筋混凝土空箱扶壁式岸墙,平面呈梯形布置,南侧长 21.45m,北侧长 16.83m,垂直入海水道侧长 20.00m。岸墙顶高程由 14.80m 渐变至 12.20m,底板顶高程 6.00m,建基面高程为 −6.90m,墙后平台填土高程为 15.30m。根据地质建议值,开挖断面坡比取 1:2,墙后回填土选用粉质黏土或重粉质壤土,压实度不低于 0.93,并分层压实,分层厚度不小于 0.3m,容重不小于 19.5kN/m³,抗剪强度指标(直接快剪)不小于 $c=30$kPa、$\varphi=8°$。方案一布置及断面见图 1、图 2。

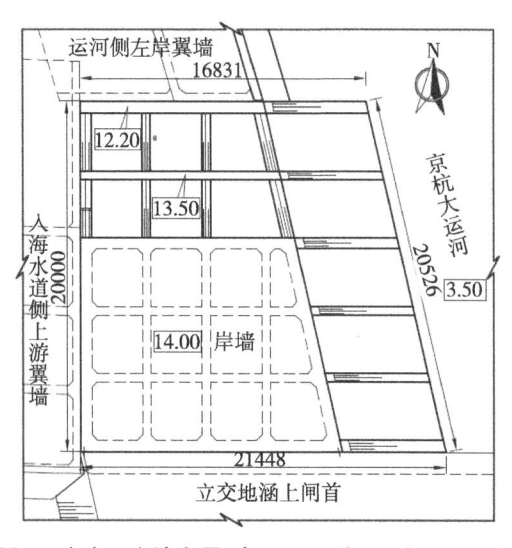

图 1 方案一岸墙布置(高程以 m 计,尺寸以 mm 计)

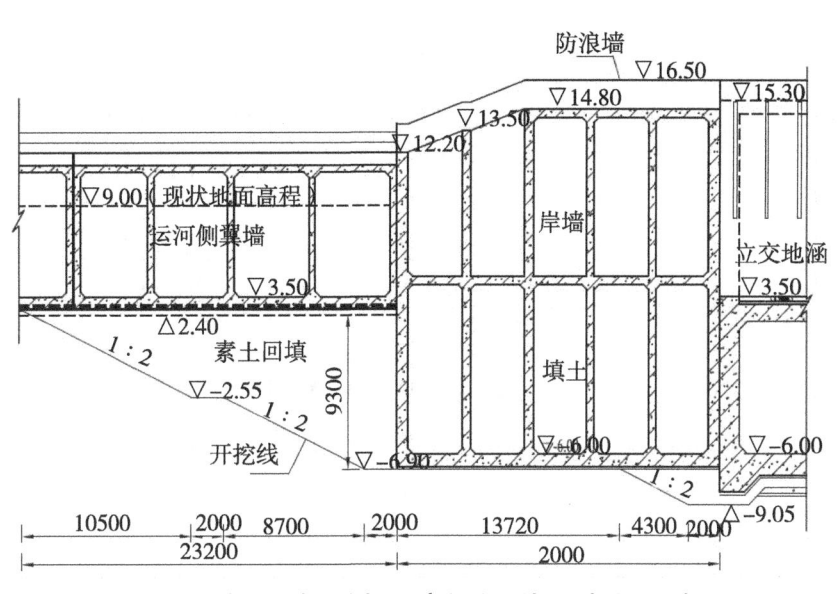

图 2　方案一岸墙开挖断面(高程以 m 计,尺寸以 mm 计)

(2)方案二:泡沫混凝土换填方案

方案二采用钢筋混凝土空箱式岸墙,平面呈梯形布置,南侧长 16.98m,北侧长 12.37m,垂直入海水道侧长 20.00m。岸墙顶高程由 14.80m 渐变至 12.20m,底板顶高程 3.50m,与京杭运河侧护底相连接。建基面高程为 2.70m(与京杭运河侧翼墙建基面一致),墙后平台填土高程为 15.30m。根据地质建议值,开挖断面坡比取 1∶2,墙后回填土选用泡沫混凝土,施工采用泵送浇筑,泡沫混凝土容重不小于 9.5kN/m³,28d 抗压强度不小于 1.0MPa,流动度为 170±20mm。方案二布置及断面见图 3、图 4。

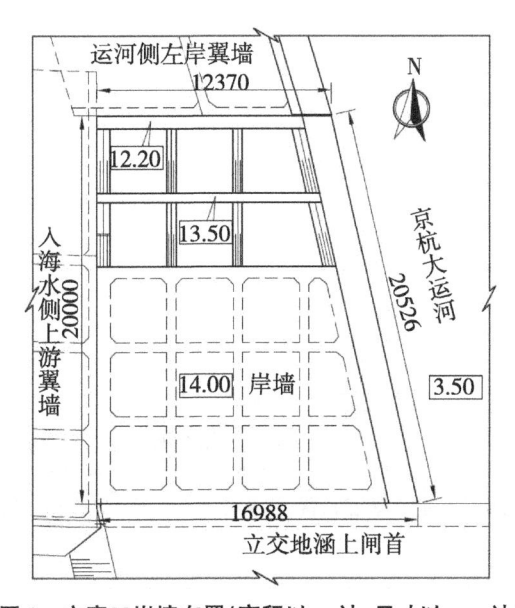

图 3　方案二岸墙布置(高程以 m 计,尺寸以 mm 计)

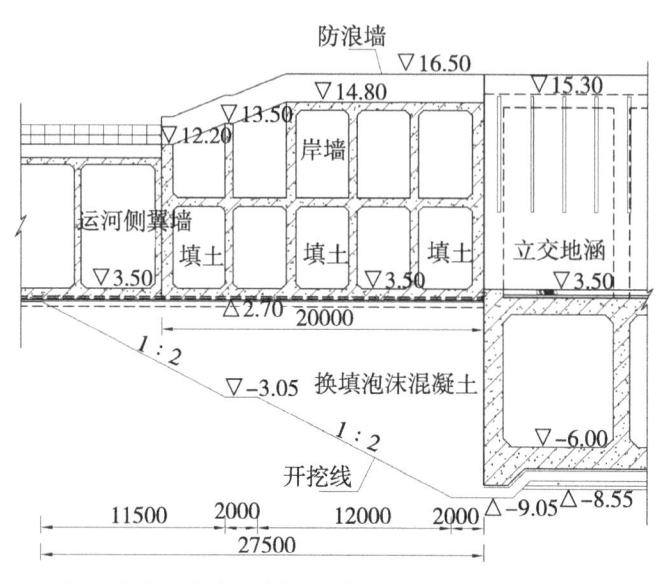

图 4　方案二岸墙开挖断面(高程以 m 计,尺寸以 mm 计)

(3)方案三:水泥土换填方案

方案三采用钢筋混凝土空箱式岸墙,平面呈梯形布置,平面尺寸及结构高程与方案二一致,根据地质建议值,开挖断面坡比取 1∶2,墙后回填土选用水泥土,水泥掺量不小于 10%,水泥土压实度不小于 0.96,并分层压实,分层厚度不大于 0.3m,抗剪强度指标(直接快剪)不小于 $c=30$ kPa、$\varphi=30°$。方案三布置及断面见图 5、图 6。

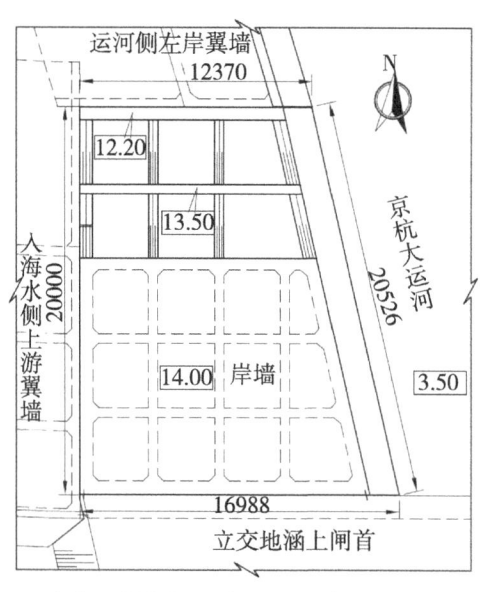

图 5　方案三岸墙布置(高程以 m 计,尺寸以 mm 计)

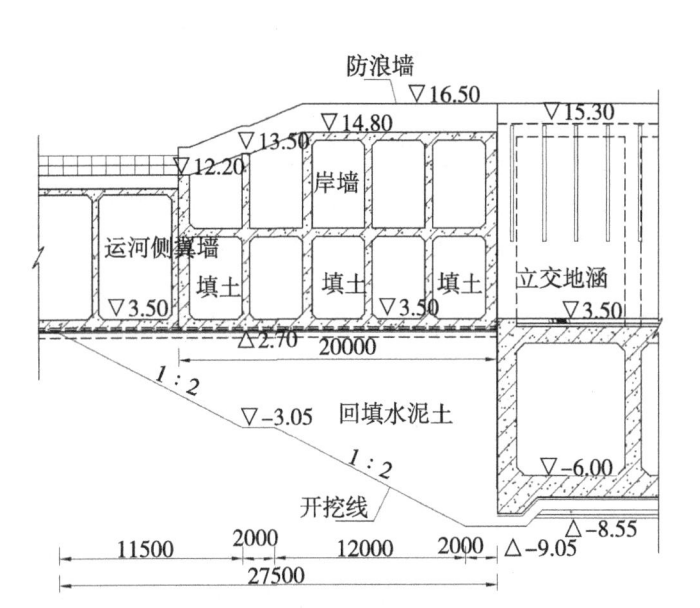

图 6　方案三岸墙开挖断面(高程以 m 计,尺寸以 mm 计)

3.2　方案比选

(1)工程量及投资对比

根据上述对上游岸墙的优化设计,计算得出 3 种方案的工程量,见表 3。

表 3　　　　　　　　　　主要工程量及投资对比

方案	土方开挖/m³	土方填筑/m³ 回填粉质黏土	土方填筑/m³ 回填泡沫混凝土	土方填筑/m³ 回填水泥土	钢筋混凝土/m³	钢筋/t	投资/万元
方案一	7595	8726	0	216	2944	284	337.07
方案二	3010	900	3010	0	1725	165	273.99
方案三	3010	900	0	3010	1725	165	219.82

由表 3 可知,方案二与方案三的投资分别比方案一节省了约 63.08 万元和 117.25 万元。

(2)优缺点对比

根据对上游岸墙的设计,分别对 3 种方案的优缺点进行对比分析比较,见表 4。

表 4　　设计方案比选

项目	方案一（原状地基）	方案二（泡沫混凝土换填）	方案三（水泥土换填）
主要结构描述	岸墙底板顶高程为-6.0m,坐落在原状开挖地基上(第⑦层,粉细砂层,根据地质报告,该地层允许承载力为210kPa),开挖断面及墙后回填,均采用素土回填。墙顶高程由14.80m渐变至12.20m,挡土高度最高为21.30m,采用空箱扶壁式结构	岸墙底板顶高程为3.5m,基础及开挖断面采用泡沫混凝土换填(泡沫混凝土容重取9.5~10.5kN/m³)。墙顶高程由14.80m渐变至12.20m,挡土高度最高为11.80m,采用空箱式结构	岸墙底板顶高程为3.5m,基础及开挖断面采用水泥土换填(水泥土掺量为12%)。墙顶高程由14.80m渐变至12.20m,挡土高度为11.80m,采用空箱式结构
优点	1.减少侧向土压力对立交地涵边联闸首的影响,有利于闸首稳定; 2.对立交地涵闸首产生的边荷载较小; 3.减小侧向绕渗对立交地涵结构的影响	1.岸墙挡土高度较小。减小了结构尺寸和开挖断面,节省工程开挖填筑以及钢筋混凝土的工程量; 2.减少了部分侧向土压力对立交地涵边联闸首的影响; 3.对立交地涵闸首产生的边荷载较小; 4.岸墙结构形式相对简单,施工方便	1.岸墙挡土高度较小。减小了结构尺寸和开挖断面,节省工程开挖填筑以及钢筋混凝土的工程量; 2.减少了部分侧向土压力对立交地涵边联闸首的影响; 3.减小侧向绕渗对立交地涵结构的影响; 4.岸墙结构形式相对简单,施工方便。水泥土换填材料也可以就地取材,保证施工进度
缺点	1.岸墙挡土高度高,相应的结构尺寸及开挖断面偏大,导致土方开挖填筑以及钢筋混凝土工程量偏大; 2.岸墙结构复杂,模板支护以及混凝土浇筑等工序要求高,增加了施工的难度	1.岸墙所处的环境长期处于水下,而泡沫混凝土由于其密度小,不够密实,其抗渗性能难以控制,因此存在渗流稳定风险; 2.施工制备时,可能伴随着内部出现一些大孔径气泡,导致分布不均匀,出现连通孔、塌孔等现象,影响岸墙基础的稳定	1.可能会出现由于施工质量而导致的不均匀沉降; 2.水泥土的回填会对立交地涵闸首产生部分边荷载,对闸首的稳定有一定影响,需对闸首稳定进行复核计算
工程造价	337.07万元	273.99万元	219.82万元

续表

项目	方案一 （原状地基）	方案二 （泡沫混凝土换填）	方案三 （水泥土换填）
对比结论	投资较大，施工复杂，不推荐该方案	投资适中，施工方便，但施工质量难以控制，不推荐该方案	投资较少，施工方便，且施工质量可控，推荐该方案

4 结语

淮安枢纽工程岸墙结构复杂，在满足工程运行条件的情况下，通过对岸墙布置与结构形式的优化设计研究，论证分析了有效降低岸墙挡土高度和施工难度的设计方案，预计最多可节省工程投资约117.25万元，对今后相似的工程问题具有参考价值。

同时，在施工过程中需严格把控施工质量，换填水泥土达到设计要求检验的抗剪强度指标，保证压实良好，并在完工后持续对岸墙进行沉降观测，保证淮安枢纽岸墙以及立交地涵的稳定、安全运行。

参考文献

[1] 赵永刚,钟恒昌,孙明霞,等.洪积地层上某水闸地基设计方案比选[J].人民黄河,2012,34(11).

[2] 赵永刚,钟恒昌,吴文东.边荷载对箱涵结构内力的影响分析[J].治淮,20112(11).

[3] 钟恒昌,徐飞,刘占明.控制挡土墙稳定水位的选用[J].治淮,2011(6).

[4] 韩福涛,钟恒昌,丁宁.碾压水泥土换填法在水工建筑物地基处理中的应用[J].治淮,2009(1).

基于实际运用条件下的南水北调东线一期工程实施效果评估

王 蓓 阮国余

(中水淮河规划设计研究有限公司,合肥 230601)

摘 要:南水北调东线一期工程是一项多功能、多目标的重大战略性综合利用工程,除担负调水任务外,还兼具防洪、灌溉、排涝、航运等功能,具有"以线带面"特点和"辐射漫溢"效应。在分析南水北调东线一期工程 2013—2021 年实际运用情况的基础上,从优化水资源配置,保障群众饮水安全;复苏河湖生态环境,畅通南北经济循环等方面,对南水北调东线一期工程实施效果进行总结评估,可为主管部门对东线后续工程建设提供决策参考。

关键词:南水北调东线一期工程;实施效果评估;水资源配置;饮水安全;南北经济循环

南水北调东线一期工程(以下简称"东线一期工程")从江苏省扬州市附近的长江干流引水,利用京杭大运河以及与其平行的河道输水,到东平湖后分水两路。一路向北在山东省位山附近黄河河底经穿黄隧洞,调水过黄河,经小运河接七一、六五河自流到大屯水库;另一路向东经胶东输水干线西段工程与现有引黄济青输水渠相接。

东线一期工程于 2002 年 12 月 27 日开工建设,2013 年 11 月 15 日建成通水[1]。

在分析东线一期工程 2013—2021 年实际运用情况的基础上,对东线一期工程实施效果进行总结评估,可为主管部门对东线后续工程建设提供决策参考。

1 实际运用情况分析

东线一期工程 2013—2021 年的实际运用情况分析总结如下:

第一作者:王蓓(1972—),女,高级工程师,主要从事水利规划设计研究工作。E-mail:alicewangbei@163.com。

1.1 年度水量调度计划编制

根据《南水北调工程供用水管理条例》《南水北调东线一期工程水量调度方案(试行)》等文件要求,每年9月上旬由江苏省、山东省研究提出本省年度用水计划建议,并报送水利部。

每年9月下旬,根据水利部工作部署,淮河水利委员会统筹考虑东线一期工程年度可调水量,以及江苏省、山东省提出的用水计划建议、水情、工情等,经调节计算,提出有关节点的配置水量,编制年度水量调度计划,并报送水利部审查。

根据水利部工作部署,年度水量调度计划由水利部南水北调规划设计管理局组织进行技术审查,提出审查意见;水利部征求有关部门意见后下达执行。

1.2 年度水量调度工作实施

年度水量调度工作由中国南水北调集团东线有限公司(以下简称"东线公司")、江苏省、山东省相关单位组织实施。

东线公司会同江苏、山东两省相关单位实施东线一期新增主体工程年度水量调度工作,江苏省、山东省实施境内其他工程的水量调度工作。

淮河水利委员会负责开展苏鲁省际段水量监督性监测、沂沭泗直管区水量调度监督管理等工作。

东线一期工程2013—2021年的实际运用情况表明,泵站设施设备运转正常,调蓄湖库水位控制基本合理,河渠运行安全可靠,调水水质达到地表水Ⅱ~Ⅲ类标准。东线一期工程完善了江苏省江水北调工程体系,提高了淮河水利用率,提升了江苏省、安徽省用水保障程度;2013—2021年共向山东省调入52.9亿 m^3 水量,基本缓解了鲁西南、胶东半岛和鲁北地区严重缺水局面,产生了良好的社会效益、生态效益和经济效益。

2 实施效果评估

东线一期工程是多水源、多调蓄湖泊(水库)、多用户、多功能、多目标、综合性的水资源系统工程[2],除调水外,还具有防洪、灌溉、排涝、航运等功能,具有"以线带面"特点和"辐射漫溢"效应,可发挥优化水资源配置、保障群众饮水安全、复苏河湖生态环境、畅通南北经济循环的生命线作用,凸显了工程的战略性基础设施功能。

2.1 优化水资源配置,保障群众饮水安全

自2013年通水以来,东线一期工程优化了受水区水资源配置格局,为受水区开辟了

新的水源,促进了受水区水资源的合理开发和利用,提升了水资源保障能力,提高了沿线城市的供水保证率,改善了区域生活、生产和生态用水条件,在保障群众饮水安全、居民生活和城市工业用水方面,取得了显著的社会效益和经济效益,为促进经济社会可持续发展发挥了重大作用。

2.1.1 提高了淮河水利用率,苏皖两省用水保障程度得到提升

东线一期工程将洪泽湖非汛期蓄水位由 13.0m(废黄河高程,下同)抬高至 13.5m,增加调蓄库容 8.25 亿 m³,用于拦蓄淮河水,为江苏、安徽两省增加利用淮河水创造了有利条件。

东线一期工程自建成通水以来,大部分年份洪泽湖非汛期蓄水位超过 13.0m,增加了近 8 亿 m³ 可利用的淮河水资源,提高了淮河水资源利用率,提升了江苏、安徽两省用水保障程度。

2.1.2 完善了江水北调工程体系,提升了江苏省受水区供水保障水平

东线一期工程除新建部分梯级泵站、扩挖部分输水河道外,还对江苏省江水北调工程中的部分梯级泵站、控制建筑物进行了改造和扩建,疏浚、整治了部分输水河道,改善了调度运行管理系统和计量监测设施,完善了江水北调工程体系,大大提升了江苏省受水区供水保障水平。

以 2019 年为例,江苏省淮河流域遭遇 60 年一遇气象干旱,5 月中旬至 12 月上旬,江苏省启用宝应站、金湖站、洪泽站,并于 7 月下旬在淮河入江水道架设临时机组,有效缓解了江苏省旱情,为受干旱影响地区的生产恢复、经济可持续发展及民生福祉保障、生态环境修复与改善提供了可靠基础。

2.1.3 改善了受水区水资源配置格局,为安徽省受水区持续健康发展提供支撑

淮河流域地处南北气候过渡带,降水丰枯不均、来水变化悬殊,东线一期工程是安徽省重要补水工程之一,对保障安徽省蚌埠闸下淮河两岸城乡供水安全、淮河生态安全、国家粮食安全等意义重大。东线一期工程促进了安徽省受水区区域水资源的合理开发和利用,改善了区域生活、生产和生态用水条件。

2.1.4 构建了山东省骨干水网,提升了水资源保障能力

山东省受水区以淮河水(沂沭泗水系)、黄河水和地下水为主要供水水源。随着经济社会发展、人口增长,以及生态环境保护的需要,原有水源已不能满足受水区用水需求。

东线一期工程构建了山东省骨干水网,从水资源总量上提升了山东省水资源保障能力,通过以东线一期工程为骨干构建的水网体系,实现了长江水、黄河水、当地水的联合调度、优化配置,改善了受水区供水格局,提升了水资源保障能力。

自 2015 年开始,东线一期工程与胶东调水工程首次联合调度运行,持续向胶东地区输送长江水、黄河水;2016 年 3 月,东线一期工程水量送达山东省最东端的威海市。

2016—2018 年,胶东地区烟台、威海、青岛和潍坊 4 市连续遭遇干旱,出现了严重的资源性水危机,东线一期工程连续不间断向胶东地区供水 893 天,累计向胶东 4 市净供水超过 14 亿 m^3。

2.2 复苏河湖生态环境,生态功能作用凸显

东线一期工程提升了受水区生态用水保障水平,为幸福河湖建设提供了保障,使沿线地区地下水水位止跌回升,区域水环境容量和承载能力大幅提高,为缓解地下水超采提供了重要支撑和保障。

2.2.1 河湖水生态环境持续改善

东线一期工程通过调水和生态补水,为输水沿线河湖补充了大量的优质水源,增加了沿线河湖水网的水体流动,保障了输水河道生态基流,增强了河水自净能力,持续改善了河道水生态环境,河湖蓄水量提升,以破坏河湖生态来保障生活生产供水的极端情况大大减少,为河湖水系健康、水生态系统的良性循环提供了保障。

东线一期工程建成通水后,输水河道以及沿线的洪泽湖、骆马湖、南四湖等湖泊水质显著改善,环境容量明显增加,输水干线水质优良,稳定达到地表水Ⅲ类标准。

2.2.2 通过生态补水提高了区域水环境容量和承载能力

2013—2021 年,山东省利用东线一期工程先后向南四湖、东平湖、济南小清河等累计生态补水 7.37 亿 m^3。其中,向南四湖、东平湖等湖泊生态补水 3.74 亿 m^3,避免了湖泊干涸的生态灾难;济平干渠工程通水以来,通过调引长江水、黄河水累计为济南小清河保泉补源 3.36 亿 m^3,极大改善了小清河水生态,保证了济南泉水持续喷涌,为泉城群众提供了人水和谐的良好生活环境,有效提高了区域水环境容量和承载能力。

2.2.3 地下水超采综合治理成效显著

截至 2015 年底,东线一期工程江苏省受水区累计完成封井 974 眼,压采 0.71 亿 m^3,提前超额完成了《南水北调东中线一期工程受水区地下水压采总体方案》确定的近、远期目标。监测资料显示,受水区地下水水位普遍回升,水位上升区和稳定区面积占受水区总面积的 97.4%。

东线一期工程山东省受水区地下水开采量总体呈下降趋势,地下水位持续下降的趋势得到了控制和缓解,地下水漏斗面积减少。"十三五"期间,山东省累计压采地下水 5.46 亿 m^3,封井 9478 眼,地下水超采趋势得到初步遏制。

2.2.4 改善了工程沿线城乡水环境

东线一期工程建成运行以来,不仅输水干线被打造为"水清、岸绿、景美"的清水廊道和景观河道,工程沿线的城乡水环境也得到了显著改善。

江苏省淮安市的里运河、宿迁市的中运河、徐州市的大运河和废黄河等东线一期工程输水干线、支线河道被打造成了城市景观河道,成为人水和谐的新亮点;原来以脏乱差闻名的"煤都"徐州,依托碧湖、绿地、清水打造成为宜居的绿色之城。

2.3 畅通南北经济循环,促进沿线地区经济发展

东线一期工程打通了长江干流向北方调水的通道,构建了长江水、黄河水、当地水优化配置和联合调度的骨干水网,通过水路将长江经济带与苏鲁两大经济强省互联互通,对促进南北经济大循环发挥了积极作用。

2.3.1 京杭大运河淮河流域段全线恢复畅通

梁济运河和柳长河是京杭大运河的重要组成部分,历史上就是南北交通的重要河段,由于黄河夺淮,这段航道逐渐淤废。

东线一期工程按照调水结合航运需要,开挖了梁济运河和柳长河,打通了京杭大运河南四湖—东平湖段航道,增加了通航里程,将南四湖与东平湖连为一体,使京杭大运河淮河流域段全线恢复畅通。

2.3.2 京杭大运河航运条件显著改善

东线一期工程对南四湖、高水河进行了疏浚整治,并对骆马湖以南中运河影响输水的问题进行了处理,改善了京杭大运河长江—济宁段的通航条件,大大提高了区域水运能力,促进了航运发展。京杭大运河成为国内仅次于长江的第二条"黄金水道"。

东线一期工程输水河道水位常年满足通航水位需求,在枯水季节或干旱年份,通过调引江水抬高河道水位,保证京杭大运河及其他通航河道的通航水位,保障北煤南运、长三角及华东地区大宗材料的水上运输,大大促进了沿线地区经济发展。2019 年京杭大运河由于水位低,堵航 60 多天,后期通过东线一期工程补水,拥堵的船舶得以及时疏散。

东线一期工程改善了金宝航道、徐洪河等河道的通航条件,对东线一期工程沿线航运网络的高效运行及航道等级的提升提供了重要支撑,随着东线一期工程的建成运行,京杭大运河、金宝航道、徐洪河等航道的货运能力得到了有效提升。

同时,东线一期工程输水沿线通航能力的提升,也大大促进了沿线港口、码头的建设,带动了煤炭、石油、建材等相关企业的发展,为区域经济发展做出了一定贡献。

2.4 灌溉防洪排涝综合效益显著

2.4.1 提高农田灌溉保证率,促进农业增产增效

东线一期工程提高了受水区农业灌溉保证率,改善了灌溉条件,为进一步发展旱改水,提升农业综合生产能力提供了有利条件,受水区粮食生产实现连年增产,为保障受水区粮食安全做出了贡献。

东线一期工程 2013 年通水以来,江苏省长江—洪泽湖段的农业用水基本可以得到满足,其他地区供水保证率也可以达到 75%~80%,比规划基准年提高 20%~30%;安徽省受水区主要灌溉受益对象为沿淮灌区及怀洪新河灌区,农业灌溉保证率由原来的 60% 左右提高到目前的 75%,灌溉效益显著。

2.4.2 完善防洪排涝工程体系,减灾效益显著

东线一期工程通过采取扩挖、疏浚、改造等工程措施,补充完善了区域防洪排涝工程体系;通过实施洪泽湖抬高蓄水位影响处理工程、南四湖下级湖抬高蓄水位影响处理工程,在一定程度上增强了湖泊的调蓄能力和防洪功能,提高了沿线地区的防洪能力,改善了圩区和洼地的排涝条件;大部分新建、改建、扩建泵站和新挖、拓浚的河道工程具有兼顾区域排涝功能,东线一期工程的建成提高了沿线地区的排涝标准,排涝效益显著。

近年来,东线一期工程发挥了显著的防洪排涝作用,参与成功抗御 2018 年"温比亚",2019 年"利奇马",2021 年"烟花""灿都"等超强台风带来的暴雨洪涝;参与成功抗御 2020 年淮河流域性较大洪水、2020 年沂沭泗流域(1960 年以来)最大洪水;参与分泄 2021 年沂沭泗地区洪水,防洪排涝减灾效益显著。

3 结语

3.1 东线一期工程实施效果显著

东线一期工程 2013—2021 年的实际运用情况表明,工程对优化水资源配置、保障群众饮水安全、复苏河湖生态环境、畅通南北经济循环、实现水生态系统良性循环、充分发挥灌溉防洪排涝效益做出了重要贡献,实施效果极为显著。

3.2 亟须在东线一期工程基础上扩大规模,建设东线后续工程

东线一期工程建成通水以来,对缓解受水区尤其是山东半岛 2016—2018 年连续干旱年水资源供需矛盾、保障经济社会发展、改善生态环境发挥了重要作用。

但是,东线一期工程只供水至山东省部分地区,为进一步促进水资源空间均衡、畅通

南北经济循环、缩小南北差距;推动华北地区具有比较优势的生产要素进一步发挥作用,释放更大生产力;向河北省、天津市地下水压采地区供水,置换农业用地下水,缓解华北地下水超采,改善河湖湿地生态环境;复苏京杭大运河生态、稳妥推进"宜航则航",促进京杭大运河文化保护传承利用,亟须在东线一期工程基础上扩大规模,建设东线后续工程,经河北省输水至天津市和北京市,配合中线工程和后期建成的西线工程,真正形成国家水网主骨架和大动脉,完善我国"四横三纵"水资源配置总体格局。

参考文献

[1] 李振军,菅宇翔,殷庆元,等.南水北调东线一期工程生态环境保护方案及实施效果分析[J].中国水利,2021(20):78-81.

[2] 贺顺德,李荣容,李保国.南水北调东线一期工程东平湖水量调度方案[J].人民黄河,2014(2):52-54.

关于加快推进南水北调东线后续工程对策研究

阮国余　王　蓓

(中水淮河规划设计研究有限公司,合肥　230000)

摘　要:南水北调工程是事关战略全局、事关长远发展、事关人民福祉的重大战略性基础设施。东线一期工程推进过程中,党中央、国务院从中央层面统筹推动,通盘进行水资源优化配置,协调各方利益关切;各地区、各部门坚持全国一盘棋,同心协力,高效联动,确保了工程顺利建成通水,及时发挥效益。随着京津冀协同发展、雄安新区建设、黄河流域生态保护和高质量发展等重大战略的深入实施,华北地区地下水超采综合治理、大运河文化带建设等重大行动的落地,对加强和优化水资源供给提出了新的更高的要求,有关省市迫切希望加快推进南水北调东线后续工程,提高区域水安全保障水平。

关键词:南水北调;东线后续;加快推进;对策研究

1　东线后续工程前期工作情况

2012年国务院南水北调工程建设委员会第六次会议,明确要求加快开展东、中线后续工程论证工作。在东线工程补充规划、东线二期工程规划总体方案有关工作基础上,2017年水利部组织淮委和海委全面启动东线二期工程规划编制工作,2019年12月编制完成《南水北调东线二期工程规划报告》并报送国家发改委。2020年4月,中咨公司组织对《南水北调东线二期工程规划报告》进行评估,同年底提出《南水北调东线二期工程规划咨询评估报告》。

2020年11月,习近平总书记在江都考察南水北调工程并发表重要讲话,提出了南水北调工程构建4条生命线、促进南北方均衡、可持续发展等重要思想。2021年5月,习近

基金项目:国家重点研发计划(2018YFC0407204)。

第一作者:阮国余(1982—　),高级工程师,大学毕业以来一直从事研究南水北调东线工程。E-mail:hwrgy@126.com。

平总书记在河南省南阳市召开推进南水北调后续工程高质量发展座谈会并发表重要讲话,系统总结南水北调等重大跨流域调水工程的6条宝贵经验,并对进一步科学推进南水北调后续工程提出了6点要求。

为贯彻落实习近平总书记重要讲话精神,2021年6—7月,淮河水利委员会同海河水利委员会开展了南水北调工程总体规划(东线部分)评估、南水北调东线后续工程方案论证和南水北调东线后续工程规划评估重点问题论证工作。在上述工作基础上,2021年8月淮河水利委员会同海河水利委员编制完成《南水北调东线二期工程规划(2021年修订)》。2021年9月上旬,水规总院组织对《南水北调东线二期工程规划(2021年修订)》进行审查,提出了修改意见。2021年9月底,淮河水利委员会会同海河水利委员组织修改完成南水北调东线二期工程规划报告。

2 东线后续工程主要成果

(1)工程任务

东线工程任务是以城乡生活、工业、白洋淀和大运河补水为主,兼顾农业灌溉、地下水超采治理补源和航运,并为其他河湖、湿地补水及黄河水量优化调整创造条件。

(2)供水目标

补充北京、天津、河北、山东及安徽等省(直辖市)的输水沿线城乡生活、工业、生态环境用水为安徽省高邮湖周边农业灌溉用水;向白洋淀生态补水,为实现大运河全线有水进行补水,其他河湖、湿地生态补水创造条件;补充黄河以北地下水超采治理补源的部分水量。

(3)供水范围

南水北调东线工程供水范围涉及北京、天津2个直辖市,安徽、江苏、山东、河北4个省28个地级市的178个县(区、市)及雄安新区。其中,东线二期工程新增供水范围涉及天津、北京2个直辖市,安徽、山东、河北3个省17个地级市的77个县(区、市)及雄安新区。

(4)工程规模

南四湖及以南按全年输水、南四湖以北按9个月输水,东线工程总抽江流量为870m^3/s(其中新增加370m^3/s)。

(5)输水路线布局

东线二期工程输水干线从江苏省扬州附近的长江干流引水,利用京杭大运河以及与其平行的河道输水,连通洪泽湖、骆马湖、南四湖、东平湖,经泵站逐级提水进入东平湖

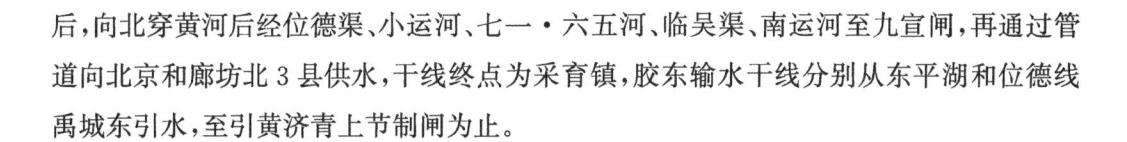

后，向北穿黄河后经位德渠、小运河、七一·六五河、临吴渠、南运河至九宣闸，再通过管道向北京和廊坊北3县供水，干线终点为采育镇，胶东输水干线分别从东平湖和位德线禹城东引水，至引黄济青上节制闸为止。

3 东线后续工程加快推进对策研究

3.1 加强中央层面统领，有序推动后续工程各项工作

南水北调工程是事关战略全局、事关长远发展、事关人民福祉的重大战略性基础设施。东中线一期工程推进过程中，党中央、国务院从中央层面统筹推动，通盘进行水资源优化配置，协调各方利益关切；各地区、各部门坚持全国一盘棋，同心协力，高效联动，确保了工程顺利建成通水，及时发挥效益。

借鉴东线一期工程的成功经验，建议充分发挥推进南水北调工程高质量发展领导小组的作用，加强组织领导，统筹协调，全国一盘棋，通盘考虑水资源优化配置、生态保护、航运等要求，统筹建设用地、资金保障、水价政策、建设管理体制等要素，把一期工程的宝贵经验运用好，高质量推进后续工程各项工作。

3.2 多措并举完成一期工程水量消纳，提高供水效益

结合一期工程水量消纳情况及各受水区需水情况，以及调水工程运用情况，有关部门要深入研究受水区的基本情况和一期工程的特点，多措并举促进一期工程水量消纳，提高供水企业的经济效益。

3.2.1 工程保障方面

完善受水区配套工程建设和调水工程体系，首先要从工程条件上满足供水要求，做到各个受水区具备工程调水稳定可达标准。安徽境内结合水资源优化配置方案尽快完善安徽新汴河和淮水北调的调水线路工程措施，保障一期工程供水范围具备水量消纳能力；山东境内按规划完善一期截污导流工程，保证拦蓄能力和覆盖范围达标；新辟引黄济青上节制闸至宋庄分水闸142km江水输水渠，彻底解决"卡脖子"问题；充分利用好一期北延应急工程，向河北、天津的河湖生态、地下水超采综合治理补充水源。

3.2.2 政策与法规方面

进一步研究水价政策、调水制度，通过完善相关水价政策和制度来促进各省（直辖市）的水量消纳。加强黄河、长江、淮河水资源配置管理，强化地下水超采综合治理，研究调整黄河、长江、淮河等供水价格体系。建议各省（直辖市）适时推进水价改革和水价政策改革，实行区域综合水价改革。考虑到各地发展不均衡以及城乡差别带来的不同水价

的承受能力,"同区不同水源同价"可以解决之前低价水源的争用问题,有利于工程的统筹协调调度运行;结合工程实际运行情况,完善相关调水条例。

在受水区完成水量消纳任务后,可利用东线一期工程的能力,采取合理延长调水时间、增加利用淮河弃水等,增加向北方地区生态补水,也为业主创造更好的经济效益。研究、制定、适时出台生态调水管理机制,明确生态调水的法律地位、管理机制和水价形成机制,以保障参与各方的利益。

3.2.3 调度管理方面

加强工程调度运行管理,统筹利用好一期工程新建泵站和原有引调水泵站,进一步提高工程调水效率。建议完善受水区内取水口门的计量监测设备,完善各输水河(渠)道的流量和水量计量监控系统;加强用水管理,尤其是容易引发省际矛盾和地市矛盾的河段、区段。

3.3 加强沟通协调和联动,高质量推进后续工程前期工作

(1)认真贯彻落实习近平总书记讲话精神,根据东线的特点,高质量完成后续工程规划设计

习近平总书记指出:要审时度势,科学布局,准确把握东线、中线、西线三条线路的各自特点,加强顶层设计,优化战略安排,统筹指导和推进后续工程建设。我们要认真学习和贯彻落实,高质量推进东中线后续工程规划设计工作。

东线后续工程要发挥东线水源充足、调蓄能力强、可利用现有河湖渠道减少占地的优势,保障华北平原东部和胶东半岛地区用水的要求,要充分考虑京津冀协同发展战略、华北地下水超采综合治理、大运河文化带建设等国家战略的需求。

(2)与有关部门加快沟通协调,明确东中线后续工程的定位、供水范围和目标

关于供水范围,要明确东、中线合理供水范围和互济区范围,明确北京是否纳入东线后续工程的供水范围。

关于供水目标,经实际调研,北京市 2035 年城市供水缺口 10 亿 m^3,河北省 2035 年城市供水缺口 18.8 亿 m^3,青岛市 2035 年城市供水缺口近 10 亿 m^3,天津市 2035 年城市供水缺口 11 亿 m^3,城市供水仍然是东线二期工程的主要供水目标。东线后续工程如何考虑生态供水问题,包括大运河需水、地下水超采治理补源、白洋淀等湿地补水、置换黄河水等。东线后续工程的供水目标需尽快明确。

(3)充分吸收各方意见,科学论证比选

东线一期工程一条成功的经验就是坚持尊重客观规律,技术方案都经过科学论证,并经过多次专家咨询会和技术审查会,确保东中线一期工程各阶段设计成果的质量,为

一期工程的顺利建成打下了坚实的基础。

对东线二期规划布局方案,江苏、山东、天津等省(直辖市)对调水线路提出深入研究比选的建议,有关院士及党外人士、水利专家等也提出了优化输水线路的建议。东线二期规划修改完善过程中,设计单位分 10 段、近 40 种方案对东线二期工程规划线路布局进行了比选论证,并充分听取了沿线各省市、有关人士的意见,下一步要深入贯彻落实习近平总书记讲话精神,充分吸收一期工程成功经验,按照"全国一盘棋""地方服从中央""局部服从整体"的原则,统筹考虑各方利益,进一步完善工程布局方案。

(4)抓紧开展投融资方案、水价形成机制研究

目前的东线二期工程规划,关于投融资方案、水价形成机制有一种初步的方案,下阶段需深入开展专题研究。项目法人可以提前介入,与相关主管部门保持联系,着手开展相关研究工作。

1)关于投融资方案。东线二期规划提出贷款 20%、国家出资 60%、沿线受水省(直辖市)出资 20%的方案。国家出资渠道主要是中央预算资金、重大水利建设基金等,地方出资渠道主要是继续征收南水北调基金。下一步要按照市场化、法治化原则,系统总结东线一期工程投资控制、政府出资、社会投入、市场融资的经验和不足,盘活一期工程存量资产,研究建立以股权制为基础的合理回报和稳定分红机制,鼓励和吸引社会资本投入,优化融资工具组合设计,扩大股权和债权融资规模,以市场化改革推动加快工程建设。

2)关于水价形成机制。东线二期规划按照有关规程规范,测算了全成本水价和两部制水价。根据后续工程各受水区缺水程度、水生态环境状况、水量消纳要求、经济社会发展水平等情况,按照盘活存量资产、扩大融资规模等要求,研究提出南水北调工程合理水价水平、水价形成机制和水费收缴机制,明确受水区水价改革要求,统筹促进受水区节约用水和工程长期良性运行。

3.4 提前谋划,理顺建管机制,做好后续工程建设准备工作

3.4.1 理顺东线工程管理体制,完善后续工程建设管理体制机制建设

《南水北调工程总体规划》确定的"政府宏观调控、准市场运作、现代企业管理、用水户参与"管理基本思路,东线一期工程建设期组建了江苏、山东两个项目法人负责工程建设,保障了工程顺利建设实施。2013 年 11 月,经国务院领导同意,成立东线总公司,负责东线一期工程的东线主体工程运行管理。目前,东线总公司负责东线一期工程统一调度和资产经营管理,具体的调水工程管理主要由江苏水源公司和山东干线公司负责。2020年 10 月,中国南水北调集团有限公司正式成立,国务院批复的中国南水北调集团有限公

司组建方案中明确"中国南水北调集团有限公司主要负责南水北调工程的前期工作、资金筹集、开发建设和运营管理",南水北调工程管理体制已明确。

对于目前东线管理体制问题,焦点在于工程控制权和利益分配等。东线二期工程规划提出东线工程实行"国家统一领导、项目法人统一建设、地方协同参与",运行管理体制实行"统一调度、统一管理、统一运营"。国家水行政主管部门负责东线工程水资源统一配置和调度,工程建设和运营实行企业化管理,由项目法人负责。

有关部门要按照国务院批复要求,系统总结东中线一期工程建设管理经验和不足,处理好中央和地方的关系,充分调动各方面的积极性,充分发挥中国南水北调集团有限公司的作用,落实东线管理体制,完善项目法人治理机构,理顺东线工程建设与运行管理体制。

3.4.2 东线二、三期工程合并实施

考虑到北方地区需水有一个逐步释放的过程,同时东线治污和水质达标需要时间,为满足受水区国民经济和社会发展对水资源的需求,《南水北调工程总体规划》提出东线工程在2030年前分3期实施,2010年前实施东线第一、二期工程,2030年前实施东线第三期工程。

现在情况发生了变化。

(1)一期治污效果明显,输水沿线水质稳定达标

至2013年12月东线治污工程已经全部完成,共完成426项治污工程,其中包括214项工业点源治理项目,155项城市污水处理及再生利用项目,31项流域综合整治项目,26项截污导流项目。根据《中国生态环境状况公报》(2002—2020年),自2013年12月以后,南水北调东线输水干线长江取水口水质为优,京杭运河里运河段、宝应运河段、宿迁运河段、不牢河段、韩庄运河段和梁济运河段水质均为优良,南四湖和东平湖为中营养状态(部分年份为轻度富营养状态),洪泽湖和骆马湖为轻度富营养状态。分析东线一期工程历年(2002—2020年)水质类别统计情况,2013—2020年南水北调东线工程通水后水质均为优良,输水干线水质类别呈现明显的稳定改善特点。

(2)调水沿线各省市对调水的需求迫切

现状东线受水区,城镇供水挤占农业用水、超采深层水,农业挤占河湖生态用水和超采地下水的现象仍然存在,基准年缺水量47.8亿 m^3,未来节水空间不断变小,存量节水难以支撑未来城镇经济社会对水资源需求的增长,经济社会发展对水资源的刚性需求仍将处于增长趋势。在退还现状挤占的河湖生态用水、超采的地下水后,当地水已基本无开发利用潜力,到2035年受水区缺水67.6亿 m^3,其中城镇缺水46.4亿 m^3,受水区缺水形势严峻。近年来国家相继实施京津冀协同发展、雄安新区建设、黄河流域生态保护和

高质量发展、大运河文化带建设等重大战略,对水资源保障提出了更高的要求。与2001年规划相比,本次预测2035年水平受水区的调水需求比原规划略有增加,受水区各省(直辖市)对调水的需求更加迫切。

满足本次预测2035年水平受水区调水需求的工程规模为抽江870m^3/s、过黄河270m^3/s,比原规划的第三期工程规模略有加大,从长江抽水的工程规模由原规划的800m^3/s增大到870m^3/s,过黄河工程规模由原规划的200m^3/s每秒增大到270m^3/s。因此原规划的二期工程抽江600m^3/s、过黄河100m^3/s的规模不能满足2035年受水区经济社会发展的要求。

(3)从经济发展要求和技术经济角度来看分期实施已无必要

目前,距离东线规划水平年2035年只有15年,从现在开始全面开展后续工程的规划设计等前期工作也需要一定的工作周期,因此从东线工程的建设时机来看,二、三期工程合并实施较为合理。

综上所述,一期治污效果明显,输水沿线水质稳定达标,满足输水水质目标要求。受水区各省(直辖市)对调水的需求更加迫切,京津冀协同发展、雄安新区建设、黄河流域生态保护和高质量发展、大运河文化带建设等国家重大战略的实施,也对水资源保障提出了更高的要求。从经济发展要求和技术经济角度来看,分期实施已无必要,东线后续工程二、三期工程合并实施较为合理。

南水北调东线一期省际工程管理特点分析及对策研究

阮国余　王　蓓

(中水淮河规划设计研究有限公司,合肥　230000)

摘　要:南水北调东中线工程是"三纵"的重要组成部分,供水范围南起长江,北至北京,涉及京、津、冀、豫、苏、鲁、皖等省(直辖市),受水区是我国人口集中、经济文化较发达的地区之一。东线一期工程通水以来,极大缓解了受水区水资源短缺状况,有效提高了生态环境质量,充分发挥了调水工程的社会效益、生态效益和经济效益。

关键词:南水北调;东线一期;省际工程;管理特点

1　南水北调东线一期工程情况

东线一期工程是补充山东半岛和山东、江苏、安徽等输水沿线地区的城市生活、工业和环境用水,兼顾农业、航运和其他用水,并为向天津、河北应急供水创造条件。

工程多年平均增供水量 46.43 亿 m^3,其中增抽江水 38.01 亿 m^3。扣除各项损失后全区多年平均净增供水量 36.01 亿 m^3,其中江苏 19.25 亿 m^3,安徽省 3.23 亿 m^3,山东 13.53 亿 m^3。

东线一期工程在江水北调工程基础上扩建而成,工程从江苏省扬州附近的长江干流引水,利用京杭大运河以及与其平行的河道输水,连通洪泽湖、骆马湖、南四湖、东平湖,经泵站逐级提水进入东平湖后,经小运河接七一、六五河自流到大屯水库。到东平湖后分水两路:一路向北在山东省位山附近新建穿黄隧洞,调水过黄河;另一路向东开辟胶东输水干线西段工程与现有引黄济青输水渠相接。工程于 2002 年 12 月 27 日开工建设,2013 年 3 月主体工程完工,11 月 15 日全线通水运行。

第一作者:阮国余(1982—　),男,高级工程师,主要从事研究南水北调东线工程。E-mail:hwrgy@126.com。

2 省际地区工程管理现状情况

东线一期工程涉及的苏鲁省际地区主要有：韩庄运河沿线（包括伊家河沿线）、不牢河沿线、中运河沿线、南四湖地区。

3 省际工程管理特点分析

3.1 工程涉及范围广、区域多

省际工程涉及江苏省铜山县、邳州市，山东省微山县、鱼台县等。工程的决策、实施和运行管理，由于涉及区域水资源的重新配置，将对水资源调入区、调出区及工程沿线区域的经济社会发展和环境产生重要影响。上下游、左右岸、调出和调入地区、行政区域之间必然会维护自身的利益，围绕水资源配置、管理体制、水环境保护等方面各自诉求，在调度管理过程中将会遇到各种阻力。

在工程实际调度运行过程中，必须协调好中央和地方、地方与地方之间水权分配和调水利益上的冲突与矛盾，行政协调不仅难度大，具有长期性，而且关系着工程运行管理的成败。

3.2 工程利益相关者多、管理任务重且协调复杂

省际工程是一个具有防洪、排涝、蓄水、用水功能的统一体系。上游的泄洪要考虑下游的承受能力，下游的洪水蓄泄反调节上游的洪水蓄泄，蓄水要考虑到泄洪或排涝，泄洪和排涝要兼顾蓄水。利益相关者多，且层次复杂，争水矛盾突出，水事矛盾复杂。

省际工程既是输水工程，又是重要的调蓄工程。供水区覆盖江苏、山东两省的多个区市，既是水资源的输送通道和输出区，也是调水的受益区；既承担调水管理任务，又承担用水管理任务，省际工程管理任务重。

省际工程管理涉及防汛抗旱、水资源优化配置与调度等重大问题，水事矛盾突出，水事活动的协调任务和工程管理任务繁重。

保证水源清洁是南水北调东线工程成功的关键，国务院提出"先节水后调水、先治污后通水、先环保后用水"的要求。因此，要把南水北调东线工程打造成"清水走廊""绿色走廊"，水质达到地表Ⅲ类的标准，省际地区的南四湖、韩庄运河等均为水质监测的重要地区。

另外，省际工程在沿线供水区形成北调水、当地地表水、当地地下水、污水回用等多水联合调度的局面，涉及城建、水利、环保等多个部门的利益关系，工程利益相关者复杂。

3.3 新老工程交织，工程投资多元化

省际工程是在苏、鲁两省历年兴建的引水工程基础上扩建、新建部分闸站和输水河

道形成的。工程既包含大量已经投入运行的老工程,如韩庄运河、中运河等,又有新建工程,如台儿庄泵站、二级坝泵站等,新建工程与已有工程交织在一起。

工程投资包括中央拨款、南水北调基金和银行贷款。既有财政投资,又有金融贷款;既有中央政府投资,又有地方政府投资,工程投资主体的多元化使得工程资产结构极为复杂。

4 管理研究对策

4.1 建立职能清晰、权责明确的工程管理机构

工程管理机构包括管理机构的设置及其职责、权限的划分。

工程管理的所有职能都要通过一定的组织机构来执行和完成。机构设置是工程管理的组织形式和组织保证,管理组织设置是否科学合理,将直接影响工程管理的质量和效率,进而影响各利益相关方的利益;权责结构是工程管理的职能形式和功能保证,如果职权划分不合理,会造成权责脱节,政出多门,职能交叉重叠等问题,权责结构的合理配置对完善工程管理体制有着至关重要的作用。

4.2 建立科学、规范的运行机制

运行机制是指协调工程管理事务中有关权利、责任、相互关系的方式,是组织机构和权责结构的动态结合形式。省际工程是具有多种效益的综合利用系统,防洪、供水等目标之间往往存在冲突,并且省际地区存在着不同利益相关者,其成员在追求自身利润最大化的同时,往往与系统整体目标产生冲突,从而导致整个系统的低效率。

工程运行机制就是设计适当的体系,规范内部管理、实现统一调配,提高信息共享程度,协调水事纠纷,促进地区间相互沟通,降低管理总成本,最终实现系统总体效益最大化,以此作为对管理体制的有力保障。

4.3 建立水权分配机制

省际工程是跨地区的调水工程,在区域之间界定水资源权属是一项非常复杂的问题。根据流域管理与区域管理相结合的水权管理模式,按照水资源统一管理和分级负责的原则,需理顺权属关系,逐步实现当地水与北调水水量、水质和水权统一管理。

水权包括水资源所有权、使用权及与水有关的其他权益,将水资源向用水户分配时必须进行水权初始分配。

水权的初始分配过程实际上是将所有权与使用权分离的过程,作为经济社会发展的基础资源,《中华人民共和国水法》规定,"水资源属于国家所有。水资源的所有权由国务院代表国家行使",政府是当然的所有权代表人。因此,省际工程水权初始分配应该由国

家授权的所有者代表——国家水资源主管部门进行。具体操作可以由上述部门将省际地区总水量授权给省际管理局,由其进行水权的初始分配,将水资源合理、公平地分配给苏、鲁两省,并报上述部门备案。

省际水权的初始分配是水权分配的初始阶段,通过明晰两省的初始水权,可以保护流域内各区域水资源的使用权,进而促进地区间的用水公平。

水权初始分配必须以水资源分配方案作为依据。省际管理局负责制定科学合理的省际地区水量分配方案,同时制定出切实可行的水量分配实施办法,进行水权初始分配。分配方案一经批准,就应当作为省际地区水资源统一管理的强制性规定,并在调度运行中不断加以修订和补充调整。苏、鲁两省地方管理部门应积极配合省际管理局完成有关工作。通过建立水权初始分配机制,可为该区域水资源的优化配置提供依据,实现水资源的合理有效利用,促进水资源的可持续利用。

4.4 建立水资源管理监督机制和执法约束机制

健全省际地区水资源管理监督体系,强化对取水许可、建设项目水资源论证、省界断面水量水质、水资源管理方案实施、总量控制的监督管理,完善监督管理机制和配套法规,制定可操作的监督处罚和仲裁办法,促进水资源监测管理系统的建设和完善,建立流域水资源监控体系,为管理和配置水资源提供科学依据和先进手段。

建立完善的工程管理执法和约束机制,进一步强化执法体系建设,以适应省际工程和水资源统一管理的需要;依法查处擅自取水、擅自建设供水工程、乱设排污口、超标排放废水等违法行为,对水资源管理、决策、分配、使用等过程中可能出现的违规行为进行预防与规范,对水事纠纷进行调解与裁决;按照既定的法律法规对调水水质进行及时有效的保护;保障调水工程、人员以及与其相关的一系列活动的安全,保证供水的正常进行。

南水北调东线二期工程二级坝泵站基坑支护设计分析

杨以亮　崔　飞

(中水淮河规划设计研究有限公司,合肥　230601)

摘　要:南水北调东线二期二级坝泵站基坑具有场区周边环境复杂、周围建筑物多、地层透水性强、土层物理力学指标低等特点。结合场区实际条件,设计采用放坡开挖、灌注桩+旋喷锚索支护等方法,可以解决基坑可利用空间有限、防渗止水要求高、水平荷载大、支护结构整体安全稳定等问题,通过悬挂帷幕止水,可降低基坑开挖水位下降对既有泵站的影响。对二级坝泵站基坑支护和防渗设计等方面进行论述,以期为同类工程提供参考。

关键词:南水北调东线;二级坝泵站;基坑支护;设计分析

1　工程概况

南水北调东线二期工程二级坝泵站(以下简称"二期二级坝泵站")是南水北调东线工程的第十级抽水梯级泵站,地处南四湖中部,位于山东省微山县欢城镇二级坝水利枢纽下游、一闸以西的下级湖内。工程主要任务是将调入南四湖下级湖的水源提至上级湖,实现南水北调东线工程的梯级调水目标。泵站设计输水流量320m³/s,初拟采用卧式贯流泵6台套(5用1备),单机流量64m³/s,单机功率3550kW,总装机容量21300kW。根据《水利水电工程等级划分及洪水标准》(SL 252—2017)、《泵站设计规范》(GB 50265—2010)和《调水工程设计导则》(SL 430—2008),二期二级坝泵站规模为大(1)型。

第一作者:杨以亮(1989—　),男,河南信阳,高级工程师,主要从事水利工程设计工作。E-mail:642273833@qq.com。

通信作者:崔飞(1978—　),男,安徽宿州,高级工程师,主要从事水利工程设计工作。

2 工程布置及主要建筑物参数

二期二级坝泵站建筑物主要包括主厂房、副厂房、安装检修间、进水渠、前池、进水池、出水池、出水渠、清污机桥、二级坝公路桥、导流渠及管理设施等。站下开挖进水渠将下级湖水源引至主厂房,站上开挖出水渠穿过二级坝至上级湖,通过泵站将下级湖水源抽调至上级湖。为维持二级坝公路交通,在出水渠上架设公路桥连接坝顶交通。基坑开挖平面图见图1。

二期二级坝泵站主要施工区现状地表高程32.5~38m,与基坑开挖支护相关的主要建筑物设计参数如下:

1)主厂房:垂直水流方向长88.04m,建基面高程15.3m,开挖底高程13.7m。
2)副厂房:建基面高程28.1~30.6m。
3)进水闸:建基面高程24.3m。
4)进水池、前池建基面高程20.7~25.0m。
5)进水渠渠底高程25.6m,出水渠渠底高程28.3m。

根据现状地面高程和二期二级坝泵站主要建筑物的建基面高程和结构形式可知,二期二级坝泵站基坑厂房段最大开挖深度24.3m(38.0~13.7m高程),进水渠最大开挖深度13.2m(38.0~24.8m高程),出水渠最大开挖深度10.5m(38.0~27.5m高程)。根据《建筑基坑支护技术规范》(JGJ 120—2012)和《建筑边坡工程技术规范》(GB 50330—2013),二期二级坝泵站基坑支护结构安全等级为一级,边坡工程安全等级为一级。

3 工程地质与水文地质

二期二级坝场区主要分布第四系地层,以全新统冲积相裂隙黏土、黏土、中粗砂、中轻粉质壤土和上更新统冲积洪积相壤土、黏土夹姜石为主。勘察深度内揭露地层主要有:

第①层,人工填土;第②层,裂隙黏土;第③层,黏土;第④层,中、重粉质壤土;第⑤层,中粗砂;第⑥层,中、重粉质壤土;第⑥-1层,中细砂;第⑦层,粉质黏土夹姜石;第⑧层,黏土夹姜石;第⑧-1层,中细砂;第⑨层,黏土夹姜石;第⑩层,细砂。

工程区地层自上而下分布规律性不强,中粉质壤土、轻粉质壤土、黏土交替分布,且连续性差,砂以透镜体状存在较多,且层位变化无规律,厚度变化很大。

场区地下水主要为第四系孔隙、裂隙潜水,勘探深度内主要含水层为裂隙黏土、黏土夹姜石中的裂隙、中细砂、中粗砂等,含水层连续性一般。勘探期间潜水地下水埋深2.20~2.60m,高程32.5~32.7m,地下水以大气降水和湖水为主要补给来源,以蒸发和人工取水为主要排泄途径。

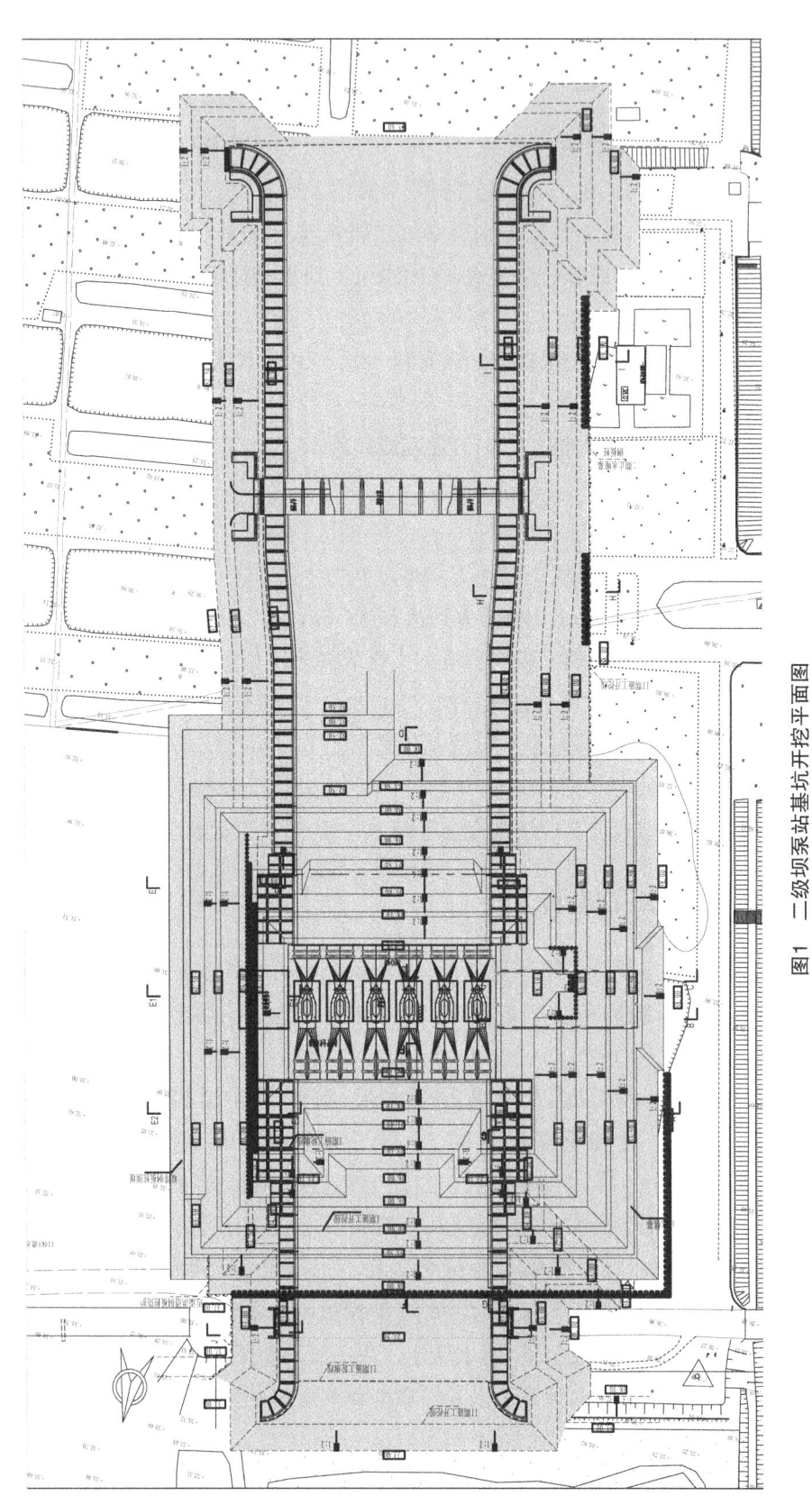

图1 二级坝泵站基坑开挖平面图

4 基坑支护(防渗)研究

4.1 基坑工程特点

根据现场地形地质情况和工程布置,二级坝泵站基坑支护工程特点为:①场区周边环境复杂,周围建筑物较多,基坑深度大,安全性要求高。基坑开挖及水位变化不能影响既有一期泵站结构安全运行,泵站北侧临近二级坝交通道路,泵站主体结构施工期间需保证正常交通运行,东、西侧分别临近一期泵站出水渠和二级坝溢洪道,可利用空间有限。②场区地层透水性较强,地下水位高,且无相对隔水层。③土层物理力学指标低,荷载大。④第⑥层中粉质壤土夹姜石及以上土层摩阻力低,难以提供足够的锚固力。⑤主体工程施工期较长,需要考虑二级坝溢洪道汛期水位的影响。

4.2 基坑开挖支护(防渗)难点及关键技术

二级坝泵站基坑工程地质、水文地质条件复杂,基坑工程规模大,深度大,工期紧,工程风险高,基坑施工安全要求高,支护(防渗)技术难度大。基坑支护(防渗)包含放坡开挖、软弱土层加固、防渗帷幕、围堰、支护结构等多方面。开挖和支护(防渗)需要解决的主要技术难题有:空间有限;防渗止水;大水平荷载;支护结构、锚索选型;支护结构的整体稳定;基坑开挖支护(防渗)对一期泵站安全的影响。

基于上述,本基坑支护(防渗)过程中的难题归纳为4个部分:①水(地下水,降雨汇水,溢洪道汛期洪水);②土(软弱土层失稳,高水力坡降导致流土和管涌);③护(土层支护结构选型及安全稳定);④控(基坑开挖变形和水位变化对既有建筑物的影响控制)。

本次通过基坑支护(防渗)设计研究,解决关键难题中的水、土和护等问题,并通过二、三维数值模拟计算,分析研究基坑开挖及水位变化对以一期泵站为主的建筑物的影响,选择合理的帷幕深度,研究支护结构的整体稳定性,解决控的问题。

5 基坑支护(防渗)设计方案

5.1 基坑支护(防渗)设计理念

针对4.1节和4.2节所述的二期二级坝泵站基坑工程特点和主要技术难点,提出如下解决方法和设计理念。

1)根据场区地下水位特点和地层渗透性,对于泵站基坑,选择以薄混凝土防渗墙构筑防渗止水帷幕,在东侧临近二级坝溢洪道布置钢板桩围堰挡水;对于泵站进、出水渠道,在非汛期施工,不考虑二级坝溢洪道洪水影响,进水渠西侧临近一期泵站和变电站,布置薄混凝土防渗墙构筑防渗止水帷幕,控制基坑开挖水位下降幅度,减小对一期泵站和变电站的影响。

2)二期二级坝泵站基坑的南侧和北侧场地相对开阔,采用放坡开挖;西侧中间部位主体结构复杂,且主体结构距离一期泵站出水渠较近,需要综合考虑基坑开挖施工期间一期泵站交通道路布置和主体结构电梯井位置开挖深度较大等问题,综合分析采用悬臂桩、局部桩锚支护形式,其余部位采用放坡开挖;东侧邻近二级坝溢洪道,采用放坡卸载+桩锚支护形式。

3)对于进、出水渠道基坑,整体上采用放坡开挖。进水渠西侧采用钢板桩防渗止水,兼做支护。

4)鉴于基坑周围土体侧摩阻力较低,选用旋喷锚索,增大锚固体直径,同时加长锚索自由段长度,确保锚固段进入硬塑—坚硬黏土夹姜石层,控制支护结构变形。

5)坡面进行50mm喷射混凝土防护,防止雨水冲刷破坏。

6)鉴于基坑坑底土层参数较低,为保证基坑稳定,在支护桩内侧,对被动区土体进行格栅状深搅桩加固,控制桩体变形。

7)通过二维渗流、三维渗流—应力耦合数值模拟计算,分析基坑开挖水位变化对一期泵站的沉降影响和边坡渗透比降。

8)通过三维数值模拟计算,分析支护结构的整体稳定性及基坑开挖对周围建筑物的影响。

9)加强支护系统、周围建筑物的安全监测及信息分析,指导施工。

5.2 泵站主体结构段基坑支护(防渗)设计

根据前述基坑支护(防渗)设计理念,二期二级坝泵站分两期施工:一期主要施工泵房主体结构以及与其相邻的进、出水池段,施工期经过一个汛期;二期施工剩余部分,在非汛期施工。

根据主体结构设计尺寸和高程,二期二级坝泵站防渗结构为混凝土防渗墙,设计帷幕顶高程33.5m(地表高程小于33m时由地表起),底高程6.0m。支护结构分述如下:

(1)基坑西侧

1)副厂房电梯井区域。采用1:2放坡,由地面38.0m高程,开挖至26.0m高程,并在33.5m高程(帷幕施工高程)、30.0m高程设置平台,在26.0m高程以下采用桩锚支护,垂直开挖至设计坑底高程,为电梯井施工提供空间。支护桩桩径1m,间距1.8m,桩底高程6m,在26.0m、23.0m和20.0m高程设置3层旋喷锚索,锚索锚固段直径450mm,在18.1m高程采用格栅状深搅桩对桩前被动区土体进行加固,加固深度7m。

2)副厂房区域北侧。采用1:2放坡,由地面38.0m高程分级开挖至设计坑底高程,并在33.5m高程(帷幕施工高程)、30.0m高程、26m高程(支护桩顶高程)、22.3m高程设置平台。在地面38.0m高程采用2排深搅桩加固坡口,加固深度10m。深搅桩直径800mm,间距600mm。

3)采用1:2放坡,由地面38.0m高程分级开挖至设计坑底高程,并在33.5m高程(帷幕施工高程)、30.0m高程、26m高程(支护桩顶高程)、22.3m高程设置平台。

(2) 基坑南侧

基坑南侧地面 38.0～13.7m 高程采用 1:2 分级放坡,开挖至设计坑底高程,并在 33.5m 高程、30.0m 高程、26.0m 高程、21.8m 高程和 18.1m 高程设置平台。

(3) 基坑东侧

对于基坑东侧:①沿溢洪道施工双排钢板桩围堰用于汛期挡水。溢洪道汛期 50 年一遇洪水位为 36.43m 高程,考虑波浪爬坡和超高后,前排钢板桩设计顶高程 38.0m,底高程 26.0m,后排钢板桩设计顶高程 37.0m,底高程 28.0m,钢板桩之间回填高程 37.0m,在后排钢板桩外侧采用袋装土回填。②在距离内侧钢板桩 9m 位置采用 1:2 分级放坡,开挖至 26.0m 高程,其下采用桩锚支护。支护桩桩径 1m,间距 1.8m。其中,东部南侧桩底高程 15.0m,在 26.0m 高程设置一层旋喷锚索;东侧中部桩底高程 4.0m,在 26.0m、23.0m 和 20.0m 设置 3 层旋喷锚索,在 18.1m 高程采用格栅状深搅桩对桩前被动区土体进行加固,加固深度 7m;东侧北部桩底高程 7.0m,在 26.0m、23.0m 和 20.0m 高程设置 3 层旋喷锚索,锚固体直径 450mm,在 18.1m 高程采用格栅状深搅桩对桩前被动区土体进行加固,加固深度 7m。

(4) 基坑北侧

对于基坑北侧:①在距离交通道路约 11.4m 位置,采用 1:2 分级放坡,由地面 38.0m 高程分级开挖至设计坑底高程,并在 33.5m 高程、30.0m 高程、26.0m 高程、22.3m 高程设置平台。②在地面 38.0m 高程采用格栅状深层搅拌桩加固坡口,深搅桩直径 800mm,间距 600mm,加固深度 10m。

(5) 坡面和桩间土防护

坡面采用喷射 50mm 混凝土防护,桩间土采用挂网喷混凝土防护。

6 基坑开挖对一期泵站主、副厂房的影响

数值模拟计算采用 MIDAS-GTS 软件。该软件已广泛应用于水利工程和岩土工程中的渗流计算、结构计算等,具有较高的可靠性。根据相关资料,既有一期泵站副厂房采用桩基础,桩长 26m,桩底高程 8m,桩间距 3m;主厂房底板高程 19.5m。泵站基坑附近网格划分见图 2。

经数值模拟计算,基坑开挖至 13.7m 高程后,一期泵站副厂房的东北角和东南角水位高程分别为 31.25m 和 31.68m。一期泵站副厂房东北角、东南角、西北角和西南角的 x 方向水平位移累计分别为 -10.1mm、-10.1mm、-6.1mm 和 -6.1mm,y 方向水平位移累计分别为 2.0mm、3.2mm、3.2mm 和 2.0mm,沉降累

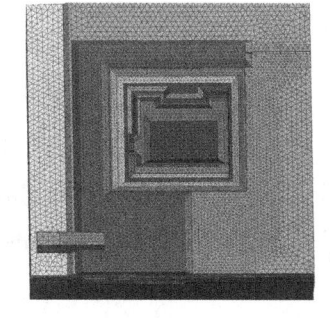

图 2 二期二级坝泵站基坑附近网格划分

计分别为 10.1mm、7.6mm、0.8mm 和 3.1mm。采用帷幕止水，基坑开挖对一期泵站主厂房基本不会产生影响，对副厂房的影响很小。基坑开挖至 13.7m 高程对一期泵站主、副厂房沉降和整体变形影响见图 3 和图 4。

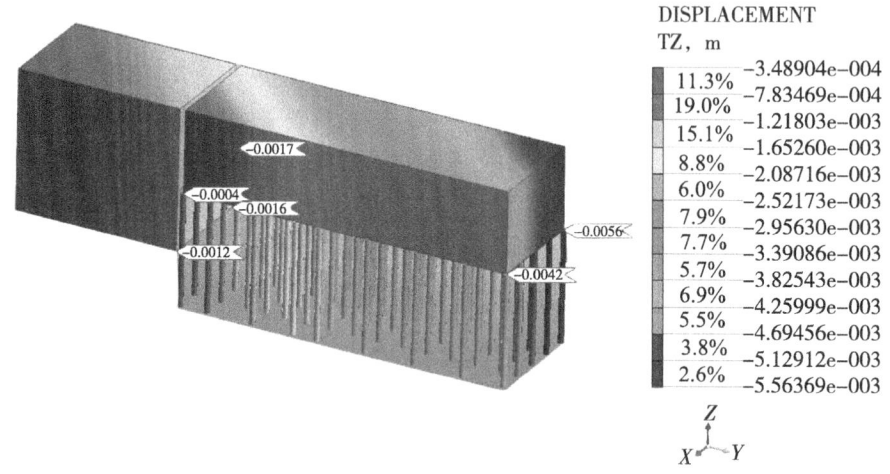

图 3　基坑开挖至 13.7m 高程一期泵站主、副厂房沉降

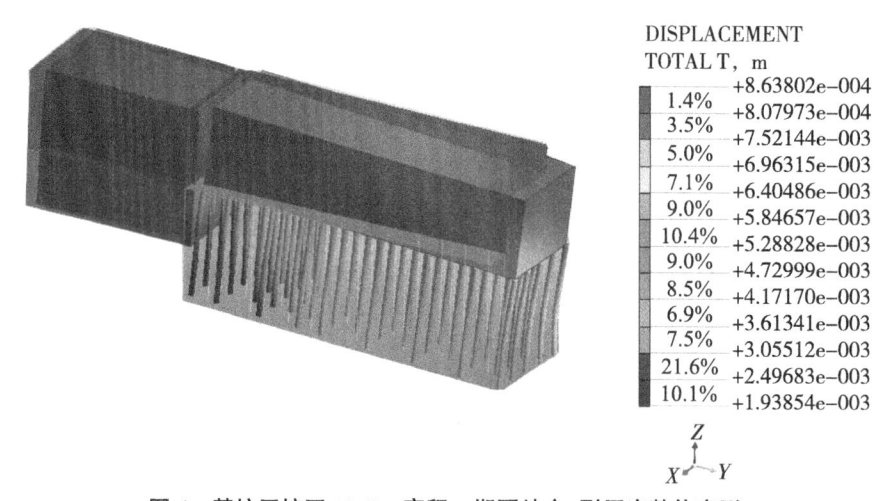

图 4　基坑开挖至 13.7m 高程一期泵站主、副厂房整体变形

6　结语

南水北调东线二期二级坝泵站基坑具有场区周边环境复杂，设计采用放坡开挖、灌注桩+扩大头锚索支护等方法。典型支护断面的稳定性计算结果表明，基坑支护结构整体稳定性、抗倾覆、抗隆起等指标符合规范要求，基坑支护设计方案可行。二期泵站基坑采用帷幕止水方案，开挖降水引起的一期泵站主、副厂房沉降满足规范要求。

引绰济辽工程文得根水利枢纽初期蓄水方案研究

刘恩鹏　李晓军

(中水东北勘测设计研究有限责任公司,长春　130021)

摘　要：文得根水利枢纽是引绰济辽工程的水源工程,通过联合绰勒水利枢纽保证下游灌溉用水。工程蓄水条件复杂,而且周期长、影响面广,因此研究文得根水利枢纽初期蓄水方案至关重要。结合水库工程形象面貌、大坝安全、下游水库调度以及用水需求等因素,为尽可能加速水库初期蓄水进程,采用长系列法研究提出水库初期蓄水方案和延后下闸蓄水方案,能够为工程提前发挥效益、推进工程实施提供支撑。

关键词:文得根水利枢纽;初期蓄水;长系列法

1　工程概况

引绰济辽工程是从嫩江支流绰尔河引水到西辽河下游通辽市,向沿线城市及工业园区供水,结合灌溉,兼顾发电等综合利用的大型工程。工程由文得根水利枢纽和输水工程组成,设计多年平均调水量 4.54 亿 m^3。引绰济辽工程属于国务院确定的 172 项节水供水重大水利工程,也是迄今为止内蒙古自治区规模最大的水利工程,对促进蒙东地区生态文明建设和经济社会高质量发展具有重要意义。

文得根水利枢纽是引绰济辽工程的水源工程,地处绰尔河流域中游,坝址位于内蒙古自治区兴安盟扎赉特旗音德尔镇上游 90km 处,是绰尔河流域的骨干性控制工程,主要由沥青混凝土心墙砂砾石坝、引水发电系统、岸坡溢洪道、重力坝(副坝)及鱼道组成。水库正常蓄水位为 377m,死水位为 351m,调节库容 15.18 亿 m^3,具备多年调节性能。电站装机容量 36MW,安装 3 台 11.4MW 机组和 1 台 1.8MW 的生态小机组。

绰尔河流域下游已建大型水利工程 1 座,为绰勒水利枢纽工程,兴利库容 1.54 亿 m^3,主要任务以灌溉为主,结合防洪、发电等综合利用。文得根枢纽工程建成后,与绰

第一作者:刘恩鹏(1991—　),男,工程师,主要从事水利水电规划设计。E-mail:550540875@qq.com。

勒水库共同保障绰尔河下游 74.98 万亩灌区用水。

文得根水利枢纽主体工程于 2018 年 9 月开工,初步设计提出 2022 年 10 月初下闸蓄水。截至 2022 年 6 月,枢纽大坝、副坝均已具备挡水条件,库区征地移民基本完成,具备按计划下闸的可能。受输水工程施工进度滞后影响,引绰济辽通水时间预计将延至 2025 年。

本文主要研究了文得根水利枢纽工程初期蓄水方案,拟定下闸时间和蓄水原则,分析蓄水过程和下游灌溉用水满足程度,并提出保障工程顺利下闸蓄水和早日发挥效益的对策措施。

2 下闸蓄水时间和水库蓄水要求

2.1 下闸蓄水时间及蓄水起始水位

文得根水利枢纽施工导流洞进口底板高程为 337.0m,而大坝灌溉兼生态放流管进口底板高程 340.5m,导流洞封堵之后,只有水库水位达到 341.20m,泄流能力才能到达生态流量泄放目标值。2017 年 9 月,引绰济辽工程初步设计报告提出,初期蓄水期间采用导流洞进口闸门下闸时预留一定的开度,通过闸门底部预留的泄水通道控制下泄生态流量。2020 年 3 月,《水利水电工程钢闸门设计规范》(SL 74—2019)开始实施,新增"封堵闸门不应作为泄放生态水的闸门"的规定。据此,本工程在下闸蓄水期间不应使用导流闸门泄放生态流量。为确保下闸蓄水不断流,拟定在导流洞下闸前,先期在导流洞出口明渠段进行围堰戗堤填筑,并在围堰戗堤上预留缺口泄放生态流量,多余水量存蓄在水库内。待水库水位达到 341.20m,进行导流洞下闸,由生态放流管泄放生态流量。

按照最新工程形象面貌和后续施工进度安排,确定文得根水库下闸时间为 2022 年 10 月初。根据蓄水初期生态流量泄放方式确定水库蓄水起始水位为 341.20m。

2.2 建筑物对水库蓄水技术要求

本工程大坝为沥青混凝土心墙砂砾石坝,下闸蓄水后,在水位达到溢洪道堰顶之前,无泄洪设施,按天然入库水量自然上升。当水位达到溢洪道堰顶以后,根据相关工程经验并结合本工程坝壳及心墙体型,遇洪水情况下充分利用各种泄洪放流措施,控制蓄水速率小于 4m/d。

输水工程#1—1 施工支洞进口位于库区,进口地面高程为 370m。#1—1 施工支洞于 2023 年 4 月 30 日完成封堵施工,5 月末封堵体强度到达要求。考虑一定安全裕度,在 2023 年 6 月前,要求水库水位不超过 368m。

导流闸门下闸后不得承受冰静压力,可采用冰盖开槽法、压力射流法或压力空气吹泡法使闸门前冰层断开,防止冰压力作用在闸门上损坏闸门。

3 初期蓄水方案

3.1 下游用水需求

原环保部关于引绰济辽工程环境影响报告书批复要求,在工程蓄水和运行期间,4—9月为14.27~22.65m³/s,10月至次年3月各断面下泄流量不少于5.2 m³/s;当入库流量小于生态流量时,按入库流量下泄,但不得小于1.28m³/s。绰勒枢纽暂无专门的生态下泄设施,非灌溉期水库蓄满时可利用机组集中发电泄放水量。现状绰尔河下游灌区主要位于绰勒水利枢纽下游,绰勒水利枢纽的运行管理单位提出,为满足下游用水需求,灌溉期绰勒出库流量应不小于50 m³/s。

文得根—绰勒区间多年平均流量5.2m³/s,区间无河道取水工程。为降低文得根水库蓄水对绰勒水库的影响,并方便两库调度操作,灌溉期(4月25日至8月31日)文得根枢纽下泄流量采用45m³/s,加上区间流量,经绰勒枢纽调节后下泄流量50m³/s。文得根水利枢纽初期蓄水期间,文得根水库和绰勒水库的综合放流目标见表1。

表1 文得根水库和绰勒水库综合放流目标

时间	文得根水库/(m³/s)	绰勒水库/(m³/s)
1—3月、10—12月	5.20	
4月1—24日	14.27	
4月25日至8月31日	45.00	50.00
9月	17.68	

3.2 蓄水原则

在保障下游河道生态流量和灌溉用水前提下,从加快初期蓄水的进度、方便运行调度管理的角度出发,提出文得根水库初期蓄水原则。

1)文得根水库灌溉期按灌溉要求放流,出库流量一般不小于45m³/s,当水库最大放流能力小于45m³/s时,则按最大放流能力放流;非灌溉期以生态流量目标进行放流,多余水量存于库内。

2)水库水位达到最低发电水位之前,通过灌溉兼生态放流管放流;水库水位达到最低发电水位后,通过机组发电满足下游灌溉和生态流量需要。

3)文得根水库应发挥对绰勒水库的补偿作用,当灌溉期绰勒水库无法保障下游灌溉用水时,文得根水库根据放流能力加大泄流。

4)绰勒水库在满足灌溉流量的前提下尽量维持高水位运行。当绰勒水库水位持续上涨并可能产生"弃水"时,则文得根水库减少放流,多蓄水,以满足后续下游灌溉用水。

3.3 计算方法及成果

初期蓄水计算方法主要有典型年法和长系列法。本次研究掌握的基础资料和计算硬件设施齐备,同时考虑不同计算方法的优缺点,选择采用长系列方法进行初期蓄水计算。本次采用绰尔河 1956—2010 年径流过程资料。

文得根水库正常蓄水位 377m,死水位 351m,最小水头 21m,对应最低可发电水位 356.4m。按照上述径流资料、蓄水原则和计算方法对文得根水库和绰勒水库分别进行长系列计算。统计分析文得根水库达到各节点水位的蓄水时间,绘制"蓄水时间"的保证率曲线,见图 1。

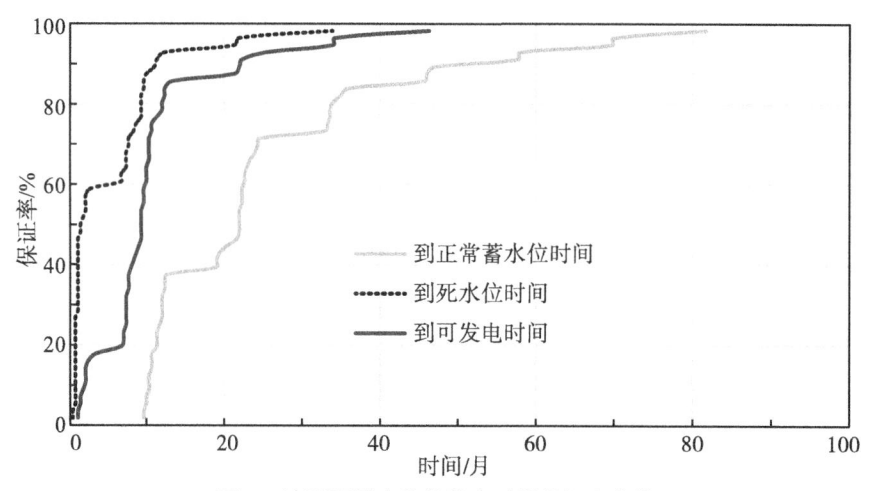

图 1　达到不同水位的蓄水时间保证率曲线

文得根水库蓄至死水位的时间:$P=50\%$ 保证率为 2 个月,$P=75\%$ 保证率为 9 个月。蓄至最低发电水位的时间:$P=50\%$ 保证率为 10 个月,$P=75\%$ 保证率为 11 个月。蓄至正常蓄水位的时间:$P=50\%$ 保证率为 22 个月,$P=75\%$ 保证率为 34 个月。文得根水库得到不同水位的蓄水时间见表 2。

表 2　文得根水库蓄水时间计算统计结果

保证率	蓄至死水位时间/月	蓄至发电水位时间/月	蓄至正常蓄水位时间/月
最快	1	1	10
$P=50\%$	2	10	22
$P=75\%$	9	11	34
最慢	34	47	82

3.4 对下游灌溉影响分析

为分析文得根水库初期蓄水对下游的影响,对无文得根水库蓄水和有文得根水库蓄水两种工况,分别进行绰勒水库调节计算和文得根—绰勒两库梯级调节计算,统计下游灌溉用水的满足情况,见表3。

表3 下游灌溉用水满足情况对比

工况		下闸第1年	第2年	第3年	第4年	第5年	第6年	…
无文得根蓄水	破坏年数	12	13	13	13	13	13	
	满足年数	43	42	42	42	42	42	
有文得根蓄水	破坏年数	9	5	2	1	1	0	
	满足年数	46	50	53	54	54	55	

由1956—2010年55组蓄水过程统计分析,文得根水库蓄水后第一年下游灌溉破坏年份数较不蓄水情况的破坏年数略有减少(12年减为9年),后续各年灌溉破坏年数大幅减少,灌溉保证率整体提高。由此可见,文得根水库按拟定的下闸时间蓄水,不会影响下游灌溉供水。

4 延后下闸蓄水方案

如果施工进度发生变数,2022年9月末实际工程形象面貌不能达到下闸要求,则无法按上述计划下闸蓄水。本文从10月中旬开始,对后续可能的下闸时机展开分析。

(1)从灌溉保障方面分析

若2022年10月中旬下闸,2023年下游灌区灌溉保证率为75%。若2022年10月下旬下闸,2023年下游灌区灌溉保证率低于70%,不满足要求。若再延后至11月及之后下闸,来水量进一步衰减,来年灌溉期之前蓄水量更少,下游灌溉保证率更低,下游灌区用水受影响的风险更高。从保证下游灌区用水考虑,若2022年10月上中旬无法下闸,则应缓至2023年7月下闸。延后下闸时下游灌区灌溉满足情况统计见表4。

表4 延后下闸时下游灌区灌溉满足情况统计

下闸时间	2022年10月中旬	2022年10月下旬	2023年6月上旬	2023年7月下旬
灌溉保证率/%	75.0	64.3	48.2	75.0

(2)冰期下闸安全分析

根据文得根站冰情特征,流冰期主要发生在每年11月、次年4月上中旬,封冻期发生在12月至次年3月。通过近几年导流洞使用情况来看,流冰期间导流洞水流裹挟冰块数量较多,尺寸多在0.5m以下,此时下闸闸门发生卡阻的风险极大,并且小尺寸的冰块易挤坏止水造成闸门漏水情况。通过近几年导流洞使用情况来看,结冰期间导流洞进口两侧闸门槽结冰较厚,中间位置不封冻。此时下闸难以将门槽部位的冰彻底清理干净,并且结冰期平均气温低,清理后还会发生结冰情况。下闸时闸门发生卡阻的风险极大,并且由于明渠内结冰后,束窄水流,流速较大,易携带异物进入门槽,也增大了闸门难以彻底关闭的风险。因此,不建议冰期下闸蓄水。

(3) 后续施工安排方面分析

若 2022 年 10 月下旬下闸,冬季前导流洞封堵施工时间仅剩 1 月,不足以完成封堵体混凝土浇筑,需增加冬季施工措施保证导流洞封堵混凝土浇筑的施工质量。

(4) 下闸设计标准分析

7、8 月为大汛期,发生洪水的概率较大,此时下闸的防洪安全风险高。文得根导流洞闸门设计最高挡水水位为 377m,同时要求下闸过程中,落闸后 24h 的水库水位不能超过 344.75m(确保下闸发生卡阻时能够提门)。考虑到大汛期 7、8 月时有暴雨发生,易发生洪水,不可控因素较多,不建议此时下闸。

综合下闸安全、生态流量泄放和灌溉用水保障要求,若当年 10 月初无法下闸,则建议延至第二年 9 月下旬下闸。9 月下旬流量大于 10 月上旬流量,参照前述 10 月初下闸的计算结果,若第二年 9 月下旬下闸,下游灌溉保证率可达到 75%,文得根水库到达死水位、可发电水位和正常蓄水位的蓄水时间,也都会相比 10 月下闸有所缩短。

5 结语

文得根水利枢纽下闸蓄水条件复杂,需要保证下游灌区用水,并且水库调节库容大,蓄水时间长。在确保工程安全的前提下,考虑工程形象面貌、下游河道生态和灌溉用水需求、蓄水水位控制等因素,采用长系列法研究提出了可操作的下闸蓄水方案。目前,文得根水利枢纽已顺利下闸蓄水,水库水位已经达到 367m。本工程下闸蓄水方案为工程提前发挥效益、推进引绰济辽工程的实施发挥了支撑作用,主要研究思路可为类似工程的设计、施工和建设管理提供参考。

参考文献

[1] 廖文武. 观音岩水电站下闸蓄水关键措施研究[J]. 中国水能及电气化,2017(7):16-19.

[2] 杨子俊,张建华,韩兵. 糯扎渡水电站水库初期蓄水方案研究[J]. 水力发电,2012,38(9):51-54.

[3] 杨凤英,吉鹏. 江坪河水电站水库下闸蓄水方案研究[J]. 水力发电,2020(6):74-77.

[4] 陈永生,李文俊,李建华. 水布垭水电站水库初期蓄水研究[J]. 人民长江,2007,38(7):70-71,75.

[5] 李庆国,李保国,王宝玉,等. 西霞院水库下闸蓄水方案研究[J]. 人民黄河,2009(10):67-68.

[6] 韩小妹,陈松滨,朱峰. 官帽舟水电站下闸蓄水方案研究[J]. 水利规划与设计,2018(7):145-149.

[7] 李太成,魏志远. 大型水电工程初期蓄水影响因素及其对策[J]. 水力发电,2014,40(4):85-87.

浅析调蓄水库在引调水工程中的作用

——以吉林省中部城市引松供水工程为例

樊祥船 齐彦泽 王 强

(中水东北勘测设计研究有限责任公司,长春 130021)

摘 要:吉林省中部城市引松供水工程是吉林大水网的骨干工程,承担着向吉林省中部地区城市供水的重任。介绍了工程的总体概况和涉及的调蓄水库情况;明确了调蓄水库在工程中调节计算、联合调度及运用的相关原则,通过对比调蓄水库在有无调水工程的条件下参与调度计算得到了受水区缺水过程线;分析了调水工程与调蓄水库联合优化调度对工程调水规模的影响。当前,跨流域调水工程仍是实现水资源空间均衡的重要途径,研究成果可为后续国家重大水网工程的布局与规划建设提供参考。

关键词:吉林;城市引松供水;调蓄水库;调度原则;调水规模

1 工程概况

吉林引松工程从第二松花江丰满水库引水至吉林省中部地区,涉及的主要流域有松花江(三岔河口以上)流域和东辽河流域,其中调出区为松花江(三岔河口以上)流域,受水区主要河流为松花江(三岔河口以上)支流饮马河流域和东辽河流域。工程取水口位于丰满水库坝上。供水范围为长春市、四平市、辽源市3个地级市和九台区、德惠市、农安县、公主岭市、梨树县、伊通县、东辽县、长春双阳区等8个县(市、区)以及沿线25个镇。工程主要由输水线路和配套的调节及连接建筑物等组成。包括一条输水总干线、一处分水枢纽、3条输水干线、5座调蓄水库、11条输水支线等,见图1。其中调蓄水库如下:

樊祥船(1981—),男,高级工程师,总工程师,主要从事水利水电工程规划工作。E-mail:7254733@qq.com。

(1)丰满水库

丰满水库位于第二松花江上,以发电、防洪并重,兼有灌溉、城市供水、养殖和旅游等综合利用。水库正常蓄水位263.5m,死水位242.0m,兴利库容61.7亿 m^3。

(2)新立城水库

新立城水库位于伊通河上,为长春干线调蓄水库,供水对象为长春市和农安县,以城市供水为主,结合下游防洪、灌溉和养鱼等综合利用。水库正常蓄水位219.63m,死水位210.80m,兴利库容32779万 m^3。

(3)下三台水库

下三台水库位于招苏台河支流条子河上,为四平干线调蓄水库,供水对象为四平市,以防洪及灌溉为主,结合养鱼。水库正常蓄水位213.60m,死水位205.40m,兴利库容1422万 m^3。

(4)金满水库与杨木水库

金满水库与杨木水库为辽源干线调蓄水库,供水对象为辽源市和东辽县。其中,金满水库位于东辽河支流灯杆河,以防洪、城市供水为主,结合灌溉。水库正常蓄水位309.50m,死水位305.25m,兴利库容275万 m^3;杨木水库位于东辽河干流,以城市供水为主。水库正常蓄水位294.25m,死水位288.25m,兴利库容3818万 m^3。

(5)石头口门水库

石头口门水库位于饮马河上,供水对象为长春市玉米工业园、九台市、德惠市,以防洪、城市供水、灌溉为主,兼顾发电。水库正常蓄水位189.0m,死水位182.5m,兴利库容38409万 m^3。

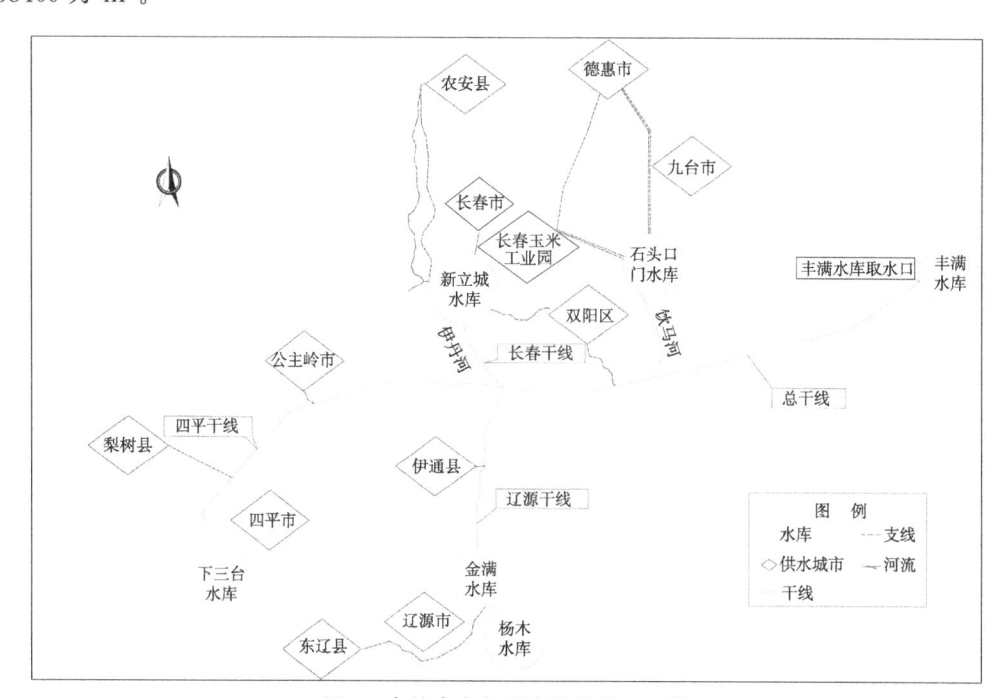

图 1 吉林省中部城市引松供水工程

2 调蓄水库对水资源配置影响分析

2.1 调蓄水库运用调度

(1)水库调节计算原则

通过53年长系列调节计算,扣除设计水平年水库上游各行业消耗水量后,作为入库水量。

新立城水库、下三台水库、金满水库分别为长春市、四平市、辽源市供水,城市供水保证率$P=97\%$;石头口门水库为县级城市供水,城市供水保证率$P=95\%$。城市供水破坏深度控制为20%。

新立城水库、下三台水库、金满水库、石头口门水库还具有农业灌溉任务,农业灌溉水田供水保证率$P=75\%$。农业灌溉供水破坏深度为40%。

各调蓄水库补偿下游河道生态用水,生态供水保证率$P=90\%$,破坏深度为30%。在特枯时段,当水库天然来水小于生态控制流量时,按天然来水下泄。

(2)编制水库调度图

考虑各供水对象的供水次序、保证程度、破坏深度等因素,根据各调蓄水库的工程任务,以53年径流资料及平衡成果为基础,为提高整个水库群的供水效益和引水效益,按调水顺序逐级优化水库调度[1-2],最终编制新立城、下三台、金满、杨木、石头口门等水库的调度图(图2至图6)。

图2 新立城水库调度图

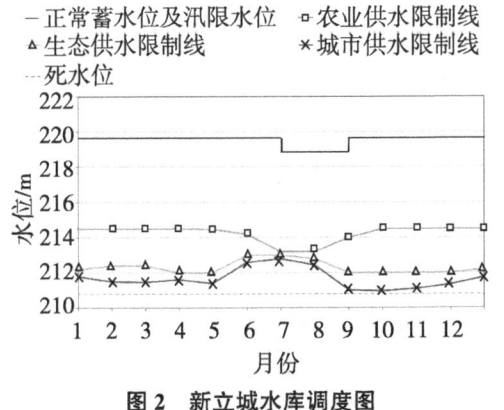

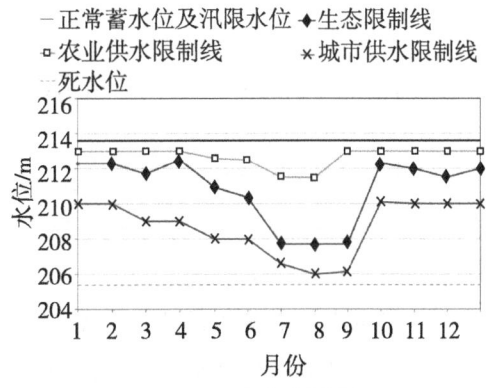

图3 下三台水库调度图

图 4 金满水库调度图

图 5 杨木水库调度图

图 6 石头门水库调度图

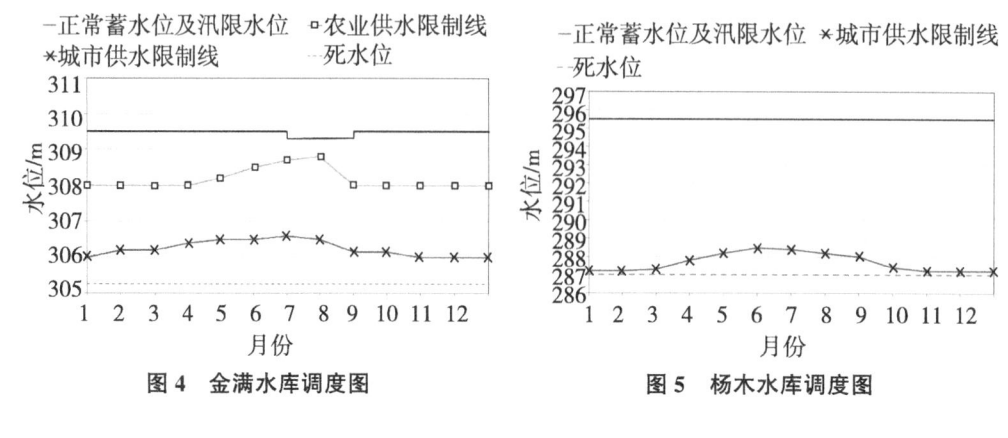

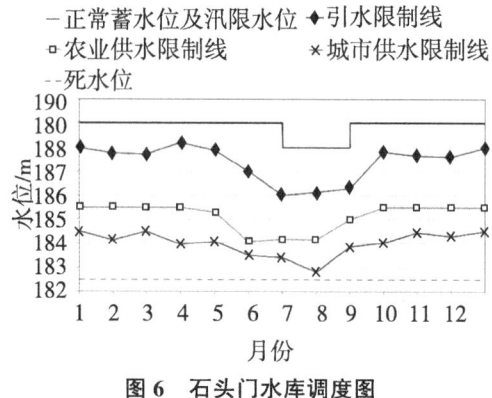

(3)水库调蓄联合调度原则

首先利用受水区当地水资源,按先地表水,后地下水的利用原则进行配置,缺水量由吉林引松供水工程补偿。考虑外调水与当地水联合调度,充分挖掘当地水的供水潜力,争取减少调水量。

供水城镇调蓄水库防洪调度执行按现状年原则,汛期按水库的汛限水位控制;水库兴利调度优先满足城镇生活、工业用水,再满足下游河道生态用水,然后满足农业灌溉用水。

4座调蓄水库供水按水库调度图进行控制,各水库按调水限制线控制调水过程,库水位达到调水限制线后不再调水,其中,新立城水库、下三台水库、金满水库调水限制线与正常蓄水位及汛限水位一致。

将杨木水库和金满水库城市供水目标看作一个整体,通过联合优化调度确定两座水库对辽源市的城市供水分配比例,进而确定两座水库各月需要承担的城市供水量。当杨木水库的城市供水量大于水库自身最大供水能力时,水库按自身供水能力进行供水,其余部分由金满水库承担。

调水后水库调节计算成果见表1。

表1　　　　　　　　　　　　　调水后水库调节计算成果

项目	水库名称					
	丰满	石头口门	新立城	下三台	金满	杨木
天然径流量/万 m³	1305900	72215	19744	1140	934	5060
正常蓄水位/m	263.50	189.00	219.63	213.60	309.50	295.50
汛限水位/m	260.50	188.00	218.83	213.60	309.30	295.50
死水位/m	242.00	182.50	210.80	205.40	305.25	287.00
正常蓄水位库容/万 m³	810100	42843	33841	1516	972	6425
死库容/万 m³	242900.0	4434.0	1515.0	155.8	123.0	1023.0
多年平均调水量/万 m³	89457	14807	34492	9450	8798	0
水库多年平均城市供水量/万 m³		28207	40496	9491	8589	1421
95%年份水库供水量/万 m³		28311	41133	9774	9033	1629

2.2　调水前后调蓄水库对工程调水规模的影响分析

首先在不实施调水的情况下,经53年径流长系列的调算,得到长系列缺水过程线,再以该缺水过程线为基础,结合水库优化调度,得到各支线长系列调水过程线。经统计,长春、奢岭等4条支线的多年平均调水量均低于多年平均缺水量,其中九德支线降幅较大,调水规模降幅比例达16%;同时,调水工程实施后各支线需调水月数也相应减少(表2)。可见,在满足水库下游各用水户保证率的条件下,通过调水工程与调蓄水库的联合优化调度,降低了工程整体调水量。

表2　　　　　　　　　调水工程实施前后支线调水规模变化

支线名称	长春	奢岭	辽东	九德
多年平均缺水量/万 m³	2277	121	734	1164
多年平均调水量/万 m³	2127	110	733	979
减少调水量/万 m³	150	11	1	185
调水量降低百分比/%	7.00	9.00	0.10	16.00
53年长系列减少调水月数/个	12	38	49	105

3　结论

当前,跨流域调水工程仍是实现水资源空间均衡的重要途径[3]。本文基于吉林省中部城市引松供水工程,分析了有调蓄水库参与的跨流域调水工程对调水规模的影响,通过考虑外调水与当地水联合调度,充分挖掘当地水的供水潜力,最终实现了减少调水量的目标。其运用的调度方法与原则可为其他调水工程的配套工程建设和水资源均衡配置及集约利用提供参考,对国家后续重大水网工程的布局与规划建设具有一定的借鉴意义。

参考文献

[1] 彭安帮,彭勇,周惠成.跨流域调水条件下水库群联合调度图概化降维方法研究[J].水力发电学报,2015,34(5).

[2] 万文华,郭旭宁,雷晓辉,等.跨流域复杂水库群联合调度规则建模与求解[J].系统工程理论和实践,2016,36(4).

[3] 唐景云,杨晴.浅谈调水工程对实现区域水资源优化配置的必要性[J].中国水利,2015(16).

内蒙古西辽河平原区水网规划思路

樊祥船　谢成海

(中水东北勘测设计研究有限责任公司,长春　130021)

摘　要:西辽河地区是重要的粮食主产区、工业重点发展区域。随着工农业生活用水的增加,加之本流域水资源的减少,用水短缺问题带来了各类问题。通过对西辽河地区面临形势的分析,结合流域特征、用水特点,提出了以重点解决西辽河平原区用水问题为核心的水网规划思路。

关键词:水资源;水网规划;西辽河

内蒙古西辽河流域地处世界三大黄金玉米带,是衔接东北平原、华北平原和蒙古高原的三角地带,地势平坦,玉米产量高,品质好,是我国重要的粮食生产区,也是中原农耕区与北方游牧区的交错区。玉米等作物种植的快速扩张带来灌溉面积增长、灌溉用水量大幅度增加,区域地下水超采严重、河道断流加剧,发生了草场沙化与湖泊湿地萎缩等生态问题,亟须外调水解决当地的农业、生态环境问题。经过对西辽河用水情况、引调水工程等情况的分析,西辽河平原区是解决西辽河用水问题的关键地区。本次规划针对西辽河平原区的天然来水情况、用水情况、地形地貌特征以及可能的水源,探讨了规划区域水网的用水思路、线路等重要问题。

1　流域概况

西辽河位于辽河上游,也是辽河的最大支流,发源于河北省平泉市,总长829km,流域面积13.5万km²,涉及吉林、辽宁、内蒙古和河北4个省(自治区),其中40.8%为平原区,59.2%为山丘区,涉及赤峰市12个旗县,通辽市7个旗县以及兴安盟和锡林郭勒盟的小部分,其中赤峰和通辽两市面积占97.5%。西辽河由南源老哈河与北源西拉沐沦河

第一作者:樊祥船(1981—　),男,高级工程师,总工程师,主要从事水利水电工程规划工作。E-mail:7254733@qq.com。

在内蒙古自治区翁牛特旗大兴乡海流图村汇合而成,主要支流有西拉木伦河、乌力吉木仁河、教来河以及新开河等,在辽宁省昌图县福德店村与东辽河汇合为辽河干流。河流总体由西流向东,两岸地势平坦,广泛分布山丘草原和黄土台地。流域内有红山水库等大型水库 11 座(其中,东台子水库在建),总库容约 33 亿 m^3;有打虎石水库等中型水库 13 座,小型水库 186 座,总蓄水能力 5.04 亿 m^3;有海日苏、台河口、麦新等大中小型引水工程 191 座,供水能力约 7.0 亿 m^3。流域水资源利用程度较高。

西辽河平原的行政区域包括通辽市的科尔沁区、开鲁县、科左中旗、奈曼旗、科左后旗大部、库伦旗北部和扎鲁特旗南部(即除霍林郭勒市的通辽市区域),东西长 270km,南北宽 100~200km,总面积 5.29 万 km^2,西部狭窄,东部宽阔,地势西高东低,南北向中部倾斜,海拔由西部 950m 下降到东部最低 120m,是内蒙古自治区重要的粮食和畜产品生产基地。

2 区域经济概况

西辽河平原区域 2022 年地区生产总值 1310.6 亿元,三次产业比例约为 30∶24∶46。地区生产总值按国民经济行业分类分析,农林牧渔业生产总值约 394 亿元,是行业分类地区生产总值最高的,其次是工业值。区域内人口 269.6 万,52%的人口从事第一产业,10.9%的人口从事第二产业。粮食作物播种面积 1880 万亩,粮食产量 932 万 t,粮食产量占内蒙古自治区的 24%,区域经济农业、工业为两大支柱产业。

在《内蒙古自治区通辽市国民经济和社会发展第十四个五年规划和 2035 年远景目标纲要》(西辽河平原区主要是通辽市除霍林郭勒市区域外)中,通辽市南部区域着力打造镍循环经济及绿色农畜产品加工产业基地,要深度融入东北经济一体化和绿色经济产业集聚区。加快发展现代服务业,大力推进商贸物流业、金融业、文化旅游业、商贸流通业和健康服务业发展。以中心城区为重点发展现代物流业,建设国家级物流枢纽承载城市。北部区域着力打造铝新材料产业基地,重点发展铝新材料产业,形成煤电铝经济走廊。加快建设国家大型铝工业新材料基地、现代煤化工生产示范基地、清洁能源示范基地,形成辐射东北乃至更大区域、对接俄蒙市场的经济合作区,打造进口资源加工和制造业产品出口加工基地。中部区域着力打造生物技术及战略性新兴产业基地,形成块状经济,产生头部企业,构建产业集群。

2023 年 3 月,国家发展改革委为支持东北地区更好承接产业转移,推动产业结构调整优化,助力东北全面振兴取得新突破,根据《国务院关于中西部地区承接产业转移的指导意见》《国务院关于近期支持东北振兴若干重大政策举措的意见》和《东北全面振兴"十四五"实施方案》有关要求,同意设立蒙东承接产业转移示范区,范围包括通辽、赤峰 2 市,有力有效承接国内外产业转移,在承接中推进产业转型升级,将示范区建设成为蒙东高质量发展引领区、特色产业集聚区、区域开放合作先行区、绿色发展试验区,培育区域经济新增长点,更好地支撑东北地区振兴发展。

3 面临形势及问题

3.1 区域支柱产业与水资源短缺的长期矛盾

20世纪70年代以来,在"以粮为纲"方针指导下,西辽河流域被定位为粮食主产区,大规模修建水库,构建地表水灌溉系统。西辽河流域作为内蒙古自治区的重要的粮食基地,玉米产量占全区的48%,粮食产量占43%。《关于建立粮食生产功能区和重要农产品生产保护区的指导意见》(国办发〔2017〕24号)将辽河平原作为重点优势区,在赤峰、通辽两市划定"两区"面积2220万亩,其中玉米生产功能区2000万亩,但两市实际耕地面积已达4000万亩以上。国家粮食安全责任考核要求,粮食播种面积、粮食产量须不低于前五年均值。赤峰每年承担不低于500万t的粮食生产任务,实际产量近650万t,通辽2018年粮食产量达815万t。2000年以来,受粮食产量供求形势的影响,东北地区在国家商品粮基地中的作用越来越突出,加之地处黄金玉米带,各部门的政策导向激发了农户农业种植的积极性,灌溉面积快速增加,引发农灌打井数量大幅增加。现状玉米种植面积是新中国成立初期的14倍,是1980年代初期的近5倍。粮食产量从1980年的84万t增长为2022年的932万t,粮食产量增加11倍。种植面积扩增,粮食增加导致农业用水增加,地表水几乎用尽,地下水严重超采(图1、图2)。

内蒙古西辽河流域平原区是草原沙地农牧生态区,年平均降水量在半湿润和半干旱分界线400mm降水量线以下,蒸发能力是降水量的3~4倍,人均水资源量640m³,约为全国人均值的1/3,耕地亩均水资源量140m³,约占全国亩均的1/10,是我国水资源严重短缺地区之一。另外,受气候变化和人类活动影响,近年来当地水资源衰减严重,加之开发利用过度,更加剧了水资源短缺情势。

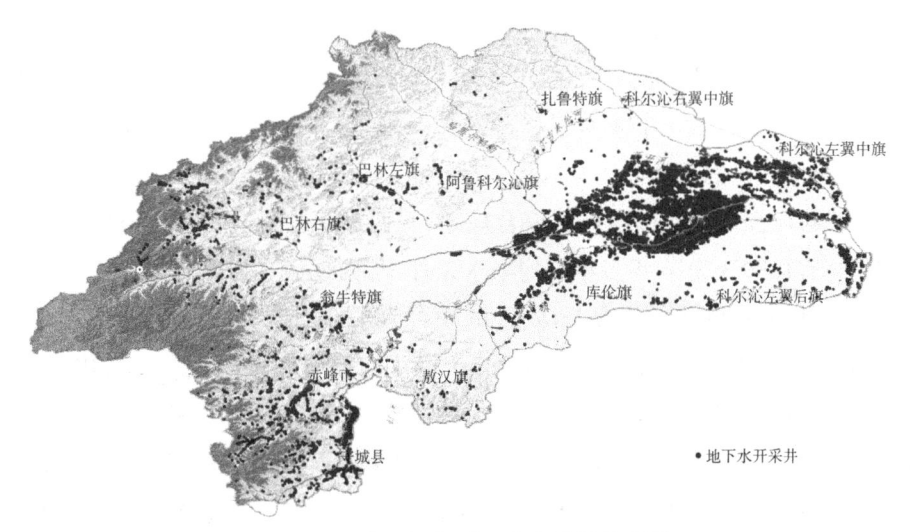

图1 1980年西辽河地区农井灌溉分布图

图 2　2017 年西辽河地区农井灌溉分布图

近年,国家粮食生产指标、粮食临储价格托底、粮食补贴等普适性粮食安全保障政策,激励着农户多产粮、多获益,西辽河流域地处世界三大黄金玉米带,玉米相比其他作物收益高、风险低、变现能力强;玉米深加工产业链丰富,地方政府发展玉米产业的冲动强烈,农民种植玉米的积极性高。这些因素将导致西辽河平原区域的农业生产长期保持稳定的增加,而西辽河地区水资源衰减严重,农业用水与水资源短缺的矛盾将长期存在。

3.2　水资源开发利用严重超载引发诸多生态环境问题

结合第三次全国水资源调查评价,将内蒙古西辽河流域水资源系列延长至 2016 年,1980—2016 年内蒙古西辽河流域多年平均水资源总量 57.5 亿 m^3,其中地表水资源量 18.7 亿 m^3,地下水资源量 41.1 亿 m^3。2001—2016 年近 16 年内蒙古西辽河流域水资源持续偏枯,水资源总量较 1980—2000 年减少 19%,较 1956—1979 年减少 17%。其中,地表水资源量较 1980—2000 年减少 37%,较 1956—1979 年减少 32%。西辽河地区的水资源总量呈现总体减少的趋势。

按照《松花江和辽河流域水资源综合规划》和西辽河水量分配方案确定的地表水可利用控制原则,1980—2016 年多年平均来水条件下,西辽河平原区地表水最大可供水量为 3.9 亿 m^3;地下水可开采量为 18.7 亿 m^3。经有关部门核实,西辽河平原区现状用水总量(2016—2018 年 3 年均值)为 27.5 亿 m^3,其中农业用水 24.1 亿 m^3,占比 87.6%,较区域可供水总量超用约 4.9 亿 m^3。

内蒙古西辽河流域近年的水资源开发利用率约为 97%。与 1980 年比,平原区 98% 的面积地下水埋深增加,地下水埋深增加大范围扩大(图 3)。通辽市部分区域地下水埋深达 12m 以上,形成区域局部地下水漏斗。西辽河干流、支流主要水文站点水量明显减少,河道断流天数不断增加。干涸与萎缩湖泊个数达到湖泊总数的 67%,部分地区沙漠化严重。

4 水网规划思路

区域内水资源短缺,又面临着长期发展问题,需通过引调水破解发展与保护的难题。结合已建、在建工程,与流域本身的特性相结合,规划思路如下:

4.1 先易后难,先工业后农业

西辽河地区的用水特性是,农业用水的

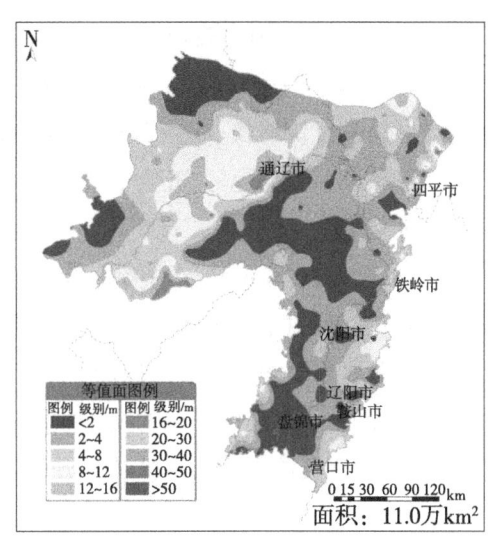

图3 2023年9月西辽河地区地下水埋深

占比较高,也是导致目前西辽河生态环境问题的主要因素,但工业、生活用水也在问题形成中有一定的影响因素。由于工业、生活用水的重要性,在开发使用权上优于农业用水,在全国普遍存在着工业、生活用水挤占农业、生态用水的问题。不首先解决工业生活问题,也无法彻底解决农业用水问题。特别是西辽河平原区作为双子星城市,在工业产业布局上有一定重要的地位,较之农业用水问题的必要性更强。由于工业生活用水的水价承受能力较强,也使得引调水用于工业生活的可行性更高。

西辽河地区已建、在建的引调水工程也是沿用这条规划思路,如引绰济辽工程、引乌济通工程,均是为了一定程度上、一定时期解决急迫的工业生活用水问题。在农业用水上,则通过高效节水、量水而行,在短时间内缓解农业用水过多带来的各类问题。农业用水价格过低,或者说用水成本无法分摊是短时间内农业用水无法通过引调水解决的根本。

4.2 上下游分治,重点破解平原区用水难题

西辽河流域内主要有赤峰、通辽两个地级市。赤峰市主要在山丘区,通辽市基本都是平原区,多年来上下游用水矛盾突出。赤峰市区域内高程均较高,北侧为蒙古高原,西南侧是辽宁省朝阳市,均是缺水比较严重且高程较高的区域,大规模引调水解决农业问题的难度较大。在引调水工程解决赤峰市工业、生活用水的前提下,可将西辽河流域水资源重新划分,赤峰市在保障下游生态环境需求的前提下,多利用本地水资源,保障农业生产,而将用水缺口留给处于平原区且海拔高程相对较低的通辽市,降低解决西辽河水资源问题的总体成本。

4.3 多元互济的水源解决思路

基于规划水平年规模适度的水资源开发利用量与合理的用水需求量,进行水资源供

需平衡分析计算。基于现有供水工程体系,结合在建重大供水工程,考虑退还挤占的生态用水及压减超采的地下水后,测算西辽河地区水资源可供水量约 49 亿 m³。在强化节水、控制需求过快增长,进一步加大再生水循环利用、充分挖掘各类水源开发潜力的基础上,估算保障西辽河地区"五大安全"的水资源供需平衡的水资源量约为 68 亿 m³,缺口约为 18 亿 m³。

目前已建、在建或规划的大规模引调水工程,分别从绰尔河、乌力吉木仁苏木河调入西辽河流域,但由于调出区本身的水资源量有限,只在一定时间内解决了区域的工业、生活用水问题,难以解决配套区域的远期农业发展用水,可以说北水无法彻底解决西辽河流域用水问题。西辽河平原的南部则是辽宁省的西部低山丘陵区,本身也为缺水地区,只有南部是水资源较为丰富区域。通辽市的科尔沁左翼中旗距离嫩江、松花江交汇的三江汇流处仅 155km。

2022 年嫩江流域地表水资源量 320 亿 m³,第二松花江流域地表水资源量 323 亿 m³,总计 646 亿 m³。虽然嫩江流域与第二松花江流域本身的水资源利用率颇高,但洪水资源的利用率颇低,仍有较大的潜力外调水资源。目前,吉林省西部河湖连通工程规划利用嫩江洪水资源 7.79 亿 m³,吉林省松原市境内也有哈达山引水工程,除利用水库调节水资源外,可择机利用洪水资源。根据嫩江洪水资源的相关研究成果[1],嫩江右岸支流洮儿河 100 年一遇洪水 15 天洪量为 31.3 亿 m³,可利于本流域水库、泡塘等工程利用洪水资源 18.8 亿 m³。

大赉站位于嫩江流域最下游,外调汛期流量对本流域的用水影响较小,大赉站 10 年一遇 30 天洪量为 150 亿 m³,按照工程规模 400 m³/s 引水能力计算,一次 30 天洪水即可引水 10.4 亿 m³,汛期 6 个月内 52 天即可引水 18 亿 m³,可满足西辽河地区的用水缺口。

4.4 多库联动的地表水灌溉与地下水补充机制

西辽河平原区早期为防洪兴利,在新开河、西辽河两岸建立了多座旁侧水库,总兴利库容约 3.24 亿 m³。随着西辽河地表水资源的逐渐枯竭,这些水库也多数多年未蓄水,长期在死水位以下运行。外调嫩江、松花江水资源的入西辽河流域后,可通过这些旁侧水库达到蓄滞分流的作用,重新恢复原地表水灌溉系统,置换地下水灌溉水源,达到补充农业缺水的目的,同时一定程度上恢复地下水的采补平衡。在西辽河地下水运动规律研究有一定成果的前提下,可进一步利用这些分散的水库对西辽河地下水进行补给,达到恢复西辽河地下水水位的目的。

5 工程初步设想

在嫩江大安市下游取嫩江水,途经查干湖、花敖泡、王字泡等吉林省西部湖泡时与其连通,作为储水水库,向南在乾安县附近与哈达山输水取交汇,引入第二松花江水资源,汇合后继续向南,在吉林省长岭县太平川镇附近穿越松辽分水岭进入西辽河流域,一路向西进入他拉干水库,分水至新开河地表水系统,再向西进入西辽河干流苏家堡水利枢纽上游,为西辽河地表水系统供水。工程可为西辽河流域麦新以下断面的灌溉区域供水(图4),极大缓解目前西辽河地区农业用水缺水问题,并在工程上有一定的经济性。

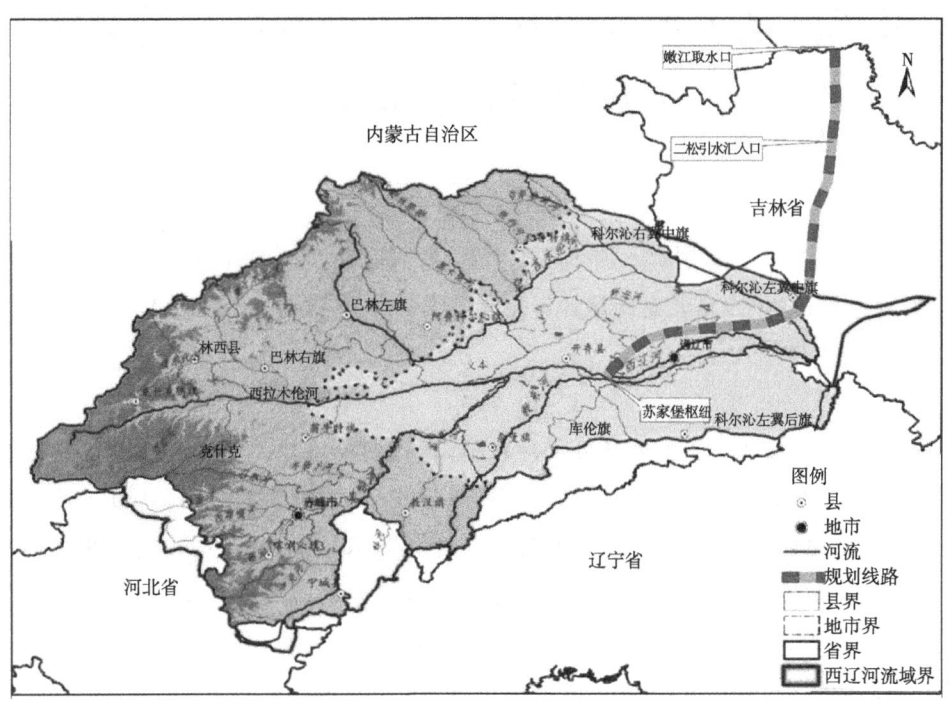

图 4　工程示意图

6　结论

在分析西辽河地区自然地理现状、社会经济现状、水资源现状的基础上,统筹考虑西辽河上下游、工业农业用水的需求,考虑采用嫩江、松花江流域的富余水资源解决西辽河的农业用水问题,并在工程上谋划具有一定经济性的工程线路,提出西辽河平原区水网规划的解决思路。

参考文献

[1] 刘建卫. 嫩江下游干支流洪水资源调配研究[J]. 水利发展研究,2009(6).

引绰济辽工程水源水库施工期溃堰风险分析及应对措施研究

张福然[1]　邹浩[2]

（1. 水利部水利水电规划设计总院，北京　100120；
2. 中水东北勘测设计研究有限责任公司，长春　130021）

摘　要：水库围堰工程度汛标准相对较低，遭遇超标准洪水进而引发溃堰的可能性较大，一旦发生溃决，可能给下游带来严重的洪水灾害。基于引绰济辽工程水源水库工程施工及下游防洪条件，在超标准洪水可能性分析的基础上，通过构建溃堰模型和二维水动力模型模拟溃堰洪水及其演进过程，分析溃堰洪水的淹没情况及可能造成的影响，进而制定了提高工程抵御洪水能力的工程措施和非工程措施，将工程度汛能力由10年一遇提高到30年一遇以上，保障了工程施工期安全度汛和顺利施工。

关键词：水源水库；溃堰洪水；超标准洪水；度汛措施；应急预案；引绰济辽工程

"十四五"期间，我国推进实施了一批大型跨流域引调水工程，对完善国家水网建设、优化水资源配置、提升流域防洪减灾能力及河湖生态治理等起到了重要作用。引调水工程一般由水源水库、输水工程及沿线调蓄工程组成，其中大型水源水库作为国家水网的重要组成部分，往往承担着流域防洪、供水、灌溉等多项艰巨任务。其工程等级及洪水标准相对较高，遭遇超标准洪水概率较小，但工程建设期间由于施工临时度汛标准较低，遭遇超标准洪水的概率则相对较大[1]，如果围堰拦蓄水量大，则其溃堰可能对下游造成严重的危害。近年来，在全球气候变化影响下，极端洪水事件频发，给人民群众生命财产安全带来严重的威胁，因此水库工程围堰的溃堰洪水分析及应对措施的研究也日益受到重视。

本文选择内蒙古自治区引绰济辽工程水源文得根水库作为分析对象，其主坝施工导

第一作者：张福然（1981—　），男，高级工程师，大学本科，主要从事水文水资源工程工作。E-mail：zhangfuran@giwp.org.cn。

流方式采用围堰(堰坝结合)一次拦断河床,以左岸导流洞泄流的导流方式。根据施工进度及计划,2021年汛期文得根主坝围堰度汛标准为10年一遇。经分析,围堰遭遇超标准洪水的可能性较大。届时上游围堰可拦蓄水量超过4亿 m^3,一旦发生溃决,可能对下游绰勒水库及两岸造成严重灾害。因此,分析研究文得根水库围堰施工期溃堰风险,并制定应对措施,对提高管理单位应急处置能力、降低社会影响、减少灾害损失是十分必要的。

1 概况

引绰济辽工程水源——文得根水利枢纽工程,是绰尔河流域的骨干性控制工程,位于绰尔河中游,坝址位于内蒙古自治区兴安盟扎赉特旗音德尔镇上游90km处,是一座具有供水、灌溉、发电等多项功能的大型枢纽工程。水库总库容19.64亿 m^3,设计年引调水量4.54亿 m^3,灌溉面积4997 hm^2,电站装机容量36MW。文得根水库大坝校核洪水标准为5000年一遇,设计洪水标准为500年一遇。枢纽主体工程于2018年9月1日开工,计划完工时间为2023年4月30日,2021年汛期利用主坝围堰挡水、导流洞泄流度汛,是工程建设的关键期。

绰尔河流域下游建有绰勒水库,位于文得根坝址以下87.8km、扎赉特旗音德尔镇上游20km处,于2006年建成,工程任务以灌溉为主,结合防洪、发电等综合利用。大坝设计洪水标准100年一遇,校核洪水标准2000年一遇,主坝坝顶高程234.8m,最大坝高20.26m。水库死水位223.8m,相应库容0.23亿 m^3,汛限水位229.5m,正常蓄水位230.5m,相应库容1.77亿 m^3,防洪高水位同正常蓄水位,防洪库容0.31亿 m^3,设计洪水位230.5m,校核洪水位232.82m,总库容2.6亿 m^3。

2 溃堰风险初步分析

2021年为文得根水利枢纽工程建设的关键期,围堰度汛标准仅为10年一遇。根据工程下游文得根水文站历年实测资料分析,近30年内有3年发生了超过10年一遇的洪水,且根据近年来北方地区水文情势分析,该流域目前正处于丰水周期,发生较大洪水的概率相对较大。因此,初步判断,文得根水利枢纽在2021年施工期遭遇超围堰度汛标准洪水的可能性较大。

2021年汛前,文得根水库上游库区10年一遇洪水标准(水位358.2m以下)完成征地及移民安置工作。当发生超标准洪水时,库区358.2m以上的居民可能受到影响。同时,文得根水库大坝上游围堰顶高程360.48m,最大堰高25m,相应库容4.32亿 m^3。当发生超围堰标准洪水时,存在漫顶溃堰的风险,溃堰洪水将远超天然洪水量级,可能对下游人民群众生命财产等造成重大灾害,甚至有可能造成下游大型水库绰勒水库连溃的重大事件。

3 溃堰洪水及其影响分析

通过构建溃堰洪水模型、洪水河道演进模型,模拟并分析了文得根围堰溃决可能带来的影响[2,3]。

3.1 溃堰洪水分析

文得根围堰填筑料主要为砂砾石。经分析,其溃坝形式按局部渐溃考虑。因此采用《水库大坝安全管理应急预案编制导则》[6]中推荐的陈生水溃坝模型模拟[5]砂砾石料坝体的溃决过程,得到溃堰洪水过程见图1。

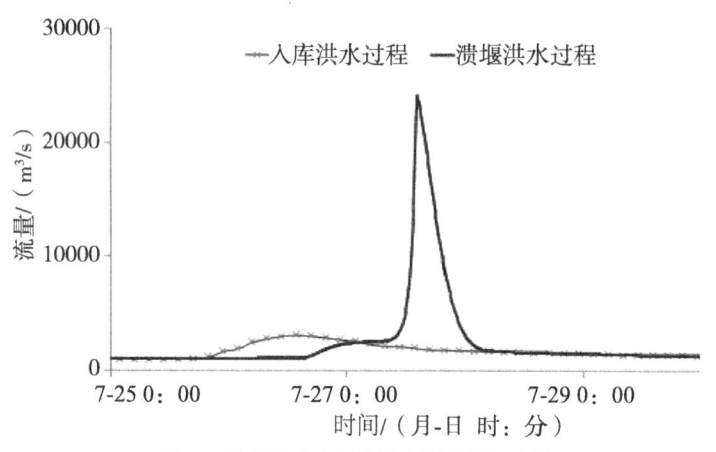

图 1　溃堰洪水(含溃堰+导流洞)过程

经模拟成果分析,漫顶初期溃口发展较缓慢,水位在超过堰顶之后继续上涨,最高库水位可达361.29m,最大蓄水量4.68亿 m^3。随着溃口深度及宽度发展,溃口处流速、流量迅速增大。库水位快速降低,之后流速又逐渐变缓,溃口发展随之变缓直至停止,最终溃口顶部宽度190m、底部宽度127m,溃坝洪峰流量24200 m^3/s。溃堰洪水模拟成果见表1。

表 1　文得根溃堰洪水模拟成果表

最高水位/m	最大蓄水量/亿 m^3	溃口底高/m	溃口底宽/m	溃口顶宽/m	溃坝洪峰/(m^3/s)
361.29	4.68	337.5	127	190	24200

3.2 溃堰洪水影响分析

根据下游工程分布情况,溃堰洪水的影响分为文得根—绰勒水库区间、绰勒水库及其下游两部分进行分析。

(1)文得根—绰勒水库区间

选用MIKE ZERO软件构建二维水动力模型模拟溃堰洪水在文得根—绰勒水库区

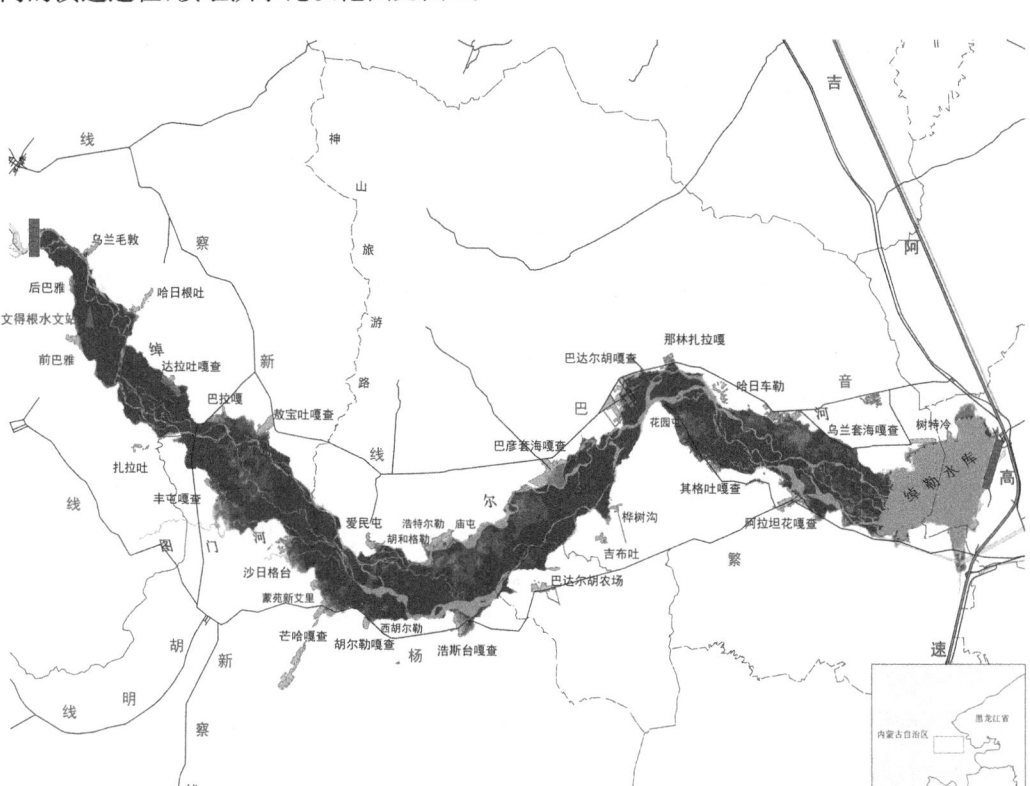

间的演进过程,溃堰洪水淹没范围见图 2。

图 2　文得根溃堰洪水淹没范围

溃堰洪水的淹没面积共计 237.3km²,依据区域社会经济资料统计,淹没范围内共计影响 5 个乡镇,淹没耕地 4059hm²,影响人口 7561 人。文得根—绰勒水库区间影响成果见表 2。

表 2　文得根—绰勒水库区间影响成果

淹没面积/km²	影响乡镇/个	影响自然村/个	淹没耕地/hm²	影响人口/人	影响 GDP/亿元
237.3	5	27	4059	7561	1.13

(2)绰勒水库及其下游

根据二维模型提取的洪水演进成果分析,溃堰洪水至绰勒水库的洪峰传播时间约为 10h,绰勒水库最大入库流量 17710m³/s,远超绰勒水库校核洪水 10700m³/s。按绰勒水库调洪原则进行计算:最大出库流量 10300m³/s,远超下游河道安全泄量 3890m³/s;调洪最高水位 233.34m,较设计洪水位高 2.84m,较校核洪水位高 0.52m,见表 3。

表 3　　　　　　　　　　　　　　　绰勒水库调洪成果

最大入库流量 /(m³/s)	最大出库流量 /(m³/s)	最大蓄水量 /亿 m³	调洪最高水位 /m	校核洪水位 /m
17710	10300	2.91	233.34	232.82

文得根溃坝洪水进入绰勒水库后,将导致绰勒水库的洪水位超过坝顶。绰勒大坝为土石坝,抗冲刷能力较弱,洪水一旦漫顶,绰勒水库将存在极大的溃坝风险。绰勒水库溃坝将直接淹没下游扎赉特旗人民政府所在地音德尔镇,同时还将淹没黑龙江省泰来县大兴镇,龙江县的杏山镇、头站镇等地,受灾人口超过 20 万人,灾害极其严重。

4　应对措施研究

基于文得根围堰溃决可能带来的重大风险,为保障文得根水利枢纽工程施工期安全度汛和顺利施工,需进一步研究超标准洪水应对措施。在初步提出几种方向性方案的基础上,根据研讨,确定选用方案,并进一步制定相关措施[6]。

4.1　应对方案初拟

超标准洪水引发的溃堰风险是客观存在的,为应对该风险,初步提出了 4 种方向性的方案进行研究,见表 4。

表 4　　　　　　　　　　　　　　　应对溃堰风险方案

编号	名称	预期目标	存在的问题
方案一	实施避险转移	避免人口损失,降低灾害	由于下游影响范围过大、影响人口太多,在操作上存在很大难度;社会影响大
方案二	绰勒水库预泄调度	避免绰勒水库溃坝,绰勒下游灾害减轻	仍将淹没大量村屯,影响大量人口,转移避险难度大
方案三	提前扒口泄洪	降低文得根工程溃堰洪水量级,可避免下游绰勒水库连溃	需要利用水情预报信息进行预判,有误判风险;两库区间仍会淹没部分村庄、灾害较大
方案四	提高工程防洪能力	可以抵御更高量级洪水,溃堰概率减小	工程量将有所增加;一旦发生更大量级洪水仍将溃堰,且引发的灾害将更为严重

各方案可实现不同的目标,但都存在一定的问题。经多方研究,结合工程情况和施工安排,确定采用"方案四 提高工程防洪能力"的方案。通过进一步挖掘现有潜力,以较小的代价,通过相关措施,将工程防洪能力由 10 年一遇提高到 30 年一遇,并研究了工程抵御 30 年一遇以上洪水的可能措施。

4.2 应对措施制定

基于前述方案四的目标,结合工程现有条件,从增大泄洪能力、提高挡水能力两方面着手,制定了 3 项防御措施。

(1)溢洪道进水渠开挖措施

文得根水库溢洪道位于河道右侧岸坡位置,现状进水渠底部高程为 359.0m,拟在 2021 年汛前对溢洪道进水渠段进行开挖,以提高溢洪道的泄流能力。

根据现状工程、地质条件,制定开挖方案:沿溢洪道进水渠中心线开挖,开挖桩号为溢 0—031.60m~溢 0—287.14m,开挖深度 3m,开挖后进水渠底高程为 356.0m,开挖宽度 40m,两侧开挖坡比为 1:0.5,开挖量约 3.1 万 m^3。

汛后将溢流堰堰顶高程浇筑至设计高程 363m,进水渠的开挖不改变工程建成后的泄洪能力。

(2)临时启用发电洞泄洪措施

引水发电系统布置在左岸山体内,由进水口、渐变段、引水隧洞、钢岔管及压力钢管组成。发电洞进口计划在 2021 年大汛前施工完成,汛期具备启用条件。发生超过 10 年一遇洪水后,考虑适时启用发电洞泄洪。启用发电洞将淹没坝后厂房基坑,将对厂房施工部位造成一定影响。

(3)加高围堰措施

本工程为堰坝结合施工,根据施工计划,可在主汛前将坝体和围堰整体加高到 362.10m,较原设计堰顶高程加高 1.62m,堰体加高后可作为坝体的一部分,提高围堰工程的挡水能力。

4.3 采取措施后的度汛能力分析

选用 $P=10\%$、5%、3.3% 共计 3 个频率洪水过程进行调洪计算,泄流条件为导流洞泄流和进水渠开挖后的溢洪道泄流,同时,超过 10 年一遇洪水时启用发电洞参与泄洪。调洪成果见表 5。

表 5 采取措施后文得根调洪成果

频率/%	入库洪峰/(m^3/s)	最大出库流量/(m^3/s)				调洪最高水位/m
		导流洞	溢洪道	发电洞	合计	
10	2130	1010	60	0	1070	357.2
5	3120	1110	270	520	1900	359.0
3.3	3730	1170	510	540	2220	360.6

可见,采取防御措施后,围堰 10 年一遇洪水调洪最高水位 357.20m,20 年一遇洪水

调洪最高水位 359.0m,30 年一遇洪水调洪最高水位 360.6m。

文得根工程上游围堰加高后的堰顶高程为 362.10m,较 30 年一遇洪水调洪最高水位高 1.5m,可保证发生 30 年一遇洪水时不漫堰并留有一定余度,具备防御 30 年一遇大洪水的能力。

4.4 应急抢险措施

实施前述工程措施后,可使工程抵御 30 年一遇洪水,在此基础上进一步制定了发生超 30 年一遇洪水时的应急抢险措施。

工程施工期水文测报系统具备 11 小时的洪水预见期,当预报将发生超围堰挡水能力的大洪水时,可在预见期内实施应急抢险措施,通过砂砾石填筑、在迎水侧用复合土工膜防渗的临时加筑子堰措施,可将围堰的挡水高程提高到 364.00m,进一步提高围堰的临时挡水能力。

根据调洪结果,50 年一遇洪水调洪最高水位为 361.8m,100 年一遇洪水调洪最高水位为 363.4m。可见,采取应急抢险措施加筑子堰后,工程基本具备抵御 100 年一遇洪水的能力。

4.5 避险转移措施

前述工程措施、非工程措施实施后,工程条件发生变化,影响对象也会发生相应变化,因此结合新的工程条件对各级洪水的影响进行再分析,重新识别影响对象,进一步制定了文得根水库上游库区、工程施工区和坝下河段范围内的避险转移措施,以及文得根水库发生超标准洪水时下游绰勒水库实施预泄调度的建议,以进一步降低风险、减小灾害。

5 结语

根据文得根围堰工程及其下游条件,在超标准洪水可能性分析的基础上,通过构建溃堰模型和下游河道二维水动力模型,模拟文得根水利枢纽施工围堰溃堰洪水及其演进过程,分析得到溃堰洪水将影响下游 3 个旗县、8 个乡镇、20 余万人口的结果,提出文得根溃堰风险高、洪水危害严重的问题。

基于严重的风险问题,经过多方讨论研究,确定了应对方案,结合工程条件,从增大泄洪能力、提高挡水能力两方面着手,制定了多项措施,将工程防洪能力由 10 年一遇提高到 30 年一遇以上,极大地提高了工程抵御洪水的能力,减小了溃堰发生的概率。

工程施工度汛过程中,通过上游洪水预报结合应急抢险措施,使围堰工程在 2021 年主汛前基本具备抵御 100 年一遇洪水的条件,进一步提高了工程的防洪能力,确保安全度汛。

参考文献

[1] 汝乃华,牛运光. 大坝事故与安全·土石坝[M]. 北京:科学出版社,2013.

[2] 周建银,姚仕明,王敏,等. 土石坝漫顶溃决及洪水演进研究进展[J]. 水科学进展,2020,31(2):288-295.

[3] 姚志坚,彭瑜. 溃坝洪水数值模拟及其应用[M]. 北京:中国水利水电出版社,2013.

[4] 中华人民共和国水利部. 水库大坝安全管理应急预案编制导则[S]. 北京:中国水利水电出版社,2015.

[5] 陈生水. 土石坝溃决机理与溃坝过程模拟[M]. 北京:中国水利水电出版社,2012.

[6] 许志刚,荣进松,谢珍. 浅谈工程建设中汛期施工的安全风险及对[J]. 人民黄河,2021,43(s1):237-238.

新形势下南水北调中线可持续发展的思考

钱 萍[1] 孙庆宇[2] 李东奇[2]

（1. 长江勘测规划设计研究有限责任公司,武汉 430010

2. 水利部南水北调规划设计管理局,北京 100038）

摘 要：南水北调中线工程自2014年12月12日全线通水以来,已安全运行近10年。当前我国正在建设中国式现代化,作为国家水网主骨架和大动脉的南水北调中线工程也将持续为全面建设社会主义现代化国家提供水安全保障。面对新形势、新变化,本文试从统筹好"三个事关"和维护好"三个安全"对中线可持续发展的要求出发,从政府行政管理和企业运行管理两个层面提出需要重点关注的重点及相应对策,以期为南水北调中线可持续发展提供参考。

关键词：南水北调中线；三个事关；三个安全；可持续发展

1 面临的新形势及要求

1.1 新形势及要求

2021年5月14日,习近平总书记在推进南水北调后续工程高质量发展座谈会上提出"南水北调工程事关战略全局、事关长远发展、事关人民福祉"以及强调"要切实维护南水北调工程安全、供水安全、水质安全"。习总书记的重要讲话,进一步提升了南水北调工程的战略地位,也为应对南水北调中线面临新形势、新变化指明了方向,即南水北调中线工程可持续发展要统筹好"三个事关",维护好"三个安全"。

统筹好"三个事关",是南水北调中线工程作为国家骨干水网工程,需要统筹好三个方面的关系。

（1）统筹好南北经济区的关系

当前我国进入新发展阶段,在形成全国统一大市场和畅通国内大循环、促进南北方

第一作者：钱萍,高级工程师,主要从事水资源规划、工程管理研究。E-mail:584818324@qq.com.

协调发展的新发展格局构建过程中,需要水资源的有力支撑。中线工程通过科学调剂水资源,实现南北方经济社会均衡、可持续发展仍然是南水北调中线在新发展阶段中的重要任务,需要统筹协调好水源区与受水区的关系,水源区汉江生态经济带与北方受水区雄安新区、黄河高质量发展区、京津冀协同发展区的关系。

(2)统筹好治理和发展的关系

在坚持"三先三后"的基本原则下,立足流域整体和水资源空间均衡配置,遵循确有需要、生态安全、可以持续的重大水利工程论证原则,进一步优化水资源配置,在确有需要的前提下谋划接续工程,为全面促进水资源利用和国土空间布局、自然生态系统相协调,不断增强我国水资源统筹调配能力、供水保障能力和战略储备能力做好应对。

(3)统筹好安全与发展的关系

统筹好安全与发展的关系,即在维护好工程"三个安全"的基础上谋求可持续发展。工程安全方面,从长期安全运行来看,要在渠道、输水建筑物结构安全方面加以重点防范,以及引江补汉工程实施后,重点关注总干渠输水能力适应性的问题。供水安全方面,中线工程线路长,受自然气候因素影响较大,要特别防范汛期和冰期输水安全。水质安全方面,要确保水源区及干渠输水水质安全。

1.2 新变化及要求

1.2.1 管理层面的变化

根据国务院批复的《南水北调工程总体规划》,南水北调中线工程建设与运行管理体制遵循"政府宏观调控,准市场机制运作,现代企业管理,用水户参与"的原则设计;分3个层次设立了管理机构,即国务院南水北调工程领导小组、领导小组下设办公室(依托水利部,编制、经费单列)、项目法人(成立中线干线建设管理局)。其管理体制的3个层次可总结两个管理主体,即政府部门和项目法人,分别负责建设行政管理及水资源统一管理和工程建设运行管理。

中线工程建设及运行初期,由国务院南水北调工程建设委员会办公室(以下简称"国调办")承担南水北调工程建设期的工程建设行政管理职能;水利部负责水资源统一调度管理;中线干线由项目法人南水北调中线干线建设管理局负责建设及输水干线日常运行及维护。

随着中线工程全线建成运行,管理主体涉及的管理机构有所调整:其一,政府行政管理机构发生变化。2018年3月国调办撤销,其职能分别划归水利部和生态环境部。其二,2020年9月28日,中国南水北调集团有限公司(以下简称"南水北调集团"),经国务院批准正式成立。2022年12月31日南水北调集团纳入国务院国资委监管;2022年3月,中国南水北调集团中线有限公司(以下简称"中线公司")成立,标志着中线工程全面进入运营阶段。

1.2.2 可持续发展的要求

(1)供需变化提出加强水资源配置及调度管理要求

需水方面,华北需水仍有增加的趋势。中线工程全线通水近9年来,因其水质优良,受水区对北调水依赖度不断提高,且随着京津冀协同发展、雄安新区建设等国家重大战略实施,华北地区用水需求存在增长空间,而供水方面因受水区水资源衰减存在供水量减少的趋势,以及随着《华北地区地下水超采综合治理行动方案》的逐步落实,地下水供水量将进一步减小。供需方面的变化为南水北调中线可持续发展提出了深化水资源优化配置、强化水资源统一调度管理的要求。

(2)工程运营阶段的运行管理要求

中线工程管理体制已按规划思路基本实现。工程运营阶段,要加强政府宏观调控、准市场运作的相关内容,关注的重点有修订现有法规、推动合理水价、水权水市场建设;企业则需进一步提升运行管理能力,维护好"三个安全"。

2 中线可持续发展需关注的重点及对策

2.1 修订《南水北调工程供用水管理条例》

2014年2月颁布施行的《南水北调工程供用水管理条例》(以下简称"《条例》")是南水北调仅有的一部法规(指法律、法令、条例、规则、章程等法定文件的总称)。《条例》的颁布为中线工程安全运行发挥显著效益提供了保障。由于《条例》成稿时间距今已近10年,《条例》中有关要求还需要与近年的新发展理念、调水工程调度、供用水管理、生态文明建设的要求、趋势相适应。

2.1.1 现有《条例》部分内容有待完善

《条例》在供用水管理方面原则性规定较多,如水量调度一章主要明确了调度管理的体系及相关方在调度管理中的责任,其他为原则性规定;用水管理节水内容也以原则性规定为主,可根据近年的发展以及今后的要求来予以细化和完善;工程设施管理第三十六条至第四十七条等条款也为原则性规定。中线工程运行以来,在供用水管理方面已积累丰富的实际运行管理经验,有必要细化《条例》中有关原则性内容。

此外,南水北调工程进入运营阶段,还应补充供水管理方面和工程运营管理方面的内容。

2.1.2 《条例》与其他法规的协调性

《条例》颁布至今近10年,而近年国家、水利部和相关部委密集发布了一些与水资源、调水相关的法规,《条例》有必要适时检视与其他法规的协调性,主要有:

(1)与《中华人民共和国水法》的协调性

《中华人民共和国水法》(以下简称《水法》)是跨流域调水管理的法律基础和保障。2016年7月,《水法》修订版中强化了对跨流域水资源的统一管理和配置,着重提到要大力推广节水措施,提高用水效率,以及各地方政府要加强水功能区水质状况的监测,防治水体污染。

(2)与流域保护法的协调性

2021年3月1日起施行的《中华人民共和国长江保护法》,第三十三条对跨流域调水作出规定:"国家对跨长江流域调水实行科学论证,加强控制和管理。实施跨长江流域调水应当优先保障调出区域及其下游区域的用水安全和生态安全,统筹调出区域和调入区域用水需求。"

2023年4月1日施行的《中华人民共和国黄河保护法》,对黄河流域开展水资源节约集约利用作出严格规定,用水管理方面"第五十二条国家在黄河流域实行强制性用水定额管理制度";第五十五条对发展高效节水农业、工业节水、城乡老旧供水设施和管网改造,推广普及节水型器具、加强节水宣传教育;第五十六条国家在黄河流域建立促进节约用水的水价体系。

上述两部流域法是《条例》的上位法,其相关内容应作为《条例》修订的指南。其他还有2021年10月20日水利部印发的《水资源调度管理办法》(水调管〔2021〕314号)、2023年9月1日国家发展改革委、水利部、环境部等多部门联合发布的《关于进一步加强水资源节约集约利用的意见》等有关内容,也应在修订时予以协调。

2.2 推动制定运行期合理水价

2014年12月,国家发展改革委下发《关于南水北调中线一期主体工程运行初期供水价格政策的通知》,确定了南水北调中线工程的初期水价政策。运行初期北京、天津按成本水价核定,河北、河南两省暂按运行还贷水价核定,过渡期3年。2019年4月,《国家发展改革委关于南水北调中线一期主体工程供水价格有关问题的通知》(发改价格〔2019〕634号)指出"中线工程供水价格按《通知》及有关规定执行,暂不校核调整。待中线工程决算后,再开展成本监审,并制定运行期水价。"

合理的水价政策对于确保中线工程良性运行具有重大意义,且是调节水资源供需矛盾的重要手段。在制定运行期水价时,应重点研究以下四点。

(1)成本水价

合理水价是实现中线工程长期良性运行的关键,合理成本是合理水价的基础,应统筹考虑多种因素。

现行中线工程实行的是成本水价,而成本仅是工程运行成本。2022年12月22日发布的《水利工程供水价格管理办法》(国家发展改革委令第54号),制定和调整水利工程供水价格的方法按照"准许成本加合理收益"(准许成本包括固定资产折旧费、无形资产摊销费和运行维护费等,由国务院价格主管部门通过成本监审核定)。中线工程合理运营水价可依据此办法制定,在具体制定时细化准许成本的内容,可考虑将水源区的资源成本、环境成本、机会成本等纳入统一成本核算,有利于对水源区的生态补偿。

(2)生态补水价格

从 2017 年开始,南水北调中线工程连续 3 年累计向北方 50 余条河流进行生态补水 70 多亿 m³,对受水区河湖生态环境、浅层地下水回升和水质改善有显著效果。然而,生态补水非无偿补水,需对水源区进行生态补偿。目前《国家发展改革委关于南水北调中线一期主体工程供水价格有关问题的通知》(发改价格〔2019〕634 号)对生态补水价格的意见是:"在上游来水充裕、正常生产生活供水得以保障的前提下,在受水区足额交纳基本水费的基础上,中线工程生态补水价格由供需双方参照现行供水价格政策协商确定。"建议根据实际生态补水价格协商的情况,制定稳定且可长期执行的生态补水水价政策。

(3)水价政策执行

中线工程是准公益性工程,工程的运行费用主要来源于水费收入,因此必须保证工程运行的基本费用。如果不能及时足额收缴水费,将影响工程长期持续安全稳定运行。中线供水现状存在较为严重的拖欠水费行为,但《条例》第十三条仅规定"水费应当及时、足额缴纳",而在法律责任里没有具体罚则,因此有必要制定有关制度保证受水区按时足额缴纳基本水费。

(4)动态调整水价

要建立水价动态调价机制,根据水市场的供求关系变化和供水成本的变化情况,适时调整水价。

2.3 推进水权水市场建设

2.3.1 水权交易试点经验

河南省在南水北调中线工程沿线区域的水权试点取得了显著成效,完成区域间水权交易 3 宗,交易水量 3.24 亿 m³。其主要经验有:一是建立了跨流域调水初始水权的确认机制,倒逼缺水地区通过区域水权交易方式满足其用水需求,培育了水权交易"买方";二是探索建立了节余水量指标认定与收储机制,培育了"卖方"市场。对受水区暂未利用的南水北调水量认定为节余指标,由水权收储中心统一收储后进行交易;三是开展区域水量交易实践。搭建交易平台,出台多项水量交易相关制度;四是探索了跨流域区域间水权交易价格形成机制,即水权交易价格采用了政府建议价与市场协议价相结合的定价模式,与南水北调综合水价联动,确保了水权交易与南水北调工程运行的有效衔接。

2.3.2 推进水权水市场建设

水权交易制度是现代水资源管理的一项重要制度,是市场经济条件下高效配置水资源的途径之一,也是建立政府与市场两手发力的现代水治理体系的重要组成内容。

根据试点情况来看,水权交易在南水北调中线促进用水指标消纳、挖掘水权交易市场的潜力较大。因此,有必要在南水北调中线大力推进水权水市场的建设。考虑水权水市场的建设属于探索性创新工作,其建设过程可分为两个阶段:第一阶段以区域间水量交易为主,第二阶段在第一阶段的基础上再推进到取水权交易。

推进水权水市场建设,以水利部颁布的《水权交易管理暂行办法》(水政法〔2016〕156号)为依据,以《关于推进用水权改革的指导意见》(水资管〔2022〕333号)为指导,第一阶段应重点明确交易主体、交易客体、交易平台、交易价格四个方面的内容。

(1)交易主体

水权交易主体是水权交易的转让方和受让方。按照《水权交易管理暂行办法》的规定,县级以上地方人民政府或者其授权的部门或单位为区域水权交易主体。落实到中线工程,工程沿线已取得分配水量的省、市、县地区是交易主体。在受水区各省已明确区域初始水权的情形下,应进一步明确各省内市、县的初始水权,为开展区域间水量交易奠定基础。

(2)交易客体

中线工程的交易客体是全线可用于交易的水量,需要由水行政主管部门组织,通过调查建立可用于交易的水量数据库,摸清将有可能成为"卖方"的底数,同时也摸清"买方"市场规模,为统筹规划水权水市场的建立提供交易基础。可交易的水量主要有:①前期未消纳的水量。包括因配套工程未完成,短期内无法完全消纳的水量;受水区地市因经济社会发展还未达到规划目标而富余的水量;②加强节约用水,优化配置后的结余水量。

(3)交易平台

水权交易平台为水权交易各方提供服务的方式有中介服务和水权收储转让服务。目前,国家层面已建立中国水权交易所,河南省试点成立了省级交易平台,信息平台依托中国水权交易所建立。按照已有交易所平台设置的经验,南水北调中线在推进水权水市场建设过程中,受水区各省应成立省级交易平台,省级建立统一的水权交易系统,各省信息与中国水权交易所信息共享。跨水资源一级区、跨省区的区域水权交易,在国家级平台交易,其余可在省级平台交易。

(4)交易价格

河南省试点交易价格由交易双方协商解决。交易价格在综合水价的基础上适当增加一定的交易收益费用作为转让方的补偿(基本水价+计量水价+交易收益价格),其中计量水费按照受让方取水口门所在地计量水价标准。价格尚未反映受让方水资源紧缺程度等。在制定交易价格中,应进一步探索在交易价格中反映受让方水资源的紧缺程度、保护投入和供求关系等方面的因素。

2.4 推进标准化管理提升运行管理能力

2022年,水利部印发《水利工程标准化管理意见》,要求所有水利工程在2030年底前全面实现标准化管理。南水北调中线工程在现有标准化建设的基础上,在数字孪生构建中开展标准化建设,并同步开展中线标准化管理顶层设计。

(1)中线数字孪生标准化建设

中线数字孪生标准化建设,即在中线数字孪生建设中,建立统一的标准和规范,包括应用准则,明确数据采集、处理、模型构建、系统集成等各环节的技术要求和管理规定;还应建立一套完整的标准制定程序,确保标准的科学性、实用性和前瞻性。同时,建立评估及持续改进的机制,根据评估结果和技术发展趋势,不断完善和优化中线数字孪生标准化。

(2)开展中线标准化管理顶层设计

中线标准化管理顶层设计以维护好"三个安全"为目标,构建三个标准化管理模块,分别是:①以工程安全为目标的风险管控标准化管理模块,按照《构建水利安全生产风险管控"六项机制"的实施意见》形成风险管控标准流程图,配置相应的责任机制,提升工程安全的风险管控能力。②以供水安全为目标的调度实施标准化管理模块。围绕调度实施的顺利开展,实行基础资料的标准化管理,调度文件的标准化管理,调度实施的标准化管理。③以水质安全为目标的生态环境保护标准化管理模块。规范开展水质监测、水质自动监测站网及运行维护标准化建设与管理等,并对各项操作形成标准流程进行管理。

此外,中线标准化管理还应加强标准化制度及标准化体系建设,从而形成中线标准化管理模式,由此整体提升中线安全运行的管理能力。

3 结论

中线工程在国家"四横三纵"水网中处于促进南北方均衡发展、可持续发展战略的重要关键地位,面对新形势新要求,从政府行政管理和企业运行管理两个层面提出了需要关注的重点及相应对策,从而为南水北调中线可持续发展提供参考。

参考文献

[1] 李国英. 深入贯彻新发展理念推进水资源集约安全利用_滚动新闻_中国政府网(www.gov.cn),2021-03-22.

[2] 于合群. 加强南水北调中线工程运行管理保障供水安全 提高供水效益[J]. 中国水利,2022(23):33-34.

[3] http://www.gov.cn/xinwen/2021-05/14/content_5606498.htm 习近平主持召开推进南水北调后续工程高质量发展座谈会并发表重要讲话_滚动新闻_中国政府网（www.gov.cn）.

[4] https://m.thepaper.cn/baijiahao_15068418.【南水北调】南水北调事关战略全局、长远发展、人民福祉.

[5] https://www.gov.cn/xinwen/2014-03/04/content_2627895.htm.专家解读：南水北调工程运行管理的法制保障．水利部发展研究中心教授级高级工程师,李晶．

[6] http://www.csnwd.com.cn/gywm/jtjs.中国南水北调集团简介.

[7] https://www.nsbd.cn/gywm/zyzn.中国南水北调中线有限公司简介.

[8] https://m.thepaper.cn/baijiahao_22271355.全国政协委员蒋旭光：加快推进南水北调后续工程和国家水网建设 2023-03-12.

[9] 创新建设运营体制机制 推进南水北调后续工程高质量发展——访中国南水北调集团有限公司党组书记、董事长蒋旭光[J].中国水利,2022(18):7-11.

[10] 槐先锋,等.南水北调中线干线工程安全运行探索.中国水利,2021(18):48-51.

[11] 答卷：当好南水北调中线水源"三个安全"守护者.

[12] 李丹.南水北调中线工程运营管理体制的制约因素及其优化路径——以南水北调中线工程河南段为例[C]//2022(第十届)中国水生态大会论文集．2022.

[13] 河南：区域水量交易的探索与实践[J],中国水利,2018(19):55-57.

[14] 南水北调中线工程水价的思考与探讨[J].水利水电快报,2020,41(4):P47-48.

[15] 南水北调：全面通水七周年 筑牢"四条生命线".

[16] 孙永平,等.数字孪生南水北调工程建设浅析[J].中国水利,2022(14):55-57.

以标准化管理提升南水北调中线
安全运行管理能力的思考

钱 萍[1] 孙庆宇[2]

(1. 长江勘测规划设计研究有限责任公司,武汉 430010;
2. 水利部南水北调规划设计管理局,北京 100038)

摘 要:南水北调中线一期工程通水运行以来,已建立起一套行之有效的工程管理体系,为工程总体安全运行发挥了重要作用。然而,在运行过程中也暴露出一些问题,为确保工程可持续安全运行,一是通过对实际运行情况发现的问题进行梳理,并采取防范措施;二是始终坚持以"三个事关"指导中线工程安全运行管理;三是开展中线标准化管理建设整体提升中线安全运行管理能力。

关键词:南水北调中线;三个安全;运行管理;标准化管理

1 中线现状运行安全状况及存在的问题

中线工程运行安全与否可从三个方面来反映,即工程设施的运行情况是否满足输水安全要求、检测手段是否符合运行管理需要、输水水质是否符合供水标准来反映。

1.1 工程设施设备运行状况

南水北调中线一期工程线路长、面广,沿线各类建筑物多。自通水运行以来,工程设施设备在运行过程中,受自然、人为、管理等多方面因素影响不可避免地存在一些自然磨

基金项目:长江勘测规划设计研究有限责任公司自主研发项目"南水北调中线向雄安新区供水水量安全保障技术"(CX2019Z01)"

第一作者:钱萍,女,高级工程师,主要从事水资源规划、工程管理研究工作。E-mail:584818324@qq.com。

通信作者:孙庆宇,男,高级工程师,副处长。E-mail:498646481@qq.com。

损、自然灾害造成的损毁,以及人类活动对建筑物运行安全造成的不利影响等问题。根据相关资料统计,截至2022年底,中线总干渠工程设施设备出现的主要问题有三大类。

1.1.1 渠道边坡及防渗系统

南水北调中线一期工程总干渠自2014年12月通水至今,渠坡共发生64处蠕动变形、渠坡滑塌、错台、渗水等现象,其中一级马道(含)以上61处,一级马道以下(过水断面)3处。总干渠防渗排水系统主要包括衬砌板、土工膜、逆止阀、排水板、排水垫层、排水井等,其中以对总干渠衬砌板造成破坏的渠段较多。截至2022年底据不完全统计,总干渠全线衬砌板共发生233处破坏,共约4130块,主要表现形式为衬砌板隆起、开裂、错台、滑塌等。

1.1.2 输水建筑物

(1)河道冲刷对建筑物的损毁

总干渠通水以来,工程沿线共发生多次较强降雨,对倒虹吸、暗渠工程管身顶部、进出口裹头、部分渠坡、挡墙、截流沟护坡等及下游河道造成冲刷损毁,渡槽工程主要是对槽墩基础、墩之间河床及裹头位置河岸等部位造成较为严重的冲刷。据统计,总干渠渡槽、倒虹吸、退水闸等发生冲刷损毁等共17处。

(2)输水建筑物渗水及裂缝

总干渠通水以来,输水建筑物渗水主要形式有两类,即渡槽伸缩缝止水破坏渗水和结构缝渗水。据不完全统计,总干渠渡槽、倒虹吸、退水闸、涵洞等建筑物发生止水失效或结构缝渗水等共28处;潦河渡槽两槽之间人行道板右侧接缝张开,以及小洪河倒虹吸出口闸墩的工作门槽和牛腿之间、闸墩和桥墩交接处角部共7个墩面发现31条裂缝;总干渠天津干线发现11处箱涵结构缝渗水、裂缝等。

(3)输水建筑物局部水流形态较差

部分输水建筑物进出口渐变段长度偏短、墩头形态设计不合理、导流墩长度较短,导致在设计流量下渡槽建筑物进口及倒虹吸出口水位大幅波动、渡槽槽身段水流拍打横梁、渡槽内出现水流不平稳等现象。据统计,渡槽、倒虹吸、暗涵进出口发生流态不稳,其中流态较差、水流波动严重的部位共21处。

1.1.3 藻贝类生长淤积

总干渠输水建筑物渡槽槽身在排空检修时发现渡槽内壁死亡藻类、壳菜、石蛾幼虫等附着物较多,部分渠道衬砌面板有藻类生长,主要部位位于水面以下2~3m,长度5~60cm。据统计,总干渠藻类生长和淤积较为显著的渠段共有7处。

1.2 工程安全监测状况

根据安全监测成果显示,南水北调中线工程总干渠渠道和各建筑物变形、渗流、结构内力、预应力锚索(杆)荷载、土压力等监测项目物理量测值变化平稳,符合一般变化规律和现场实际情况,工程运行性态总体正常。为保障安全监测更加精准和系统,一方面完善安全监测系统,组织开展了左排渗压计、测压管、测斜管及陶岔大坝自动化监测改造项目等,提高了监测数据采集工作效率;实施了基准网建设与复测项目,优化完善了安全监测系统基准点和工作基点,解决了监测成果相互独立、缺乏关联性、监测成果失真等问题;升级改造完成安全监测自动化应用系统;开展新技术应用试点等。另一方面加强了制度建设,编制完成《安全监测强监管工作方案》和《安全监测现场检查工作方案》,组织开展了全线安全监测专项检查、全面排查,加强了问题整改体系建设,促使现场作业行为和管理行为更加规范化、标准化。

从目前情况来看,工程安全监测系统基本满足了现有一般运行管理的要求,但仍然存在自动监测断面数量不足、监测点位设置不合理、测读精度不高、标准化管理还需进一步提升等问题。

1.3 输水水质安全状况

中线工程通水后,为全面掌握总干渠水质状况,建立了较为完备的水质安全风险防范措施,分别在渠首、河南、河北、天津 4 个分局建设了设备先进的水质监测实验室,由南到北共设置了 13 个水质自动监测站,沿线设置了 30 个固定监测站点;建立了水质保护科技创新体系,提升了水质保护的科技创新能力;同时健全了水质安全保障体系,出台了水质监测方案,健全了水质监测日报、周报、月报制度,采取了加强水体日常巡查工作,加密水质常规、藻类及自动监测工作,并将取样点延伸至库区;还及时开展了汛期水质安全保障工作等。通过开展上述水质保护工作措施,自通水以来中线总干渠输水水质稳定达到或优于地表水Ⅱ类标准。

目前,总干渠藻类生长和淤积较为显著的渠段共有 7 处,尚未对输水水质造成较大影响,处于可控范围,但需要实时监测总干渠水环境状况,持续跟踪总干渠输水水质。水源区的水质在已建立丹江口库区水质监测站网的情况下要开展站网标准化建设,以此提升站网的管理水平,确保水源水质。

综上,目前南水北调中线运行管理体系有效保障了工程的安全稳定运行,总体运行处于良好状态。然而,受自然、人为、管理等多方面因素的影响仍不可避免地存在一些问题。

2 中线持续安全运行应重点防范的内容

通过上述在中线运行过程中发现的问题,应采取重点防范措施。

2.1 防范渠道及输水建筑物的安全隐患

中线工程设施设备在运行过程中发现的问题,目前来看多为轻微的问题,但从长期安全运行来看,应坚持防微杜渐原则,防止已发现的防渗、冲刷等对渠道安全、输水建筑物结构安全的影响,主要有以下三个方面。

(1)避免挖方渠道过水断面大体积滑坡

由于滑坡体进入渠道后,将迅速降低下游渠道水位,造成下游渠坡内坡地下水位来不及排出而引起渠坡失稳,衬砌板隆起破坏,同时阻塞水流引起上游水位壅高,甚至导致上游填方渠道溃堤等连锁事故;进入渠道滑坡体的泥沙会随水流进入倒虹吸、暗涵等建筑物,也将造成建筑物淤堵。因此,需要特别注意防范渠坡变形及过水断面变形造成大体积滑坡的隐患。

(2)防范填方渠道溃堤

沿线填方渠堤地质条件复杂,存在膨胀土/岩、湿陷性黄土等不良地质段,禹州段还存在煤炭采空区等特殊地质条件,因桥梁、穿堤建筑物施工,导致填方渠堤存在缺口,与邻近渠段填筑时间不一致。由于上述问题均有可能造成渠堤不均匀沉降、防渗体系失效、集中渗漏等,从而出现填方渠道溃堤的隐患,应对此加强防范。

(3)防范输水建筑物重大结构安全问题

中线总干渠输水规模大,地形地质条件复杂,沿线河渠、交通市政道路管网众多,为此建设了穿黄工程、沙河渡槽、PCCP埋管等众多大型输水建筑物。目前出现的问题大多为交叉河道冲刷、淤积、结构缝渗水等轻微问题,对工程结构安全影响较小,且都采取了处理措施。但是,在复杂的运行条件、外部环境下,要长期不懈地防范影响建筑物重大结构安全的风险。

2.2 提升工程安全监测系统的监测能力

安全监测是利用仪器监测、结合人工巡视检查等对工程结构安全的相关信息进行长期、系统的采集,并通过对采集的数据进行分析和发现问题,实现监控工程安全、指导运行的重要手段。对安全监测在实际运行中发现的问题可采取加密、补充测量点,以及扩大自动监测面等措施。

(1)加密渠段测量点,满足对渠段内渠道及建筑物工程输水能力复核的需求

南水北调中线总干渠运行调度实测测量点主要位于总干渠各节制闸处。总干渠明渠由61个节制闸分为60段,平均每个渠段约20km。目前每个渠段仅始端、末端两个水位测量点,无法区别该渠段范围内渠道工程和建筑物工程对输水能力的影响,不能满足总干渠糙率率定和输水能力复核的需求,应加密监测测量点。

(2)调整和补充设置不合理的自动监测断面

部分节制闸水位测量点的位置设置不合理,存在水流流态不稳定等问题,应调整监测测量断面。倒虹吸仅在出口闸前设有监测断面,应在进口增加监测断面;渡槽在进口

闸前和槽身设有监测断面,出口也应增加监测断面。

(3)取代人工读取水尺监测断面

除节制闸处自动监测外,其他断面均是通过人工读取水尺的方式获取运行水位。受水尺安装精度及人为主观因素影响,人工读取测读精度有限,测量数据需要校正。一方面应补充自动监测密度,另一方面采取一定数据处理措施提高数据质量。

2.3 加强水源水质及干渠输水水质监管

中线总干渠输水水质监测已建立了较为健全的水质安全风险防范体系和水质保护科技创新体系,构建了"信息互通、衔接配合、多层次、可对比"的检查体系。为保证水质监测持续稳定运行,需进一步开展水质自动化监测站网的标准化建设和加快落实河湖长制。

(1)开展水质自动化监测站网标准化建设

以"强化制度建设、质量管理体系建设、安全保障体系建设"为目标,提升全线(包括丹江口库区)的水质自动化监测站网标准化建设;着力推进水质自动监测站、信息化平台等硬件软件升级,建立完善的管控体系;抓好监测站网的外部环境和内部管理,完善现有监测站网运行管理体系制度及工作流程体系,提升自动监测站网的规范化、标准化管理水平。

(2)落实河湖长制保护输水水质安全

2022年1月,水利部印发《在南水北调工程全面推行河湖长制的方案》(以下简称《方案》),以充分发挥河湖长制优势,及时协调解决南水北调工程安全管理中的突出问题。目前,北京、天津、河南已设立四级河长,河北设立了五级河长。

南水北调中线工程干线公司应按照《方案》要求加快与干线沿线地方人民政府建立协作机制,如联席会议制度、联防联控、跨界河湖共治等,确保双方信息共享,共同排查解决工程上下游、左右岸、跨行政区域间影响工程安全的突出问题,以及维护好南水北调中线的输水水质安全。

3 提升中线安全运行管理能力的思考

南水北调中线是国家"四横三纵"的骨干水网工程,承担着促进南北方均衡发展、可持续发展的任务,必须保障中线工程的运行安全以支撑国家战略。在思想上应与国家战略思维保持高度一致,以"三个事关"指导"三个安全",在对已发现的问题加强重点防范措施的基础上,还应以推行标准化管理为契机整体提升中线安全运行的管理能力。

3.1 坚持以"三个事关"指导中线安全运行管理

2021年5月14日,习近平总书记在推进南水北调后续工程高质量发展座谈会上提出"南水北调工程事关战略全局、事关长远发展、事关人民福祉",强调"要切实维护南水北调工程安全、供水安全、水质安全"。

习近平总书记的重要讲话,进一步提升了南水北调工程的战略地位,也为保障南水北调中线运行安全工作指明了方向。南水北调中线工程作为国家骨干水网工程,是促进南北方均衡发展、可持续发展,事关国家战略全局、长远发展和人民福祉的重要基础设施。统筹好受水区与水源区的关系,实现社会、经济效益最大化仍然是南水北调中线的主要任务,且进入新发展阶段,南水北调中线要为构建新发展格局、形成全国统一大市场和畅通国内大循环持续发挥水资源保障作用。为此,南水北调中线工程必须始终坚持以"三个事关"的战略高度来指导中线运行管理,切实维护好工程的"三个安全",保障国家水网在国家经济发展中的支撑作用。

3.2 调水工程标准化管理要求

2022年,水利部相继印发了的4份关于加强水利工程安全管理的文件,指导水利工程安全生产和推进标准化管理。水利工程标准化管理是水利安全生产的重要环节。为强化工程安全管理,建立健全运行管理长效机制,《水利工程标准化管理意见》要求所有水利工程在2030年底前全面实现标准化管理。

标准化管理建设对保障中线工程运行安全、提升运行管理能力、企业核心竞争力具有重要意义。根据水利部《调水工程标准化管理整体评价标准》,有五大类90个评价指标,分别从系统完备、安全可靠、集约高效、绿色智能、循环畅通、调控有序5个方面进行评价。从单项分值来看,分值较高的有四个方面,即工程设施和调度实施分值最高为80分;其次是生态环境保护分值70分;再次是信息化平台建设65分。调水工程评价标准评分分值分布见图1。

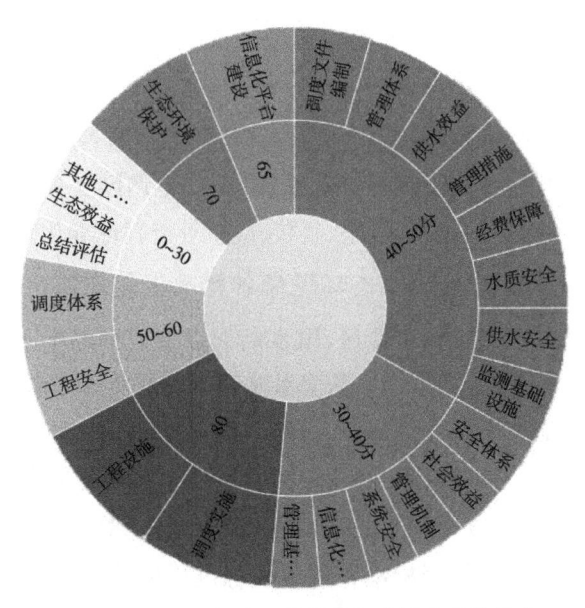

图1 调水工程评价标准评分分值分布

从分值分布来看,65分以上是标准化管理的核心内容,包括工程设施、调度实施、信息化平台建设、生态环境保护;30~65分的评价指标主要是保障"三个安全"的风险制度、管理保证措施,包括风险排查、应急预案等;30分以下评价指标主要包括其他工程设施、节能降耗等。

调水工程标准化管理最重要的两项评价指标是工程设施的完备和调度实施,也是调水工程的首要任务;其次是绿色智能的生态环境保护及信息化平台建设。生态环境保护的对象包括水源区、工程环境管理;信息化平台建设是动态管理工程的重要手段,要求按照数字孪生的要求完成L2级和L3级数据底板建设。

3.3 推进标准化管理顶层设计提升运行管理能力

3.3.1 在现有标准化建设的基础上推进标准化管理顶层设计

根据调水工程标准化管理的要求,南水北调中线工程的标准化管理工作应依照调水工程标准化管理整体评价标准的主要内容;在中线标准化建设的基础上,加快推进标准化管理的顶层设计,即以信息化平台建设为主要抓手,在南水北调中线数字孪生L3级数据底板建设中同步开展中线运行管理标准化建设,实现中线标准化顶层设计,为此可构建3个标准化管理模块。

(1)以工程安全为目标的风险管控标准化管理模块

按照《构建水利安全生产风险管控"六项机制"的实施意见》,通过风险管控"六项机制",即查找、研判、预警、防范、处置、责任机制,在中线工程已有风险防控手册的基础上,在中线各管理处进一步对照梳理风险隐患源,查漏补缺,并形成风险管控标准流程图,配置相应的责任机制,提升工程安全的风险管控能力。

(2)以供水安全为目标的调度实施标准化管理模块

调度实施是调水工程的核心内容。调度实施的顺利开展,首先要保证编制调度文件获取基础资料的标准化管理(包括雨水情测预报的渠道是否顺畅,调度规程是否制定,调度计划制定流程),均应形成流程标准化操作;其次是调度文件的标准化管理;再次是调度实施的标准化管理(包括执行、调整、复核、应急等流程标准化管理)。

(3)以水质安全为目标的生态环境保护标准化管理模块

生态环境保护的对象包括水源区、取水断面以下河湖的生态流量、生态环境补救等措施,以及工程环境管理3个方面。从南水北调中线的实际来看,应包括丹江口库区、丹江口水库下泄的生态流量及生态保护补救措施、总干渠沿线水质保护。为此,应规范开展水质监测,开展水质自动监测站网及运行维护标准化建设与管理及制定应对水质突发事件的应急预案等,并对各项操作形成标准流程进行管理。

3.3.2 中线标准化还应加强标准化制度及标准化体系建设

加强标准化制度建设是标准化管理的必要保障。首先,应对现有制度标准体系按照工程安全、供水安全、水质安全的类别,以物、事、岗全覆盖的原则,对各项技术标准、管理标准、岗位标准开展梳理评估工作,查找标准化实施过程中的问题并提出改进建议;其次,为开展标准化工作提供依据,根据南水北调中线实际情况,统筹规划、组织制定包括国家标准、行业标准、地方标准和企业标准在内的南水北调中线标准体系,形成一套为南水北调中线服务的标准化体系,并将在实践过程中推广应用成熟、先进、实用的技术标准、企业标准,上升为团体标准、行业标准或国家标准;再次,为使标准化不流于表面,应加强标准化规章制度建设,同时加强保障措施,编制相关指导性文件或培训教材予以宣贯。

4 结语

综上所述,南水北调中线工程自通水以来,在《南水北调工程供用水管理条例》(国务院令647号)的指导下,建立了一套行之有效的工程管理体系,有效保障了中线工程的安全运行。为维护好中线的"三个安全",除对发现的问题采取重点防范措施外,还需要整体提升中线工程的运行管理能力,即在现有标准化建设的基础上,按照《调水工程标准化管理整体评价标准》,在南水北调中线数字孪生L3级数据底板建设中同步开展中线运行管理标准化顶层设计,同时加强标准化制度及标准化体系建设,从而整体提升中线安全运行的管理能力。

参考文献

[1] 于合群.加强南水北调中线工程运行管理保障供水安全提高供水效益[J].中国水利,2019(23).

[2] 于茜,等.南水北调东线工程运行管理标准化现状分析与建议[J].水利建设与管理,2023(4).

[3] 王峰,等.南水北调中线工程运行管理规范化建设探索与实践[J].中国水利,2019(16).

[4] 王伟,等.水管单位安全生产标准化创建动态评价与关键因素分析[J].江苏水利,2021,12.

[5] 何军,等.南水北调中线安全监测应用系统提升改造实践[J].中国水利,2021(8).

[6] 王立,等.南水北调中线工程水质自动监测站网标准化建设探索与实践[J].河南水利与南水北调,2022,5.

南水北调中线白河倒虹吸水下检测实施探究

冯党[1]　高森[2]　郭聪[3,4]　刘强[3]

(1. 中国南水北调集团中线有限公司渠首分公司,南阳　473000；
2. 中国南水北调集团中线有限公司,北京　100038；
3. 长江勘测规划设计研究有限责任公司,武汉　430010；
4. 长江地球物理探测(武汉)有限公司,武汉　430010)

摘　要：为研究南水北调中线输水建筑物——白河倒虹吸局部水头损失影响因素,采用水下机器人和三维声呐系统对白河倒虹吸内部建筑物的运行状况进行了检测。基于倒虹吸建筑物内部影像图、三维声呐图以及局部水头损失分析了制约白河倒虹吸过流能力的因素。研究表明：现状白河倒虹吸建筑物表面糙率有一定程度增加；在管道内壁发现有贝类生物、淤泥等附着物,其中管道底部泥质淤积厚度范围为1~8mm,平均厚度为4mm；在管道底部管节处发现个别底板隆起、开裂等问题。应用结果显示：水下机器人和三维声呐系统可清晰地反映倒虹吸管内壁面平整程度和水下运行状况,其内壁的贝壳、淤泥以及底板受挤压隆起、开裂等因素影响会造成边界的突然变化,导致流体运动时会产生漩涡；漩涡的产生以及漩涡的运动的维持,漩涡主体和主流之间的动量交换,不同漩涡之间的冲击以及摩擦均需要消耗能量,在一定程度上造成白河倒虹吸局部水头损失的增加。

关键词：白河倒虹吸；水下机器人；三维声呐系统；局部水头损失

1　概述

南水北调总干渠白河渠道倒虹吸工程是穿越白河干流的大型河渠交叉建筑物,是南

基金项目：本论文由南水北调工程关键技术攻关项目(37500100000021G002)资助。
第一作者：冯党(1985—　),男,高级工程师,主要从事南水北调中线工程技术管理工作。E-mail：382818423@qq.com。
通信作者：郭聪(1991—　),男,工程师,主要从事水利工程地球物理探测研究工作。E-mail：395047380@qq.com。

水北调干渠工程的控制性建筑物之一,是南水北调黄河以南的控制性工程。白河倒虹吸工程总长1337m,主要建筑物从进口至出口依次为:进口渐变段、退水闸及过渡段、进口检修闸、倒虹吸管身、出口节制闸(检修闸)、出口渐变段。白河倒虹吸埋管段水平投影长1140m,共分77节,为两孔一联共4孔的混凝土管道,单孔管净尺寸6.7m×6.7m。白河倒虹吸截至目前已通水运行8年多,在大流量输水条件下过流能力存在部分制约。为探究白河倒虹吸制约因素和水下运行条件,开展了水下检测。

2 技术方案

2.1 技术设备

白河倒虹吸水下检测主要采用水下机器人、二维图像声呐、高清摄像系统、三维声呐系统以及惯性导航定位系统进行检测。

水下机器人是一套高性能的可靠的水下系统,主要包括ROV主机、地面控制系统两部分。其中,ROV主机标准配置深度计、姿态传感器、高清水下摄像头、水下照明、推进器等部件,采用框架结构,结实可靠;地面控制系统包括控制系统、电源控制箱等部件。本文水下检测机器人采用的是DOE L5 ROV系统,配备的声呐为BLUEVIEW-M900-130图像声呐和管涵检测专用三维声呐BLUEVIEW T2250,摄像头为低照度水下相机和高清水下相机。DOE L5 ROV是一款便携式高性能、易维护、可靠稳定的水下机器人系统,与同级别水下机器人相比具有推力大、功能更加齐全的优点。DOE L5 ROV的推进及控制系统采用网络通信结构,使用简单、方便,并拥有多个微处理器;完全采用模块化设计,可以方便快捷地对各种部件进行维修和更换,支持多种外置传感器设备(图1)。

二维图像声呐采用的是M900-130型图像声呐,适用于水下环境调查和检查。无论在狭窄还是宽广区域搜索,都能得到清晰流畅的目标声学图像;无论是运动或静止状态,甚至在能见度为零的水况下,都能生成清晰的实时图像。

三维声呐系统主要应用于水下管道的检测中,工作时利用换能器对管道内壁进行扫描,最终通过点云成图的模式将管道内壁的形态展现出来。本文采用的是BLUEVIEW T2250三维声呐。该设备工作过程中不需要载体设备停顿,作业连续性好,效率高。

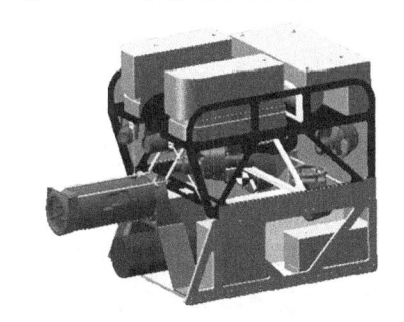

图1 DOE L5水下机器人系统

由于在水中光波及电磁波无法有效的传播,目前只有依靠声波进行测速定位来为水下运动载体提供导航定位。水下组合导航定位系统由GPS、惯性导航定位系统等设备组成。惯性导航定位系统是以水下专用光纤陀螺仪作为主要设备,同时配套有声速计、流速仪、多普勒计程仪等多项定位校正设备;采用实时操作系统,在高性能数据处理芯片中嵌入特有的数据融合滤波算法,能在静态、动态以及冲击振动状态下,输出稳定的姿态数据。

2.2 实施方案

白河倒虹吸输水能力制约因素分析主要采用水下机器人和计算分析相结合的方式进行,具体技术路线如下。

1)采用水下机器人[1-2]系统对渠道倒虹吸工程全段范围进行水下检测工作。水下机器人携带的高清摄像头用于对渠道倒虹吸管身水生物附着情况、淤积物,以及重点部位逐一进行详查,进一步确认异常的性质、规模,以及分布部位等情况。

2)采用二维图像声呐、三维声呐对渠道倒虹吸内壁进行探查。通过二维图像和三维点云形式对管道内壁进行观察分析,检测管道内壁的完整性和底部淤积等情况。

3)对采集的数据进行处理分析,探究影响白河倒虹吸过流能力的因素,并根据稳定的水位流量数据计算白河倒虹吸局部水头损失[3]。

2.3 实施准备

检测工作根据现场实际情况,布设测线和检测作业线路,进行水下图像声呐和摄像检查录像并拍照,对于重点关注部位以及声呐检查异常区域进行光学视频局部精细观测。在正式测试前进行测前实验。

1)试验避碰声呐系统。避免遭遇障碍物,以至于影响到障碍物后的工程状况的测试数据。

2)试验灯光及摄像系统。调整亮度及分辨率以减小对水体浑浊度的影响,保证较高的视频质量。

3)试验图像声呐系统。保证声呐系统的正常运行。

4)实验主机动力系统。保证拖动电缆的动力。

5)试验水深感应器。做好电缆标记,保证主机坐标的准确性。

采用搭载图像声呐系统的水下机器人系统对检查区进行水下声呐全覆盖扫描,了解倒虹吸管道内整体情况,初步判断淤泥分布情况和藻类分布。获取全覆盖声呐影像数据后,及时进行声呐影像回放,并判断有关疑似管壁结果破损或藻类生物,同时利用摄像对藻类信息进行观察。

2.4 实施检测

确认所有仪器设备正常后,使用脐带缆将水下机器人吊放至水面,操作水下机器人对管道进行检查。现场作业中,水下潜航器单元由进口至出口依次为:进口检修闸、倒虹吸管身、出口节制闸(检修闸)。白河倒虹吸埋管段水平投影长1140m。

检测孔为左岸第一孔。使用水下机器人搭载高清摄像头、图像声呐对管道内部进行可视化检测;搭载三维声呐对管道进行扫描,获取管道三维形态;分析管道内部淤积、形变、裂缝、破损、坑洞、异常情况等缺陷。

3 检测分析

3.1 管身段整体分析

水下机器人检测分析表明,倒虹吸管道内部整体运行情况良好,局部管节混凝土板受挤压隆起。管内无明显泥沙淤积现象,但管道底部若干处存在石块、木棍、木板等杂物;管身内存在一定贝类生物附着现象。结果表明,贝类附着将导致输水建筑物糙率增大。倒虹吸贝类附着密度约5000个/m² 时,糙率值将增加至0.017~0.018[4]。

针对管身段内异常情况进一步检测表明,管道整体均存在贝类生物附着,上下游斜坡段分布较少,平段较多;管道底部杂物沉积有石块22块,木板、树枝7根;管道底部管节处,底板受挤压隆起、开裂,共发现7处,其中3处较严重,隆起高度3~5cm。管身段检测异常统计结果见表1。

表1　　　　　白河倒虹吸水孔管身段水下检测异常统计结果

异常段	异常内容	相对桩号	位置描述
下降段	石块	0+149.000	右边墙
	集水井盖板	0+186.000	底部
水平段	墙壁剥离	0+242.000	左边墙
	石块	0+254.000	底部
	树枝	0+256.000	底部
	石块	0+294.000	底部左侧
	底部接缝处隆起	0+374.000	管节处
	石块	0+385.000	底部
	石块	0+403.000	底部
	石块	0+404.000	底部
	底部接缝处隆起	0+509.000	管节处
	木板	0+509.000	底部
	石块	0+523.000	底部
	底部接缝处隆起	0+599.000	底部

续表

异常段	异常内容	相对桩号	位置描述
水平段	石块	0+614.000	底部
	树枝	0+625.000	底部
	木板	0+649.000	底部左侧
	石块	0+719.000	底部右侧
	石块	0+769.000	底部右侧
	树枝	0+769.000	底部
	石块	0+770.000	底部左侧
	底部接缝处隆起	0+779.000	底部
	石块	0+779.000	底部左侧
	石块	0+914.000	底部右侧
	底部接缝处隆起	0+929.000	管节处
	树枝	0+939.000	底部
	石块	0+979.000	右侧底部
	底部接缝处隆起	0+989.000	管节处
	底部接缝处隆起	0+1019.000	管节处右侧
上升段	石块	0+1119.000	底部
	树枝	0+1122.000	底部
	石块	0+1209.000	左侧底部
	石块	0+1229.000	右侧底部
	石块	0+1231.000	右侧底部
	石块	0+1239.000	右侧底部
	石块	0+1245.000	左侧底部
	石块	0+1245.000	底部
	石块	0+1253.000	底部

3.2 管身段异常分析

3.2.1 贝类生物附着分析

根据管道内部视频与图像声呐检测结果可知,管道全段均有贝类生物附着,上下游斜坡段附着密度低,在水平段附着密度大;断面中,管道底部中间宽度约1m附着密度小,两侧宽度2.8m附着密度大,侧壁与顶部附着密度相同且偏小;管节处、石块和木块周围附着较集中,密度大。

同时通过全管段高清摄像环扫和三维声呐扫描,计算分析贝类生物声波及振幅强度特征,可以得出:①管道全段均有贝类生物附着,上下游斜坡段附着密度低,在水平段附着密度大;②断面中,管道底部中间宽度约1m附着密度小,两侧宽度2.8m附着密度大,侧壁与顶部附着密度相同且偏小;③管节处、石块和木块周围附着较集中,密度大。

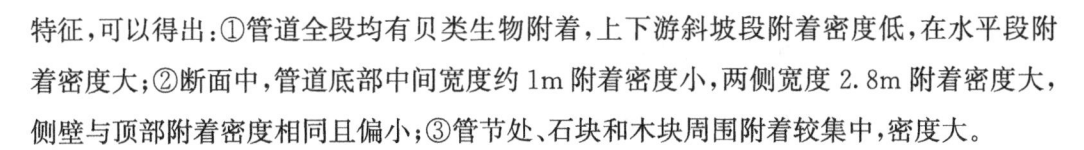

3.2.2 石块、管底板异常分析

根据管道高清视频、三维声呐及二维图像声呐检测,管道内存在多处石块、木棍、木板等淤积物,部分管节受挤压隆起。经统计,管道底部发现多处石块、木块等,发现石块22块,木板、树枝7根;管道底部管节处,底板受挤压隆起、开裂,共发现3处。

3.3 管道淤泥厚度分析

通过三维声呐和惯导精确定位,并扫描管身四周,可将管内径测量精确到毫米级,再通过确认倒虹吸管段设计尺寸,计算分析出管段底板及四周淤泥厚度。选择水平段某处断面进行计算,若断面高度小于管道设计值6.7m,表明管道内存在淤积;若断面高度大于管道设计值6.7m,表明底板或顶板存在裂缝或缺陷。检测显示:左侧高度为6.699m,小于管道设计值6.7m,推测该处存在淤泥,厚度约1mm;中间厚度为6.715m,大于管道设计值6.7m,推测该处存在裂缝或缺陷;经分析过全管段三维扫描结果,得到测点的高度数据 $H_{i,j}$,再与高度设计值 D 相减,得到重采样后的测点厚度数据。计算公式见下式:

$$\delta = H_{i,j} - D \tag{1}$$

式中, $H_{i,j}$——测点高度数据;

  D——管身设计高度;

  δ——相对厚度数据体。

通过厚度数据,剔除异常点和畸变点,满足一定的采样密度,倒虹吸内淤泥厚度变化范围为1~9.5mm,管身下沉和上升两端分布较薄,水平段分布相对较厚。就水平段而言,管壁边角分布较厚,中间段分布较薄。通过水下摄像得以验证,整体淤泥相对较薄,推测为闸门关闭后水中自然沉降的悬浮物。当开启闸门后,淤泥在水流冲刷下散开。

4 局部水头计算分析

白河倒虹吸局部水头损失计算采用一维恒定非均匀流水力学模型计算。通过求解能量方程来推求倒虹吸水力要素。能量方程[5]见下式:

$$z_1 + \frac{p_1}{\gamma} + \frac{\alpha_1 u_1^2}{2g} = z_2 + \frac{p_2}{\gamma} + \frac{\alpha_2 u_2^2}{2g} + h_w \tag{2}$$

式中: z_1, z_2——过渡段上、下游的水面高程;

$\dfrac{p_1}{\gamma}, \dfrac{p_2}{\gamma}$ ——上、下游的压强水头；

u_1, u_2 ——上、下游断面的平均流速；

h_f ——沿程水头损失；

h_j ——局部水头损失；

λ ——沿程损失系数；

R ——水力半径；

l ——总长度。

倒虹吸沿程水头损失采用式(3)所示计算：

$$h_f = (L_1 + L_2 + L_3)\dfrac{u^2}{C^2 R_1} \qquad (3)$$

式中，L_1, L_2, L_3 ——倒虹吸进口斜管段、水平管段、出口斜管段。

倒虹吸局部水头损失[6]采用式(4)所示计算：

$$h_j = (\zeta_1 + \zeta_2 + \zeta_3 + \zeta_4)\dfrac{u^2}{2g} \qquad (4)$$

式中，$\zeta_1, \zeta_2, \zeta_3, \zeta_4$ ——倒虹吸进口、水平进口弯段、水平出口弯段、倒虹吸出口的局部水头损失系数。

根据白河倒虹吸设计输水流量运行调度数据计算分析，白河倒虹吸建筑物水头损失达到 0.14m，沿程水头损失为 0.56m。

5　结论

白河倒虹吸输水建筑物经过 9 年多的运行，现状表面糙率比规划设计值有一定程度的增加，主要是由倒虹吸管身贝类淤泥附着、混凝土表面或管节局部破损等造成。本文主要分析结论如下：

1）采用水下机器人（ROV）搭载高清摄像头、图像声呐可以准确清晰地反映白河倒虹吸管道内部管道三维形态，获得管道内部淤积、形变、裂缝、破损、坑洞、异常等情况。

2）管道底部管节处出现个别底板受挤压隆起、开裂的现象；管道底部发现多处石块、木块等。

3）管道内出现贝类生物附着现象，管道底部中间宽度约 1m 附着密度小，两侧宽度 2.8m 附着密度大，侧壁与顶部附着密度相同且偏小。

4）管道底部泥质淤积厚度范围为 1~8mm，平均厚度为 4mm。

建议定期对倒虹吸管道内杂物和生物附着进行清理，提高白河倒虹吸建筑物的输水能力。

参考文献

[1] 王磊之,王银堂,邓鹏鑫,等.基于水下自走式检测系统的数据分析与应用[J].水利水运工程学报,2015(6):25-30.

[2] 赵俊.长江干流城市供水取水口水下地形检测分析[J].水利水电快报,2021,42(10):18-21.

[3] 陈姣姣,蔡新.水电站进水口渐变段局部水头损失研究[J].水利水电技术,2016,47(4):63-66.

[4] 南水北调中线干线工程总干渠淡水壳菜生态风险防控研究[D].北京:清华大学,2019.

[5] 刘亚坤.水力学[M].北京:中国水利水电出版社,2008.

[6] 王斌,姚伟宏,何贞俊,等.倒虹吸双管道的水力特性试验研究[J].人民珠江,2017,38(12):71-76.

南水北调中线总干渠大流量输水调度实践分析

苏 霞[1] 卢明龙[1] 刘 强[2] 高 森[1] 王 磊[2]

(1. 中国南水北调集团中线有限公司,北京 100038;
2. 长江勘测规划设计研究有限责任公司,武汉 430010)

摘 要:南水北调工程是实现我国水资源优化配置、促进经济社会可持续发展、保障和改善民生的重大战略性基础设施。系统梳理了南水北调中线一期工程2020—2022年近3年大流量输水调度资料,从总干渠水位流量监测数据、调度执行方案、现场处理问题报告等方面进行了分析。分析结果表明:总干渠历年大流量输水期间沿线输水建筑物工程安全性态正常,渠道工程、输水建筑物、控制建筑物等未出现系统性和结构突发性破坏现象;巡查未出现异常变形、裂缝和渗流异常等现象;部分渠段水位异常偏高,个别输水建筑物出现流态较差、水位波动较大等现象,少量渡槽槽顶发生漫溢现象。

关键词:南水北调中线工程;大流量输水;调度运行;渠道与输水建筑物

1 概述

南水北调中线一期工程自2014年12月全面通水以来已经平稳运行近9年。截至2023年11月13日,中线累计向受水区各省(直辖市)调水超600亿 m^3,直接受益人口超过1.08亿人,在优化水资源配置、保障群众饮水安全、复苏河湖生态环境、畅通南北经济循环方面发挥了重要作用。近年来,随着京津冀协同发展、雄安新区建设、中原城市群发展等战略推进,南水北调中线一期工程逐渐成为沿线受水区大、中城市的重要水源。随着华北地区地下水超采综合治理持续深入开展,受水区对中线供水需求显著增加,总干渠以大流量输水的时长也显著增加,运行调度的安全风险和管理难度大幅增加[1],主要

基金项目:本论文由南水北调工程关键技术攻关项目(37500100000021G002)资助。
第一作者:苏霞(1978—),女,高级工程师,主要从事南水北调中线工程技术管理工作。
通信作者:刘强(1995—),男,助理工程师,主要从事长距离输水调度工程研究工作。E-mail:462645603@qq.com。

表现为:大流量输水总干渠节制闸调控作用降低,部分节制闸甚至提离水面,传统的节制闸闸前常水位运行控制方式不再适用;其次中线工程长期以大流量、高水位运行,总干渠的调节能力、运行调度灵活性显著下降,一旦发生应急事故,将对水源单位—输水单位—用水单位多方调度管理协调工作提出极高要求。

对于南水北调中线一期工程而言,大流量输水调度工作没有现成经验可供参考,也没有类似工程运行经验可借鉴,必须经过系统、全面的分析,密切结合实际,制定科学精准的调度方案,实施科学精准的调度管理,才能保证工程安全、供水安全和水质安全。本文结合历年总干渠大流量输水调度经验,分析总干渠现状条件下大流量输水的工程运行安全风险,总结大流量输水安全保障要求。

2 大流量输水调度工作方案

2.1 输水调度原则

根据南水北调中线工程大流量输水调度工作经验总结[2-4],调度原则主要如下:①各项安全措施到位。②优先保障分水口门正常供水。③应及时掌握沿线各分水口的供水量和供水流量信息,根据水情、工情和用水户用水需求变化,动态优化水量分配和调度。④应根据总干渠入渠流量和出渠流量条件、各渠段调蓄能力、水位降速及水位升幅要求,确定各分水口水量调整过程。⑤若节制闸仍起挡水作用,应采用闸前常水位方式运行;当节制闸门完全提离水面时,闸前水位根据实际输水流量确定。

其中,大流量输水调度控制重点在于:①陶岔渠首流量调整速率适宜。②总干渠沿线节制闸目标水位制定合理。总干渠大流量输水状态改变时,应通过节制闸有序配合,适时适量充蓄,逐步使各渠段水位达到目标水位。③节制闸调整操作时,应控制渠道水位缓涨缓降。当下游分水流量增加时,可通过分水口门提前供水等优化调度手段,提高调度响应速度。④大流量输水期间,宜优化供水结构。应统筹水情、工情等,根据沿线各渠段蓄水量、用水户需求的轻重缓急,统筹优化各口门之间水量分配,确定各口门流量调整过程。

2.2 输水调度相关要求

大流量输水工作开展时,应从输水调度、工程巡查、安全监测与技术保障、安全生产及安全保卫、水质保护、信息机电、监督检查、地方联动以及综合保障等方面做好调度保障。

2.2.1 输水调度方面

(1)水情分析

总干渠大流量输水期间,应及时掌握沿线水情、工情和用水户用水需求变化,及时研判总干渠全线水情信息,并根据水情信息进行科学有效调度。一般地,每 2 小时分析研判一次全线水情,每天计算全线水体体积。

(2)调度监控与执行

大流量输水期间,应密切跟踪调度指令执行情况,提高调度执行效率。分调度中心应定期复核辖区水情自动观测数据和现场水尺数据。

(3)动态调控

总干渠大流量输水状态改变时,应自上而下调整过闸流量,逐步将渠道水位、流量调整至运行目标值。陶岔渠首及沿线节制闸、分水闸、承担分水任务的退水闸可适当提前调整开度,但应控制渠道水位变化不宜大于 0.30m/d。

(4)及时发现和报告异常情况

大流量输水期间应加强调度监控和水情巡视,发现水位异常、流态异常(如水流拍打渡槽横梁等)、建筑物运行状态(如倒虹吸出口异响等)等影响调度安全的异常现象,及时报告总调度中心。

(5)调度预警响应

大流量输水期间,应加强调度类预警响应工作,及时接警、复核警情、消警,发现问题立即按要求报告,并组织处理。

(6)人员与纪律

各级调度管理机构加强人员配置,保障人员队伍平稳,同时应加强应急抢险保障队伍管理,开展必要的应急队伍培训和应急演练,提高人员应急处置能力。

2.2.2 工程巡查方面

南水北调中线沿线各分公司应制定大流量输水期间专项巡查工作方案,梳理明确巡查重点渠段、重要风险部位,要采取多种方式进行不间断工程巡查,加强对巡查监督检查管理。在大流量输水和汛期叠加时期,应密切关注天气预报、雨情、工情、水情等,做好安全研判,及时调整渠道运行水位。现地管理处管理人员和工程巡查人员应进一步加强汛期强降雨雨中、雨后巡查工作,加强对重点防汛风险部位的巡查工作。

2.2.3 安全监测与技术保障方面

大流量输水期间应加强内观数据采集,加密外观测点观测,强化安全监测自动化系统运行维护,做好异常数据分析判断与处置,排查并补充监测设施,同时建立监测信息报送机制。分公司和现地管理处安全监测负责人应加强与工程巡查和调度人员沟通,实时查看工巡 App,及时了解工程运行情况。

2.2.4 安生产及安全保卫方面

大流量输水期间应进一步加大现场安全管理,做好安全风险分级管控和生产安全事故隐患排查治理,强化监督检查和责任追究力度,排查工程安全防护设施以及做好值守与巡视检查,积极开展安全保卫各项工作,尤其做好重点部位和特殊时段的值守与巡视。

2.2.5 水质保护方面

大流量输水期间应加强水质常规监测、藻类监测及自动站监测工作。做好水质信息报送工作,加强水质安全生产与风险防范工作。当发生水质污染突发事件后,渠道水体满足排放条件或退水河道具备屯蓄处理受污染水体的能力时,可启用退水闸退水,否则应通过应急调度,利用水质污染发生处及其下游多个渠段槽蓄暂存污染水体,进行集中处理,直至满足退水排放条件。

2.2.6 信息机电方面

大流量输水期间应加强设备运行维护,加强各类信息设施及机电设备的运行维护,确保视频监控、水情监测、安全监测、水质监测、日常调度等工作的供配电系统和通信系统运行正常。加强沿线退水闸巡视,充分掌握退水闸设备设施的运行状况,对还未参与退水的退水闸在大流量输水前进行一次动态巡查,严格按照有关标准对已参与退水的退水闸设备开展维护工作,确保退水闸功能正常,确保根据调度需求随时能投入使用。

2.2.7 监督检查方面

加强现场监督检查。大流量输水期间,按照输水工作方案,对现场运行调度、工程巡查、安全监测、安全保卫、设备维护、水质保护等各专业安全保障措施落实情况进行监督检查。重点检查高填方渠段、砂土填筑渠段、衬砌板损坏渠段、重要建筑物、下穿建筑物、建筑物进出口段、煤矿采空区、退水渠等重要部位的工程运行状况,以及沿线水位、流速、流量等水情变化情况等。

2.2.8 地方联动方面

南水北调中线工程各级调度管理机构与沿线相应省、市、县,或地方配套工程管理单位保持密切联系,及时掌握正常分水和生态补水计划调整情况;各现地管理处动态掌握各用户用水需求的变化情况,尤其是退水闸下游的有关情况,发现异常变化或影响安全因素,及时报告并积极与地方沟通协调。

2.2.9 综合保障方面

大流量输水期间应加强人员配置,提高业务能力。加强人员配置,尽量安排经验丰富的业务骨干参与重要岗位工作。同时,要切实组织做好宣贯、培训等工作,提高人员业务能力,满足加大流量输水工作要求。其他各专业部门按照职能分工,组织做好物资采购、资金保障、党建引领、纪检监察、审计监督、档案保障等工作。

2.2 应急调度相关要求

总干渠大流量输水时,输水流量大、运行水位高,工程管理单位各专业部门应保持密切沟通,一旦发现可能需要开展应急调度的安全隐患或者突发事件,应及时通知输水调度管理业务部门,按照应急调度预案及时响应。

突发应急事故时,应根据事故段上、下游渠段退水能力、事故类型、应急调度响应的级别,并结合工情、水情等,确定参与应急调度的退水闸以及退水闸联合运用方式。

同时应做好退水闸应急退水准备工作。各公司要定期组织排查辖区内退水闸及下游通道情况,并与地方有关部门积极沟通,建立工作机制,及时了解掌握退水闸下游通道是否通畅,对照风险点,编制相应应急预案(现场处置方案),做好随时启动应急响应的各项准备工作[5]。

3 大流量输水数据分析

南水北调中线总干渠自 2014 年 12 月通水至今,输水流量逐渐加大甚至超过设计流量。2020 年至今,总干渠多次实施了陶岔渠首超设计流量运行,为南水北调大流量输水调度经验分析提供了详细的水情数据和水力调控参数。

3.1 大流量输水调度情况

根据水利部安排部署,南水北调中线工程利用丹江口水库腾库迎汛的有利时机,于 2020 年 4 月 29 日至 6 月 20 日实施了首次加大流量输水工作。整个过程历时 53 天,累计供水 18.56 亿 m^3,其中,正常供水 9.15 亿 m^3,生态补水 9.41 亿 m^3。此次加大流量输水工作对中线工程质量、输水能力等进行了一次全面检验,积累了大流量输水调度的宝贵数据和运行经验。全线共 21 个断面通过加大流量检验。其中,陶岔、漳河、西黑山引水闸,王庆坨、惠南庄泵站等 12 个断面,根据沿线实际用水需求,实现了加大流量过流;刁河、草墩河、沙河、穿黄等 9 个重点断面,人工创造了短时通过加大流量的工况。

2021 年 4 月 30 日至 7 月 10 日南水北调中线工程实施大流量输水,整个过程历时 72 天,累计供水 21.08 亿 m^3,其中,正常供水 14.61 亿 m^3,生态补水 6.48 亿 m^3。2022 年 5 月 1 日至 6 月 28 日南水北调中线工程再次实施大流量输水,整个过程历时 61 天。截至 2022 年 6 月 28 日,累计供水 18.89 亿 m^3,其中,口门供水 11.92 亿 m^3,生态补水 6.97 亿 m^3(表1)。

表 1 总干渠 2020—2022 年大流量输水期间向各省(直辖市)供水情况汇总

时间	省(直辖市)	总供水量/亿 m^3	正常供水量/亿 m^3	生态补水量/亿 m^3
2020 年 4 月 29 日至 6 月 20 日	河南	7.41	3.30	4.11
	河北	7.90	2.99	4.91
	天津	2.17	1.78	0.39
	北京	1.08	1.08	0.00
	累计	18.56	9.15	9.41

续表

时间	省(直辖市)	总供水量/亿 m³	正常供水量/亿 m³	生态补水量/亿 m³
2021年4月30日至7月10日	河南	6.54	4.79	1.75
	河北	9.05	4.33	4.73
	天津	2.50	2.50	0.00
	北京	2.99	2.99	0.00
	累计	21.08	14.61	6.48
2022年5月1日至6月28日	河南	7.76	4.08	3.68
	河北	6.99	4.11	2.88
	天津	2.31	1.90	0.41
	北京	1.83	1.83	0.00
	累计	18.89	11.92	6.97

3.2 大流量输水调度水情数据分析

在大流量输水期间,根据南水北调中线工程沿线节制闸处实时监测数据,还原2020年总干渠主要控制节制闸加大流量输水试验期间流量变化过程,见图1。

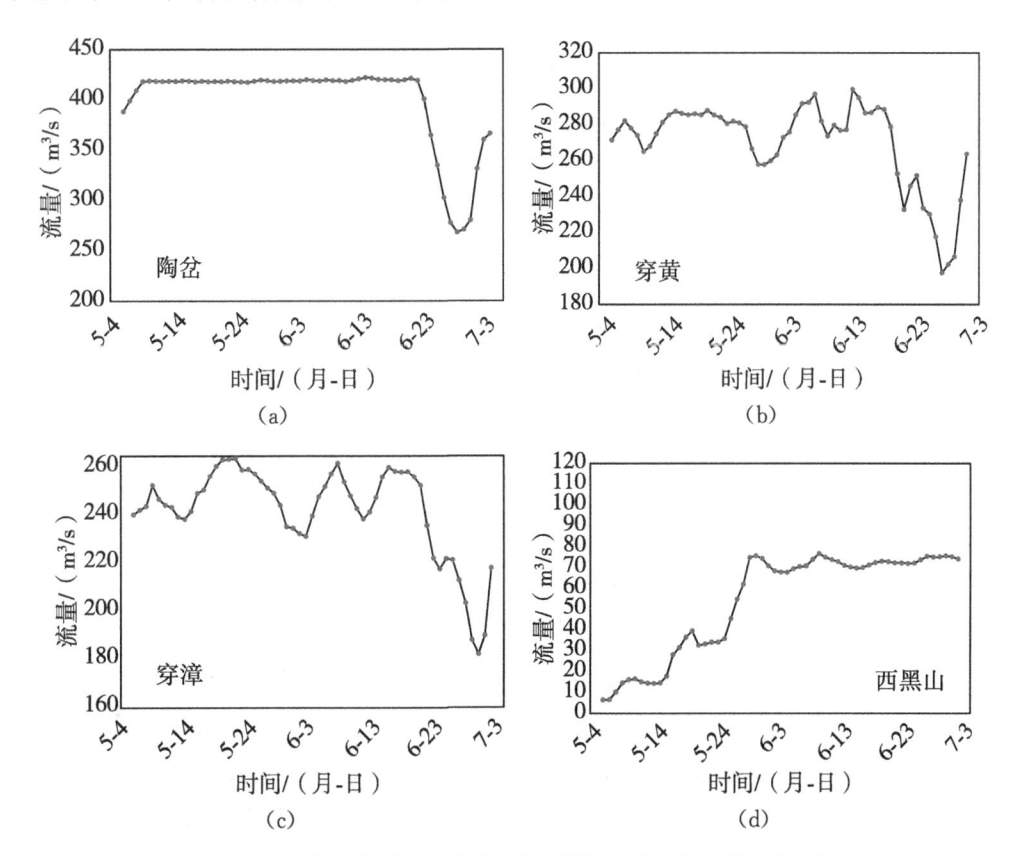

图1 2020年大流量输水期间,总干渠部分节制闸流量变化过程

2020 年大流量输水期间陶岔节制闸 5 月 6—9 日分 4 次增加流量至加大流量,过闸流量由 413.75m³/s 增加至 420.51m³/s,每次调增约 10m³/s;6 月 21—22 日,陶岔分两次减小流量至设计流量,每次调减速率为 4～5m³/(s·h),由 420.71m³/s 减小至 381.82m³/s。

2021 年大流量输水期间陶岔节制闸 4 月 30 日至 5 月 1 日分两次增加流量,陶岔流量由 338.91m³/s 增加至 355.17m³/s,每次调增约 10m³/s;7 月 5—8 日,陶岔节制闸流量由 355.00m³/s 调减至 345.93m³/s,经过两次增加两次减小,流量变化幅度为 4～5m³/s。

2022 年大流量输水期间陶岔节制闸 5 月 1 日 0:00～10:00 分两次增加流量,每次调增约 15m³/s,过闸流量由 350.92m³/s 增加至 380.88m³/s,最终增加至 400.91m³/s;6 月 11 日 4:00～8:00,陶岔渠首流量分两次下降,平均每次调减 10m³/s 左右,由 400.91m³/s 下降至 380.00m³/s。

(1)大流量输水渠首流量调整速率研究

根据历年调度水情数据分析,当陶岔渠首入渠流量变化不超过 10m³/(s·h),每 24h 变化不超过 50m³/s 时,各闸前水位基本不超过控制范围,水流流态平稳。

(2)目标水位研究

大流量输水期间,为保障总干渠运行安全,并使调度具备一定灵活性,目标水位上限为加大水位以下一定范围,以充分利用渠道自身蓄量满足口门流量变化需求。根据总干渠大流量输水水面线研究,沿线渠道水位最低约为加大水位以下 0.20m。

(3)节制闸闸前目标水位研究

根据总干渠通水运行以来的调度资料统计分析,结合设计工况计算分析,为减少节制闸的启闭次数,尽快实现总干渠的输水稳定,闸前水位稳定维持在目标水位以下 0.10m 至目标水位以上 0.15m 之间,且不低于目标水位下限,不超过加大水位时,一般可不进行调整操作。

(4)闸门调整速率研究

大流量输水期间闸门调整操作时,为避免闸门频繁调整,水位波动允许变化范围比正常稳定输水工况偏大。实践经验表明,水位允许波动范围宜在目标水位以下 0.15m 至目标水位以上 0.20m 之间,允许区间过大将对工程安全造成影响。在正常输水过程中,作用在渠道边坡上的内水压和外水压是平衡的,如果在调度过程中渠道内水位下降速度过快,这种平衡将被破坏,可能造成渠道衬砌板的破坏,严重的还会造成渠堤滑坡。对混凝土衬砌的渠道,美国垦务局提出渠段水位下降速度每小时不超过 0.15m 和 24h 不超过 0.30m,中线工程在规划设计阶段参照该标准执行。具体情况可根据边坡和排水条件,适当调整。

3.3 大流量输水执行效果和问题

大流量输水期间,虽然工程总体运行情况良好,但也存在一些问题,如少量渡槽槽顶漫溢、局部渠道水位壅高,对局部输水稳定造成一定影响,主要表现如下:

(1)局部渠段水位偏高

根据大流量输水期间实测水位成果,总干渠的白条河—东赵河、草墩河—澧河、沙河—玉带河、索河—穿黄、黄水河支—香泉河等渠段存在实测水头损失大于该渠段可设计耗用水头的状况。例如:金水河倒虹吸出口—索河渡槽进口渠段全长 12.6km,渠段设计纵坡为 1/25000,设计水头为 0.55m,而 2020 年 5 月 6 日至 6 月 10 日实测流量为 257~290m³/s 时,渠段实际水头损失为 0.68~0.86m,比设计流量下渠段设计水头大 0.13~0.31m。

(2)局部输水渡槽在加大流量输水时,槽顶发生漫溢

2020 年 5—6 月加大流量输水过程中,湍河渡槽、澧河渡槽槽内水深明显高于加大流量下设计水深,槽内水面高于渡槽横梁底高程,出现间歇性涌浪,甚至局部槽段水位越过槽顶发生漫溢现象。

(3)大流量输水时,建筑物进出口出现水流波动和涌浪现象

根据大流量输水期间典型渠段和建筑物水力学监测数据现场复核观测,上游渠段随着输水流量增加及下游运行水位抬升的叠加效应,会出现建筑物局部流态较差的现象。渡槽进口节制闸全开时,少数渡槽进出口出现明显的摆动或涌浪现象,槽内浪花间歇性击打横撑;渡槽进口闸门处于节制状态时,渡槽的进口闸室内水流翻滚剧烈,如当刁河渡槽、湍河渡槽通过流量 294m³/s、节制闸闸门入水时,闸室内水流翻滚,进入渡槽 30~50m 后水流才平顺,见图 2。

(a)闸室内　　　　　　　(b)渡槽中

图 2　大流量输水时,渡槽建筑物附近不良流态

倒虹吸的出口流态受闸门节制状态影响明显。闸门入水,出口流态就较差,如北汝河倒虹吸、小凹沟倒虹吸大流量输水、节制闸闸门入水时,闸室内水面波动 50~100cm,出口水流翻滚,产生漩涡和回流。下游渠道流量波动幅度较大,呈周期性变化;下游渠道

水位波高 30～50cm，见图 3。

图 3　大流量输水时，倒虹吸建筑物附近不良流态

4　结论与建议

南水北调总干渠大流量输水期间，工程总体运行情况良好，渠道工程、输水建筑物、控制建筑物等未出现系统性和结构突发性破坏现象。梳理总结中线总干渠通水运行以来的水位、流量观测数据和输水调度经验以及相关专项研究成果发现，中线总干渠大流量输水调度控制难度大。应全面深入进行大流量输水调度运行方案研究，分析总干渠在大流量运行条件下，节制闸、分水闸、退水闸的联合控制方式，提出总干渠大流量运行精准智能控制策略及其正常运行的快速切换模式。

参考文献

[1] 槐先锋，陈晓璐，高森，等. 南水北调中线干线工程安全运行探索[J]. 中国水利，2021(18)：48-49+51.

[2] 2020 年总干渠大流量输水运行工作方案(2020 年 3 月)[R].

[3] 2021 年总干渠超 350m³/s 输水工作方案(2021 年 9 月).

[4] 徐志超，刘杰，杨文涛，等. 安全风险分级管控和隐患排查治理双重预防机制研究——以南水北调中线干线工程为例[J]. 中国水利，2021(8).

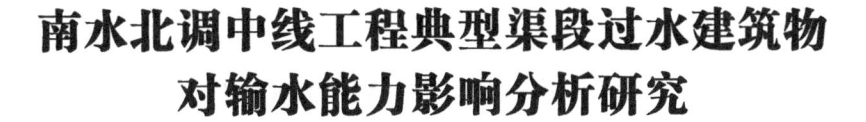

南水北调中线工程典型渠段过水建筑物对输水能力影响分析研究

李明新[1]　吴永妍[2]　黄明海[3]

(1. 中国南水北调集团中线有限公司,北京　100038；
2. 长江勘测规划设计研究有限责任公司,武汉　430010；
3. 长江水利委员会长江科学院,湖北武汉　430010)

摘　要：开展南水北调中线输水能力提升关键技术攻关,研究分析制约总干渠输水能力的因素,是提升中线输水能力发挥工程综合效益的重要举措。选取中线工程总干渠白河—东赵河渠段为典型渠段作为研究对象,针对该渠段倒虹吸和桥墩等典型过水建筑物,分别建立含有渠道倒虹吸和跨渠桥墩的渠道三维大涡模拟数学模型,模拟过水建筑物隔墩或桥墩绕流情况下异常水位波动和流场变动情况,分析了倒虹吸和桥墩等过水建筑物对典型渠段输水能力影响。研究结果表明：研究对象渠段在有跨渠公路桥桥墩绕流情况下,桥墩下游均出现卡门涡街现象的流速分布和水位波动,在桥墩上下游一定范围内渠道两侧边坡水位呈显著的周期性波动；不同桥墩数量、桥墩跨径对渠道过流能力影响大小也不同；受白条河倒虹吸出口隔墩绕流影响,各倒虹吸出口明渠段渠内水位呈周期性交替波动,中间两孔倒虹吸出口渠道水位波动幅度大,两侧边孔倒虹吸出口渠道波动幅度小；渐变段和连接的明渠段内两侧边坡水位也存在明显波动。

关键词：南水北调中线工程；输水能力；渠道倒虹吸；跨渠桥墩；大涡模拟

1 概述

截至2023年,南水北调中线工程自2014年12月全面通水以来已经平稳运行9年

基金项目：本论文由南水北调工程关键技术攻关项目(37500100000021G002)资助。

第一作者：李明新(1977—　),男,教授级高级工程师,主要从事水利水电工程设计与工程管理工作。E-mail:limingxin@nsbd.cn。

多,累计供水超 500 亿 m^3,综合效益显著,在供水保障、水质改善、生态修复、经济发展等方面都发挥了重要作用。目前,引江补汉工程已开工建设,工程建成后,中线北调水量将由多年平均 95 亿 m^3 增加至 115 亿 m^3。因此,有必要开展中线输水能力提升关键技术攻关,分析制约总干渠输水能力的因素,为中线工程供水规模扩大和工程安全做好技术支撑。

本文在调查分析总干渠过水建筑物异常流态特点的基础上,选取中线工程总干渠白河—东赵河渠段作为典型渠段研究对象,针对该渠段倒虹吸和桥墩等典型过水建筑物,分别建立含有渠道倒虹吸和跨渠桥墩的渠道三维大涡的模拟数学模型,模拟过水建筑物隔墩或桥墩绕流情况下异常水位波动和流场的变动情况,分析倒虹吸和桥墩等过水建筑物对典型渠段输水能力的影响。

2 研究方案

2.1 研究对象

结合南水北调中线工程总干渠大流量输水运行情况,选取白河—东赵河渠段为典型渠段研究对象,通过数值模拟手段研究分析该渠段输水能力制约的关键因素(图1)。

图 1 白河—东赵河渠段线路

白河—东赵河渠段总长约21km,上下游分别与白河渠道倒虹吸和东赵河渠道倒虹吸衔接,中间白条河渠道倒虹吸将明渠段分为两段,其中白河—白条河明渠段长 3.7km,渠道底宽22m,边坡比1∶2,底坡坡降1∶25000;白条河—东赵河明渠段长 16.4km,渠道底宽22m、18m,边坡比1∶2,1∶2.5,底坡坡降1∶25000;渠段内布置半坡店分水口、19 座跨渠公路桥和 4 座跨渠渠道。白河—东赵河渠段设计流量为 330m^3/s。

本文分别针对白条河渠道倒虹吸和不同跨渠公路桥桥墩进行分析研究。白条河渠道倒虹吸总长263m,主要由进口渐变段、进口闸室、管身段、出口闸室和出口渐变段组成;倒虹吸结构由管身段、进出口闸室和渐变段组成,倒虹吸孔数为4孔,单孔宽6.9m。白河—白条河明渠段跨渠公路桥桥墩采用桩柱式桥墩,分为一排双桩和一排双柱,直径均为 150cm,桥墩跨径分为 30m、35m 和 40m 三种,桥渠交角范围为 51°～90°。

2.2 模拟工况

白条河渠道倒虹吸模拟工况为设计流量和设计水位。

含桥墩明渠模拟工况为:设计流量和水位条件下,无桥墩(对照工况)、单柱跨径 30m、双柱跨径 35m 和双柱跨径 35m 等桥墩布置方案。

2.3 三维大涡模拟数学模型

(1)控制方程

采用基于大涡模拟(LES)的三维水动力学数学模型,大涡模拟采用的控制方程为滤波后的 N-S 方程(包括动量方程和连续性方程)如下。

控制方程组:

$$\frac{\partial u_i}{\partial x_i} = 0$$

$$\frac{\partial \overline{u_i}}{\partial t} + \overline{u_j}\frac{\partial \overline{u_i}}{\partial x_j} + \frac{1}{\rho}\frac{\partial \overline{p}}{\partial x_i} - \frac{\partial \tau_{ij}}{\partial x_j} - v\frac{\partial^2 u_i}{\partial x_i \partial x_j} = 0 \quad (1)$$

式中:u_i, p——滤波后的流速分量和压强;

$\rho、v$——水密度和动力粘性系数;

$x_i(i=1,2,3)$——坐标轴;

x,y,z,τ_{ij}——亚格子应力,体现小尺度扰动对大尺度运动的影响。

采用标准 Smagorinsky-Lilly 模式模拟亚格子应力:

$$\tau_{ij} = 2v_t S_{ij} - \frac{1}{3}\delta_{ij}R_{kk} \quad (2)$$

$$S_{ij} = \frac{1}{2}(\frac{\partial \overline{u_i}}{\partial x_j} + \frac{\partial \overline{u_{ji}}}{\partial x_i}) \quad (3)$$

$$v_t = (C_s \Delta)^2 (2S_{ij}s_{ij}) \quad (4)$$

式中,Δ——网格梯级;

C_s——经验系数,取 0.08。

(2)模拟范围与网格划分

白条河渠道倒虹吸计算范围包括白条河倒虹吸整体及进口渐变段上游 500m 至出口渐变段下游 500m,全长共 1263m,见图 2。网格划分单元网格大小为 0.05～1.0m,其中倒虹吸出口隔墩附近采用较小网格进行局部加密。

含桥墩明渠计算范围选取标准段 1000m(图 3)。渠道采用矩形和棱柱形混合网格划分计算区域,单元网格长宽高为1m×0.6m×0.3m,针对桥墩附近区域采用0.3m、0.1m和0.05m三级网格进行逐级加密。

(3)边界条件

上游入流边界取流量边界条件,下游出流取水位边界条件,分别为取渠段设计输水流量(330m³/s)和对应设计水位,渠道边坡和渠底固壁边界为无滑移边界条件。

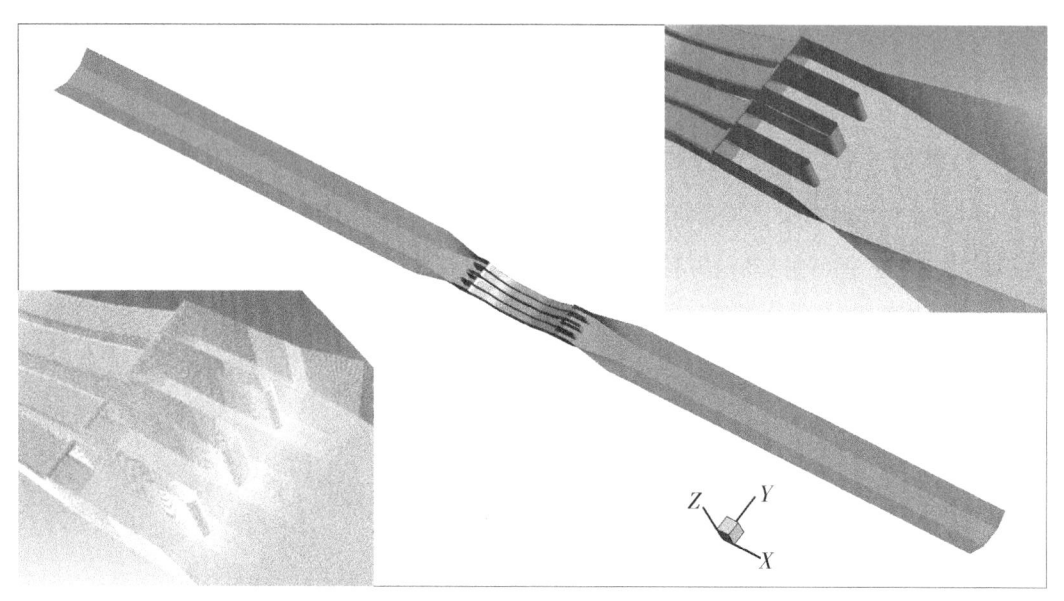

图2 白条河倒虹吸渠段建模三维效果图

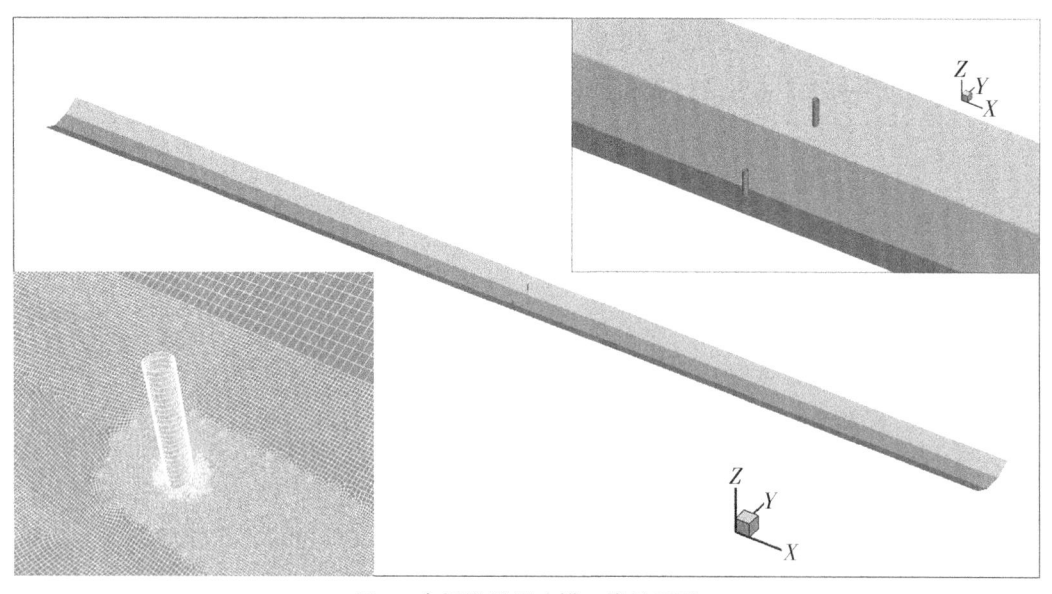

图3 含桥墩明渠建模三维效果图

(4)模型验证

根据总干渠类似渠段十二里河渡槽隔墩绕流水位异常波动的模型试验结果对数学模型进行验证。验证工况为输水流量 320m³/s(设计流量 340m³/s)。图 4 为渡槽内水位波动的数学模型计算与物理模型试验结果比较。比较分析数学模型计算结果与模型试验结果可知:两者渡槽与明渠段内水位分布相似、渡槽水位波动交替分布规律一致,渡槽内水位波动周期相近。由此说明,建立的三维水动力数学模型适用于开展本研究分析。

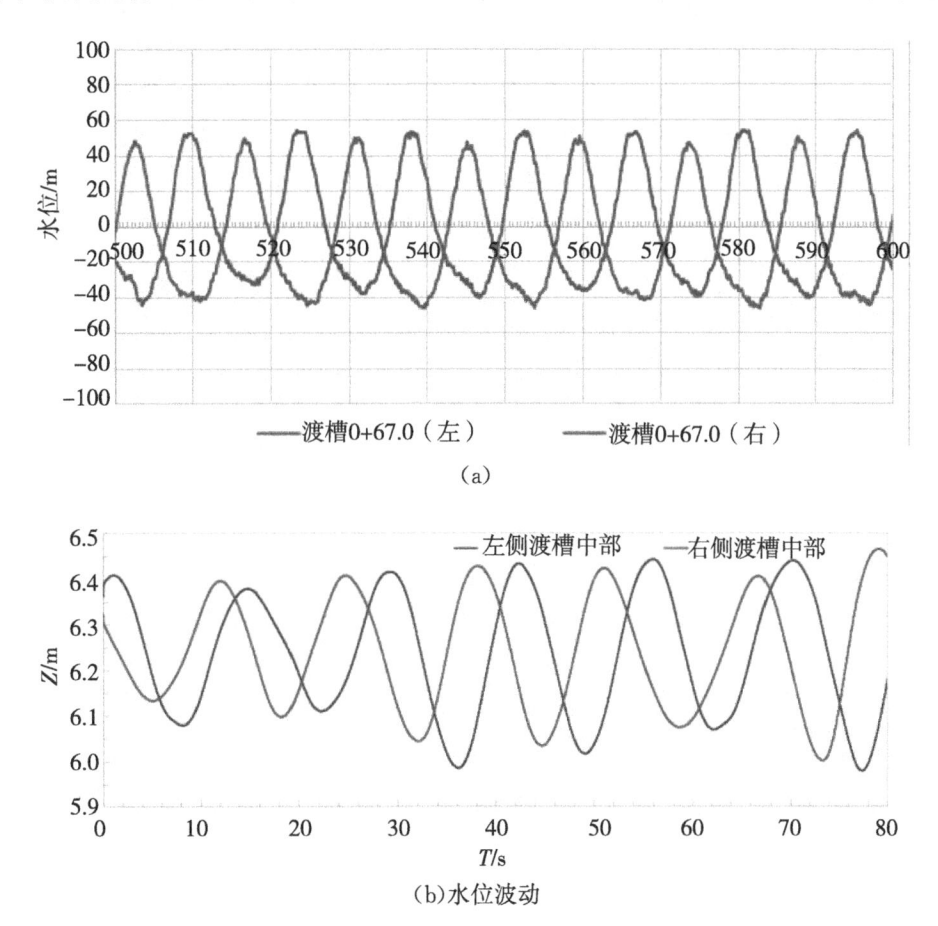

(a)

(b)水位波动

图 4　数学模型计算与物理模型试验结果比较

3　倒虹吸建筑物过流能力分析

白条河倒虹吸局部渠段瞬时水位分布见图 5,白条河倒虹吸局部渠段瞬时流速分布见图 6,白条河倒虹吸各孔出口明渠段水位波动过程线见图 7,明渠段各测点水位波动过程线见图 8,根据计算结果分析可知:

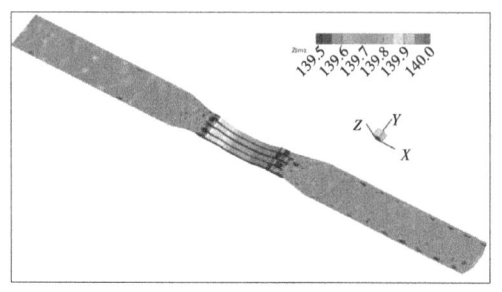

图 5　白条河倒虹吸局部渠段瞬时水位分布 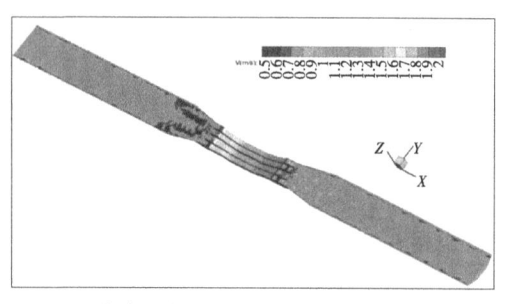　　　图 6　白条河倒虹吸局部渠段瞬时流速分布

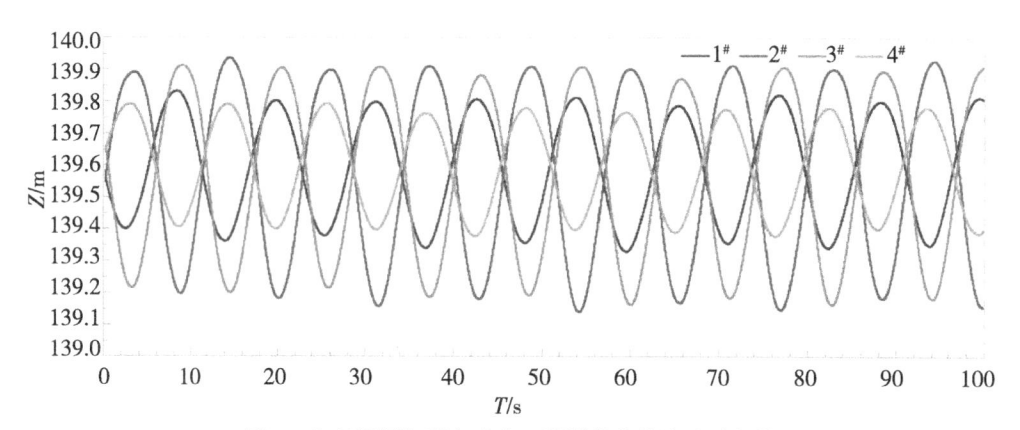

图 7　白条河倒虹吸各孔出口明渠段水位波动过程线

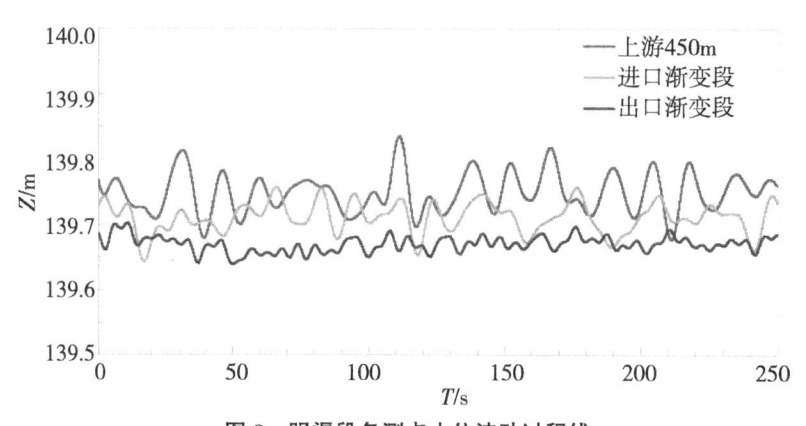

图 8　明渠段各测点水位波动过程线

1)受倒虹吸隔墩绕流影响,各孔倒虹吸出口明渠段水位周期性交替波动,由隔墩尾部向上游传播,中间两孔倒虹吸出口渠道水位波动幅度较大,两侧边孔倒虹吸出口渠道波动幅度较小,波动周期均为11.5s,中间两孔渠道2#、3#测点水位波动幅度为0.7m,两侧边孔渠道1#、4#测点水位波动幅度为0.4m。

2)进出口渐变段内水位和流速波动明显,并分别向上下游明渠段沿程传播,两侧边坡水位波动较为显著。

3)设计输水流量和水位条件下,白条河倒虹吸水头损失(进口渐变段起始断面测点与出口渐变段末端水头差平均值)约为 10cm。

4 跨渠桥墩对渠道过流能力影响分析

(1)单柱—跨径 30m 桥墩布置方案

该方案为在渠道中间断面渠道两侧边坡上分别布设单个墩柱(图 9),桥墩直径均为 150cm,两侧墩柱跨径为 30m,桥渠交角为 90°,跨径为 30cm。

图 10 给出了桥墩局部渠段流速分布。由于桥墩的阻水作用,在渠道两侧桥墩下游均出现卡门涡街现象的流速分布和水面波动;同时由于桥墩绕流和阻水作用,在桥墩上、下游范围内渠道两侧边坡水面呈周期性波动;桥墩之间的主流流速略有增大。经计算分析,该方案由桥墩阻水增加的渠段水头损失为 0.4cm。

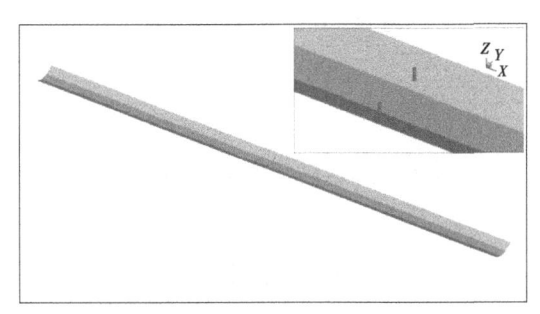

图 9 单柱—跨径 30m 桥墩布置

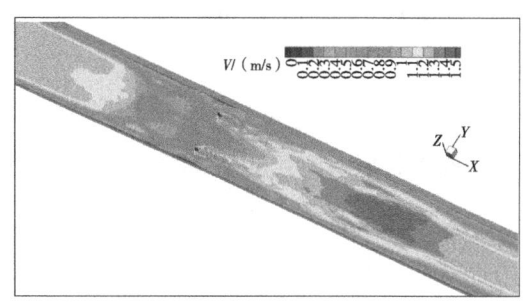

图 10 单柱—跨径 30m 桥墩方案渠段流速分布

(2)双柱—跨径 30m 桥墩布置方案

在双柱桥墩布置方案在单柱桥墩布置方案的基础上,将渠道两侧单柱桥墩改为双柱(图 11),两柱中心间距 4.9m。

桥墩局部渠段流速分布见图 12。相比上述单柱桥墩布置,双柱桥墩产生绕流和阻水影响略有增强。经计算分析,该方案由桥墩阻水增加的渠段水头损失为 0.5cm。

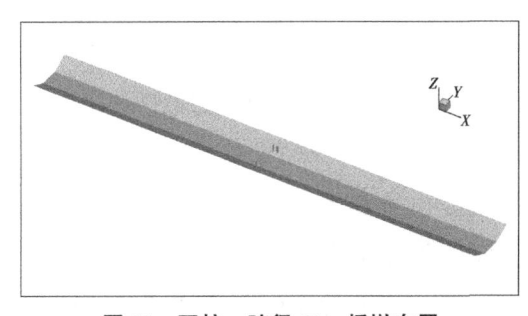

图 11 双柱—跨径 30m 桥墩布置

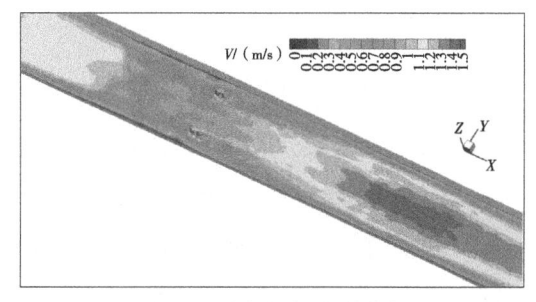

图 12 局部渠段流速分布

(3)双柱—跨径 35m 桥墩布置方案

1)计算范围和网格划分。在双柱—跨径 30m 桥墩布置方案的基础上,双柱—跨径

35m 桥墩布置方案将渠道两侧桥墩跨径增大至 35m，见图 13。

2）计算结果分析。桥墩局部渠段流速分布见图 14。计算结果表明，该方案由于跨径增大，墩柱在渠道涉水断面减小，相比上述双柱—跨径 30m 桥墩布置方案，桥墩阻水和绕流情况有所减弱。经计算分析，该方案由桥墩阻水增加的渠段水头损失为 0.3cm。

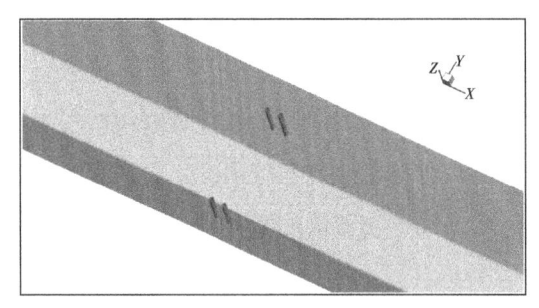

图 13　双柱—跨径 30m 桥墩布置　　　　图 14　局部渠段流速分布

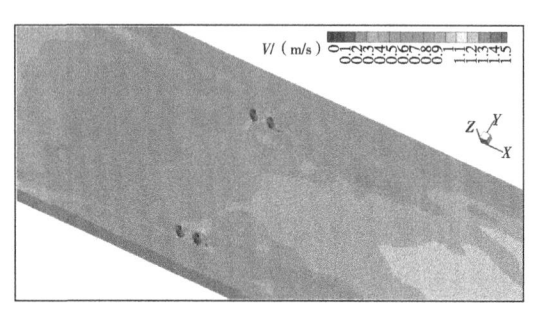

（4）桥墩对渠道过流能力影响分析

根据桥墩墩柱数量、桥墩跨径等影响因素分析，桥墩对渠道过流能力影响分析如下：

1）相比单桥墩，双桥墩对绕流和水面波动影响大。

2）相比大跨径桥墩，较小跨径桥墩所在渠道边坡水深大，桥墩阻水作用相对较为显著。

根据上述不同桥墩布置方案对渠道水头损失增加值情况，针对本研究典型渠段（白河—东赵河渠段），推算各种跨渠公路桥对渠道的累积水头损失影响。计算结果表明：设计输水流量和水位情况下，白河—东赵河渠段 19 座跨渠公路桥对该典型渠段累计水头损失为 7.9cm，参照双柱—跨径 30m 桥墩布置方案的水头损失（0.5cm），4 座跨渠渠道墩柱累计水头损失为 2.0cm。因此，该渠段跨渠公路桥和跨渠渠道共 23 处墩柱累计水头损失为 9.9cm。

5　结论

本文以总干渠典型渠段白河—东赵河渠段为研究对象，分析了输水建筑物和渠道的过流能力制约因素。采用三维水动力数学模型分别开展了白条河倒虹吸出口隔墩绕流和跨渠公路桥墩柱绕流对过流能力影响的计算分析。主要结果如下：

1）受白条河倒虹吸出口隔墩绕流影响，倒虹吸各孔出口明渠段内水位呈周期性交替波动，波动周期相同，主流分布大体一致，但不同时刻大小交替变化，中间两孔倒虹吸出口渠道水位波动幅度大（0.70m），两侧边孔倒虹吸出口渠道波动幅度小（0.40m）；渐变段和连接的明渠段内两侧边坡水位存在较明显波动。

2）总干渠典型渠段有跨渠公路桥桥墩绕流情况下，桥墩下游均出现卡门涡街现象的流速分布和水面波动,在桥墩上下游一定范围内渠道两侧边坡水面呈周期性波动;不同桥墩数量、桥墩跨径对渠道过流能力影响大小也不同。

参考文献

[1] 王才欢,王伟,侯冬梅,等.大型输水渡槽水流超常波动成因分析与对策[J].长江科学院院报,2021,38(2):46-52.

[2] 蒋莉,孟向阳,陈晓楠,等.输水流量对渡槽水位波动的影响规律[J].水电能源科学,2022,40(10):148-151.

[3] 屈志刚,李政鹏.输水渡槽水位异常波动原因分析与改善措施研究——以南水北调中线工程澧河渡槽为例[J].人民长江,2022,53(4):189-194.

[4] 董双岭,吴颂平.关于卡门涡街形状稳定性的一点分析[J].水动力学研究与进展A辑,2009,24(3):326-331.

[5] 苏铭德,康钦军.亚临界雷诺数下圆柱绕流的大涡模拟[J].力学学报,1999,31(1):100-105.

[6] 黄长久.基于大涡模拟的圆柱绕流水动力特性分析[D].成都:西华大学,2016.

[7] 谭志荣,熊劢,王洋,等.高雷诺数下串列三圆柱绕流的大涡模拟[J].水运工程,2022(12):25-33.

[8] 马山玉,李钊,王志刚,等.渡槽流态优化数值模型构建与流态复原验证分析[J].陕西水利,2022(9):9-12+18.

[9] 张洛,后小霞,杨具瑞.边宽尾墩体型对边墙区域水流水力特性的影响研究[J].水力发电学报,2015,34(1):85-92.

珠江三角洲水资源配置工程通水后深圳市供水调度研究

罗来辉[1]　刘少华[2]　陈春燕[2]　魏泽彪[3]

(1. 深圳市原水有限公司,深圳　518172;
2. 长江勘测规划设计研究有限责任公司,武汉　430010;
3. 深圳市水务规划设计院股份有限公司,深圳　518000)

摘　要:珠江三角洲水资源配置工程正常通水后,深圳市境外水源由单一东江水源转变为东江和西江联合供ács,全市供水格局发生转变,原水短缺问题得到解决。经计算,全市水厂正常供水得到保障。然而,部分水厂多水源供水格局仍未形成,境外水源检修期依然存在缺口,需要根据实际情况压缩境外水源检修期,且局部水厂需要通过净水调度解决。

关键词:东深供水工程;东江水源工程;多水源供水调度

深圳市现状供水系统是在东深供水工程和东江水源工程两大骨干水网工程的框架下,配套建有北线引水工程、网络干线工程和北环干线工程等自东向西的输水通道,将东江水源输送到全市,与本地水库联合调配保障全市供水安全。随着深圳市社会经济的快速增长,用水需求不断增加,东江流域水资源开发利用率已逼近国际公认的40%警戒线[1]。为了解决深圳市等珠江三角洲地区供水安全保障问题,实施了珠江三角洲水资源配置工程(以下简称"珠三角工程")[2]。从西江水系引水,沿途向广州市、东莞市、深圳市供水,2023年12月工程开始试运行,于2024年6月按设计分配水量供水。珠三角工程通水后,深圳市境外水源由单一东江转为东江和西江联合供水,西江水可通过公明水

项目支撑:深圳市供水系统调度模拟研究项目。

第一作者:罗来辉(1975—　),男,高级工程师,主要从事水利水电工程设计管理工作。E-mail:59235209@qq.com。

通信作者:刘少华(1989—　),男,高级工程师,主要从事水利规划设计咨询工作。E-mail:876464228@qq.com。

库—石岩水库输水隧洞工程向深圳西部片区供水,全市供水面临新格局(图1)。本研究针对珠三角工程通水后深圳市供水新格局,研究 2025 水平年深圳市水厂供水调度方案,为深圳市供水调度管理提供技术支撑。

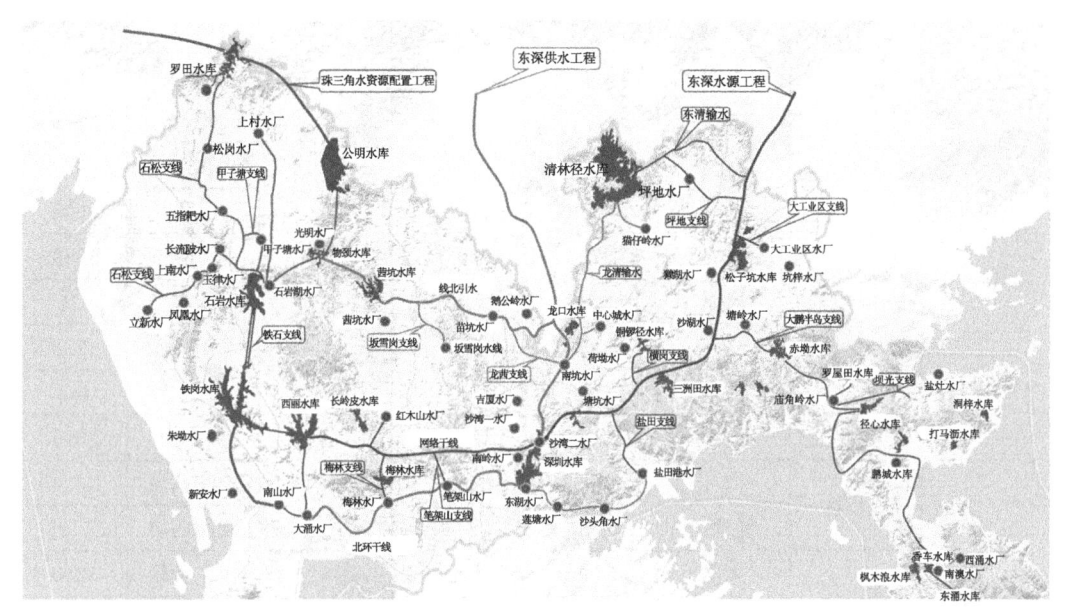

图 1　珠三角工程通水后全市供水调度格局

1　用水需求

近 4 年深圳市水厂供水量多年平均供水约 19 亿 m^3,虽然年际有所波动,总体上仍呈增长态势(图2)。根据《深圳市水务发展"十四五"规划》[3],结合近 4 年全市水厂实际供水量,采用趋势预测法年均增速为 2.4%,预测 2025 水平年深圳市水厂需水量 20.34 亿 m^3。根据《深圳市城市供水水源规划(2020—2035 年)》[4],深圳市供水分区划分为:西部滨海分区、中心城区、中部分区、东部分区、东部滨海分区,各区水厂用水量预测见表1。

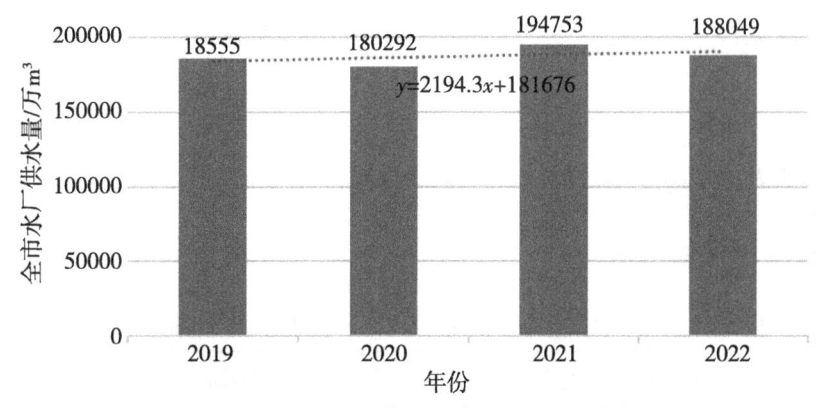

图 2　2019—2022 年深圳市水厂实际用水量

表1　　　　　　　　　　深圳市水厂2025年用水量预测　　　　　　　　（单位:亿 m³）

供水分区	行政分区	水厂名称	需水量	供水分区	行政分区	水厂名称	需水量
西部滨海片区	光明区	光明	6298	中部分区	龙岗区	坂雪岗	5071
		甲子塘	6271			沙湾二	7147
		上村	1580			南坑	3909
	宝安区	朱坳	17395			塘坑	1143
		长流陂	7996			荷坳	834
		石岩	4354			苗坑	3328
		五指耙	5778			沙湾一	1859
		凤凰	3798			吉厦	415
		立新	3393			南岭	1228
		上南	1696			鹅公岭	763
		罗田	2152		龙华区	红木山	8816
中心城区	福田区	梅林	16852			龙华茜坑	10285
		笔架山	9130			观澜茜坑	10193
	南山区	大涌	12582		坪山区	大工业区	3240
		南山	7564			坑梓	2023
	罗湖区	东湖	9457			沙湖	2922
		莲塘	1165			塘岭	729
东部滨海分区	盐田区	沙头角	1157	东部分区		三洲田	114
		盐田港	1746			坪地	3110
	大鹏新区	庙角岭	1369		龙岗区	中心城	9418
		鹏城	943			獭湖	3359
		西涌	58			猫仔岭	188
		坝光	545		合计		203373

2　水源条件

深圳市水厂供水水源主要包括珠三角工程、东深供水工程、东江水源工程三大境外水源引水量以及本地30座供水水库天然入库径流。

2.1　境外水源可供水量

珠三角工程设计多年平均引水量8.47亿 m³。考虑上游大藤峡调节作用,西江水向深圳供水年内和年际过程较为稳定。东深供水工程设计向深圳市分配水量8.73亿 m³。珠三角工程通水前,为满足深圳供水需求深圳市实际用水需求供给,2019—2022年东深供水工程年引水量 10.41 亿～11.23 亿 m³。东江水源工程设计分配水量 7.2 亿 m³，现在实际基本按照设计规模运行。三大境外水源工程设计年可引水量见表 2。

表 2　三大境外水源工程设计年可引水量

项目	珠三角工程	东深供水工程	东江水源工程
设计年引水量/亿 m³	8.47	8.74	7.20
检修时间/月	1	12	3

2.2　本地水库可供水量分析

深圳市本地无水文站，本研究采用广东省水文总站编制的《广东省水文图集》中的径流等值线图[5]，推算各水库多年平均入库径流量 1.75 亿 m³，并采用降水径流频率法来推求典型年径流过程，30 座供水水库多年平均天然入库径流量见表 3。

表 3　深圳市供水调蓄水库多年径流　　　　　　　　（单位：万 m³）

水库名称	多年平均入库径流量	水库名称	多年平均入库径流量
深圳	3270	东涌	422
西丽	815	雁田	324
长岭皮	389	径心	1110
梅林	434	铜锣径	225
公明	410	三洲田	325
铁岗	1656	红花岭上库	183
石岩	648	红花岭下库	121
罗田	680	上洞坳	52
鹅颈	150	枫木浪	547
茜坑	182	香车	316
横岗正坑	407	罗屋田	864
清林径	1128	洞梓	452
松子坑	198	岭澳	342
赤坳	775	大鹏大坑	500
龙口	77	打马沥	453

3　供水格局

境外水源供水量在深圳市供水总量占比较高，且境外水源工程设计时均考虑了 1 个月的检修期，其间深圳市供水格局变化较大，因此，本文分别针对正常供水期和境外水源检修期进行供水格局分析。2025 年深圳市供水格局见图 3。

图3 深圳市供水格局

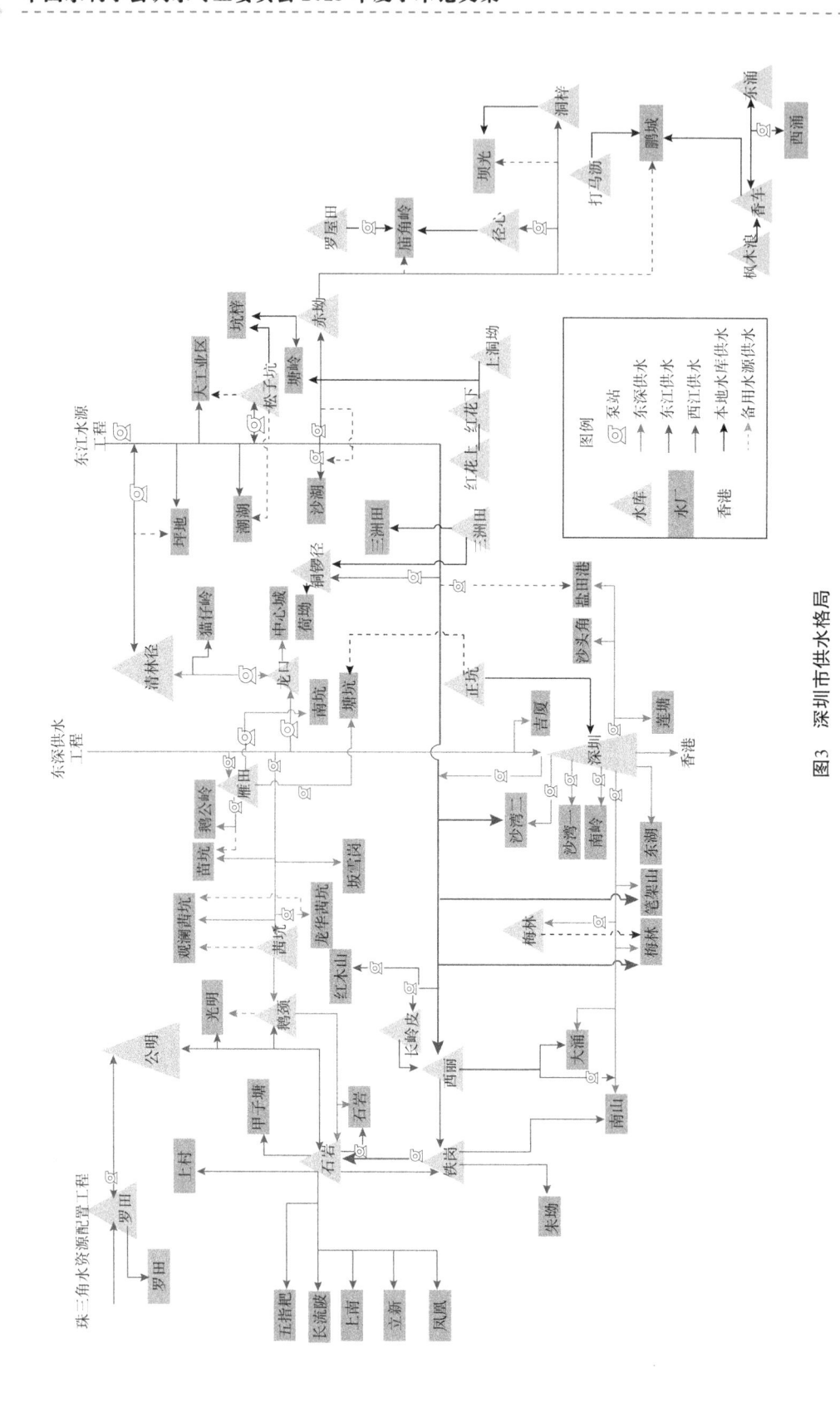

3.1 正常供水期

深圳市正常供水期水源主要依靠境外水源,通过珠三角工程、东深供水工程、东江水源工程供给,不足部分由本地供水水库补充。珠三角工程主要供给深圳市西部滨海分区(光明区、宝安区);东深供水工程主要供给深圳市中心城区(罗湖区、福田区和南山区)、中部分区(龙岗区西南部、龙华区北部茜坑水厂)、东部分区(龙岗中心城水厂)、东部滨海分区(盐田区);东江水源工程主要供给中心城区(福田区和南山区)、中部分区(龙华红木山水厂、龙岗沙湾二水厂)、东部分区(龙岗区东南部、坪山区)、东部滨海分区(盐田区);以本地水库为主的供水分区主要为东部滨海分区(大鹏新区)。

3.2 境外水源工程检修期

3.2.1 珠三角工程及其配套管线检修期(每年1月)

珠三角工程检修期间影响的供水分区是西部滨海分区。检修期间该分区水厂供水主要由东深供水工程经鹅石隧洞供水;光明区甲子塘、宝安区罗田和石岩湖转由本地水库储水量供水;宝安区朱坳水厂转由东江水源工程、东深供水工程联合供水;其余水厂供水水源与正常供水期一致,不受影响。

3.2.2 东深供水工程及其配套管线检修期(每年12月)

东深供水工程检修期间受影响的供水分区主要为中心城区、中部分区、东部滨海分区(盐田区)。中心城区(南山区南山)转由珠三角工程供水;中心城区(福田笔架山、南山大涌)、中部分区(龙岗区沙湾二)、东部滨海分区(盐田区盐田港)转由东江水源工程供水;中部分区(龙岗区吉厦、坂雪岗)无其他境外水源可供给,分别由红木山和中心城水厂净水调度满足;其余水厂供水水源与正常供水期一致,不受影响。

3.2.3 东江水源工程及网络干线检修期(每年3月)

东江水源工程检修期间受影响的供水分区主要为中心城区、中部分区、东部分区和东部滨海分区(盐田区)。中心城区(南山区南山)转由珠三角工程供水;中心城区(福田笔架山、南山大涌)、东部滨海分区(盐田区盐田港)转由东深供水工程供水;中部分区(龙华区红木山)无其他境外水源可供给,由坂雪岗水厂净水调度满足;中心城区(福田区梅林)、东部分区(龙岗区除中心城外、坪山区除三洲田外)由本地水库储水供水;其余水厂供水水源与正常供水期一致,不受影响。

4 调度原则

(1)水源安排

根据《广东省政府工作会议纪要》(〔2018〕11号)及《珠江三角洲水资源配置工程供水协议》,珠三角工程正式通水后即按设计分配水量8.47亿 m³ 向深圳计价收费,东深供工程分配水量是粤海公司协议水价,需满足设计分配 8.73 亿 m^3。因此,珠三角正式通水后需充分利用珠三角工程水量,东深工程按照设计分配水量供水,不足部分由东江水源工程补充。

(2)防洪安全

按照供水水库原有调度规程,严格遵循汛限水位控制;铁岗水库等部分水库因库区征地等问题尚未实现正常蓄水位或汛限水位运行的[6],按照目前水库实际运行条件控制;同时考虑罗田水库等部分水库因除险加固或新建工程的施工期水位控制要求。

(3)水质保障

部分供水水库在低水位时存在一定水质风险。例如,西丽水库等水位低于该水位时,水质超标风险较大[7]。因此,通过对各供水水库实际运行水位调研,确定各水库水质保障水位,避免日常供水水库水位低于水质保障水位。

(4)运行能耗

深圳市供水网络复杂,水源和水厂之间存在多对多的关系。为合理降低供水调度运行能耗,水厂供水水源及路径选择时,在满足水厂供水双水源和境外引水利用等条件下,通过全局遍历搜寻和比选,确定水厂供水运行能耗最低的水源和路径[8]。

5 结果分析

5.1 水厂供水

2025 水平年深圳市水厂需水量 20.34 亿 m^3,东深供水工程直接向水厂供水 7.78 亿 m^3,东江水源工程直接向水厂供水 5.70 亿 m^3,珠三角工程直接向水厂供水 4.06 亿 m^3,本地水库(含调蓄境外水源)供水 2.62 亿 m^3,水厂缺水量 0.17 亿 m^3,见表4。

表4　　　　　　　　　　2025 年深圳市水厂供水方案　　　　　　　　(单位:万 m^3)

供水分区	行政区	水厂名称	需水量	东深直供水量	东江直供水量	珠三角直供	水库(含调蓄水量)	缺水量
西部滨海片区	光明区	光明	6298	443	0	5854	0	0
		甲子塘	6271	0	0	4608	1662	0
		上村	1580	121	0	1249	209	0
	宝安区	朱坳	17395	1414	8577	3267	4137	0
		长流陂	7996	615	0	7381	0	0
		石岩	4354	81	0	3427	846	0
		五指耙	5778	443	0	5335	0	0

续表

供水分区	行政区	水厂名称	需水量	供水量				缺水量
				东深直供水量	东江直供水量	珠三角直供	水库(含调蓄水量)	
西部滨海片区	宝安区	凤凰	3798	0	0	2957	840	0
		立新	3393	107	0	2688	599	0
		上南	1696	106	0	1321	270	0
		罗田	2152	0	0	1996	156	0
中心城区	福田区	梅林	16852	1717	8574	0	6561	0
		笔架山	9130	5453	3568	0	88	21
	南山区	大涌	12582	6826	5326	0	430	0
		南山	7564	512	6022	511	519	0
	罗湖区	东湖	9457	8686	0	0	249	523
		莲塘	1165	896	0	0	201	68
中部分区	龙岗区	坂雪岗	5071	4559	0	0	0	512
		沙湾二	7147	5214	1462	0	471	0
		南坑	3909	3495	0	0	268	146
		塘坑	1143	738	0	0	405	0
		荷坳	834	0	718	0	117	0
		苗坑	3328	3151	0	0	114	63
		沙湾一	1859	1701	0	0	51	107
		吉厦	415	385	0	0	0	31
		南岭	1228	1126	0	0	33	69
		鹅公岭	763	521	0	0	203	39
	龙华区	红木山	8816	0	8816	0	0	0
		龙华茜坑	10285	9389	0	0	896	0
		观澜茜坑	10193	9318	0	0	796	79
东部分区	坪山区	大工业区	3240	0	2405	0	835	0
		坑梓	2023	0	1532	0	491	0
		沙湖	2922	0	2694	0	228	0
		塘岭	729	0	401	0	328	0
		三洲田	114	0	0	0	114	0
	龙岗区	坪地	3110	0	2858	0	252	0
		中心城	9418	8598	819	0	0	0
		獭湖	3359	0	2364	0	996	0
		猫仔岭	188	0	148	0	40	0

续表

供水分区	行政区	水厂名称	需水量	供水量				缺水量
				东深直供水量	东江直供水量	珠三角直供	水库(含调蓄水量)	
东部滨海分区	盐田区	沙头角	1157	883	0	0	205	70
		盐田港	1746	1333	413	0	0	0
	大鹏新区	庙角岭	1369	0	0	0	1369	0
		鹏城	943	0	280	0	662	0
		西涌	58	0	0	0	58	0
		坝光	545	0	0	0	545	0
合计			203373	77831	56977	40594	26244	1728

水厂缺水主要集中在境外水源检修期。在东深供水工程及北线和北环干线检修期，北线沿线坂雪岗和苗坑等水厂缺少第二水源，观澜茜坑水厂因茜坑储蓄水量不足缺水，吉厦、南岭、东湖、沙头角、笔架山等水厂因深圳水库储蓄水量不足缺水。受工程条件制约，可通过压缩东深供水工程检修，通过红木山水厂净水调配等方式缓解东深供水工程检修期缺水问题。在东江水源工程检修期，西部甲子塘、朱坳、长流陂等水厂缺水，实际运行中可加大东深北线引水量缓解西部缺水；同时，在网络干线末端缩短检修期，通过深圳水库经沙湾泵站经西铁连通工程补充西部供水。

5.2 水库水量平衡

2025 水平年深圳市 30 座水库多年平均天然入库水量 1.75 亿 m^3，境外水充库水量 2.86 亿 m^3，水库供水厂水量 2.62 亿 m^3，水库蒸发渗漏及下泄水量 1.40 亿 m^3，全市水库年末蓄水量 4.44 亿 m^3，较年初蓄水量明显增加，见表 5。

表 5　　　　2025 年全市水库水量平衡　　　　（单位：万 m^3）

水库名称	本地天然径流入库水量	东深供水工程充库水量	东江水源工程充库水量	珠三角工程充库水量	水厂供水量	蒸发渗漏及下泄水量	时段初蓄水量	时段末蓄水量
深圳	3270	6017	0	0	7288	1998	2338	2338
西丽	815	483	674	0	949	629	1898	2292
长岭皮	389	37	0	0	0	426	1372	1372
梅林	434	395	0	0	599	257	46	18
公明	410	0	0	6178	4442	1291	9786	10642
铁岗	1656	0	0	1823	1805	1460	5766	5980
石岩	648	0	0	1541	2094	481	1500	1113
罗田	680	0	0	169	379	470	1193	1193

续表

水库名称	本地天然径流入库水量	东深供水工程充库水量	东江水源工程充库水量	珠三角工程充库水量	水厂供水量	蒸发渗漏及下泄水量	时段初蓄水量	时段末蓄水量
鹅颈	150	0	0	0	0	93	140	196
茜坑	182	1723	0	0	1692	213	295	295
横岗正坑	407	0	0	0	156	254	419	415
清林径	1128	0	5316	0	292	1508	5683	10328
松子坑	198	0	2475	0	2309	364	2191	2191
赤坳	775	0	992	0	1258	509	1128	1128
龙口	77	23	31	0	0	131	853	853
东涌	422	0	0	0	56	312	898	952
雁田	324	735	0	0	803	257	487	487
径心	1110	0	0	0	491	619	523	523
铜锣径	225	0	0	0	90	159	462	438
三洲田	325	0	0	0	140	186	195	195
红花岭上库	183	0	0	0	86	97	48	48
红花岭下库	121	0	0	0	56	65	48	48
上洞坳	52	0	0	0	24	27	18	18
枫木浪	547	0	0	0	264	283	71	71
香车	316	0	0	0	149	168	80	80
罗屋田	864	0	0	0	415	449	134	134
洞梓	452	0	0	0	196	256	262	262
岭澳	342	0	0	0	0	342	512	512
大鹏大坑	500	0	0	0	0	500	132	132
打马沥	453	0	0	0	207	246	145	145
合计	17455	9413	9488	9711	26240	14050	38623	44399

5.3 境外水源引水量

2025水平年珠三角年引水量5.03亿 m^3，东深供水工程年引水量8.72亿 m^3，东江水源工程年引水量6.65亿 m^3（表6）。境外水源年引水量均在设计分配水量范围内，珠三角引水量主要受公石隧洞输水能力制约，东深供水工程基本按照设计分配水量供水。

表 6　　2025 年境外水源引水量　　（单位：万 m³）

境外水源	1月	2月	3月	4月	5月	6月	7月	8月	9月	10月	11月	12月	合计
珠三角工程	0	4875	4462	4289	4420	4346	4546	4504	4425	4593	7399	2445	50304
东深供水工程	10831	7229	9300	7269	7269	7269	7269	7269	7269	7269	9000	0	87243
东江水源工程	6167	6035	0	5499	5393	5669	5791	5791	5791	5791	7384	7154	66465

6　结语

2025 水平年珠三角工程通水后，深圳市原水短缺得到缓解，东深供水工程引水量控制在设计分配水量范围内，全市水厂正常供水得到保障。然而，部分水厂多水源供水格局尚未形成，境外水源检修期依然存在缺口，需要根据实际情况压缩境外水源检修期，且局部水厂需要通过净水调度解决。

参考文献

[1] 安新代. 黄河水资源管理调度现状与展望[J]. 中国水利，2007(13)：16-19.

[2] 严振瑞. 珠江三角洲水资源配置工程关键技术问题思考[J]. 水利规划与设计，2015(11)：48-51.

[3] 深圳市水务局. 深圳市水务发展"十四五"规划[R]. 深圳：深圳市水务局，2021.

[4] 深圳市水务局. 深圳市城市供水水源规划（2020—2035 年）[R]. 深圳：深圳市水务局，2021.

[5] 广东省水利电力局. 广东省水文图集[M]. 广州：广东地图出版社，1976.

[6] 成洁，玄英姬，甘晓静. 铁岗水库汛限水位分析及分期控制方案设计[J]. 中国农村水利水电，2014(11)：47-49.

[7] 宗栋良，方俊峰，王依林. 降雨及径流对西丽水库水质的影响[J]. 中国农村水利水电，2006(2)：38-40.

[8] 陈政华. 降低供水能耗的措施[J]. 中国给水排水，2003，19(11)：100-101.

南水北调中线一期工程总干渠输水能力提升的六点思考

吴永妍[1,2] 高森[3] 王磊[1,2] 苏霞[3]

(1. 长江勘测规划设计研究有限责任公司,武汉 430010;
2. 水资源工程与调度全国重点实验室,武汉 430010;
3. 中国南水北调集团中线有限公司,北京 100038)

摘 要:引江补汉工程作为南水北调中线后续水源,建成通水后,南水北调中线多年平均北调水量将由95亿 m^3 增加至115.1亿 m^3。然而中线总干渠输水能力提升仍面临着一系列迫切需要解决的问题。通过集中总结梳理近年研究成果,提出总干渠输水能力对115亿 m^3 北调水量不同分配方案的适应性研究、总干渠按年均115亿 m^3 输水运行的风险评估、总干渠按年均115亿 m^3 输水的调度运行方案研究、中线总干渠综合糙率变化规律及合理取值研究、渡槽输水能力提升研究、总干渠冬季输水能力提升措施研究的6点研究构想,为推动南水北调后续工程高质量发展提供参考借鉴。

关键词:南水北调中线;引江补汉;输水能力;运行调度

南水北调工程是实现我国水资源优化配置、促进经济社会可持续发展、保障和改善民生的重大战略性基础设施。截至2023年,南水北调中线一期工程自2014年12月全面通水以来已经平稳运行9年多,累计调水量超600亿 m^3,京、津、冀、豫4省(直辖市)直接受益人口超过1.08亿人,为沿线26座大中城市经济社会发展提供了有力的水资源支撑。目前,引江补汉工程已开工建设,工程建成后,中线多年平均北调水量将由95亿 m^3 增加至115.1亿 m^3[1]。届时,中线总干渠以大流量输水的时长将显著增加。

按照水利部统一部署,南水北调中线工程自2017年9月开始,多次实施了大流量输水工作。在大流量输水过程中,出现局部渠段水位异常偏高、个别输水建筑物流态较差、

基金项目:国有资本经营预算项目《南水北调工程关键技术攻关》。

第一作者:吴永妍(1990—),女,高级工程师,主要从事引调水工程调度工作。E-mail:1031880619@qq.com。

水位波动较大等现象,表明总干渠部分渠段存在一定的阻水风险,对总干渠按115.1亿 m³ 调水规模输水造成一定制约。笔者所在团队通过总结梳理南水北调中线输水能力的相关成果,分析提出了总干渠实现年均 115.1 亿 m³ 调水目标需要研究解决的关键问题,为中线工程供水规模扩大和安全保障奠定基础。

1 总干渠输水能力对 115 亿 m³ 北调水量不同分配方案的适应性研究

1.1 缘由分析

引江补汉工程多年平均引水量 39.0 亿 m³,其中补南水北调中线水量 24.9 亿 m³,补水后陶岔多年平均调水量达到 115.1 亿 m³。补南水北调中线水量的 24.9 亿 m³ 分为两大部分。第一部分为补亏水量 4.8 亿 m³,即补齐中线一期引江前由水文系列延长等造成的北调水量亏缺;第二部分为新增分配水量 20.1 亿 m³。

引江补汉工程设计阶段,选定了以天津不参与新增水量分配并考虑东、中线互济原则的方案作为代表方案。代表方案中,河南新增陶岔水量 7.4 亿 m³,河北(不含雄安)新增 3.3 亿 m³,雄安新增 3.3 亿 m³,北京新增 6.1 亿 m³。根据南水北调中线输水能力复核成果,在现状工程条件下,总干渠部分范围均不能通过加大流量。按总干渠实际正常过流流量,若再考虑冰期制约,以及引江补汉实施后水源条件和受水区需求的限制,中线总干渠渠首年均调水量无法达到 115.1 亿 m³。因此,需要分析总干渠输水能力对新增北调水量分配方案的适应性。

1.2 实施路径构想

研究基于中线一期总干渠现状输水能力和输水能力提升措施实施后两种情景下新增北调水量分配方案。

首先,分析中线现状输水能力对北调水分配方案的适应性。以总干渠现状输水能力为约束条件,不考虑水源和受水区需求的限制,考虑漳河以北总干渠冰期输水限制,根据总干渠全年加大水位运行极限输水量,提出总干渠实际年调水能力及相应的调度过程。比较总干渠实际年调水能力和中线 115.1 亿 m³ 调水规模的差异,分析水量调度方案的制约因素,为输水能力提升部署提供依据。

然后,研究实施后的输水能力提升措施对北调水分配方案的适应性。按照不同新增北调水量分配原则,拟定典型北调水量分配方案集(表1);以总干渠采取改造措施后的输水能力为约束条件,分析各水量调度方案的可达性,为总干渠输水能力提升方案提出建议。

表 1　　北调水量分配方案集初拟

序号	方案基本原则
1	按照东、中互济原则,兼顾沿线城市供水体系建设情况,兼顾用水户供水保证率和缺水量,将陶岔新增水量分配至河南、河北和北京 3 省(直辖市)
2	将陶岔新增水量平均分配至河南、河北和北京 3 省(直辖市)
3	按照中线一期 95 亿 m³ 方案分配水量比例将新增水量分配至河南、河北和北京 3 省(直辖市)
4	优先保障京冀地区、有利于尽快推进河北地下水超采治理,对新增水量进行分配
5	按照中线一期 95 亿 m³ 方案分配水量比例将新增水量分配至 4 省(直辖市)
6	将陶岔新增水量平均分配至 4 省(直辖市)
7	根据有关部门意见,结合现状各省(直辖市)对北调水量的消纳程度,从有利于中线工程效益发挥对新增水量进行分配

2　总干渠按年均 115 亿 m³ 输水运行的风险评估

2.1　缘由分析

南水北调中线工程线路长,总干渠沿线所经地区的地理环境和水文气象条件差异较大,地质环境复杂多变;沿线穿越河流、公路、铁路等各类交叉建筑物众多,且部分大型跨河建筑物结构复杂;随着沿线经济社会发展,部分原来偏离城镇的渠道已成为城中渠道,同时河道整治、开发利用、采砂等人类活动以及自然冲淤变化,使得总干渠沿线外部边界条件与原初步设计相比有所变化;再加上近年来极端气象事件频发,极端暴雨和超标准洪水时有发生,工程运行过程中存在工程安全风险、供水安全风险和水质安全风险。进入新发展时期,以习近平总书记为核心的党中央、国务院高度重视南水北调工程安全,强调要继续加强东线、中线一期工程的安全管理和调度管理。

近年来在有关单位的组织下,已经开展过多项中线工程相关风险的研究及评估工作,取得的相关成果为保障工程"三个安全"发挥了重要的支撑作用。然而,引江补汉工程建成通水后,中线北调水量由多年平均 95 亿 m³ 增加至 115.1 亿 m³,总干渠大流量输水将成为常态,在一定程度上突破全线渠道及输水建筑物的承载能力和正常使用极限状态,运行安全风险将显著增加,各类安全风险及突发应急事件的防控难度也将显著增加。同时,由于风险因子的发生存在随机性和模糊性,在较短时间内,要全面准确认知工程风险因子和风险规律有一定困难。因此,有必要针对中线总干渠多年平均输水 115 亿 m³ 的条件系统性开展风险评估,复核中线总干渠的安全风险等级,提出相应的应对措施及对策,支撑中线工程持续、安全地发挥综合效益。

2.2 实施路径构想

参考已有的中线风险评估成果,对总干渠线状工程进行分解,划分评估单元。全面梳理引江补汉工程建成通水后,中线多年平均输水 115.1 亿 m³ 运行条件下,总干渠可能存在的内部风险和外部风险,重点识别新运行条件下新增的风险因子与风险事件,提出总干渠风险评估指标体系和风险等级标准调整建议。

采用定性定量相结合的评估方法,选择合适的风险分析方法与模型,分析各风险事件发生的可能性及可能造成的后果严重性;对标风险等级标准,分别评估各单元的工程安全风险、供水安全风险和水质安全风险;对各评估单元的风险进行风险集成,提出总干渠多年平均输水 115.1 亿 m³ 条件下的综合安全风险。

研究提出相应的预防及处置各类风险的工程措施、非工程措施建议及对策预案,完善中线工程风险防御体系。

3 总干渠按年均 115 亿 m³ 输水的调度运行方案研究

3.1 缘由分析

根据南水北调中线一期工程规划设计阶段提出的总干渠调度运行原则,总干渠以节制闸控制为主,采用闸前常水位方式运行,即当渠段内流量变化时,通过调整闸门开度,保持渠段下游端水位在稳定状态下基本不变[2],见图 1。正常运行时,节制闸闸前水位宜维持在目标水位附近,且不得超过加大水位,不应低于目标水位下限[3],见图 2。

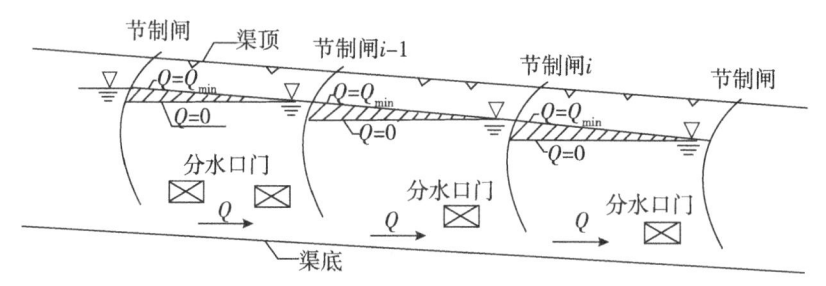

图 1 总干渠闸前常水位运行方式

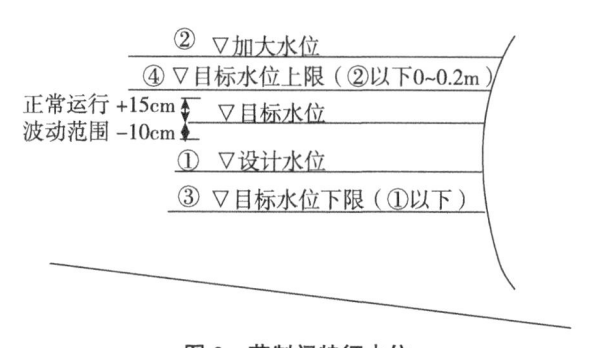

图 2 节制闸特征水位

南水北调中线一期工程年均调水 95 亿 m³ 时,大流量运行为短时、分段工况。总干渠输水流量小于加大流量时,目标水位上限一般可取加大水位以下 0～0.2m,且不小于设计水位,以充分利用总干渠自身调蓄能力,尽快满足沿线用户需水变化要求或总干渠临时检修要求。引江补汉工程实施后,中线工程北调水量增加,中线总干渠设计流量以上运行工况将由现在的 10% 增加至 60% 以上,部分渠段将以加大流量输水,节制闸节制作用减弱,现有的闸前常水位运行调度方式可能不再适用。若仍然采用闸前常水位运行方式,需要重新确定目标水位拟定原则,并对考虑不同类型闸门配合参与控制,才能满足用户流量调整需求和总干渠安全过流要求,应对各类突发事故场景的应急调度。因此,有必要系统开展实现总干渠 115.1 亿 m³ 调水规模的调度运行方案研究。

3.2 实施路径构想

在总干渠现行调度运行方案适应性评估的基础上,提出总干渠大流量输水的运行调度方式。结合北调水 115.1 亿 m³ 分配方案对总干渠调度运行的要求,提出总干渠水头分配方案,优化大流量输水场景下总干渠沿线主要控制点水位,在此基础上确定沿线各个渠段的目标控制水位;在总干渠运行调度方式和目标水位确定基础上,分别开展大流量输水情景下的正常运行控制研究和应急调度预案研究,最后开展运行控制设施安全性复核,并提出相应的必要的改建建议。

4 中线总干渠综合糙率变化规律及合理取值研究

4.1 缘由分析

南水北调中线工程设计阶段,总干渠渠道综合糙率取值为 0.015 考虑了弯道、桥墩柱等综合影响。总干渠输水能力的影响因素总体上包括局部水流流态和过水表面粗糙度两类。一方面,大流量输水期间,部分桥墩柱等建筑物附近出现"卡门涡街"现象[4],水流流态紊乱,增加了水头损失,限制了总干渠输水能力(图3)。另一方面,总干渠通水以来虽总体运行维护良好,但仍有部分渠段存在衬砌板错台、隆起、塌陷等破坏,以及淡水壳菜附着(图4)。这些运行条件变化降低了渠道过水表面的平整度,增加了渠道输水水头损失。

对于已建成的总干渠,渠道综合糙率的变化将对工程安全和输水安全带来极大影响,成为制约中线一期工程效益进一步发挥的关键因素。同时,渠道的综合糙率并非定值,而是动态变化的。其大小与渠段的运行状态、管理维护水平等密切相关。因此有必要系统分析总干渠综合糙率变化规律,研究中线输水能力提升相关措施实施后的综合糙率取值;同时在运行过程中,持续监测各渠段的水位流量关系变化,定时分析渠段的综合糙率大小,为中线工程运行调度提供依据。

图3　总干渠桥墩柱附近的卡门涡街现象　　图4　总干渠局部衬砌板损坏现象

4.2　实施路径构想

通过资料收集、现场调研、理论分析、数值仿真、现场试验等方式,研究总干渠综合糙率的时空变化规律,分析影响总干渠综合糙率变化的因素。通过水动力学计算反演不同因素对糙率影响程度,提出主导因素;分析各相关因素的相关性,预测累积效应。

研究总干渠不同降糙措施的可行性及作用效果,提出不同渠段、不同糙率范围适宜的降糙措施,并对降糙措施实施后的效果进行科学评估。构建基于糙率影响因子、处理措施效果、工程养护状况,并统筹考虑输水流量、渠道淤积、藻类和淡水壳菜附着等多因素的总干渠综合糙率合理取值预测方法,并以此预判总干渠综合糙率的变化趋势,提出总干渠输水能力提升措施实施完成后渠道综合糙率的合理取值。

5　渡槽输水能力提升研究

5.1　缘由分析

中线工程渡槽是连接输水渠道跨越河流、山谷和道路的关键性输水建筑物,其过流能力直接决定着工程的输水能力。总干渠在不同的渠段布置有31座河渠交叉渡槽,且部分渡槽拉梁下缘至加大水面线距离不足0.1m,渡槽超高有限。近年来大流量输水实践表明,由于部分输水渡槽槽身段水面和拉杆下方净空偏小,加大流量输水期间,渡槽进出口及槽身段水面出现较大波动,拍打渡槽顶部拉杆,甚至发生水体漫溢现象。例如,刁河、十二里河等渡槽在实际运行中,在大流量、节制闸闸门敞泄运行条件下,渡槽上下游共1~2km的渠道水面出现超常的水面波动现象[5]。十二里河渡槽进口节制闸闸前水流除了产生沿纵向的行进波外,在横向还产生了左右晃动的周期性波动,尤其在渡槽段水面波动最为明显,现场观测到最大波幅近1.0m(图5)。

这种现象不仅影响渡槽输水能力,还将对渡槽的整体结构产生疲劳性损伤,对工程结构安全造成一定影响。引江补汉工程实施后,中线工程输水需求将大幅提升,总干渠采用加大流量输水的时间将极大增加。因此,渡槽的输水能力将成为中线按多年平均115亿 m^3 输水亟须解决的重点问题。

图5 十二里河渡槽进口上游渠段流态

5.2 实施路径构想

目前,针对过水断面不足的渡槽,提升渡槽过流能力的主要工程措施包括:优化渡槽进出口水流条件、在过流面涂刷减糙材料、优化渡槽结构型式和增加过流通道。2020年5月,中线公司以澧河渡槽为研究对象,对进、出口导流墩进行改造,优化渡槽进出口水流条件,虽然实现了最大过流能力可满足加大流量通过,但对于拉杆阻水的问题没有实际性解决。在过流面涂刷减糙材料在一定程度上可以减少沿程水头损失以增加过流能力,但不能对过流能力有较大幅度增加。优化渡槽结构型式包括在渡槽上加高渡槽槽壁、渡槽顶升和施加盖板等措施。加高渡槽槽壁一般要对渡槽拉杆结构进行拆除改造,施工难度较大,虽然会造成结构内力重分配,但不会增加水头损失;渡槽顶升和施加盖板虽能在一定程度上解决拉杆阻水的问题,但会明显增加水头损失。增加过流通道固然能一劳永逸地达到过流能力提高的目的,但不适用于对供水保证率高的调水工程,并且会大大地增加工程投资成本。

综合考虑,在不影响输水功能和结构安全的前提下,采取渡槽槽壁加高工程措施以提升过流能力。首先,确定全线不同类型渡槽制约过流能力提升的关键影响因素。然后,揭示不同渡槽槽壁加高方案下渡槽结构内力演变机理,制定出针对不同结构形式的渡槽槽壁加高工程改造方案,分析对总干渠输水能力提升的作用效果,为中线工程实现 115 亿 m^3 调水规模提供技术支撑。

6 总干渠冬季输水能力提升措施研究

6.1 缘由分析

南水北调中线工程由南向北跨越北纬 $33°\sim40°$,冬季河北段气温低,多遭遇冷空气控制,渠道存在岸冰、流冰、冰盖封冻等冰情,总干渠将处于无冰输水、流冰输水、冰盖输水等多种复杂运行状态,尤其是隧洞、倒虹吸、渡槽、暗渠、曲率较大的弯道和山区较窄的开挖断面等位置，存在发生冰塞、冰坝的可能[6]，见图6、图7。

图6 中易水、南拒马河倒虹吸前冰盖（2020—2021年）

图7 下车亭隧洞、南拒马河倒虹吸前岸冰（2020—2021年）

2011年中线京石段应急输水以来，工程建设管理单位开展了一系列冰情原型观测，获取了中线长系列冬季输水冰情、气象、水力调度数据，掌握了中线冰情生消演变规律，各年冬季冰情分布和典型气象站统计数据（表2）。通过多年冰情观测资料分析发现，中线冰情发展和冰盖分布范围受气象、水温和水力调度等多个因素影响。2014年以前为京石段应急输水，冬季输水流量小，每年都有一定范围的冰盖封冻段，其中2012—2013年冬季京石段应急输水渠段全部形成冰盖封冻，渠道中心点最大冰盖厚度32cm，为观测以来最大。2014年全线正式通水以后，受气象、水力调度等影响，中线每年冬季冰情发展和冰盖范围差异较大，其中2014—2015年、2015—2016年和2021—2022年形成较大范围冰盖封冻渠段，长度为80～360km。2015—2016年1月中下旬河北段出现历史罕见强降温，冰情为观测数据以来最严重的冬季，冰盖范围上溯至七里河倒虹吸渠段，长约360km，且局部断面出现流冰堆积现象。2016—2020年连续4个冬季气温具有暖冬特征，以局部渠段封冻冰盖为主，局部渠段短时间内会对中线安全输水造成一定影响。中线冰情发展还受入冬前期水温和流量调度的影响，比如2021—2022年和2022—2023年连续两个冬季没有形成冰盖封冻。

表2　中线工程冰情观测历时数据统计结果

时间	流冰前缘位置	冰盖前缘位置	封冻渠长/km	渠心最大冰厚/cm	流量/(m³/s)	最低水温/℃	冬季负积温/℃	最低气温/℃
2011—2012	漠道沟倒虹吸 1036+983	岗头隧洞 1113+863	83	24	16.0			
2012—2013	石津干渠 972+011	石津干渠 972+011	226	32	5.7			
2013—2014	石津干渠 972+011	滹沱河倒虹吸 980+263	218	14	5.6			
2014—2015	午河渡槽 899+307	岗头隧洞 1113+863	83	14	22.5	0.20	−109.3	−1.7
2015—2016	安阳河倒虹吸 716+995	七里河倒虹吸 835+236	360	28	46—48	0.0	−241.1	−6.0
2016—2017	瀑河倒虹吸 1136+845	局部	<5	5	36.0	0.18	−63.5	−1.5
2017—2018	放水河渡槽 1071+911	局部	<5	5	44.4	0.10	−105.0	−3.5
2018—2019	吕村桥 1134+000	局部	<5	4	54.7	0.20	−147.5	−2.3
2019—2020	瀑河倒虹吸 1136+845	局部	<1	<2	49.6	0.82	−80.0	−1.1
2020—2021	沙河倒虹吸 1017+430	岗头隧洞 1113+863	83	16.0	50.6	−0.03	−273.4	−4.6
2021—2022	无	无	0	0	50.4	2.42	−167.8	−2.6
2022—2023	坟庄河倒虹吸 1172+373	25.5	0	0	52.5	0.45	−230.9	−3.44

在中线工程设计和运行的不同阶段,均针对中线冬季冰期输水问题开展了一系列的科学研究[7-9]。已有研究成果提出,每年12月1日至次年2月底,中线总干渠安阳以北进入冬季输水模式,采用冰盖下输水,水力条件按弗劳德数0.06控制。如此,冬季输水流量减少量占设计流量的30%～50%,总干渠受冬季制约的输水量达3.4亿～4.0亿 m³。因此,总干渠冬季冰期输水能力是制约中线工程115亿 m³ 调水规模的关键问题。

6.2　实施路径构想

从中线工程多年平均调水115亿 m³ 目标出发,从机理分析、现场观测、数学模型等方面,研究冬季安全高效输水问题,提出冬季大流量输水动态快速调控技术和冰凌防控技术,提升冬季输水量。

首先，收集中线冬季多年原型观测冰情、水力调度和气象数据，梳理冰情、气象、水温、水力指标体系，分析岸冰、流冰、冰盖等特征冰情与热力、水动力指标相应关系，揭示中线冬季水温与冰情时空分布及生消演变机制。

其次，识别影响渠道冰情生消过程的关键气象、水力驱动因子，提出结冰期、封冻期和开河期不同冰情生消发展的综合指标阈值区间；基于中线冰情观测数据，分析水面与大气热交换率关系，提高渠道热力学数值计算精度，结合描述冰情生消物理过程的方程组，构建基于物理机制的总干渠冰情预报模型，提高冰情预报预见期。

再次，研究降低水位、提高流速、提升流量（由现状约40%的设计流量提升至60%～80%）等冬季大流量输水方案，分析沿线水面线、渠道调蓄库容变化规律，分析水体热量沿程耗散与输水流量、调度方式的关系，综合中线暖冬、平冬和冷冬年气候特点，提出大流量非冰盖输水的水力控制方案；提出不同水温、气温变化条件下保障冰期安全输水的渠段流量动态控制目标，建立基于冰情预报的总干渠非冰盖—冰盖输水动态调度模型，提高冰期输水灵活性和冬季输水能力。

最后，分析流冰形成—输移—下潜运动规律，揭示冰塞形成机制，提出漕河渡槽—岗头隧洞重点渠段的冰塞防治技术，为中线冬季安全高效输水提供技术支撑。

参考文献

[1] 钮新强,万蕙,刘琪.引江补汉工程关键技术挑战[J].中国水利,2022,18:15-17+11.

[2] 吴永妍,黄会勇,闫弈博,等.基于控制蓄量法的南水北调渠系运行方式研究[J].人民长江,2018,49(13):65-69.

[3] 刘子慧,黄会勇,吴永妍,等.输水工程水力学模拟与控制[M].武汉:长江出版社,2018.

[4] 屈志刚,李政鹏.输水渡槽水位异常波动原因分析与改善措施研究——以南水北调中线工程澧河渡槽为例[J].人民长江,2022,53(4):189-194.

[5] 王才欢,王伟,侯冬梅,等.大型输水渡槽水流超常波动成因分析与对策[J].长江科学院院报,2021,38(02):46-52.

[6] 陈晓楠,李景刚,卢明龙,等.南水北调中线总干渠冰期输水运行实践分析[J].人民长江,2023,54(12):254-259.

[7] 刘国强.长距离输水渠系冬季输水过渡过程及控制研究[D].武汉:武汉大学,2014.

[8] 段文刚,黄国兵,杨金波,等.长距离调水明渠冬季输水冰情分析与安全调度[J].南水北调与水利科技,2016,14(6):96-104.

[9] 李景刚,陈晓楠,卢明龙,等.南水北调中线干线冰期输水动态调度初探[J].中国水利,2023,(2)30-33.

基于置信区间法的南水北调中线
输水建筑物结构损伤预判规则研究

苏 霞[1] 游万敏[2] 宁昕扬[2] 曾 俊[2]

(1. 中国南水北调集团中线有限公司,北京 100038;
2. 长江勘测规划设计研究有限责任公司,武汉 430010)

摘 要:通过对南水北调中线输水建筑物运行期监测数据的分析,建立统计回归模型,采用置信区间法分别确定各类监测数据的安全范围、异常范围、危险范围,建立结构损伤的预判规则,使得建筑物结构损伤检测和评判更有针对性和实操性。

关键词:置信区间;输水建筑物;结构损伤预判

结构损伤危害性评判规则的评价指标大部分以检测指标为主,如裂缝的深度、宽度、混凝土冻融剥蚀厚度、钢筋锈蚀截面损失等。在建筑物正常运行时,监测数据用来反映建筑物工作性态,如监测数据出现异常,经分析后认为有必要,再采用检测手段进一步排查,通过检测指标进行危害性评判。南水北调中线工程输水建筑物和控制建筑物安全监测项目和数据众多,安全监测数据能够定量地反映建筑物在运行过程中的结构状态。如果在运行过程中结构产生损伤,结构自身的应变计、应力计、测缝计等监测项目会做出响应。因此,通过安全监测数据对建筑物结构损伤进行预判是十分必要的。本文以对南水北调中线某渡槽监测数据为例,通过对监测数据进行统计回归,分析安全监测数据的偏离情况,建立基于置信区间法的输水建筑物结构损伤危害性评判规则。

1 结构损伤预判规则建立步骤

基于置信区间法的结构损伤评价规则是采用统计理论的小概率事件的理论,以输水

基金项目:本论文由南水北调工程关键技术攻关项目(37500100000021G002)资助。
第一作者:苏霞(1978—),女,高级工程师,主要从事水利工程技术管理方面的研究。E-mail: 47346135@qq.com
通信作者:宁昕扬(1991—),男,工程师,主要从事水利工程设计工作。

建筑物和控制建筑物的某项长序列安全监测数据为基础,对监测数据进行统计回归分析,建立统计回归模型,以统计回归成果为依据,采用置信区间法提出输水建筑物和控制建筑物的结构损伤预判规则。

基于置信区间法的结构损伤预判规则的建立步骤如下:

1)结合已有建筑物监测项目的统计模型,根据建筑物的受力特点建立能够反映输水建筑物和控制建筑物的监测统计模型(回归方程)。

2)对某建筑物某测点长序列安全监测数据进行回归分析,根据回归后的复相关系数判断统计模型(回归方程)的有效性。如复相关系数较好,则建立的统计模型有效,能够反映建筑物结构运行状态的变化规律。

3)在回归分析的基础上,对复相关系数较好的测点统计模型,采用置信区间法拟定应变计的监控指标,以界定结构是处于安全区域、异常区域还是危险区域,最后提出结构损伤的预判规则。

2 监测数据统计回归分析

以某输水渡槽为例,对渡槽槽身混凝土应变的监测数据进行统计回归分析。

2.1 渡槽应变统计回归模型

考虑渡槽主要受水荷载和温度荷载的影响,参考《水工建筑物安全监控理论及其应用》[1]中混凝土坝应变统计模型,建立渡槽应变计统计回归模型。

$$h = a_0 + \sum_{i=1}^{m_1} a_i (H^i - H_0^i) + \sum_{i=1}^{m_2} b_{1i} T_i + c_1 (\ln\theta - \ln\theta_0) \tag{1}$$

式中:a_i——上游库水位的回归系数;

$m_1 = 3$;

H_i,H_0^i——槽内水位的i次方与槽内初始水头的i次方;

T_i——温度;

c_1——时效分量的回归系数;

θ——时效分量。

2.2 渡槽应变安全监测数据

1)某渡槽7号槽身001~005测点应变计观测时段为:2014年7月21日至2016年12月22日,2019年1月3日至2019年12月26日。

2)槽内水位观测时段为:2014年7月21日至2016年12月22日,2019年1月3日至2019年12月26日。

3)温度观测时段为:2014年7月21日至2016年12月22日,2019年1月3日至

2019年12月26日。

根据某渡槽7号槽身安全监测数据,选取时间段为2014年7月21日至2019年12月26日,以7号槽身应变001～005测点的时间序列为基础,按照应变统计模型的分量,建立槽内水位、温度和应变观测时序资料。

2.3 渡槽应变统计回归分析

根据第2.1节所建立的统计分析模型,对7号槽身001测点、002测点、003测点、004测点、005测点应变计数据进行统计回归分析。渡槽槽身应变统计模型的分量系数与复相关系数见表1,统计回归模型各分量的重要性计算结果见表2。应变观测与回归拟合的对比见图1至图3。

由表1、表2可得,建立渡槽槽身应变统计模型001～005测点复相关系数分别为0.89、0.87、0.45、0.82和0.43,001、002和004测点统计模型具有较好的相关性,应变主要受温度影响;003和005测点相关性较差,应变受水荷载和温度荷载影响。

考虑到渡槽通水运行期间渡槽槽内水位变化较小,从力学角度分析,渡槽应变主要受温度荷载的影响,可推断001、002和004测点统计模型能够反映渡槽应变的变化规律,而003和005测点统计模型不能反映渡槽应变的变化规律。

表1   7号槽身001～003测点统计模型的分量系数与复相关系数

仪器测点	a_0	a_1	a_2	a_3	b	c_1	复相关系数
7号槽身001测点	−81.61	−16483.19	193.41	−0.76	−2.85	−787.93	0.89
7号槽身002测点	−254.85	−3627.06	41.80	−0.16	−0.84	−972.66	0.87
7号槽身003测点	24.95	9789.45	−105.44	0.37	−0.80	−138.11	0.45
7号槽身004测点	−248.99	−4381.18	50.82	−0.20	−0.66	−1402.91	0.82
7号槽身005测点	−79.28	−31227.62	366.96	−1.44	−2.59	75.89	0.43

表2   7号槽身001～003测点统计模型各个分量重要性   (单位:%)

仪器	水压分量1	水压分量1	水压分量1	温度分量	时效分量
7号槽身001测点	4.42	4.40	4.38	72.43	14.36
7号槽身002测点	2.39	2.33	2.27	70.20	22.80
7号槽身003测点	22.87	22.18	21.50	25.68	7.77
7号槽身004测点	2.62	2.57	2.53	65.33	26.96
7号槽身005测点	23.15	23.12	23.09	29.24	1.39

由图1至图3可知,001、002和005测点估计值与实测值总体吻合度较高,即建立的

槽身应变统计模型能较好地反映应变计的测值变化情况。

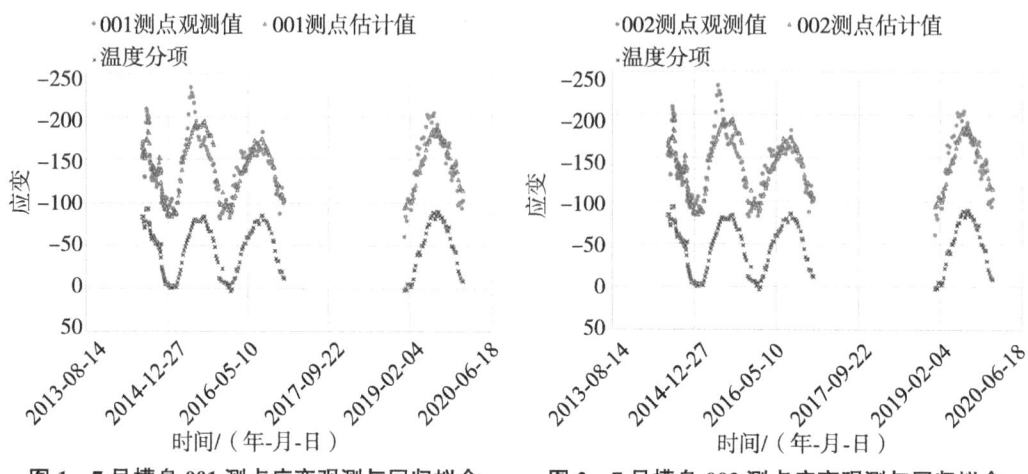

图1　7号槽身001测点应变观测与回归拟合

图2　7号槽身002测点应变观测与回归拟合

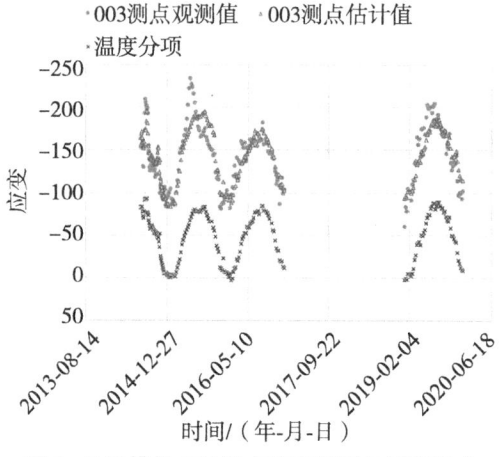

图3　7号槽身005测点应变观测与回归拟合

3　基于置信区间法的结构损伤预判规则

置信区间法[2]基本原理是统计理论的小概率事件。取显著水平 α（一般为 $1\%\sim 5\%$），则 $P\alpha=\alpha$ 为小概率，在统计学中认为是不可能发生的事件。如果发生，则认为是异常的。该方法的基本思路是根据以往的观测资料，用统计理论（如回归分析），建立监测效应量与荷载之间的数学模型。用数学模型计算各种荷载作用下监测应变量 $\hat{y}$ 与实测值 y 的差值（$\hat{y}-y$），该值有 $1-\alpha$ 的概率落在置信带（$\pm i\delta$）范围内，而且测值过程无明显趋势性变化，则认为结构运行是正常的，反之是异常的。

根据建立的渡槽应变统计模型，采用置信区间法拟定应变计的监控指标。从本质上来说，置信区间法从监测数学模型法拟定监控指标是在回归分析之后，利用回归分析得到的各测点的实测值 y、估计值 $\hat{y}$ 及所有测点估计值的剩余标准差 S 来确定多个取值范围,以界定结构是处于安全区域、异常区域还是危险区域。该方法的步骤如下：

1)计算估计值的剩余标准差。剩余标准差 S 与剩余平方和 Q（或者称残差平方和）及其自由度 f 有关。具体地,剩余平方和 Q 的计算公式为：$Q = \sum_{i=1}^{m}(y_i - \hat{y_i})^2$,其中,$m$ 为测值总数；剩余平方和的自由度为 $f = m-1-n$,其中,n 为多元线性回归一共涉及的项数（除常数项外）,求得该测点回归分析的剩余标准差 $S = \sqrt{\dfrac{Q}{n-1-m}}$。

2)根据剩余标准差拟定和划分结构不同状态下的监控指标,见表3。

表3　　　　　　　　　　置信区间法监控指标区间

项目	相关系数 R	剩余标准差 S	监控指标		
			安全区域	异常区域	危险区域
标准	—	—	$\hat{y}-2S < y < \hat{y}+2S$	$\hat{y}-3S < y < \hat{y}-2S$ 或 $\hat{y}+2S < y < \hat{y}+3S$	$y < \hat{y}-3S$ 或 $\hat{y}+3S < y$

001,002 和 004 测点的统计回归模型能够较好地反映渡槽应变计的变化规律,利用这 3 组数据采用置信区间法进行渡槽结构损伤预判,通过混凝土应变监测数据得出的槽身混凝土损伤预判规则见表4。

表4　　　　　　　　　　7号槽身应变安全监控指标

测点	剩余标准差 S/mm	监控指标/mm		
		安全区域	异常区域	危险区域
7号槽身-001 测点	16.671	$\hat{y}-33.342 < y < \hat{y}+33.342$	$\hat{y}-50.013 < y < \hat{y}-33.342$ 或 $\hat{y}+33.342 < y < \hat{y}+50.013$	$y < \hat{y}-50.013$ 或 $y > \hat{y}+50.013$
7号槽身-002 测点	25.991	$\hat{y}-51.982 < y < \hat{y}+51.982$	$\hat{y}-77.973 < y < \hat{y}-51.982$ 或 $\hat{y}+51.982 < y < \hat{y}+77.973$	$y < \hat{y}-77.973$ 或 $y > \hat{y}+77.973$
7号槽身-005 测点	12.991	$\hat{y}-25.981 < y < \hat{y}+25.981$	$\hat{y}-38.972 < y < \hat{y}-25.981$ 或 $\hat{y}+25.981 < y < \hat{y}+38.972$	$y < \hat{y}-38.972$ 或 $y > \hat{y}+38.972$

4　结语

南水北调中线工程输水建筑物和控制建筑物安全监测数据能够定量地反映建筑物在运行过程中的结构状态。结构损伤可通过应变计、应力计、测缝计等监测项目反映。

因此，通过监测数据对建筑物结构损伤进行预判是十分必要的。

本文以某渡槽 7 号槽身 001～005 测点应变计监测数据为例，进行了基于置信区间法的结构损伤评价准则研究，得到如下结论。

1）建立的渡槽槽身 001、002 和 005 测点统计模型相关性较好，估计值与实测值吻合度高，统计模型能较好地反映应变计测值的变化情况；

2）渡槽槽身应变值主要受温度影响，温度分量约占 70%；

3）以统计回归成果为依据，采用置信区间法确定了渡槽应变监测值的安全区域、异常区域和危险区域，建立了渡槽槽身结构损伤的预判规则。

参考文献

[1] 吴中如. 水工建筑物安全监控理论及应用[M]. 北京：高等教育出版社.
[2] 刘素兵,曹大志,张华. 假设检验的置信区间法[J]. 科技风,2018(31):23-24.

提升大流量输水渡槽过流能力的方案分析和研究

李明新[1]　游万敏[2]　刘　磊[2]　金紫薇[2]

(1. 中国南水北调集团中线有限公司,北京　100038;
2. 长江勘测规划设计研究有限责任公司,武汉　430010)

摘　要:某工程在大流量输水过程中出现局部渠段水位异常偏高、个别输水建筑物流态较差、水位波动较大、水力不稳等现象。为提升输水能力、保障输水目标,通过分析水面波动原因,调整水流流态,研究提出提升渡槽过流能力的相关措施。

关键词:渡槽;大流量输水;流态分析;过流能力提升措施

引调水工程是实现我国水资源优化配置、促进经济社会可持续发展、保障和改善民生的重大战略性基础设施。某工程在大流量输水过程中,出现局部渠段水位异常偏高、个别输水建筑物流态较差、水位波动较大、水力不稳等现象,卡门涡街现象导致水面出现异常波动、局部拍打拉杆、边壁漫溢等现象。本文研究了改善渡槽流态的相关措施,为渡槽输水能力提升提供思路,并且为同类工程提供借鉴意义。

1　渡槽流态现状

某渡槽在大流量、节制闸闸门敞泄运行条件下,渡槽上下游共1~2km的渠道水面存在超常的水面波动现象。渡槽进口节制闸闸前水流除了产生沿纵向的行进波外,在横向还产生了左右晃动的周期性波动,尤其是渡槽段,水面波动最为明显,现场观测到最大波幅近1.0m。渡槽超常水面波动给渡槽的安全运行带来一系列不利影响:波峰阵发性击打渡槽顶部横梁;水面周期性左右晃动将对渡槽的整体结构产生疲劳性损伤,长期运行

基金项目:本论文由南水北调工程关键技术攻关项目(37500100000021G002)资助。

第一作者:李明新(1977—　),男,教授级高级工程师,主要从事水利水电工程设计与工程管理工作。E-mail:limingxin@nsbd.cn。

通信作者:刘磊:主要从事水利水电工程设计工作。E-mail:249748103@qq.com。

将影响渡槽耐久性；大流量运行时存在渡槽水体溢出的情况；不稳定水流增加了流量控制及运行管理的难度等。根据研究成果，以某渡槽为典型输水建筑物开展研究。

2 数字模拟基本条件

2.1 有限元模型

建立原始渡槽有限元模型，见图1。模型以渠道中心线为对称轴，槽墩长141m，宽5m；渡槽的上、下游河段顺水流方向长度大致相等，分别为224m和200m。模型 X 轴与渠道顺水流方向垂直，并以指向右岸的方向为正方向；模型 Y 轴与渠道顺水流方向平行，并指向下游方向为正方向；Z 轴取向上为正方向。

渡槽网格模型中圆形尾墩部分的局部放大网格见图2。模型利用 HyperMesh 14.0 软件采用四边形等参单元进行离散，并对槽墩周围进行加密，共有255944个单元、259024个节点。

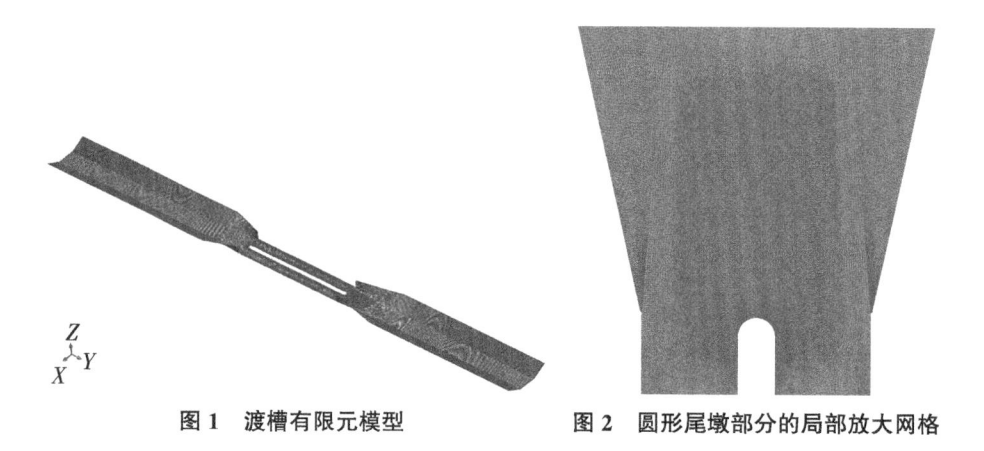

图1 渡槽有限元模型　　图2 圆形尾墩部分的局部放大网格

2.2 计算工况

渡槽渠段中流态与流速主要受到来水流量与渠道水位的影响，因此应通过各类流量与水位特征值对工况进行区分。

1）设计流量工况：进水口流量340m³/s，渠道进、出口水深7.5m。
2）加大流量工况：进水口流量410m³/s，渠道进、出口水深8.22m。

2.3 计算条件

2.3.1 计算参数

水流粘滞系数取0.001Pa·s，渠道糙率取0.014。

2.3.2 边界条件

渡槽模型边界划分为3个部分(图3),分别为渡槽进水口、渡槽出水口与渡槽边界。

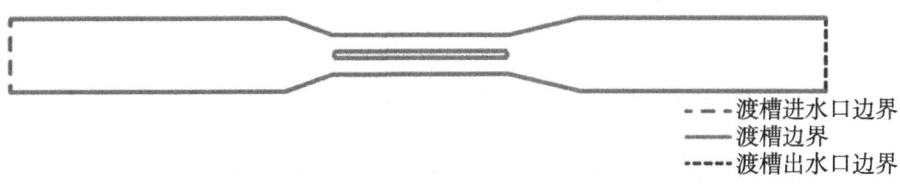

图 3 模型边界

(1)渠道进水口边界

渠道进水口采用总流量进口边界条件,输入各工况对应的渠道总流量与上游水位高程。

该部分的原理为,边界上 n 个单元的总流量为 $Q = \oint u h \cdot \vec{n} \mathrm{d}s = \oint U_n \mathrm{d}s$,且根据谢才公式和曼宁公式,流速 u 和水深 h 的 2/3 次方成正比:

$$u_i/u_j = (h_i/h_j)^{2/3}, 即 U_i/U_j = (h_i/h_j)^{5/3}。$$

在施加水位边界后,可得流量系数 $C_u = Q/\oint h^{5/3} \mathrm{d}s$,根据 C_u,可以得到入水口各单元的法向单宽流量。

(2)渠道出水口边界

渠道出水口采用吸收水位边界条件,输入各工况对应的渠道下游水位高程。

该部分的原理为,首先给定外侧水位 h_0,并计算得到边界法向速度 u_n 和水深 h,得到波速 $c = \sqrt{gh}$,$c_0 = \sqrt{gh_0}$,由此确定 $R = 2c + u_n$ 与 $R_0 = 2c_0$。根据特征线理论知,边界处修正后新的水深为 $h_{\text{absorb}} = (R + R_0)^2/16g$。

(3)渡槽边界

渡槽的边界均采用无滑固壁条件,限制壁面单元上的流速为零,符合实际流速分布情况。

(4)输水条件

为使结果形式统一,便于比较分析,流速大小分布图上限设置为 3m/s,下限设置为 0m/s;水深分布图上限设置为 8.95m,下限设置为 0m。

3 数值模拟计算结果

按照设计流量工况和加大流量工况对渡槽圆形尾墩模型进行计算,相应给出流态稳定后,渡槽出水部分的流速大小分布图及矢量图和渡槽进水口部分的水深分布图。

3.1 流态及流速分布

渡槽出水口部分流速大小分布见图4。在流态稳定后，设计流量工况和加大流量工况下的槽墩尾部区域速度大小及分布具有一定相似性，且均出现漩涡脱落现象，脱落漩涡随水流延伸至下游河段；该区域核心流速最大值为3m/s，对整个渠道的流态有较大影响。

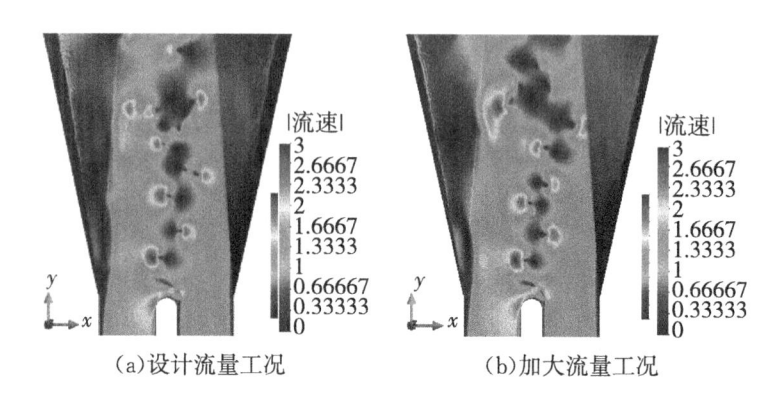

(a)设计流量工况　　　　(b)加大流量工况

图4　渡槽出水口部分流速大小分布(单位:m/s)

渡槽出水口部分流速矢量分布见图5。两股水流在圆形槽墩尾部交汇时发生边界层分离形成一个个的漩涡，并交错散乱地向下游扩散。此时下游河段速度场的各点方向比较紊乱，水质点相互混杂和碰撞。

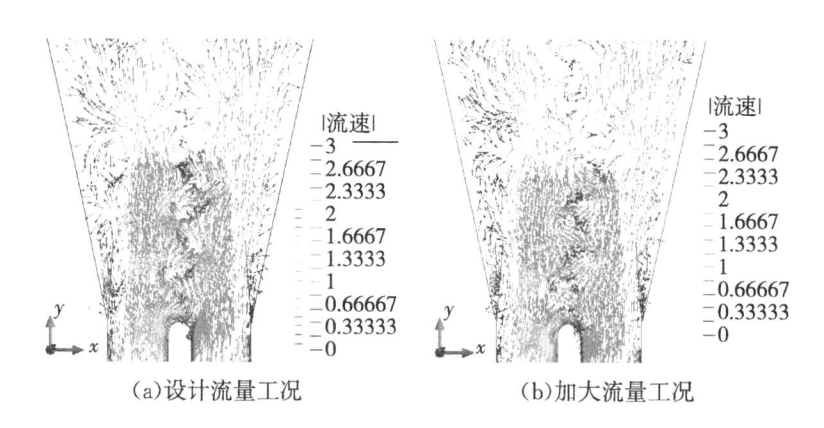

(a)设计流量工况　　　　(b)加大流量工况

图5　渡槽出水口部分流速矢量分布(单位:m/s)

3.2 水深分布

渡槽进水口部分的水深分布见图6。由于下游尾墩处漩涡脱落产生的波动向上游传递，使得两种工况下槽墩左右侧渠道的水位交替增减，存在一定的高度差，差值分别约为0.5m和0.3m；波动继续向上游传递，使得上游进口处闸室段水位沿横向分布不均。

(a)设计流量工况　　　　　　　(b)加大流量工况

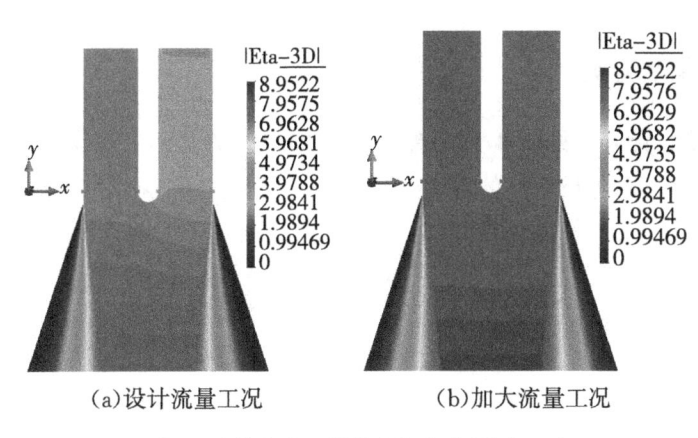

图6　渡槽进水口部分水深分布(单位:m)

3.3　水面晃动成因分析

根据计算结果,推断该渡槽河段出现水面波动现象的原因是两股水流在圆形槽墩尾部交汇时发生边界层分离的现象,从而导致周期性漩涡脱落的产生。脱落的漩涡产生的波动向四周传播,造成上游槽身收缩段发生较为剧烈的水面晃动现象。

经计算,在设计流量工况下渡槽墩尾漩涡脱落周期约为13s(图7);在渡槽上游进口闸室与出口闸室段,水位波动的幅度最大达到45cm左右,与工程实际中的水面晃动幅度较为吻合。

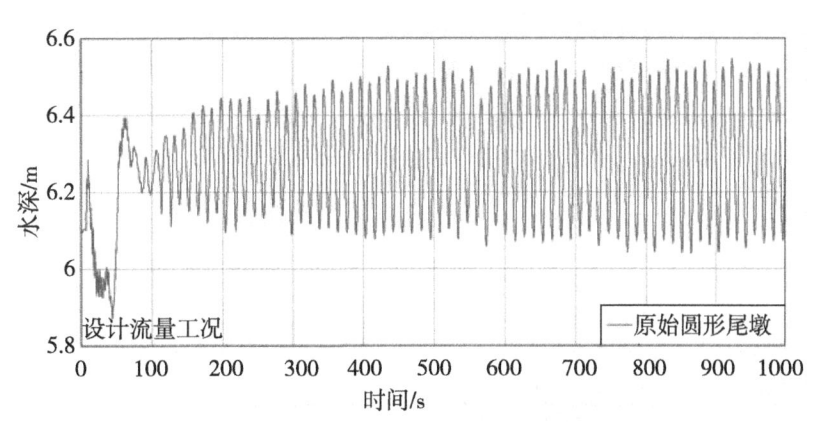

图7　加大流量工况下槽墩中间段附近的水位时程线

4　处理方案分析

根据渡槽水流波动产生的主要原因,引导渡槽的进出口水流,避免出口产生不对称涡流。处理方案主要以下3种思路:①增加尾墩延长出口墩身,选择椭圆形尾墩方案;②增加尾墩延长出口墩身,选择折线形尾墩方案;③进口闸墩增加导墙,平顺水流,减小出口波动反射影响。

4.1 椭圆形尾墩方案

椭圆形尾墩设计方案见图 8,在原始圆形渡槽模型的基础上在尾墩处沿下游方向延长,分别包括 3 种不同延长距离的方案,分别为:$a=6\mathrm{m}$、$a=10\mathrm{m}$、$a=17.5\mathrm{m}$。

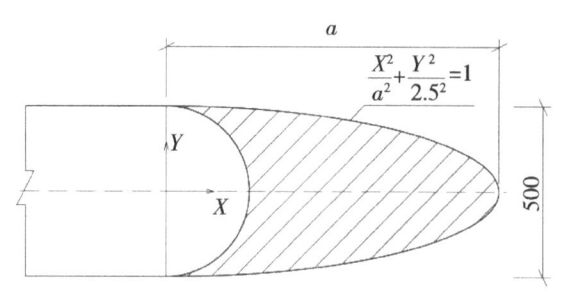

图 8　椭圆形尾墩设计方案(单位:cm)

按照加大流量对椭圆形尾墩模型进行计算,相应给出流态稳定后,计算显示渡槽出水部分的流速大小分布图及矢量图和不同位置的水深时程变化曲线。

(1)流态及流速分布

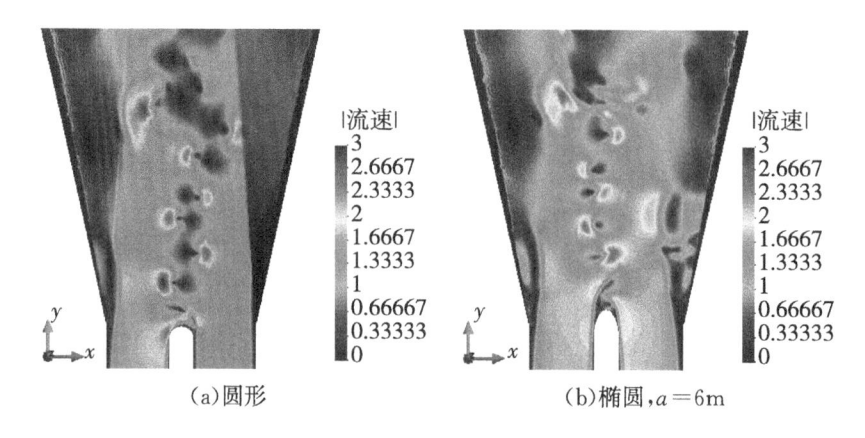

圆形和椭圆形尾墩渡槽出水口部分流速大小分布见图 9。①在流态稳定后,各方案的槽墩尾部区域速度大小分布均出现了不同程度的不均匀现象,且均出现漩涡脱落,并随水流延伸至下游河段。②随着椭圆形尾墩的延长,从尾墩脱落的漩涡的数量逐渐减少,最大核心流速逐渐降低,槽墩下游的流速分布更加均匀。

圆形和椭圆形尾墩渡槽出水口部分流速矢量分布见图 10。①在各方案下,尾墩处均发生两股水流在圆形槽墩尾部交汇时发生边界层分离出现漩涡的现象,且附近的水流交错散乱地向下游扩散。此时下游河段速度场的各点方向比较混乱,水质点相互混杂和碰撞。②随着椭圆形尾墩的延长,尾墩处形成的速度漩涡逐渐减少,下游河段水流逐渐平顺。

(a)圆形　　　　　　　(b)椭圆,$a=6\mathrm{m}$

(c)椭圆,$a=10$m　　　　　　　　(d)椭圆,$a=17.5$m

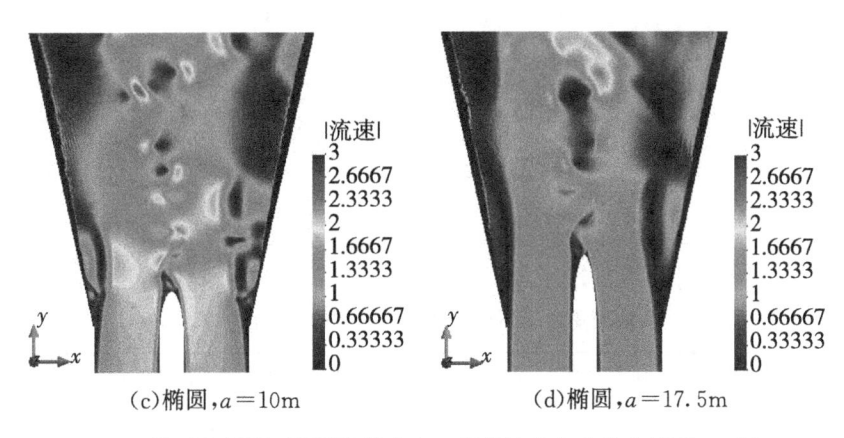

图9　圆形和椭圆形尾墩渡槽出水口部分流速大小分布(单位:m/s)

(a)圆形　　　　　　　　(b)椭圆,$a=6$m

(c)椭圆,$a=10$m　　　　　　　　(d)椭圆,$a=17.5$m

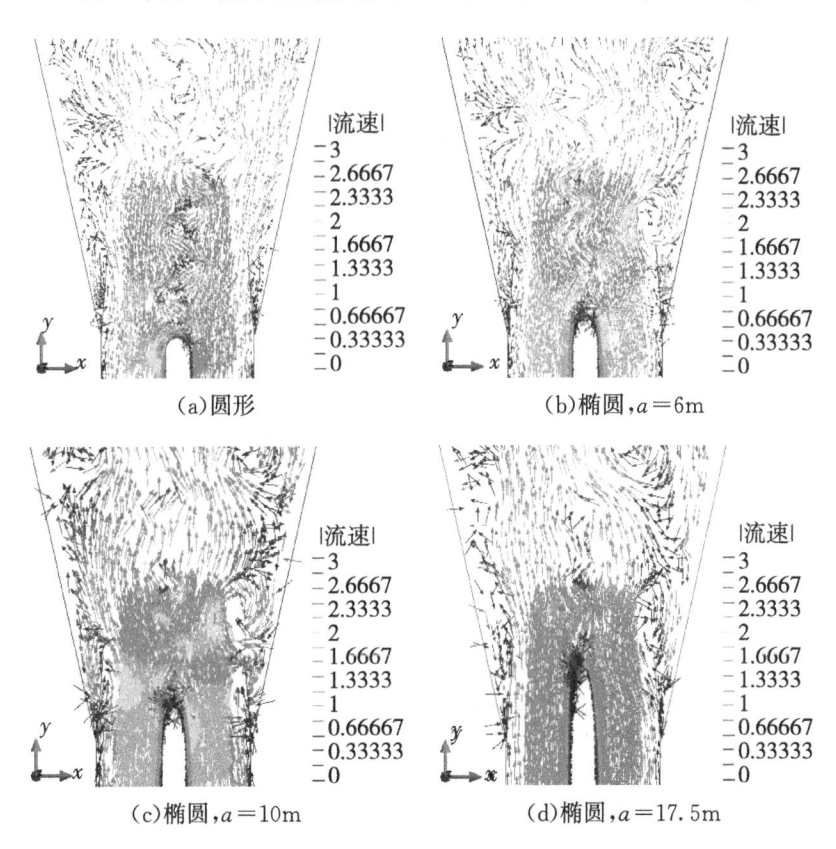

图10　圆形和椭圆形尾墩渡槽出水口部分流速矢量分布(单位:m/s)

(2)水深波动

为观测各方案对渡槽水流波动的影响,根据结果的对称性沿渠道左岸选择的7个观测点(图11),观测其水位随时间的波动情况。该工况下各点的波幅情况见表1。

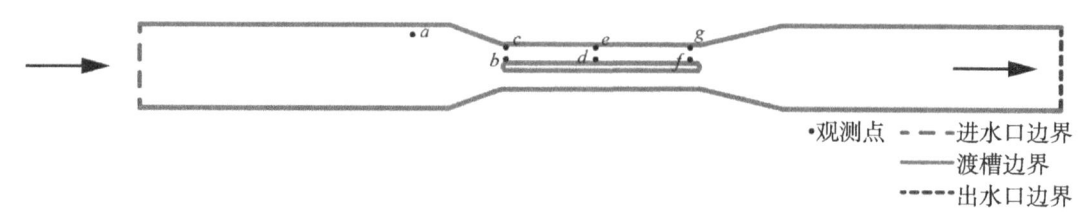

图 11 水位波动观测点

表 1　加大流量工况下椭圆形尾墩方案的观测点波幅　　（单位：m）

测点	圆形尾墩	a=6m 椭圆尾墩	a=10m 椭圆尾墩	a=17.5m 椭圆尾墩
进水口上游渠测点 a	0.05	0.01	0.01	0.005
进口闸墩处内侧测点 b	0.20	0.05~0.1	0.04~0.08	0.02
进口闸墩处外侧测点 c	0.38	0.03~0.1	0.02~0.08	0.01~0.02
槽墩中间段内侧测点 d	0.45	0.03~0.1	0.03~0.15	0.01~0.02
槽墩中间段外侧测点 e	0.45	0.025	0.015	0.01
出口尾墩处内侧测点 f	0.35	0.03~0.1	0.03~0.1	0.02~0.07
出口尾墩处外侧测点 g	0.40	0.05	0.05	0.02

4.2　折线形尾墩方案

折线形尾墩设计方案见图 12，在原始圆形渡槽模型的基础上在尾墩处沿下游方向延长，分别包括 4 种不同延长距离的设计方案，分别为：$L=4m$、$L=6m$、$L=8m$、$L=15.5m$。

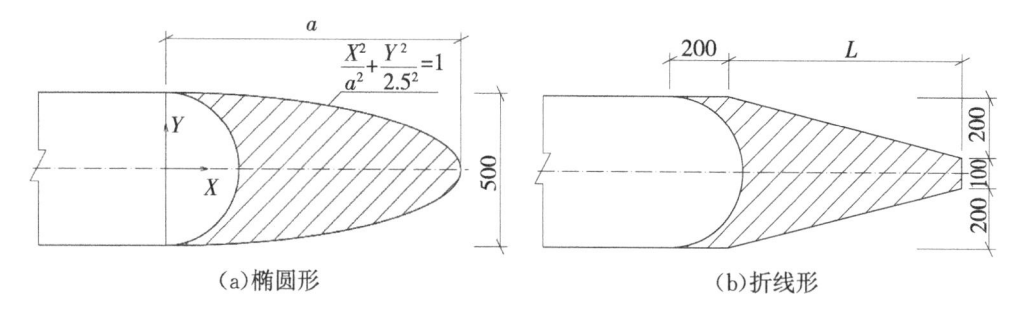

图 12　椭圆形折线形尾墩设计方案（单位：cm）

按照加大流量对椭圆形尾墩模型进行计算，相应给出流态稳定后，计算显示渡槽出水部分的流速大小分布图及矢量图和不同位置的水深时程变化曲线。

（1）流态及流速分布

圆形和椭圆形尾墩渡槽出水口部分的流速大小分布见图 13。①在流态稳定后，各方案的槽墩尾部区域速度大小分布均出现了不同程度的不均匀现象，且均出现漩涡脱落，并随水流延伸至下游渠段；在墩尾脱落的漩涡逐渐向下游方向移动的过程中，传递至上游的波动与过渡段壁面相互作用会造成流态的不稳定;该区域核心流速最大值 3m/s,对整个渠道的流态有较大影响。②随着折线形尾墩的延长,从尾墩脱落的漩涡的数量逐渐减少,最大核心流速逐渐降低,槽墩下游的流速分布更加均匀。

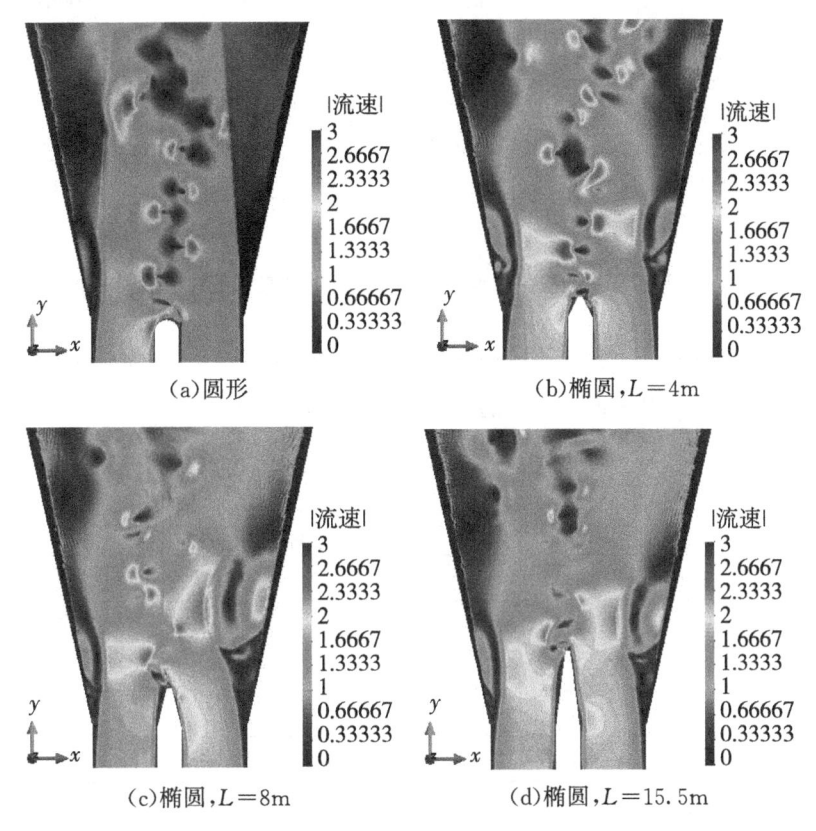

(a)圆形　　(b)椭圆,$L=4$m

(c)椭圆,$L=8$m　　(d)椭圆,$L=15.5$m

图 13　圆形和折线形尾墩渡槽出水口部分流速大小分布(单位:m/s)

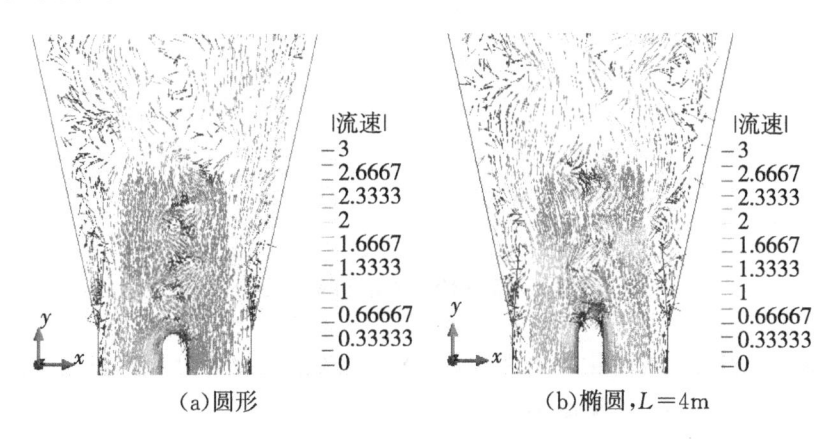

圆形和折线形尾墩渡槽出水口部分流速矢量分布见图 14。①在各设计方案下,尾墩处均发生两股水流在圆形槽墩尾部交汇时发生边界层分离形成漩涡的现象,且附近的水流交错散乱地向下游扩散。此时下游渠段速度场的各点方向比较混乱,水质点相互混杂和碰撞。②随着折线形尾墩的延长,尾墩处形成的速度漩涡逐渐减少,下游渠段水流逐渐平顺。

(a)圆形　　(b)椭圆,$L=4$m

(c)椭圆,L=8m　　　　　　　(d)椭圆,L=15.5m

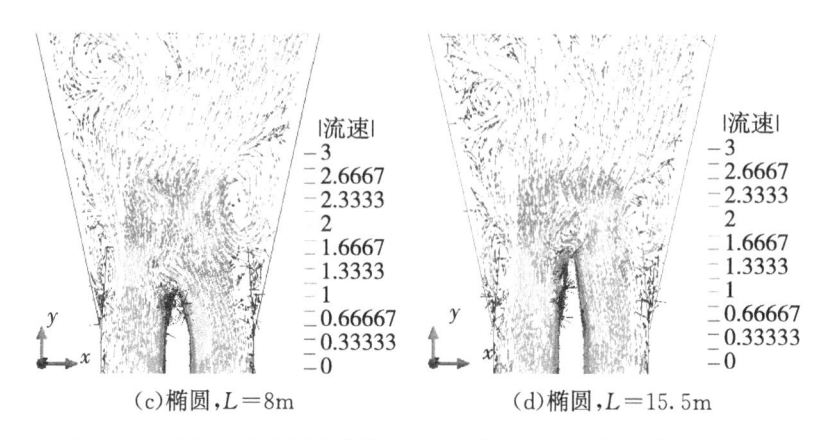

图14　圆形和折线形尾墩渡槽出水口部分流速矢量分布(单位:m/s)

(2)水深波动

图11所示的7个观测点,水位随时间的波动情况(表2)。

表2　　　　加大流量工况下折线形尾墩方案的观测点波幅　　　　(单位:m)

测点	圆形尾墩	L=4m 折线尾墩	L=8m 折线尾墩	L=15.5m 折线尾墩
进水口上游渠测点 a	0.05	0.01	0.007	0.005
进口闸墩处内侧测点 b	0.20	0.09~0.15	0.02~0.06	0.025~0.5
进口闸墩处外侧测点 c	0.38	0.1	0.05~0.1	0.02~0.06
槽墩中间段内侧测点 d	0.45	0.1	0.1	0.08
槽墩中间段外侧测点 e	0.45	0.1	0.06	0.04
出口尾墩处内侧测点 f	0.35	0.1~0.2	0.05~0.1	0.02~0.08
出口尾墩处外侧测点 g	0.40	0.1	0.08	0.05

4.3　墩前附加导墩方案

在槽墩前附加15.0m导墙的整流方案见图15。在原槽墩设置的基础上,在槽墩墩头处向上游延长15m,导墙厚1.5m,长度 L 为15m。

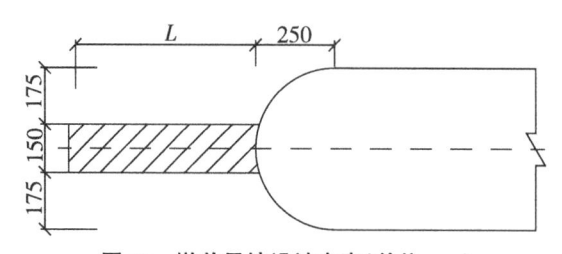

图15　墩前导墙设计方案(单位:cm)

由于设计流量与加大流量工况下,水深变化及流态与流速分布规律基本类似,此处仅采用设计流量工况对该上游附加15m导墙的模型进行计算。

(1)流态及流速分布

渡槽出水口部分的流速大小分布见图16。在流态稳定后,槽墩尾部区域流速大小分布仍然出现了不同程度的不规律现象,且均出现漩涡脱落现象,并随水流扩散至下游渠段。

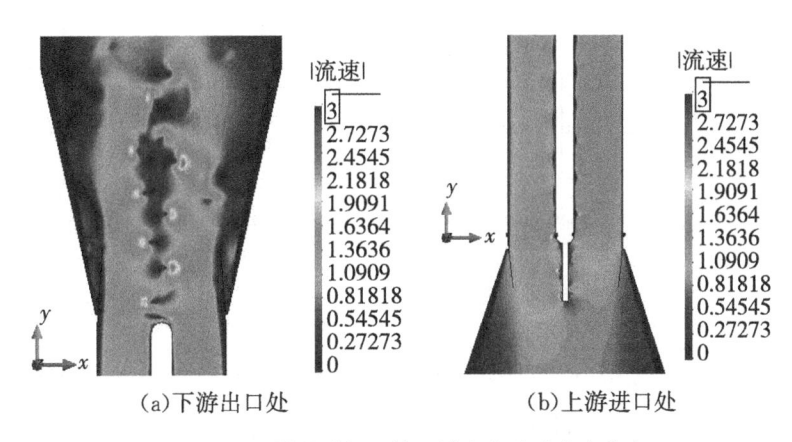

(a)下游出口处　　(b)上游进口处

图16　进口墩前增加导墙设计方案流速大小分布

渡槽出水口部分流速矢量分布见图17。尾墩处仍发生两股水流在圆形槽墩尾部交汇时发生边界层分离形成漩涡的现象,且附近的水流交错散乱地向下游扩散。此时下游渠段速度场的各点方向比较混乱,水质点相互混杂和碰撞。

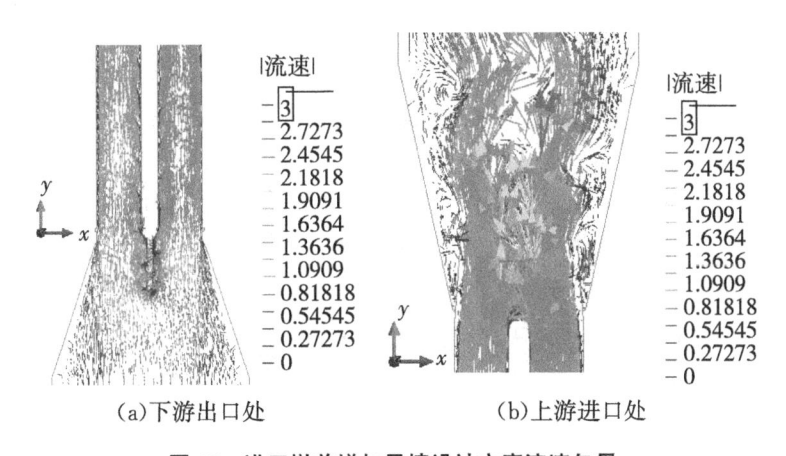

(a)下游出口处　　(b)上游进口处

图17　进口墩前增加导墙设计方案流速矢量

(2)水深波动

图11所示的7个观测点,水位随时间的波动情况(表3)。水面晃动的情况得到了一定改善,但整体而言改善程度与在尾墩处做改进有较大差异。在该方案下,渡槽进口附近的水深波动改善效果较差,在槽身中段至尾墩附近改善效果较好。

表 3　　　　　　　　　　设计流量工况附加导墙方案的观测点波幅　　　　　　　　（单位：m）

测点	圆形尾墩	墩头附加 15m 导墙
进水口上游渠测点 a	0.05	0.044
进口闸墩处内侧测点 b	0.20	0.27
进口闸墩处外侧测点 c	0.38	0.30
槽墩中间段内侧测点 d	0.45	0.28
槽墩中间段外侧测点 e	0.45	0.28
出口尾墩处内侧测点 f	0.35	0.17
出口尾墩处外侧测点 g	0.40	0.20

5　结语

1)该渡槽河段出现水面波动现象的原因是两股水流在圆形槽墩尾部交汇时发生边界层分离现象,从而导致周期性的漩涡脱落,脱落的漩涡产生的波动向四周传播,造成上游槽身收缩段发生较为剧烈的水面晃动现象。

2)根据渠道内水位波动观测点的观测结果可知,椭圆形尾墩方案与各折线形尾墩方案对渡槽内水面晃动现象都具有明显的改善效果,能够有效削弱原圆形墩尾形状情况下水面晃动的规律性。同时,渡槽出口尾墩不同延长方案下的水深波动改善程度具有一定的差异性,尾墩初始一定长度(大于6.0m)的延长对消除水面晃动的效果比较明显。

参考文献

[1] 周光坰,严宗毅,许世雄,等. 流体力学[M]. 北京:高等教育出版社,2000.
[2] 马山玉. 南水北调中线输水渡槽流态优化原型观测试验评价[J]. 河南水利与南水北调,2022(11).
[3] 王才欢. 大型输水渡槽水流异常波动成因分析与对策[J]. 长江科学院院报,2021,38(2):46-52.
[4] 王振东. 漫话卡门涡街及其应用[J]. 力学与实践,2006,28(1):88-90.

南水北调中线工程渡槽结构在常态化加大流量条件下静动力复核分析

孙卫军[1]　武　芳[2]　梅润雨[2]　金紫薇[2]

(1. 中国南水北调集团中线有限公司,北京　100053;
2. 长江勘测规划设计研究有限责任公司,武汉　430010)

摘　要:为保障引江补汉工程实施后,中线一期工程实现115.1亿 m^3 调水目标,在常态化加大流量输水情况下,依据最新地震动参数区划图,对处于高地震烈度区的渡槽进行了安全复核,以保障工程长期安全运行。通过考虑槽身与水体、桩基与地基之间的相互作用,构建了精细化的预应力渡槽三维有限元模型,以常态化加大流量输水作为基本组合工况,对渡槽结构进行静动力分析,评价其安全性和耐久性。从分析结果可以看出,渡槽槽体和槽墩、槽身结构安全及耐久性满足规范要求。

关键词:渡槽;加大流量;静动力分析;引江补汉工程

引江补汉工程建成后,南水北调中线北调水量将由多年平均95亿 m^3 增加至115.1亿 m^3。届时,总干渠设计流量以上运行时段比例增加至60%以上,总干渠将长时期保持高水位运行。为保障引江补汉工程实施后,中线一期工程实现调水目标,有必要复核年均调水量达到115.1亿 m^3 时输水建筑物结构安全和耐久性。

渡槽是长距离调水工程中一种常见且重要的输水建筑物。受渡槽上部结构水重的影响,渡槽恒载大,具有"头重、脚轻、身柔"的特点。在地震荷载的激励下,槽内水体会发生晃动,渡槽结构系统的动力特性会明显区别于桥梁结构[1]。

本文通过构建渡槽、水体、槽墩和桩基精细化的渡槽三维有限元模型,考虑槽身与水

基金项目:本论文由南水北调工程关键技术攻关项目(37500100000021G002)资助。

第一作者:孙卫军(1968—　),男,教授级工程师,主要从事水利工程技术管理方面的研究。E-mail:541426501@qq.com。

通信作者:武芳(1993—　),女,主要从事水利水电工程设计和咨询工作。E-mail:1325335937@qq.com。

体之间以及桩基和地基之间的相互作用,对渡槽在常态化加大流量输水情况下进行静动力分析,基于渡槽槽体和槽墩内力分析成果对渡槽的结构安全性和耐久性进行评价。研究结论可作为本工程安全评价技术支撑的同时,也可为其他同类工程提供借鉴。

1　工程概况

1.1　建筑物基本情况

某渡槽槽身纵向为4跨简支梁结构,单跨长30.0m,为预应力钢筋混凝矩形槽,混凝土强度等级C50。渡槽结构典型剖面见图1。

槽身横向为3槽一联矩形槽结构,过水断面尺寸为7.0m×7.1m(宽×高)×3槽。渡槽设计水深5.703m,加大水深6.282m。中墙厚0.7m,边墙厚0.6m,墙顶设翼缘板,中墙板宽3.0m,边板宽2.7m。墙顶设横向联系拉杆,间距2.5m,断面尺寸为0.3m×0.5m(宽×高)。底板为肋板结构,板厚0.4m,肋(横梁)宽0.4m,高0.7m,底肋间距均为2.5m。

渡槽墩身为实体重力墩。中墩墩帽长25.9m,宽5.5m,厚2.5m;中墩底部长25.9m,宽4.0m,高6.3m;承台长31.0m宽7.4m,厚2.5m。边墩墩帽长25,9,宽3,40m,厚2.0m;边墩底部长、宽3.0~5.0m,高2.5m;承台长31.0m,宽7.4m,厚2.0m。

基础采用灌注桩,桩顶与承台固接,承台下设两排桩,每排8根,桩径1.5m,桩间距4.0m,排距为4.4m。中墩长42.0m,边墩桩长35.0m。

1.2　预应力钢筋布置情况

渡槽槽身布置纵向、横向和竖向三向预应力钢绞线,典型断面见图2。对于纵向钢绞线,单节槽身布置纵向48孔12Φ15.2、76孔7Φ15.2和60孔4Φ15.2钢绞线。对于横向钢绞线,分别布置在槽身底板内侧和底板横梁内,单节槽身横向144孔7Φ15.2钢绞线。对于竖向预应力钢筋,采用PSB785MPa级32螺纹钢筋,钢筋标准强度980MPa,弹性模量2.0×10^5MPa,在边墙和中墙内部分别布置2排,总共8排预应力钢筋,单节槽身布置832束。

2　计算模型及参数

2.1　计算网格

采用三维有限元方法对渡槽在常态化加大水深情况下的受力情况进行分析,模型中渡槽、槽墩、承台和桩基均采用实体单元。模型中X方向为总干渠流向,Y方向为垂直水流向,Z为竖直方向,有限元模型见图3。

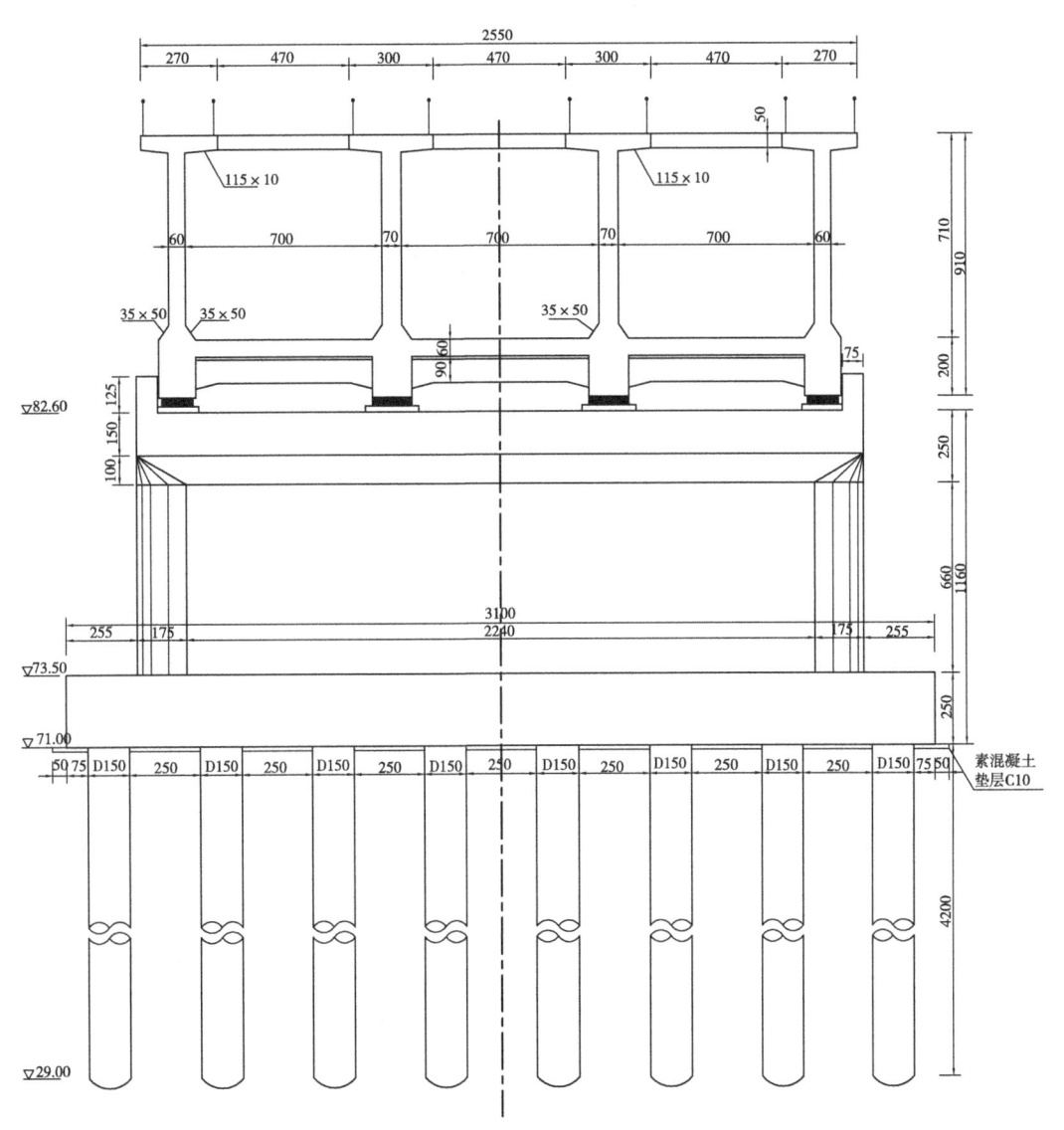

图 1 渡槽结构典型剖面(高程以 m 计,尺寸以 cm 计)

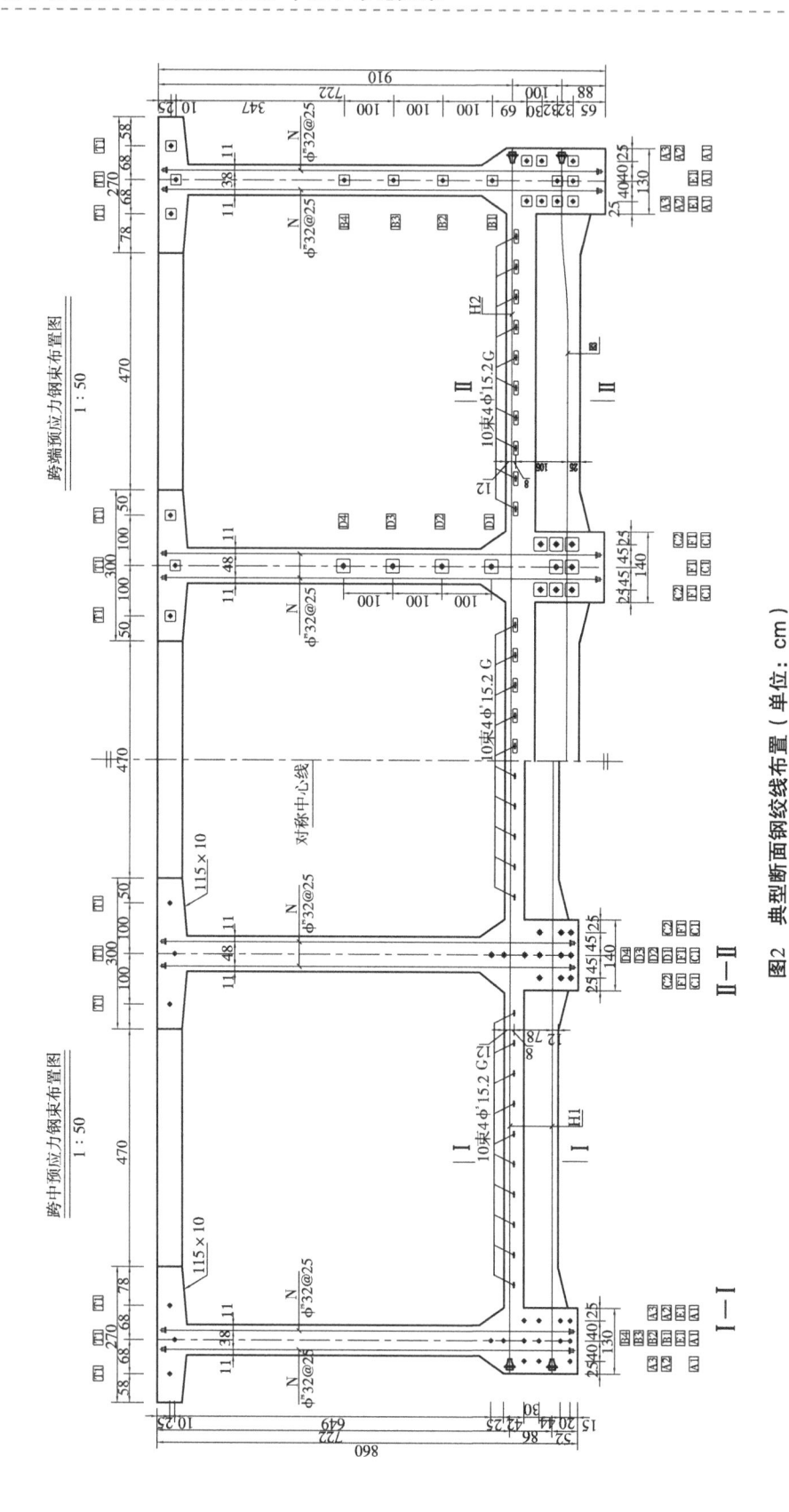

图2 典型断面钢绞线布置（单位：cm）

(b)渡槽槽身有限元模型

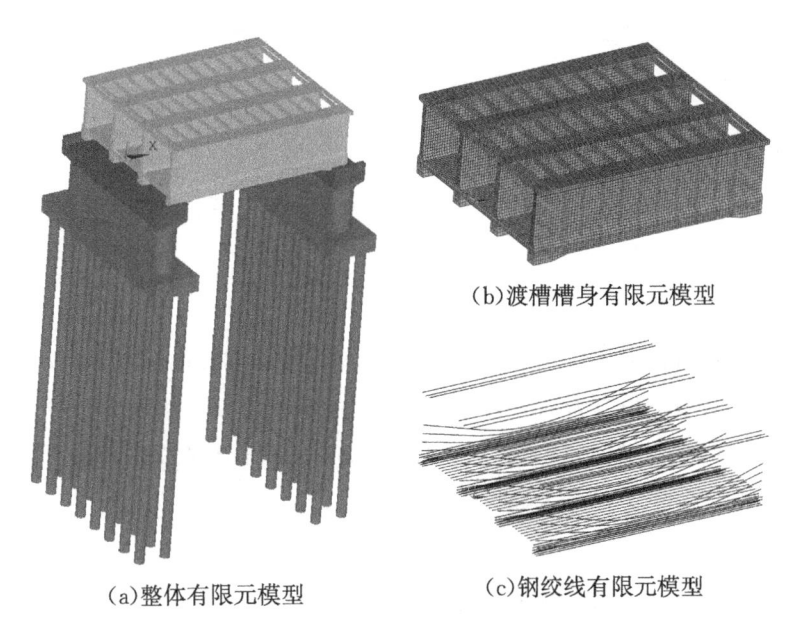

(c)钢绞线有限元模型

(a)整体有限元模型

图3 渡槽三维有限元几何模型

根据《水电工程水工建筑物抗震设计规范》(NB 35047—2015)[3]第13.1.4条,1、2级渡槽抗震计算中,应考虑槽体内动水压力的作用,地震作用下槽体内的动水压力可分为冲击动水压力和对流动水压力两部分。地震作用下考虑槽内水体冲击和对流的作用,水体冲击作用采用在槽体内壁面附加质量的方式来施加,水体对流作用采用弹簧单元和质量单元组合的形式将荷载作用在槽体内壁面上[3-4],有限元模型见图4。根据《水电工程水工建筑物抗震设计规范》(NB 35047—2015)第13.1.3节相关规定,渡槽基础采用桩基时,应考虑桩土相互作用影响,桩土作用可用土体的等效弹簧模拟。

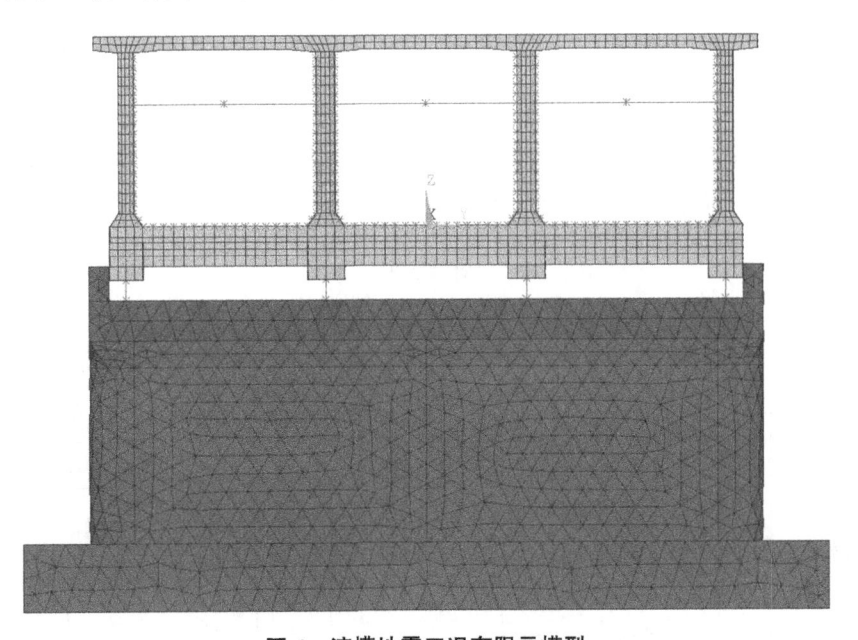

图4 渡槽地震工况有限元模型

2.2 复核标准

2.2.1 正截面抗裂验算

对严格要求不出现裂缝的构件,在荷载效应标准组合下,正截面混凝土法向应力应符合下列规定:

$$\sigma_{ck} - \sigma_{pc} \leqslant 0 \tag{1}$$

式中:σ_{pc}——在荷载标准值作用下,抗裂验算边缘混凝土的法向应力;

σ_{ck}——扣除全部预应力损失后在抗裂验算边缘的混凝土法向应力。

渡槽外壁面按照二级裂缝控制等级进行控制,应按荷载效应标准组合验算,构件受拉边缘混凝土的拉应力应符合下列规定:

$$\sigma_{ck} - \sigma_{pc} \leqslant 0.7\gamma f_{tk} \tag{2}$$

式中:f_{tk}——混凝土轴心抗拉强度标准值;

γ——受拉区混凝土塑性影响系数,对于偏心受拉构件,按1进行取值。

2.2.2 斜截面抗裂验算

按严格不出现裂缝的构件进行控制,混凝土主拉应力和主压应力应符合下列规定:

$$\sigma_{tp} \leqslant 0.85 f_{tk} ; \sigma_{cp} \leqslant 0.6 f_{ck} \tag{3}$$

式中:σ_{tp}、σ_{cp}——荷载效应短期组合下混凝土主拉应力及主压应力。

2.3 计算工况

由于渡槽的横向尺寸较大且三槽相联,上部设拉杆、底部设横梁。槽内水体的温度与混凝土结构外表面受到太阳直接照射达到的温度差在夏季较大,引起墙体产生较大的温度应力。考虑常态化加大流量输水,对表1中的8种工况,采用三维有限元方法对渡槽结构进行安全和耐久性复核。

表1　　　　　　　　　　　　计算工况

工况	荷载组合	计算工况	结构自重	槽内水重	人群荷载	温度荷载	预应力	风荷载	地震
1	基本组合	槽内加大水深,三槽过水,温升	√	√	√	√	√	√	
2	基本组合	槽内加大水深,中间槽过水,两边槽空,温升	√	√	√	√	√	√	
3		槽内加大水深,两边槽过水,中间槽空,温升	√	√	√	√	√	√	

续表

工况	荷载组合	计算工况	结构自重	槽内水重	人群荷载	温度荷载	预应力	风荷载	地震
4		槽内加大水深,三槽过水,温降	√	√	√	√	√	√	
5	基本组合	槽内加大水深,中间槽过水,两边槽空,温降	√	√	√	√	√	√	
6		槽内加大水深,两边槽过水,中间槽空,温降	√	√	√	√	√	√	
7	偶然组合	槽内加大水深,温升,地震	√	√	√	√	√		√
8		槽内加大水深,温降,地震	√	√	√	√	√		√

2.4 地震荷载

根据《水工建筑物抗震设计规范》(SL 203—1997)[5]相关规定,渡槽结构标准设计反应谱最大值代表值 β_{max} 取 2.25,滏阳河渡槽工程场地加速度反应谱曲线见图 5。

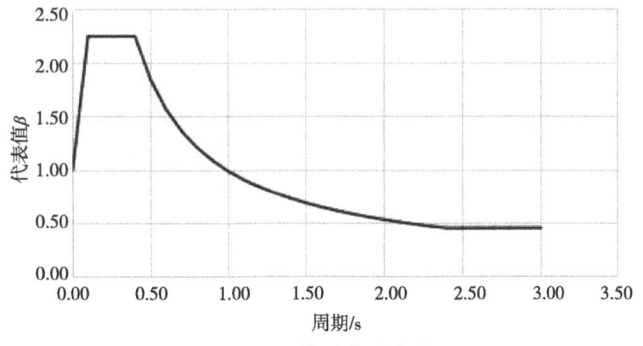

图 5 设计反应谱曲线

以设计反应谱为目标谱,生成相应的时程曲线。为了考虑相位随机的影响,合成 3 个不同随机相位的地震动时程样本,见图 6。

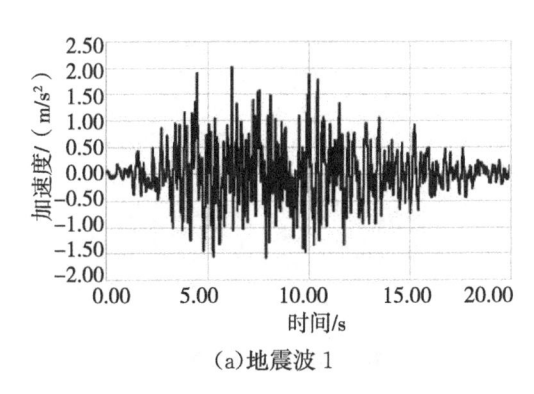

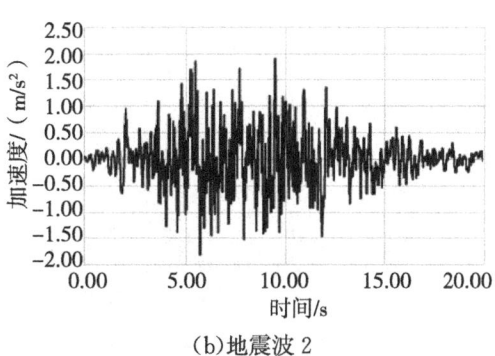

(a)地震波 1   (b)地震波 2

(c)地震波 3

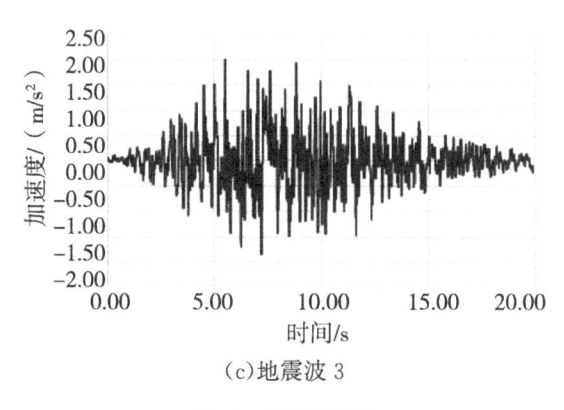

图 6　人工地震波

2.5　结果输出

为分析渡槽结构受力特点,选定槽体跨中断面和变截面断面作为应力成果整理的典型断面(图 7)。在每个典型断面上不同位置整理渡槽截面的纵、切向正应力,跨中断面和变截面断面选取的监测点见图 8。对于地震工况,输出了槽墩如图 9 所示两个截面的内力结果。

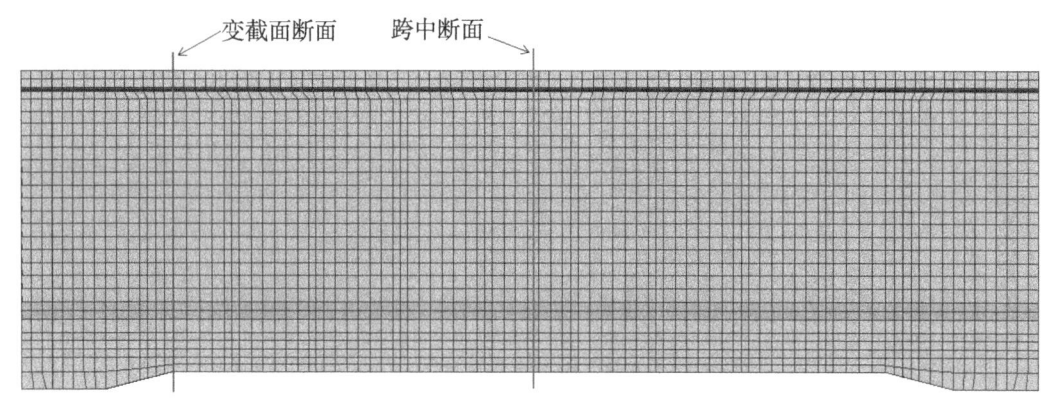

图 7　内力结果输出断面

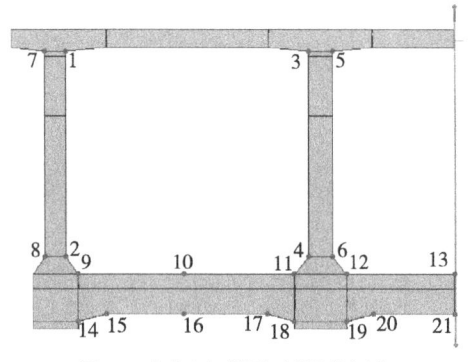

图 8　跨中(变截面)断面监测点

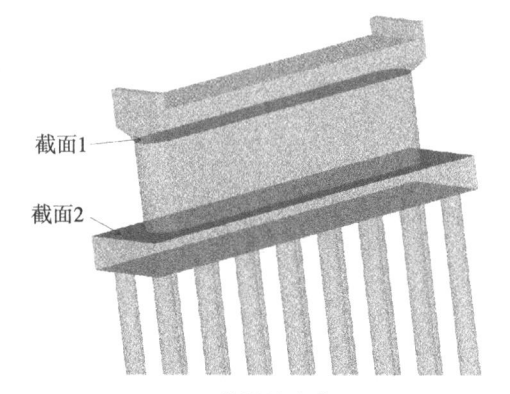

图 9　槽墩输出截面

3 计算分析结果

3.1 静力计算工况

考虑常态化加大流量输水,采用三维有限元方法对滏阳河渡槽进行复核分析计算,渡槽跨中断面和变截面断面监测点纵向应力计算结果分别见表2和表3。表中纵向应力为顺流向应力,应力受拉为正,受压为负。在拟定的6种静力工况下,根据跨中截面和变截面测点计算结果,槽身内壁面纵向均全断面受压。槽身外壁面纵向最大拉应力为0.91MPa,出现的拉应力均小于混凝土轴心抗拉强度设计值的90%(1.70MPa)。

表2　　　　　　跨中断面监测点纵向应力计算结果　　　　　　(单位:MPa)

点号	工况1	工况2	工况3	工况4	工况5	工况6
1	−0.31	−0.23	−0.51	−6.80	−3.25	−5.85
2	−0.20	−0.25	−2.05	−5.40	−1.81	−6.28
3	−2.34	−0.57	−2.61	−4.74	−0.28	−6.23
4	−2.28	−1.95	−4.13	−4.72	−1.13	−7.04
5	−2.35	−2.71	−0.48	−4.71	−6.27	−0.16
6	−2.29	−4.10	−2.01	−4.70	−7.14	−1.01
7	−5.11	−5.02	−3.16	−0.40	−2.90	0.53
8	−6.31	−6.35	−6.03	−0.18	−2.70	−1.15
9	−0.95	−0.97	−2.93	−6.06	−2.09	−7.04
10	−1.37	−1.36	−4.09	−5.57	−1.67	−7.67
11	−2.22	−2.11	−4.16	−5.66	−1.74	−7.48
12	−2.32	−4.24	−2.23	−5.61	−7.64	−1.54
13	−1.87	−4.55	−1.84	−5.25	−7.87	−1.22
14	−1.57	−1.63	−1.90	0.35	−1.57	−1.02
15	0.09	0.07	0.06	−0.01	−0.01	−0.03
16	−0.08	−0.08	0.03	−0.12	−0.10	−0.02
17	−0.05	−0.03	−0.09	0.02	0.04	−0.07
18	−2.36	−2.71	−2.65	0.71	−1.57	−1.13
19	−2.42	−2.62	−2.83	0.74	−1.21	−1.44
20	−0.05	−0.07	−0.06	0.02	−0.05	0.00
21	−0.14	−0.03	−0.15	−0.11	−0.03	−0.12

表3　　　　　　　　　　变截面监测点纵向应力计算结果　　　　　　　　（单位：MPa）

点号	工况1	工况2	工况3	工况4	工况5	工况6
1	0.79	0.87	0.05	−5.79	−2.22	−5.35
2	−0.84	−0.92	−2.35	−5.99	−2.40	−6.56
3	−1.16	0.09	−1.96	−3.67	0.36	−5.59
4	−2.92	−2.29	−4.49	−5.38	−1.53	−7.41
5	−1.25	−2.09	0.08	−3.55	−5.52	0.44
6	−2.94	−4.42	−2.38	−5.34	−7.48	−1.40
7	−3.85	−3.81	−2.50	0.40	−1.98	0.91
8	−6.98	−7.09	−6.35	−0.86	−3.41	−1.47
9	−1.55	−1.61	−3.17	−6.71	−2.68	−7.34
10	−1.67	−1.62	−3.99	−5.78	−1.94	−7.35
11	−2.94	−2.54	−4.58	−6.54	−2.30	−7.99
12	−3.06	−4.60	−2.72	−6.49	−8.12	−2.13
13	−2.19	−4.41	−2.09	−5.68	−7.60	−1.75
14	−2.13	−2.23	−2.17	−0.33	−2.10	−1.49
15	0.07	0.06	0.05	−0.02	−0.02	−0.04
16	−0.08	−0.08	0.01	−0.12	−0.10	−0.04
17	−0.06	−0.04	−0.09	−0.01	0.00	−0.10
18	−3.21	−3.29	−3.27	−0.56	−2.45	−2.07
19	−3.33	−3.21	−3.52	−0.47	−2.13	−2.28
20	−0.07	−0.09	−0.07	−0.01	−0.08	−0.02
21	−0.14	−0.03	−0.14	−0.12	−0.04	−0.11

3.2　动力计算工况

3.2.1　槽身内力结果分析

在拟定的两种动力工况下，根据表4中跨中截面测点计算结果，对于工况7，槽身内壁面纵向最大拉应力为0.79MPa；外壁面纵向最大拉应力为0.22MPa，出现的拉应力小于混凝土轴心抗拉强度设计值的90%(1.70MPa)。对于工况8，槽身内壁面纵向全断面受压；外壁面纵向最大拉应力为1.52MPa，出现的拉应力小于混凝土轴心抗拉强度设计值的90%(1.70MPa)。渡槽内壁面在地震+温升工况下，局部短暂出现拉应力，虽不符合正截面抗裂要求，但对槽体结构耐久性影响较小。

表4　　　　　　　地震荷载作用下跨中断面监测点纵向应力计算结果　　　　　　（单位：MPa）

点号	工况7 最大应力	工况7 最小应力	工况8 最大应力	工况8 最小应力
1	0.79	−1.20	−5.81	−7.80
2	0.69	−0.84	−4.80	−6.34
3	−0.99	−3.29	−3.49	−5.79
4	−1.88	−2.86	−4.39	−5.37
5	−0.95	−3.29	−3.41	−5.75
6	−1.97	−2.78	−4.45	−5.26
7	−4.24	−5.76	0.40	−1.12
8	−5.26	−7.08	0.51	−1.31
9	−0.08	−1.58	−5.53	−7.03
10	−0.47	−2.16	−4.89	−6.59
11	−1.69	−2.94	−5.19	−6.45
12	−1.91	−2.93	−5.25	−6.27
13	−1.21	−2.72	−4.64	−6.15
14	−0.46	−2.48	1.11	−0.90
15	0.22	−0.03	0.12	−0.12
16	−0.02	−0.14	−0.06	−0.19
17	0.04	−0.14	0.09	−0.08
18	−1.51	−3.54	1.52	−0.51
19	−1.65	−3.43	1.44	−0.34
20	0.08	−0.18	0.14	−0.12
21	−0.09	−0.19	−0.07	−0.17

3.2.2 槽墩内力结果分析

拟定的两种动力工况下，从图10和图11槽墩截面1和截面2最大竖向应力时程曲线的结果可以看出，槽墩在地震荷载作用下主要处于受压状态，虽短暂出现最大0.13MPa拉应力，但对槽墩结构耐久性影响较小。

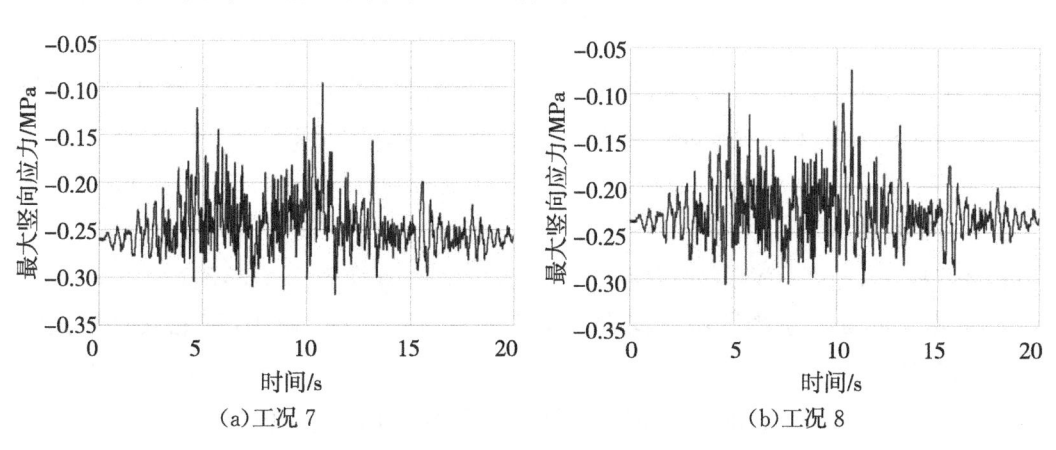

(a) 工况7

(b) 工况8

图10　槽墩截面1最大竖向应力时程曲线

(a)工况 7 　　　　　　　　　　(b)工况 8

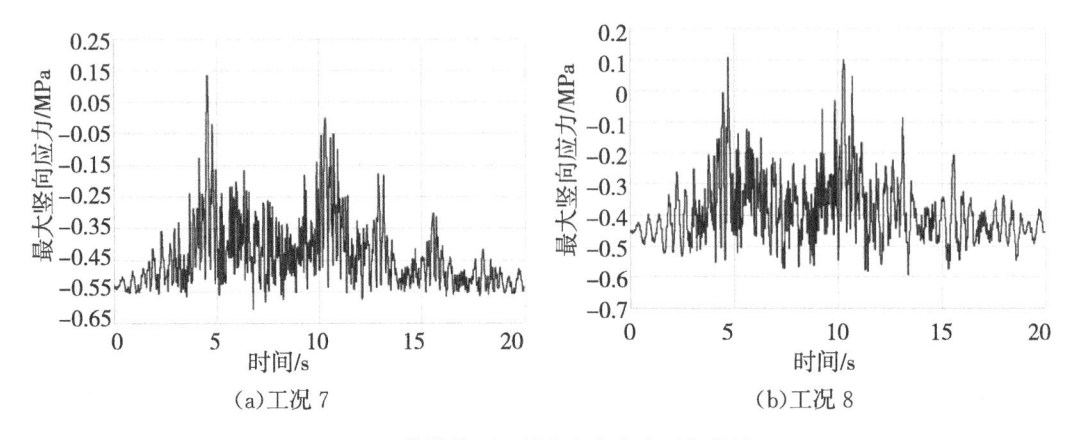

图 11　槽墩截面 2 最大竖向应力时程曲线

4　结语

1)在拟定的 6 种静力工况下,槽身内壁面纵向全断面受压。槽身外壁面纵向最大拉应力为 0.91MPa,出现的拉应力均小于混凝土轴心抗拉强度设计值的 90%(1.70MPa)。

2)在拟定的两种动力工况下,对于工况 7,槽身内壁面纵向最大拉应力为 0.79MPa,外壁面纵向最大拉应力为 0.22MPa;对于工况 8,槽身内壁面纵向全断面受压,外壁面纵向最大拉应力为 1.52MPa。渡槽内壁面在地震+温升工况下,局部短暂出现拉应力,外壁面出现的拉应力小于混凝土轴心抗拉强度设计值的 90%(1.70MPa),虽不符合正截面抗裂要求,但对槽体结构耐久性影响较小。

3)在拟定的两种动力工况下,槽墩截面 1 和截面 2 竖向应力主要处于受压状态,虽短暂出现最大拉应力,但对槽墩结构耐久性影响较小。

4)根据以上分析成果,渡槽槽体和槽墩结构、槽身结构的安全及耐久性满足规范要求。

参考文献

[1] 何俊荣,尤岭,李世平,等. 高烈度区梁式渡槽减隔震设计研究[J]. 水利规划与设计,2019(9):7. DOI:10.3969/j.issn.1672-2469.2019.09.035.

[2] 国家能源局. NB 35047—2015 水电工程水工建筑物抗震设计规范[S]. 北京:中国电力出版社,2015.

[3] 李伟鸿. 大型矩形渡槽结构静动力分析[D]. 昆明:昆明理工大学,2015.

[4] 冯超. 混凝土渡槽结构流固耦合动力响应分析[D]. 咸阳:西北农林科技大学,2015.

[5] 中华人民共和国水利部. SL203—1997 水电工程水工建筑物抗震设计规范[S]. 北京:中国水利水电出版社,1997.